中国地源热泵发展研究报告（2018）

徐 伟　　主编

中国建筑工业出版社

图书在版编目（CIP）数据

中国地源热泵发展研究报告. 2018/徐伟主编. —北京：中国建筑工业出版社，2019.3

ISBN 978-7-112-23280-2

Ⅰ.①中… Ⅱ.①徐… Ⅲ.①热泵-空气调节器-研究报告-中国-2018 Ⅳ.①TU831.3

中国版本图书馆 CIP 数据核字（2019）第 020914 号

责任编辑：田立平 咸大庆 王 梅
责任校对：王雪竹

中国地源热泵发展研究报告（2018）

徐 伟 主编

*

中国建筑工业出版社出版、发行（北京海淀三里河路 9 号）
各地新华书店、建筑书店经销
北京科地亚盟排版公司制版
天津安泰印刷有限公司印刷

*

开本：787×1092 毫米 1/16 印张：26¾ 字数：666 千字
2019 年 3 月第一版 2019 年 3 月第一次印刷
定价：**68.00** 元

ISBN 978-7-112-23280-2
（33572）

《中国地源热泵发展研究报告（2018）》指导委员会

委　员：（以姓氏笔画为序）

马最良　王秉忱　方肇洪　由世俊　许文发

吴德绳　汪集暘　武　强　郑克棪　曹耀峰

《中国地源热泵发展研究报告（2018）》编写委员会

主　任： 徐　伟

委　员：（以姓氏笔画为序）

才　隽　于慧俐　马　宁　马若腾　王　勇　王东青
王贵玲　王婉丽　牛利敏　毛晓峰　乔　镖　仝　仓
冯晓梅　孙　骥　孙宗宇　刘幼农　刘忠诚　苏存堂
杨灵艳　杜玉吉　杜国付　李　怀　李　骥　李锦堂
邹　瑜　宋业辉　佟　震　陈高凯　张建忠　张瑞雪
张中满　官燕玲　胡平放　胡松涛　胡映宁　胡月波
姚　杨　姚春妮　姜益强　贺　琳　徐宏庆　倪　龙
贾　欣　钱　程　高　翀　曹　勇　端木琳

主编单位：

中国建筑科学研究院有限公司

参编单位：

中国地质科学研究院
住建部科技发展促进中心
哈尔滨工业大学
重庆大学
大连理工大学
青岛理工大学
华中科技大学
广西大学
长安大学

参加单位：

依科瑞德（北京）能源科技有限责任公司
山东宜美科节能服务有限责任公司
河南万江新能源开发有限公司
中节能城市节能研究院有限公司
河北纳森空调有限公司
陕西环发新能源技术有限责任公司
江苏际能能源科技股份有限公司
山东富尔达空调设备有限公司

前　言

本书是在《中国地源热泵发展研究报告（2013）》基础上，结合近五年地源热泵技术发展修订而成的。

2016年12月，国家发展和改革委员会发布了《可再生能源发展“十三五”规划》，提出为实现2020年能源发展战略目标，加大浅层地热能开发利用的推广力度。2017年1月，国家发展和改革委员会、国家能源局、国土资源部联合发布了《地热能开发利用“十三五”规划》，提出在“十三五”时期，新增浅层地热能供暖（制冷）面积7亿m^2的发展目标。2017年5月16日，财政部、住房和城乡建设部、环境保护部、国家能源局联合发布了《关于开展中央财政支持北方地区冬季清洁取暖试点工作的通知》，提出试点城市应因地制宜推广地热能等可再生能源分布式、多能互补应用的新型取暖模式。2017年9月6日，住房和城乡建设部、国家发展和改革委员会、财政部、能源局联合发布《关于推进北方采暖地区城镇清洁供暖的指导意见》，提出大力推进地热能等可再生能源供暖项目。2017年12月29日，国家发展和改革委员会、国土资源部、环境保护部、住房和城乡建设部、水利部、国家能源局联合发布了《关于加快浅层地热能开发利用促进北方采暖地区燃煤减量替代的通知》，推动地源热泵在北方供暖地区的应用。

地源热泵作为一种利用可再生能源的暖通空调新技术，是建筑节能领域国际通用的高效节能技术，在我国已经有了20余年的发展历史。1997年，我国政府与美国签署了《中美地源热泵利用的合作协议书》，开始合作建立地源热泵示范工程项目。2005年，原建设部正式将地源热泵技术列为建筑业十项新技术之一，并发布国家标准《地源热泵系统工程技术规范》。2006年，原建设部和财政部联合颁布《建设部、财政部关于推进可再生能源在建筑中应用的实施意见》《可再生能源建筑应用专项资金管理暂行办法》两个重要文件，为可再生能源建筑应用项目建立专项财政补贴给予支持，引导可再生能源建筑应用技术的发展，促进其工程应用的发展规模和速度；科技部启动“十一五”国家科技支撑计划——水源地源热泵高效应用关键技术研究与示范，这是我国目前为止关于地源热泵研究领域最全、范围最广、层次最高的国家级课题，课题旨在解决我国目前发展地源热泵存在的共性、基础性技术问题。2007年，地源热泵示范城市项目启动。这一系列事件标志着地源热泵在我国逐步得到了社会各界的认可，实现了从点到面，从示范工程到城市级展开的全面推广。2009年，住房和城乡建设部、财政部开展国家可再生能源建筑应用示范城市和示范县，并给予补贴。2012年，住房和城乡建设部、财政部开展国家绿色生态城区，对可再生能源建筑应用有专项要求并给予补贴。2017年，财政部、住房和城乡建设部、环境保护部、国家能源局开展清洁供暖工作，并对2＋26个城市予以资金补贴。

从笔者2001年翻译出版美国ASHRAE《地源热泵工程技术指南》以来，国内的许多专家学者陆续出版了一些关于地源热泵工程设计和应用的书籍，对普及地源热泵技术，指导工程设计和应用起到了积极的作用，但随着行业技术发展、各级政府的不断重视、从业人员逐渐增多、工程应用项目又多又大，地源热泵行业取得了令人瞩目的快速发展，但发展过程中又存在诸多困难和问题，行业迫切需要我们把过去五年的发展历程做一总结和评价，包括技术研发、产品制造、系统集成、检测评估、示范工程等方面，阐述当前存在的问题及采取的对策，展望未来发展方向，力求对我国地源热泵行业发展有一全面、系统的概括，为今后地源热泵的发展提供经验和指导。笔者与行业内的专家以及相关人士反复交流，多次沟通，逐步确立了本书的指导思想和主要编制内容，成立了以“十一五”“十二五”相关课题组成员为主体、多方参与的编委会。

本书由中国建筑科学研究院徐伟研究员担任主编，中国地质科学研究院王贵玲研究员，哈尔滨工业大学姚杨教授、姜益强教授和倪龙教授，重庆大学王勇教授，大连理工大学端木琳教授，青岛理工大学胡松涛教授，华中科技大学胡平放教授，长安大学官燕玲教授，广西大学胡映宁教授；住房和城乡建设部科技发展促进中心刘幼农高工，中国建筑科学研究院邹瑜研究员及杨灵艳、孙宗宇、冯晓梅、杜国付、李骥、宋业辉、曹勇、王东青、李锦堂、乔镖、张瑞雪、胡月波、毛晓峰、牛利敏、钱程、才隽等人参与了编写。编写分工为：第 1 章由徐伟、杨灵艳、张瑞雪、刘幼农编写；第 2 章由李锦堂编写；第 3 章由杨灵艳、李怀、乔镖编写；第 4 章由杨灵艳编写；第 5 章第 5.1 节由徐伟、杨灵艳、胡平放编写；第 5 章第 5.2 节由孙宗宇、王贵玲编写；第 5 章第 5.3.1 节由孙宗宇、王勇编写；第 5 章第 5.3.2 节由胡松涛、端木琳、杜国付编写；第 5 章第 5.3.3 节由姚杨、姜益强、杨灵艳编写；第 5 章第 5.4 节由胡松涛编写；第 5 章第 5.5 节由冯晓梅、端木琳编写；第 5 章第 5.6 节由杨灵艳编写；第 6 章由李骥、官燕玲、倪龙编写；第 7 章第 7.1、7.2 节由宋业辉、牛利敏、钱程编写；第 7 章第 7.3、7.4 节由曹勇、毛晓峰编写；第 8 章由王东青、胡月波、才隽整理；第 9 章由胡平放、李锦堂、乔镖编写；第 10 章由徐伟、杨灵艳编写。全书由徐伟组织和审稿，杨灵艳统稿和协调，研究生褚俊杰、边萌萌参与部分章节的修订工作。

本书编写过程中得到了住房和城乡建设部科技司的指导，得到众多专家的指导，得到了住房和城乡建设部科技发展促进中心和中国建筑节能协会地源热泵专委员会的大力支持，同时得到了地源热泵相关设备生产商和系统集成商的大力支持，在此一并表示感谢。

希望修订以后，本书能提高社会各界对地源热泵的认识，为政府决策提供技术支持，为科技工作者提供技术发展信息，促进行业又好又快地发展，成为我国地源热泵发展的又一助推力。

本书成稿时间仓促、作者水平有限，难免存在遗憾之处，望读者给予批评和指正。

目　录

Contents

第 1 章　我国地源热泵发展状况综述

1.1　中国建筑业发展速度与规模

新中国成立以后，我国城市化进程不断加快，城市化水平不断提高。城市化进程的加快，主要表现为城市数量迅速增加。1949 年，我国共有城市 132 个，至 1978 年全国城市总数增加到 193 个。在这近 30 年的时间里，仅增加 61 个城市。改革开放 38 年来，即至 2016 年，城市数量达 334 个，增加了 141 个，相当于前 30 年增加量的 2.3 倍。城市数量迅速增加的趋势，体现了我国改革开放以后城市化进程的基本特征。从城市规模上看，20 万以下人口小城市增加最快，20 万～50 万人口的城市组增加次之，50 万～100 万以及 100 万以上人口的城市组增加相对较慢。这从另一个侧面体现了近 40 年来我国农村经济发展的一个必然结果——向城市化过渡。

随着城市化进程、城镇人口比重逐年上升，乡村人口比重逐年下降，根据 2017 年中国统计年鉴 2-8 分地区人口的城乡构成，从时间维度（图 1-1），到 2016 年全国城镇人口总数 79298 万，占全国总人口比重为 57.35%，城市化水平比 1978 年提高了 2 倍多，预计 2020 年，城市化发展水平达到 58%左右；到 2050 年中国达到中等发达国家水平，中国的城市化率要达到 70%～80%；从空间维度（图 1-2），城市化水平最高的是上海，为 87.9%，其次为北京和天津，分别为 86.5%和 82.93%；从区域划分（图 1-3），2016 年我国东部、中部、西部、东北部城市化水平分别为 69.4%、53.4%和 49.7%、60.8%。

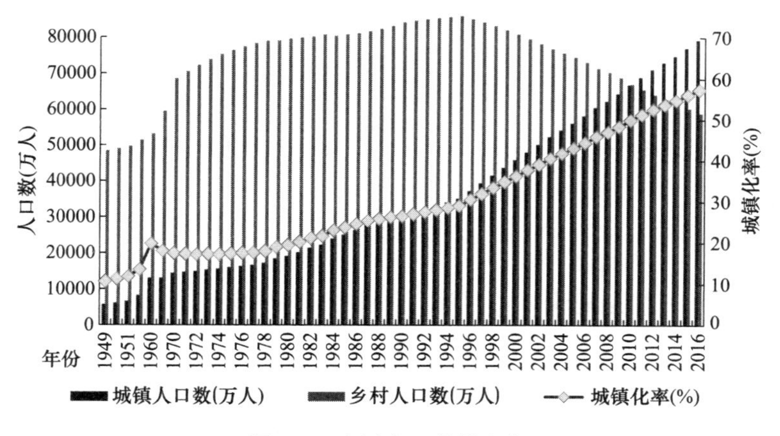

图 1-1　全国人口数量变化

根据 2017 年中国统计年鉴 3-9 地区生产总值统计数据，2016 年我国国内生产总值 780069.97 亿元，比 2010 年国内生产总值 413030.3 亿元增长了 1.88 倍，从地区生产总值看

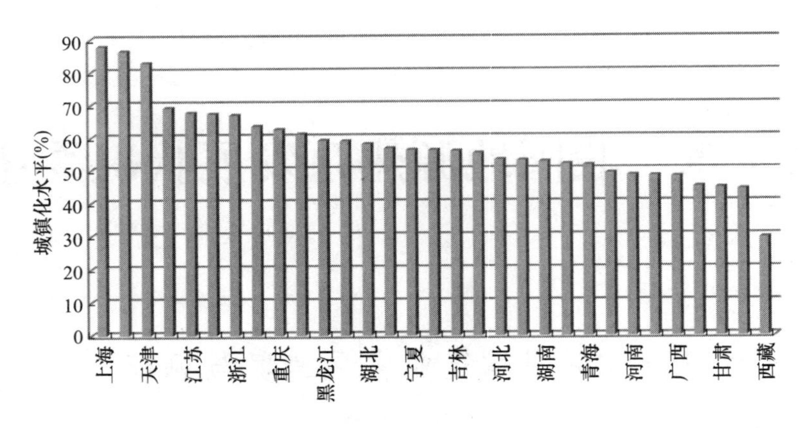

图 1-2　2016 年各地区城镇化水平

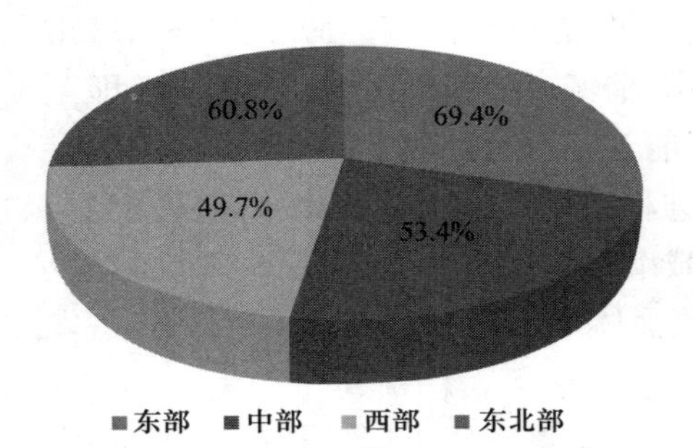

图 1-3　2016 年不同区域城镇化水平

(图 1-4)，其中广东地区生产总值高居榜首，占 2016 年国内生产总值的 10.37%，其次为江苏（9.92%）、山东（8.72%）；从区域生产总值看（图 1-5），东部、中部、西部、东北部地区生产总值差距较大，东部、中部、西部、东北地区平均生产总值分别为 41018.64 亿元、26774.26 亿元、13069.01 亿元、17469.93 亿元，东部地区平均生产总值是西部地区平均生产总值的 3.1 倍，各区域生产总值分别占国内生产总值的 52.6%、20.6%、20.1%、6.7%。

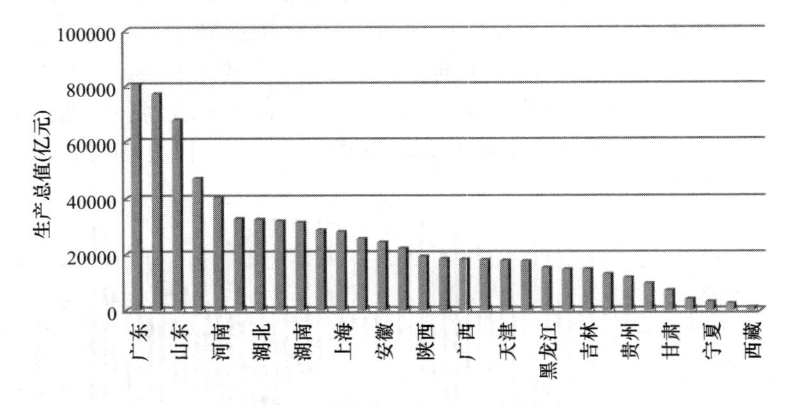

图 1-4　2016 年不同地区生产总值

伴随着城市化而来的是建筑业的迅猛发展，中国的城市建设出现了前所未有的热潮。根据 2018 年中国建筑节能年度发展研究报告统计，2001～2016 年，我国每年的竣工面积均超过 15 亿 m^2，2016 年建筑的竣工面积达到 25.9 亿 m^2。逐年增长的竣工面积使我国建筑面积的存量不断高速增长，2016 年我国建筑面积总量约 581 亿 m^2，其中城镇住宅建筑面积达到 231 亿 m^2，农村住宅建筑面积 233 亿 m^2，公共建筑面积 117 亿 m^2。

考虑我国的地理位置与气候特点，绝大部分建筑都需要使用供暖空调系统，城市建筑量的快速发展给地源热泵系统这种用于建筑的暖通空调系统的使用带来了巨大的发展潜力。

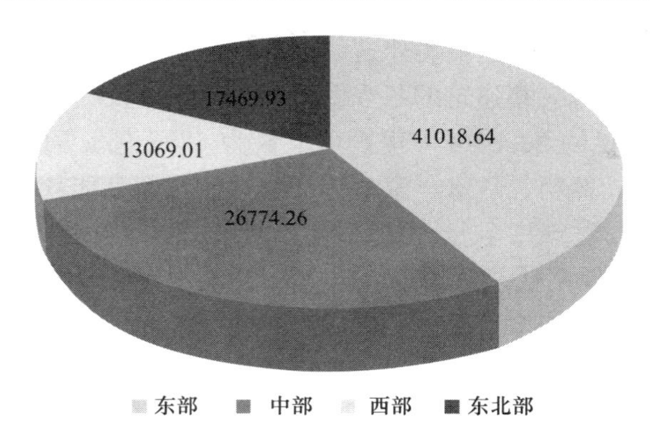

图 1-5 2016 不同区域平均生产总值（亿元）

1.2 中国建筑能耗发展状况

建筑规模的持续增长，不仅增加了建材生产能耗和施工能耗，同时也增加了建筑运行能耗。根据 2018 年中国建筑节能年度发展研究报告，2004～2015 年，建筑业建造能耗从 4 亿 tce 翻了一番多，2015 年建筑建造能耗已达 10.7 亿 tce，占全社会一次能源消耗的 24.9%，建筑业建造能耗中 93%均为钢材、水泥和铝材等建材的生产能耗。

建筑运行能耗主要指供暖、通风、空调、照明、炊事、热水供应、家用电器、电梯等方面的能耗，根据 2018 年中国建筑节能年度发展研究报告统计，我国建筑能源消耗分为如下几类（图 1-6、图 1-7）：(1) 北方城镇供暖用能。指采取集中供暖方式的省、自治区和直辖市的冬季供暖能耗，包含各种形式的集中供暖和分散供暖。北方城镇供暖商品能耗为 1.91 亿 tce，约占我国建筑总能耗的 21.08%，建筑用电量为 291 亿 kWh。(2) 城镇住宅用能（不包含北方地区的供暖）。指除北方地区的供暖能耗外，城镇住宅消耗的能源。在终端用途上包含家用电器、空调、照明、炊事、生活热水及夏热冬冷地区的冬季供暖能耗，城镇住宅用能为 2.12 亿 tce，约占我国建筑总能耗的 23.40%，建筑用电量为 4579 亿 kWh。(3) 商业及公共建筑用能（不包含北方地区的供暖）。包括办公建筑、商业建筑、旅游建筑、科

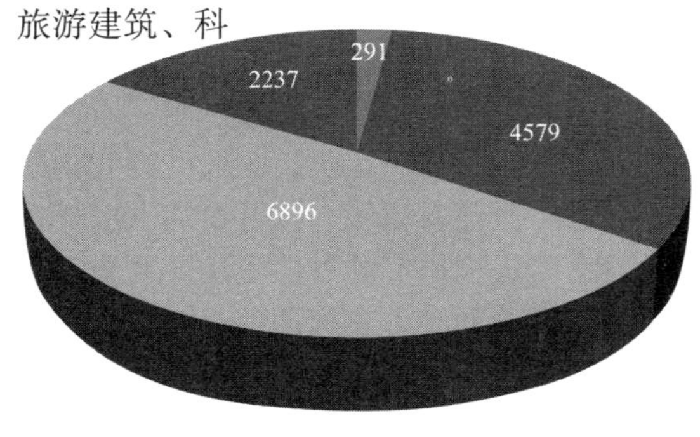

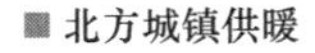

图 1-6 中国建筑运行消耗用电总量（亿 kWh）

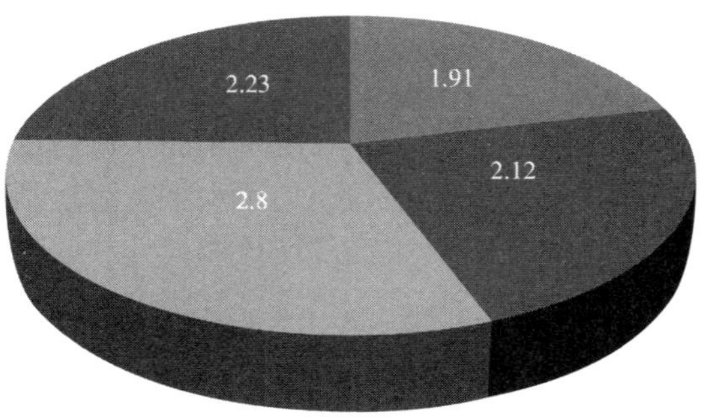

图 1-7 中国建筑运行消耗一次能耗（亿 tce）

教文卫建筑、通信建筑以及交通运输类建筑的空调、照明、插座、电梯、炊事、各类服务设施以及夏热冬冷地区城镇公共建筑的冬季供暖能耗，商业及公共建筑商品能耗为2.8亿tce，约占我国建筑总能耗的30.91%，建筑用电量为6896亿kWh。（4）农村住宅用能。包括炊事、供暖、降温、照明、热水、家电等，农村住宅商品能耗2.23亿tce，约占我国建筑总能耗的24.61%，建筑用电量为2237亿kWh。2016年建筑运行的总商品能耗为9.06亿tce，约占全国能源消耗总量的20%，其中建筑用电总量为14003亿kWh。

建筑物使用过程消耗的能源占其全生命过程中能源消耗的80%以上。现在中国城镇建筑运行能耗由北方地区冬季建筑供暖能耗、住宅和一般公共建筑除供暖外的能耗、大型公共建筑能耗构成，占社会总能耗的20%～22%。建筑能耗受单位建筑面积能耗和建筑总量影响，随建筑总量的增加而增加。如果中国将来城镇建筑总量增加一倍，建筑能耗总量很可能要增加不止一倍。在美国、欧洲和日本等发达国家，建筑运行能耗水平已经从其处于制造大国时期的20%～25%发展到目前“金融与技术”大国时的近40%。

在建筑能耗中，暖通空调系统与热水系统所占的比例接近60%，而且随着人民生活水平提高还有继续上升趋势。地源热泵作为一项可再生能源利用技术，具有“高效”和“替代”两个最重要的特点。高效指的是相比现有的同规模的常规暖通空调系统，其能效比较高；替代指的是它可以替代或部分替代常规能源，而且地源热泵系统可以在满足建筑物冷热需求的同时提供生活热水，是我国有效降低建筑能耗的建筑节能技术之一。

1.3 地源热泵的发展

1.3.1 我国地源热泵发展历史

地源热泵技术自引进中国，从2004年开始得以迅速发展，年增长率超过30%，应用技术类型包括：地下水源热泵、地埋管地源热泵、地表水源热泵（污水源、江、河、湖、海水源等），用来解决建筑供暖、供冷和生活热水需求。

根据住房城乡建设部于2017年发布的《关于2016年建筑节能与绿色建筑工作进展专项检查情况的通报》，截至2016年底，浅层地热能应用建筑达到4.78亿m^2。根据住房城乡建设部于2017年发布的《建筑节能与绿色建筑发展“十三五”规划》，在深入推进可再生能源建筑应用中提到：实施可再生能源清洁供暖工程，利用太阳能、空气热能、地热能等解决建筑供暖需求。在末端用能负荷满足要求的情况下，因地制宜建设区域可再生能源站。提高浅层地热能建筑应用水平，因地制宜推广使用各类热泵系统，满足建筑供暖制冷及生活热水需求。提高浅层地能设计和运营水平，充分考虑应用资源条件和浅层地能应用的冬夏平衡，合理匹配机组。鼓励以能源托管或合同能源管理等方式管理运营能源站，提高运行效率。全国城镇新增浅层地热能建筑应用面积2亿m^2以上。总体而言，地源热泵在我国的发展可以分为四个阶段：

1. 起步阶段（20世纪80年代～21世纪初）

从1978年开始，中国制冷学会第二专业委员会连续主办全国余热制冷与热泵学术会议。自20世纪90年代起，中国建筑学会暖通空调委员会、中国制冷学会第五专业委员会主办的全国暖通空调制冷学术年会上专门增设了有关热泵的专项研讨，地源热泵概念逐渐出现在我国科研工作者的视野里并得到逐步重视。2002 年又于北京组织召开了世界第七次热泵大会（7th IEA Heat Pump Conference）。可以看出，我国对热泵技术的研究起步较早。

早期的辽阳市邮电新村项目属于我国集成商与设备厂商对地源热泵技术进行的初期摸索。1997 年的中国科技部与美国能源部正式签署的《中美能源效率及可再生能源合作议定书》是我国地源热泵真正起步的标志性事件，双方政府从国家政府最高层面对地源热泵进行扶持和引导，这个合作对我国地源热泵初期发展起到了引导的作用，从专业人员到政府管理部门都逐渐认识并且接受了这个高效节能的系统，一些建设人员、专业设计人员开始主动学习了解这个系统。

这个阶段，地源热泵概念开始在暖通空调技术界人士中扩散，相关的设计人员、施工人员、集成商、产品生产商等也逐渐被这个概念所吸引，但整体看来，这一时期地源热泵技术还没有被市场所接受，专业技术人员对该技术普遍不了解，相关地源热泵机组和关键配件不齐全、不完善，造成这一阶段地源热泵系统发展规模不大，进展速度不快，所以将这个阶段称为我国地源热泵的起步阶段。

2. 推广阶段（21 世纪初～2004 年）

进入 21 世纪后，地源热泵在中国的应用越来越广泛，截至 2004 年底，我国制造水源热泵机组的厂家和系统集成商有 80 余家，地源热泵系统在我国各个地区均有应用。

这个阶段相关科学研究也极其活跃。2000～2003 年，年平均专利 71.75 项，为 1989～1999 年平均专利的 4.9 倍，有关热泵的文献数量剧增，相关高校的硕士、博士论文也不断增多，屡创新高。2001 年，由中国建筑科学研究院空调所徐伟等人翻译的《地源热泵工程技术指南》为我国广大地源热泵工作者普及了相关工程技术的概念和标准化做法，为我国地源热泵从业相关技术人员提供了参考。

这个阶段，地源热泵发展逐渐升温，但由于缺乏统一的系统培训，技术实施人员的技术水平参差不齐，某些项目出现的问题引起了人们对此技术的担忧，而且房地产开发商更注重降低建设成本，而不注重新技术和建筑室内环境质量与科技理念，部分地源热泵企业在市场拓展方面遇到困难，艰难地生存。

3. 快速增长阶段（2005～2013 年）

2005 年后，随着我国对可再生能源应用与节能减排工作的不断加强，《可再生能源法》《节约能源法》《可再生能源中长期发展规划》《民用建筑节能管理条例》等法律法规的相继颁布和修订，外加财政部、原建设部两部委《建设部、财政部关于推进可再生能源在建筑中应用的实施意见》的逐步实施，更是奠定了地源热泵在我国建筑节能与可再生能源利用中的突出地位，各省市陆续出台相关的地方政策，设备厂家不断增多，集成商规模不断扩大，新专利新技术不断涌现，从业人员不断增多，有影响力的大型工程不断出现，地源热泵系统应用进入了爆发式的快速发展阶段。

据不完全统计，截至 2012 年底，我国以地源热泵相关设备产品制造、工程设计与施工、系统集成与调试管理维护的相关企业已经达到 4000 余家，总面积达 24000 万 m^2。到 2013 年底，我国地源热泵应用总面积达到 40000 万 m^2，2013 年增加面积达到 16000 万 m^2，年度增加面积为之前累计应用总面积的 67%。项目比较集中的地区有北京、天津、河北、辽宁、山东、河南、江苏、重庆和广西，78%的项目集中在我国华北和东北南部地区。

4. 平稳发展阶段（2014年至今）

2014年，随着地源热泵技术的不断成熟，部分省市的示范补贴政策逐步取消，地源热泵应用推广的上升动力减弱。随着越来越多的地源热泵投入运行，过程中出现未能百分之百进行地下水回灌、水资源费及电费过高导致运行费用偏高、设计负荷过大导致运行能耗偏大等问题，尤其是随着各地对地下水资源的重视程度越来越高，管理越来越严格，要取得地下水、江海湖泊的取水资格越来越困难，部分地区明文规定，不得使用地下水资源。地下水源热泵的应用受到较大影响，整体地源热泵的应用增长速度出现下降，应用规模放缓，预示进入理性发展阶段。

近年来，在应用模式、技术产品不断创新的推动下，部分地源热泵企业开始向供热运营商转型，从"卖设备"转型为"卖服务"。同时，为了积极响应我国大气污染防治计划，对可再生能源、清洁能源的热泵高效应用形成了巨大的需求，在地源热泵适宜区域，项目规模和数量不断增加，在需求形成的巨大"推力"和技术瓶颈造成的"阻力"的共同作用下，地源热泵应用进入了平稳发展阶段。

此次发展研究报告，编委会在2013版研究报告数据基础上，根据住房和城乡建设部办公厅历年《全国住房城乡建设领域节能减排专项监督检查建筑节能检查情况的通报》，对数据进行了增补，并且在此基础上向相关专家、集成商、设备制造商进行了咨询求证，得出了我国地源热泵系统1998～2016年，以三年为间隔的增长曲线，如图1-8所示。

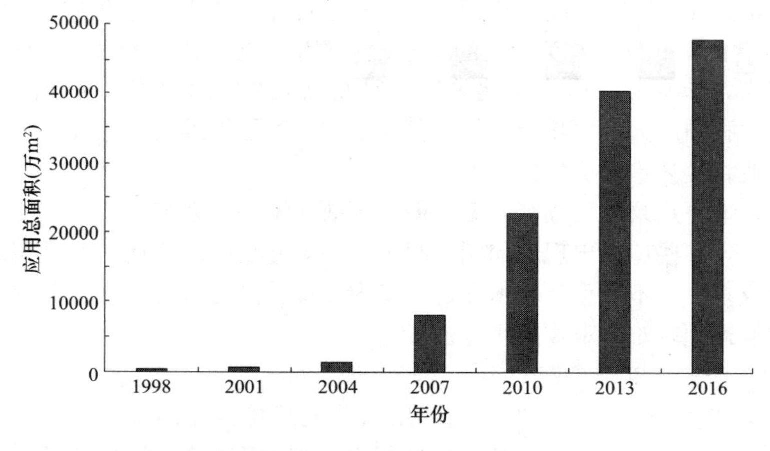

图1-8　我国地源热泵年度增长曲线

1.3.2　我国目前地源热泵发展分析

根据自然资源部中国地质调查局等4单位2018年8月公开发布的《中国地热能发展报告（2018）》白皮书，截至2017年年底，我国地源热泵装机容量达2万MW，位居世界第一，年利用浅层地热能折合1900万t标准煤，实现供暖制冷建筑面积超过5亿m^2，京津冀开发利用规模最大。通过我国2013年前住房城乡建设部公布的前后四批一共324个地源热泵应用示范项目进行简单统计，可以得出我国目前地源热泵的不同类型系统的比例，如图1-9所示。

我国地源热泵应用面积已经处于世界第一的位置，但近年来由于多种因素影响，增速有所减缓。由产业数据在线发布的我国水地源热泵机组内销变化曲线（图 1-10）可知，2013 年之后，我国的水地源热泵内销额逐年下降。造成下降的原因主要有以下几个方面：

1. 地下水源热泵应用的大幅降低

从住房城乡建设部示范项目统计表中可以看出，在快速增长阶段地下水源热泵占据了地源热泵应用较大份额，在快速增长期内实施的一些项目，由于设计、施工、安装及运行上存在的问题，逐步暴露出一些问题，如地下水的回灌困难，可能造成水体污染等。近年来已有多个省市出台了限制地下水式的地源热泵的使用政策，导致地下水式地源热泵的应用呈现减少的态势。

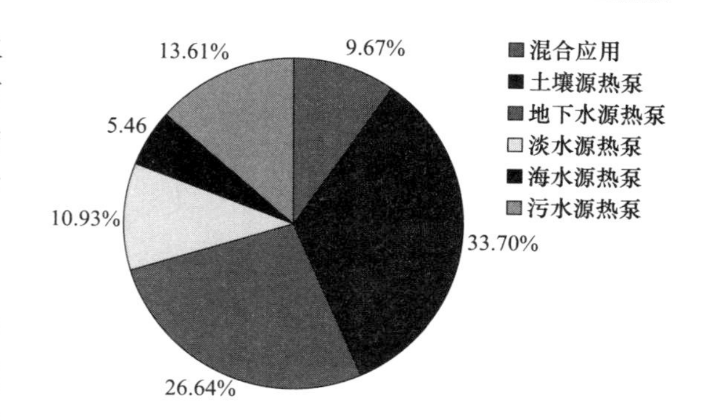

图 1-9 住房城乡建设部示范项目各种地源热泵系统比例

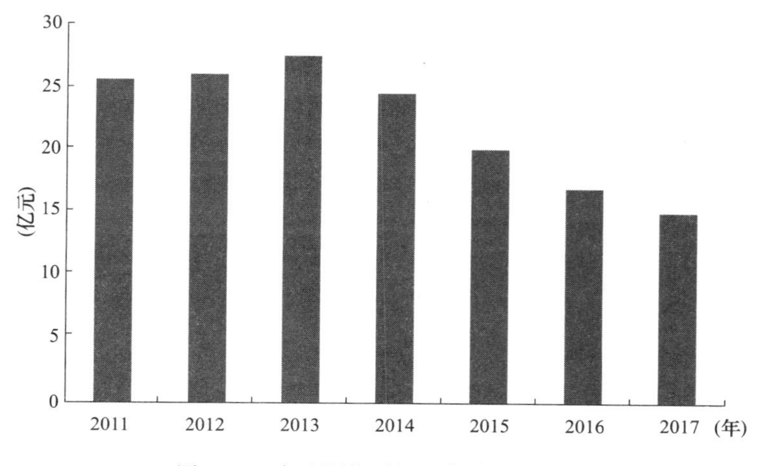

图 1-10 水地源热泵机组内销量变化图

2. 建筑市场转型影响

地源热泵系统因其高效利用可再生能源供冷、供暖在同时兼具冷热负荷需求的建筑中得到广泛应用。由于其浅层地热能换热系统安装需要的面积大且成本比较高，所以应用于公共建筑的比例较高。2013 年中共中央办公厅、国务院办公厅印发了《关于党政机关停止新建楼堂馆所和清理办公用房的通知》后，公建项目建设减少，相应的地源热泵应用也减少。

3. 技术风险导致观望情绪严重

地源热泵系统的设计、施工及运行维护都有不同与普通空调系统的技术要点和要求，在快速上涨阶段，部分项目因为粗放开发，导致问题频现，土壤源热泵由于施工不当造成的换热能力不足，由于设计计算不规范带来的冷热堆积导致系统换热能力衰减，影响系统运行能效，不仅造成项目本身的损失，也造成外界对地源热泵行业的误解，让诸多新项目心存芥蒂，也成了地源热泵应用数量出现下滑的主要因素。

应用增速的减缓，引起地源热泵行业相关政策制定者、科研、技术、施工及运行从业者的深入思考，正是由于这些因素和问题的存在，近年来地源热泵的应用更加注重资源性调查，更加关注技术的适宜性，更有针对性地关注具有我国特色的大规模地源热泵系统的研究和复合式地源热泵系统的应用系统设计及控制优化。同时，新型中深层地热能热泵应用项目也开始不断涌现。

1. 浅层地热能调查

浅层地热能又称浅层地温能，是指蕴藏在地壳浅部变温层以下一定深度范围内（一般小于200m）的岩土体和地下水中，在当前技术条件下具备开发利用价值的低温地热资源。浅层地温能蕴涵在地壳浅部空间的岩土体中，向下接受地球内热的不断补给，向上接受太阳、大气循环蓄热的补给，也向大气中释放一定的热量。整体看，地球天然温度场分布、太阳辐射等对它都有影响，表现在地温的高低与板块构造的活动性、纬度、水循环等密切相关。具体到区域，浅层地温能受控于区域地质、水文地质条件，即当地地层沉积组合、岩性特征、地下水动态等，特别是岩土体结构和综合物理、热物理性质是研究浅层地温能的基础。因此，进行浅层地热能调查，对地源热泵项目的评估与应用具有十分重要的作用。中国地质调查局、中国地质科学院水文地质研究所以及各省市地质勘查单位都做了大量工作，为推动地源热泵的科学建设，合理应用奠定基础。

2. 适宜性研究

地源热泵系统的应用推广，与浅层地热能资源赋存、应用建筑能源需求特点、项目的投资回收期以及节能环保效益等多个方面都有密切的关系。仅凭借部分条件的优越，盲目应用的项目，为后期运行管理带了较大隐患。因此，根据区域特点，进行地源热泵适宜性研究也是近年来行业关注的一个热点。与“十一五”国家科技支撑计划课题“水地源热泵关键技术研究”中的全国范围适宜性评价相比，近年来评价的范围更加具体，细致到区域级项目级适宜性评价，评价指标体系根据适用范围、项目关注点的不同，各有差别，通常包括资源性条件和系统性条件两类指标，辅以其他项目关注评价指标。

3. 系统设计及控制优化

地源热泵系统是由浅层地热能换热系统、输配系统、热泵机组和建筑物室内系统组成的有机整体，是能量耦合传输的过程。在地源热泵快速增长过程中，部分项目对于设计考虑不足，仍采用传统空调设计方式进行系统设计，导致系统出现了各类问题，影响了系统能效。近年来，随着认识的不断深入，对地源热泵系统设计方法的研究不断加强，尤其是针对我国特色的大规模地源热泵项目，采用科学合理的系统设计方法尤为重要，是保障系统实施质量的前提和基础。对于当前应用较多的复合式地源热泵系统而言，除了科学的设计地源热泵系统外，控制策略对系统的应用效果具有关键性作用。因此，近年来地源热泵行业中系统设计方法研究和控制策略优化一直是关注热点。对于不同规模的系统，不同辅助能源的复合式系统也都取得了一些研究和应用成果。

4. 中深层地热能热泵应用示范

随着地源热泵浅层地热能的应用不断深入，中深层地热能热泵利用也开始进一步探索应用。近年来，中深层地热能利用除了高温地热水和干热岩以外，出现了一种新的利用形式，即中深层地埋管换热地源热泵系统。这种深层地埋管换热器钻孔深度通常在1000～3000m之间，主要采用同轴套管式换热器或者U形管式换热器，采用水为介质。中深层地埋管换热地源热泵系统具有占地少，可利用地温高的独特优点，因此，近年来在我国已经有示范应用，技术路径也在不断完善中，只是这种新形式也存在着投资高等问题，需要随着技术和产业的不断进步来逐渐改善。

在地源热泵市场应用受以上诸多因素影响，呈现乏力态势的同时，在其技术本身的高效性、利用可再生能源的清洁环保属性显著，以及不断完善的技术体系的支撑下，在我国的能源转型、建筑节能和大气污染治理工作背景下，持续得到国家的政策鼓励和支持。

2016年12月，国家发展和改革委员会发布了《可再生能源发展“十三五”规划》，提出为实现2020年能源发展战略目标，加大浅层地热能开发利用的推广力度，特别是苏南地区城市群、重庆、上海、武汉等地区，整体推进浅层地热能重大项目。2017年1月，国家发展和改革委员会、国家能源局、国土资源部联合发布了《地热能开发利用“十三五”规划》，提出在“十三五”时期，新增浅层地热能供暖（制冷）面积7亿m^2的发展目标。要按照“因地制宜，集约开发，加强监管，注重环保”的方式开发利用浅层地热能。2017年5月16日，财政部、住房城乡建设部、环境保护部、国家能源局联合发布了《关于开展中央财政支持北方地区冬季清洁取暖试点工作的通知》（财建［2017］238号），决定开展中央财政支持北方地区冬季清洁取暖试点工作。提出试点城市应因地制宜推广地热能等可再生能源分布式、多能互补应用的新型取暖模式。2017年9月6日，住房城乡建设部、国家发展改革委、财政部、能源局联合发布《关于推进北方采暖地区城镇清洁供暖的指导意见》（建城［2017］196号），提出大力推进地热能等可再生能源供暖项目。2017年12月29日，国家发展改革委、国土资源部、环境保护部、住房城乡建设部、水利部、国家能源局联合发布了《关于加快浅层地热能开发利用促进北方采暖地区燃煤减量替代的通知》（发改环资［2017］2278号），明确以京津冀及周边地区等北方采暖地区为重点，到2020年，浅层地热能在供热（冷）领域得到有效应用，应用水平得到较大提升，在替代民用散煤供热（冷）方面发挥积极作用，区域供热（冷）用能结构得到优化，相关政策机制和保障制度进一步完善，浅层地热能利用技术开发、咨询评价、关键设备制造、工程建设、运营服务等产业体系进一步健全。

2018年4月，《河北雄安新区规划纲要》发布，提出了建设绿色智慧新城的发展目标，在构建绿色市政基础设施体系方面，提出了建设清洁环保的供热系统。科学利用区内地热资源，统筹天然气、电力、地热、生物质等能源供给方式，综合利用城市余热资源，合理利用新区周边热源，规划建设区内清洁热源和高效供热管网，确保供热安全。

此外，我国建筑节能和绿色建筑产业蓬勃发展，当前阶段“近零能耗建筑”成为建筑节能工作的开展重点之一，这为地源热泵应用创造了新的契机。近零能耗建筑通过被动式设计，通过加强外围护结构的保温隔热性能，利用可再生能源以及先进的热回收技术来实现其低能耗、高热舒适的建筑特点。近零能耗建筑的低能耗特点，使传统的大规模集中冷热源系统在其中不在适用，地源热泵由于具有高效利用可再生能源，可以分散灵活地满足末端需求的特点得到了更多的应用。

由以上政策可见，国家对地源热泵系统应用推广大力支持，基于我国的“十三五”可再生能源发展目标，有效利用浅层地热能的地源热泵系统在北方地区清洁供暖工作中和未来低碳时代的绿色建筑中将会发挥更大作用。

1.3.3 发展特点

综合地源热泵在我国应用的现状，当前我国地源热泵发展特点为：

1. 应用建筑类型多样，公共建筑居多

通过地源热泵系统在建筑中的使用情况来看，住宅建筑和公共建筑都有涉及。其中住宅项目包括经济适用房、商品房小区、高档公寓、别墅与农村住宅建筑；公共建筑中涉及政府办公建筑、商务办公写字楼、商业购物商场、宾馆酒店、会展中心、医院、休闲健身娱乐度假场所、学校建筑（图书馆、宿舍）科研基地与实验室、培训及宣传基地、体育场馆、博物馆等；还有部分工业建筑也使用了此系统，包括产品生产基地与装备制造基地等。根据现有总结资料看出，几乎所有类型的建筑都可以采用地源热泵系统进行冷热供应。由于地埋管地源热泵应用比例较高，公共建筑项目中进行吸排热平衡调节更加便捷，因此，公共建筑中应用地源热泵的比例高于其他类型建筑。

2. 系统类型多样，项目规模化发展

我国土壤、地下水、地表水（江河湖海、污水）、工业冷却水等均有应用于热泵系统供热供冷的项目，说明我国关于地源热泵的概念普及的比较广泛，应用比较多元化。地源热泵系统形式的选择与当地可再生能源的资源类型、赋存情况和末端建筑的需求紧密相关，复合式地源热泵系统扩大了地源热泵系统对末端需求的适宜性，提高了地源热泵系统的供能安全性，得到了更为广泛的选用。与此同时，近年来地源热泵项目呈现规模化发展，有多项国家级、省市级重点项目规模化应用。北京城市副中心以浅层地热能为主，将实现供暖制冷面积 300 万 m^2；重庆江北城江水源热泵项目，规模达 400 万 m^2；中石化江汉油田燃煤替代项目，规模达 570 万 m^2；南京江北新区地源热泵项目，规模将达 1600 万 m^2。雄安新区起步区规划通过“地热＋”的供能模式实现供暖制冷面积 1 亿 m^2。

3. 中深层地埋管热泵研究与应用活跃

中深层地埋管热泵是一种新的地热能利用技术，由于岩土具有向下温度逐步升高分布的特点，该技术适合单向取热，用于建筑供暖。近年来在我国已经有多个项目示范应用，主要采用同轴套管式换热器或者 U 形管式换热器，其技术路径也在不断完善中，是我国当前地源热泵研究的一个热点。

4. 技术及产品细致化发展

随着建筑节能工作的不断深入和清洁供暖工作的全面开展，推动了地源热泵市场需求的变化，地源热泵产品及系统应用呈现出差异化、细致化发展。针对我国特有的大规模地源热泵项目，高效机组研发、水力输配系统节能、控制策略优化以及大规模系统土壤热承载力的研究都是行业的关注热点。对于清洁能源供暖中用到的小型地源热泵供热系统，则从符合用户使用习惯、增加系统的调节能力、便于实施行为节能和改善住户热环境等多个方面着手。在经过爆发式增长后的市场平稳发展阶段，细致化高质量发展成为地源热泵技术应用的新特点。

第2章　相关法律法规与产业政策

“十二五”时期地源热泵产业持续发展，取得积极成效，创新及服务能力持续增强，技术成果应用广泛，政策环境逐步完善，政策支撑进一步强化，行业管理进一步规范，标准体系进一步健全，行业发展日趋成熟。地源热泵与常规能源系统的融合程度逐步提高，重点区域资源开发力度大大增强；政策法规、市场机制进一步完善，地源热泵发展环境大大优化；自主创新水平、核心关键技术研发和成果转化能力进一步提高，研发、服务等高端产业环节大大壮大。地源热泵整体发展实现了由试点示范向规模化应用、由城市向县城及乡村普及的重要转变。

2017年初国家发展和改革委员会、国家能源局、国土资源部联合发布了《地热能开发利用“十三五”规划》，指出在“十三五”时期，新增地热能供暖（制冷）面积11亿m^2，其中：新增浅层地热能供暖（制冷）面积7亿m^2；新增水热型地热供暖面积4亿m^2。新增地热发电装机容量500MW。到2020年，地热供暖（制冷）面积累计达到16亿m^2，地热发电装机容量约530MW。2020年地热能年利用量7000万t标准煤，地热能供暖年利用量4000万t标准煤。京津冀地区地热能年利用量达到约2000万t标准煤。

在压减燃煤消费、大气污染防治、提高可再生能源消费比例等社会环境下，在“蓝天保卫战”“北方地区冬季清洁取暖”政策背景下，在“雄安新区”“北京城市副中心”重大工程示范效应下，给地源热泵发展提供了难得的发展机遇，必将推动行业实现长足的发展。

地源热泵技术的应用推广离不开国家法律法规和政策的支持，本章在《中国地源热泵发展研究报告（2008）》《中国地源热泵发展研究报告（2013）》的基础上，更新了近五年来新出台实施的主要相关政策，以便读者能够用最短的时间了解我国从中央到地方的地源热泵相关政策。

2.1　相关国家政策

2.1.1　中共中央、国务院

1.《中华人民共和国节约能源法》

发布日期	2007年10月
发文机关	第十届全国人民代表大会常务委员会第三十次会议
发文字号	—
相关内容	第一章第二条　本法所称能源，是指煤炭、石油、天然气、生物质能和电力、热力以及其他直接或者通过加工、转换而取得有用能的各种资源。

续表

相关内容	第三章第三节第四十条　国家鼓励在新建建筑和既有建筑节能改造中使用新型墙体材料等节能建筑材料和节能设备，安装和使用太阳能等可再生能源利用系统。 第五十八条　国务院管理节能工作的部门会同国务院有关部门制定并公布节能技术、节能产品的推广目录，引导用能单位和个人使用先进的节能技术、节能产品。国务院管理节能工作的部门会同国务院有关部门组织实施重大节能科研项目、节能示范项目、重点节能工程。 第六十一条　国家对生产、使用列入本法第五十八条规定的推广目录的需要支持的节能技术、节能产品，实行税收优惠等扶持政策

2.《民用建筑节能条例》

发布日期	2008年8月
发文机关	国务院法制办公室
发文字号	—
相关内容	第一章第四条　国家鼓励和扶持在新建建筑和既有建筑节能改造中采用太阳能、地热能等可再生能源

3.《中华人民共和国可再生能源法》(2009年修正)

发布日期	2009年12月
发文机关	十一届全国人民代表大会常务委员会第十二次会议
发文字号	—
相关内容	第一章第二条　本法所称可再生能源，是指风能、太阳能、水能、生物质能、地热能、海洋能等非化石能源。 第二章第九条　编制可再生能源开发利用规划，应当遵循因地制宜、统筹兼顾、合理布局、有序发展的原则，对风能、太阳能、水能、生物质能、地热能、海洋能等可再生能源的开发利用作出统筹安排。规划内容应当包括发展目标、主要任务、区域布局、重点项目、实施进度、配套电网建设、服务体系和保障措施等

4.《国家重大科技基础设施建设中长期规划(2012—2030年)》

发布日期	2013年3月
发文机关	国务院
发文字号	国发［2013］8号
相关内容	三、总体部署(一)能源科学领域。……可再生能源方面。针对风能、太阳能、生物质能、地热能、海洋能等能量密度低、随机波动等问题，探索预研能量捕获、储能、转换、并网研究设施建设，促进可再生能源规模化高效利用

5.《能源发展战略行动计划(2014—2020年)》

发布日期	2014年11月
发文机关	国务院
发文字号	国办发［2014］31号
相关内容	(三)优化能源结构。积极发展天然气、核电、可再生能源等清洁能源，降低煤炭消费比重，推动能源结构持续优化。……4.大力发展可再生能源。按照输出与就地消纳利用并重、集中式与分布式发展并举的原则，加快发展可再生能源。到2020年，非化石能源占一次能源消费比重达到15%。……积极发展地热能、生物质能和海洋能。坚持统筹兼顾、因地制宜、多元发展的方针，有序开展地热能、海洋能资源普查，制定生物质能和地热能开发利用规划，积极推动地热能、生物质和海洋能清洁高效利用，推广生物质能和地热供热，开展地热发电和海洋能发电示范工程。到2020年，地热能利用规模达到5000万吨标准煤

6.《中共中央关于制定国民经济和社会发展第十三个五年规划的建议》

发布日期	2015 年 11 月
发文机关	中共中央
发文字号	—
相关内容	五、坚持绿色发展，着力改善生态环境……（三）推动低碳循环发展。推进能源革命，加快能源技术创新，建设清洁低碳、安全高效的现代能源体系。提高非化石能源比重，推动煤炭等化石能源清洁高效利用。加快发展风能、太阳能、生物质能、水能、地热能，安全高效发展核电。加强储能和智能电网建设，发展分布式能源，推行节能低碳电力调度。有序开放开采权，积极开发天然气、煤层气、页岩气。改革能源体制，形成有效竞争的市场机制

7.《“十三五”国家科技创新规划》

发布日期	2016 年 8 月
发文机关	国务院
发文字号	国发［2016］43 号
相关内容	第五章　构建具有国际竞争力的现代产业技术体系……五、发展清洁高效能源技术大力发展清洁低碳、安全高效的现代能源技术，支撑能源结构优化调整和温室气体减排，保障能源安全，推进能源革命。发展煤炭清洁高效利用和新型节能技术，重点加强煤炭高效发电、煤炭清洁转化、燃煤二氧化碳捕集利用封存、余热余压深度回收利用、浅层低温地能开发利用、新型节能电机、城镇节能系统化集成、工业过程节能、能源梯级利用、“互联网＋”节能、大型数据中心节能等技术研发及应用。发展可再生能源大规模开发利用技术，重点加强高效低成本太阳能电池、光热发电、太阳能供热制冷、大型先进风电机组、海上风电建设与运维、生物质发电供气供热及液体燃料等技术研发及应用

8.《“十三五”国家战略性新兴产业发展规划》

发布日期	2016 年 12 月
发文机关	国务院
发文字号	国发［2016］67 号
相关内容	五、推动新能源汽车、新能源和节能环保产业快速壮大，构建可持续发展新模式……（二）推动新能源产业发展。……积极推动多种形式的新能源综合利用。突破风光互补、先进燃料电池、高效储能与海洋能发电等新能源电力技术瓶颈，加快发展生物质供气供热、生物质与燃煤耦合发电、地热能供热、空气能供热、生物液体燃料、海洋能供热制冷等，开展生物天然气多领域应用和区域示范，推进新能源多产品联产联供技术产业化。加速发展融合储能与微网应用的分布式能源，大力推动多能互补集成优化示范工程建设。建立健全新能源综合开发利用的技术创新、基础设施、运营模式及政策支撑体系

9.《打赢蓝天保卫战三年行动计划》

发布日期	2018 年 7 月
发文机关	国务院
发文字号	国发［2018］22 号
相关内容	三、加快调整能源结构，构建清洁低碳高效能源体系……（十三）加快发展清洁能源和新能源。到 2020 年，非化石能源占能源消费总量比重达到 15%。有序发展水电，安全高效发展核电，优化风能、太阳能开发布局，因地制宜发展生物质能、地热能等。在具备资源条件的地方，鼓励发展县域生物质热电联产、生物质成型燃料锅炉及生物天然气。加大可再生能源消纳力度，基本解决弃水、弃风、弃光问题

2.1.2　国家发展和改革委员会

1.《可再生能源发展“十三五”规划》

发布日期	2016年12月
发文机关	国家发展改革委
发文字号	发改能源〔2016〕2619号
相关内容	四、主要任务……（五）加快地热能开发利用坚持“清洁、高效、可持续”的原则，按照“技术先进、环境友好、经济可行”的总体要求，加快地热能开发利用，加强全过程管理，创新开发利用模式，全面促进地热能资源的合理有效利用。1、积极推广地热能热利用。加强地热能开发利用规划与城市总体规划的衔接，将地热供暖纳入城镇基础设施建设，在用地、用电、财税、价格等方面给予地热能开发利用政策扶持。在实施区域集中供暖且地热资源丰富的京津冀鲁豫及毗邻区，在严格控制地下水资源过度开采的前提下，大力推动中深层地热供暖重大项目建设。加大浅层地热能开发利用的推广力度，积极推动技术进步，进一步规范管理，重点在经济发达、夏季制冷需求高的长江经济带地区，特别是苏南地区城市群、重庆、上海、武汉等地区，整体推进浅层地热能重大项目

2.《地热能开发利用“十三五”规划》

发布日期	2017年1月
发文机关	国家发展和改革委员会、国家能源局、国土资源部
发文字号	发改能源〔2017〕158号
相关内容	为促进地热能产业持续健康发展，推动建设清洁、低碳、安全、高效的现代能源体系，按照《可再生能源法》要求，根据《能源发展“十三五”规划》和《可再生能源发展“十三五”规划》，我们组织编制了《地热能开发利用“十三五”规划》，现印发你们，请结合实际贯彻落实

3.《关于北方地区清洁供暖价格政策的意见》

发布日期	2017年9月
发文机关	国家发展改革委
发文字号	发改价格〔2017〕1684号
相关内容	二、完善“煤改电”电价政策……（二）优化居民用电阶梯价格政策合理确定采暖用电量，鼓励叠加峰谷电价，明确村级“煤改电”电价政策，降低居民“煤改电”用电成本。一是合理确定居民供暖用电量。相关省份根据当地实际，合理确定居民取暖电量。该部分电量按居民第一档电价执行；超出部分计入居民生活用电，执行居民阶梯电价。二是鼓励叠加峰谷电价。鼓励省级价格主管部门在现行居民阶梯价格政策基础上，叠加峰谷分时电价政策，并在供暖季适当延长谷段时间。三是明确村级“煤改电”电价政策。农村地区以村或自然村为单位通过“煤改电”改造使用电采暖或热泵等电辅助加热取暖，与居民家庭“煤改电”取暖执行同样的价格政策

4.《北方地区冬季清洁取暖规划（2017-2021年）》

发布日期	2017年12月
发文机关	国家发展和改革委员会、国家能源局、财政部、环境保护部、住房城乡建设部、国资委、质检总局、银监会、证监会、军委后勤保障部

续表

发文字号	发改能源〔2017〕2100号
相关内容	三、推进策略……（一）因地制宜选择供暖热源 1. 可再生能源供暖（1）地热供暖地热能具有储量大、分布广、清洁环保、稳定可靠等特点。我国北方地区地热资源丰富，可因地制宜作为集中或分散供暖热源。……专栏2地热供暖发展目标到2021年，地热供暖面积达到10亿平方米，其中中深层地热供暖5亿平方米，浅层地热供暖5亿平方米（含电供暖中的地源、水源热泵）

5.《关于加快浅层地热能开发利用促进北方采暖地区燃煤减量替代的通知》

发布日期	2017年12月
发文机关	国家发展和改革委员会、国土资源部、环境保护部、住房城乡建设部、水利部、国家能源局
发文字号	发改环资〔2017〕2278号
相关内容	《通知》分总体要求、统筹推进浅层地热能开发利用、加强政策保障和监督管理3个部分。因地制宜加快推进浅层地热能开发利用，推进北方采暖地区居民供热等领域燃煤减量替代，提高区域供热（冷）能源利用效率和清洁化水平，改善空气环境质量

2.1.3 财政部

1.《关于开展中央财政支持北方地区冬季清洁取暖试点工作的通知》

发布日期	2017年5月
发文机关	财政部、住房城乡建设部、环境保护部、国家能源局
发文字号	财建〔2017〕238号
相关内容	一、支持方式……试点示范期为三年，中央财政奖补资金标准根据城市规模分档确定，直辖市每年安排10亿元，省会城市每年安排7亿元，地级城市每年安排5亿元。 三、改造范围和内容……一是加快热源端清洁化改造，重点围绕解决散煤燃烧问题，按照“集中为主，分散为辅”“宜气则气，宜电则电”原则，推进燃煤供暖设施清洁化改造，推广热泵、燃气锅炉、电锅炉、分散式电（燃气）等取暖，因地制宜推广地热能、空气热能、太阳能、生物质能等可再生能源分布式、多能互补应用的新型取暖模式

2.《扩大水资源税改革试点实施办法》

发布日期	2017年11月
发文机关	财政部、税务总局、水利部
发文字号	财税〔2017〕80号
相关内容	北京市、天津市、山西省、内蒙古自治区、山东省、河南省、四川省、陕西省、宁夏回族自治区人民政府：…… 第十四条对回收利用的疏干排水和地源热泵取用水，从低确定税额

3.《关于扩大中央财政支持北方地区冬季清洁取暖城市试点的通知》

发布日期	2018年7月
发文机关	财政部、生态环境部、住房城乡建设部、国家能源局
发文字号	财建〔2018〕397号
相关内容	一、试点申报范围和奖补标准 试点示范期为三年。中央财政奖补资金标准根据大气污染影响程度、城市规模、采暖状况、改造成本等因素确定。其中，“2＋26”城市按财政部、住房城乡建设部、环境保护部、国家能源局《关于开展中央财政支持北方地区冬季清洁取暖试点工作的通知》（财建〔2017〕238号，以下简称《通知》）执行。张家口市比照“2＋26”城市标准。汾渭平原原则上每市每年奖补3亿元

2.1.4 住房城乡建设部

《住房城乡建设部 国家发展改革委 财政部 能源局关于推进北方采暖地区城镇清洁供暖的指导意见》

发布日期	2017年9月
发文机关	住房城乡建设部、国家发展改革委、财政部、能源局
发文字号	建城［2017］196号
相关内容	二、重点工作……（六）大力发展可再生能源供暖。大力推进风能、太阳能、地热能、生物质能等可再生能源供暖项目。将可再生能源供暖作为城乡能源规划的重要内容，重点推进，建立可再生能源与传统能源协同的多源互补和梯级利用的综合能源利用体系。加快推进生物质成型燃料锅炉建设，为城镇社区和农村清洁供暖

2.1.5 自然资源部

《国土资源部关于加强城市地质工作的指导意见》

发布日期	2017年9月
发文机关	国土资源部
发文字号	国土资发［2017］104号
相关内容	四、积极推动地质资源绿色开发利用（九）积极推进地热和浅层地温能的合理开发利用。具备条件的城市应推进地热和浅层地温能等清洁资源的规模化、绿色化开发利用，优化城市能源结构。城市地区地热和浅层地温能资源开发，应在全面评估基础上与城市土地利用总体规划和城市规划相衔接，优化开发布局、规模，创新开发利用技术和模式，扩大在住宅、办公、工厂的供热、制冷应用范围。按照地热温度差异，鼓励梯级开发、综合利用，发展休闲旅游和农副业生产。加强地热资源的勘查、开发利用和有效保护，建立地热开采总量调控制度，明确开发利用准入条件，强化开发利用监督管理，促进地热资源可持续利用

2.1.6 生态环境部

《京津冀及周边地区2017年大气污染防治工作方案》

发布日期	2017年2月
发文机关	环境保护部、发展改革委、财政部、能源局、北京市人民政府、天津市人民政府、河北省人民政府、山西省人民政府、山东省人民政府、河南省人民政府
发文字号	—
相关内容	二、主要任务……（二）全面推进冬季清洁取暖。……3. 实施冬季清洁取暖重点工程。将“2+26”城市列为北方地区冬季清洁取暖规划首批实施范围。……加大工业低品位余热、地热能等利用。……5. “2+26”城市实现煤炭消费总量负增长。新建用煤项目实行煤炭减量替代。以电、天然气等清洁能源替代的散煤量，可纳入新上热电联产项目煤炭减量平衡方案。20万人口以上县城基本实现集中供热或清洁能源供热全覆盖。新增居民建筑供暖要以电力、天然气、地热能、空气能等供暖方式为主，不得配套建设燃煤锅炉

2.1.7 国家能源局

1.《国家能源局、财政部、国土资源部、住房和城乡建设部关于促进地热能开发利用的指导意见》

发布日期	2013年1月
发文机关	国家能源局、财政部、国土资源部、住房城乡建设部
发文字号	国能新能［2013］48号
相关内容	《国家能源局、财政部、国土资源部、住房和城乡建设部关于促进地热能开发利用的指导意见》分为指导思想和目标、重点任务和布局、加强地热能开发利用管理、政策措施4个部分。包括：指导思想、基本原则、主要目标；开展地热能资源详查与评价、加大关键技术研发力度、积极推广浅层地热能开发利用、加快推进中深层地热能综合利用、积极开展深层地热发电试验示范、创建中深层地热能利用示范区、完善地热能产业服务体系；加强地热能行业管理、严格地热能利用的环境监管；加强规划引导、完善价格财税扶持政策、建立市场保障机制等章节内容

2.《关于促进可再生能源供热的意见》

发布日期	2017年4月
发文机关	国家能源局
发文字号	—
相关内容	二、主要任务……（五）积极推广地热能热利用鼓励地热能资源丰富地区建立地热能供热利用体系。在地热资源丰富地区，大力推广中深层地热供暖，在具备资源条件的中心城镇，将其作为首选集中供暖热源。在冬冷夏热、冷热双供需求旺盛的中部和南方地区开展浅层地热能利用。 三、完善支持政策和保障措施……（十四）加大地热能支持力度加强地热资源勘查力度，支持有能力的企业积极参与地热勘探评价，支持参与勘探评价的企业优先获得地热资源特许经营资格，将勘探评价数据统一纳入国家数据管理平台。出台地热能开发利用管理办法，协调地热探矿权、地热水采矿、地热水资源补偿费等征收与管理办法，加强地热能开发利用重大工程的建设管理。对完全回灌、环保达标的地热供暖项目实行免收或减收水资源费、矿产资源补偿费等

2.2 相关地方政策

2.2.1 北京市

1.《关于北京市进一步促进地热能开发及热泵系统利用的实施意见》

发布日期	2013年12月
发文机关	北京市发展和改革委员会
发文字号	京发改规［2013］10号
相关内容	三、支持政策 （一）加大资金支持。 热泵系统主要包括热源、一次管网和末端设备三部分。2013年到2017年，市政府固定资产投资进一步加大本市范围内地热能开发及热泵系统应用的支持力度。其中：新建的再生水（污水）、余热和土壤源热泵供暖项目，对热源和一次管网给予30%的资金补助；新建深层地热供暖项目，对热源和一次管网给予50%的资金支持；既有燃煤、燃油供暖锅炉实施热泵系统改造项目，对热泵系统给予50%的资金支持；市政府固定资产投资全额建设的项目，新建或改造热泵供暖系统的按现行政策执行

2.《北京市民用建筑节能管理办法》

发布日期	2014年6月
发文机关	北京市人民政府
发文字号	北京市人民政府令第256号
相关内容	第十二条　本市在民用建筑中推广太阳能、地热能、水能、风能等可再生能源的利用。民用建筑节能项目按照国家和本市规定，享受税收优惠和资金补贴、奖励政策。 本市节能专项资金中应当安排专门用于民用建筑节能的资金，用于建筑节能技术研究和推广、节能改造、可再生能源应用、建筑节能宣传培训以及绿色建筑和住宅产业化等项目的补贴和奖励

3.《关于进一步明确煤改地源热泵项目支持政策的通知》

发布日期	2016年6月
发文机关	北京市发展和改革委员会
发文字号	京发改［2016］1038号
相关内容	一、以整村实施的农村地区煤改地源热泵项目，市政府固定资产投资按照工程建设投资的50%安排资金支持。 二、以社区统一实施的城镇地区煤改地源热泵项目，市政府固定资产投资按照工程建设投资的50%安排资金支持。 三、本通知自发布之日起实施

4.《北京市“十三五”时期新能源和可再生能源发展规划》

发布日期	2016年9月
发文机关	北京市发展和改革委员会
发文字号	京发改［2016］1516号
相关内容	二、大力发展地热及热泵系统应用 以新建区域、新建建筑、郊区煤改清洁能源为重点，实施千万平方米热泵利用工程。新建区域市政基础设施专项规划中优先采用地热及热泵系统。“十三五”时期，新增地热及热泵利用面积2000万平方米，累计利用面积达到7000万平方米

5.《北京市“十三五”时期能源发展规划》

发布日期	2017年6月
发文机关	北京市人民政府
发文字号	京政发［2017］18号
相关内容	（五）可再生能源利用规模快速提升　以太阳能和地热能利用为重点，实施金太阳、阳光校园等示范工程，加快延庆、顺义等一批国家级可再生能源示范区建设，出台分布式光伏奖励、热泵补贴等鼓励政策，可再生能源利用由试点示范向规模化应用转变。2015年，可再生能源利用总量达到450万吨标准煤，比2010年翻了一番，占能源消费比重提高到6.6%。全市光伏发电装机容量16.5万千瓦，太阳能集热器800万平方米，地热及热泵供暖面积5000万平方米，风电装机容量20万千瓦，生物质发电装机容量10万千瓦

6.《关于进一步加大煤改清洁能源项目支持力度的通知》

发布日期	2017年6月
发文机关	北京市发展和改革委员会
发文字号	京发改［2017］762号
相关内容	三、清洁能源储能项目　对于全市范围内居民“煤改清洁能源（热泵、太阳能、集中式电锅炉以及燃气锅炉等）”集中供暖项目，配套建设的水蓄热设施投资计入热源投资。其中，对于采用热泵、太阳能方式集中供暖的项目，市政府固定资产投资对其配套建设的水蓄热设施给予50%资金支持；对于采用集中式电锅炉、燃气锅炉方式集中供暖的项目，市政府固定资产投资对其配套建设的水蓄热设施给予30%资金支持。热源投资补助政策按现行市政府固定资产投资政策执行

7.《2018年北京市农村地区村庄冬季清洁取暖工作方案》

发布日期	2018年4月
发文机关	北京市人民政府办公厅
发文字号	京政办发［2018］13号
相关内容	二、相关支持政策 （二）对清洁取暖设备的支持政策　实施“煤改电”项目的，……对使用空气源热泵、非整村安装地源热泵取暖的，市财政按照采暖面积每平方米100元的标准进行补贴；对使用其他清洁能源取暖设备的，市财政按照设备采购价格的1/3进行补贴。市财政对各类清洁能源取暖设备的补贴限额为每户最高1.2万元；区财政在配套同等补贴资金的基础上，可进一步加大补贴力度，减少住户负担。 （三）对运行使用的支持政策　1. 电价优惠及补贴政策。完成“煤改电”改造任务的村庄，住户在取暖季期间，当日20：00至次日8：00享受0.3元/度的低谷电价，同时市、区两级财政再各补贴0.1元/度，补贴用电限额为每个取暖季每户1万度。 （四）……整村实施的“煤改地源热泵”项目，市政府固定资产投资给予50%资金支持。农村地区村庄住户、村委会、村民公共活动场所和籽种农业设施采用空气源、地源、太阳能、燃气、电等清洁能源实施集中供暖的项目，其配套建设的水蓄热设施投资计入热源投资，由市政府固定资产投资按一定比例给予支持，其中，采用空气源、地源、太阳能的，市政府固定资产投资给予50%资金支持，采用燃气和电的，市政府固定资产投资给予30%资金支持。农村“煤改气”集中供暖采用市政管道天然气的，执行居民气价的非居民用户气价标准

2.2.2 天津市

1.《市国土房管局关于进一步加强浅层地热能地质监测管理工作的通知》

发布日期	2013年9月
发文机关	天津市国土资源和房屋管理局
发文字号	津国土房热［2013］288号
相关内容	各区、县国土分局，滨海新区规划国土局，蓟县地矿局，各有关单位： 为加强我市浅层地热能开发利用的监督管理，促进浅层地热能资源的科学、合理和可持续利用，巩固部市合作浅层地热能资源开发利用试点工作成果，根据市政府办公厅《转发市国土房管局关于加快推进我市浅层地热能开发利用工作意见的通知》（津政办发［2012］41号），现就加强浅层地热能地质监测管理工作通知如下

2.《关于加大地热资源利用专项实施方案》

发布日期	2014年3月
发文机关	天津市人民政府办公厅
发文字号	津政办发［2014］31号
相关内容	各区、县人民政府，各委、局，各直属单位： 市国土房管局《关于加大地热资源利用专项实施方案》已经市人民政府同意，现转发给你们，请照此执行

3.《天津市地源热泵系统管理规定》

发布日期	2017年2月
发文机关	天津市水务局
发文字号	津水资［2017］17号
相关内容	各区县水务局、各有关单位： 为合理开发利用和保护地下水资源，规范地源热泵系统管理，依据《中华人民共和国水法》《取水许可和水资源费征收管理条例》及《天津市实施〈中华人民共和国水法〉办法》等法律法规规定，市水务局对《天津市地源热泵系统管理规定》进行了修订，现印发给你们，请遵照执行

4.《天津市地埋管地源热泵系统应用技术规程》

发布日期	2018年3月
发文机关	天津市城乡建设委员会
发文字号	津建设［2018］101号
相关内容	各有关单位： 根据《市建委关于下达2015年天津市建设系统第一批工程建设地方标准编制计划的通知》（津建科［2015］286号）要求，天津大学、天津市建筑设计院等单位修订完成了《天津市地埋管地源热泵系统应用技术规程》。经市建委组织专家评审通过，现批准为天津市工程建设地方标准，编号为DB/T 29-178—2018，自2018年5月1日起实施。原《天津市地埋管地源热泵系统应用技术规程》DB/T 29-178—2010同时废止。 各相关单位在实施过程中如有不明之处及修改意见，请及时反馈给天津大学或天津市建筑设计院。 本规程由天津市城乡建设委员会负责管理。 本规程由天津大学和天津市建筑设计院负责具体技术内容的解释

2.2.3 河北省

1.《河北省地热能开发利用“十三五”规划》

发布日期	2016年12月
发文机关	河北省发展和改革委员会、河北省国土资源厅、河北省住房和城乡建设厅、河北省水利厅、河北省地质矿产勘查开发局
发文字号	冀发改能源［2016］1624号
相关内容	（三）发展目标 1. 发展总目标 到2020年末，实现地热供暖（制冷）面积累计达到1.3亿平方米。其中，新建水热型地热供暖面积4630万平方米，累计达到9600万平方米；完成新建和改造建筑项目浅层地热能供暖（制冷）面积1900万平方米，累计达到3400万平方米

2.《关于发布〈地源热泵系统工程技术规程〉的通知》

发布日期	2017年1月
发文机关	河北省住房和城乡建设厅
发文字号	冀建工［2017］4号
相关内容	根据省住房和城乡建设厅《2015年度省工程建设标准和标准设计第二批编制计划》（冀建质［2016］70号）要求，由河北建工集团有限责任公司会同有关单位编制的《地源热泵系统工程技术规程》已通过审查，现批准为河北省工程建设标准，编号为DB13（J）/T 107—2016，自2017年4月1日起实施。原《热泵系统工程技术规程》DB13（J）/T 107—2010同时废止

3.《河北省节能“十三五”规划》

发布日期	2017年4月
发文机关	河北省人民政府办公厅
发文字号	冀政办字［2017］40号
相关内容	二、重点领域节能 （二）建筑领域。……1. 提升新建建筑能效水平。积极推进农村建筑节能，推动建筑保温与结构一体化、装配式建筑等新型结构体系在农村建筑中的应用，加大农村危房改造建筑节能示范力度，推广太阳能、地源热泵、空气源热泵及相互结合采暖和太阳能热水系统，开展新型建材下乡行动。……3. 推进建筑用能结构调整。积极推广可再生能源建筑应用，大力推进太阳能综合利用，高层建筑加快发展太阳能热水应用。在适宜发展浅层地能的地区，优先发展地埋管地源热泵系统

4.《河北省“十三五”能源发展规划》

发布日期	2017年9月
发文机关	河北省人民政府办公厅
发文字号	冀政办字［2017］114号
相关内容	（二）提高清洁高效利用水平，推进能源消费革命。 4. 积极推进电能替代。……对热力管网覆盖范围外的医院、学校、商场、办公楼等公共建筑，推广蓄热式电锅炉、热泵和电蓄冷技术，鼓励建设空气源、地源、水源热泵供热（制冷）系统。紧密结合清洁取暖，鼓励有条件的区域实施电代煤，推广高效电暖、热泵、电辅助太阳能热水器等适用技术，示范推广蓄热电锅炉等新型供暖工程

5.《河北雄安新区规划纲要》

发布日期	2018年4月
发文机关	中共河北省委、河北省人民政府
发文字号	—
相关内容	第八章　建设绿色智慧新城第二节　构建绿色市政基础设施体系建设清洁环保的供热系统。科学利用地热资源，统筹天然气、电力、地热、生物质等能源供给方式，形成多能互补的清洁供热系统。 第九章　构筑现代化城市安全体系第四节　保障新区能源供应安全热力。科学利用区内地热资源，综合利用城市余热资源，合理利用新区周边热源，规划建设区内清洁热源和高效供热管网，确保供热安全

6.《河北省农村地区地热取暖试点方案》

发布日期	2018年5月
发文机关	河北省住房和城乡建设厅、河北省发展和改革委员会、河北省财政厅、河北省国土资源厅、河北省水利厅
发文字号	冀建村〔2018〕29号
相关内容	五、试点任务 在石家庄、保定、沧州、衡水、邢台、邯郸等6个设区市和定州、辛集两市的平原地区，优选地域相对集中的试点村开展地源热泵取暖试点，全省试点总规模控制在2000户内

2.2.4 山西省

1.《山西省2013-2020年大气污染治理措施》

发布日期	2013年3月
发文机关	山西省人民政府办公厅
发文字号	晋政办发〔2013〕19号
相关内容	三、加强大气污染防治的主要措施 (一) 优化能源利用结构与布局，提高能源利用效率。 快速提高清洁能源使用比例。在我省天然气、煤层气、焦炉煤气、煤制气等“四气”产业一体化发展推动下，优化能源结构与布局，11个设区市城区范围努力构建气、电为主的能源体系。加大对天然气、电力、地热、太阳能等清洁能源的利用和供应能力，推进工业、民用及交通用气工程建设，加快燃气管网及输变电线路等基础设施建设，继续加大各类燃煤设施清洁能源改造力度

2.《山西省低碳创新行动计划》

发布日期	2014年3月
发文机关	山西省人民政府
发文字号	晋政发〔2014〕7号
相关内容	六、低碳社会建设 (四) 推行低碳建筑。 提升建筑节能水平。对新建建筑开展建筑节能专项验收，严格落实节能设计标准。推广居住建筑节能改造技术，开展公共建筑节能改造。安装公共建筑能耗监测系统，加强建筑用能管理。 推动新能源建筑应用。推广应用工业余热、污（中）水、浅层地能供热（制冷）和太阳能建筑。开展分布式能源建筑示范，重点在太原、榆次等大中型城市的公用建筑、公共场馆，集中建设综合利用燃气的分布式能源示范项目。探索开展被动房零能耗建筑、智能建筑试点示范

3.《山西省人民政府办公厅关于贯彻落实〈能源发展战略行动计划（2014-2020年）〉的实施意见》

发布日期	2015年1月
发文机关	山西省人民政府办公厅
发文字号	晋政办发〔2015〕1号
相关内容	4. 优化能源消费结构。 加大城乡居民可再生能源利用规模。大力发展太阳能、风能、生物质能、地热能等可再生能源利用，逐步扩大民用太阳能、地热能设备的使用范围，推广户用太阳能热水，开展农村沼气利用和地热能取暖。鼓励发展分布式光伏发电。提高可再生能源使用率，到2020年非化石能源占一次能源消费比重达5%～8%

4.《山西省“十三五”战略性新兴产业发展规划》

发布日期	2016 年 7 月
发文机关	山西省人民政府
发文字号	晋政发［2016］41 号
相关内容	三、产业发展重点及方向 地热能。综合开发利用水热型地热能，积极发展土壤源热泵，适度发展地下水源热泵，提高地热能在城镇和新农村建筑中用能比例。继续推进太原经济开发区地热供暖项目、西山分布式能源地热供暖项目，重点在太原、运城两地，建设一批利用中深层地热能进行冬季供热，规模化推广浅层地温能开发利用的示范项目

2.2.5 辽宁省

1.《辽宁省大气污染防治行动计划实施方案》

发布日期	2014 年 3 月
发文机关	辽宁省人民政府
发文字号	辽政发［2014］8 号
相关内容	三、重点任务 3. 科学推进地热能、风能、核能等清洁能源利用。严格执行地源热泵运行电价政策，积极推广地源热泵，全省每年新增地源热泵供热面积 2000 万平方米。有序开发利用风能，安全高效发展核电。到 2017 年，全省风力发电能力达到 650 万千瓦，核电装机容量达到 400 万千瓦，年度发电量超过 280 亿千瓦时

2.《辽宁省污染防治与生态建设和保护攻坚行动计划（2017—2020 年）》

发布日期	2017 年 4 月
发文机关	辽宁省人民政府
发文字号	辽政发［2017］22 号
相关内容	二、重点攻坚行动 （一）精准施策改善大气环境质量。 1. 加快调整优化能源结构。……推进冬季清洁取暖，抓好电能替代工作，完善“煤改电”供暖政策，扩大煤改电供暖范围，提高城市集中供热比重。积极推进工业余热供暖，到 2020 年，新增城市地源热泵等清洁能源供暖 2000 万平方米，其中“煤改电”供暖面积 500 万平方米

3.《辽宁省大气污染防治条例》

发布日期	2017 年 5 月
发文机关	辽宁省第十二届人民代表大会常务委员会
发文字号	—
相关内容	第三章　防治措施 第一节　燃煤和其他能源污染防治 第三十一条　市、县人民政府应当采取下列措施加强民用散煤污染治理： （三）推广使用太阳能、风能、电能、燃气、沼气、地热能等清洁能源

4.《辽宁省推进清洁取暖三年滚动计划（2018—2020年）》

发布日期	2017年10月
发文机关	辽宁省人民政府办公厅
发文字号	辽政办发［2017］116号
相关内容	二、重点任务 （三）科学发展热泵供暖。 根据气温、水源、土壤等条件特性，结合电网架构能力，推广使用水源、地源、空气源热泵供暖，发挥电能高品质优势，充分利用低温热源热量，提升电能供暖效率。发挥沈阳市的典型示范作用，在地质条件较好地区推广浅层地源热泵供暖。力争到2020年，全省水源、地源、空气源等热泵供暖面积达到5000万平方米

5.《辽宁省环境保护条例》

发布日期	2017年11月
发文机关	辽宁省第十二届人民代表大会常务委员会
发文字号	—
相关内容	第四章 防治污染和其他公害 第三十八条 省、市、县人民政府及其有关部门应当调整冬季取暖能源结构，推进利用清洁能源，完善煤改电、煤改气政策措施，推广使用地热能、空气热能、生物质能、光伏等可再生能源，提高清洁供热比重

2.2.6 山东省

1.《山东省省级建筑节能与绿色建筑发展专项资金管理办法》

发布日期	2016年2月
发文机关	山东省财政厅、山东省住房和城乡建设厅
发文字号	鲁财建［2016］6号
相关内容	（十一）绿色抗震农房示范 3.符合《山东省农村民居建筑抗震技术导则》等抗震相关技术要求，使用新型墙体材料，应用墙体、屋面保温隔热技术及节能门窗、灯具，同步设计安装太阳能热水系统，采用被动式太阳能建筑技术、小型户用地源热泵系统、光伏发电技术等的优先予以支持

2.《山东省人民政府办公厅关于推进农村地区供暖工作的实施意见》

发布日期	2016年11月
发文机关	山东省人民政府办公厅
发文字号	鲁政办字［2016］208号
相关内容	一、重点工作 （一）编制农村供暖规划。以县（市、区）为单位组织编制农村供暖专项规划，规划要覆盖全部农村地区，深入分析县域内农村供暖现状和存在的问题，根据人口数量、产业布局、村镇体系布局、基础和服务设施布局、资源能源承载能力等因素，结合热电联产发展、天然气利用以及太阳能、空气能、风能、地热能、生物质能等可再生能源开发利用，合理确定农村供暖用能结构，供暖模式，热源位置、规模和负荷等内容，明确农村公共服务设施、农村新型社区和普通农村供暖建设规模和时序，提出推进农村供暖发展的政策措施。（二）合理选择农村供暖能源。……对热力管网无法覆盖的农村新型社区，因地制宜，推广以太阳能、电能、空气能、地热能、生物质能等为主要供暖能源的供暖模式

3.《山东省“十三五”节能减排综合工作方案》

发布日期	2017 年 6 月
发文机关	山东省人民政府
发文字号	鲁政发［2017］15 号
相关内容	三、加强重点领域节能 7. 强化建筑节能。……推动太阳能、地热能等在建筑中的深度复合利用，100 米及以下住宅和集中供应热水的公共建筑全部推行太阳能光热建筑一体化。 11. 推进农业农村节能。……推进节能及绿色农房建设，结合农村危房改造，稳步推进农房节能及绿色化改造，推动城镇燃气管网向农村延伸和省柴节煤灶更新换代，因地制宜采用生物质能、太阳能、空气热能、浅层地热能等解决农房采暖、炊事、生活热水等用能需求，提升农村能源利用的清洁化水平。 六、实施节能减排工程 24. 节能重点工程。……新能源推广应用工程，突出太阳能、核能、风能、生物质能和地热能五大领域，重点突破中高温高效太阳能集热、光热发电、太阳能冷热联供等一批关键核心技术，加快太阳能光热工业化利用，加快智能电网建设

2.2.7 河南省

1.《河南省能源中长期发展规划（2012—2030 年）》

发布日期	2013 年 5 月
发文机关	河南省人民政府
发文字号	豫政［2013］37 号
相关内容	（五）推动分布式可再生能源发展……发挥可再生能源资源分布广、利用形式多样、能源产品丰富的特点，加快分布式可再生能源应用，实现可再生能源就地利用。推进地热能资源合理开发和有序利用。支持可再生能源资源丰富的城市建设新能源示范城市，采用多样化的新能源利用技术，推进太阳能、生物质能、地热能等新能源综合应用，满足城市电力、供热、制冷等能源需求，形成新能源利用的局部优势区域。支持县（市、区）和乡镇因地制宜建设中小型可再生能源设施，改善城镇和农村居民生产和生活用能条件。积极建设以智能电网、物联网和储能技术为支撑的新能源微电网示范工程，通过电网调剂和储能设施解决新能源相对集中区域的供用电问题

2.《河南省“十三五”能源发展规划》

发布日期	2017 年 1 月
发文机关	河南省人民政府办公厅
发文字号	豫政办［2017］2 号
相关内容	4. 合理开发利用地热能。开展地热能资源地质勘查，加强压水回灌循环利用，提高地热能开发利用水平，统筹布局地热能开发项目，重点发展浅层地热能，规范发展中深层地热能，鼓励在新建公共建筑和住宅小区开展地源热泵供暖制冷，探索开展地热发电试点。“十三五”期间，新增地热供暖制冷面积 3000 万平方米，累计达到 5500 万平方米

3.《河南省“十三五”节能减排综合工作方案》

发布日期	2017 年 7 月
发文机关	河南省人民政府办公厅

续表

发文字号	豫政办［2017］81号
相关内容	5. 绿色建筑提升行动。提高建筑节能标准要求，逐步执行“65%+”节能设计标准，到2020年，全省新建建筑全面执行“65%+”节能设计标准。……推广可再生能源与建筑一体化技术，鼓励利用太阳能、地热能、工业余热等解决建筑用能需求。到2020年，全省新增绿色建筑面积5000万平方米以上，绿色建材在城镇新建建筑的应用比例达到40%以上，装配式建筑面积占城镇新建建筑面积比例达到20%以上

4.《河南省推进能源业转型发展方案》

发布日期	2017年11月
发文机关	河南省人民政府办公厅
发文字号	豫政办［2017］134号
相关内容	二、主要目标……2017年，能源企业生产更加清洁高效。……地热能供暖面积累计达到5700万平方米。 （三）可再生能源发展。……1. 积极稳妥推进地热供暖。2017年，启动重点地区地热资源潜力勘查与评价，研究制定地热能开发利用指导意见，持续推进清丰、鹿邑、沈丘、范县、兰考等地热供暖试点建设，全年新增地热供暖面积1200万平方米。2018年，持续推进全省地热资源潜力勘查与评价，摸清资源底数，不断完善地热能开发利用政策体系和管理方式，总结地热能供暖区域连片推进开发利用模式，将地热供暖纳入城镇基础设施范围，统一规划，有序开发，在具备条件的地方，以城镇新规划区、公共建筑和新建住宅小区为重点进行复制推广。到2020年，全省地热供暖面积累计达到11700万平方米

5.《河南省2018年大气污染防治攻坚战实施方案》

发布日期	2018年2月
发文机关	河南省人民政府办公厅
发文字号	豫政办［2018］14号
相关内容	四、主要任务 （1）积极稳妥推进地热供暖。持续推进全省地热资源潜力勘查与评价，摸清资源底数，不断完善地热能开发利用政策体系和管理方式，总结地热能供暖区域连片推进开发利用模式，将地热供暖纳入城镇基础设施建设，统一规划，有序开发，在具备条件的地区，以城镇新规划区、公共建筑和新建住宅小区为重点进行复制推广。2018年，全省地热供暖面积力争达到2000万平方米

2.2.8 其他相关政策列表

1. 国务院

发布日期	发文机关	发文字号	文件名
2013年2月	国务院	国办发［2013］8号	《国务院办公厅关于强化企业技术创新主体地位全面提升企业创新能力的意见》
2013年8月	国务院	国发［2013］30号	《国务院关于加快发展节能环保产业的意见》
2013年9月	国务院	国发［2013］5号	《循环经济发展战略及近期行动计划》
2013年9月	国务院	国发［2013］37号	《大气污染防治行动计划》
2014年5月	国务院	国办发［2014］23号	《2014-2015年节能减排低碳发展行动方案》

续表

发布日期	发文机关	发文字号	文件名
2015年4月	国务院	国发〔2015〕17号	《水污染防治行动计划》
2016年3月	国务院	国发〔2016〕18号	《国务院关于深化泛珠三角区域合作的指导意见》
2016年11月	国务院	国发〔2016〕61号	《“十三五”控制温室气体排放工作方案》
2016年11月	国务院	国发〔2016〕62号	《国务院关于深入推进实施新一轮东北振兴战略加快推动东北地区经济企稳向好若干重要举措的意见》
2016年12月	国务院	国发〔2016〕65号	《“十三五”生态环境保护规划》
2017年1月	国务院	国发〔2016〕74号	《“十三五”节能减排综合工作方案》
2017年2月	国务院	国发〔2017〕3号	《全国国土规划纲要（2016—2030年）》

2. 国家发展和改革委员会

发布日期	发文机关	发文字号	文件名
2013年9月	国家发展和改革委员会	发改环资〔2013〕1720号	《国家发展改革委关于组织开展循环经济示范城市（县）创建工作的通知》
2014年3月	国家发展和改革委员会	发改气候〔2014〕489号	《国家发展改革委关于开展低碳社区试点工作的通知》
2014年3月	国家发展和改革委员会等三部门	发改能源〔2014〕506号	《能源行业加强大气污染防治工作方案》
2015年9月	国家发展和改革委员会等三部门	发改环资〔2015〕2154号	《关于开展循环经济示范城市（县）建设的通知》
2015年10月	国家发展和改革委员会	发改办运行〔2015〕2554号	《关于可再生能源就近消纳试点的意见（暂行）》
2016年5月	国家发展和改革委员会等八部门	发改能源〔2016〕1054号	《关于推进电能替代的指导意见》
2016年7月	国家发展和改革委员会	发改规划〔2016〕1553号	《关于推动积极发挥新消费引领作用加快培育形成新供给新动力重点任务落实的分工方案》
2016年7月	国家发展和改革委员会等六部门	发改办环资〔2016〕1623号	《关于做好2016年度煤炭消费减量替代有关工作的通知》
2017年11月	国家发展和改革委员会	发改价格〔2017〕1941号	《关于全面深化价格机制改革的意见》
2018年2月	国家发展和改革委员会等两部门	发改能源〔2018〕364号	《国家发展改革委国家能源局关于提升电力系统调节能力的指导意见》

第3章 国际经验及发展状况

地源热泵起源于欧洲，石油危机致化石能源价格大幅上涨推动了地源热泵的大范围应用。由于其高效利用可再生能源的环保特性，应用国家逐年增加，从2000年的26个国家增至2015年的48个。很多应用地源热泵的国家都能保持每年10%的应用增长率。

世界范围内，截至2015年底，开发利用浅层地热能的地源热泵装机容量约为5万MW，地源热泵安装台数与2010年相比增长了51%。美国每年的装机量从2011年的不足15万台到2017年增至32.6万台。瑞典、德国是引领欧洲地源热泵产业发展的主要国家，芬兰、荷兰等国家依据其自身浅层地热能资源特色，地源热泵的应用及发展也十分迅速。截至2017年年底，我国地源热泵装机容量达2万MW，位居世界第一，主要分布在北京、天津、河北、辽宁、山东、湖北、江苏、上海等省市，其中京津冀开发规模最大。高速的发展更需要吸收和借鉴其他国家的经验，下面主要对世界主要国家地源热泵应用情况做简要介绍，包括北美的美国和加拿大，欧盟的瑞典、德国、奥地利、芬兰和荷兰以及亚洲的日本。

3.1 北美地源热泵发展

北美大陆主要分布在25～85°N，20～170°W之间。北起北冰洋，南至墨西哥湾，东靠大西洋，西临太平洋。主要范围包括：加拿大、美国、丹麦的格陵兰岛。冬冷夏热的温带大陆性气候从中部向北直到北极圈，北部以北寒带为主。美国的气候大部分地区属温带和亚热带气候，仅佛罗里达半岛南端属热带。阿拉斯加州位于北纬60°～70°之间，属北极圈内的寒冷气候区；夏威夷州位于北回归线以南，属热带气候区。加拿大地处高纬，90%以上的国土在北纬50°～80°之间，西部科迪勒拉山系阻挡太平洋温湿气流东侵，大部分地区受北冰洋气团和极地大陆气团控制，气候寒冷是最突出的自然地理特征。

经过几十年的发展，地源热泵技术在北美已非常成熟，是一种被广泛采用的供热空调技术。针对水源热泵机组、地热换热器，系统设计和安装有一整套标准、规范、计算方法和施工工艺。而加拿大和美国由于气候条件、政府支持力度、技术水平的不同，地源热泵发展的情况也不尽相同。下面将分别介绍美国和加拿大地源热泵的发展情况。

3.1.1 美国地源热泵的发展概况

3.1.1.1 应用及市场情况简介

美国的地源热泵起源于地下水源热泵。由于地埋管地源热泵的初投资高、计算复杂以及金属管的腐蚀等问题，早期美国的地源热泵中土壤源占的比例比较小，主要以地下水源热泵为主。早在20世纪50年代，美国市场上就开始出现以地下水或者河湖水作为热源的地源热泵系统，并用它来实现供暖，但由于采用的是直接式系统，很多系统在投入使用10年后左右的时间由于腐蚀等问题就失效了，地下水源热泵系统的可靠性受到了人们的质疑。20世纪70年代末80年代初，在能源危机的促使下，人们又开始关注地下水源热泵。通过改进，水源热泵机组扩大了进水温度范围，加上欧洲板式换热器的引进，闭式地下水源热泵逐渐得到广泛应用。

与此同时，人们也开始关注地埋管地源热泵系统。在美国能源部（DOE）的支持下，美国橡树山（Oak Ridge National Laboratory，ORNL）和布鲁克海文（Brookhaven National Laboratory，BNL）等国家实验室和俄克拉荷马州立大学（Oklahoma State University，OSU）等研究机构进行了大量的研究。主要研究工作集中在地下换热器的传热特性、土壤的热物性、不同形式埋管换热器性能的比较研究等。为了解决腐蚀问题，地埋管也由金属管变成了聚乙烯等塑料管。至此，美国进行了多种形式的地下埋管换热器的研究、安装和测试工作。现在美国所安装的地埋管地源热泵主要是闭式环路系统，它根据塑料管的安装形式的不同可分为水平埋管和垂直埋管，此系统可以被高效地应用于任何地方，也正是地埋管地源热泵系统的广泛应用推动了最近几十年美国地源热泵产业的快速增长。

美国热泵市场受到人口模式、燃料价格、住房特征、消费者偏好、监管和经济条件的转变的影响，其变化曲线如图3-1所示。美国在2005～2010年经历了房地产市场危机，但商业市场并没有立刻受到住房危机的影响，2007年商业市场的出货量还一直在增长。在2008年之前的十年，每年都以超过50%的市场增长率发展。美国总的地源热泵市场在2008年，包括设备和安装的费用共计达到3.7亿美元。2008～2009年的地源热泵发展巅峰之后经历了小幅度的下滑，但是随后几年地源热泵设备的安装数量又呈现出稳定上升的趋势，2015年的美国地源热泵设备安装数量达到了约27.7万台。根据最新市场数据显示，2017年美国地源热泵设备安装数量达到了32.6万台。

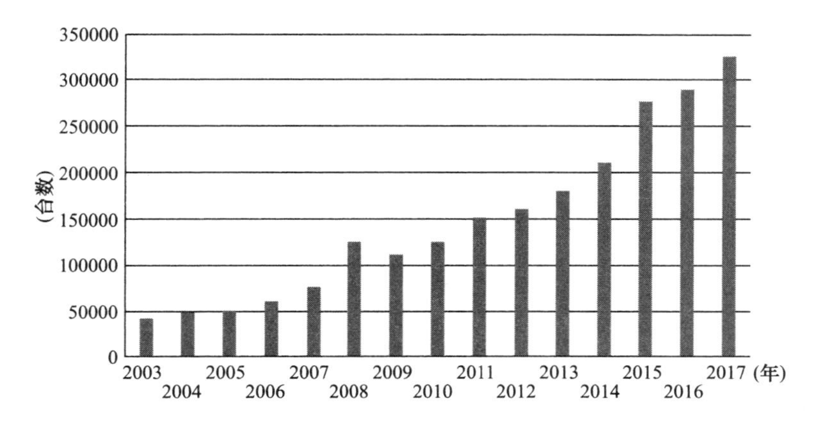

注：数据来源于能源之星设备出厂和市场渗透报告。

图3-1 美国地源热泵安装量逐年变化

虽然美国地源热泵行业近年来增长迅速，但相对空气源热泵设备的市场比例来说地源热泵设备在美国暖通空调中的比例仍然非常的小。近年来，美国小型家用热泵（空气源热泵和小型地源热泵）已经占据了主要市场份额，如图3-2所示，美国大型地源热泵、商用热泵和空调的出货量仅占总市场的4%。在过去的15年中，这一比例略有变化，但变化率

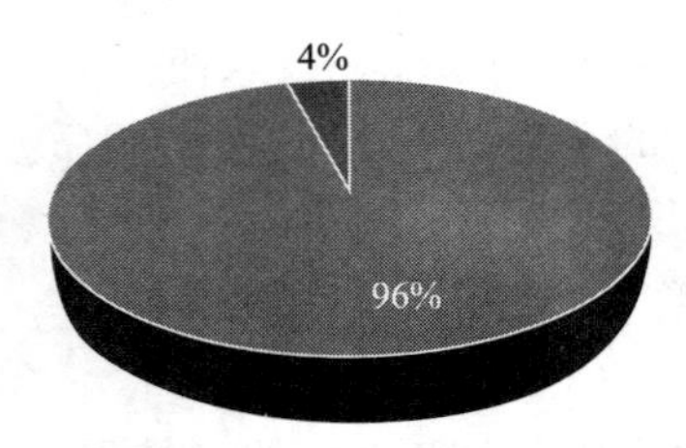

图 3-2　美国商用和家用热泵和空调设备出货数量对比

仅为3%～5%。这是由于美国商业建筑中常常应用家用热泵和空调设备，导致大型商业热泵市场的份额小于预期。另外，商业设备通常容量较大，单位面积所需的热泵设备数量少，更导致了商业建筑所需热泵数量较少。

新的2015年度美国能效法最低效率法规对美国热泵产品出货趋势有显著影响，随着法规对热泵设备性能要求的提高，2014年美国热泵出货量比2013年高出了18%，主要是由于制造商都计划在新法规执行之前尽快将已生产的设备出货，积极销售旧设备。同样补贴政策对热泵产品销售也有重大的影响，美国联邦政府对地源热泵项目实施课税津贴政策，政策截止到2016年停止，考虑到地源热泵项目安装施工需要一定周期，在此之政策到期前的2015年，地源热泵项目增长迅速，2016年相对增长缓慢。

3.1.1.2　相关配套措施

1. 软件

由于地源热泵的设计需要至少三方面的数据：建筑物负荷、地质条件、GHP热泵性能参数。目前被广泛采用的软件对这三个方面的计算都不尽相同。经常使用的软件（非全部）包括：GSHPCalc、OptGSHP、GLEPRO、HYGCHP、Gaia、GS2000、Right-Loop、TRNSYS和eQuest。对于通常的HVAC系统来说，EnergyPlus、DOE-2、Trace 700也经常使用，应用的最广泛是就是eQuest和TRNSYS，但是更多的是学术研究工具，而非商用设计软件。

2. 政策和法规

美国联邦政府对实施于2009年12月1日到2016年12月31日之间的GHP项目实施课税津贴政策。由于课税津贴政策的扶持，GHP系统的应用得到了很大的推广。但该政策补贴目前已经停止。

为了促进地源热泵的发展，美国地方政府也相继出台了很多激励措施来鼓励地源热泵的发展，见表3-1。

美国地源热泵的激励措施　　**表3-1**

州	计划名称	描述
伊利诺伊州	The Governor's Small Business $mart Energy Program (SB$E)	对既有建筑进行节能评估，同时给出节能整改意见和方案，同时改进筹款机制
印第安纳州	Indiana Energy Education & Demonstration Grant Program	奖励小规模的节能和使用可再生能源的示范项目。对象为商业，非营利的公共机构，以及地方政府部门（包括公立学校）
马萨诸塞州	Sales Tax Exemption	对于州内的个人住宅，免除地源热泵国家营业税（5%）。不适用于商业建筑
	Green Schools Initiative	对可行性分析、设计、建造提供信息和财政帮助。采用可再生能源的绿色公立学校开展绿色教育。授权的可行性研究资助20000美元，对设计和建造资助639000美元
蒙大拿州	Residential Income Tax Credit	允许居民由于地源热泵的安装申请1500美元的免税
	Universal System Benefits Program Renewable Energy Fund	西北能源公司周期性的向可再生能源工程提供资金帮助

续表

州	计划名称	描述
纽约州	New York Energy ＄mart^{SM} Loan Fund	对节能和可再生能源项目给予为期10年或者整个贷款期降低贷款利率的激励
	New construction Program	对于安装有节能设备或者超过国家节能标准的建筑给予财政补贴。对于单个地源热泵工程最大的补贴为50000美元
	FlexTech Services for Energy Feasibility Studies	由能源工程师进行能量可行性研究来确立节能方案。这个计划来分担高达50000美元的费用。可行性研究可能包括地源热泵系统的比较分析
	Long Island Power Authority Rebate program	对于采用地源热泵系统的个人或者商业用户给予补助。对于住宅，安装地源热泵系统给予600～800美元/t，对于改造的给予150～250美元/t
北达科他州	Income Tax Credit	任何该州的纳税人都可以因为地源热泵系统的安装而申请为期五年的个人所得税减免3%的优惠
	Tax Exemption	对于安装了地源系统5年的免除当地财产税
威斯康星州	Renewable Energy Program	业主可以借1000～20000美元的低息贷款

3. 专业协会、企业以及培训机制

在美国地源热泵发展过程中各种公共机构和学会/协会功不可没。1994年，为了大力发展地源热泵，美国能源部（DOE）、美国国家农村电气合作协会（National Rural Electric Cooperative Association，NRECA）、美国电力研究所（Electric Power Research Institute，EPRI）和国际地源热泵协会（International Ground Source Heat Pump Association，IGSHPA）等组织与相关的工厂、实验室、研究所和大学合作建立了许多项目。其中，最著名的是"国家能源综合规划项目（NECP）"，它的目标是：（1）到2000年，每年减排温室气体150万t；（2）到2000年，水源热泵机组的年销售量从4万台增加到40万台；（3）为地源热泵提供一个持续发展的市场。为了实现这些目标，项目组委会成立了初投资竞争委员会、技术保证委员会和公共建筑加强委员会，解决项目运作中的问题。

美国能源环境研究中心（Energy & Environmental Research Center）、美国地下水资源联合会（National Ground Water Association）、爱迪生电力研究所（Edison Electric Institute）及众多地源热泵制造设计销售公司以及政府机构和建筑商在1997～2001年五年时间里投入1亿美元，通过技术研发、培训、示范工程、宣传与市场推进、公共认知等方面的努力，极大地帮助了美国的地源热泵企业，尤其是中小企业。目前资金投入已经结束，但由于该资金而诞生的机构——美国地源热泵工业联合会（Geothermal Heat Pump Consortium，GHPC）仍然在起作用，并且进一步提供更深层次的服务。除了对公众的帮助以外，联合会还直接参与执行美国最大能源消费州，如纽约州、加利福尼亚州和伊利诺伊州的新能源计划。

除美国地源热泵工业联合会以外，在美国，推动地源热泵发展的另一个功不可没的机构是美国联邦能源管理项目（Federal Energy Management Program），这是一个对联邦设施提供顾问咨询的机构，主要依托单位是美国橡树山国家实验室（ORNL）专家，此机构直接参与的地源热泵项目达4000余个。

国际地源热泵协会（IGSHPA）是一个非营利的组织。它致力于地源热泵在地方、州、国家以及国际水平上的发展。它通过以下途径来完成使命：

（1）GSHP技术的研发。

（2）每年组织两次GSHP论坛。

（3）广泛地提供GSHP培训。

（4）向政府机构和团体提供建议。

（5）向用户提供信息。

（6）出版教育和营销资料。

（7）为政府机构、研究机构、制造商、合同商、安装者等的交流提供平台。

协会向工程师、安装人员、建筑师、制造商、合同商、营销者等提供培训，它有10余年的培训经验，认证了数以千计的安装人员。

美国水源热泵机组的主要制造厂商有Addison Products Company、Advanced Geothermal Technology、Carrier Corporation、Climate Master Inc.、Econar Energy Systems Corporation、FHP Manufacturing、Mammoth Inc.、The Trane Company、Water Furnace International（按英文字母排序）等公司。美国的水源热泵机组的研究和应用更偏重用于住宅和商业小型系统（20RT以下），多采用水—空气系统，如大家熟知的TRANE等推出的产品。在大型建筑方面，美国推行水环热泵系统。目前的机组性能提升主要表现在以下几个方面：（1）进一步提高效率，提出了更新、更高的标准。2003年，市场上的热泵机组能达到10*SEER*的仅有85%，2006年的强制性标准已经是13*SEER*，部分企业追求的效率接近19*SEER*（注意这里不使用*EER*而使用*SEER*有特殊的意义）。（2）采用新型制冷剂。目前在其他地区以134a为主，欧洲407c较为常见，而在北美，由于对效率的追求，选择的替代物以R410a为主流。（3）追求静音。北美机组以前在这方面一直是不理想的，但由于各制造商对这方面充分重视，机组噪声得到明显改善。

美国地源热泵新技术的发展方向主要为：（1）对地埋管地源热泵应用项目进行实际效果检验。（2）通过提高施工水平以及相关新设备的开发，使系统初投资降低70%。（3）研究更加简单、容易操作的机组。（4）系统低维护甚至是零维护的研究。（5）不断提高系统性能。

3.1.1.3　中美之间在地源热泵领域的交流

在地源热泵的发展上，中国和美国展开了积极的合作。美国能源部和中国科技部于1997年11月签署了中美能源效率及可再生能源合作议定书，其中主要内容之一是“地源热泵的推广”，该项目拟在中国的北京（代表北部寒冷地带）、宁波（代表中部夏热冬冷地带）和广州（代表南部亚热带）3个城市各建一座采用地源热泵系统供冷供热的商业建筑，以推广运用这种“绿色技术”，缓解中国对煤炭和石油的依赖程度，从而达到能源资源多元化的目的。与此同时，科技部委托的中国企业公司酝酿将美国的地源热泵技术及设备引进中国市场，以促进我国地源热泵的市场化、产业化的发展，并使我国地源热泵的研究开发尽快跟上国际潮流。

2000年6月，在北京召开了“中美地源热泵技术交流会”，会议介绍了国外地源热泵的应用情况，会议的主题是“提供运用地源热泵技术为小区域公用楼宇供暖制冷，大幅降低运行费用的节能解决方案”。

2001年中国建筑科学研究院空气调节研究所徐伟等人翻译的《地源热泵工程技术指

南》向国内的地源热泵设计和施工人员系统地介绍了北美在地源热泵发展中积累的技术经验，积极地推动了北美技术在中国的借鉴和引用。

2008年6月中美地源热泵技术与标准研讨会在北京国际会议中心召开。来自国内外企业及设计院、学院200余名代表热情参与了此次中美地源热泵行业专家云集的权威研讨会。会议围绕中美两国地源热泵技术与标准的比较区分，阐述了中国地源热泵的发展要结合自身国情，创造中国技术的主旨。

2010年10月，中国建筑科学研究院与重庆大学、广西大学等高校组成代表团参加了美国IGSPA的会议，并介绍了我国地源热泵的相关发展情况。

2012年4月，由天津大学、吉林大学联合主办了2012年地源高新技术国际学术研讨会。邀请到了美国伯克利国家实验室的知名专家参会，重点分享了伯克利国家实验室在地热商业软件开发及应用方面取得的成绩及相关经验，为我国拓宽地热利用工作思路提供了有益借鉴。

2012年10月中美清洁能源联合研究中心建筑节能合作项目中美双方研讨会上，明确了要通过在我国建设超低能耗建筑示范工程为载体，开展超低能耗建筑节能技术研究，地源热泵系统在近零能耗建筑中进行应用成为我国行业发展热点。

2014年中国建筑科学研究院CABR近零能耗示范楼正式投入使用，该建筑应用了地源热泵系统承担建筑主要供暖制冷需求，是中美清洁能源合作研究成果的示范，是中美清洁能源联合研究中心在我国寒冷气候区的唯一示范工程。该项目使用至今，地源热泵系统运行能效较高，实现了地源热泵系统在被动式超低能耗建筑的合理应用。

2014年5月，在加拿大蒙特利尔举办了国际能源组织（IEA）热泵项目（HPP）大会，来自美国、中国等不同国家的相关工作者，就热泵行业的相关技术和发展进行了深入交流。会上美国的橡树山国家实验室（Oak Ridge National Laboratory，ORNL）汇报了基于地源热泵热物性测试的一项研究，为了降低地热热泵的前期时间和资金成本，研究了一种更减少初始测试时间的方法，更快速准确地确定土壤热物性参数，测试时间降低40%以上，该方法甚至可以通过间歇测试完成。

3.1.2 加拿大地源热泵的发展

3.1.2.1 应用及市场情况简介

加拿大是一个十分注重环保节能技术发展和应用的国家。当地源热泵技术凭借良好的环保和节能优势进入加拿大市场后，很快得到了政府的大力支持，其变化曲线如图3-3所示。在地源热泵进入加拿大市场的初期阶段，加拿大政府资助过一些重大的地源热泵示范项目，并在20多个省鼓励市政部门和公立学校、医院等率先安装地源热泵系统，20世纪90代加拿大地源热泵系统开始迅速发展。

加拿大地源热泵市场安装台数受到财政补贴政策、社会经济和能源价格的多重影响。2007～2015年间，加拿大出台过各种省级和国家级的财政补贴政策，这些政策最多的时候补贴了地源热泵系统40%的初投资成本。但事实上，2009年，加拿大地源热泵市场达到历史最高峰之后，2010年开始地源热泵市场逐渐衰退，到2015年，加拿大地源热泵年安装台数仅为4000台左右。主要原因是2009年以后加拿大的燃气价格不断降低，用户在有成本更低的选择条件下，地源热泵系统的新安装数量随之减少。

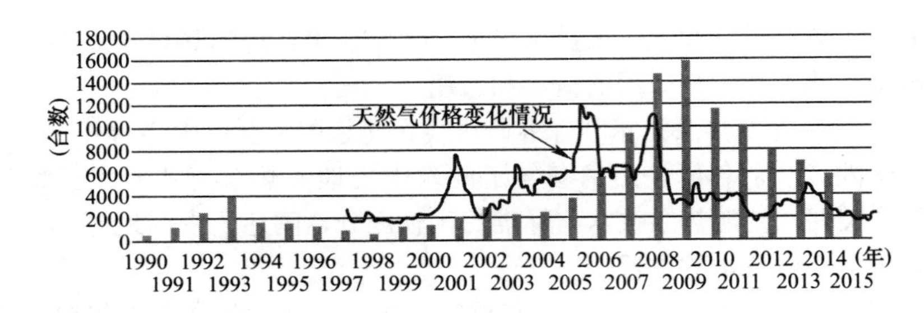

图 3-3　加拿大地源热泵年安装台数

加拿大的人口大省地源热泵系统的安装数量也相对较多。总的来说，加拿大的热泵系统保持在相对稳定的发展水平上。世界范围来看，垂直型地源热泵系统为主要应用形式，但是由于加拿大土地面积广泛，人口稀少，水平型地埋管系统应用广泛。

北美地区在1980年开始就有地源热泵的相关财政补贴，过去有不少经济补贴项目，住宅、商用都有，但是据统计，加拿大地区地源热泵住宅应用市场中有40%的用户都是不为了追求财政补贴的个体用户。但补贴政策也一定程度上让一些原本不考虑使用地源热泵的家庭购买了地源热泵系统。

地源热泵的使用与家庭富有程度也有很大关系，2013～2016年的调查数据表明，在加拿大，家庭面积在250m² 以上的住户使用地源热泵的比例更高。加拿大地源热泵系统的单位面积成本如图3-4所示，可以发现房屋越小，单位面积成本越高，且大部分人因为申报流程比较繁琐，放弃了申报补贴。

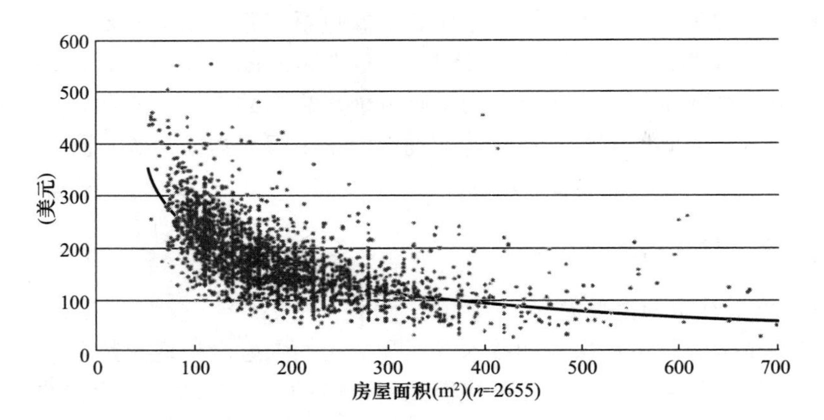

注：纵坐标为单位面积地源热泵成本情况。

图 3-4　加拿大地源热泵系统单位面积成本情况

表3-2显示了加拿大四个省从2007～2014年的地源热泵系统单价。可以发现每年的价格变化不大，且虽然不同省的补贴政策从4375～11000美金差异巨大，但不同省的住宅用户单价差异不大，可知加拿大的热泵用户实际上从补贴政策的收益极少，基本上都是生产厂家和安装企业拿到了补贴。

加拿大不同面积住宅的地源热泵单位面积成本（垂直管） 表 3-2

	不列颠哥伦比亚省（n=107）		曼尼托巴省（n=233）		安大略省（n=961）		魁北克省（n=905）	
	m^2	美元/m^2	m^2	美元/m^2	m^2	美元/m^2	m^2	美元/m^2
2007	—	—	—	—	—	—	174	148
2008	191	186	142	160	184	176	186	162
2009	225	147	153	170	196	172	190	174
2010	236	132	155	164	198	168	187	173
2011	210	139	162	156	175	169	223	151
2012	192	154	172	162	204	169	211	156
2013	—	—	—	—	—	—	198	165
2014	—	—	—	—	—	—	182	190
平均值	**213**	**152**	**152**	**164**	**190**	**171**	**196**	**164**

由上可知，加拿大补贴政策并没有切实解决地源热泵系统初投资较高的问题。想要解决这一问题，补贴应该切实地落到地源热泵系统的某一具体消费环节。表 3-3 显示了典型地源热泵系统的成本明细。可以看出可压缩的成本空间不大。

加拿大典型地源热泵系统成本分解情况（单位：美金） 表 3-3

	水—空气机组（2t）	水—空气机组（3t）
钻机使用费	835000	1209000
热泵费用	567500	635000
循环泵费用	42500	46000
管网费用	140000	117500
保温费用	117500	99000
工程费用	248000	248000
合计	1950500	2354500
利率（22%）	429110	517990
总工程投资	2379610	2872490

为降低地源热泵系统投资成本，地源热泵通常和其他能源联合应用。据研究，太阳能 PV 和地源热泵系统的结合有超过热泵＋燃气锅炉系统的潜力，但是加拿大和美国的设计安装标准 ANSI/CSA448 要求复合式热泵系统中，地源热泵应承担 70%～95%的建筑冬季供暖能耗，这一规定导致了热泵系统的投资很难减少。

加拿大的地源热泵补贴政策在 1990～2016 年之间至少更迭了 3 次，2012 年加拿大的 the federal eco ENERGY Retrofit-Homes Program 结束，缺少了相关政策补贴，这也将直接影响加拿大的地源热泵行业发展趋势减慢。

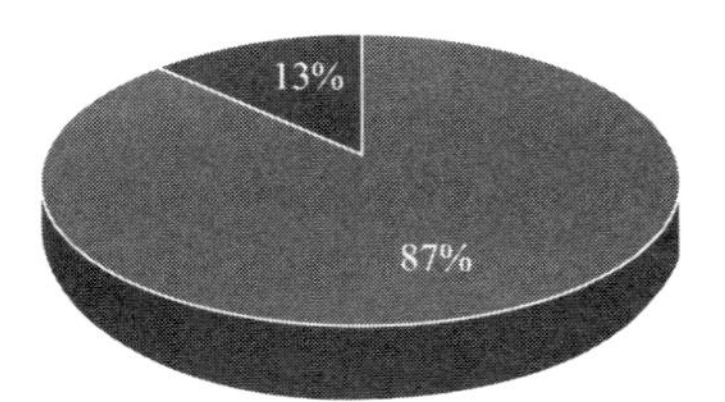

图 3-5 2015 年加拿大商用和家用热泵空调市场份额情况

近年来家用热泵产业逐渐成为行业热点。图 3-5 显示 2015 年大型商用热泵仅占加拿大热泵市场份额的 13%。图 3-6 显示自 2009 年以来加拿大住宅用热泵、空调和锅炉的出货量。与美国不同，加拿大的总出货量相对稳定（2009～2016

年），每年增长或下降的比例都不大。与2014年相比，加拿大2015年的家用热泵出货量增长率为8%，总出货量增长率最为明显，2016年上半年的出货水平和2015年相比有所下降。

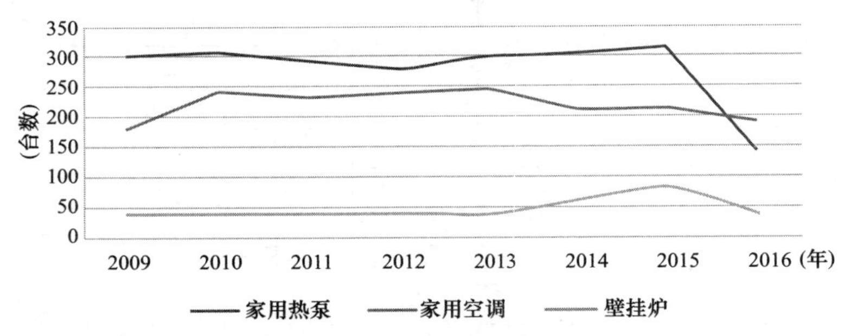

图3-6 加拿大家用热泵与其他竞争技术年安装台数对比情况

自2009年以来，热泵在加拿大住宅市场的市场份额一直在稳步增长。推动热泵市场增长的动力是热泵和空调技术之间的价格差距正在缩小。此外，当房主面临空调设备更换时，他们发现用热泵替换空调更实用，因为热泵也可以作为主要的或辅助加热设备。

总的来说，地源热泵系统在加拿大得到了较多应用。由于加拿大地多人少，水平型地源热泵系统造价相对较小，所以占地面积较大的水平型地埋管占有一多半的地源热泵市场份额。地源热泵的成本较高限制了其在加拿大的发展，目前降低成本的难度较大。从近几年的发展趋势来看，水平型地源热泵系统的份额缓慢减小，水源热泵的应用相应的有所增大。近年来加拿大热泵行业整体发展较缓慢，设备年安装数量逐年减少。

3.1.2.2 相关配套措施

在加拿大地源热泵的发展过程中也遇到很多障碍，主要有以下四点：（1）相比较传统的HVAC系统，其初投资更高；（2）公众对地源热泵的不了解；（3）缺乏完善的市场基础设施来保证系统的专业，标准以及高效；（4）历史形成的低廉的能源价格导致地源热泵初投资的回收期过长。针对以上障碍，加拿大采取了一系列相关配套措施。

1. 支持措施

针对具体的障碍提出解决方法和克服措施，举例见表3-4。

加拿大地源热泵发展障碍以及克服办法 **表3-4**

障碍	克服的方法	举例
一次投资费用高昂	改进设计和安装的方法最小化地埋管的长度。降低地源热泵工程借款、筹款的费用。提供鼓励政策。补贴贷款利率；延长还款时间	安大略省1990～1994年对在该地区的地源热泵工程补贴2000加元的现金或者提供12000加元的补贴贷款
普通大众对地源热泵系统的不了解	全国范围内推广地源热泵来增加大众的认识，通过广告/文章的方式让决策者了解地源热泵	加拿大地源热泵联合组织（Canadian Geo-Exchange Coalition）提供合理的信息和培训
地源热泵系统设计费用过高，加上水文地质专家的可行性评估，用户对早期费用持怀疑态度	可行性研究的授权	美国地源热泵工业联合会（GHPC）提供可行性研究的授权
被认为对地下水有污染	防冻液的风险分析，提高凿洞灌浆技术	执行CSA加拿大标准协会标准

续表

障碍	克服的方法	举例
受益的信息不容易传达和交流	建立与公众的关系；召开各种研讨会；通过邮件和网站分享信息	对安装的系统进行案例分析
缺乏电力部门的支持与合作	电力部门的参与也很重要，因为他们的用户是预期的终端用户	与 Hydro-Quebec 和 Manitoba Hydro 等电力公司展开合作
系统运行性能不好	得到可信赖的组织和政府的认可。政府的服务。示范工程。交流技术优势	设计指南的发展； 计算软件的发展； 系统的运行监测； 认证和培训
被认为不标准，设计没有传统 HVAC 合乎逻辑	在决策者头脑中明确地源热泵相对于其他系统的优点和不同	建筑师和工程师需要明确地源热泵怎样融合到实际的工程中

针对推广面临的困难，加拿大也相继出台了很多鼓励措施来克服它们。表 3-5 为加拿大针对地源热泵出台的激励措施。

加拿大地源热泵激励措施 **表 3-5**

计划的名称	实施的部门	计划的对象，要求和目的	财务和技术支持
Ontario Hydro Power Saver Heat pump Program	加拿大地球能量协会（Canada Earth Energy Association），联邦和省政府 Ontario Hydro	针对安大略省 1991～1993 年的地源热泵项目。 为了改善产品的性能和安装	提供 2000 加元的现金资助或者 12000 加元的补贴贷款。 Ontario Hydro 和地源热泵公司提供联合信息
Commercial building incentive program	Natural Resources Canada	相对于加拿大国家标准节能 25% 的设计	对于到达节能 25%的设计奖励最大可以达到 60000 加元
IDEAS	Hydro-Quebec	任何用来证明和测试在加拿大还没有得到证实的节约电能的示范和实验，旨在促进电能节约技术的研发向商业化的转化	75000 加元或者 75%的实验费用，两者中的小者。 250000 加元或者 75%的额外示范工程费用，两者中的小者 以专家意见和测试的方式提供帮助
AVENUS	Hydro-Quebec	小型的试点项目用来测试新颖的节能措施的可行性和节能性。 旨在基于可能最终被节能计划包含的措施来发展新的节能市场。 申请者必须评估新技术是否切实可行，必须测试市场是否能支持它，必须估计在特定的市场条件下的市场占有率	总额将近 500 万加元。对于 Hydro-Quebec 倡导的项目 100%的资助。 非 Hydro-Quebec 建议的项目 100%的资助或者最高 500000 加元的资助
Fortis BC	British Columbia	项目要求：电能是供暖的主要能源；地源热泵装在住宅里；使用闭式环路地埋管或者开式环路；系统的安装和设计满足国家标准；供应商得到认证	每节约 1 度电奖励 5 加分，或者提供一个为期 10 年利息为 4.9%的 5000 加元的贷款
Manitoba Hydro	Manitoba Hydro	帮助业主来购买设备	15000 的贷款。 冬季装机容量每节约 1kW 奖励 135 加元，夏季 50 加元。第一年每节约 1 度电奖励 0.04 加元

续表

计划的名称	实施的部门	计划的对象，要求和目的	财务和技术支持
Electric Heat Financing Program	Newfoundland power	安装家庭电热设备的用户。 供应商和集成商必须得到专业部门的认证	10000加元的贷款。 归还时间视家庭月电费单，最高60个月

2. 软件

目前在加拿大普遍使用的地源热泵计算软件有GLGS、Earth Energy designer、ECA Earth Coupled Pipe Loop Sizing、GCHPCalc、GeoCalc、Ground Loop Design、GLHEPRO、RETScreen、GS2000等。这些软件的普遍使用使得地下环路的计算变得简单，使得地埋管的设计可以最小化，从而很大程度上减小了初投资。同时有些软件还结合能源价格和银行利率进行经济分析，使用户在投资、回收期等有定量的分析。部分软件还可以进行环境评估，温室气体排放评估等。

3. 设计安装指南和用户手册

在加拿大目前也出版了很多本设计和安装指南，大部分图书直接来自于美国。这些指南和手册可以帮助用户了解地源热泵系统，使得设计和安装有章可循，也更加科学和客观。目前加拿大市场最流行的几本技术图书主要为：《Closed-Loop/Ground-Source Heat Pump Systems-Installation Guide》《Commercial/Institutional Ground-Source Heat Pump Engineering Manual》。其他有一定影响的还包括ASHRAE2002年出版的《Commissioning，Preventive Maintenance，and Troubleshooting Guide for Commercial GSHP Systems》，俄克拉荷马州立大学1985年出版的《Design/Data Manual for Closed-Loop Ground-Coupled Heat Pump Systems》和1997年出版的《Geothermal Heat Pumps-Introductory Guide》等十余本著作。

4. 专业协会

在加拿大一个很有影响的地源热泵的专业协会是加拿大地源热泵联合组织（Canada GeoExchange Coalition，CGC），它是2005年由美国地源热泵工业联合会（GHPC）和加拿大政府达成协议，由加拿大政府出资1050万美元成立的。这个协会的目的是：扩展加拿大地源热泵产品和服务的市场；联合各个私营和公共部门的利益相关者来宣传；推广和发展地源热泵；策划、协调和管理一些活动来克服地源热泵系统扩大市场占有率的困难，包括建立用户的信心，发展市场基础设施，初投资竞争等。

还有一个专业组织就是加拿大地球能量协会（Canadian Earth Energy Coalition），这个协会以促进加拿大地热能使用为使命，研究地源热泵的经济效益和环保效益。同时，该协会还为地源热泵的专业人士提供专业技术培训。在加拿大目前大约有1090个专业人员通过了这个协会的培训和认证。

5. 相关企业

加拿大知名的地源热泵企业有：

总部位于多伦多的加拿大枫叶能源有限公司（Canada MENERGY Corporation）是一个集产品开发、生产、设计、安装于一体的企业。产品齐全，经验丰富，设计软件成熟。在地源热泵和节能环保领域有几十项专利，并得到了政府的支持，目前已经进入了中国市场。

TARK Canada 主要从事商用地源热泵系统，并将该系统和太阳能系统以及建筑给水排水系统结合，比如：废热回收、生活热水、排水热回收等，同时生产商用热泵。目前的商品主要系列为：15BUT、30BUT、60BUT的模块化机组。

Boreal Geothermal Inc.，位于加拿大魁北克市。主要提供专业的、节能的、可靠的中央空调系统服务。目前主要产品有：AC系列空气源热泵、HW系列地源热泵机组、IFW系列热水热泵机组、AHW系列组合式热泵机组。

Maritime Geothermal Ltd，是一家专业水源热泵机组设备生产商，其产品于2005年通过CSA和ISO13256认证，目前其主要产品为：O系列水源热泵机组、R系列水源热泵机组、W系列高温热水热泵机组、TF系列三功能热泵机组、DX系列地埋管专用机组。

3.2 欧洲地源热泵发展

3.2.1 总体发展情况

20世纪50年代，欧洲开始了研究地源热泵的第一次高潮，但由于当时的能源价格较低，这种系统并不经济，因而未得到推广。1973年第一次石油危机之后，美国、日本已经有了热泵市场，两个国家都在运用各自的知识和经验来促进热泵的销售量，而当时欧洲的两个组织欧洲经济共同体（EWG）和欧洲自由贸易联盟（EFTA）都在致力于用太阳能的研究来解决能源问题，直到第二次石油危机之后，欧洲才开始关注热泵系统，逐步引入了用室外空气、通风系统中的排气、土壤、地下水等为热源的热泵机组，与美洲不同，欧洲的热泵系统一般仅用来供暖或提供生活热水。

欧洲地源热泵发展初期，专家与安装工人之间缺乏沟通，导致在一段时间的快速增长之后，市场上充斥了许多设计、安装失败的项目，并且由于价格较传统系统高很多，地源热泵销售量出现明显地下降，大部分热泵企业也纷纷倒闭，只有几家大型企业生存了下来。近年来，随着油价与电价比例的上扬，政府对降低能耗和环境污染的法律制定越来越严格，为了提高能源利用率、实现《联合国气候变化框架公约（京都议定书）》确定的减排义务、发展可再生能源和确保能源安全供应，欧洲议会和欧盟理事会于2002年12月通过了《建筑能效指令2002/91/EC》，以推动成员国在考虑室外气候和地方情况以及室内气候要求和成本效率的情况下改进建筑能效。该指令的制定意味着欧盟各国加强了对建筑节能技术的研究和管理，地源热泵作为一项有力的节能措施迎来了它的又一次高潮。2008年12月，欧盟一致通过了“20-20-20目标”，可再生能源在总能耗中的比例和能源效率增长20%，温室气体排放与2005年相比减少20%。对热泵的效率提出了要求，也进一步推动了地源热泵的发展。

3.2.1.1 欧洲地源热泵市场发展概况

根据2017年（EurObservER-Annual-Overciew-2017）的报告数据，我们可知欧洲热泵市场的全面复苏发生在2015年。在此之前可将欧洲热泵市场发展分为三个阶段：1990～2003年，缓慢发展阶段；2004～2008年，快速发展阶段；2009～2014年，相对停滞阶段。如图3-7所示，2015年欧洲热泵销售达到890302台，与2014年相比增加了12.2%，2016年和2017年市场紧随上升趋势，预计2017年底热泵销售量将超过100万台。图3-8所示，其中空气/空气热泵占热泵市场的48%，尤其受消费者欢迎，主要原因在于其初投资较低、安装相对容易以及近几年空气源热泵能效不断提升。地源热泵的市场受到一定影响，尽管如此，地源热泵仍然占热泵市场的10%，销量超过80000台，同比增长1.5%～3%。图3-9是欧洲2014～2016年地源热泵新装机情况统计，图3-10是2015～2016年欧洲各国地源热泵累计装机情况。

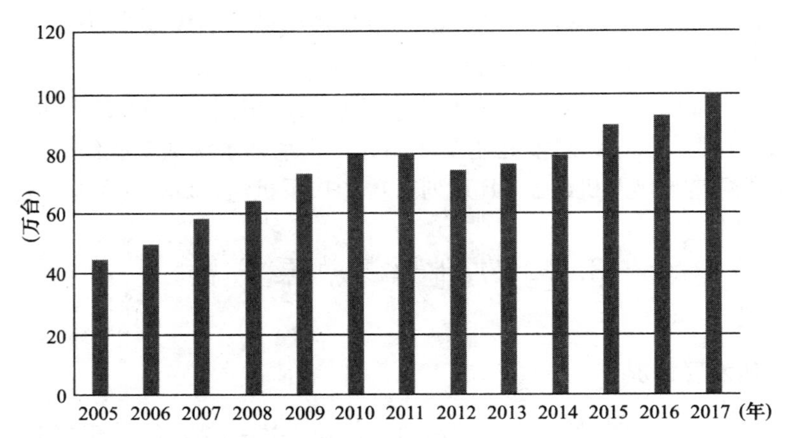

图3-7　欧洲热泵市场销售量柱状图

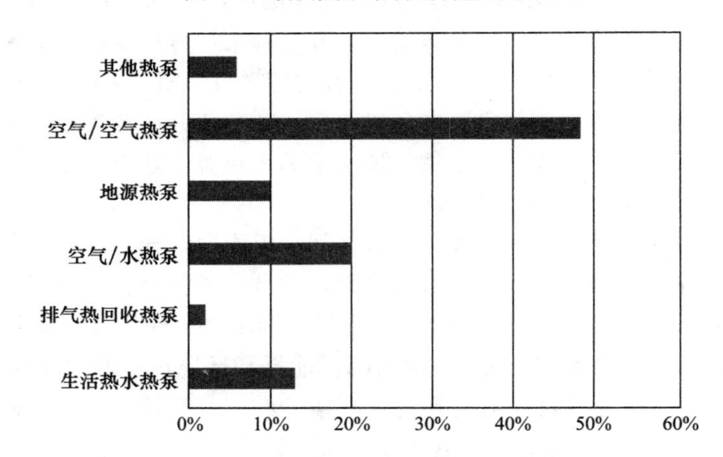

图3-8　欧洲不同种类热泵销售比例

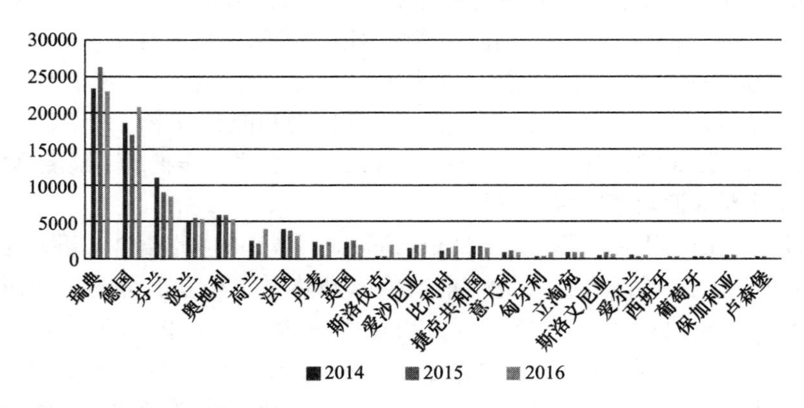

数据来源：EurObserv'ER 2017。

图3-9　欧洲2014～2016年地源热泵新装机量变化

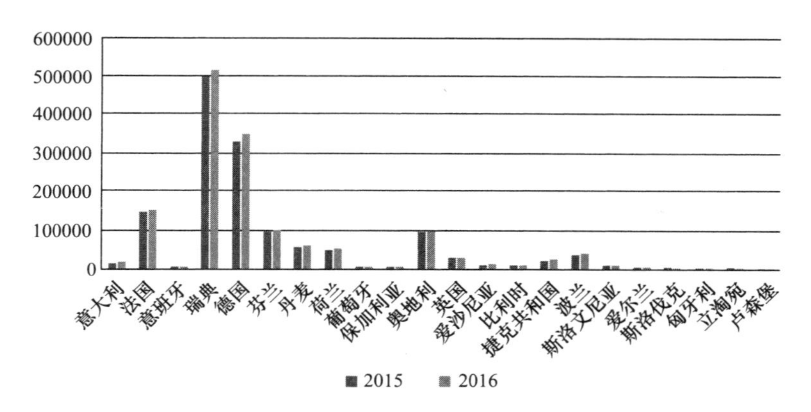

数据来源：EurObserv'ER 2017。

图 3-10 2015～2016 年欧洲各国地源热泵累计装机情况

3.2.1.2 欧洲热泵相关组织

EHPA（European Heat Pump Association），欧洲热泵协会，主要是由热泵生产厂家、国家热泵组织者、研究和测试机构组成。目的在于传播热泵及其对温室气体减排贡献率的信息，提高热泵的认知度，激励热泵市场的发展；传播适合整个欧洲热泵系统和谐一致的章程。目前在 EHPA 组织下进行的项目有：EU-CERT，目的是研究一个对热泵安装者的培训和认证的办法，来确保工程质量，安装者被赋予的资格证书在欧洲所有的国家都被认可；SHERPHA，目的在于开发下一代热泵系统，系统采用天然制冷剂，如氨、二氧化碳和丙烷，它们破坏臭氧层潜能值 ODP 为 0，且仅有很低的 GWP（全球变暖潜力）效应；Ground-Reach，目的是通过地源热泵技术实现京都议定书节能减排目标；Therra，目的是开发一种方法论用来计算利用可再生能源供热所带来的收益。

EGEC（European Geothermal Energy Council）作为一个国际非营利机构，成立于 1998 年。EGEC 现在已经有来自欧盟 28 个国家的 129 个成员了，包括私有企业、国际机构、研究所、地质勘探和其他的组织。EGEC 是 EREC（European Renewable Energy Council）的一个成员，同时它也是 IGA（International Geothermal Association）的成员之一。它的主要工作任务是推动地热的利用，内容如下：

（1）首要任务：通过适当的方法和行动，在各成员国之间建立一个合法的机构框架、财政框架，来使地热和其他传统的能源建立竞争机制，从环境效应出发保证它的经济性。

（2）其次通过关于地热的 R&D 来推动地热的利用，允许公众能够最大程度对最新 R&D 研究成果有所了解，从而推动地热的利用。

（3）通过各种活动和行为来推动促进地热能市场的发展，欧洲地热技术、设备、服务向世界其他地方的出口。

（4）通过向政府和其他国际机构表达欧洲地热企业和民众对地热的兴趣来推动地热工业的发展。

（5）通过和国际其他地热机构和组织及其他推动地热发展的组织的合作来推动地热在欧洲各国的健康、成功发展。

D-A-CH，德国、奥地利、瑞士之间的比较松散的合作组织，目的在于逐步确定有效的质量管理，包括热泵装置和热泵系统两方面，最终找到一个适合整个欧洲的章程。

3.2.2 瑞典

3.2.2.1 气候和地质状况

瑞典地形狭长，从北纬55度到北纬69度。南北气候迥异，北部为大陆性气候，冬季寒冷漫长，很少有人居住。整个国家分为三个气候带，南部为海洋性气候，中午属于温和大陆性气候而北部属于亚北极气候。但是由于受到墨西哥暖流的影响，瑞典又比位于其他纬度的国家更热和干燥。由于它的高纬度，瑞典的白昼变化非常的大。瑞典的年日照时间可达1100～1900个小时。从北到南，瑞典的温度变化也很大。南部和中部，夏暖冬冷，夏天最高的年平均气温介于20～25℃，最低气温在12～15℃之间；冬季的平均气温可达−4～2℃。北部地区夏天较短而且很凉爽，冬季则寒冷、大雪漫长，从9月到来年5月，气温经常低于0℃。

最南端的马尔默和最北端的基律纳温度分布见表3-6。

温度分布 表3-6

	春天			夏天			秋天			冬天		
	三月	四月	五月	六月	七月	八月	九月	十月	十一月	十二月	一月	二月
	高/低（℃）	高/低（℃）	高/低（℃）	高/低（℃）	高/低（℃）	高/低（℃）	高/低（℃）	高/低（℃）	高/低（℃）	高/低（℃）	高/低（℃）	高/低（℃）
基律纳	−4/−13	2/−7	8/0	14/6	17/8	14/6	9/2	1/−4	−5/−10	−8/−15	−10/−16	−8/−15
斯德哥尔摩	4/−2	11/3	16/8	20/12	23/15	22/14	17/10	10/6	5/2	1/−1	1/−2	1/−3
马尔默	6/0	12/3	17/8	19/11	22/13	22/14	18/10	12/6	8/4	4/1	3/−1	3/−1

瑞典的地质构成为：花岗岩、砂岩、大理石、片麻岩等，平均土壤传热系数为：3.5W/(m·K)（Kjellsson）。地温100m的温度如图3-11所示。

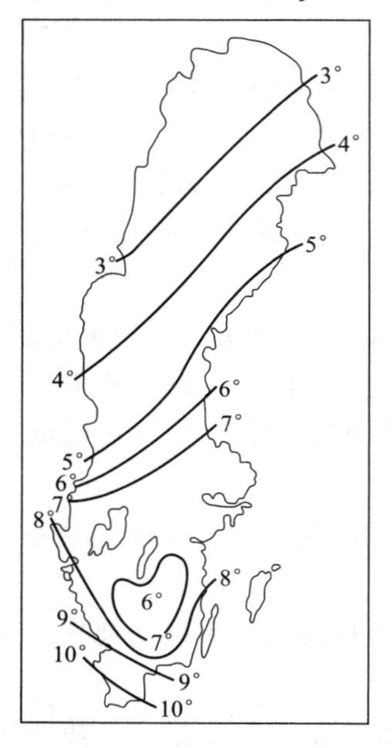

图3-11 100m深度地温变化情况（Kjellsson，2004）

在瑞典，地源热泵的施工需要得到政府的批准。同时钻井工人也有义务将钻井信息报告给瑞典地质调查局（SGU）。应用于联排住户的较大型地源热泵系统的应用变得更加广泛。

图3-12是2015年瑞典不同建筑形式（独立住宅、多层或高层建筑和工业建筑）的供暖方式统计，可以看出，瑞典基本上已经不存在利用传统石油供暖的方式，取而代之的是区域供暖、电供暖和生物质供暖，其中独立住宅多采用电供暖和生物质，多层或高层建筑基本都采用区域供暖（包括大规模的热泵系统），工业建筑的供暖形式多为区域供暖和电供暖。而区域供暖和电供暖中都有包含热泵系统，这说明热泵系统在瑞典的应用十分广泛。

3.2.2.2 热泵市场发展概况

20世纪80年代初期，瑞典政府对热泵项目采取免息贷款的方式进行补贴，以及石油危机的影响促使了热泵市场的发展，这一时期市场上充斥了很多低劣质量产品以及安装者根本达不到的节能承诺，导致了大量工程的失败，热泵市场失去了可信度。1984年瑞典热泵安装达到了一个高峰，但由于较低

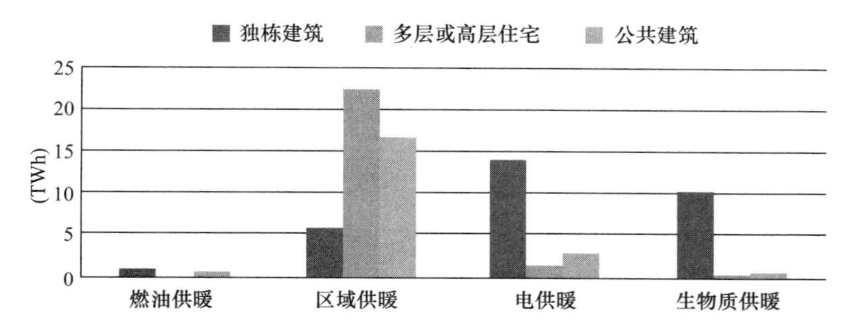

数据来源：The Heat Pump-A Swedish Success story! To be continued。

图 3-12 2015 年瑞典供热方式统计

的信誉和政府补贴取消，热泵市场开始迅速回落，这个时段石油价格的下降助推了热泵市场的下滑。直到 20 世纪 80 年代末期，瑞典经济高速发展，石油价格的上涨以及大量的新建建筑促使了热泵市场的复苏。20 世纪 90 年代初期，商业衰退冲击了瑞典，以及当时不成熟的技术水平导致地源热泵系统的运行效果相对较差，使人们对热泵的前景不抱太大希望，甚至不感兴趣，这段时间新建建筑量减少，致使市场又出现下滑现象。商业衰退期结束后，随着技术的不断进步，热泵赢得了很好的公众认知度，在 21 世纪初期，热泵市场开始了迅猛的发展，在 2008 年达到顶峰，但受全球经济危机的影响，销量有所下滑。经济危机影响过去后，热泵市场进入了缓慢增长期。后来由于空气源热泵的迅速发展，占领了市场份额，使得地源热泵的销量有所下滑。图 3-13 是 1982～2017 年瑞典不同热源热泵销售量柱状图。

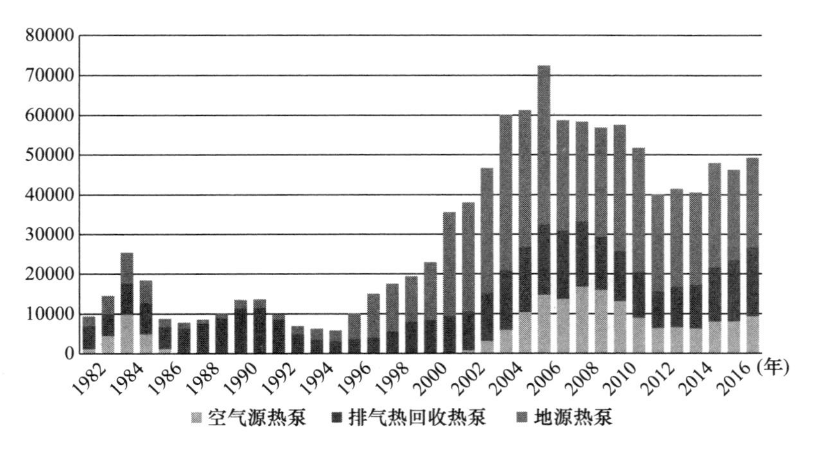

数据来源：瑞典行业组织冷热泵协会（SKVP）。

图 3-13 瑞典热泵系统年销售台数

自 20 世纪 70 年代末的石油危机以来，瑞典一直在研发和应用地源热泵领域处于领先地位。来自热泵厂家的销售统计数据表明，截止 2017 年底，瑞典已经安装了大约 51 万套地源热泵系统，包括垂直埋管系统、水平埋管系统、分布式系统和区域系统。

近几年瑞典安装的地埋管地源热泵系统中，80%为垂直埋管系统。大多数情况下，地源热泵系统连接到已经配置好的中央空调系统。在极其寒冷的时候，锅炉可以提供非常高温度的二次侧循环热水（50℃）。这种地源热泵系统和空调、锅炉连用的复合系统非常的经济，地源热泵系统只用来提供建筑物最大需求负荷的70%～80%，剩下的则由锅炉来提供。这样设计能够保证较小的初期投资和较快的成本回收。瑞典的地埋管地源热泵地下换热器的形式主要有同轴套管式换热器、单U、双U管。瑞典在土壤热物性测试方面做了较多的工作，开发了可移动热响应测试仪器。

3.2.2.3　政策措施

瑞典是欧盟中第一个实施与其他国家合作机制的地区，2012年形成瑞典—挪威绿色证书“elcert”。2017年4月，两国宣布将共同的elcert计划延长至2030年。根据elcert计划，瑞典将把目标提高到2030年的18TWh。两国间的定期会议将持续到2045年。2016年，瑞典联合政府发布了瑞典的长期能源政策，包括在2040年达到100%可再生能源供能。

瑞典对热泵安装项目曾用过的财政补贴方式有以下几种方式：对应用于单户或多户住宅的热泵项目贷款给予利息补助金；根据安装数量，对多户住宅采用热泵的项目给予现金补偿；根据总的安装费用，对多户住宅采用热泵的项目给予现金补偿；对采用热泵的单户住宅的居民减少税收。各个时期采取的政策不一样，20世纪80年代主要是针对单户和多户住宅的补贴，20世纪90年代主要采取的是对单户住宅居民的补贴。目前，主要支持措施为税收调控机制、减免公寓和独立住宅用热泵替代传统供暖的安装税收。

瑞典热泵现在主要存在两种水源/地源热泵标识系统，一种是质量标签P-mark。热泵产品必须满足能效要求（包括供生活热水时的能效）、瑞典制冷法规、建筑条令要求的噪声等级、制造过程的质量要求等才能得到质量标签。另一种是环境标签Swan。抽样检查产品必须满足一定的环境要求标准。从瑞典地源热泵发展情况可以清楚地看出政策对市场的影响力，也可以看出在技术成熟、市场框架形成、消费者信心稳定后，这项技术的市场自身发展能力。

3.2.3　德国

3.2.3.1　气候和地质状况

德国属于西欧海洋性与东欧大陆性气候间的过渡性气候，西北部靠近海洋，主要是海洋性气候，夏季不太热，冬季大部分时间不冷，东部和东南部随地势的升高，气候差异较大，大陆性气候冬冷夏热的特征逐渐显著，最冷时气温可达−10℃，最热时接近30℃。平稳温和是德国气候的总体特征，冬季平均温度在1.5（低地）～6℃（山区）之间，7月份平原地区的平均温度为18℃，南方山谷地区为20℃左右。图3-14是2015年德国不同可再生能源形式应用情况，可以看出生物质能源使用率最高，比例可以达到87.8%，地热能紧随其后。

3.2.3.2　热泵市场的发展

德国热泵市场的快速发展也是起始于石油危机1973年，尤其是在1979年发展迅速，在1980年与1981年第二次石油危机时，地源热泵年销售安装量达到顶点约25000台。伴随着石油价格的回落，热泵技术的不成熟和缺乏安装经验使得热泵销售量迅猛衰减，致使20世纪80年代末期地源热泵市场崩溃，几年内地源热泵机组的年销售量不足3000台。随着20世纪90年代初期，人们开始注意到热泵供热降低了CO_2排放，对保护环境有一定的贡献率，联邦政府对应用热泵技术采取了一些补助措施，同时石油价格的逐步上涨以及电价的相对稳定带来了热泵市场的复苏，热泵的销售量又开始了缓慢回升。地源热泵的年销量从1990年的不足1000台上升到1998年的4000多台。

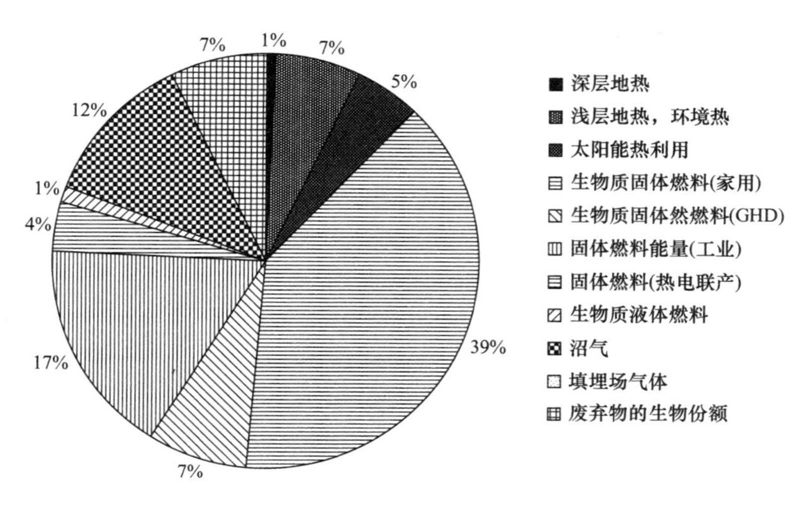

数据来源：International Geothermal Office。

图3-14 2015年德国不同形式可再生能源2015年

从图3-15中可以看出，90年代以后，由于俄罗斯对德国燃气出口供应的不稳定性和国家的政策激励，地源热泵市场整体呈现出增长的趋势，尤其从2000年开始全面爆发，在2008年达到顶峰，销售量突破35000台。德国的气候大多是温和的，各种各样的热泵都可以在这里使用。20世纪80年代中期，土壤、水、空气作为低温热源的比例大致相同。

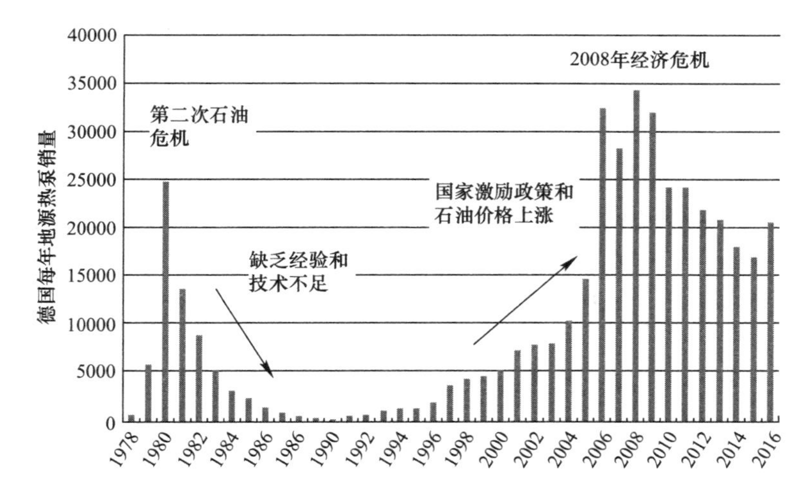

数据来源：Ground Source Heat Pumps-history，development，current status，and future prospects。

图3-15 德国地源热泵销售量和重要事件

自20世纪90年代中期以来，地源热泵比例开始上升，因为在公共建筑中使用地源热泵比其他形式热泵的季节性性能系数更高，从而激励了这类系统的发展。但是随着空气源热泵市场份额的不断增大，地源热泵的销售出现了明显的下滑。原因是多方面的，诸如经济环境不景气、天然气价格低廉等。其中最重要的因素可以归结为两点：一是地源热泵系统本身初期造价高，加之高性能的空气源的发展；二是受到短期的新能源激励政策（MAP，5月和7月之间）的冲击，大多数住户优先选择了安装光伏发电系统，从而推迟了地源热泵系统的更新换代。所以地源热泵的销售有所下滑。结合图3-16我们可以看出，地源热泵系统2010年销售量市场占有率为48%，与空气源热泵约为1∶1，但是在2015年的占有率下滑为30%。

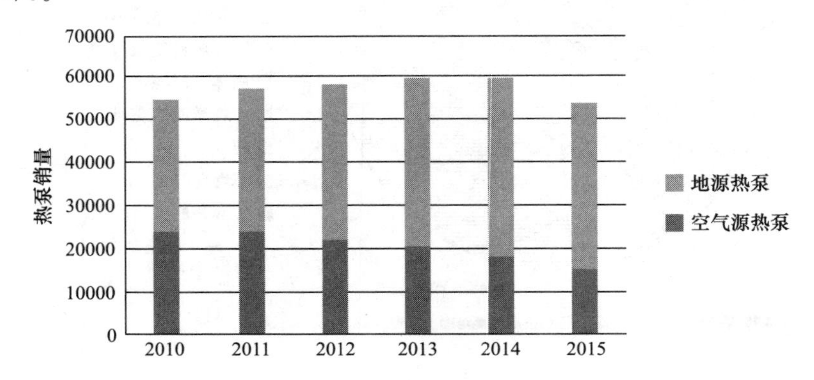

数据来源：Ground Source Heat Pumps-history，development，current status，and future prospects。

图3-16　德国地源热泵与空气源热泵销售量图

3.2.3.3　相关配套措施

1. 行业协会和宣传鼓励

在德国热泵发展过程中，德国热泵协会（BWP）功不可没，它通过各种宣传措施及政策方面成功地促进了热泵的广泛使用。1994年，在20年的沉寂之后，一本关于热泵的技术手册出版。此外，在1996年，德国工程师协会在科学家的支持下，开始制定地热利用设备和安装技术准则，推动了热泵的技术与发展。

德国通过有效地利用信息系统进行热泵的宣传，使建筑业主认识到采用热泵系统的益处。主要采用两种方式，一是在大的建筑杂志上做广告，二是在网上传播应用热泵的信息，不仅有重要的技术信息，同时也会提供一些热泵系统成功的例子。独立的新闻记者也建立了相关专业期刊以及日报，有规律地对热泵进行报道。德国还通过专业研讨会、活动周等加大对热泵的宣传。德国热泵机组具有与奥地利同样的质量认证标签D-A-CH。专业法规和研讨会如图3-17所示。

从2011年3月开始，MAP帮助计划实施速度稍稍有所减缓，同时热泵也必须有以下三个标识之一才被认为是合法的：欧洲“Flower”环保标识、“蓝色天使”环保标签和热泵欧洲质量标识。

2. 政策支持

德国曾经实行的补贴政策有：2011年12月取消的不冻液—水系统、水—水系统和小于 20kW 的热泵系统，都合法的享有最多 2400 欧元奖励，容量在 20kW 以下的气动热空气—水热泵系统享有 900 欧的补贴，小于 100kW 的气动热空气—水热泵系统享有高达 1200 欧的补贴。同时对于热泵与太阳能集热系统连用的复合式系统，还有 600 欧元的奖励基金。空气源热泵的奖励制度已经全部取消。

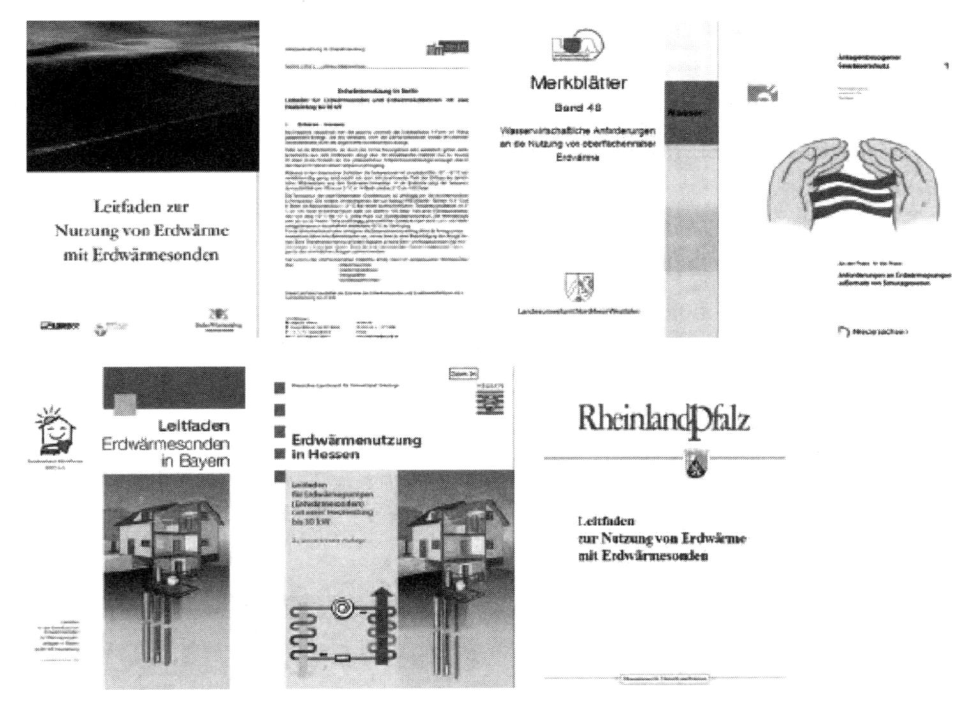

图 3-17 德国各区的 BHE 认证和相关法规

德国从 2008 年 1 月开始实行新的补贴制度。对新建的、安装全年 *COP*＝3.52 或更高的热泵房屋，补贴 5 欧元/m^2（每栋房屋最高补贴总额不超过 750 欧元）；对安装全年 *COP*＝3.3 或更高的热泵既有房屋补贴 10 欧元/m^2（每栋房屋最高补贴总额不超过 1000 欧元）。

德国制定了自己的气候和能源目标，包含短期、中期和长期目标，主要包括减少温室气体排放、提高可再生能源比例和提高能源效率等几个方面，表 3-7 是具体的德国能源转换目标。可再生能源份额的提升，会进一步推动地源热泵的应用和推广。

德国能源转换目标 **表 3-7**

	参照年份	年度目标			
		2020	2030	2040	2050
温室气体排放	1990	−40%	−55%	−70%	−80%～−95%
交通行业能源消耗	2005	−10%	—	—	−40%
住宅供暖	—	−20%	—	—	—
总共电力消耗	2008	−10%	—	—	−25%
一次能源消耗	2008	−20%	—	—	−50%
可再生能源份额	—	18%	30%	45%	60%

数据来源：German Federal Ministry for Economic Affairs and Energy，Energiewende auf Erfolgskurs，2013；Resolution of the federal cabinet at 28th September 2010，Das Energiekonzept）。

3. 产品制造商

StiebelEltron International GmbH（SEIG），成立于1924年德国柏林，公司早期主要为德国市场生产电热水器，在接下来的一个世纪中，SEIG开始拓展新的产品和市场，并且获得了稳定的成长。现在SEIG已经成为德国最大的蒸汽热水器生产厂商，这个公司以高品质、高的工程产品而闻名。其多种产品远销世界各地。

DIAMNAT TRADE，主要生产空气—水热泵，在热泵市场拥有20多年的经验。该产品在世界范围内生产，其供暖、供冷产品线已经成功进入欧洲、美国、澳大利亚和中东。该公司产品安装费用相对较低，运行快速、高效，值得信赖。

3.2.4　奥地利

3.2.4.1　气候和地质状况

奥地利国土面积约84000km²，人口数量约800万。奥地利地处中欧，西部受大西洋影响，冬夏温差和昼夜温差大且多雨，东部为大陆气候，温差小，雨量亦少。阿尔卑斯山地区寒冬季节较长，夏季比较凉爽，7月平均气温为14～19℃，最高温度一般为32℃。冬季从12～3月，山区5月仍有积雪，气温达零下。

奥地利地下水数据资料数据库总结了300个地区的地下水温度及水位线的数值。奥地利水文地图（图3-18）也可以在线提供土壤组成的一个整体概况，但奥地利还不能提供对于地埋管地源热泵系统设计需要的全面数据。

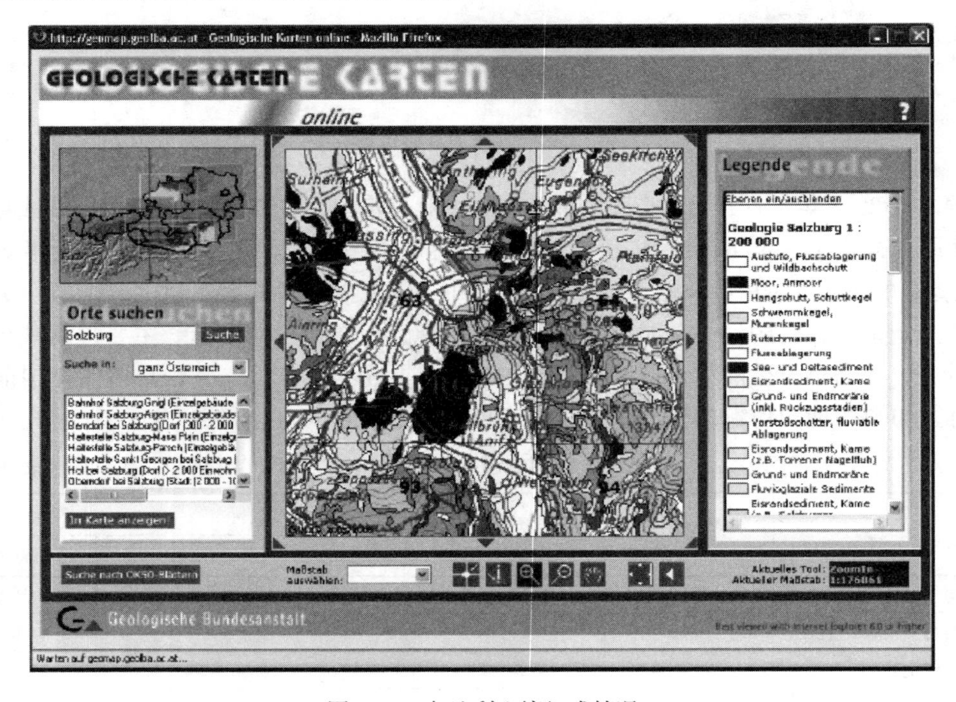

图3-18　奥地利土壤组成情况

3.2.4.2　热泵市场的发展

奥地利的热泵发展比较迟缓，热泵市场开始于1978年第二次石油危机，由于政府和厂家广泛推广热泵技术，所以在1986年以前热泵市场处于蓬勃发展阶段，此时热泵主要用于生活热水（图 3-19）。之后热泵销量开始持续下降，直到 1999 年降到低谷。在千禧年以后，由于热泵技术的发展和人们环保意识的增强，热泵销量开始了另一轮的增长，此时绝大多数为供热热泵，主要原因在于建筑能耗的降低为低温热泵供暖提供了良好的条件。这个时期，地埋管地源热泵系统逐渐替代地下水源热泵系统成为市场的主流选择，直接膨胀式系统由于其高效的性能也占据了一定的市场份额。由于建筑更好的保温结构以及压缩机、换热器等设备性能的提高，系统的季节性能系数（Seasonal Performance Factor，SPF）通常可以达到 4 以上。

2014 年热泵系统的销量为 29236 套，相比上一年增长 1%，其中，不同容量的热泵机组销售量有所不同，容量不超过 10kW 的热泵机组销量同比增长 8%（国内市场增加 10.8%，出增长 2.2%），而容量位于 10～20kW 之间的热泵机组销量减少 2.7%，容量位于 20～50kW 之间的热泵销量减少 12.7%，容量大于 50kW 的热泵销售量下降最多，为 21.6%。这些数据表明，奥地利热泵市场倾向于小容量区域供热发展。图 3-20 是不同容量的热泵市场占有率，可以看出容量在 0～20kW 之间的供热热泵市场占有率达到 68%。

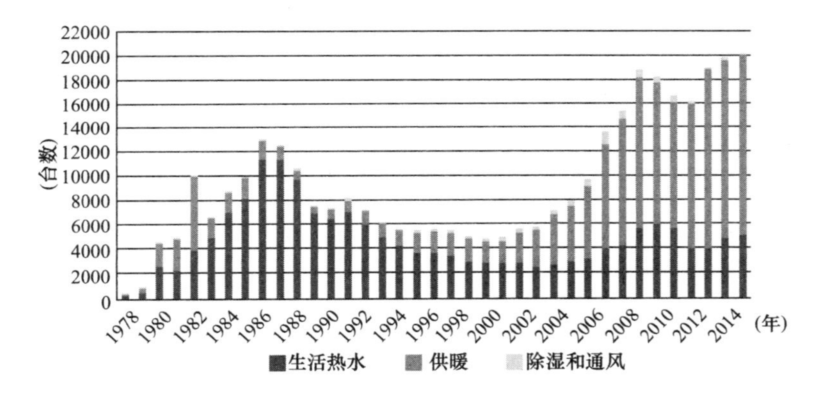

数据来源：Biermayr et al，2015。

图 3-19 奥地利生活热水、供热和通风除湿热泵销量图

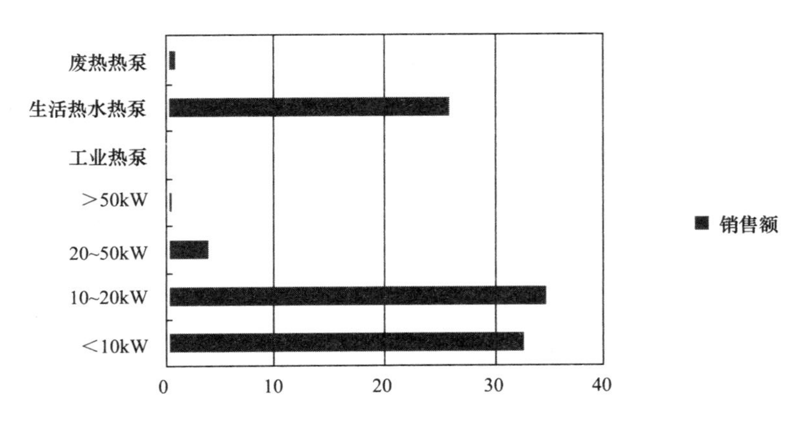

数据来源：Biermayr et al，2015。

图 3-20 奥地利不同容量范围热泵市场占有率

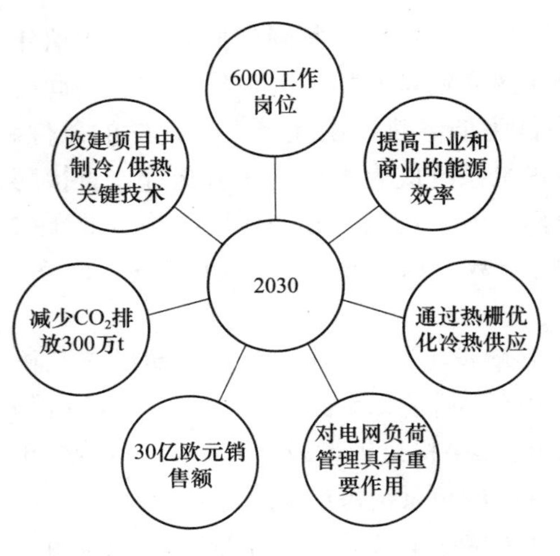

图 3-21　奥地利到 2030 年的可再生能源目标

奥地利安装的热泵系统主要分两类：一类是地源热泵（地下水、土壤源）与低温散热系统（通常是地板供暖系统）相结合的系统，主要用于新建建筑；另一类是空气源热泵与供水温度在 70～90℃的高温散热器相结合的系统，主要用于既有建筑供暖系统的改造。地源热泵（地埋管式）近年来占据了热泵市场的主宰地位。地源热泵形式的选择主要根据不同的建筑类型和气候参数，以及地下水的温度和特性来确定的。

3.2.4.3　政策措施

1. 奥地利可再生能源发展目标

奥地利为了推动可再生能源的发展，制定了如图 3-21 所示的目标，包括：可再生能源产业增加 6000 个工作岗位；累计减少 CO_2 排放量 300 万 t；可再生能源供热/供冷关键技术得到更新；研发负荷管理系统等。

2. 政策措施

奥地利政府根据自身特点把欧盟制定的“20-20-20 计划”调整为可再生能源增长 34%；能源效率增长 20%；温室气体排放减少 16%。奥地利政府主要采用资金补贴的方式来促进热泵的发展，一种是对新建和改建建筑中使用热泵系统进行资金补贴。另一种是对包含季节性蓄热的低温供暖系统进行补贴。制造厂商采取两个措施激励热泵的发展，一为提高热泵产品质量，二为向用户展示热泵系统的优势。奥地利政府对地源热泵安装和环境评价采取了最严格的认证制度，对于规范市场、促进行业健康发展具有重要意义。热泵机组的质量认证有欧洲热泵协会质量标签（EHPA QL），用于保证热泵机组可靠的质量，同时产品生产商必须保证机组零部件质量以及维修服务在 10 年以上。

3.2.5　芬兰

3.2.5.1　气候和地质状况

芬兰位于欧洲北部，地处北纬 60°～70°之间，国土总面积 33.8145 万 km^2，其中 75.3%为森林，8%为耕地，10%为湖泊、急滩、河流等水域覆盖的地带。芬兰冬季严寒漫长，夏季温和短暂。全国 1/3 的土地在北极圈内，其余部分属于温带海洋性气候，从南至北，1 月平均气温约－16～－4℃；7 月气温 13～16℃。冬季供暖负荷较大，夏季冷负荷可以忽略不计。

3.2.5.2　热泵市场的发展

芬兰燃气资源匮乏，由于生活习惯导致供暖能耗较高，人口稀疏，投资建立大型供热管网经济性较低，且地质情况适合打地热井，这就给热泵系统留下了巨大的市场。图 3-22 是 1996～2017 年芬兰热泵市场变化情况，可以看出，芬兰热泵市场从 1996 年持续走高，在 2003 开始快速增长，于 2008 年达到顶峰，之后的几年均有不同程度的下降，2016 年基本与 2015 年持平，市场进入平稳期。2000 年以前，芬兰热泵设备市场不景气，只有 10%新建住宅使用热泵供热。随着能源价格上涨，环保力度加强，限制污染大气的燃油锅炉使用，热泵销售量迅速增长，2001 年已有 10％以上家庭安装了使用清洁能源有利于生态环境保护的热泵，其中大部分是使用水或抗冻液通过垂直管或水平管换热器从土壤或湖泊中吸热的地源热泵。与此同时，价格低廉和占地面积小的空气源热泵也开始飞速发展。2008 年发生了全球性的经济危机，影响了热泵市场的发展。图 3-23 是地源热泵销售量和燃油价格趋势图，可以看出随着燃油价格的上升，地源热泵的销售量也随之升高。2003 年，政府出台了一项用于改造地源热泵以取代电加热的补贴措施，促进了地源热泵的市场；2008 年，政府对资助的范围进行了扩展，使用燃油供暖建筑改造为地源热泵时也享有补贴，使得地源热泵的销量大幅增加；2011 年，芬兰政府取消了该项补贴政策，市场也随之回落。2004～2017 年热泵累计装机数量如图 3-24 所示。

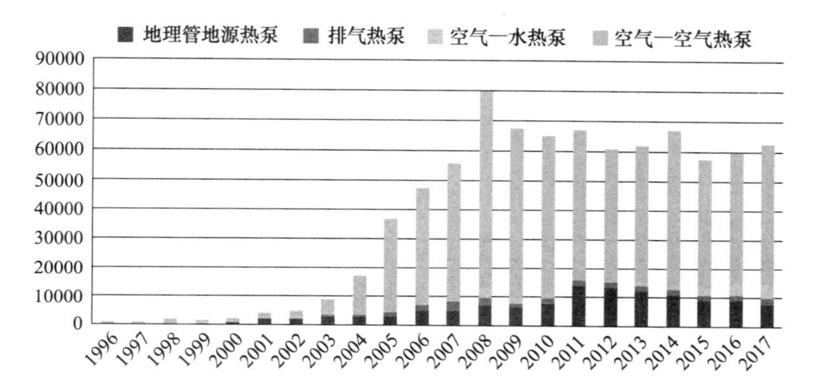

数据来源：Heat Pump Market in Finland 2017。

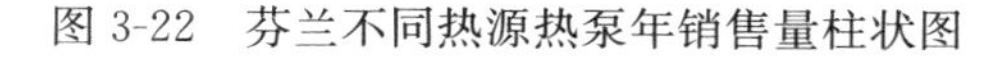

图 3-22 芬兰不同热源热泵年销售量柱状图

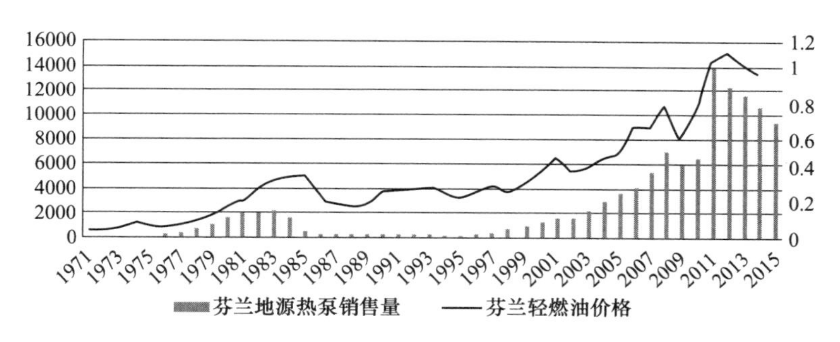

数据来源：the Finnish Heat Pump Association，Myllyntaus（1999）and Official Statistics of Finland（2016）。

图 3-23 芬兰地源热泵年销售量与燃油价格趋势图

总体来说，芬兰的热泵市场是巨大且特殊的。芬兰只有 550 万人口，却建设了 80 多万套热泵系统，热泵产生 9TWh/a 的能量，其中有 6TWh 是来自于家庭系统，大约占芬兰总热负荷的 15％，热泵系统是新建独立住宅中最流行的供热形式，并且正在以飞快的速度代替燃油和电取暖的地位。目前，许多大型建筑（商业、物流中心）已经用地源热泵取代原来的区域供热系统。芬兰最大的地源（geothermal）热泵系统是一个物流中心，有 316 个钻孔，每个 300m 深，总共约有 100km。其热泵市场蓬勃发展的主要原因在于使用者认为热泵能给自己带来经济效益，比其他供暖方式节约运行费用。由表3-8可以看出，地源热泵的初投资最高，但是其投资回报率也高，可以达到10%左右。

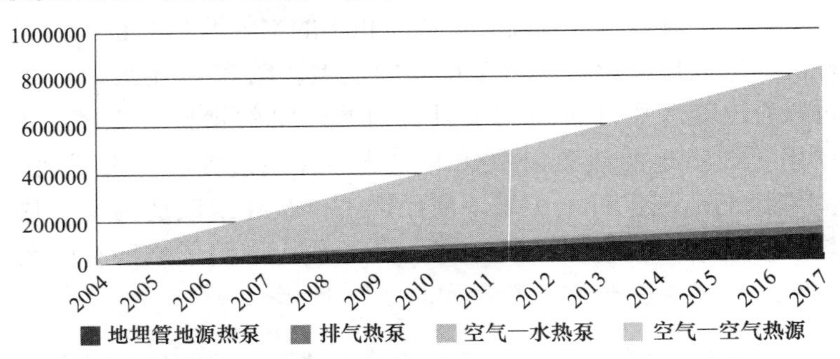

数据来源：Heat Pump Market in Finland 2017。

图3-24　芬兰热泵累计装机数量

不同种类热泵初投资与运行情况　　表3-8

热泵类型	年节约能量（kWh）	年节约运行费用（€）	初投资（€）
地源热泵	14000～17000	1800～2200	14000～20000
空气一水热泵	8000～13000	1000～1700	8000～12000
排气热泵	3000～7000	400～800	6000～10000
空气源热泵	2000～7000	250～800	1500～2500

3.2.5.3　相关配套措施

1. 行业协会

1999年成立了芬兰热泵协会（S UPLU），其宗旨是提供信息，销售、安装人员培训，产品质量监督等，为热泵推广应用作出了很大贡献。2010年，芬兰成为EHPA质量标签委员会的正式成员。

2014年6月，芬兰的第一个欧洲热泵质量标签——欧洲热泵协会质量标签（EHPA QL，图3-25）颁发给Lämpöässä及其ESI/VM型产品系列。EHPA QL由芬兰国家质量

图3-25　欧洲热泵质量标签和热泵安装资格认证

委员会颁发，该机构负责监督和发展芬兰热泵行业产品的质量和功能。质量标签的授予标准包括设备的技术性能、基于认证测试设施的测试结果、对设备的技术职能的检查、产品质量保证和备件的充足供应和可及性。此外，质量委员会会对当地维修组织的效率和国家特定的文件（如指导手册）的执行情况进行检查。

2. 支持政策

芬兰政府对热泵有着严格的法律条令，地源热泵施工必须有制冷剂使用资格认证，人员需要参加培训以获得制冷剂技能等级；在重要的水域建立地下水源热泵系统需要得到进一步的许可并符合水法的相关规定。

为了推进地源热泵的发展，芬兰政府出台了一系列补贴政策。在 1980 年，安装热泵系统的家庭更容易获得高额的住房贷款，对热泵系统的安装同样有补贴。随着市场的发展，这项补助被取消了。2002 年芬兰颁布了住宅改造和节能补贴法案（芬兰法规 1021/2002 和 57/2003），政府补贴高达 10%的投资用于将电加热改造为地源热泵系统。第 115/2008 号修正案也使得补贴将燃油供暖改造为地源热泵系统成为可能。在 2012 年，国家预算中对补贴的预算大幅减少。目前，芬兰政府只保留了一项鼓励政策，即对已有或改建地源热泵的住宅减少税收，补贴政策和影响地源热泵市场的条例见表 3-9。

影响芬兰热泵行业的政策表 **表 3-9**

对于地源热泵行业的影响	条文
制冷剂的温室气体排放及对臭氧层的影响	蒙特利尔协定书； 芬兰条例 677/1993（政府关于限制使用和进口完全卤化氯氟化碳化合物等的决定）； 芬兰条例 262/1998（政府关于破坏臭氧层的物质的要求）； 欧盟 517/2014（关于含氟温室气体的规定）
制冷剂资质	芬兰法规 452/2009（关于维修和保养含有消耗臭氧层物质或某些含氟温室气体装置的政府法令）
地热循环换热器的许可	芬兰第 132/1999 和第 895/1999 号法令（土地使用法和法令），第 283/2011 号修正案
地下水资源保护	芬兰法令 587/2011（水法）
热泵使用培训、效率和标记	关于推广使用可再生能源的指示 2009/28/EC（可再生能源指示）； 委员会委托监管局（欧盟）811/2013 有关加热器能源标签的规定
热泵安装补贴	芬兰法规 1021/2002 和 57/2003（关于住宅改造和节能补贴的政府法令）； 芬兰法规 1255/2010（政府修订住宅改建、节能和健康标准改进补贴法令）； 芬兰法规 1535/1992（所得税法案），修正案 995/2000

数据来源：Ground source heat pumps and environmental policy e The Finnishpractitioner's point of view。

预计到 2030 年，芬兰将有 170 万个热泵产生相当于 15kWh 的热量。到那时，总共将有 120 亿欧元投资于热泵，并将创造 3000 个新工作岗位，节省下来的资金将达到每年 10 亿欧元。

3.2.6 荷兰

3.2.6.1 气候和地质状况

荷兰位于欧洲西部，西、北濒临北海，地处莱茵河、马斯河和斯凯尔特河三角洲。国土总面积达41864km²。全境为低地，1/4的土地海拔不到1m，1/4的土地低于海平面，除南部和东部有一些丘陵外，绝大部分地势都很低。荷兰位于北纬51°～54°之间，受大西洋暖流影响，属于温带海洋性气候，冬暖夏凉。沿海地区夏季平均气温为16℃，冬季平均气温为3℃，内陆地区夏季平均气温为17℃，冬季为2℃。

3.2.6.2　热泵市场的发展

荷兰一直以它的水利、地质方面的技术而著称于世界，其地下含水层储能和地下水源热泵的地下水回路技术领先于西方其他国家。荷兰从地质勘探、井的设计、成井、系统集成到系统的运行和监控具有一套专用的技术，从根本上解决了井的堵塞问题，灌抽比达到100%，并且已完成了200多个大型的地下储能和地下水源热泵项目。水源热泵多用于新建住宅，由于受到钻孔安装低温侧换热器要求的限制，小型和大型的家用热泵自然占领了大部分水地源热泵市场。荷兰热泵销量及住宅、商业建筑中热泵安装量如图3-26和图3-27所示。

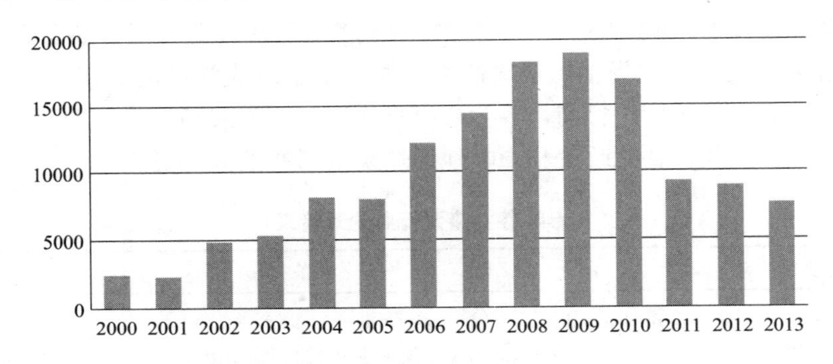

图3-26　荷兰热泵销量图

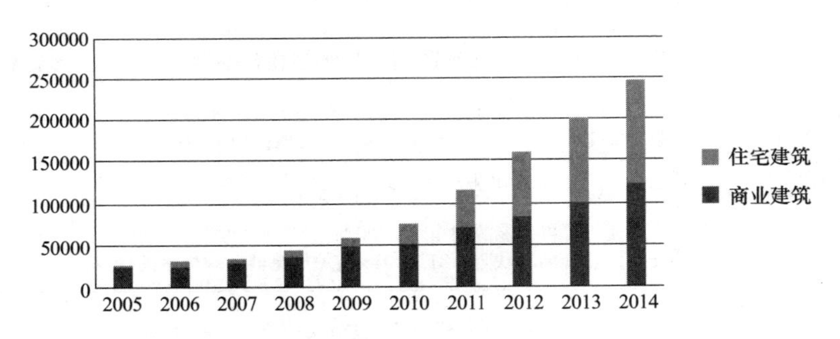

图3-27　荷兰住宅和商业建筑中热泵累计安装数量图

3.2.6.3　政策措施

根据《可再生能源指令（指示2009/28/EC）》，荷兰承诺到2020年将其最终能源消耗的14%来自可再生能源。然而，最近政府对此提出了更高的要求，到2020年能源消费总量的16%来自可再生能源，2050年供热系统不再排放CO_2。

随后，政府提出了一系列的政策来推动能源转型以实现该目标，包括对可再生能源供热进行补贴、提供低息贷款并提供担保，即利用废热和可再生能源的热泵、含水层储热系统项目和区域供热项目，从而刺激可再生能源项目数量的增长，使可持续能源比传统能源更加具有吸引力。荷兰有意要在2021年全部取消燃气锅炉的使用，有效的替代办法是利用热泵，但热泵相对于集中供暖来说，初投资较高可能会对用户造成压力，为了解决这个问题，提出“融资计划”，房主只需要每月支付固定的安装费用，这一计划的实施有效地推动了地源热泵的应用推广。

3.3 日本地源热泵系统发展情况[1]

3.3.1 气候和地质状况

日本主要由五个主要岛屿组成，从北到南分别是：北海道、本州、四国、九州、冲绳。其年平均气温从北海道地区稚内市的6.4℃到冲绳地区那霸市的22.4℃。札幌、仙台、东京、大阪、鹿儿岛这些主要城市的年平均气温分别为8.2℃、11.9℃、15.6℃、16.3℃、17.6℃。相对于各地年平均温差来说，太阳辐射能则比较接近，从北海道地区稚内市的11.5MJ/m^2/天，到冲绳地区那霸市的14.43MJ/m^2/天。札幌、仙台、东京、大阪、鹿儿岛这些主要城市的太阳辐射分别为12.43MJ/m^2/天、12.16MJ/m^2/天、12.02MJ/m^2/天、12.89MJ/m^2/天、13.28MJ/m^2/天。日本的供热度日数，比较室外温度与以14℃作为标准度数的温度差，其供热度日数为从那霸的0到旭川3218，札幌、仙台、东京、大阪、鹿儿岛五个主要城市分别为2638、1594、900、850、515；供冷度日数以24℃作为界限，供冷度日数则为旭川的0到那霸的424，札幌、仙台、东京、大阪、鹿儿岛五个主要城市分别为0、10、130、250、515。

根据日本建设与工商产业省的2号公告，按照冷热程度，日本国土被划分为六个气候区域（图3-28），并根据此制定下一代节能标准。气候区1包括北海道岛，夏季凉爽、冬季寒冷、降雪量大，此地区只需要供热，某些地方需要少量供冷，无法应用空气源热泵，在新建建筑中，燃油锅炉的集中供暖很受欢迎，燃油锅炉和燃气锅炉的使用十分普遍；气候区2、3位于本州岛的北部，夏季微热、冬季相对寒冷，其西部海岸线冬季降雪比较严重，此地区需要供热、供冷，最流行的供冷方式就是户用可逆式空气源热泵，供热方式则主要是锅炉和户式空调或电供暖的混合应用；气候区4分布在本州岛的剩余部分以及九州岛的北部，冬季温和但夏季炎热潮湿；气候区5在九州岛的南部，气候区4、5需要供热、供冷，其冷量需求和地区2、3接近，由于热负荷非常小，供暖只需要用户式可逆式空气源热泵就可以满足。气候区6主要指冲绳岛，它们均为亚热带气候，全年炎热，不需要供热。

在气候区1、2中，地源热泵多采用水循环系统，末端采用地板辐射、风机盘管、散热器。在一次侧直接膨胀系统和间接换热系统都有应用，这个地区夏季如果有冷量需求也可以进行直接供冷（free cooling）；在气候区3、4中，地源热泵多采用风机盘管作为末端，利用桩基进行埋管比地下埋管换热管更加吸引人，它的使用会使系统整体初投资大幅度降低，运用地源热泵系统进行热水供应的功能应该被加入到每一个系统中，这样会提高系统整体使用能效。

从中生代以来极其频繁的火山运动导致日本地质结构非常复杂，调查结果显示其中沉积性岩石占58%，火山岩占26%，火成岩占12%，变质岩占4%。大多数的地下含水层

[1] 本节地源热泵指地埋管地源热泵。

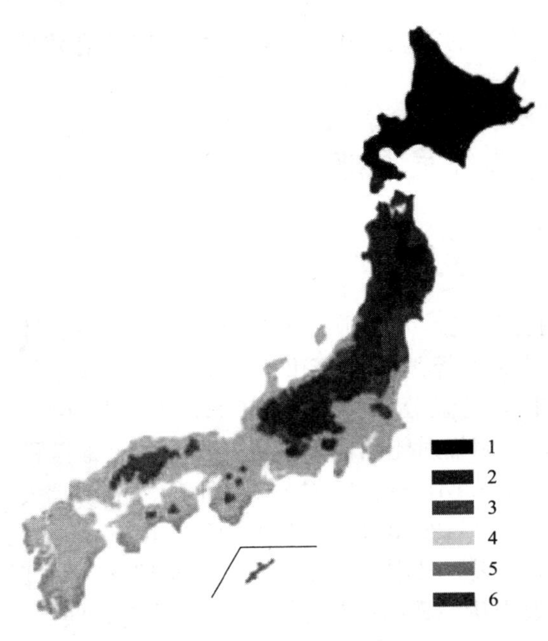

图3-28 日本气候区域划分

形成于第四纪，其他的则形成于新第三纪或从第三纪到第四纪的火山喷发，非常复杂的地质结构以及大量高流速的地下水使推断日本地下热能量的真实储量变得非常困难。但在地下十米或更深的地方地温基本恒定，调查显示：除了一些特殊地质构造如火山活跃地，其他大部分地区的地下土壤温度比该地年平均室外空气温度高1～2℃，例如札幌地区年平均室外空气温度为8.2℃，其土壤温度为9.5℃。

日本平原处的土壤主要由砂砾层组成，通过河流流动产生的冲积和淤积形成。对于地埋管地源热泵系统来说土壤导热率是一个非常重要的参数，而此系数受土壤条件影响非常大，如类型、结构、密度、含湿度。相关实验研究表明，在不考虑地下水流速的影响且土壤含湿度为40%时，典型含沙土壤的有效导热率可以达到1.4W/(m·K)，火山灰和黏土分别为0.9W/(m·K)和1.2W/(m·K)，这些数据比欧洲相应的实验结果要小很多，在欧洲的岩石层，此系数可以达到4W/(m·K)或者更高。

3.3.2 发展历史

历史上，在第二次世界大战后直到1970年，日本曾采用了一些地下水源热泵系统。20世纪70年代，几十个地下水热泵系统应用于宾馆、医院、公寓等建筑中。但是，由于用水回灌及地表下陷等问题，地下水源热泵系统没有被大面积推广，到了第二次石油危机后地埋管地源热泵才逐渐被应用到建筑领域。一家北海道的企业对冷却器进行了改装并且开发了地埋管地源热泵系统，把它应用到独立别墅和联排别墅中，在医院和旅馆也有部分应用。但在那之后，由于石油价格的回落，地埋管地源热泵系统的使用开始停滞，并且由于使用年限的关系，大多数系统已经停止使用。

在1991～2001年间，广岛及周围地区的游泳池和洗浴室逐步引入一些地源热泵系统进行空调制冷以及热水供应。最初系统技术集成上接受了来自瑞典的技术援助，这类系统可以在夏季有效地利用废水中的能量来加热游泳池，同时有助于土壤的热量回收，目前在日本类似的系统有9个。

2001年之后，由于《京都议定书》的签署，以及受到在北美和欧洲地源热泵系统大量使用的影响，日本建立了一些类似的学术组织与协会学习和推进应用地源热泵系统，他们为日本相关企业和集成商提供技术交流以及信息交换的有效平台。例如：日本地热推进协会（The Geo-Heat Promotion Association of Japan）在网络上持续提供相关数据库；日本新能源开发组织（New Energy Development Organization，NEDO）也把地源热泵作为一个节能系统进行推广，此组织在中国和日本都赞助了几项地热热泵系统的示范项目。日本地热能源系统联盟（Division of Ground Thermal Energy System）于2004年成立，实验室设立于在北海道大学，主要研究地源热泵系统和其他地热能的高效使用。日本环保省、新能源开发组织和部分地方政府，如东京、大阪对地源热泵系统的安装和使用提供资助补助。部分企业，例如北海道电力公司也对使用地源热泵系统供热进行补贴，一些住宅开发商也对此系统单独提供他们的补贴。

3.3.3 应用现状

地源热泵系统已经广泛应用于住宅、事务所、公共设施的供冷和供暖，工厂、学校、医院、店铺、农业上也得到了广泛的应用。

图3-29为地源热泵系统在各类建筑中的应用分布情况，截止到2015年末，地源热泵系统在991栋住宅中得到应用，占比44%；应用于254栋事务所，占比11%；厅舍类建筑应用157例，占比7%；119个店铺使用地源热泵系统供冷供热。由于日式住宅多为独栋建筑，地源热泵系统灵活且可同时供冷供热，并可提供生活热水，因此在住宅中得到很好应用。

40～50年前，地下水热泵在日本非常流行，由于水源热泵对地下水的影响，日本对地下水应用开始严格控制，水源热泵的发展受到了限制。但是随着技术水平的提高和施工人员业务水平的提高，水源热泵的应用也非常广泛。截止到2015年，日本环境省的统计数据（图3-30），水源热泵系统共安装1781件，占地热能源利用系统的25.9%。地源热泵系统共计应用2230件，应用占比为32.4%；其中闭式系统占比28.3%，开式系统270件，占比3.9%，开闭式都有的并用系统共14件，占比0.2%。

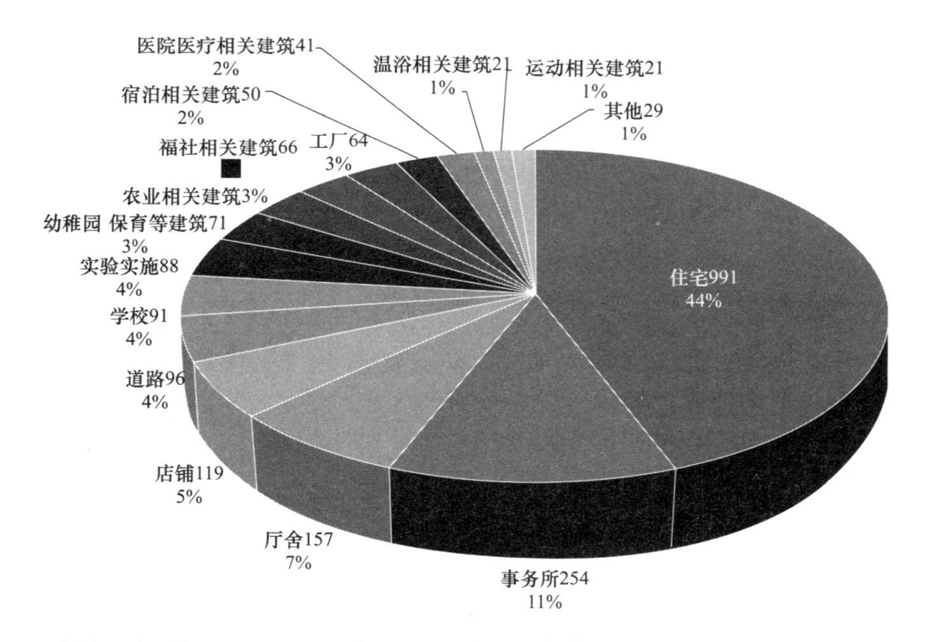

来源：http://www.geohpaj.org/introduction/index1/diffusion。

图3-29 地源热泵在各类建筑中的应用数量及占比（截止至2015年底）

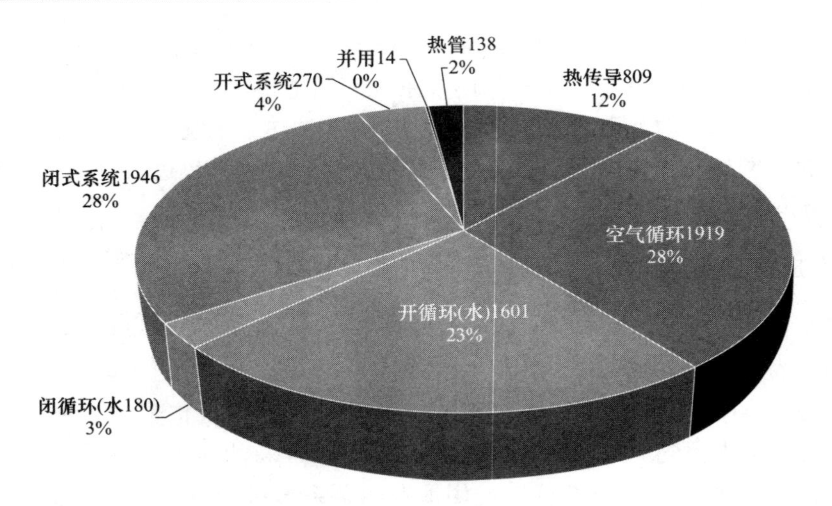

来源：http://www.geohpaj.org/introduction/index1/diffusion。

图 3-30　地热利用方式及数量

图 3-31 为日本地源热泵系统逐年及各年累计安装台数，截止到 2016 年 3 月底，地源热泵系统累计安装系统个数为 2230 个。由于地源热泵技术及其环境友好性的逐渐普及，国家的政策推动及资金补助带来投资方初投资费用的较少也是地源热泵系统快速发展的原因。另外 2013 年东日本大地震后，国家层面对可再生能源利用的重视，也是地源热泵系统应用加快的外因之一。

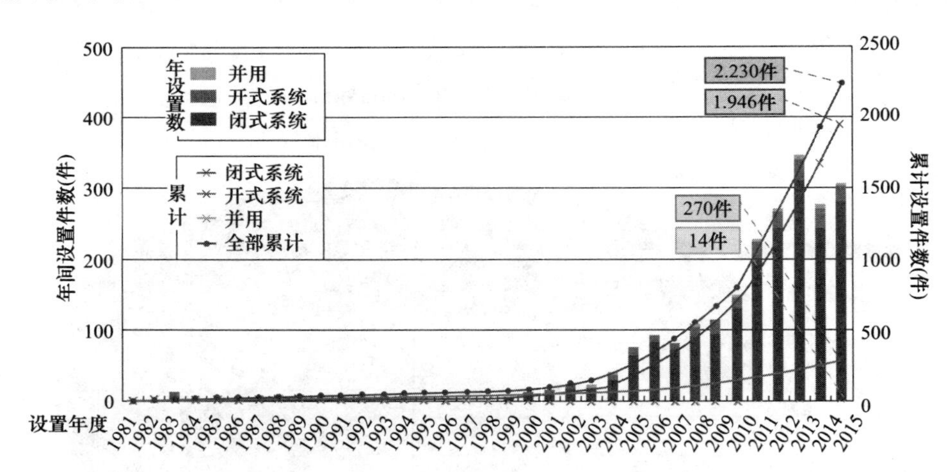

来源：http://www.geohpaj.org/introduction/index1/diffusion。

图 3-31　地源热泵系统每年及累计安装数量

从逐年安装台数上看，2013 年地源热泵系统安装数量最多，达 350 多个，其中闭式系统为主流系统形式。2014 年和 2015 年地源热泵系统安装数量略有减少，2014 年安装数量约为 280 个，2015 年约为 305 个。

图 3-32 为安装的地源热泵系统的地区分布。从图中可以看出北海道的地源热泵系统安装 598 台，为地源热泵系统安装数量最多的地区。接下来为秋田县（142 件）、东京都

(131件)、岩手县（122件)、长野县（119件)。总的来说北海道和东北部地区设置件数有增多的趋势。

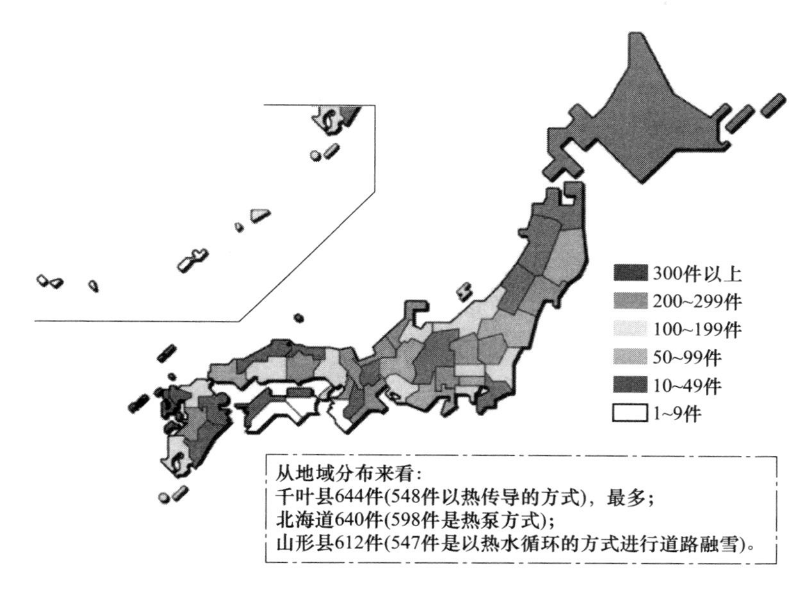

来源：http://www.geohpaj.org/introduction/index1/diffusion。

图 3-32 地源热泵区域分布情况（2015年末为止）

总之，应用的不断增多离不开能源和环境层面的要求，同时也有政府部门优惠政策的大力支持。尤其是日本大地震之后，相信对环境和能源的要求更加高，地源热泵的应用潜力巨大。

3.3.4 最新研究进展

1. 建立地质数据库

为了更加有效的利用浅层地热资源，日本地源热泵研究机构（日本北海道大学长野克则实验室）开始建立地热资源数据库。数据库包含日本全域深层井数据、深层地热资源分布数据和土壤导热系数数据（图 3-33～图 3-35)。

2. 新型土壤源换热器开发

大林组在传统U形地埋管的基础上，开发出更高效的新型土壤热交换器。实验验证该新型热交换器效率较传统热交换器提高20%左右，由于换热器效率提升带来地埋管换热器施工费用减少约25%（由于换热器效率提升，原来需要100m深的换热器，现在只需80m就可实现)。图3-36中（*a*）为传统换热器，（*b*）为新型换热器。

传统换热器的缺点在于：从土壤获取到热量的回水管在上升的过程中被送水管吸收部分热量，导致回水管中水温较低，影响换热效率。在新型换热器中，送水管为3支，在底端汇合，回水管为1只，流量不变，流速较送水管提升3倍，减少了送水管和回水管之间的热交换，回水管水温变高，提升机组效率。

在施工过程中新型换热器之间采用固定件固定，减少了管子间接触，进一步减少了冷热水管之间的热交换，同时减少地埋管的扭曲变形，使结构更加稳定。

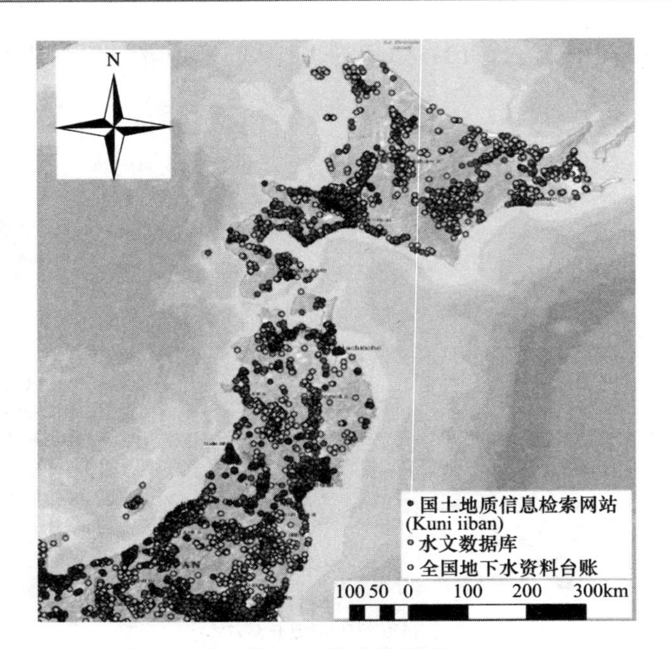

图 3-33 深井数据库

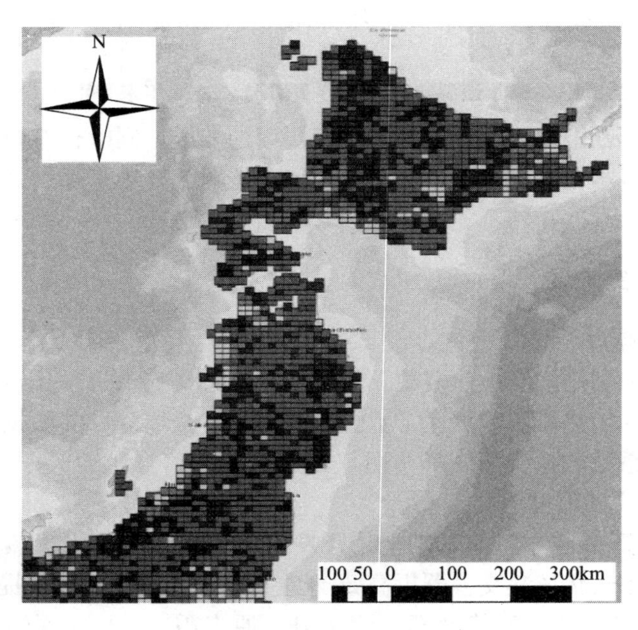

图 3-34 地质图

3.3.5 存在的问题和相关对策

目前，日本地源热泵系统的发展仍然面临如下障碍：

1. 初投资过高

由于初投资很低，空气源热泵在日本寒冷地区也有很广泛的应用。地源热泵如果要与之竞争，必须表现出它良好的系统能效、较低的运行费用、较高的安全性能。同时，由于

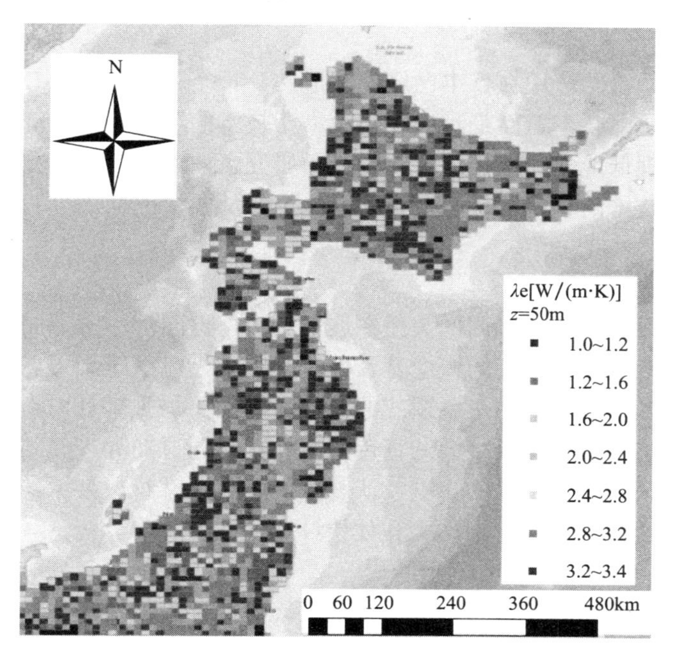

图 3-35 全域土壤导热系数分布

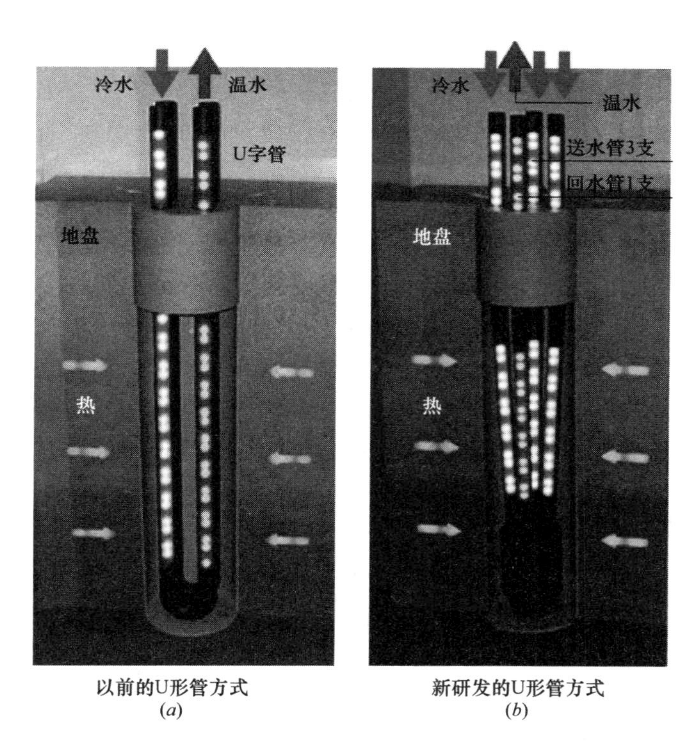

图 3-36 换热器形式

日本复杂的地质结构、市场不成熟、缺少熟练的技术工人，日本土壤打孔的费用甚至比欧美还要贵上几倍。针对成本投资大的问题，日本以缩短投资回收期、加强地方和国家的投资支援及安装配置时的技术支持为手段来弥补。

2. 技术方面

虽然地源热泵系统的应用在日本已经相当成熟，日本的地源热泵技术在国际上也处于领先水平，尤其是热泵技术，但是日本一直致力于技术的革新，希望通过技术的不断提高减少初期投资，实现低能耗，低排放。同时技术研究也注重地源热泵技术和其他系统的连用。日本地源热泵技术的普及有待进一步提高。主要从两个方面展开：技术的标准化和人才的培养。

3. 认知度

虽然对于环境保护和节约能源的关注在逐渐增多，但经济因素还是类似系统选择的最主要因素。而且，地源热泵系统的概念普及性比太阳能光电系统要差，所以从中央政府到地方政府包括科研团体，对地源热泵系统的概念推广还要加强。针对此问题，应对的措施为：继续加大地源热泵系统在全社会的宣传力度；同时通过在高端建筑物中利用地源热泵系统来增加社会的认知度。重要的一点，认真做好每一个系统，使系统运行在高效率、稳定的状态下，通过实际系统效率来加大和加快社会的认可。

4. 地质情况信息和环境的影响评价

日本致力于进一步加强地质数据的整理及环境省的导则及对环境影响的评价。

总体看来，地源热泵系统在日本发展的最大障碍为其非常高效的空气源热泵产品以及成熟完善的市场，但根据日本北海道大学热泵研究中心的预测，由于油价的快速上升以及政府的支持，未来的几年内，日本地源热泵系统的使用将会呈现快速增长，其中具有较大应用潜力的建筑物类型为医院、宾馆、洗浴设施、商店、学校、住宅和办公室。

3.4 小结

通过对地源热泵在典型国家和地区应用分析可知，地源热泵系统在所有建筑物有冷热需求的地方都可以应用，在不同地区、不同气候区应用类型不同。

地源热泵作为高效利用可再生能源的技术手段，可以有效地替代化石能源供冷供热，已经为世界各国广泛认同。对其在世界各国的应用发展影响较大的两个因素，一是其他能源价格，第一次石油危机推动了热泵技术的迅速发展和应用，其后不断攀升的油价促进了地源热泵在20世纪初的快速发展。同样由于北美页岩气开发技术的突破，传统化石燃料价格走低，使得近年来这一地区地源热泵应用量逐渐下滑，由此可见，提供同质服务的能源价格对地源热泵应用量具有决定性影响作用。二是国家政策支持和鼓励，作为应对气候变化的有效手段，很多国家会为地源热泵技术应用提供相关的政策支持和财政补贴，这对地源热泵的应用推广具有积极的作用和影响。同样，一些国家政策也会限制部分类型系统应用，如限制地下水开采地区无法应用地下水源热泵。

总之，应对全球气候变暖，减少二氧化碳排放，高效利用可再生能源，实现建筑绿色节能发展是全球的一致趋势，这些有利于地源热泵发展的因素，会持续推动地源热泵技术的应用和发展。

第4章　标准、图集、科研项目

地源热泵作为利用浅层地热能来供热供冷的新能源利用方式，随着项目的应用推广，技术不断进步和发展。为了使地源热泵技术在应用的过程中更加科学、高效、规范，相应的科学研究和技术标准、规范体系也不断完善。尤其是各个地源热泵应用大省，分别根据当地的资源情况，主要应用地源热泵系统形式，制定了适合当地的技术标准，为推动地源热泵技术规范发展，完善地源热泵技术规范体系发挥了重要作用。本章针对国内外目前颁布的地源热泵技术相关技术标准以及相关出版物进行了汇总，同时对我国地源热泵相关科研项目进行了收集。

4.1　技术标准及规范规程

4.1.1　国家标准

1.《地源热泵系统工程技术规范》(2009版) GB 50366—2005

《地源热泵系统工程技术规范》GB 50366—2005（以下简称《规范》)，是我国目前唯一一部关于地源热泵系统工程技术的国家标准。

由于地源热泵系统的特殊性，其设计方法是其关键与难点，也是业内人士普遍关注的问题，同时也是国外热点课题，《规范》首次对其设计方法提出具体要求。《规范》由中国建筑科学研究院会同相关单位共同编制，于2005年11月30日发布，2006年1月1日起实施。《规范》内容包括：术语；工程勘察；地埋管换热系统；地下水换热系统；地表水换热系统；建筑物内系统；整体运转、调试与验收。

《规范》适用于以岩土体、地下水、地表水为低温热源，以水或添加防冻剂的水溶液为传热介质，采用蒸气压缩热泵技术进行供热、空调或加热生活热水的系统工程的设计、施工及验收。它包括以下两方面的含义：

(1)“以水或添加防冻剂的水溶液为传热介质”，意旨不适用于直接膨胀热泵系统，即直接将蒸发器或冷凝器埋入地下的一种热泵系统。该系统目前在北美地区别墅或小型商用建筑中应用，它的优点是成孔直径小，效率高，也可避免使用防冻剂；但制冷剂泄漏危险性较大，仅适于小规模应用。

(2)“采用蒸气压缩热泵技术进行……”意旨不包括吸收式热泵。

《规范》分析了地源热泵系统的设计特点：

(1) 地源热泵系统受低位热源条件的制约

① 对地埋管系统，除了要有足够的埋管区域，还要有比较适合的岩土体特性。坚硬的岩土体将增加施工难度及初投资，而松软岩土体的地质变形对地埋管换热器也会产生不

利影响。为此，工程勘察完成后，应对地埋管换热系统实施的可行性及经济性进行评估。

② 对地下水系统，首先要有持续水源的保证，同时还要具备可靠的回灌能力。规范中强制规定：“地下水换热系统应根据水文地质勘察资料进行设计，并必须采取可靠回灌措施，确保置换冷量或热量后的地下水全部回灌到同一含水层，不得对地下水资源造成浪费及污染。系统投入运行后，应对抽水量、回灌量及其水质进行监测。”

③ 对地表水系统，设计前应对地表水系统运行对水环境的影响进行评估；地表水换热系统设计方案应根据水面用途，地表水深度、面积，地表水水质、水位、水温情况综合确定。

(2) 地源热泵系统受低位热源的影响很大

低位热源的不定因素非常多，不同的地区、不同的气象条件，甚至同一地区、不同区域，低位热源也会有很大差异，这些因素都会对地源热泵系统设计带来影响。如地埋管系统，岩土体热物性对地埋管换热器的换热效果有很大影响，单位管长换热能力差别可达3倍或更多。

(3) 设计相对复杂

① 低位热源换热系统是地源热泵系统特有的内容，也是地源热泵系统设计的关键和难点。地下换热过程是一个复杂的非稳态过程，影响因素众多，计算过程复杂，通常需要借助专用软件才能实现。

② 地源热泵系统设计应考虑低位热源长期运行的稳定性。方案设计时应对若干年后岩土体的温度变化，地下水水量、温度的变化，地表水体温度的变化进行预测，根据预测结果确定应采用的系统方案。

③ 地源热泵系统与常规系统相比，增加了低位热源换热部分的投资，且投资比例较高，为了提高地源热泵系统的综合效益，或由于受客观条件限制，低位热源不能满足供热或供冷要求时，通常采用混合式地源热泵系统，即采用辅助冷热源与地源热泵系统相结合的方式。确定辅助冷热源的过程，也就是方案优化的过程，无形中提高了方案设计的难度。

《规范》中，第3.1.1条和第5.1.1条是强制性条文，必须严格执行：

3.1.1 地源系统方案设计前，应进行工程场地状况调查，并应对浅层地热能资源进行勘查。

5.1.1 地下水换热系统应根据水文地质勘察资料进行设计。必须采取可靠回灌措施，确保置换冷量或热量后的地下水全部回灌到同一含水层，并不得对地下水资源造成浪费及污染。系统投入运行后，应对抽水量、回灌量及其水质进行定期监测。

《规范》自实施以来，对地源热泵空调技术在我国健康快速的发展和应用起到了很好的指导和规范作用。然而，随着地埋管地源热泵系统研究和应用的不断深入，如何正确获得岩土热物性参数，并用来指导地源热泵系统的设计，《规范》中并没有明确的规范和约束。因此，在实际的地埋管地源热泵系统的设计和应用中，存在有一定的盲目性和随意性：

(1) 简单的按照每延米换热量来指导地埋管地源热泵系统的设计和应用，给地埋管地源热泵系统的长期稳定运行埋下了很多隐患。

(2) 没有统一的规范对岩土热响应试验的方法和手段进行指导和约束，造成岩土热物性参数测试结果不一致，致使地埋管地源热泵系统在应用过程中存在一些争议。

为了使《规范》更加完善合理，统一规范岩土热响应试验方法，正确指导地埋管地源热泵系统的设计和应用，2009 年对该规范进行了修编，本次修订增加补充了岩土热响应试验方法及相关内容，并在此基础上，对相关条文进行了修订。

此次修订的主要内容为增加岩土热响应试验相关内容，明确提出采用动态耦合计算的方法指导地埋管地源热泵系统的设计，并由此对《规范》中的相关条文和条文说明进行修改。

(1) 在《规范》第 3 章中增加第 3.2.2A 条：当地埋管地源热泵系统的应用建筑面积在 3000～5000m^2 时，宜进行岩土热响应试验：当应用建筑面积大于等于 5000m^2 时，应进行热响应试验，并在附录 C：岩土热响应试验中特别说明。地埋管地源热泵系统的应用建筑面积大于或等于 10000m^2 时，测试孔的数量不少于 2 个。

(2) 就岩土热响应试验而言，最为常用也是应用最为成熟的技术方法，就是采用放热的方法进行试验，即向地埋管换热器施加一定加热量，保证一段时间连续不间断的运行，通过对运行数据的采集分析，获得岩土热物性参数。与此相对应的就是取热试验，从土壤中提取热量，通过一段时间连续不间断的运行，分析试验数据得到岩土热物性参数。此次修订采用放热试验方法。

(3) 在此次修订中，对竖直地埋管换热器的分析，推荐一种理论计算模型作为利用岩土热物性参数对地埋管换热器分析的数学计算方法。其核心就是强调要结合岩土热物性参数，以动态的方法进行地埋管地源热泵系统的设计和选型。

(4) 在此次修订中，较为关键的是增加了第 4.3.5A 条，即关于冬夏两季对地埋管换热器设计进出口温度的限定。其中要求：夏季运行期间，地埋管换热器出口最高温度宜低于 33℃；冬季运行期间，不添加防冻剂的地埋管换热器进口最低温度宜高于 4℃。

2.《可再生能源建筑应用工程评价标准》GB 50801—2013

该标准于 2012 年 12 月 25 日发布，2013 年 5 月 1 日起正式实施，是指导可再生能源建筑应用工程节能、环境和经济效益的测试与评价的技术标准。

该标准包含 6 章正文、4 个附录及条文说明和引用标准名录。正文部分的内容依次为：总则、术语、基本规定、太阳能热利用系统、太阳能光伏系统、地源热泵系统。附录 A～附录 D 的内容为：评价报告格式、太阳能资源区划、我国主要城市日太阳辐照量分段统计及倾斜表面上的太阳辐照度计算方法。

该标准适用于我国新建、扩建和改建建筑中应用太阳能热利用系统、太阳能光伏系统和地源热泵系统的可再生能源建筑应用工程的节能、环境和经济效益的测试与评价。该标准规定了可再生能源建筑应用工程的评价包括单项指标评价、性能合格判定和性能分级评价的方法。指标评价首先根据设计要求进行，没有明确的设计要求时根据标准提出的指标进行评价。各单项指标评价均满足标准要求，工程性能方可判定为合格。判定合格的工程，可进行性能分级评价。

可再生能源建筑应用工程评价标准的评价以实际测试参数为基础进行，要求所评价的项目先通过可再生能源建筑应用所属专业的分部工程验收、建筑节能分部验收以及标准规定的形式检查。该标准按太阳能热利用系统、太阳能光伏系统和地源热泵系统进行分类，每个系统单独成章，从评价指标、测试方法、评价方法、判定和分级四个方面对评价所需要的测试项目、测试设备、测试条件、计算公式、评价方法进行了详细、明确的规定。具体见表 4-1～表 4-7。

不同地区太阳能热水系统的太阳能保证率 f(%) 级别划分 表 4-1

太阳能资源区别	1级	2级	3级
资源极富区	$f \geqslant 80$	$80>f \geqslant 70$	$70>f \geqslant 60$
资源丰富区	$f \geqslant 70$	$70>f \geqslant 60$	$60>f \geqslant 50$
资源较富区	$f \geqslant 60$	$60>f \geqslant 50$	$50>f \geqslant 40$
资源一般区	$f \geqslant 50$	$50>f \geqslant 40$	$40>f \geqslant 30$

不同地区太阳能供暖系统的太阳能保证率 f(%) 级别划分 表 4-2

太阳能资源区别	1级	2级	3级
资源极富区	$f \geqslant 70$	$70>f \geqslant 60$	$60>f \geqslant 50$
资源丰富区	$f \geqslant 60$	$60>f \geqslant 50$	$50>f \geqslant 40$
资源较富区	$f \geqslant 50$	$50>f \geqslant 40$	$40>f \geqslant 30$
资源一般区	$f \geqslant 40$	$40>f \geqslant 30$	$30>f \geqslant 20$

不同地区太阳能空调系统的太阳能保证率 f(%) 级别划分 表 4-3

太阳能资源区别	1级	2级	3级
资源极富区	$f \geqslant 60$	$60>f \geqslant 50$	$50>f \geqslant 40$
资源丰富区	$f \geqslant 50$	$50>f \geqslant 40$	$40>f \geqslant 30$
资源较富区	$f \geqslant 40$	$40>f \geqslant 30$	$30>f \geqslant 20$
资源一般区	$f \geqslant 30$	$30>f \geqslant 20$	$20>f \geqslant 10$

太阳能热利用系统的集热效率（%）级别划分 表 4-4

太阳能资源区别	太阳能热水系统	太阳能供暖系统	太阳能空调系统
1级	≥65	≥60	≥55
2级	65>≥50	60>≥45	55>≥40
3级	50>≥42	45>≥35	40>≥30

不同类型太阳能光伏系统的光电转换 η_d(%) 级别划分 表 4-5

系统类型	1级	2级	3级
晶硅电池	$\eta_d \geqslant 12$	$12>\eta_d \geqslant 10$	$10>\eta_d \geqslant 8$
薄膜电池	$\eta_d \geqslant 8$	$8>\eta_d \geqslant 6$	$6>\eta_d \geqslant 4$

太阳能光伏系统的费效比 CBR_d 的级别划分 表 4-6

1级	2级	3级
$CBR_d \leqslant 1.5 \times P_t$	$1.5 \times P_t < CBR_d \leqslant 2.0 \times P_t$	$2.0 \times Pt < CBR_d \leqslant 3.0 \times P_t$

注：P_t 为项目所在地当年商业用电价格（元/kWh）。

地源热泵系统性能级别划分 表 4-7

工况	1级	2级	3级
制热性能系数	$COP_{sys} \geqslant 3.5$	$3.5>COP_{sys} \geqslant 3.0$	$3.0>COP_{sys} \geqslant 2.6$
制冷能效比	$EER_{sys} \geqslant 3.9$	$3.9>EER_{sys} \geqslant 3.4$	$3.4>EER_{sys} \geqslant 3.0$

3.《水（地）源热泵机组》GB/T 19409—2013

该标准于2013年12月17日发布，2014年10月1日实施，对水（地）源热泵机组的术语和定义、形式和基本参数、要求、试验方法、检验规则、标志、包装、运输和贮存等做了明确规定。本标准适用于以电动机械压缩式制冷系统，以循环流动于地埋管中的水或水井、湖泊、河流、海洋中的水或生活污水及工业废水或共用管路中的水为冷（热）源的水源热泵机组。

本标准代替《水源热泵机组》GB/T 19409—2003，与GB/T 19409—2003相比，主要变化如下：

——型式中增加“地表水式”；

——地下环路式改为“地埋管式”；

——冷热水机型的试验工况中热源侧进出水温差由5℃改为出水温度和水流量的组合；

——将机组按冷量分类由8档改为2档；

——修改试验工况，将离心式机组和容积式机组的工况分开确定；

——增加全年综合性能系数（*ACOP*）作为热泵机组的能效指标。

其中，全年综合性能系数（*ACOP*，Annual Coefficient Of Performance）为我国独创的水（地）源热泵机组性能参数，为水（地）源热泵机组在额定制冷工况和额定制热工况下满负荷运行时的能效，与多个典型城市的办公建筑按制冷、制热时间比例进行综合加权而来的全年性能系数，用*ACOP*表示。

全年综合性能系数 $ACOP=0.56EER+0.44COP$

其中*EER*为水（地）源热泵机组在额定制冷工况下满负荷运行时的能效；*COP*为水（地）源热泵机组在额定制热工况下满负荷运行时的能效；加权系数0.56和0.44为选择北京、哈尔滨、武汉、南京和广州五个典型城市的办公建筑制冷、制热时间分别占办公建筑总的空调时间的比例。

4.《水（地）源热泵机组能效限定值及能效等级》GB 30721—2014

该标准于2014年6月9日发布，2015年4月1日实施，标准规定了水（地）源热泵机组能效限定值、节能评价值、能效等级、试验方法和检验规则。本标准适用于以电动机械压缩式系统，并以水为冷（热）源的户用、工商业用和类似用途的水（地）源热泵机组，不适用于单冷型和单热型水（地）源热泵机组。

标准中根据水（地）源热泵机组的*ACOP*，按冷热风型和冷热水型两个类型，在采用不同低温热源的情况下，将不同容量机组划分为3个能效等级，其中能效限定值为3级能效值。

5.《水源热泵系统经济运行》GB/T 31512—2015

该标准于2015年5月15日发布，2015年12月1日实施，标准规定了水源热泵系统经济运行的基本要求、评价指标与方法、测试方法和管理措施。本标准适用于以水为冷（热）源，户用、工商业用和类似用途的电动机械压缩式水源热泵系统。

标准中对系统基本要求、使用环境要求、系统要求、经济运行要求、系统用能分项计量进行了相应的规定和明确。规定系统经济运行的评价指标与方法，规定了系统经济运行的测试条件和测试方法，以及测试数据处理等。

6.《蒸气压缩循环水源高温热泵机组》GB/T 25861—2010

该标准于2011年1月10日发布，2011年10月1日实施，标准规定了蒸气压缩循环水源高温热泵机组的术语和定义、型式和基本参数、要求、试验方法、检验规则、标识、包装、运输和贮存。标准适用于以电动机驱动的蒸汽压缩式系统、热源水温度为12～58℃、热水侧出水温度大于50℃的热泵机组。

4.1.2　地方标准

1. 北京

(1)《地埋管地源热泵系统工程技术规范》DB11/T 1253—2015

该标准2015年12月30日发布，2016年4月1日实施。标准规定了地埋管地源热泵系统工程的场地浅层地温能资源勘查评估、换热系统设计与施工、监测系统建设、调试和验收等工作的内容、方法和要求。本标准适用于以地下岩土体为低温热源，以水为传热介质，采用热泵技术进行供热、供冷或加热生活热水的系统工程前期勘查与评估、设计、施工、验收及系统监测。

(2)《再生水热泵系统工程技术规范》DB11/T 1254—2015

该标准2015年12月30日发布，2016年4月1日实施。标准规定了再生水热泵系统工程前期勘查与评估、系统设计与施工、监测系统建设、调试和验收各环节。本标准适用于以再生水为低位热源，为民用和工业建筑进行供热、供冷或提供生活热水的热泵系统工程设计、施工及验收。

(3)《污水源热泵系统设计规范》DB11/T 1237—2015

该标准2015年9月23日发布，2016年1月1日实施。标准规定了污水源热泵系统设计的基本要求、工程勘测、污水换热系统、建筑物内系统、监测与控制。本标准适用于以城镇原生污水、排放水、再生水作为低温热源，以水或添加防冻剂的水溶液为传热介质，采用蒸气压缩热泵技术进行供冷、供热和加热生活热水系统的工程设计。

(4)《单井循环换热地能采集井工程技术规范》DB11/T 935—2012

该标准2012年12月12日发布，2013年4月1日实施。标准规定了单井循环换热地能采集井的设计、施工、验收等技术要求。本标准适用于为建筑物供暖、制冷和提供生活热水的地能热泵系统的单井循环换热地能采集井工程。

2. 重庆

(1)《河床渗滤取水与水源热泵系统联合应用技术规程》DBJ/T 50-084—2008

该标准2009年2月1日实施，本规程进行了大量的调查研究，认真总结了河床渗滤取水工程设计和施工的实践经验，结合近年来水源热泵技术在重庆地区的应用实例，对净水机理、渗滤场渗流特征及滤床淤塞防治等重大问题进行了专题研讨，并广泛征求了相关单位和专家的意见。本规程主要技术内容有：

① 明确了选址、初勘、详勘、施工勘察的主要内容和要求；

② 给出了河床渗滤取水的适用条件、组成单元、计算方法和主要参数；

③ 规定了水源热泵系统设计的主要内容、机组选型原则和参数；

④ 河床渗滤取水与水源热泵系统的施工程序、技术要求和注意事项；

⑤ 河床渗滤取水与水源热泵系统调试验收的一般规定和要求；

⑥ 提出了工程运行管理的具体要求。

本规程适用于河床渗滤取水与水源热泵系统联合应用工程的勘察、设计、施工、验收及运行管理。

(2)《地表水水源热泵系统设计标准》DBJ50-115—2010

该标准2011年3月1日实施，适用于重庆市新建、改建、扩建建筑，以地表水为低位热源，采用蒸气压缩热泵技术进行制冷、供热的系统工程设计。

(3)《地表水水源热泵系统施工质量验收标准》DBJ50/T-116—2010

该标准2011年3月1日实施，适用于重庆地区地表水水源热泵系统工程施工质量的验收。

(4)《地表水水源热泵系统适应性评估标准》DBJ50/T-117—2010

该标准2011年3月1日实施，适用重庆市于新建、改建、扩建建筑，以地表水为低位热源，采用蒸气压缩热泵技术进行制冷、供热的系统工程的技术经济可行性及运行效果评估。

(5)《地表水水源热泵系统运行管理技术规程》DBJ50-118—2010

该标准2011年3月1日实施，适用于重庆地区应用地表水水源热泵系统的运行管理。

(6)《地埋管地源热泵系统技术规程》DBJ50/T-199—2014

该标准2014年11月1日实施，适用于重庆市内新建、改建和扩建的以岩土体为低温热源，以水或添加防冻剂的水溶液为传热介质，采用蒸气压缩热泵技术进行供暖、空调及生活热水供应的地埋管地源热泵系统工程的勘察、设计、施工及验收。

(7)《可再生能源建筑应用项目系统能效检测标准》DBJ50/T-183—2014

该标准2014年7月1日实施，适用于重庆市可再生能源建筑应用项目系统能效的检测，包括应用太阳能热利用系统、太阳能光伏系统和地源热泵系统的新建、扩建和改建工程。

3. 上海

(1)《水源多联式空调（热泵）机组能效限定值及能源效率等级》DB31/T 640—2012

该标准2012年10月19日发布，2013年2月1日实施。本标准规定了水源多联式空调（热泵）机组的能效限定值及能源效率等级。本标准适用于电动机驱动的蒸汽压缩式循环的水源多联式空调（热泵）机组。

(2)《水源高温热泵机组能效限定值及能源效率等级》DB31/T 641—2012

该标准2012年10月19日发布，2013年2月1日实施。本标准规定了水源高温热泵机组的能效限定值及能源效率等级。本标准适用于电动机驱动的蒸汽压缩式循环的水源高温热泵机组。

4. 天津

《地源热泵地下储能系统建设运行技术规范》DB12/T 469—2012

该标准2012年11月15日发布，2013年2月15日实施。标准包括13个章和4个附录。主要内容包括：术语、工程勘察、取用地下水资源论证、井群设计、抽水试验与回灌试验、施工及验收、水源热泵系统配套设施安装、水源热泵系统运行与监测、竖直埋管地源热泵系统建设与运行等。本标准规定了地源热泵地下储能系统建设中工程勘察、论证、设计、施工、竣工验收与运行中监测设施安装、运行监测的技术要求。本标准适用于天津市范围内地源热泵地下储能系统的建设与运行。

5. 山东

(1)《地表水地源热泵系统应用技术规程》DB37/T 1214—2010

该标准2010年2月9日发布，2010年3月1日实施。本标准规定了地表水地源热泵系统应用技术规程的术语和定义、总则、地表水换热系统、建筑物内系统、整体运转、调试预验收。本标准仅适用于以地表水（江、河、湖、海、城市生活污水）为低位冷热源，以水或添加防冻剂的水溶液为循环介质，利用电驱动蒸气压缩式热泵技术进行供热、供冷或提供生活热水的水源热泵系统工程的设计、施工及验收。

(2)《地埋管地源热泵系统应用技术规程》DB37/T 1215—2010

该标准2010年2月9日发布，2010年3月1日实施。本标准规定了地埋管地源热泵系统应用技术规程的术语和定义、总则、地埋管换热系统设计、地埋管换热系统施工、地埋管换热系统的检验、调试与验收、建筑物内系统和整体运转、调试与验收。本标准适用于以地下岩土体为冷热源，以水或添加防冻剂的水溶液为地下循环介质，利用电驱动蒸气压缩式热泵技术进行供热、供冷或供生活热水的地埋管地源热泵系统工程的设计、施工及验收。

(3)《地源热泵系统能效评价方法》DB37/T 2229—2012

该标准2012年12月19日发布，2013年1月1日实施。本标准规定了地源热泵系统能效评价方法的术语和定义、测试内容、测试条件和评价内容、测试环境和测试装置要求、检测项目、方法和评价、判定原则。本标准适用于以浅层地下岩土体、地下水或地表水为热源、热汇，以水或添加传热介质的水溶液为循环介质，利用水源热泵机组进行民用建筑空调或提供生活热水的地源热泵系统工程的监测与评价。

(4)《可再生能源建筑应用工程检测与评价标准》DB37/T 2397—2013

该标准2013年9月22日发布，2013年10月30日实施。该标准主要包括可再生能源术语与定义、技术要求、测量要求、地源热泵系统能效比测量方法与结果、检测抽样规则。本标准规定了可再生能源建筑应用工程的术语和定义、符号和单位、系统性能现场检测和评价方法。本标准适用于地源热泵系统、污水源热泵系统和民用建筑太阳能热水系统。

(5)《太阳能-地源热泵复合系统技术规程》DBJ 14-078—2011

该标准2011年7月11日发布，2011年9月1日实施。本规程主要包括总则、术语、复合系统设计、规划和建筑设计、复合系统工程施工、工程验收等六部分内容，对太阳能-地源热泵复合系统的应用做出了具体的技术要求和规定。本规程是山东省各级建设行政主管部门，各生产、设计、施工、监理、检测和质监等单位控制工程质量的技术依据。

6. 河北

(1)《地源热泵系统节能监测规范》DB13/T 1348—2010

该标准2010年12月28日发布，2011年1月20日实施。本规范规定了地源热泵系统节能监测的原理、检测项目、检测设备、检测步骤、节能量的计算等内容。本规范适用于以岩土体、地下水、地表水为低温热源，以水或添加防冻剂的水溶液为传热介质，采用蒸气压缩热泵技术进行夏季供冷、冬季供热或加热生活热水的地源热泵系统的节能检测。

(2)《地下水地源热泵系统工程技术规程》DB13/T 2552—2017

该标准2017年9月6日发布，2017年10月6日实施。目前河北省地下水地源热泵系统工程存在一些问题，比较突出的有地下水回灌不畅、地下水资源浪费和系统运行费用高等，本规程对这些问题进行了广泛的调查研究，认真总结了省内外的实践经验，吸取了近年来地下水地源热泵系统领域取得的最新研究成果，参考和借鉴了相关规范规程和先进标准，并进行了广泛地征求意见。为使地下水地源热泵系统工程的勘查、设计、施工、验收做到技术先进、经济合理、安全适用，保护地下水资源和生态环境，保证工程质量，制定本规程。本标准规定了地下水地源热泵系统工程的术语和定义、工程勘查、地下水换热系统、建筑物内系统、整体运转调试与验收、监控与运行管理等基本内容。本标准适用于河北省行政区域内新建、改建和扩建的以地下水地源热泵技术进行供热、供冷或加热生活热水系统工程的勘查、设计、施工、验收及运行管理。

(3)《地埋管地源热泵工程技术规范》DB13/T 2555—2017

该规程 2017 年 9 月 6 日发布，2017 年 10 月 6 日实施。本标准规定了地埋管地源热泵工程的术语与定义、基本规定、场地勘察与评估、系统设计、系统施工、系统的检验、调试与验收以及系统监测等工作的内容、方法和要求。本标准适用于河北省内新建、改建和扩建的以岩土体为低温热源，以水或添加防冻剂的水溶液为传热介质，采用热泵技术进行供热、供冷及生活热水供应的地埋管地源热泵系统工程的前期勘查与评估、设计、施工、监测及验收。

7. 辽宁

(1)《地源热泵系统工程技术规程》DB21/T 1643—2008

该标准 2008 年 9 月 1 日发布，2008 年 9 月 10 日实施。本规范通过广泛调查研究，在省内广泛征求意见的基础上，结合辽宁地区的实际情况，经专家论证制定。本标准的主要内容有：总则；术语；工程勘察；地埋管换热系统；地下水换热系统；建筑物内系统；整体运转、调试与验收。

(2)《海水源热泵系统工程技术规程》DB21/T 1720—2009

该标准 2009 年 2 月 25 日发布，2009 年 3 月 25 日实施。规程在广泛深入调查研究辽宁省海水源热泵系统工程的规划、设计、施工和运行，认真总结实践经验，参考国内外相关标准和其他技术文献，并在广泛征求意见的基础上，经专家论证制定。本规程共分 9 章，主要内容有：总则；术语和符号；海水源热泵系统规划设计条件；海水取水系统；海水取水泵房的工艺设计；海水源热泵站；供冷供热管网系统；电气和自动控制；系统整体运行、调试与验收。

(3)《污水源热泵系统工程技术规程》DB21/T 1795—2010

该标准 2010 年 3 月 19 日发布，2010 年 4 月 19 日实施。本规程为规范污水源热泵系统工程的规划、设计，指导工程实践，在广泛深入调查研究辽宁省污水源热泵系统工程的规划、设计、施工和运行，认真总结实践经验，参考国内外相关标准和其他技术文献，并在广泛征求意见的基础上，经专家论证后制定。本规程共分 9 章，主要内容有：总则；术语和符号；规划设计条件；污水取水系统；污水专用换热器；污水源热泵站；供冷供热管网系统；电气与自动控制；系统整体运行、调试与验收。

(4)《地源热泵系统工程检测技术规程》DB21/T 2618—2016

该标准 2016 年 4 月 26 日发布，2016 年 6 月 26 日实施。本规程主要内容为：总则；术语与符号；一般规定；换热系统施工质量检测；地源热泵系统性能检测。本规程适用新建、扩建和改建建筑中地源热泵系统工程的施工过程检测和性能检测，包括以岩土体、地下水、地表水（海水）、污水（中水）等为热源的地源热泵系统工程。

8. 黑龙江

(1)《地下水源热泵技术规程》DB23/T 1491—2012

该标准 2012 年 12 月 11 日发布，2013 年 1 月 11 日实施。本规程共分为 7 章和 4 个附录。主要技术内容是：总则；术语；水文地质勘察；地下水换热系统；建筑物内系统；整体运转；调试与验收；运行管理等。

(2)《污水源热泵技术规程》DB23/T 1493—2012

该标准2012年12月11日发布，2013年1月11日实施。本规程共分为7章和1个附录。主要技术内容是：总则；术语；污水换热系统设计；污水换热系统施工、检验与验收；建筑物内系统；整体运转、调试与验收；运行管理等。

9. 安徽

《地源热泵系统工程技术规程》DB34/1800—2012

该标准2012年12月24日发布，2013年1月24日实施。本规程共分8章。主要内容包括：总则；术语；地源热泵系统可行性评估；工程勘察；工程设计；工程施工；系统调试、运转与验收；工程监测。

10. 湖北

《地源热泵系统工程技术规程》DB42/T 1304—2017

该标准2017年10月13日发布，2018年2月1日实施。主要内容包括：工程勘察；可行性评价；地埋管换热系统；地下水换热系统；地表水换热系统；建筑物内系统；整体运转；调试与验收；监测与控制等内容。

4.1.3　工程建设标准化协会标准

1.《农村小型地源热泵供暖供冷工程技术规程》CECS 313：2012

该规程是中国工程建设协会标准，于2012年8月1日实施。为合理利用农村地区浅层地热能资源，保证农村居住建筑供暖供冷系统工程的设计、施工及验收系统化、规范化，做到技术先进、经济适用、质量可靠，制定了本规程。规程适用于以岩土体、地下水、天然地表水、人工地表水为低温热源，以水（或防冻剂）为输送介质，采用蒸气压缩热泵技术进行农村居住建筑供暖、供冷工程的设计、施工及调试与验收。小型公共建筑、农业生产建筑应用地源热泵技术进行供暖、供冷时，也可按本规程执行。

2.《地源热泵系统地埋管换热器施工技术规程》CECS 344：2013

该规程是中国工程建设协会标准，于2013年9月1日实施。为使地源热泵系统地埋管换热器的施工、安装及验收做到技术先进、经济合理、安全适用、保证工程质量，制定本规程。规程适用于地源热泵系统竖直埋管换热器和地下5m以下水平埋管换热器的安装和施工质量验收。

4.1.4　国际标准

1. 美国标准介绍

(1) **ANSI/CSA C448 Series-2016**，*Design and installation of ground source heat pump systems for commercial and residential buildings*。《商业和住宅建筑的地源热泵系统的设计和安装》于2016年1月通过并实施，是美国和加拿大均适用的规范。这个系列规范共包括9个部分：

ANSI /CSA C448系列现在包括以下部分：

① ANSI/CSA C448.0，地源热泵系统设计和安装——所有系统的通用标准；

② ANSI/CSA C448.1，在商业和公共建筑中应用的标准；

③ ANSI/CSA C448.2，在住宅和其他小型建筑中应用的标准；

④ ANSI/CSA C448.3，垂直闭环地源热泵系统的安装；

⑤ ANSI/CSA C448.4，水平闭环地源热泵系统安装；

⑥ ANSI/CSA C448.5，地表水热泵系统的安装；

⑦ ANSI/CSA C448.6，开环系统的地下水源热泵系统的安装；

⑧ ANSI/CSA C448.7，单井式地源热泵系统的安装；

⑨ ANSI/CSA C448.8，直接膨胀式热泵系统的安装。

本标准适用于以下系统：

① 直膨式地源热泵系统，利用地热交换器作为热源或热汇用于供热或供冷，无论有或没有附加热源；

② 所有一体式或分体式系统水源和地源热泵，利用地下水、沉没式换热器、地埋管换热作为热源或热汇用于供热或供冷，无论有或没有附加热源。

本标准同时适用于储能系统、新建及改造建筑、单井系统。本标准涵盖设备和材料选择、现场勘测、系统设计、安装、测试和验证、文件编制、调试和拆除等方面的最低要求。

（2）**ANSI/ASHRAE/USGBC/IES Standard 189.1-2014**，*Standard for the Design of High-Performance Green Buildings*。《高性能绿建设计标准-不含低层住宅》于2014年实施。

本标准的目的是为高性能绿色建筑的选址、设计、施工和计划提供最低要求，以实现平衡环境责任，资源效率，居住舒适以及社区敏感度，支持满足现在需求的发展目标，不影响子孙后代满足自身需求的能力。

本标准提出了最低限值，适用于建筑项目的以下范围：①新建筑及其系统；②建筑物及其系统的新增部分；③现有建筑物的新系统和设备。确保项目的可持续性、用水效率、能源效率、室内环境质量（IEQ）。

本标准的规定不适用于：①单户住宅、三层以上的多层建筑、制造房屋（移动房屋）和制造房屋（模块化）；②不使用以下任何一种的建筑物：电力、化石燃料或水。本标准不得用于规避任何安全、健康或环境要求。

值得一提的是INTERNATIONAL GKEEN CONSTRUCTIOIV CODE（TGCC）和189.1标准被认为是“供司法部门使用的标准”，也就是说规范司法部门必须从189.1标准和IgCC中选择一种作为依据，可根据美国能源部提供的联邦法律确定优先权及豁免权。

（3）**ANSI/ASHRAE/IES 90.1-2016**，*Energy Standard for Buildings Except Low-Rise Residential Buildings*。《建筑能效标准-不含低层住宅》于2016年实施。

本标准的目标是为低层住宅以外的建筑物的设计、施工和运行维护以及现场可再生能源利用制定最低能效要求。

本标准为以下部分的设计、施工和运行维护制定最低能效要求及确定符合这些要求的标准：

① 新建筑及其系统；

② 建筑物及其系统的新部分；

③ 现有建筑物中的新系统和设备；

④ 标准中明确标明的部分工业或制造工艺中的新设备或建筑系统。

本标准的规定不适用于：①单户住宅、三层以上的多层建筑、制造房屋（移动房屋）和制造房屋（模块化）；②不使用以下任何一种的建筑物：电力、化石燃料或水。本标准不得用于规避任何安全，健康或环境要求。

（4） **ANSI Z21.40.4-1996/CGA 2.94-M1996 （R2017）**，*Performance Testing and Rating of Gas-Fired，Air Conditioning and Heat Pump Appliances*。《燃气驱动空调和热泵设备的性能测试和等级》于2017年修编后实施。

本规范为燃气驱动热泵空调建立了测试方法，规程适用于工厂生产的利用燃气作为一次能源驱动的空间加热及生活热水热泵机组，包括机械驱动、吸收式、干燥式热泵以及其他类型的燃气热泵。热泵的热源/热汇可以是室外空气、地下水或闭式水环路。热泵通过直接供热/供冷或间接生产冷热量提供全年空调。

（5） **ANSI/ASHRAE 15：2010**，*Safety Standard for Refrigeration Systems*。《制冷系统的安全要求》于2010年修编后实施。

本规范规定了制冷剂系统的安全设计、建造、安装及运行。本规范为生命和财产安全建立了保障。本规范适用于：

① 机械或吸收式系统以及热泵系统的设计、建造、安装、运行及检测；

② 维修及替换部分不能实现既定运行功能的部件；

③ 替代具有不同特性的制冷剂。

2. 欧盟标准介绍

（1） **BS EN 14511-1：2013**，*Air conditioners，liquid chilling packages and heat pumps with electrically driven compressors for space heating and cooling*。《空调器、冷水机组及带电动压缩机用于冷暖空气调节的热泵装置》于2013年9月完成并发布，针对空调器、冷水机组和热泵以及设备装置的定义与术语、测试条件、测试方法以及运行要求做出了相应规定。本系列标准包括四个部分：

① 该标准第1部分：术语和定义。定义了空调器、热泵等设备。

② 该标准第2部分：测试条件。规定了在制冷/制热工况测试时室外环境条件以及室内环境条件。

③ 该标准第3部分：测试方法。规定了机组性能测试以及基本参数测试的方法和步骤；并且规定了测试报告的具体信息及内容。

④ 该标准第4部分：运行要求、标识和说明。规定了系统在制冷或制热工作时需要满足的最低运行要求和条件；并且规定了机组制造的要求。

本标准适用于供热、供冷用管道安装机组、具有一体式冷凝器或分体式冷凝器的冷水机组、定容量或变容量机组、可以切换蒸发器冷凝器的空气/空气机组。不适用于热泵生活热水机组，以及工业供冷、供热用设备安装。

（2） **BS EN 14825 2013**，*Air conditioners，liquid chilling packages and heat pumps，with electrically driven compressors，for space heating and cooling-Testing and rating at part load conditions and calculation of seasonal performance*。《用于空间加热和冷却用途的以电动机驱动压缩机的空调、液体冷却装置和热泵-部分负荷的工况和季节性性能计算》

最新版本2016年实施。本标准涵盖空调、热泵和冷机。适用于EN 14511-1中定义的设备范围、单管、双管，控制柜和关闭控制单元除外。

本标准给出了季节能效 *SEER* 和 $SEER_{on}$ 的季节性能，*SCOP*、$SCOP_{on}$ 和 $SCOP_{net}$ 以及季节性空间加热能效 η_s 的温度和部分负荷条件的计算方法。

这种计算方法可以基于计算值或测量值。在测量值的情况下，本标准涵盖在部分负荷条件下在运行模式期间确定容量，*EER* 和 *COP* 值的测试方法。它还涵盖了恒温关闭模式、待机模式、关闭模式和曲轴箱加热器模式下的电力消耗测试方法。

（3）**VDI4640 1-4**，*Thermal use of the underground Ground Source Heat Pump System-part* 1-4。《地源热泵设计安装要求》是德国规范，于2011年颁布实施。

该准则针对规划和建设公司、组件制造商（例如热泵、管道、保温材料等）、颁发许可证的当局、能源顾问和专业培训师。其目的是确保正确的设计、恰当的材料选择以及正确执行钻井、安装和系统集成，从现状开始进行有效的地下热利用。通过这样的方法取得令人满意的技术经济性效果，使系统即使长期运行，也能够不中断工作，同时不会对环境造成负面影响。

本规范包括四个部分内容：

① 基础、审批、环境方面；

② 地源热泵；

③ 地下蓄能；

④ 直接利用。

本规范适用于地下400m深度范围内的热利用，以下应用情况均属于本规范涵盖范围：

① 地源热泵系统：包括热泵供热系统、热泵供热和供冷系统、制冷机械。

② 地下换热器或地下水直接作为换热介质时：地热采集器、钻孔换热器和其他特殊的地热换热模型均可以用作地下换热器。地下水可采用经由钻井的含水层地下水，也可以是来自于废弃矿井及隧道排水。

③ 地下蓄热包括：蓄能供热，太阳能、废热、环境热均可以用作热源。蓄能供冷，冷源为环境冷源。蓄能供热供冷，使用热泵装置，不使用热泵装置仅采用环境热/冷量。

④ 地下换热器或直接使用地下水作为换热介质。

⑤ 直接使用：不使用热泵或冷机，仅采用地下水供冷或供热，采用地道风供冷、供热。

（4）**DIN 8901**，*Refrigerating system and heat pumps-Protection of soil*，*ground and surface water*。《制冷热泵系统环境保护要求》，是由德国标准化学会颁布，最新修编版在2002年12月实施。

本标准适用于每个制冷剂回路包括100kg制冷剂的制冷系统和热泵，特别是当使用地下水和地表水作为热源或热汇时。不包含：①最多安装1.5kg制冷剂的系统；②移动制冷系统。

该标准还适用于将土壤直接用作储能，直接蒸发或直接冷凝的情况下制冷剂填充量达到12.5kg的制冷设备和热泵。应注意的是，使用地下水和地表水必须经水务部门许可。为了避免制冷系统和热泵引起的土壤、地表水和地表水的直接和间接风险，本标准规定了制冷系统和热泵及其测试的要求。

3. ISO标准介绍

（1）**ISO 13256-1：1998**，*Water-source heat pumps-Testing and rating for perform-*

ance-Part 1：*Water-to-air and brine-to-air heat pumps*。《水源热泵-性能测试和评级-第1部分：水对空和盐水对空气热泵》于1998年发布实施。标准为工厂制造的住宅、商业和工业、电动、机械压缩型、水对空气和盐水对空气热泵制定了性能测试和评级标准，并包含的测试和评级要求。

根据ISO 13256-1标准中的一个应用设计的设备，可能不适用于本标准所涵盖的所有应用。标准不适用于单独使用的组件的测试和评级值，也不适用于ISO 5151、ISO 13253或ISO 13256-2涵盖的热泵的测试和评级值。

（2）**ISO 13256-2：1998**，*Water-source heat pumps-Testing and rating for performance-Part* 2：*Water-to-water and brine-to-water heat pumps*。《水源热泵-性能测试和评级-第2部分：水与水和盐水对水热泵》，与第1部分同年颁布实施。标准为工厂制造的住宅、商业和工业、电动、机械压缩型、水对水和盐水对水热泵制定了性能测试和评级标准，并包含的测试和评级要求。

根据ISO 13256-2标准中的一个应用设计的设备，可能不适用于本标准所涵盖的所有应用。标准不适用于单独使用的组件的测试和评级值，也不适用于ISO 5151、ISO 13253或ISO 13256-1涵盖的热泵的测试和评级值。

（3）**ISO 13612-1：2014**，*Heating and cooling systems in buildings-Method for calculation of the system performance and system design for heat pump systems-Part* 1：*Design and dimensioning*。《建筑物中的加热和冷却系统-用于计算热泵系统的系统性能和系统设计的方法-第1部分：设计和尺寸》于2014年发布实施。

本标准适用于空间加热和冷却的热泵、热泵热水加热器（HPWH）和同时具有供暖空调和生活热水功能的热泵产品。

规范建立了下列热泵系统空间加热、热水生产所需热量的输入、计算方法和输出：

① 电动蒸汽压缩循环（VCC）热泵；

② 内燃机驱动的VCC热泵；

③ 热驱动蒸气吸收循环（VAC）热泵。

规范规定了在单独使用热泵或与其他供热形式组合使用的建筑物中，加热和冷却系统的设计和尺寸标准。包括以下：

① 水/水；

② 盐水；

③ 制冷剂水（直接膨胀系统）；

④ 空气；

⑤ 空气水；

⑥ 组合；

⑦ 由电力或天然气驱动的系统。

规范在供热设计中考虑了附属系统的加热要求（如家用生活热水、加工热），但不涵盖这些系统的设计。规范仅涉及与热泵相关的方面，与热量分布和排放系统（例如缓冲系统）的接口，整个系统的控制以及处理系统能源的方面。

（4）**ISO 13612-2：2014**，*Heating and cooling systems in buildings-Method for calculation of the system performance and system design for heat pump systems-Part* 2：

Energy calculation。《建筑物中的加热和冷却系统-用于计算热泵系统的系统性能和系统设计的方法-第 2 部分：能量计算》，规范在第 2 部分提供了稳定条件下的计算方法。

该计算的结果纳入较大的建筑模型，并考虑了影响热泵系统供热供冷能耗要求的外部条件和建筑物控制的影响。

规范规定了以下热泵系统的空间加热和制冷以及家用热水生产的输出，火力发电所需的输入、计算方法和输出及控制，包括：

① 电动蒸汽压缩循环（VCC）热泵；

② 内燃机驱动蒸气压缩循环热泵；

③ 热驱动蒸气吸收循环（VAC）热泵。

（5）**ISO 5149-1：2014**，*Refrigerating systems and heat pumps-Safety and environmental requirements*。《制冷和热泵系统的安全和环境要求》于 2014 年发布实施。标准针对制冷和热泵系统的安全设计、安全制造、安全安装、安全运行等方面做出了相应规定，包括四个部分内容：

① 该标准第 1 部分：基本要求、分类、定义和选择原则，主要规定了人员、系统、系统安装位置、制冷剂的类别；以及传热流体的热力学参数限值。

② 该标准第 2 部分：设计、建造、试验、标识与文件编制，规定了系统设计安装制造的基本原则；并规定了系统气密性、压力以及功能性测试的方法和标准。

③ 该标准第 3 部分：安装地点，规定了制冷系统不同安装地点环境的安装要求、机房的安装要求、报警系统以及探测器的安装要求等。

④ 该标准第 4 部分：运行、维护、检修和回收规定了系统维修的基本要求，并针对制冷剂等材料的回收、再利用以及清理做出了规定。

4.2 工程技术书籍

4.2.1 国内技术手册

1.《地源热泵工程技术指南》

该书由中国建筑科学研究院空调所徐伟等于 2001 年翻译出版，原书是由美国能源部、美国国防部、加拿大自然资源部等七家单位支持，美国 ASHRAE 学会出版的一本地源热泵技术专业书。全书分为原理篇、设计篇、安装篇和节能篇，共 14 章 4 个附录。主要介绍了地源热泵系统的分类、工作原理、系统构成、与常规系统比较；如何进行现场地质调查和实验；建筑物分区和供热供冷负荷计算；如何选择地源热泵系统方式；地热换热器、地下水换热器及地表水换热器系统的设计；输配系统和室内空调系统的设计；地源热泵系统的安装、调试和检验；地源热泵系统的节能措施和节能设计计算，并提供了土壤和岩石的特性数据、防冻剂的特性数据以及塑料管和配件的特性数据。该书可供工程设计人员、系统安装人员、运行管理人员学习使用，也可以供建筑节能管理部门和大、中专院校师生参考。

2.《地源热泵系统设计与应用》

该书由哈尔滨工业大学的马最良和《工程建设与设计》的吕悦共同主编，2007 年出版，2011年再版。该书以推动地源热泵技术在国内的应用与发展为目的进行编写。系统阐述了地源热泵系统的基本知识与设计基础、设计要点、工程实例、相关科研与生产单位等内容。全书主要章节为：绪论；地源热泵的低位热源；水源热泵机组；地源热泵空调系统设计的基础资料；地下水源热泵空调系统的设计；地表水源热泵空调系统的设计；土壤耦合热泵空调系统的设计；浅层地能（热）水环热泵空调系统的设计；地源热泵空调系统工程实例；地源热泵生产、科研单位介绍。

3.《地源热泵技术与建筑节能应用》

该书由赵军、戴传山主编，中国建筑工业出版社2007年出版。该书介绍了地源热泵的基本原理、设计方法以及在我国建筑节能中的应用。内容包括地源热泵技术的概念、原理；制冷与热泵装置的理论基础；土壤热特性与水文地质；地埋管换热器的设计与施工；水源热泵系统的设计；地源热泵空调系统设计；对井系统地源热泵；中高温热泵；地源热泵供热空调技术应用实例；地源热泵系统环境与监测等。

4.《水源·地源·水环热泵空调技术及应用》

该书由蒋能照、刘道平主编，机械工业出版社2007年出版。它从中小型（户式/商用）水源、地源热泵和大型中央空调水环热泵两个角度，结合近年来国内外在此领域的最新技术成果，总结工程设计、施工安装和运行管理方面的实践经验。主要内容包括：热泵的形式与基本原理；自然热源及其特性；水源热泵机组；地源热泵系统与设计；空调原理及建筑物内空调系统设计；水环热泵系统与设计；水源、地源、水环热泵空调系统的施工安装与运行调试，国内外工程应用实例，国内外水源、地源、水环热泵空调生产厂家产品介绍，以及相关标准的简介。

5.《地埋管地源热泵技术》

该书由刁乃仁、方肇洪编写，高等教育出版社2006年出版。全书共6章，包括绪论；竖直地埋管换热器的传热分析；地埋管热交换系统；地埋管换热器的施工；地埋管地源热泵系统设计；地埋管地源热泵工程实例。

该书可作为从事地埋管地源热泵工程设计、施工、研究及应用的技术人员参考书籍，也可以供高校建筑环境与设备工程等专业的师生作教学参考。

6.《地源热泵工程技术与管理》

该书由孙晓光主编，中国建筑工业出版社2009年出版。本书详细阐述了各类热泵的原理；地源热泵系统的工作原理、分类和特点、设计、施工和运行管理；介绍了各级政府推广应用地源热泵可借鉴的政策法规措施、推广应用决策依据的经济评价方法、推广应用的规划方法和建设管理方法，以及业主选择地源热泵作为冷热源方案所依据的技术经济评价方法和项目建设的管理方法。本书可供从事地源热泵工程的设计、施工、运行管理的技术和管理人员参考使用；也可供各级政府主管节能环保能源部门作出决策和实施推广参考；还可供业主选择和建设地源热泵项目参考，并可供与地源热泵工程有关专业的大专院校师生参考。

7.《地源热泵技术手册》

该书由徐伟主编，中国建筑工业出版社2011年出版。本书是根据“十一五”国家科技支撑计划课题“水源地源热泵高效应用关键技术研究与示范”研究成果而编写的图书。《地源热泵技术手册》分为基础篇、设计与施工篇、检测与评价篇，内容包括地源热泵发展概况；热泵机组与相关设备；地源热泵资源状况及适宜性评价；建筑物负荷计算；土壤源热泵、地下水源热泵、地表水源热泵、海水源热泵、污水源热泵以及复合式系统的设计与施工、检测与评价及工程案例。力求对地源热泵技术有一全面、系统地介绍。《地源热泵技术手册》可供从事建筑节能及地源热泵行业的技术与管理人员等学习和使用。

8.《地表水源热泵理论及应用》

该书由陈晓主编，中国建筑工业出版社 2011 年出版。全书共分为 7 章，第 1 章为绪论，论述了地表水源热泵的特点、研究与发展状况及存在的主要问题；第 2 章介绍了几种地表水温预测方法及其应用；第 3 章介绍了开式地表水源热泵系统的原理、各部分的结构与设计、系统优化方法；第 4 章介绍了闭式地表水源热泵系统的构造、换热特性、系统模型及系统设计与安装；第 5 章系统地研究了地埋管—地表水复合式地源热泵系统；第 6 章介绍了地表水源热泵系统设计与运行调节方面一些值得注意的问题；第 7 章为地表水源热泵工程实例介绍。本书可供能源、暖通空调、制冷、建筑节能及地源热泵行业的科研、工程技术人员参考使用，也可供大专院校相关专业的老师、研究生及高年级本科生参考使用。

9.《地源热泵应用技术》

该书由张国东主编，化学工业出版社 2014 年出版。本书涵盖了地源热泵、制冷原理的基本知识，着重介绍了地源热泵（地埋管式）的设计、施工、调试与验收和工程实例。本书在强化理论的基础上，更注重实践应用能力的提高。本书可作为教育、劳动社会保障系统以及其他培训机构或社会力量办学和企业所举办的职业技能培训教学，也可作为职业技术院校的技能实训教材，还可供从事地源热泵的工作人员参考使用。

10.《地源热泵应用技术》

本书由张军主编，化学工业出版社 2014 年出版。本书主要分三部分，第一部分介绍能源。主要包括能源的品位以及地热能与余热能的介绍；第二部分介绍热泵技术。主要包括压缩式热泵、吸收式热泵、吸附式热泵以及引射式热泵等的相关知识；第三部分介绍技

术应用。主要有地源热泵技术与浅层地热能利用（包括地下水源热泵、土壤源热泵及地表水源热泵）、污水源热泵技术与生活余热利用、吸收式热泵与工业余热利用以及电厂凝汽余热回收与热电联产综合技术等。

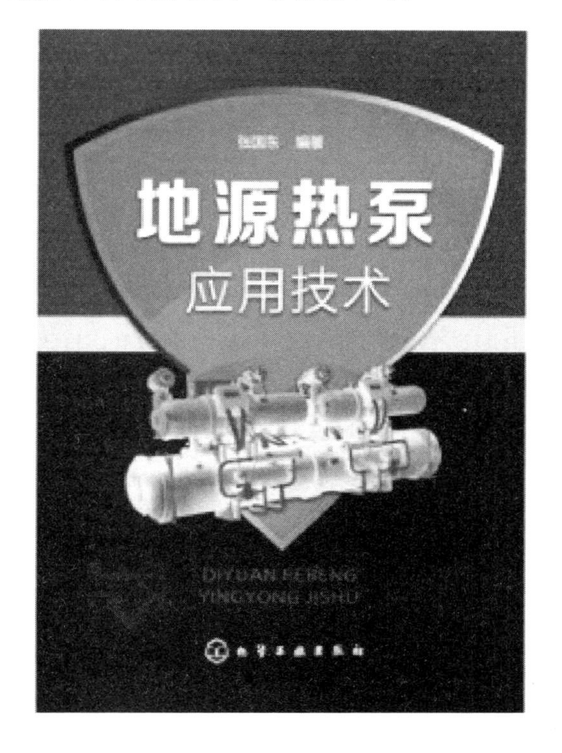

11.《中国地源热泵发展研究报告》(2008),《中国地源热泵发展研究报告》(2013)

本系列丛书由徐伟主编，中国建筑工业出版社出版，对我国地源热泵行业过去的发展历程进行了全面总结和评价，以五年为期，对中国地源热泵发展状况；相关法律法规与产业政策；国际经验及发展状况；标准、规范及图集；地源热泵技术发展与评价；地源热泵系统的测试与评价；典型工程；城市级发展；面临问题和解决措施等进行梳理总结。本书适合从事建筑节能及地源热泵行业的技术与管理人员参考使用。

4.2.2　国外的技术手册

1. **Closed-Loop/Ground-Source Heat Pump Systems-Installation Guide**/闭环式地源热泵系统安装指南

这本指南由俄克拉荷马州立大学于1988年出版，它是国际地源热泵协会（IGSHPA）的基础教材，也是地源热泵系统在设计、安装方面综合性最强的一本指南。大量的实例、数据及图表为使用者提供了丰富的信息，它们包括：

（1）经济、市场及需求分析。

（2）设备选型及系统设计。

（3）管道连接方法。

（4）地埋管换热器的设计。

（5）换热器的绝缘。

（6）地源热泵系统的冲洗、排气、启动及检验。

(7) 居住建筑的改造案例。

除了术语表、参考书目及全书的索引外，该指南还介绍了换热器循环液体的物理性质、选择方法；标准化平行系数环路集管的设计等。另外，管沟、管间距，聚乙烯管的规格以及减热器等内容在书中也有涉及。

2. **Commercial/Institutional Ground-Source Heat Pump Engineering Manual**/商业/公共建筑的地源热泵工程手册（《地源热泵工程技术指南》）

这本由 ASHRAE 在 1995 年出版的手册，主要介绍了系统的适应性评估；地源热泵系统的形式；系统换热器的选择；地表水或地下水水流量的确定；闭式环路系统的设计等内容。该手册为系统的安装、启动及调试等提供指导，并对建筑负荷估算程序进行了回顾，以此来确保系统所使用的是合理的负荷。

3. **Commissioning，Preventive Maintenance，and Troubleshooting Guide for Commercial GSHP Systems**/商业建筑地源热泵系统的调试、维护与检修

这本书由 ASHRAE 于 2002 年出版，从工程实施阶段开始详细介绍了地源热泵这种节能系统在调试、维护及常见问题的检修方面所必需的技术信息。对于商业建筑地源热泵系统的设计、安装、运行及维护具有指导作用。

4. **Design/Data Manual for Closed-Loop Ground-Coupled Heat Pump Systems**/闭环地耦合地源热泵系统的设计手册

这本指南是俄克拉荷马州立大学出版较早的一本手册（1985 年），它简述了地源热泵系统在初级设计阶段所必需考虑的一些现场条件，并介绍了一些基于线热源理论的地埋管换热器设计计算的方法。

5. **Geology and Drilling Methods for Ground-Source Heat Pump Installations：An introduction for Engineers**/工程师指南一地源热泵安装的地质知识及钻孔方法

这本手册（Harvey Sachs，2002）旨在帮助设计者了解钻孔工具、钻孔技术及施工土质的知识。主要针对地质、水文地质、土壤变化及其他可能会对地源热泵系统安装的可行性及经济性产生影响的因素进行了介绍。

6. **Geothermal Heat Pump-Introductory Guide**/地源热泵系统指南

这本手册由俄克拉荷马州立大学出版于 1997 年，对居住建筑地源热泵系统的进行了简要介绍。可以用作销售工具、培训手册或技术指南的入门书籍。全书包含 7 章，2 个附录及大量的实例和数据表格。主要章标题如下：

(1) 导言和概要。

(2) 经济、行销及需求量。

(3) 热泵系统的选择、计算和设计。

(4) 管道连接方法。

(5) 地埋管的安装。

(6) 系统的冲洗与换气。

7. **Ground and water Source Heat Pumps**/土壤源及水源热泵

这是一本关于土壤源、地下水、湖水地源热泵系统的设计安装手册，由 S. Kavanaugh 于 1990 年出版。该手册主要以美国南方的气候条件为背景，介绍了以下内容：

(1) 地源热泵及管路系统。

（2）地下环路及系统设计。

（3）地下环路的安装。

（4）地下水热泵系统。

（5）湖水源热泵系统。

（6）直接冷却与预冷的经济性。

8. **Ground-Source Heat Pumps-Design of Geothermal Systems for Commercial and Institution Buildings**/地源热泵—公共建筑地源热泵系统的设计

合理运行的地源热泵系统可以帮助工程师解决那些为满足业主要求所产生的问题。Kavanagh 和 Rfferty 在 1997 年出版的这本书有助于设计者在做公共建筑项目时创造一个优质且经济合理的系统。

9. **Grouting Procedures for GHP System**/地源热泵系统的回填

这本手册由俄克拉荷马州立大学出版于 1991 年，全书向地源热泵业阐述系统回填的程序及其保护地下水的重要性，指出只有完成系统回填才能保证整个地源热泵系统的完整性。该书的主要内容包括钻井回填的重要性；无效回填的实例；回填材料；回灌泵及混合、布置方法，是钻孔及垂直地源热泵系统工作者的必备工具书。

10. **Grouting for Vertical GHP Systems**/垂直钻孔地源热泵系统的回填

这本由俄克拉荷马州立大学于 2000 年出版的全新手册向地源热泵业透彻地阐述了垂直地源热泵系统的回填程序。内容主要有：合理的回填方法；孔洞的常见密封方法；孔洞的热阻、预处理；现场施工的程序等。

11. **Grouting for Vertical Geothermal Heat Pump Systems：Engineering Design and Field Procedures Manual**/垂直地源热泵系统的回填—工程设计及现场施工指南

这本美国电力研究所（EPRI）于 1997 年出版的手册可作为地源热泵系统设计和施工的参考书或培训教材。它包含了美国电力研究所（EPRI）和美国国家农村电气合作协会（NRECA）赞助进行的有关灌浆技术研究的最新成果。它更新并扩展了国际地源热泵协会（IGSHPA）此前出版的相关手册的内容。

12. **Heat Pump Manual，Second Edition**/热泵手册（第二版）

第一版的热泵手册是美国电力研究所（EPRI）在 1985 年出版的，由于其技术信息全面且易于被大众接受而被称为技术标准的新著。以此为基础扩充的第二版为读者提供了居住建筑及小型商业建筑地源热泵系统的全新信息，其中包括 75 个新的技术实例及大量的数据图表。

13. **Operating Experiences with Commercial Ground-Source Heat Pump Systems**/公共建筑应用地源系统的运行经验

这本指南（Caneta Research，1998）包含了 9 个公共建筑的工程实例。每个实例的内容包括：使用地源热泵系统的原因；系统内、外部包含图表的详细设计；各部分的初期投资及每年的运行费用；对为满足业主要求所产生的运行中的困难的讨论。

14. **SlinkyTM Installation Guide**/Slinky™安装指南

这是俄克拉荷马州立大学在 1994 年面向安装和设计人员出版的一本安装螺旋埋管换热器的权威指南。全书介绍了螺旋管换热器从设计到管沟挖掘的每一步，并配有丰富的插图和照片。章节的标题如下：螺旋埋管的设计；管道材料的选择和标准；管道的构造；环形换热器的成型、安装及挖掘安全。

15. **Soil and Rock Classification According to Thermal Conductivity：Design of Ground-Coupled Heat Pump Systems**/由导热系数对岩土进行分类：地耦合热泵系统的设计

使用地耦合热泵系统可以降低峰值电量需求。这项由美国电力研究所（EPRI）在1989年所做的研究提供了更为准确的地下盘管的导热系数及热扩散率。这一研究结果减少了系统的安装费用并扩大了系统的潜在市场。

16. **Soil and Rock Classification Field Manual**/岩土分类实用手册

俄克拉荷马州立大学在1989年出版的这本手册中提供了一个简单的分类方法。这个方法可以让非地质专业人员在现场就辨别出岩土的类别并得出一个适用于地源热泵系统设计的土壤热物性参数。该书的内容主要有土壤的性质及分类；现场分析的程序；如何通过可获得的信息来确定导热系数值；为设计确定岩石组成信息并对其进行定义。

17. **Water-Loop Heat Pump Systems：Volume 1：Engineering Guide**/水环热泵系统第1卷：工程指南

与中央制冷机组等常规系统相比，水环热泵系统是一个可靠、可行且节能的选择。它的安装费用低，设计灵活性强，对于商业建筑及多住户建筑，无论其是新建建筑还是既有建筑，都可以进行热回收。这本由美国电力研究所（EPRI）在1994年修订后的手册有一章新增的内容，介绍的是利用地能作为热源或热汇的具有出色性能的地耦合热泵系统。

18. **2000 Design and Installation Standards**/设计安装标准2000年版

国际地源热泵协会（IGSHPA）已为地源热泵系统建立了一套完整的标准。本标准是由俄克拉荷马州立大学在2000年更新出版的，它涵盖了自1994年以来所有国际地源热泵协会标准委员会推荐的对标准的修改，是地源热泵业内人士必备的书籍之一。该标准的内容包括：闭环式地埋管的设计与安装；管路布置及回填；室内管路及循环系统的设计与安装；设备的排布；现场记录及修复等。另外，此版本还增加了修订标准的程序。

19. **Canadian Provincial and Territorial Vertical Borehole Grouting Regulations**/加拿大垂直埋管回填省级标准

该报告由美国电力研究所（EPRI）于1996年出版，主要内容是对加拿大12个省份影响地源热泵应用的条例的调查。其中包括：对热泵安装者及钻井者的资质要求；对建筑物和垂直闭环式地源热泵系统地下回填部分的相关条例的回顾，并在加拿大法律许可的范围内，对相关条例做出了总结。

20. **Closed-Loop Geothermal Systems：Slinky（R）Installation Guide**/闭式环路地源热泵系统：螺旋式埋管安装指南

这本美国电力研究所（EPRI）于1996年出版的指南及附带的视频录像为地源热泵的系统集成商详细介绍了螺旋埋管的现场测试步骤。集成商依据这些步骤安装会比用一般方法得到省时，省力，省空间的效果。具体的设计长度随气候、土壤条件及热泵系统各部分的运行情况变化而变化。另外本书还非常详尽地介绍了系统的工程实例。

21. **Design Guidelines for Direct Expansion Ground Coils**/直接膨胀式盘管设计指南

在地耦合热泵系统中使用直接膨胀式盘管可以减少系统的投资并降低峰值电量需求。橡树山国家实验室（ORNL）在1990的这一研究对地耦合热泵系统使用直接膨胀式盘管具有普适性的指导作用。

22. **Geothermal Heat Pump Design and Installation Planning Guide**/地源热泵系统的设计与安装指南

美国电力研究所（EPRI）在1999年出版了这本手册，希望通过所提供了一些数据来降低地源热泵使用过程中出现的问题的严重性及发生问题的机率。由于系统设计人员或施工人员经验不足，在地源热泵系统应用过程中偶尔会出现一些问题。该手册针对这一情况提出了一个快速入门的指南用来帮助减少人为错误的发生，从而提高系统的质量。该指南列出了地源热泵系统在设计及安装过程中可能会出现的问题，并提出了可行一的解决办法，给出了一系列在不同情况下的设计、编排、运行、交流协作、安装、调试及启动的表格数据。

23. **Guidelines for Construction of Vertical Boreholes for Closed Loop Heat Pump Systems**/闭环式垂直埋管热泵系统的建造指南

本书在1997年由国家地下水协会（National Ground Water Association）出版，它提出了在闭环式垂直钻井热泵系统的建造过程中必须遵守的一些标准。内容包括：钻孔、布管及回填。

24. **State and Federal Vertical Borehole Grouting Regulations**/各州有关垂直埋管回填的相关条例

美国电力研究所（EPRI）在1996年提交的这份报告总结了对美国50个州影响地源热泵系统应用的相关管理条例的调查结果。

25. **Generic Guide Specification for Geothermal Heat Pump Installation**/地源热泵系统安装的普适性指导规范

地源热泵系统指导规范已由橡树山国家实验室（ORNL）于2000年修订，旨在帮助政府和工程师对地源热泵系统工程进行规范化的建造。该规范已由工业标准建造规范化协会（CSI，Construction Specification Institute）会同一些地源热泵行业内较为知名的单位更新出版。该指导标准可应用于决定一个工程项目能否得到资金支持，可以提供资金支持的项目或机构有：美国能源部下属的地源热泵技术部门推行的“节能绩效保证合约（ESPCs)”，公共事业能源服务合同（UESCs，Utility Energy Service Contracts），或者实施“节能绩效保证合约（ESPCs)”的不同地区的能源服务公司（ESCOs）等。

4.3 工程图集

1.《热泵热水系统选用与安装》

主编：中国建筑科学研究院

图集号：06SS127

该图集适用于民用建筑和一般工业建筑热泵热水系统中水加热部分的选用与安装。包括空气源热泵和地源热泵两大类，具体包括热泵机组的型式、计算、优缺点、适用范围、热泵机组的外形尺寸、计算参数、安装大样、主要设计及运行参数；热泵热水系统的原理及控制要求、典型机房平面布置图、附属设备及构筑物的安装示意图等。

2.《水环热泵空调系统设计与安装》

主编：北京俞龚琪元机电设计事务所

图集号：07K504

本图集适用于明显内外区的中型节能建筑水环热泵空调系统的设计与施工安装。本图集主要内容包括：水环热泵空调系统原理、组成、特点、计算公式、主要设计原则及相关技术参数、水环热泵机组、机组控制原理、工程示例及机组的安装节点大样。

3.《地源热泵冷热源机房设计与施工》

主编：同方股份有限公司、中国建筑标准设计研究院

图集号：06R115

本图集适用于新建、改建和扩建的工业和民用建筑中地源热泵冷热源机房的设计与安装。本图集可供从事空调系统冷热源设计、施工、运行、管理及其他有关的专业人员与策划人员使用。

4.《水源热泵设计图集》

主编：中国建筑科学研究院

出版社：中国建筑工业出版社

该图集主要由地下水源热泵系统和土壤源热泵系统两篇组成，介绍了北京蓟门饭店、天创世缘小区、北京海剑大厦等 18 个地下水源热泵系统及北京市第十七中学初中部、武汉清东花园、北京用友软件园等 8 个土壤源热泵系统的工程概述、设计参数、系统负荷、设备选型、自控设计、经济分析、系统图纸等内容。

5.《地源热泵设计图集》

主编：中国建筑科学研究院

出版社：中国建筑工业出版社

地源热泵设计图集收录的全部是实际工程实例。其中包括地下水热泵系统、地表水热泵系统、土壤源热泵系统、热泵复合能源系统。该图集不仅是对各种热泵系统实际应用中经验和教训的总结也同时丰富了热泵技术应用的方式。该图集中所有的工程图纸都是在工程实践中得到应用和检验的，是对《水源热泵设计图集》的扩展和补充。工程实例几乎没有重复，增加了许多新型的热泵系统以及复合能源系统形式。

6.《中央液态冷热源环境系统设计施工图集》

主编：中国建筑标准设计研究院、北京恒有源科技发展有限公司

图集号：03SR113

该图集适用于工业与民用建筑的供暖、空调及生活热水供热，图集给出机房设计安装图。

7.《污水源热泵系统设计与安装》

主编：哈尔滨工业大学、中国建筑标准设计研究院

图集号：12K512 12R116

该图集适用于采取城市地下污水管渠内，以生活污水为主的原生污水作为热泵低位冷热源，已获得相关部门批准的污水源热泵供热、空调工程项目的设计与施工。本图集也可以作为城市江水、湖水、污水处理厂排放水作为低位冷热源的热泵系统参考。本图集包括说明、污水源热泵系统原理图、污水引退水方式和构筑物、污水源热泵关键设备、污水源热泵机房安装、工程实例以及构筑物结构做法七个部分。

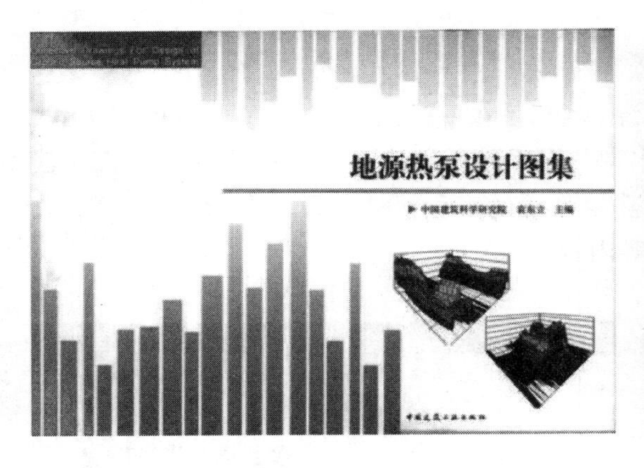

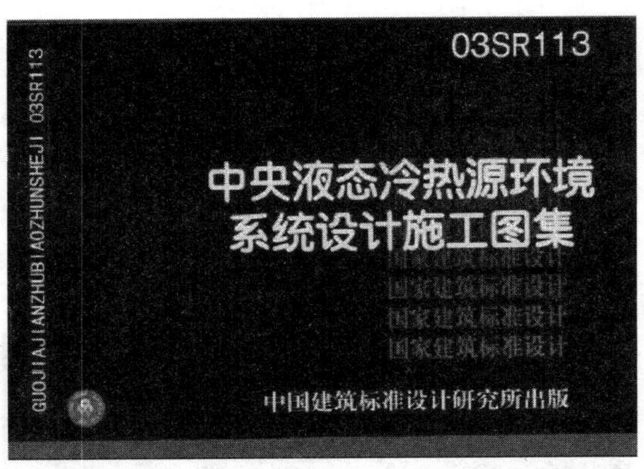

8.《户式三用一体机地源热泵系统工程设计图集》

主编：住房和城乡建设部住宅产业化促进中心

出版社：中国建筑工业出版社

本图集适用于新建、扩建或改建的住宅、别墅、小型写字楼等民用建筑安装户式地源热泵系统工程的设计、施工和验收。也供房地产开发企业、建筑设计人员、施工单位在选择、设计、安装户式三用一体机地源热泵系统时使用。

4.4 科研项目

4.4.1 自然科学基金项目

“自然科学基金”指为鼓励自然科学创新与发展而设立的基金项目。1986年初成立的国家自然科学基金委员会负责组织、实施、管理国家自然科学基金项目，并根据国家发展科学技术的方针、政策和规划，以及科学技术发展方向，面向全国资助基础研究和应用研究。自1986～2017年，自然科学基金总资助热泵相关研究项目87项，其中与地源热泵相关的项目有39项，项目信息见表4-8。

自然科学基金地源热泵项目 **表4-8**

年份	课题名称
2003	土壤蓄冷与土壤耦合热泵集成系统的应用基础研究
2004	含湿岩土传热与地热换热器传热特性分析
2005	城市污水冷热源应用工艺与流动换热特性研究
2005	水源热泵系统的非线性动态模型和节能优化控制问题研究
2006	基于湿空气透平循环的分布式供能系统研究
2007	地下水源热泵THM耦合机理及系统评价研究
2008	基于寿命周期分析的土壤耦合热泵系统区域适应性研究
2009	基于太阳能季节性蓄热的地热换热器传热分析
2009	水源热泵地下THCB耦合运移机理研究
2010	多源热泵系统优化与协同性的理论和实验研究
2010	基于地源热泵的岩土热物性不确定性问题研究
2010	非饱和孔隙介质在水源热泵回灌过程中导水传热特性研究
2011	污水源热泵系统取水换热过程中流化除垢与强化换热研究
2011	城市热网与地热能复合型集中供热技术应用基础研究
2011	土壤热湿特性及对太阳能-土壤源热泵供能影响研究
2011	降低需求的营造方法与节能高效的冷热设备系统
2011	三套管蓄能型太阳能与空气源热泵集成系统创新及特性研究
2011	稳热流凝固换热理论及高效凝固潜热型热泵技术研发

续表

年份	课题名称
2011	寒旱地区多种可再生能源互补的热泵系统性能研究
2011	渗滤取水海水源热泵系统中海水运移规律研究
2012	地源热泵桩基螺旋埋管换热器传热特性及其对桩基结构性能影响的研究
2012	地下水源热泵回灌的生物堵塞机理研究
2012	地下水源热泵系统多物理场耦合机理及其演化规律研究
2012	地源热泵系统区域地温场地质环境热响应及其应用模拟研究
2013	热泵复合地下热源群构能量传输增效机理及其控制机制研究
2013	土壤源热泵条件下非饱和/饱和带水热迁移规律研究
2014	GWHP系统热弥散尺度效应的水热强耦合模拟研究
2014	严寒地区多源互补耦合热泵系统构建及调控机制研究
2014	浅部含水层THC耦合作用下无机胶体运移堵塞造成地下水源热泵回灌困难的机理研究
2014	水文地质条件对土壤源热泵系统热交换能效的影响机理研究
2015	岩溶地区红粘土热湿迁移特性及其对地源热泵效率的影响
2015	夏热冬冷地区地源热泵系统岩土蓄能失调计算方法与评价研究
2016	地源热泵-辐射末端空调系统与建筑热环境协同优化研究
2016	大型地源热泵系统中地埋管回水温度动态变化机理研究
2016	THM耦合作用下填砾抽灌同井流/热贯通及温度锋面运移机理研究
2016	基于运行阶段土壤热承载力的大规模地源热泵设计方法重构
2016	变浓度准二级压缩循环特性及其热泵系统优化方法
2017	地源热泵能量桩在地下水渗流环境中的传热机理及传热对桩基力学性能影响的研究
2017	被动建筑用太阳能烟囱与地埋管联合通风机理及调控策略研究

4.4.2　国家科技支撑计划项目

国家科技支撑计划（以下简称“支撑计划”）是面向国民经济和社会发展的重大科技需求，落实《国家中长期科学和技术发展规划纲要（2006—2020）》重点领域及优先主题的任务部署，以重大工艺技术及产业共性技术研究开发与产业化应用示范为重点，主要解决综合性、跨行业、跨地区的重大科技问题，突破技术瓶颈制约，提升产业竞争力。参考我国地源热泵的发展可知，“十一五”起国家科技支撑计划开始支持地源热泵相关研究，支持的部分相关课题见表4-9。

国家科技支撑计划、国家重点研发计划—地源热泵项目　　表4-9

序号	题目
1	“十一五”国家科技支撑计划——“村镇低品位能源综合利用关键技术研究”
2	“十一五”国家科技支撑计划——“水源地源热泵高效应用关键技术研究与示范”
3	“十一五”科技支撑计划——“长江上游地区地表水水源热泵系统高效应用关键技术研究与示范”
4	“十二五”国家科技支撑计划——“夏热冬冷地区建筑节能关键技术研究与示范”
5	“十二五”国家科技支撑计划——“实现更高建筑节能目标的可再生能源应用关键技术研究”
6	“十三五”国家重点研发计划——“长江流域建筑供暖空调解决方案和相应系统”
7	“十三五”国家重点研发计划——“可再生能源和蓄能技术耦合应用关键技术研究”

第5章 浅层地热能地源热泵技术发展与评价

地源热泵系统指以岩土体、地下水或地表水为低位热源，由水源热泵机组、地热能交换系统、建筑物内系统组成的供热空调系统。根据地热能交换系统形式的不同，地源热泵系统分为地埋管地源热泵系统、地下水源热泵系统和地表水源热泵系统。在行业内部，地埋管地源热泵系统也经常被称为土壤源热泵系统或大地耦合系统，地下水源热泵系统和地表水源热泵系统则有时被直接称为地下水系统和地表水系统。

5.1 地埋管地源热泵系统

5.1.1 基本原理与分类

地埋管地源热泵系统是由传热介质通过竖直或水平土壤换热器与岩土体进行热交换的地源热泵系统。

利用岩土体作为热泵的低位热源，与空气源热泵相比，地埋管地源热泵系统机组不需要风机，噪声小；不需要除霜，从而节省热泵的除霜损失，提高地源热泵运行的可靠性；其适用范围较广，受地下水、地表水资源的影响不大，只要有足够的埋管空间即可，因此地埋管地源热泵系统的应用十分广泛。

地表以下20～100m，岩土体的温度已比较稳定，且热容量大，蓄热性能好，所以岩土体是很好的热源和热汇。利用岩土体作为低位热源主要有以下几方面的特点：

(1) 岩土体温度波动小。岩土体温度年变化相对于气温有延迟和衰减，这对地源热泵的性能和运行十分有利。当室外空气温度最低（建筑物耗热量最大）时，岩土体的温度并不是最低，热泵的供热能力也不会降至最低。

(2) 岩土体具有较好的蓄热性能，冬季供暖工况从岩土体中取出热量，夏季供冷工况向岩土体中排放热量，太阳能辐射和大地热流也可以一定程度地补偿岩土体蓄热。

(3) 岩土体的热物性对地埋管地源热泵系统的设计至关重要。岩土体的传热性能取决于岩土体的导热系数、密度和比热容等。同时，岩土体的含水量对其密度和导热性有决定性影响，潮湿岩土体的导热系数比干燥岩土体大许多，因此，传递相同的热量，在潮湿岩土体中所需要的地埋管换热器管长比在干燥岩土体中所需要的管长要小得多。设计时，应注意到由于岩土体特性在不同地区、不同深度存在较大差异，适合某地区的技术和经济特点的设计在其他地区可能就不十分有利。因此，设计地埋管地源热泵系统时必须因地制宜，并且要掌握当地的岩土体的热物性。

(4) 与水相比，岩土体的导热系数较小，换热量较小。所以当供冷、供暖量一定时，土壤源热泵系统比地下水、地表水源热泵系统占地面积大。

地埋管地源热泵系统的地埋管换热器应在工程勘察结果的基础上，根据可使用的地面面积、挖掘成本等因素确定埋管方式。地埋管换热器有水平和竖直两种埋管方式。当可利用地表面积较大，浅层岩土体的温度及热物性受气候、雨水、埋设深度影响较小时，宜采用水平地埋管换热器。否则，宜采用竖直地埋管换热器。

5.1.1.1　水平地埋管换热器

水平埋管相对于竖直埋管来说埋管方式简单，对操作人员和挖掘工具要求相对较低，总的初期投资相对竖直管减少20%以上，但相同布孔面积的换热效果和换热能力要低于竖直埋管。在加拿大、美国应用相对广泛，日本在北海道地区应用较多。

图5-1为常见的水平地埋管换热器形式，图5-2为后续开发的水平地埋管换热器形式。

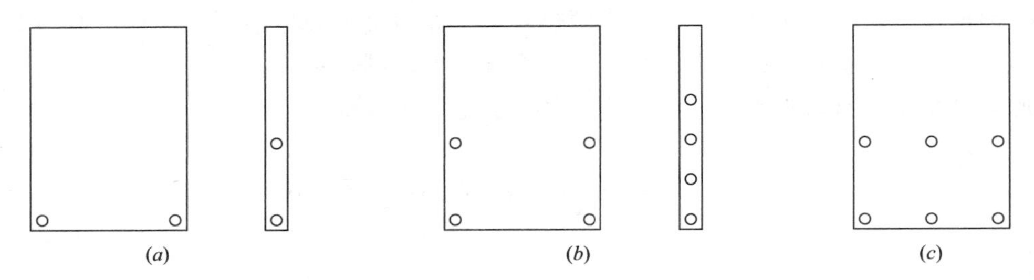

图5-1　几种常见的水平地埋管换热器形式

(a) 单或双环路；(b) 双或四环路；(c) 三或六环路

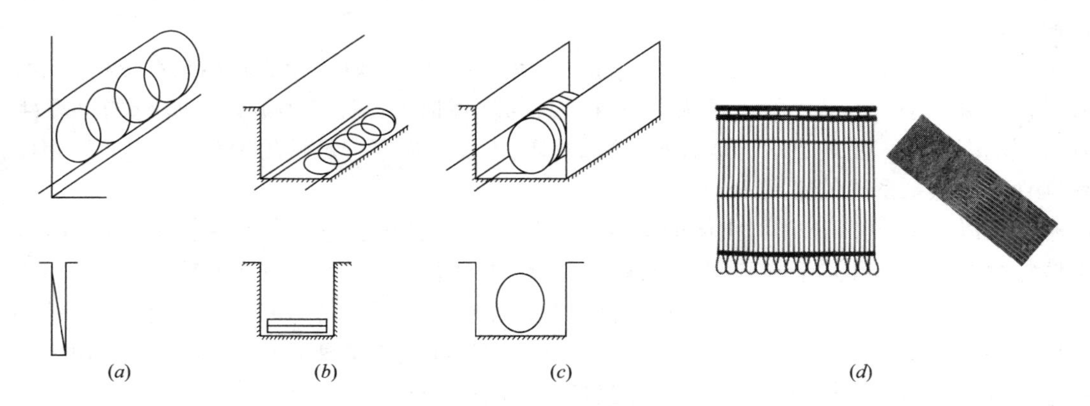

图5-2　新型水平地埋管换热器形式

(a) 竖直排圈式；(b) 水平排圈式；(c) 水平螺旋式；(d) 毛细地埋管垫

水平地埋管换热器的施工现场如图5-3和图5-4所示，各种水平地埋管换热器的特点参见表5-1。

5.1.1.2　竖直地埋管换热器

常见的竖直地埋管换热器形式如图5-5所示。竖直地埋管换热器根据埋设深度的不同分为：浅埋（≤30m）、中埋（31～80m）和深埋（>80m）。

竖直地埋管换热器还可以利用建筑物的混凝土基桩埋设，即将U形管捆扎在基桩的钢筋网架上，然后浇筑混凝土，使U形管固定在基桩，称之为“energy pile”，即桩基地埋管。还有一些其他的地埋管方式“energy cargo”，即新型换热器，这种埋管方式不需要回填材料，节省成本（图5-6）。

图 5-3 青岛石老人高尔夫会所水平埋管铺设图

图 5-4 青岛石老人高尔夫会所水平埋管回填图

水平地埋管换热器的特点 **表 5-1**

序号	换热器类型	特点	适用性
1	单层水平直埋管	埋管较浅，布管简单，占地面积大，且水平直埋管的温度受地面温度波动的影响较大	小型建筑并且有足够的开挖面积，地埋管部分地上面积不应有建筑等
2	多层水平直埋管	换热效果优于单层埋管，由于损失了管长，所以占地面积可减少，但水平直埋管的温度受地面温度波动的影响较大	
3	扁平曲线和螺旋管	采用该方式，可缩短地沟长度，增加可埋设的管子长度，因此单位地沟长度的换热性相对水平直管换热效果较好，但埋管的温度受地面温度波动的影响较大，同时流动阻力相对也要大些，并且在填埋过程中易损坏管子	

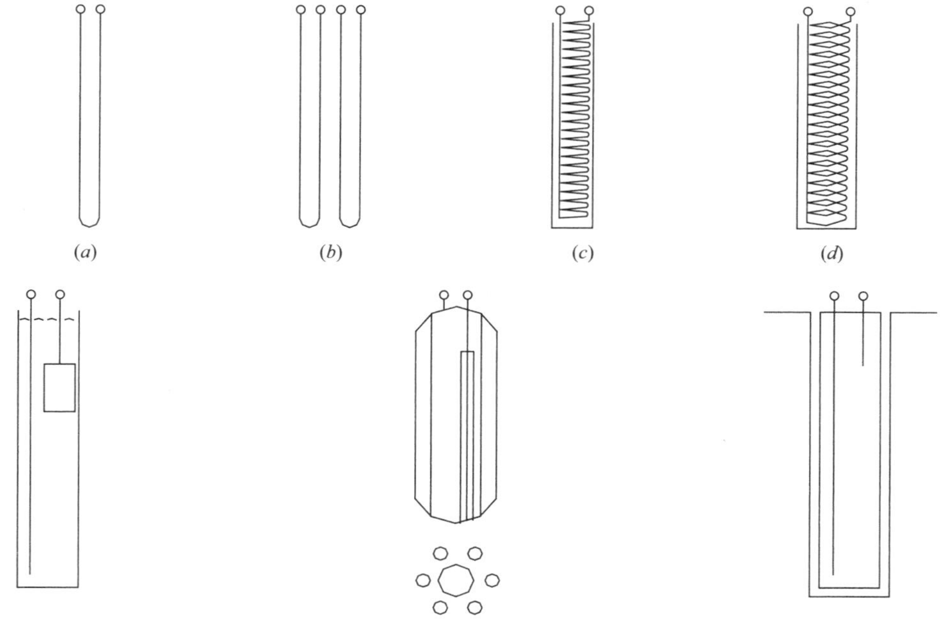

(*a*) (*b*) (*c*) (*d*)

(*e*) (*f*) (*g*)

图 5-5 竖直地埋管换热器形式

(*a*) 单 U 形管；(*b*) 双 U 形管；(*c*) 小直径螺旋盘管；(*d*) 大直径螺旋盘管；
(*e*) 立柱状；(*f*) 蜘蛛状；(*g*) 套管式

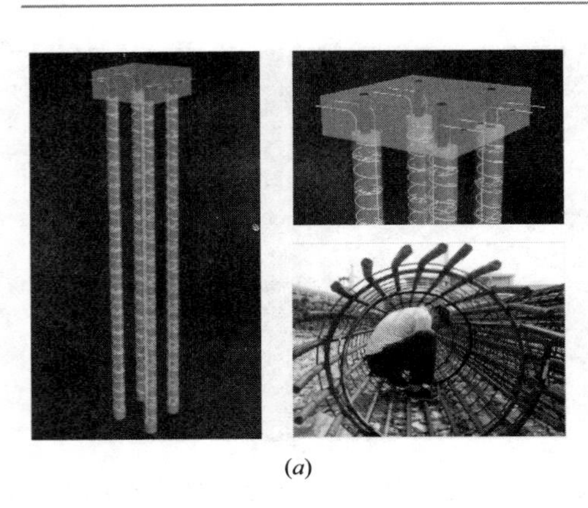

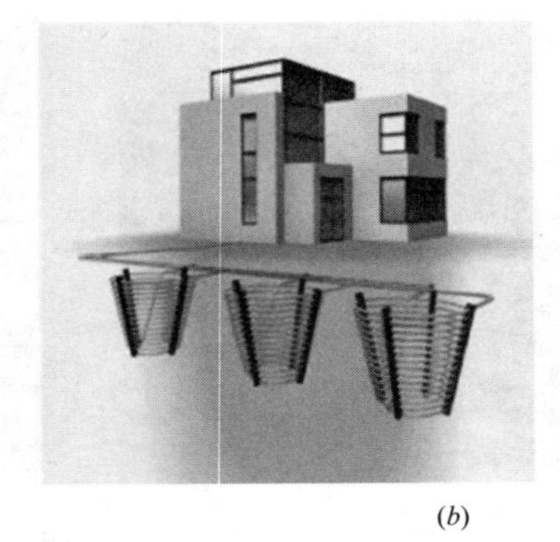

(a) (b)

图 5-6 地埋管方式

(a)桩基地埋管；(b)新型换热器

垂直地埋管换热器的施工现场如图 5-7 和图 5-8 所示。

图 5-7 未回填的垂直地埋管换热器

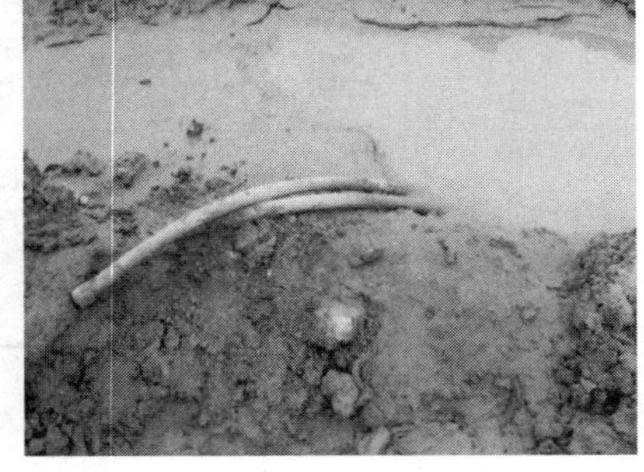

图 5-8 回填后的垂直地埋管换热器

各种垂直地埋管换热器的特点参见表 5-2。竖直地埋管换热器的管径应综合经济性，根据埋深和承压要求，选择适合的管径与壁厚。

各种竖直地埋管换热器的特点 **表 5-2**

序号	换热器类型	特点	适用性
1	U形管	施工简单，换热性能较好，承压高，管路接头少，不易泄漏，目前应用较多。管径一般在 ϕ50mm 以下，钻孔直径 100～150mm，钻孔深 10～200m。包括双 U 形和单 U 形。双 U 形管的采热能力相对于单 U 形管可以提高 20%～30%	适用于竖直埋管的任何场所
2	套管式	换热效率较 U 形管高，但套管型的内、外管中流体热交换时存在冷、热损失；套管直径和钻孔直径较大，下管难度大；套管顶部与内管连接处不好处理，易漏水。内管直径为 ϕ15～25mm，外管直径为 100～200mm	适用于≤30m 的竖直浅埋管
3	桩基地埋管	这种埋管方式是利用建筑物的基桩，将换热管置于基桩上和周围环境进行换热。此安装方式不需要额外钻孔，很大程度上节约了成本，近年来在世界各地得到了广泛的应用	应用于任何场合

5.1.2 特点及技术要点

5.1.2.1 土壤换热器的传热分析

影响地埋管地源热泵系统性能的因素较多，包括地下水流动、回填材料的性能、换热器周围发生相变的可能性以及沿管长岩土体物性的变化等，如何完善地埋管换热器的传热模型，使其更好地模拟地埋管换热器的真实换热情况，确定最佳地埋管换热器的尺寸是发展和推广地埋管地源热泵的关键。

现有的地埋管换热器设计软件主要基于线热源理论、圆柱热源理论、能量平衡理论等建立控制方程。在设计地埋管换热器时要考虑长时间运行后地埋管换热器的取热、放热不平衡引起的岩土体温度场温度的升高或降低。解析法由于能够简便、快捷地得到长时间的运行结果而备受青睐，但是如果考虑进出水管水温、水流速、各地质层以及回填土影响等因素时，采用解析法求解就比较困难，因此，必须进行一些必要的简化，例如将 U 形管等价成一个当量单管以采用柱热源理论，或将其看成无限长的线热源以采用线热源理论等。对于长期运行而言，这些简化对结果影响不大，但是对于短时间运行则不然，此时采用数值解法比较有效。因此也有一些模型综合考虑了数值和解析两种方法。

地埋管换热器的设计现在基本上由计算方便快捷的计算机软件来完成。这些软件的计算方法和准确性差别较大。G-函数法是一种介于经验计算与数值计算之间的一种方法。正确的设计地埋管换热器，无论对于竖直埋管还是水平埋管都是保证热泵的正常运行很关键的因素。大量软件不断出现，最初主要有 TFSTEP、DIM and INOUT，这些软件计算速度很快，但界面不是很人性化，需要专业人士来完成计算。随后产生了一些基于同样计算模型，但界面相对更加友好的软件，如：瑞典隆德大学开发的 EED、美国威斯康星大学开发的 TRNSYS、美国俄克拉荷马州立大学开发的 GLHEPRO、美国能源信息服务机构开发的 GchpCalc、加拿大 **NRC** 开发的 GS2000 软件、国际地源热泵协会的设计软件 CLGS、美国加州 Gria 公司的软件 GLD。日本北海道大学设计开发了一套界面友好型地源热泵设计和模拟软件“Ground Club”，该软件能够进行大型、任何地埋管排列方式的系统模拟计算及有地下水存在的计算。德国 WASY 公司开发的 FEFLOW 包含垂直地埋管模拟的模块，能够进行热响应试验的模拟，还能够对地埋管换热器在有无地下水的情况下进行模拟。我国的山东建筑大学开发的“能源之星”，中国建筑科学研究院研发的“地源先锋”等软件，也可以在友好的中文界面下，实现地埋管换热计算和不同工况模拟设计分析。

总之，有很多方法和商业设计软件用于地埋管换热器的设计，所有这些设计软件都建立在热传导原理以及确定了岩土体导热系数和容积比热容基础上的。

地埋管换热器模型的完善与否是地埋管地源热泵系统能否推广应用的主要影响因素。竖直地埋管穿越的地质层以及地下水流动对其传热性能影响很大。湿土壤含水对地埋管换热器换热的影响，一方面是湿度本身的静态影响，另一方面是含湿量梯度造成的渗透或流动影响。土壤分干土壤、非饱和土壤、饱和湿土壤以及过饱和湿土壤，地下土壤湿度使传热问题从简单的导热问题变成既有对流又含有热湿扩散的复杂传热问题。因此，进一步深入研究传热机理，完善地埋管换热器的传热模型，对地埋管地源热泵系统的发展和推广是很有必要的。

5.1.2.2　土壤热物性参数测试

1. 岩土热物性测定方法国内外发展状况

目前国内外在确定土壤热物性参数时的设计方法主要有以下3种：

（1）根据前期钻井获得的地质资料，通过查找土壤地质方面的手册进行确定

如美国电力研究所（EPRI）编写的手册《Soil and Rock Classification for the Design of Ground-coupled heat pump Systems Field Manual》以及国际地源热泵协会（IGSHPA）编写的手册《Soil and Rock Classification Manual》等。由于这种手册给出的土壤物性参数并非一个确定值，而是一个可能存在的范围，系统设计人员在设计土壤换热器时，由于设计者的知识水平、经验以及设计估测保守程度等不同会存在很大的差异。这种方法虽然最为简便快捷，但是很难保证系统建设和运行的经济性和合理性。

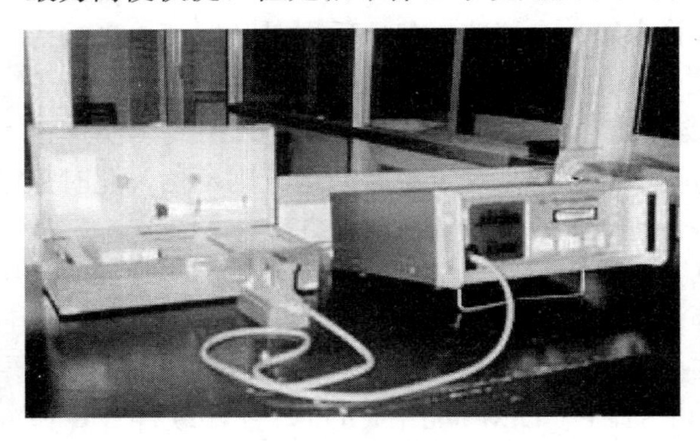
图5-9　实验室取样法测试仪

（2）实验室取样测试法

实验室取样方法将现场采集的土壤试样在实验室中通过一定的方法进行测试，从而获得其导热系数等土壤的热物性参数值（图5-9）。虽然通过此方法测量的土壤试样热物性数值较为准确，但是由于土壤属于多孔介质，其热物性不仅与地理位置以及当地地层构造有关，还与地下含水层密切相关。已有结果表明，仅土壤的导热系数就与试样的温度、密度、空隙比、饱和度等因素有关。由于此种方法离开了原工程地，故而对现场因素造成的影响考虑不够全面。

（3）现场测试法

顾名思义，现场测试法就是在施工现场进行实地测试，这样就避免了现场因素影响造成的误差。用于实地测试以获得当地岩土热物性的方法，最早由Mogensen于1983年在斯德哥尔摩一次会议上提出来。经过几十年的发展，这一技术得到了普遍的认可。这种现场测试利用的是热响应试验法的原理，即通过向地下输入恒定的热量，进而检测土壤的温度响应来计算土壤热物性参数的方法。现场测试时，首先要在需要埋设土壤源热泵系统地下管路的地面上打一个测试孔，然后按照实际施工的要求装好管路，填上回填料，然后再连接上土壤导热系数测定仪（图5-10和图5-11）。需要注意的是：这里的测试孔一定要与系统中使用的钻孔规格相同。将试验测得的结果与传热模型的模拟结果进行对比，当两者的结果最为接近时，通过模型调整后的热物性参数既是所求的结果。

通过比较会发现，只有现场测试法才能充分考虑到现场各因素的影响。可以预见，这类现场测试装置的发展才是预测土壤热物性的发展方向，可以降低参数选取的不确定性，使土壤换热器的设计更为合理。

2. 高性能岩土热物性测试仪的基本原理

岩土的导热系数等热物性测量是通过直接测量导热流体的温度、流量等相关参数，再利用建立好的地下换热器传热模型进行计算，将模拟计算值与试验测试值进行比较，利用反算法求得。其基本测试方法是在已钻好的钻孔中埋设导管并按设计要求回填，该回路中

(a)

(b)

图 5-10 瑞典开发的岩土热物性测试仪

充满水，让水在回路中循环流动，自某一时刻起对水连续加热相当长的时间（数天）并测量加热功率、回路中流体的流量和温度及其所对应的时间。根据已知的数据计算出钻孔周围岩土的综合热物性参数。当循环水的出入口温度和土壤的温度一致时，以稳定的功率、流速对水连续加热，最短为 48h，如果可以的话可以做到 100h。有地下水影响的情况下，是要进行到出入口温度达到稳定不变的值为止。按照线源理论根据已知的数据计算出钻孔周围岩土的综合热物性参数（线源理论只使用于垂直地埋管，水平地埋管不能用）。

图 5-11 德国某大学研制的岩土热物性测试仪

热响应试验时加热负荷和水的流速都要注意。加热负荷太小时，水温度上升过程中容易受到外界的影响，加热负荷过大时会受到管子周围自然对流的影响。水的流速设定：管内流速最好能保证 0.5m/s，管径 20A 的管子流速大概 10L/min，25A 的管子大概 15L/min。同时在设定流量的同时要保证在加热功率下出入口的温差。

试验结束的时候要保证泥巴或者别的物质混入到管子中去。

通过分析供回水温度、流量、释热量等数据，计算现场地质条件下的综合热物性参数，包括岩土体导热系数、密度及比热等，为地源热泵系统的设计、优化和模拟提供依据。试验装置主要由电加热器、水泵、温度传感器、流量传感器，以及相应监测控制系统组成。试验装置和地埋管之间的连接管一定要做好保温，同时连接管要尽可能短。要保证地埋管出入口温度测量不受周围影响，地中的放热热量的测定要尽可能在地平面以下进行。试验采用计算机数据采集，每隔 5s 采集一次数据，随时自动存储数据。

放热试验是以地下土壤作为冷源，通过埋设的地埋管换热器向地下土壤层散发热量，测量地埋管的散热情况。将回路中的水通过设定功率加热后，经循环水泵的作用使热水在地埋管换热器中以一定的速度流动。热水的温度高于地下土壤的温度，在地埋管换热器的流动过程中，向土壤散发热量，温度降低。

现场测试应注意，试验孔成孔后应放置一段时间（至少放置 2d），待到回填部分的温度与岩土体的温度平衡时再做测试，这样保证钻孔时产生的摩擦热，回填材料固化时发热将不对热响应试验产生影响。如果采用原浆或其他不含水泥的回填料回填，成孔后应放置至少48h，若采用含有水泥的回填料回填试验孔成孔后至少应放置1周，待含有水泥的回填料彻底凝固并不再释放出热量以后再做测试。地埋管的散热试验就是根据循环水在地埋管换热器内的流动过程中向土壤中散发的热量，来确定地埋管换热器以及当地岩土的传热能力。

试验数据的解析：

根据线源理论，用加热时间的对数时间对应的各测量点温度上升的关系计算周围土壤的有效热传导率：

$$T = \frac{q}{4\lambda\pi} E(r^2/4\alpha t) \tag{5-1}$$

式中λ为土壤的温度扩散系数，$E(X)$ 为指数积分函数。$r^2/4\alpha t$ 小于0.05的时候，式（5-1）可以近似为：

$$T \approx \frac{q}{4\lambda\pi}\left(-0.5772 + \ln\frac{4\alpha t}{r^2}\right) \tag{5-2}$$

任意选取时间 t_1、t_2 对应的温度 T_1、T_2

当 $t=t_1$ 时，

$$T_1 \approx \frac{q}{4\lambda\pi}\left(-0.5772 + \ln\frac{4\alpha t_1}{r^2}\right) \tag{5-3}$$

当 $t=t_2$ 时，

$$T_2 \approx \frac{q}{4\lambda\pi}\left(-0.5772 + \ln\frac{4\alpha t_2}{r^2}\right) \tag{5-4}$$

上面两式相减，便得式（5-5）：

$$T_2 - T_1 = \frac{q}{4\lambda\pi}\left(\ln\frac{t_2}{t_1}\right) \tag{5-5}$$

上式整理得出：

$$\lambda = \frac{q}{4\pi}\left(\frac{1}{\dfrac{T_2 - T_1}{\ln t_2 - \ln t_1}}\right) \tag{5-6}$$

地埋管的热阻 R_b 可以用式（5-7）计算：

$$T = q\left(\frac{1}{4\lambda\pi}\left(-0.5772 + \ln\frac{4\alpha t_1}{r^2}\right) + R_b\right) + T_0 \tag{5-7}$$

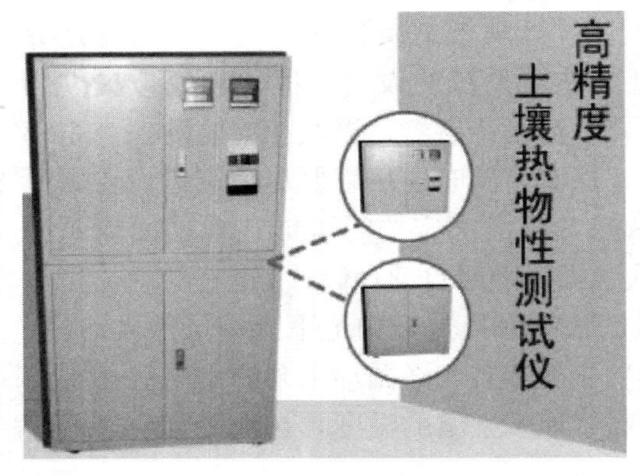

图5-12　第一代岩土热物性测试仪外观图

为满足实际工程现场测试的需求，中国建筑科学研究院自主研发了一整套岩土热物性的测试仪器（图5-12）。2005年，中国建筑科学研究院研发出第一代能够运用于工程实际的测试设备。当时GB 50366规范还未正式开始实施，岩土热响应试验还处于试验研究阶段，与工程实际的联系并不紧密。因此，这一时期研发的测试仪器，偏向于理论研究，因此在设备的研发上追求多功能、高度继承化、自动化以及数据远传等功能。

该设备的优点在于：基本能够实现岩土热响应试验的各项要求，且自动化程度较高，相关参数设定完成并按要求连接相应管线后，可实现全自动运行，无需人工看护。但随着实际工程应用项目的深入开展，第一代测试仪器也暴露出自身的缺点：体积大，较沉重，对严苛的现场条件适应能力差，操作不简便，人机互动功能严重不足。因此，急需要开发出一款更适应现场测试条件的设备。

在汲取了第一代测试仪器的优点和不足后，于 2007 年开始着手研制第二代测试设备。这一时期设备研发的主旨是轻量化、实用化以及便捷化：将整体重量控制在 100kg 以内，体积不大于 0.5m^3，削减一些非必要功能，简化配电和管路系统，提高人机互动功能，仅依靠一块液晶屏和几个按钮即可实现对整个试验过程的操作和监控（图 5-13）。

随着地源热泵系统实际应用的深入，同时也为了响应 GB 50366（2009 版）对岩土热响应试验的要求，在前两代测试仪器的基础上，充分总结设备本身和现场实际两方面的经验，于 2009 年开发出了第三代测试仪器（图 5-14）。第三代测试仪器在充分吸取了前两代仪器优势的基础上，更加贴合实际运输和测试，同时对数据输出采用更为通用的 USB 接口输出，摆脱了对 PC 机的依赖；参考国外的先进经验，采用分体化设计，将较为敏感的控制元器件单独整合到一个箱体内，提高设备的耐久性；进一步优化整合设备内部结构，设备总重量减至 50kg 以下，体积小于 0.3m^3。

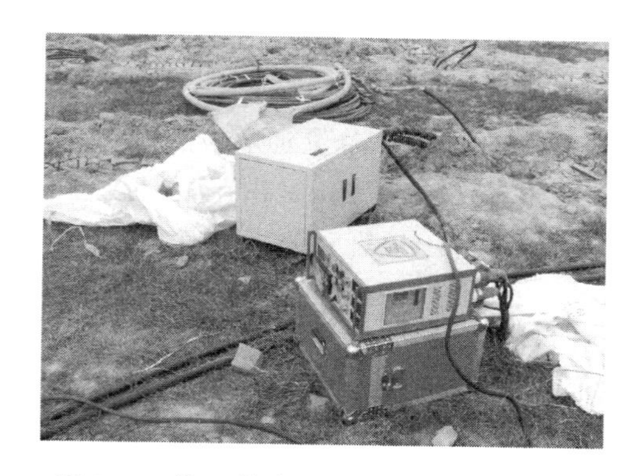

图 5-13 第二代岩土热物性测试仪

图 5-14 第三代岩土热物性测试仪外观图

在上述研发的基础上，目前已将光纤技术和 3G 网络无线传输技术，应用于该测试设备的研究和开发工作，以期实现测试设备的高精度、高效能、在线实时监测和数据实时上传等功能。

5.1.2.3 土壤换热器热泵系统设计

全年向土壤中取、释热量失衡，将导致地埋管区域岩土体温度持续升高或降低，从而影响地埋管换热器的换热效率，降低地埋管系统运行能效，严重时将导致热泵机组无法运行。因此，地埋管换热器的设计应考虑全年取释热量的影响，在一定的运行周期内使土壤侧实现热平衡是地埋管换热器设计的前提。

当前地埋管换热器的设计方法主要有两种，一是系统耦合设计法，借助专业的模拟软件工具，将建筑末端侧和地源侧以及热泵系统进行动态模拟计算，设计结果科学合理，可以有效指导实际运行。二是单位延米换热量法，这种方法操作起来比较简单，但仅适用于小面积建筑的设计，无法有效保证土壤侧热平衡，且这种方法不能用来做热泵机组的选型。

1. 设计方法一：系统耦合设计法

系统耦合设计法，是指在系统设计过程中，将地埋管换热系统、末端建筑负荷、热泵机组及输配系统耦合在一起行模拟计算后，根据计算结果进行设计，也即在换热器系统的设计中考虑到建筑负荷、室外气象条件、系统运行模式的影响，这种设计方法更加贴近地源热泵系统实际运行的工况，可以计算出热泵机组的最不利工况，需要借助专业的模拟计算和设计软件。

不同的软件在核心算法的实现过程上具有较大差别，但应用软件进行模拟设计的过程却大致相似，各种模拟设计软件都需要首先输入计算条件，以 TRNSYS 为例，输入的计算条件一般为岩土的热物理参数、热泵系统的运行参数及地埋管系统的初步设计参数，包括土壤的比热容、导热系数、地埋管换热器内的水流速度、地埋管的初步设计深度、初步设计个数及间距等。为模拟全年运行工况，还需输入建筑全年动态负荷及全年室外气象参数，以及运行控制策略。应用计算可以计算得出地埋管换热器系统全年的进出水温度，考虑到大部分不加防冻液的地埋管地源热泵系统，在地埋管进出水温度低于 4℃时机组将会启停保护，因此可以此为依据调整地埋管换热器的深度、个数及管内的水流速度，从而达到优化设计地埋管换热器系统的目的。

动态负荷模拟设计法除了需要专业的模拟设计软件之外，模型的建立过程对模拟结果的影响也很大，主要指模拟计算参数的确定。其中，热泵系统的运行参数与地埋管系统的初步设计参数比较容易确定，但岩土的热物理参数不易确定，需要通过现场岩土热物性测试的方法确定。

2. 设计方法二：单位延米换热量法

单位延米换热量法，是指在测得或者估算地埋管换热器单位延米换热量的基础上，根据建筑负荷计算出地埋管最大释热量与吸热量，算出所需地埋管换热器的总长度，根据工程所在地的地质勘探报告，确定井深与井数。

地源热泵系统实际最大释热量发生在与建筑最大冷负荷相对应的时刻。即：

$$\text{最大释热量}=\sum[\text{空调分区冷负荷}\times(1+1/EER)]+\sum\text{输送过程得热量}+\sum\text{水泵释放热量}$$

地源热泵系统实际最大吸热量发生在与建筑最大热负荷相对应的时刻。即：

$$\text{最大吸热量}=\sum[\text{空调分区热负荷}\times(1-1/COP)]+\sum\text{输送过程失热量}-\sum\text{水泵释放热量}$$

最大吸热量和最大释热量相差不大的工程，应分别计算供热与供冷工况下地埋管换热器的长度，取其大者，确定地埋管换热器；当两者相差较大时，宜通过技术经济比较，采用辅助散热（增加冷却塔）或辅助供热的方式来解决。

单位延米换热量是根据 GB 50366 中规定的岩土热物性测试报告中岩土热响应试验方法测得的换热量的单位长度平均值，是个仅适用于测试工况下的参考值。因此现场测试的单位延米换热量的值实际上与测试仪器的加热量有直接关系，而不能客观地反应土壤源热泵系统实际运行时的真实换热量。

单位延米换热量的测试，得到的是在测试工况下的换热量，每个测试孔的测试时间往往是数十小时，这种测试方法忽略了室外气候条件的影响，也忽略了建筑负荷的影响，想要用某一个确定的实测值尽可能合理的代替实际运行中变化的值，就只有多做测试孔这一种方法，实际上又不可能做几十个孔的试验；岩土热物理参数的测试，与其测试方法相同，但通过不同的数据分析方法，计算出的是岩土的热物理参数，岩土热物理参数受外部环境因素的影响很小，实测时的一个测试孔的数据就具有足够的代表性，这也是现场测试想要得到的数据不同决定了实测方法的不同。

5.1.2.4 施工技术

1. 钻井成井工艺

钻井前首先应根据施工图对场地进行平整，确定打井位置，钻机就位后要保证钻机钻杆的垂直，防止垂直偏差将已有管道损坏。打井过程中安排质量检查员随时检查打井位置，确保打井位置的正确。打井完成后应检查打井的深度和打井的质量，做好隐蔽工程记录，报监理验收。

钻井的钻进方法应根据岩石可钻性等级以及岩石的物理力学特性、地层特点和地质要求等选取，岩石可钻性等级可参照表5-3，对应钻进方法参照表5-4。

岩石可钻性等级分级表　　表5-3

级别	硬度	代表性岩石	普氏坚固系数	可钻性 (m/h)	一次提钻长度 (m/回次)
1	松软疏散的	次生黄土、次生红土、泥质土壤，松软的砂质土壤（不含石子及角砾）、冲积沙土层；湿的软泥、硅藻土、泥炭质腐殖质层（不含植物根）	0.31～1	7.50	2.80
2	软松疏散的	黄土层、红土层、松软的泥灰层；含有10%～20%砾石的黏土质及砂质土层、砂浆黄土层、松软的高岭土类（包括矿层中的黏土夹层）、泥炭及腐殖质层（带有植物根）	1～2	4.00	2.40
3	软的	全部风化变质的页岩、板岩、千枚岩、片岩；轻微胶结的砂层；含有超过20%砾石（大于3cm）的砂质土壤及超过20%的砂姜黄土层；泥灰层；石膏质土层、滑石片岩、软白垩；贝壳石灰岩；褐煤、烟煤；较软的锰矿	2～4	2.45	2.00
4	较软的	砂质页岩、油页岩、炭质页岩、含锰页岩、钙质页岩及砂页岩互层；较致密的泥灰岩；泥质砂岩；块状石灰岩、白云岩；风化剧烈的橄榄岩、纯橄榄岩、蛇纹岩；铝矾土菱镁矿、滑石化蛇纹岩、磷块岩（磷灰岩）；中等硬度煤层；岩土；钾土、结晶石膏、无水石膏；高岭土层；褐铁矿（包括疏松的铁帽）、冻结的含水砂层；火山凝灰岩	4～6	1.60	1.70
5	稍硬的	卵石、碎石及砾石层、崩积层；泥质板岩；绢云母绿岩石板岩、千枚岩、片岩；细粒结晶的石灰岩、大理岩；较松软的砂岩；蛇纹岩、纯橄榄岩、蛇纹岩化的火山凝灰岩；风化的角闪石斑岩、粗面岩；硬烟煤、无烟煤；松散砂质的磷灰石矿；冻结的粗粒砂层、砾层、泥层、砂土层、萤石带	6～7	1.15	1.50
6	中等硬度的	石英、绿泥石、云母、绢云母板岩、千枚岩、片岩；轻微硅化的石灰岩；方解石及绿帘石硅卡岩；含黄铁矿斑点的千枚岩、板岩、片岩、铁帽；钙质胶结的砾石、长石砾岩、石英砂岩；微风化含矿的橄榄岩及纯橄榄岩；石英粗面岩；角闪石斑岩、透辉石岩、辉长岩、阳起石、辉石岩；冻结的砾石层；较纯的明矾石	7～8	0.82	1.30

续表

级别	硬度	代表性岩石	普氏坚固系数	可钻性(m/h)	一次提钻长度(m/回次)
7	中等硬度的	角闪石、云母、石英、磁铁矿、赤铁矿化的板岩、千枚岩、片岩（如含铁镁矿物的鞍山式贫矿）；微硅化的板岩、千枚岩、片岩；含石英粒的石灰岩；含长石石英砂岩；石英二长岩；微片岩化的钠长石斑岩、粗面岩；角闪石斑岩、玢岩、灰绿凝灰岩；方解石化的辉岩、石榴子石硅卡岩；硅质叶蜡石（寿山石）多孔石英；有硅质的海绵状铁帽；铬铁矿、硫化矿物、菱铁赤铁矿；含角闪石磁铁矿；含矿的辉石岩类、含矿的角闪石岩类；砾石（50%砾石，系水成岩组成，钙质和硅质胶结的）；砾石层、碎石层；轻微风化的粗粒花岗岩、正长岩、斑岩、玢岩、辉长岩及其他火成岩；硅质石灰岩、燧石石灰岩；极松散的磷灰石矿	8～10	0.57	1.10
8	硬的	硅化绢云母板岩、千枚岩、片岩；片麻岩、绿帘石岩；明矾石；含石英的碳酸土岩石；含石英重晶石岩石；含磁铁矿及赤铁矿的石英岩；粗粒及中粒的辉岩、石榴子石硅卡岩；钙质胶结的砾岩；轻微风化的花岗岩、花岗片麻岩、伟晶岩、闪长岩、辉长岩，石英电气石岩类；玄武岩、钙钠斜长石岩、辉石岩、安山岩、石英安山斑岩；含矿的橄榄岩、纯橄榄岩等；中粒结晶钠长斑岩、角闪石斑岩；水成赤铁矿层、层状黄铁矿、磁铁矿层；细粒硅质胶结的石英砂岩、长石砂岩；含大块燧石石灰岩；粗粒宽条带状的磁铁矿、赤铁矿、石英岩	11～14	0.38	0.85
9	硬的	高硅化板岩、千枚岩、石灰岩及砂岩等；粗粒的花岗岩、花岗闪长岩、花岗片麻岩、正长岩、辉长岩、粗面岩等；伟晶岩；微风化的石英粗面岩、微晶花岗岩、带有溶解空洞的石灰岩；硅化的磷灰岩、角页化凝灰岩、绢云母化角页岩；细晶质的辉石绿帘石、石榴子石硅卡岩；硅钙硼石、石榴石、铁钙辉石、微晶硅卡岩；细粒细纹状的磁铁矿、赤铁矿、石英岩、层状重晶石；含石英的黄铁矿、带有相当多黄铁矿的石英；含石英质的磷灰岩层	14～16	0.25	0.65
10	坚硬的	细粒的花岗岩石、花岗闪长岩、花岗片麻岩；流纹岩、微晶花岗岩、石英钠长斑岩、石英粗面岩；坚硬的石英伟晶岩；粗纹结晶的层状硅卡岩、角页岩；带有微晶硫化矿物的角页岩；层状磁铁矿层夹有角页岩薄层；致密的石英铁帽；含碧玉玛瑙的铝矾土	16～18	0.15	0.50
11	坚硬的	刚玉岩、石英岩；块状石英、最硬的铁质角页岩；含赤铁矿、磁铁矿的碧玉岩；碧玉质的硅化板岩；燧石岩	18～20	0.09	0.32
12	最坚硬的	完全没有风化的极致密的石英岩、碧玉岩、角页岩、纯的辉石刚玉岩、石英、燧石、碧玉		0.045	0.16

常用钻进方法表 **表5-4**

钻进方法	岩石可钻性等级和特点
表镶金刚石回转钻进	4～11级，较完整均一岩层
孕镶金刚石回转钻进	4～12级，较破碎不均一岩层
金刚石冲击回转钻进	9～12级，坚硬打滑岩层
硬质合金钻进	1～6级，软、中硬岩层

续表

钻进方法	岩石可钻性等级和特点
针状合金钻进	4～7 级，中硬岩层
硬质合金冲击回转钻进	5～8 级，中硬岩层
钢粒钻进	7～11 级，硬岩层
冲击钻进	1～5 级，松散地层

钻井工艺在近些年有了长足的发展，各种钻探工艺如反循环钻探、冲击钻探、浅孔锤钻探、欠平衡钻探等纷纷出现并得到了应用，但钻探工艺的主流依然是泥浆正循环回转钻进（图 5-15），各种新型钻探工艺都具有其针对性，但常规的泥浆正循环回转工艺具有最广泛的适用性，应用此常规钻井工艺在钻井过程中应着重控制以下技术细节：

(a)

(b)

图 5-15　泥浆正循环回转钻进

(1) 钻压

土壤源热泵系统竖直埋管所需钻井深度一般为 80～150m，随着钻井深度的增加有可能出现钻压不足的问题，从而直接影响钻井效率，在实际工程中表现为钻进深度越大钻进速度越小。当发现钻进速度明显变慢时，应根据钻头的型号及钻铤、钻杆的质量调整钻压，一般容易在钻进中硬以上岩层时出现这种情况，此时增加钻压使岩石体积破碎即可。

近些年，随着钻杆、岩心管材质的提高，允许钻压值得以增大。实践证明高转速钻进可以取得较高的经济效益，且钻井质量高、消耗少，为此钻进中应该加以足够的钻压。但土壤源热泵钻井深度较浅，钻进中加大钻压往往使钻机被顶起来。实践中可采用在钻场增加重量的办法，比如采用脚手架压住钻场，钻杆、套管或其他重物堆放在钻机两侧等措施。

(2) 转速

牙轮钻头主要以牙齿对岩石的冲击、压碎和剪力作用来破碎岩石。硬和极硬地层主要靠牙齿对岩石的冲击、压碎作用来破碎；极软和软地层主要靠牙齿对岩石的剪切作用来破碎；中软、中硬地层靠这两种作用同时破碎地层。因次，对极软和软地层应采用低压高速，对硬和极硬地层采用高压低速。

钻头的转速与钻进效率有着直接的关系，在一定范围内转速越高效率也越高，但转速的提高又受到功率、钻具强度和振动等的限制，因此对钻头转速的控制除了应考虑岩土类型外，还应遵照“不产生剧烈振动的前提下适当提高钻速”的原则。

(3) 泥浆参数

泥浆的主要作用为：冷却钻头、携带岩屑、护壁堵漏。泥浆要保持孔底清洁，并维护孔壁稳定。在北京地区一般较好的泥浆性能为：失水量10～15mL/30min，相对密度1.05～1.15，黏度25～32s，泥皮厚度0.5～1mm，pH值碱性。对于泥岩地层，应加入降失水剂，泥浆性能应为：黏度18～22s，失水量小于10mL/30min，用好的黏土造浆或提高黏土颗粒含量，现场应配有振动除砂器和旋流除砂器，并及时去除废浆（图5-16）。

图5-16 钻井用循环泥浆

(4) 泵量

泵量应保证孔底干净，无残留岩屑。孔内岩屑过多不但会出事故，而且影响效率。一般常配的泥浆泵排量为600L/min、850L/min。泵量大，效果好。

钻井过程中应注意阻隔不良水质或被污染的地下水（包括非开采含水层水）进入取水。

当遇到土质较硬的岩土层时，需要采用特殊的钻头及钻进方法，其中较为常见的是潜孔锤钻进法和牙轮循环回转钻进法。潜孔锤钻进法需要使用特殊的钻井机械，即潜孔锤钻机，如图5-17和图5-18所示。

牙轮回转钻进与泥浆正循环回转钻进在设备的使用上大部分相同，钻进工艺也比较相似，但需要使用特殊的牙轮钻头（图5-19和图5-20）。

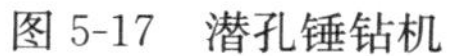

图 5-17 潜孔锤钻机

图 5-18 潜孔锤钻头

(*a*)

(*b*)

图 5-19 泥浆正循环回转钻进普通钻头

钻井成功与否，护壁堵漏是一项关键技术环节。进行护孔作业前，应准确掌握漏失层或坍塌层的深度、厚度和严重程度，根据护孔要求、地下水活动程度和货源条件，选择合适的护孔材料和方法，确定材料用量。护孔材料及其适用范围可参照表 5-5。

图5-20　牙轮钻进专用钻头

护孔材料及其适用方法　　　**表5-5**

护孔材料	材料要求	适用条件	护孔方法
泥浆或无固相冲洗液	根据地层特性，配制不同性能的泥浆或无固相冲洗液	破碎坍塌、掉块及一般漏失地层； 水敏性地层； 覆盖层	配制优质泥浆或无固相冲洗液； 高黏度堵漏泥浆； 全絮凝或胶结堵漏
黏土	选用黏性大的黏土； 黏土中加纤维物； 制成黏土球	钻孔浅部一般漏失； 覆盖层浅部一般漏失	黏土球投入到预定位置； 用钻具挤压
水泥	高标号水泥加速凝剂； 地勘水泥加减水剂； B1型早强水泥	坍塌严重的破碎带； 漏失严重的裂隙地层或覆盖层	浅部干口采取直入法； 深部采取泵入法或导管注入法及灌注器送入法
化学浆液	有一定的抗压强度能有效固结岩石； 可控制固化时间	漏失严重的裂隙地层； 破碎坍塌地层； 漏失严重的覆盖层、架空层、有流动水地层	用灌注器送入预定地段固化或泵入法
套管	符合标准； 不松扣	松散覆盖层及架空层； 严重坍塌漏失地层； 较大的溶洞	基岩中应下到完整的坚硬岩石； 孔口间隙堵严； 反扣套管管口要固定； 反扣套管管靴要封固

2. 回填材料选择

具有良好物理特性的回填材料可以强化地埋管与土壤之间的导热过程进而降低地下换热器的设计尺寸和初投资成本。回填材料的物理特性会影响地埋管地源热泵系统运行效率及运行成本。回填材料的物理特性包括几个方面：渗流特性、力学特性、传热特性和工作特性。

渗流特性主要是指渗透系数。回填材料的渗透系数低，则密封性好。如果钻孔密封性不够良好，就可能导致地下水受到地表水或其他蓄水层的污染。砂浆的强度在一定程度上反映了其密实程度及抗渗性，强度越大，其密实程度就越好，抗渗性也就越好。

力学特性研究回填材料与U形管之间的结合力，回填材料的弹性模量、剪切模量、泊松比。其中结合力是随着温度的升高而逐渐升高，它对成孔灌浆后系统的稳定以及环境评价有着重要的影响。回填材料有一定的膨胀性，可以使回填与埋管以及钻孔壁较好地结合在一起，从而减小接触热阻。

传热特性包括热导率和比热容，两者关系着回填材料的传热及蓄能特性。回填材料是将地层中的热量传递给U形管以及管中的循环介质。回填材料导热系数受回填材料的组成、温度、湿度、压力、密度等因素的影响。对于给定类型的回填材料，一般随温度、压力的变化不太大，而湿度、密度的变化通常会引起回填材料导热系数发生较大变化。

工作特性是反映新拌回填灌浆施工难易程度的性能，是指回灌砂浆拌合物能保持其组分均匀，易于运输、浇筑、捣实、成型等施工作业，并能获得质量均匀、密实的性能。其包括三方面含义：流动性（稠度）、黏聚性（抗离析性）和保水性。流动性是指砂浆拌合物在自重或外力作用下，能产生流动并均匀、密实的充满模型的能力。黏聚性也叫抗离析性，是指砂浆拌合物在运输、浇筑和振捣过程中，能保持组分均匀，不发生分层离析现象的性能。保水性是指砂浆拌合物具有一定的涵养内部水分的能力，在施工过程中不致产生严重泌水的性能。这三方面的性能从不同的侧面反映了拌合物的施工难易程度。

适宜的回填材料，首先要求其可以形成良好水力密封，要求回填材料有一定的强度、抗渗性和膨胀性等，保护地下环境和水资源；其次，要有良好的传热性能；再次，回填材料还要具有良好的工作性，即便于现场制作和泵送。

目前，国外常用的地源热泵回填材料主要有沙土混合物、泥灰装、火山灰黏土、钻孔岩装、铁屑—砂混合物等。而国内的回填材料则局限在膨润土基和水泥基这两种类别上。膨润土基适用于土质疏松、地下水位较高且地下水丰富的地区。水泥基回填材料的强度远大于膨润土基，更适用于密度大的基岩地区。膨润土的比例宜占4%～6%，在膨润土基回灌料中增加颗粒料通常会增加混合物黏度，增加通过导管进行泵送回灌的难度。因此，恰当的设计回灌混合物应该由现场的环路安装者充分考虑混合物黏度后确定。钻孔时取出的泥沙浆凝固后如收缩很小时，也可用作灌浆材料。

3. 回填工艺流程及关键技术

地埋管换热器回灌施工流程是由实际项目的回灌施工具体步骤总结得来的，用于指导具体施工工作高效、有序、便捷地开展。施工流程可以明确各个环节需要进行的基础条件准备，具体环节的工艺技术要求和要点也在流程中予以重点体现（图5-21）。

第一步：回灌前准备工作

（1）回灌材料准备

在以往的土壤源热泵项目中，各种各样的材料被用来作为回灌材料，包括钻孔碎屑、钻孔泥浆、膨润土基回灌料、纯水泥、混凝土回灌料、吸水树脂、砂子和泥沙混合物等。但是经过多年的应用，从环境保护和实际操作的角度，膨润土基回灌料（膨润土或膨润土包含其他添加材料）和纯水泥基回灌材料（纯水泥或水泥包含其他添加材料）更为适宜，因此被广泛应用。回灌料的准备，要从材料选择、物性参数收集两个方面进行。

1）回灌材料选取原则

只有全面了解地埋管钻孔深度内的地层情况，才有可能形成有效的全长度密封。明确回灌密封要求的回灌材料选取原则，可以促进地下地层水文地质状况的恢复。结合各个行业中涉及的钻井技术相关经验，得到回灌材料的选择原则包括以下几点：

① 回灌材料应具有低于原有土壤一个数量级的水利传导系数。

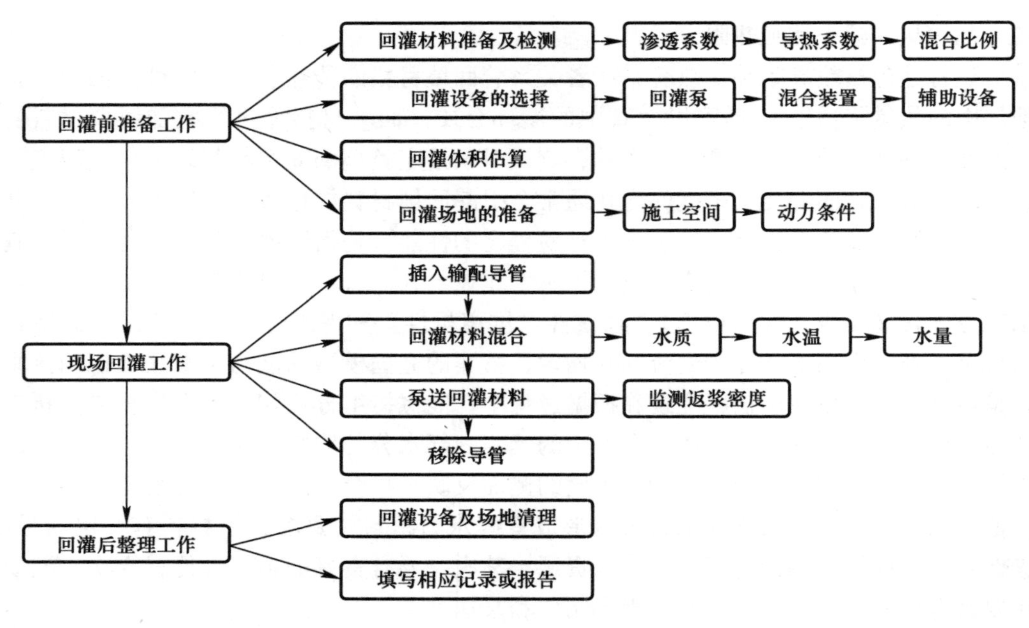

图5-21　回灌施工流程示意图

② 回灌材料应具有较高导热系数以促进地埋管换热器和地层间的换热。回灌材料不含污染物。

③ 回灌材料的物理特性及化学特性必须与原有土壤及管材兼容，使两者较好地结合在一起，避免渗流产生。

④ 回灌材料必须具有良好的耐久性，在地埋管换热器的设计周期充分发挥水力屏障作用。

2） 回灌材料物性参数测试

回灌材料根据地质条件和选取原则确定后，需要明确其物性参数。物性参数可由回灌材料生产商提供，若为施工单位自己配制的回灌材料，则需要对其物性进行测试，达到要求才可以应用。物性参数里面比较重要的指标包括以下几项：

① 渗透系数

渗透系数又称水力传导系数，在各向同性介质中，它定义为单位水力梯度下的单位流量，表示流体通过孔隙骨架的难易程度。渗透系数越大，透水性越强。回灌材料的渗透系数取决于其材料构成及比例。若无回灌材料产品的渗透系数参数，可参照 ASTM D-5084 测得。我国规范 GB 50366 由于颁布时间较早，对此参数无明确要求。对于回灌料部分规定参考《2003 ASHRAE HANDBOOK HVAC Application》。但英国、美国及加拿大等国家规范对回灌材料的渗透系数都有明确要求，不高于 10^{-9}m/s。

② 导热系数

导热系数是指材料直接传导热量的能力。通常由回灌料生产商提供，若无此参数，则需通过实验室测试得到。由于膨润土基回灌料通常是松散的，对于这类回灌料推荐采用探针法测试，ASTM D-5335。水泥基的回灌料由于凝固后形成坚硬的整块，因此推荐采用平板法测试，ASTM C-177。

③ 混合比例

除了以上两个重要的物性参数外，对自制回灌料而言，尤为重要的一点是控制好回灌料各成分的比例。膨润土基回灌料中，砂的比例增加，会提高导热系数，但是会增加泵送的难度同时会影响渗透系数。因此，若根据采用原浆及膨润土混合的自制回灌料，更应该慎重选择配比比例，严格进行参数测试。

（2）回灌设备的选择

1）回灌泵的选择

回灌泵的选择取决于选用的回灌材料种类、导管的直径和长度、回灌料完成混合和需要泵送的速度。回灌泵压力必须满足导管阻力损失要求，以克服导管输配回灌浆压降，位置水头不是回灌泵需要考虑的主要问题。

回灌泵主要分为两类：容积式和非容积式。非容积式泵如离心泵，利用叶轮在流体中产生压力，将剪切力以非常高的速率施加于流体。当泵送高固体比例的膨润土回灌浆时，这类泵是不可取的，因为剪切力会加速膨润土的水合过程，最终结果是严重升高泵压。

当回灌浆由许多运动部件组成，形成一个液体密闭容积来传送时，这类泵称为容积泵。容积泵运动部件间具有较小的偏差，以防止液体泄漏出泵体内的密闭容积。每次传动轴的旋转使一定体积的流体通过泵体传输，传输量与泵的尺寸有关。当泵在选定的恒定速度下，不考虑流出时压力变化时，容积泵可以提供连续的容积流量。容积泵可在低压头或者高压头情况下，提供一个不变的流量，因此它们非常适用于泵送黏性较大的流体，是回灌泵的较好选择。剪切作用被最小化，可以保证水合作用低速率发生，在回灌浆开始呈现明显胶状前可以有较长的工作时间。至少有五种容积泵可以选用做回灌泵，包括：齿轮泵、活塞泵、螺杆泵、隔膜泵、蠕动泵。

2）混合装置

混合高固体含量的膨润土基回灌料需要采用一种混合装置，以尽量减少泥浆的剪切作用。因此，喷射式混合和再循环混合方式都不推荐，浆式搅拌混合机是最适合的装置。浆式搅拌混合机是由短浆片在一个桶状容器内旋转将回灌浆进行机械搅动的装置。

水泥基回灌料则可以采用水泥搅拌机混合，按搅拌原理分自落式和强制式两类。由于钻孔和地埋管换热器之间的环形空间尺寸狭小，因此水泥基回灌料里面的集料颗粒较小，属于轻质物料，且混合一般在项目现场完成。自落式会引发扬尘，同时轻质物料不容易从鼓筒顶部落下，因此选择强制式搅拌机更为适用。

3）辅助设备

很多工程实例中，回灌料是分批混合完成的，前一批次回灌料先传送到一个存储罐，当下一批次物料准备好时，前一批次直接从存储罐泵送出去。大容量的浆式搅拌混合机可能不需要将回灌浆传送到一个分离设置的存储罐中，但在泵送物料的同时搅拌器无法工作。

一套完整的回灌装置，包括一个浆式搅拌混合罐、一个回灌料存储罐、一个回灌泵和电源。由于混合回灌料时，需要准确添加混合水，通常这类装置还包括一个储水罐和输水泵及水表，以便于迅速精确地将水充满混合罐。

（3）回灌体积估算

一个项目所需要的回灌料的体积取决于地埋管换热器和钻孔壁之间的环形体积。可以估算回灌这个环形体积的物料用量，但是无法得到准确数值。偏差可能由于钻孔壁向内侧膨胀，或者由于冲蚀或塌陷导致钻孔扩大。此外，由于地质条件的差异，回灌料在易碎岩层和高渗透性地质区域可能会损失很多，这将导致回灌体积显著高于计算值。施工单位必须在现场准备多于估算值回灌料，或者具备在短时间内准备好的能力，通常建议准备高于估算值25%～50%的回灌材料。

回灌体积是基于平均钻孔直径和U形管的尺寸来进行计算的。钻孔直径差别取决于钻孔机械，U形管外径取决于选用的管材及型号，用两者截面积差与钻孔有效深度相乘，可以得到估算的回灌体积值。

（4）场地准备

1）清理回灌孔附近区域场地

回灌孔附近区域场地整理，做好钻孔内流体及泥浆的排除及收集工作，可以有效提高工作效率，避免钻孔内被回灌浆置换出的流体重新流入孔内，保证回灌质量。

2）动力条件准备

检查场地是否具有便利的水、电条件，可以有效保证回灌工作的开展，尤其注意动力条件与所需条件是否吻合，水源侧提供的水质、水压、水温、水量是否能达到回灌工作需要。电力需求的电压、电流等是否满足要求。

3）设备及人员位置准备

在回灌孔周围，按回灌流程及回灌设备连接顺序，准备好回灌设备的安装位置及人员的操作位置，要求场地具有充足的设备及人员操作空间，操作顺序上无掣肘环节。

4）回灌材料存放场地准备

无论是商业购买的还是现场配置的回灌材料，都需要存放的场地。由于回灌工作是逐个钻孔实施，回灌材料混合也是分批次进行的，因此可根据估算得到回灌料需求量及回灌速度，合理设置材料存放场地。

第二步：现场回灌工作

（1）插入输配导管

回灌浆必须灌入地埋管换热器钻孔，从底部到顶部形成密封。回灌浆不能从顶部灌入钻孔，原因主要有以下三点：一是顶部灌入可能形成阻塞桥；二是无法判断回灌深度；三是回灌料经过低浓度的钻孔液体时，可能会被过度稀释。

当回灌浆经由导管注入钻孔底部并最终返浆至地表面的时候，可以认为回灌沿整个管长边界完成，较重的回灌浆置换了较轻的钻孔液体。

导管可以采用不同的方式插入钻孔内，如果没有钻井泥浆，没有或者仅有少量的水，导管可以被固定到U形管上一起插入钻孔。此处导管被绑在U形管的两管之间，略高于U形弯头，在靠近导管的流出端至少设有两个孔洞以降低堵塞的概率。也有很多实例证明，在U形管插入后，导管仍然可以很容易地插入钻孔内，这时需要在导管上标注钻孔深度，以确保导管完全插入钻孔底部。还要特别注意，要将流出孔设置在导管侧壁。

如果钻井液浓稠，回灌管必须固定到U形管上一起插入钻孔，可能还需要增加配重。配重可采用U形管内充满水、导管内充水或者在U形弯头上部固定些配重铁条等方式。如果需要配重铁条，那么导管应固定到U形管上，位置略高于铁条。这样铁条可以在下管过程中保护导管末端避免剐蹭或堵塞。为避免导管阻塞，应在导管流出口管子侧壁上设置两个或更多的孔洞。如果需要大于一条的配重铁条，需要将其间隔布置，且与最底部保持一定距离，以降低U形管扭结概率，可以更好地处理U形管—导管—配重条系统下管过程。

插入导管还可以采用加重推杆，推杆连接在线缆上并与U形管的最低端连接。导管固定到U形管上，这样在插入过程中遇到阻碍不容易分离。推杆降低进入钻孔，当U形管和导管已经强制进入钻孔底部后移除推杆。

(2) 回灌材料混合

恰当的混合回灌料是成功回灌的重要基础。混合用水的水质、水温、水量是三个关键因素。

水中氯的含量过高会延迟水合过程，因此，推荐采用饮用水混合膨润土基回灌料以确保恰当的水合特性。地表水和具有较高矿物质溶解物的水不应使用，因为这会给回灌料的特性带来不利影响。水的温度也十分重要，应尽量保持低水温以避免膨润土基回灌料水合过程加速。如果混合水在现场储水罐里，那么应置于阴凉无日照处，以尽量避免温度增加。水温越高，水合速度越快，在给定泵送流量的前提下，需要的泵压越高。如果采用购买的回灌材料，需遵循生产商给出的混合方法指南。如果掺混了过量的水，则混合物过稀，无法保证换热效果，地埋管换热器不能达到设计工作能力，过多的水还会导致回灌料的渗透率高于预期数值。如果水量低于推荐值，则回灌料非常厚重，难于泵送。尤其对于强化换热回灌料采用水表来精确控制混合水量以达到生产商的推荐值是十分重要的。

另外，回灌料混合速度是制约回灌流程效率的因素。应确保混合速度与泵送速度相吻合，未混合好的回灌料会以膨润土干团的形式强制通过导管，将导致回灌泵超压，同时导致回灌材料的混合不均一。如果混合过程制约了泵送，增加中间存储罐则成为最佳的解决方案。

(3) 泵送回灌材料

在回灌材料混合完成后，即可开始泵送工作。回灌泵的吸入及排出口软管应具有足够的尺寸以减小摩擦阻力，同时降低阻塞概率。吸入和排出软管与泵连接推荐采用快速连接式联轴器，以便于解决软管堵塞时能更快捷便利。在整个泵送回灌过程中，泵的排出口应装有压力计以监测运行，保证运行压力始终低于软管及管道的承压等级。如果发生突然的压力升高可能意味着导管堵塞，应立即检查阻塞原因，阻塞通常是由灌浆水合、导管末端堵塞或导管某处被挤压导致的。

回灌过程中泵的压力变化也可以反映回灌材料混合的是否恰当。如果泵压高于平时，说明可能混合水的水温过高，或者回灌料中固体成分高于要求值。如果泵压低于平时，说明可能混合水量过大，固体成分回灌料比例过低，无法充分实现回灌作用。

(4) 移除导管

在地层条件稳定的情况下，钻孔可以保持敞开状况一段时间，回灌泵送在同一天内完成即可。在地层条件不稳定的情况下，如钻孔可能有塌陷，回灌则需要在放入导管后马上进行。无论在哪种情况下，在完成一个阶段的回灌后，导管应以回灌相同的速度向上拔出，这样可以减小作用在导管出口的静压水头，降低导管由于回灌料水合作用而被吸入钻孔内的概率。但过程中导管出口应始终保持在回灌料平面以下。

第三步：回灌后整理工作

(1) 回灌设备清理及场地整理

回灌完成后，应尽快对混合装置、泵、辅助设备、软管和固定件进行清理和维护。可以采用高压水柱对混合装置及存储罐进行冲洗，清除内部残留物。回灌泵和导管也通过泵送清水来冲洗掉内部附着的回灌材料。

场地恢复是回灌工作完成后工作量最大的一项任务。各类施工设备、辅助器材、配件管材、剩余材料的需要逐一进行整理，有序移除，恢复场地平面。泵入回灌料置换出的钻孔泥浆需做好集中收集，而不是让它随意地在项目场地四处流淌，这样有助于改善现场工作环境，同时使场地恢复工作更加容易。

（2）记录及报告的填写

竖直地埋管安装及回灌流程完成后，回灌材料类型和回灌流程应该以报告形式记录下来。报告应提交给系统的所有者和使用者，同时存档以供未来参考。

土壤源热泵竖直地埋管换热器的回灌是土壤源热泵施工中最重要的环节，是保护环境和保障换热器换热能力的关键点。由于竖直地埋管安装回灌后，属于地下隐蔽工程，检测回灌质量和密实度具有一定难度，因此，提高回灌施工质量，严格控制回灌施工流程中的各个环节，从源头上避免问题的发生，具有格外重要的意义。

5.1.3 存在问题

地源热泵的应用在经历了高速发展阶段之后，进入了理性的平稳发展阶段，当前部分项目仍然存在一定的问题，问题主要有以下几个方面：

1. 仍然以单位延米换热量作为主要测试结果和设计参数

以单位延米换热量作为地埋管系统的主要测试结果和设计参数是导致设计出现偏差的主要因素。单位延米换热量测试的结果，是对应于特定气候条件下，试验测试仪器的制热及制冷功率和循环水流量下的数值，对于实际系统运行不同于此流量及功率工况下运行无实际参考意义。通过分析现场测试数据计算出的应是相对固定的设计参数，这参数应不受外界环境因素及系统运行工况的影响，或影响较小，否则即使是通过分析实测数据计算所得到的参数也必须经过修正，不可直接使用。

实测得到的单位延米换热量不能够直接用于换热器系统的设计，而应首先做科学合理的修正，但现在尚没有一整套修正的方法。因此，获取的现场测试数据应被用于计算不受外界环境因素及系统运行工况影响或影响较小的参数，这也就是岩土的热物理参数，包括岩土的导热系数、比热容以及岩土密度等。

国家标准 GB 50366 中对岩土热物性的测试做出了相应规定，但对测试仪器的制热及制冷功率、换热器水流速度、测试周期、测试孔成孔工艺等关键技术问题，业内尚存在许多不同的认识，为使现场测试能够为工程设计提供应有的原始数据，急需在地源热泵国家标准中补充现场测试规范这部分内容。

2. 设计过程不考虑系统耦合

地源热泵系统是由地下浅层地热能采集系统、热泵机组、输配系统、末端用户系统组成的，是一个地源侧地埋管换热与末端侧换热动态耦合传热的系统。只有将末端负荷需求变化与地源侧取、释热系统经由输配及热泵系统进行逐时耦合计算，才能更好地反映地源热泵实际应用情况。

我国目前仍然有大量的地源热泵项目，采用的是末端与地源侧分别设计、建造的方式来完成。末端建筑负荷仍然采用传统暖通空调计算方式，地源侧根据最大的冷热负荷，采用单位延米换热量进行孔数、埋深和间距的估算，估算偏差较大。或者不考虑末端建筑，仅对地源侧换热系统进行逐时模拟，采用假设建筑与之进行耦合计算，也难以取得较为科学准确的设计结果。还有部分项目，为了提高所谓的系统安全性，片面的增多孔数，不但无法保证地源热泵系统供能安全性，还增加了投资和成本。过大的系统，不但造成了资金的浪费，长期的部分负荷运行，降低了系统的运行能效，增加了运行费用，进而影响了项目投资方和使用业主的信心，对地源热泵技术的应用造成了较大负面影响。

3. 施工过程质量控制不过关

地埋管换热器系统的施工质量对其换热效果具有巨大影响，回填材料的选择及回填方式的确定是两个关键的环节。我国目前的 GB 50366 中，对施工关键技术环节无明确的强制性规定。如 U 形管地埋管换热器成孔孔径的最小值未做强制规定，回填方式使用机械回填或是原浆自然回填未做严格规定。

实际工程中，有的施工方为节省回填材料的使用及加快成孔的速度，成孔孔径尽可能的小，如单 U 埋管成孔孔径仅为 110mm 甚至更小，这种做法会极大地增加回填难度，若使用机械回填则泥浆泵导入管将很难深入孔内，若使用原浆自然回填则由于孔径过小回填不易密实，往往需要多次反复回填，即便如此仍无法保证回填的效果。

GB 50366 规定，U 形管换热器宜采用机械回填的方式，但实际工程中采用这种方式的极少，若采用机械回填必将增加地源热泵系统的工程造价，并且已经运行的未采用机械回填的系统，并未出现系统制热或制冷出现严重问题的情况，因此绝大多数实际工程使用的都是原浆自然回填，但这种方式存在质量隐患也是事实。

4. 运行管理不合理

地埋管地源热泵系统，是以土壤作为低温热源，为保证其能效及运行使用效果，需要考虑土壤侧的取、释热平衡问题，在设计、施工合理的前提下，部分项目由于运行管理的不合理，导致了项目出现各种问题：

（1）项目业主或运营方，不了解技术特性，地源热泵单独作为供暖或者供冷使用，导致地源侧冷热堆积，系统运行效率逐年降低，严重的甚至无法使用。

（2）盲目更改项目使用功能或者改变供能参数，如改建建筑末端系统，提高供暖温度或者降低供冷温度。

（3）水力输配系统优化不足，存在输配能耗过高等问题。

5.1.4 国内应用现状及评价

我国在经历了地源热泵发展的快速增长期后，进入了平稳发展阶段，我国现在的能源环保政策，以及建筑节能发展推动了地源热泵在相关领域中的应用。

5.1.4.1 地源热泵在区域能源中的应用

区域能源规划要遵循协调发展，因地制宜，优化结构，技术创新的原则，要与当前国家构建社会主义和谐社会、建设资源节约型、环境友好型社会的总体战略部署相一致，与区域建设的理念相一致，与当地经济发展水平相适应，与当地的地理位置和自然资源相适应，促进能源利用事业走资源节约型、环境友好型的发展道路。区域能源系统通过资源的综合、协同应用，充分利用可再生能源、冷热电三联供梯级能源、余废热能源等，可以最大限度降低区域内的能源消耗，降低有害物排放，获得最佳经济效益与社会效益，促进经济和社会的可持续发展。

区域能源系统应坚持节能、集约、绿色、科技、低碳的原则。节能集约——采用区域分布式能源系统，实现能源的梯级利用，该系统比楼宇式三联供系统单位造价投资低，运行成本低，便于集中管理，并能发挥对电网和天然气管网的双重削峰填谷作用。坚持和实施“开发与节约并重，节约优先”的方针，综合采用国内外先进适宜的技术，以提高资源利用效率为核心，按照“减量化、再利用、资源化”的原则，实现资源循环式利用，促进可持续发展。绿色低碳——采用太阳能、浅层地热能等可再生能源，建立高效、环保和环境友好的绿色能源系统。科技——充分、有效的利用各种新技术、新材料、新方法、新能源等科技成果，通过采用有效的保护自然资源、减少环境污染、改善生态环境、节约能源等措施，建设可靠、高效、绿色、以人为本的能源供应系统。

地源热泵系统因具备节能、环保、绿色、低碳的优点，所以被广泛应用在区域能源规划中。在应用地源热泵之初，需进行浅层地热资源量的分析和评估。

（1）可埋管空地面积。即在规划建筑用地区域内适合安装地埋管换热器的土地面积。一般为规划建筑用地面积×建筑空地率（空地包括建筑绿地、停车场等）。

（2）根据现场测试的岩土体热物性参数，估算或者模拟计算单个钻孔的换热能力。

（3）计算埋管区域总的换热能力。

（4）初步确定地源热泵系统的制冷和制热能效比。

（5）计算地埋管换热器夏季排热量和冬季取热量。

（6）计算建筑的累计供冷量和供热量。

或者根据实际情况，反算所需的地埋管面积，与现场可利用的空地面积相比，是否满足需求。

近年来，随着建筑行业的蓬勃发展，地源热泵系统的规模也越来越大。比如，北京城市副中心项目、北京新机场建设项目等，应用面积达到了100多万平米。地源热泵系统在规模化应用中需评估：（1）地埋管换热器排热量和取热量平衡的问题；（2）地埋管侧输送能耗问题；（3）地埋管各区域间的互联互通问题；（4）地埋管换热器排热量和取热量不平衡导致的环境影响；（5）能效提升的关键技术等方面。

5.1.4.2 地源热泵在近零能耗建筑中应用

近零能耗建筑采用更高性能的建筑围护结构和高效机电系统，在高气密性和无热桥的保障下，建筑冷热负荷较普通建筑大幅度降低。在环境和建筑能耗双重指标约束下，地源热泵系统成为超低能耗建筑能源系统优选方案之一。

基于passivehouse数据库的不完全调查，欧洲低能耗住宅建筑中广泛采用地源热泵系统供冷供暖，在对美国低能耗住宅能源系统的调研发现，60%以上的居住建筑采用热泵供冷供暖。中国被动式超低能耗建筑联盟及中国建筑科学研究院发布的《中国超低/近零能耗建筑最佳实践案例集》中对50个超低项目进行调研，严寒和寒冷地区约50%的建筑采用地源热泵系统作为建筑的主要能源系统之一。目前中国在建及拟建的办公建筑中，大部分采用地源热泵系统做为建筑主要能源系统形式。

正在进行的“十三五”国家重点研发计划项目“近零能耗建筑技术体系及关键技术开发”，将对包括地源热泵在内的多种可再生能源在近零能耗建筑中应用的关键技术进行具体研究，以建立更加科学合理的技术应用体系。

5.1.4.3 地源热泵在清洁供暖中的应用

2017年12月29日，国家发展和改革委员会、国土资源部、环境保护部、住房城乡建设部、水利部、国家能源局联合发布了《关于加快浅层地热能开发利用促进北方采暖地区燃煤减量替代的通知》，明确以京津冀及周边地区等北方采暖地区为重点，到2020年，浅层地热能在供热（冷）领域得到有效应用，应用水平得到较大提升，在替代民用散煤供热（冷）方面发挥积极作用，区域供热（冷）用能结构得到优化。北方地区清洁取暖工作的开展和深入，为地源热泵技术的应用注入了新的动力，同时在以替代农村散煤燃烧实现清洁取暖为目标的北京地区，对地源热泵技术也提出了新的要求和挑战。北京市在全国率先启动了农村地区“减煤换煤、清洁空气”行动，目标是以清洁能源替代传统的散煤燃烧供暖方式，从而降低污染物排放，改善区域的大气环境，降低冬季雾霾天气爆发的频率。针对全市146万户农村户籍住户，计划压减430万t燃煤。按照目标，要求到2017年，朝、海、丰、石、房、大、通7个郊区的所有平原村庄基本实现“无煤化”，到2020年，全市平原地区村庄基本实现“无煤化”。地源热泵在清洁取暖改造中发挥积极作用，到2017年底，采用地源热泵改造的项目超过200万m^2。

采用地源热泵系统作为清洁取暖方式，为农户提供热（冷）及生活热水，主要的系统形式有三种，系统的主要设备配置方式，以及可能匹配的用户室内末端装置见表5-6。由不同的系统形式决定得系统特点见表5-7。由表5-7可知，三种系统形式均各有特点，需要根据农村村落布局、建筑特点等因素进行综合考虑。方式一适合城中村密度较大的村庄或整村搬迁改造的村民集中上楼居住村庄，村庄具有空置区域可以进行地热能采集系统敷设，村庄电力配套能力充足，末端可以采用分户计量便捷的收费管理。方式二适合具有集中布置地热能采集系统区域，农户分散且居住密度较大，无法布置单独地热能采集系统的村庄，对既有电网改造要求不高。方式三适用于大多数的自然村落，可以单独进行地热能采集，系统产权明确，各户完全独立符合各户差异化需求，调节灵活便于实现行为节能。

地源热泵应用方式列表 **表5-6**

应用形式	地热能交换系统	地能侧输配系统	热泵机组	用户侧输配系统	可用末端装置
方式一	集中地热能采集	集中设置	集中设置	集中设置	散热器；辐射地板；风机盘管；热泵热风机
方式二	集中地热能采集	集中设置	分户设置	分户设置	散热器；辐射地板；风机盘管；热泵热风机
方式三	分户地热能采集	分户设置	分户设置	分户设置	散热器；辐射地板；风机盘管；热泵热风机

不同方式地源热泵应用特点对比表 **表5-7**

应用形式	优点	不足
方式一	(1) 地热能采集系统集中设置，考虑同时使用系数，可以减少地热能采集配置数量，降低建设成本； (2) 地热能采集系统集中设置，便于维护管理，需要时便于集中设置辅助设施； (3) 热泵机组、水泵集中设置，考虑用户侧同时使用系数，可以降低装机容量，降低输配管径	(1) 地热能采集系统集中设置，热泵站附近需要采集区域大； (2) 集中的地源侧和用户侧输配系统需长期运行； (3) 需要提供380V动力配电，要求提升电力配套能力，系统产权划分困难，用电需要用户分摊； (4) 系统无法随个别用户需求启停，行为节能作用削弱

续表

应用形式	优点	不足
方式二	(1) 地热能采集系统集中设置，考虑同时使用系数，可以减少地热能采集配置数量，降低建设成本； (2) 地热能采集系统集中设置，便于维护管理，需要时便于集中设置辅助设施； (3) 热泵机组分户设置，可以采用220V机组产品，不必增加动力配电系统，产权明晰，可以随用户需求启停，有利于行为节能； (4) 末端若选用热泵热风机系统，可以进一步降低输配能耗	(1) 地热能采集系统集中设置，换热泵站附近需要采集区域大； (2) 集中的地源侧输配系统需长期运行，用电需要用户分摊； (3) 热泵机组分户设置，需满足用户负荷需求，装机量无法考虑同时使用系数，户均装机容量大于集中设置热泵机组方式
方式三	(1) 地热能采集系统、热泵机组及输配系统均分户设置，可以采用220V机组产品，不必增加动力配电系统，产权明晰，单户所采集区域小； (2) 地源热泵系统可以随用户需求设置供能参数，满足用户个性化需求； (3) 调节灵活启停方便，有利于行为节能； (4) 地热能采集系统可以随用户使用间歇开启，有利于地下温度场恢复； (5) 末端若选用热泵热风机系统，可以进一步降低输配能耗	(1) 各户100%独立系统，对于农户供暖（冷）改造项目施工协调复杂程度高； (2) 地热能交换系统施工成本受项目地质情况影响较大

5.1.4.4　桩基地埋管地源热泵系统应用

桩基地埋管地源热泵系统是垂直地埋管地源热泵系统一种，与其他垂直地埋管地源热泵系统的主要区别在于换热管敷设在建筑结构的基础里面，因此地下换热器也可称为能源桩或桩埋管换热器。在建筑物的基础桩（或地下连续墙）中埋设闭合换热管路，与岩土体进行热交换，同时承担结构和传热双重功能的桩基。

与传统钻孔埋管相比，能源桩技术充分利用了混凝土更好的热物性质，热交换效率更高，可节省大量的钻孔费用和节省地下空间资源，其技术经济性优势十分明显，碳排放量更少。欧美等发达国家已大力发展和推广这一新型技术。目前，在能源桩的应用研究方面已取得了长足进展，如针对能源桩的换热效率问题开展了大量的传热性能热响应测试与相应的传热理论研究工作，积累了多种岩土条件下能源桩的换热性能数据；针对其在换热过程中的岩土和结构响应方面的研究工作，尤其是原位测试研究和试验工作也已日趋成熟；能源桩设计要求对能源桩的换热和结构功能进行统筹设计，桩身在应力—温度效应耦合作用下出现复杂的受力与变形行为也有较深的认识。这些进展都为该技术在我国的应用推广打下了坚实的基础。我国2004年有了第一个能源桩项目，目前已有20余栋大型建筑物使用了能源桩技术，有超过1万根能源桩正在使用中。比如上海世博轴项目安装了6400根能源桩，上海大厦也采用了能源桩技术等。我国每年有大量的建筑工程灌注桩施工，如在灌注混凝土之前，在钢筋笼上绑上PE管，成为能源桩，可以省掉较高的成孔费用，换热效果还会明显优于钻孔地埋管，为绿色建筑实施提供技术保障。技术经济性能良好的能源桩技术，受到更多业主单位和工程界的青睐。合理的设计需要进行详细的工程地质勘察与包括热物性质在内的岩土、混凝土材料的定量测试，需要准确地进行桩在变温条件下承载力与变形的分析计算，以及桩换热能力的分析计算等。奥地利、瑞士（德、法语区）、德国和英国都相继制定并颁布了各自的能源桩技术标准，这些技术标准为规范和合理使用能源桩技术起到了不可或缺的作用。国内《桩基地热能利用技术标准》JGJ/T 438—2018 于 2018 年 7 月 1 日实施，该规范借鉴上述国外同类规程的相关规定基础，并结合国内实际特点，填补了能源桩技术标准的国内空白。

5.2 地下水源热泵系统

5.2.1 基本原理与分类

地下水源热泵系统（Ground Water Heat Pump system，GWHPs）是采用地下水作为低品位热源，并利用热泵技术，通过少量的高位电能输入，实现冷热量由低位能向高位能的转移，从而达到为使用对象供热或供冷的一种系统（图 5-22）。地下水源热泵系统适合于地下水资源丰富，并且当地资源管理部门允许开采利用地下水的场合。地下水源热泵一般由水源系统、水源热泵机房系统和末端用户系统三部分组成。其中，水源系统包括水源、取水构筑物、输水管网和水处理设备等。

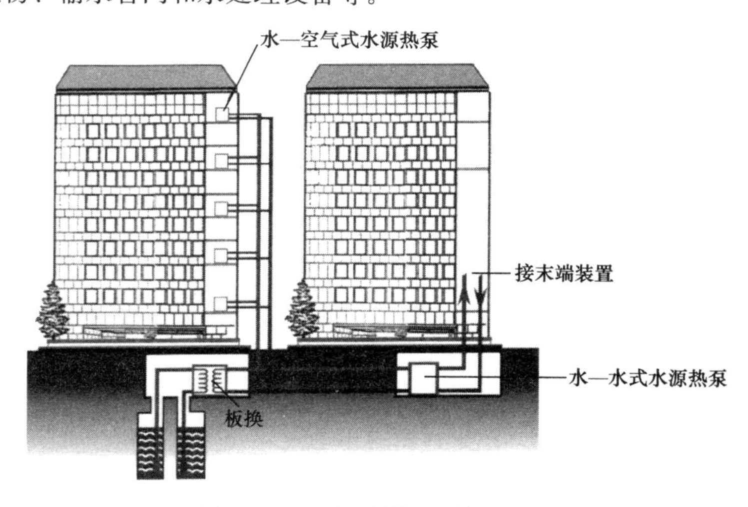

图 5-22　地下水源热泵系统原理图

地下水的水温常年保持不变，一般比当地平均气温高几度。我国东北北部地区的地下水温约为 4℃，东北中部地区约为 8～12℃，东北南部地区约为 12～14℃；华北地区的地下水温度约为 15～19℃；华东地区的地下水温度约为 19～20℃；西北地区的地下水温度约为 18～20℃。由于地下水的温度恒定，与空气相比，在冬季的温度较高，在夏季的温度较低，另外，相对于室外空气来说，水的比热容较大，传热性能好，源侧温度稳定，所以热泵系统的效率通常较高。

地下水资源在开采利用时必须遵循以下原则：地下水源热泵系统应根据水文地质勘察资料进行设计，并必须采取可靠回灌措施，确保置换冷量或热量后的地下水全部回灌到同一含水层，不得对地下水资源造成浪费及污染。

利用地下水作为地源热泵系统的低位热源时，应注意以下几个问题：

（1）现场勘察。如果地下水量较为充足，并且经当地资源管理部门许可后，可以考虑采用地下水源热泵系统。

（2）采取可靠措施，以确保水源不受污染，不对地质造成危害，做到取“热”而不取“水”。

（3）注意对水质的要求及处理，防止出现换热设备、管路的腐蚀等问题。

与地下水进行热交换的地源热泵系统，根据地下水是否直接流经水源热泵机组，分为间接和直接系统两种。

1. 间接地下水换热系统

在间接地下水源热泵系统中，地下水通过中间换热器与建筑物内循环水系统分隔开来，经过热交换后返回同一含水层。

间接地下水源热泵系统与直接地下水源热泵系统相比，具有如下优点：

① 可以避免地下水对水源热泵机组、水环路及附件的堵塞或腐蚀。

② 能够减少外界空气与地下水的接触，避免地下水氧化。

③ 可以方便地通过调节井水水流量来调节环路中的水温。

根据热泵机组的分布形式，间接式系统可分为集中式系统和分散式系统。

（1）集中式系统

所谓集中式地下水源热泵系统是指热泵机组集中设置在水源热泵机房内，热泵机组产生的冷冻水或热水通过循环水泵，输送至末端的系统。

集中式水源热泵系统的特点是：

① 冷、热源集中调节和管理。

② 水源热泵机组的效率较分散式水—空气机组高。

③ 机房占地面积较分散式系统大。

④ 可以与各种不同的末端系统组合，如风机盘管、组合式空气处理机组、辐射式供冷供热系统等。

（2）分散式系统

分散式系统是采用地下水作为低位冷、热源的水环热泵系统。水环热泵系统是小型水—空气热泵的一种应用方式，即利用水环路将小型水—空气热泵机组并联在一起，构成以回收建筑物内部余热为主要特征的热泵供热、供冷的系统。

分散式地下水源热泵系统结合了地源热泵系统和水环热泵系统的优点，其主要特点如下：

① 可回收建筑物内区余热。

② 机房面积较小。

③ 控制灵活，可以满足不同房间不同的温度需求。

④应用灵活，便于计量。

⑤ 单从热泵机组能效比来看，小型水—空气热泵机组较水—水热泵机组低。

⑥ 压缩机分布在末端，噪声较一般风机盘管系统大，需要采取防噪声措施。

目前，国内在运行的地下水源热泵系统中，较多采用的是集中式系统。但是，分散式系统由于其调节、计量等方面的优势，正在得到越来越多的工程应用，具有较好的前景。

2. 直接地下水换热系统

当地下水水量充足、水质好、具有较高的稳定水位时，可以选用直接地下水源热泵系统。直接式系统一般为集中设置热泵机组，由于省去了中间换热设备和相应的水泵，因此有利于节约输配能耗和提高热泵机组效率。但在采用该系统时，应对地下水进行水质分析，以确定地下水是否达到热泵机组要求的水质标准，并鉴别出一些腐蚀性物质及其他成分，并采取有效的处理措施。如不能满足水质和回灌要求，还应采用间接式系统。

5.2.2 特点及技术要点

5.2.2.1 资源勘察

在地下水源热泵系统方案设计前，应根据地源热泵系统对水量、水温和水质的要求，对工程场区的水文地质条件进行勘察。水文地质条件勘察可参照《供水水文地质勘察规范》GB 50027、《供水管井技术规范》GB 50296 进行。

地下水源热泵系统浅层地温能勘查的目的，是在充分利用现有水文地质、工程地质等资料的基础上，查明区域上和场地内地下水系统所蕴含的浅层地温能资源数量、质量以及分布规律，查明区域上和场地的浅层地温能资源的成因机制，为地下水源热泵系统提供适合的地下水热源。

浅层地温能的开发利用与区域水文地质、工程地质以及区域气候特征息息相关。我国地域辽阔，由于各地区地质和水文地质条件的复杂性和多变性，导致各地区岩（土）层的导热性和水文地质参数差异巨大，在一个地区能成功应用的地下换热系统，在另一地区往往并不适用。因此，开展地下水源热泵系统浅层地温能勘察，对于减少开发风险、取得浅层地温资源开发利用最大的社会经济效益和环境效益，并最大限度地保持资源的可持续利用具有重要的意义。

地下水源热泵系统浅层地温能勘察主要解决以下两个问题：第一，特定水文地质条件和气候特征下，地下含水层的流动和传热机制；第二，地下含水层储能与水、热调蓄的能力。

从浅层地温能勘察范围来分，则可分为区域浅层地热资源调查以及场地浅层地热资源勘察。其中，区域浅层地热资源调查目的在于进行区域浅层地热资源开发利用的适宜性评价，为区域浅层地热资源开发利用规划服务。主要调查内容包括区域水文地质条件、区域工程地质条件、气候条件、经济规划与格局；而场地浅层地热资源勘察则为热泵系统建设提供设计依据，勘察内容主要包括水文地质条件、工程地质条件、各种热参数试验、参与循环的水量和热量等。

根据勘察的目的任务、地区总的自然条件及其水文地质研究程度，地下水源热泵系统勘察可分为普查、详查和勘探三个阶段。大范围区域性浅层地温能勘察属普查阶段工作；以城镇所在水文地质单元（或地质单元）为对象的小范围区域性浅层地温能勘察属详查阶段工作；场地浅层地温能勘察属勘探阶段工作。勘探阶段之后，为浅层地温能开发工作。各阶段的勘察技术要点如下：

1. 普查阶段

（1）充分利用现有的水文地质勘察和研究成果，初步查明大范围区域性水文地质条件。初步查明地下水含水层结构、厚度、埋藏、水位分布、水温分布、水量和水质及动态情况等。

（2）根据已有实测数据或经验数据（表 5-8），确定未知岩土体的热物理参数（热导率和比热）。

空气、水和几种常见岩石的比热、密度、热导率和热扩散率 表5-8

岩石名称	比热 [J/(kg·℃)]	密度 kg/(m³)	热导率 [W/(m·℃)]	热扩散率 m²/(d)
花岗岩	794	2700	2.721	0.110
石灰岩	920	2700	2.010	0.070
砂岩	878	2600	2.596	0.098
湿页岩			1.4～2.4	0.065～0.084
干页岩			0.64～0.86	0.055～0.074
钙质砂（含水率43%）	2215	1670	0.712	0.017
干石英砂（中—细粒）	794	1650	0.264	0.017
石英砂（含水率8.3%）	1003	1750	0.586	0.029
砂质黏土（含水率15%）	1379	1780	0.921	0.032
砂（砂砾石）			0.77	0.039
粉砂			1.67	0.050
亚黏土			0.91	0.042
黏土			1.11	0.046
砂（饱水）			2.50	0.079
空气（常压）	1003	1.29	0.023	1.536
冰	2048	920	2.219	0.102
水（平均）	4180	1000	0.599	0.012
回填膨润土（含有20%～30%的固体）			0.73～0.75	
回填混合物（含有20%膨润土、80%石英砂）			1.47～1.64	
回填混合物（含有15%膨润土、85%石英砂）			1.00～1.10	
回填混合物（含有10%膨润土、90%石英砂）			2.08～2.42	
回填混合物（含有30%膨润土、70%石英砂）			2.08～2.42	

（3）根据已有实测数据、气象监测数据或经验数据，确定恒温带的温度、深度、大地热流值，并在冻土地区，确定冻土层厚度。有条件的地区，初步掌握地温分布及动态。

（4）根据已有实测数据或经验数据，确定岩土体的孔隙率（裂隙率）、含水量、密度等物理参数。

（5）分析浅层地温能的热来源和热成因机制，提出浅层地温能形成的概念模型。

（6）主要采用热储法、放热量法、比拟法和水文地质学计算方法求取D+E级储量，估价其开发利用前景，提交普查报告。

2. 详查阶段

（1）在充分利用现有的水文地质、工程地质勘察和研究成果的基础上，补充必要的调查取样、坑探、槽探、钻探或试验等工作，基本查明以城镇所在水文地质单元（或地质单元）为对象的小范围区域性水文地质条件；工程地质条件；基本查明地下水含水层结构、厚度、埋藏等；基本查明地下水水位分布、水量、水质情况及其动态变化等。

（2）在已有实测数据基础上，补充必要的调查取样、钻探坑探、槽探、钻探或试验等工作，确定未知岩土体的热物理参数（热导率和比热）。

（3）在已有实测数据、气象监测数据的基础上，补充必要的地温调查工作（即采取坑探、槽探或钻探手段测量地温）；基本查明地温分布、水温分布及其动态，确定恒温带的温度和深度、大地热流值，并在冻土地区，确定冻土层厚度。

（4）在已有实测数据的基础上，补充必要的调查取样、坑探、槽探、钻探或试验等工作，确定岩土体的孔隙率（裂隙率）、含水量、密度等物理力学参数。

（5）未进行回灌试验的空白地区，应选择代表性地段进行回灌试验，初步评价含水层的回灌能力并求取渗透系数。

（6）基本查明浅层地温能的热来源和热成因机制；基本查明地下水水热的补给、运移、排泄条件，提出浅层地温能形成的理论参数模型。

（7）主要采用热储法、水热均衡法、水文地质学计算方法或数值法求取C＋D级储量，为浅层地温能开发规划和是否转入勘探阶段提供依据。

3. 勘探阶段

（1）在充分利用现有的水文地质、工程地质勘察和研究成果的基础上，开展调查取样、坑探、槽探、钻探或试验工作，查明场地水文地质条件、工程地质条件。查明地下水含水层结构、厚度、埋藏等，基本查明地下水水位分布、水量、水质情况及其动态变化，查明包气带岩土体结构等。

（2）在已有实测数据基础上，开展调查取样、钻探坑探、槽探、钻探或试验等工作，确定岩土体的热物理参数（热导率和比热）。

（3）在已有实测数据、气象监测数据的基础上，开展地温调查工作（即采取坑探、槽探或钻探手段测量地温）和试验等工作，查明地温分布、水温分布及其动态，确定恒温带的温度和深度、大地热流值，并在冻土地区，确定冻土层厚度。

（4）在已有实测数据的基础上，开展调查取样、坑探、槽探、钻探或试验等工作，确定岩土体的孔隙率（裂隙率）、含水量、密度等物理力学参数。

（5）进行回灌试验和原位热传导试验，评价含水层的回灌能力，求取渗透系数和热传导系数。

（6）查明浅层地温能的热来源和热成因机制，查明地下水水热的补给、运移、排泄条件，查明包气带地温能的补给、运移和排泄条件，提出浅层地温能形成的参数模型。

（7）主要采用数值法、热储法、水热均衡法、水文地质学计算方法求取B+C级储量，提出合理开发方案并做出环境影响评价，提交勘探报告，为浅层地温能开发提供依据。

另外，在浅层地温能开发地质工作中，应加强系统的动态观测工作，利用长期观测和开采过程中的实际资料，运用数值法对其进行工程研究，计算储量，并进行开发利用过程中的环境问题研究，建立浅层地温能的开发管理模型。

地下水源热泵系统勘察结束后应提交水文地质勘察报告，报告应分析地下水资源条件，评估工程项目采用地源热泵系统的可行性，并提出地源热泵系统方案建议。建议应包括以下内容：

1. 抽水方式和回灌方式；

2. 抽水量和回灌量；

3. 抽水井和回灌井数量；

4. 热源井井位分布和井间距；

5. 热源井井身结构和井口装置；

6. 抽水泵型号和规格、泵管和输水管规格；

7. 供水管和回灌管网布置及其埋深；

8. 水处理方式和处理设备。

5.2.2.2 水井设计、成井工艺

地下水源浅层地温能开发利用是以浅层含水层作为其储能场所，故地下水源热泵系统与传统地热井系统不同，一般深度局限于地表以下200m深的范围内，其水井设计及成井工艺等均可参考一般地下水供水管井的相关规范要求。

管井是垂直安装在地下的取水构筑物，在地下水源热泵系统中表现为抽水井和注水井。它由井口、井管、过滤器以及沉砂管组成。井的终孔直径应根据井管口径和主要储能含水层的种类确定：在砾石、粗砂层中，孔径应比井管外径大150mm，在中、细、粉砂层中，应大于200mm，但采用笼状填砾石过滤器时，孔径应比井管外径大300mm。

1. 管井基本构造

（1）井口

井口所处的周围应封闭黏土、水泥等不透水材料，以防止地面污水渗入井内。一般封闭深度不小于3m。

（2）井管

有钢管、铸铁管、卷焊管及非金属材料管等。一般井深大于100m时常用钢管。井管口径的大小要根据储能含水层富水性、透水性及抽水设备等因素决定。当安装抽水设备时，井径应比泵管外径大50～100mm；有时井管上部和下部采用不同的口径，即上大下小，中间用大小头连接，这样可以安装较大规格的水泵，充分发挥井的作用。

常用的异径井管有以下几种：

上部口径为250～300mm，下部口径为200mm；

上部口径为400～500mm，下部口径为300～400mm。

（3）过滤器

有钢管、钢骨架管、铸铁管、石棉水泥管、混凝土管、砾石水泥管及塑料管等，一般常用钢管和铸铁管过滤器。

（4）沉砂管

沉砂管材料同井管，其长度与含水层岩性和井的深度有关，一般长2～10m。根据井深可参考下列数值选用：

井深16～30m，沉砂管长不小于3m；

井深31～90m，沉砂管长不小于5m；

井深大于90m，沉砂管长不小于10m。

2. 管井的设计

热源井的设计单位应具有水文地质勘察资质。管井设计应符合现行国家标准《供水管井技术规范》GB 50296的相关规定。

管井设计应包括以下内容：

（1）管井抽水量和回灌量、水温和水质；

（2）管井数量、井位分布及取水层位；

（3）井管配置及管材选用，抽灌设备选择；

（4）井身结构、填砾位置、滤料规格及止水材料；

（5）抽水试验和回灌试验要求及措施；

（6）井口装置及附属设施。

管井设计时应遵循以下原则：

（1）氧气会与管井内存在的低价铁离子反应形成铁的氧化物，也能产生气体黏合物，引起回灌井阻塞，为此，管井设计时应采取有效措施消除空气侵入现象。

（2）抽水井与回灌井宜能相互转换，以利于开采、洗井以及岩土体和含水层的热平衡；为避免将空气带入含水层，其间应设排气装置；抽水井具有长时间抽水和回灌的双重功能，要求不出砂又保持通畅；抽水管和回灌管上均应设置水样采集口及监测口。

（3）管井数目应满足持续出水量和完全回灌的需求，在水质较差或经常出现过滤网堵塞现象的区域，应多打一口抽水井作为备用。

（4）为了避免污染地下水，管井位的设置应避开有污染的地面或地层，管井井口应严格封闭，井内装置应使用对地下水无污染的材料。

（5）管井井口处应设检查井，井口之上若有构筑物，应留有检修用的足够高度或在构筑物上留有检修口。

3. 过滤器的设计

（1）过滤器类型的选择

一般为了增加出水量，防止涌砂，减少水流阻力，在砂卵石地层中可选用填砾过滤器。在保证强度要求的条件下，应尽量采用较大孔隙率的过滤器。在粉细砂层中或含铁质较多的地区，应尽量采用双层填砾过滤器，参见表 5-9。

不同含水层适用过滤器的类型　　表 5-9

储能含水层特性	过滤器的类型
坚硬或半坚硬的稳定岩石	不安装过滤器
半坚硬的不稳定岩石	圆孔或条孔过滤器
砂、砾、卵石层	圆孔或条孔外缠金属丝或包网过滤器、钢筋骨架过滤器，填砾过滤器
粗砂	圆孔或条孔外缠金属丝或包网过滤器、钢筋骨架或填砾过滤器
中细砂	填砾过滤器
粉砂	填砾过滤器、笼状填砾过滤器

（2）过滤器口径的选用

我国现有管井的直径有 200mm、250mm、300mm、400mm、450mm、500mm、550mm、600mm、650mm 等规格。管井最大出水量可达 2 万～3 万 m^3/日。国外有的井孔直径达 1～3m，过滤器直径也达到 1～1.5m，以适应开发丰富地下水源的供水需求。

（3）过滤器长度选用估算

① 当储能含水层厚度小于 10m 时，过滤器长度应与含水层厚度相等。

② 当储能含水层厚度很厚时，过滤器长度可按下式进行概略计算：

$$l = \frac{Qa}{d} \tag{5-8}$$

式中 l——过滤器长度（m）；

Q——水井抽水量或回灌量（m^3/h）；

d——过滤器外径（mm），非填砾管井按过滤器缠丝或包网的外径计算，填砾管井按填砾层外径计算；

a——决定于储能含水层颗粒组成的经验系数，按表5-10确定。

不同储能含水层经验系数 a 值 **表5-10**

渗透系数 K（m/d）	经验系数 a
2～5	90
5～15	60
15～30	50
30～70	30

（4）井管及过滤器的一般要求

常用井管（通常兼指井壁管及过滤器而言）应符合以下的要求：

（1）井管本身及连接部分不应弯曲，以保持整个井壁垂直。

（2）井管内壁需光滑、圆整，且满足在井管内顺利无碍地安装抽水或回灌设备。

（3）井管管材应有足够的抗压、抗剪和抗弯强度，能经受管壁外侧岩层和人工填砾的压力。

（4）安装时，井管及连接部分要有一定的抗拉强度，能经受住全部井管的重量。

（5）过滤器要有较大的空隙率，以保证减少地下水通过管内的阻力，最大可能地增加出水量或回灌量。

4. 管井的施工

管井的施工和质量要求包括：

（1）成孔可采用正或反循环泥浆回转钻进。

（2）管井在成井后必须及时洗井。

（3）100m深度孔斜不大于1.0°，200m内不大于2.0°。

（4）孔深误差不大于2‰。

（5）出水含砂量不大于1/2（体积比）。

井开挖时应在井网的四周形成稳定的构筑物以提高工作效率。经常采用的建造方法有喷射、振荡、后洗及泵吸。这些技术措施是为了使井周围的颗粒变碎，以使它们能够从井内被泵吸出或舀出，这种挖掘过程要一直持续到井水中不再出现颗粒，水变得澄清无色为止。类似的挖掘在无网的石床井中也是需要的。

在井的建造过程中将会产生大量的水和沉积物，应有合理的处理措施使现场不会被淹没。

5. 抽水井的测试和验证

井的建造完成后，应进行井的测试和验证来确定井的稳定水量。测试应提供出估算的蓄水层水压特性的数据。

抽水的检验应在有资格的水文地质工作者监督下进行，以确保使用的步骤和收集的数据是正确的，检测应包括一个在泵长时间稳定速率情况下的过程检测，收集的数据将包括水位降低量、流量及复原情况等。

过程检测包括在3～5个不同的速率下用泵抽水，在每个速率（每次比前一次大）持续30～120min，并使水位线恢复到两级之间。经过连续检验得出的信息，可用来估计井的产水率，可以选择适当的速率，长时间对井进行进一步检测。在检测中，应同时监测泵的速率、井中的水位线以及附近井的情况。

检查井在不变速率下的检测应一直持续到水位线稳定或趋于稳定（至少48h），即监控的水位线达到90%的复原。在检测中，必须监控泵的速率并保证其恒定不变。地下水位和附近井的情况必须在确定的间隔时间内由水文地质工作者进行测量。

抽出的水应用至少150m的管线排放远处，以减少井附近的再渗透。在抽水检测时应收集地下水的样本，确定水质情况。

6. 井的完成

（1）密封。在井的套管外侧和钻孔的墙身之间必须安装密封环面，阻止污物渗入环面。可以将低渗透性的材料，例如水泥泥浆、混凝土及黏土，置于干净、清洗过的沙子和砾石上部形成密封。为了便于密封，钻孔靠上的部分应至少比井的直径大1.2m。所采用的密封形式取决于井的形式和井的安装构成。回灌井要求更好的密封以抵挡较高的回灌压力。

（2）结合器。如果井端头上不想有遮蔽物，建议安装结合器，结合器是经过特殊设计的连接器，它可以在井套的出水管管线穿墙处提供水密封。它的设计使出水管和潜水泵的断开变得容易。当需要时，结合器可以帮助井的复原和泵的重新安置。

（3）井盖。如果井中安装了潜水泵，必须用井盖或洁净的密封装置盖在井的顶部，以防止地表水和其他物质的进入。另外，必须安装一个隔离保护的通气口，使井内的空气压力与大气压力保持一致。

7. 回灌

回灌技术包括同井回灌和异井回灌，其中同井回灌主要是在深处含水层取水，浅处另外一个含水层回灌，依靠两个含水层的压差，经过渗透，穿过两个含水层间的固体介质，返回取水层。同井回灌存在回灌水的温度是否能有效恢复的问题，如果渗透能力过大，且存在水短路，会有热回流现象；对于异井回灌适宜于渗透能力较强的卵石土含水层，当渗透能力较小时，很难实现。回灌过程成功与否直接影响地面沉降及地下水质污染，因此地下水回灌设计至关重要。

5.2.2.3 冷、热源系统

1. 最大释热量和吸热量

见5.1.2节。

2. 地下水的回灌温度和水量

增大地下水的利用温差，可以减少所需要的取水量和相应的回灌量，减少一次投资，同时也降低了取水泵的能耗。但是，温差加大后，无论采用直接或间接式的系统，热泵机组冬季的蒸发温度都会有所下降，而夏季的冷凝温度有所提高，热泵机组的*COP*会有所降低。因此，需要根据不同的取水温度、不同的地下水条件以及不同的机组性能，合理确定地下水的设计回灌温度。目前，一般系统冬季采用的地下水设计温差约7～11℃；夏季采用的地下水设计温差12～18℃。

地下水的设计取水量可以分夏季和冬季工况，根据最大释热量、吸热量和相应的地下水设计温差计算得出。如资源勘察和实验确定的水量达不到设计取水量，则需要另外设置辅助冷、热源。

3. 抽水泵的选择

目前，应用最多的回灌方式是使用不带排气管的回水立管向回灌井回灌，采用此种方式的抽水泵扬程的确定应考虑如下因素：抽水泵的扬程为运行期间抽水井的抽水泵最低吸水面至回灌井最高的水平面的垂直高度、回灌井中回水立管的垂直淹没高度、抽水泵和回灌井中的回水立管之间的管道摩擦阻力、阀门的背压与虹吸作用产生的压头的差值。排水泵扬程为这四项之和。

抽水泵宜选用潜水泵，并应设备用泵，以便在抽水泵发生损坏的时候，可以快速进行替换。

抽水泵的控制方式有台数控制和变频控制，宜采用变频控制。变流量系统可降低地下水源热泵系统的运行费用，且进入地源热泵系统的地下水水量越少，对地下水环境的影响也越小。

当系统中设计有多个抽水井时，应注意各抽水量保持一致，必要时应在井室内设置定流量阀，以防止由于阻力不一致或管路堵塞造成的不平衡。

4. 间接地下水源热泵系统

间接地下水源热泵系统与直接地下水源热泵系统的主要区别是在中间增设了中间换热器。目前，最常用的换热器是板式换热器，它具有导热性能好；结构紧凑，体积小；可抗腐蚀；造价低；清洗、维护方便等优点。

当板式换热器具有加热和冷却两种功能时，要分别进行计算，最终以较不利的工况（计算的地下水流量较大）来确定板式换热器的型号。

（1）冷却工况（图 5-23）

冷却时的计算过程如下：

① 通过调研或测试，确定供冷设计工况下地下水源侧的进水温度（T_{wg}）。

② 确定水源热泵机组循环水的进水温度（T_{sh}）。水源热泵机组的循环水进水温度（T_{sh}）可按照《水（地）源热泵机组》GB/T 19409 来确定，其制冷工况下的进水温度范围为 10～25℃。

根据已知的设计散热量（Q_S）、设计循环水流量（G_S）及热泵机组循环水的进水温度（T_{sh}），可确定热泵机组循环水的出水温度（T_{sg}）。

$$T_{sg} = T_{sh} + 0.86 \times Q_S / G_S \tag{5-9}$$

式中 Q_S——设计散热量，kW；

G_S——设计循环水流量，m^3/h。

选择板式换热器地下水的回水温度（T_{wh}）与热泵机组循环水的出水温度（T_{sg}）的温差（ΔT），一般为 1～2.5℃，来确定地下水的回水温度（T_{wh}）。

$$T_{wh} = T_{sg} - \Delta T$$

③ 根据地下水供水温度（T_{wg}）、回水温度（T_{wh}）及设计散热量（Q_R），确定冷却工况时的设计地下水流量（G_L）。

$$G_L = 0.86 \times Q_S / (T_{wg} - T_{wh}) \tag{5-10}$$

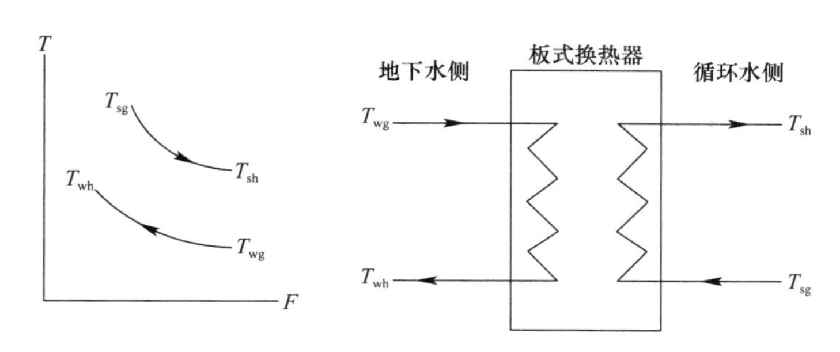

图 5-23 冷却工况的板式换热器

式中 G_L——冷却工况下，设计地下水流量，m^3/h。

(2) 加热工况（图 5-24）

加热时的计算过程如下：

① 通过调研或测试，确定供热设计工况下地下水源侧的进水温度（T_{wg}）。

② 确定热泵机组循环水的进水温度（T_{sh}）。水源热泵机组的循环水进水温度可按照《水（地）源热泵机组》GB/T 19409 来确定，其制热工况下的进水温度范围为 10～25℃。

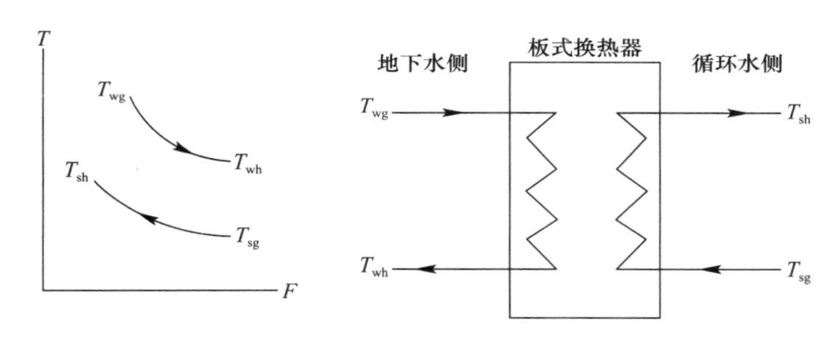

图 5-24 加热工况的板式换热器

③ 根据已知的设计吸热量（Q_R）、设计循环水流量（G_S）及热泵机组循环水的进水温度（T_{sh}），可确定热泵机组循环水的出水温度（T_{sg}）

$$T_{sg}=T_{sh}-0.86\times Q_R/G_S \tag{5-11}$$

式中 Q_R——设计吸热量，kW；

G_S——设计循环水流量，m^3/h。

④ 选择板式换热器地下水的回水温度（T_{wh}）与热泵机组循环水的出水温度（T_{sg}）的温差（ΔT），一般为 1～2.5℃，来确定地下水的回水温度（T_{wh}）。

$$T_{wh}=T_{sg}+\Delta T \tag{5-12}$$

根据地下水供水温度（T_{wg}）、回水温度（T_{wh}）及设计吸热量（Q_R），确定供热工况时的设计地下水流量（G_w）。

$$G_w=0.86\times Q_R/(T_{wg}-T_{wh}) \tag{5-13}$$

式中 G_w——设计地下水流量，m^3/h。

(3) 选型

根据计算出的两个设计地下水流量（G_L、G_W）的较大值，地下水侧进、出口温度（T_{wg}、T_{wh}）；设计循环水流量（G_S），循环水侧进、出口温度（T_{sg}、T_{sh}）确定板式换热器的型号。

5. 水源热泵机组

详见5.6节。

6. 水质处理

从保障地下水安全回灌及水源热泵机组正常运行的角度，地下水尽可能不直接进入水源热泵机组。直接进入水源热泵机组的地下水水质应满足以下要求：含砂量小于1/200000，pH值为6.5～8.5，CaO小于200mg/L，矿化度小于3g/L，Cl^-小于100mg/L，SO_4^{2-}小于200mg/L，Fe^{2+}小于1mg/L，H_2S小于0.5mg/L。

当水质达不到要求时，应进行水处理。经过处理后仍达不到规定时，应在地下水与水源热泵机组之间加设中间换热器。对于腐蚀性及硬度高的水源，应设置抗腐蚀的不锈钢换热器或钛板换热器。当水温不能满足水源热泵机组使用要求时，可通过混水或设置中间换热器进行调节，以满足机组对温度的要求。

根据地下水的水质不同，可以采用相应的处理措施。

（1）除砂。地下水要经过水过滤器和除砂设备后再进入机组，目前多采用旋流除砂器，也可采用预沉淀池。前者初投资较高，后者较低，但采用开式水箱，氧气容易进入，加速设备的腐蚀。

（2）除铁。我国地下水的含铁量一般都超过允许值，因此在使用前要进行除铁。除铁的方法一直是供水工程的研究课题之一。曾采用曝气氧化法，但效果不够理想。现多使用除铁设备进行除铁，尽管初投资和管理费用增加，但效果很好。

（3）软化。目前供暖空调行业多采用软化水设备除去地下水中的钙、镁离子并将水软化以达到用水标准。

（4）较为常用的是加装换热器和对管道、阀门进行处理，推荐采用的是铜镍合金板式换热器，内外衬环氧树脂的管道合阀门、镀锌钢板、塑料以及玻璃纤维环氧树脂管材。当潜水泵采用双位控制时，应加设止回阀，以免停泵时水倒空，氧气进入系统腐蚀设备。一般不推荐采用化学处理，一是费用昂贵，二是会改变地下水水质。

7. 水源热泵系统的节能策略

地源热泵系统中热泵机组的选择、室外换热侧流量的确定均是基于设计工况下的，而对于全年来说，绝大部分时间不在设计工况下，即热泵机组绝大部分时间在部分负荷下运行，与机组的容量相对应的水侧环路（水泵）和风侧环路（风机）也不在额定工况下运行。为此，应采取一系列的节能、控制措施，减少系统的运行电耗，同时，达到保证室内舒适性的要求。

（1）水源侧和循环水侧采用变流量系统。

（2）冷凝热回收制备生活热水。

（3）蓄冷、蓄热。

（4）水侧节能器。

5.2.3　存在问题及解决措施

我国地源热泵工作者对地下水源热泵运行中出现的问题做了很多详细的调查和分析，主要有以下四类：回灌阻塞问题、腐蚀与水质问题、井水泵功耗过高和运行管理问题。

1. 回灌阻塞问题

地下水属于一种地质资源，如无可靠的回灌，将会引发严重的后果。地下水大量开采引起的地面沉降、地裂缝、地面塌陷等地质问题日渐显著。例如地下水的过度抽取引起的地面沉降，在我国浙江、江苏和整个华北平原，情况都仍然非常严重。比如西安市，地面沉降已经是较为突出的地质灾害之一。其形成发展的历史较长，波及范围广，并具有独特的活动特征。地面沉降的持续发展还加剧了西安市地面裂缝的活动，给西安市的市政设施及城市建设造成很大危害。西安市区地面沉降主要特征之一是地面沉降中心与承压水降落漏斗基本一致。受水文地质条件及井群分布等因素的影响，地面沉降中心与承压水降落漏斗基本对应，承压水水位下降大的地区，地面沉降量也相应的较大。西安市区地面沉降，主要是过量开采承压水引起水位大幅度下降导致开采层段地层失水压密造成的，其次是区域构造活动引起的沉降。研究表明，在过量开采承压水的情况下，不仅使含水砂层被挤压，减少孔隙度，排出含水层中的部分水量而产生压密；同时，承压水位的大幅度下降，也使砂层和黏性土层原有的水力平衡被破坏，黏性土层中的孔隙水压力逐渐降低，随着孔隙水的排出，一部分原来由孔隙水承担的上覆载荷转移到黏土颗粒的骨架上，黏土骨架承受的有效应力增加，使土层原有的结构被破坏，并重新组合排列造成土层压密。这种黏性土层的释水压密特征与含水砂层的释水压密特征不同，是不可逆变形，它是产生地面沉降的最主要原因。

地面沉降除了对地面的建筑设施产生破坏作用外，对于沿海临河地区还会产生海水倒灌、河床升高等其他环境问题。

对于地下水源热泵系统，若严格按照政府的要求实行地下水100%回灌到原含水层的话，总体来说地下水的供补是平衡的，局部的地下水位的变化也远小于没有回灌的情况，所以一般不会因抽灌地下水而产生地面沉降。但现在在国内的实际使用过程中，由于地质及成井工艺的问题，回灌堵塞问题时有发生，有可能出现地下水直接地表排放的情况。而一旦出现地质环境问题，往往是灾难性和无法恢复弥补的。

回灌井堵塞和溢出是大多数地下水源热泵系统都会出现的问题。回灌经验表明，真空回灌时，对于第四纪松散沉积层来说，颗粒细的含水层的回灌量一般为开采量的1/3～1/2，而颗粒粗的含水层则约为1/2～2/3。回灌井堵塞的原因和处理措施大致可以归纳为下面六种情况：

（1）悬浮物堵塞：注入水中的悬浮物含量过高会堵塞多孔介质的孔隙，从而使井的回灌能力不断减小直到无法回灌，这是回灌井堵塞中最常见的情况。因此通过预处理控制回灌井中悬浮物的含量是防止回灌井堵塞的首要方法。在回灌灰岩含水层的情况下，控制悬浮物在30mg/L以内是一个普遍认可的标准。

（2）微生物的生长：注入水中的或当地的微生物可能在适宜的条件下在回灌井周围迅速繁殖，形成一层生物膜堵塞介质孔隙，从而降低了含水层的导水能力。通过去除水中的有机质或者进行预消毒杀死微生物可以防止生物膜的形成。在采用氯进行消毒的情况下，典型的余氯值为1～5mg/L。

（3）化学沉淀：当注入水与含水层介质或地下水不相容时，可能会引起某些化学反应，这不仅可以形成化学沉淀堵塞水的回灌，甚至可能因新生成的化学物质而影响水质。在碳酸盐地区可以通过加酸来控制水的pH值，以防止化学沉淀的生成。

(4) 气泡阻塞：回灌入井时，在一定的流动情况下，水中可能挟带大量气泡，同时水中的溶解性气体可能因温度、压力的变化而释放出来。此外，也可能因生化反应而生成气体物质，最典型的如反硝化反应会生成氮气和氮氧化物。气泡的生成在潜水含水层中并不成问题，因为气泡可自行溢出；但在承压含水层中，除防止注入水挟带气泡之外，对其他原因产生的气体应进行特殊处理。

(5) 黏粒膨胀和扩散：这是报道最多的因化学反应产生的堵塞。具体原因是水中的离子和含水层中黏土颗粒上的阳离子发生交换，这种交换会导致黏粒的膨胀和扩散。由这种原因引起的堵塞，可以通过注入 $CaCl_2$ 等盐来解决。

(6) 含水层细颗粒重组：当回灌井又兼作抽水井时，反复的抽、回灌可能引起存在于井壁周围细颗粒介质的重组，这种堵塞一旦形成，则很难处理。因此在这种情况下，回灌井用作抽水井的频率不易太高。

2. 腐蚀与水质问题

现在国内地下水源热泵的地下水回路都不是严格意义上的密封系统，回灌过程中的回扬、水回路中产生的负压和沉砂池，都会使外界的空气与地下水接触，导致地下水氧化。地下水氧化会产生一系列的水文地质问题，如地质化学变化、地质生物变化。另外，目前国内的地下水回路材料基本不作严格的防腐处理，地下水经过系统后，水质也会受到一定影响。这些问题直接表现为管路系统中的管路、换热器和滤水管的生物结垢和无机物沉淀，造成系统效率的降低和井的堵塞。更可怕的是，这些现象也会在含水层中发生，对地下水质和含水层产生不利影响。

腐蚀和生锈是早期地下水源热泵遇到的普遍问题之一（地下水的水质是引起腐蚀的根源因素。因此，国内外学者对地下水的水质问题作了分析，对地下水水质的基本要求是：澄清、水质稳定、不腐蚀、不滋生微生物或生物、不结垢等）。地下水对水源热泵机组的有害成分有：铁、锰、钙、镁、二氧化碳、溶解氧、氯离子、酸碱度等。

(1) 腐蚀性：溶解氧对金属的腐蚀性随金属而异。对钢铁，溶解氧含量大则腐蚀速率增加；铜在淡水中的腐蚀速率较低，但当水中氧和二氧化碳含量高时，铜的腐蚀速率增加。水中游离二氧化碳的变化，主要影响碳酸盐结垢。但在缺氧的条件下，游离的二氧化碳会引起铜和钢的腐蚀。氯离子会加剧系统管道的局部腐蚀。

(2) 结垢：水中以正盐和碱式盐形式存在的钙、镁离子易在换热面上析出沉积，形成水垢，严重影响换热效果，即影响地下水源热泵机组的效率。地下水中的 Fe^{2+} 以胶体形式存在，Fe^{2+} 易在换热面上凝聚沉积，促使碳酸钙析出结晶，加剧水垢形成。而且 Fe^{2+} 遇到氧气发生氧化反应，生成 Fe^{3+}，在碱性条件下转化为呈絮状物的氢氧化铁沉积而阻塞管道，影响机组的正常运行。

(3) 混浊度与含砂量：地下水的混浊度高会在系统中形成沉积，阻塞管道，影响正常运行。地下水的含砂量高对机组、管道和阀门造成磨损，加快钢材等的腐蚀速度，严重影响机组的使用寿命，而且混浊度和含砂量高还会造成地下水回灌时含水层的阻塞，影响地下水的回灌，使回水量逐渐降低，影响供水系统的稳定性和使用寿命。为防止管井的堵塞主要采用回扬方法。所谓回扬即在回灌井中、开泵抽出水中的堵塞物，或采用倒井的方法。

当潜水泵采用双位控制时，应加设止回阀，以免停泵时水倒空，氧气进入系统腐蚀设备。一般不推荐采用化学处理，一是费用昂贵，二是会改变地下水水质。

地下水源热泵系统本身并不污染地下水，但凿井深度必须控制。北京市海淀区对地下水源热泵系统回灌下游水质跟踪检测三年多，未发现有污染和异常。欧洲、北美等地，已使用 20～30 年。只要严格控制凿井深度在浅表地层，严格禁止深入饮用水层以避免对饮用水的层间交叉污染，同时注意上层井管的止水，凿井对地下水的污染是能够避免的。

3. 井水泵功耗过高

井水泵的功耗在地下水源热泵系统能耗中占有很大的比重，在不良的设计中，井水泵的功耗可以占总能耗的 25%或更多，使系统整体性能系数降低，因此有必要对系统井水泵的选择和控制多加注意。

常用的潜水泵控制方法有：设置双限温度的双位控制、变频控制和多井台数控制。推荐采用变频控制。在设计时应根据抽水井数、系统形式和初投资综合选用适合的控制方式。

4. 运行管理

运行管理是任何一个暖通空调系统的重要组成部分，对于地下水源热泵这种特殊系统更是关键因素。在系统验收调试完成、交付使用前，应对运行管理人员进行培训。培训内容应该包括系统的运行原理、各种实际运行中可能出现的工况和操作方法等。

5.2.4 国内应用现状及评价

20 世纪 90 年代后期地源热泵系统在国内的应用逐渐增多，而近年来随着地下水资源保护问题受到越来越多的关注，各地均加强了地下水源热泵项目相关的取水审批许可，一些地区新建项目实际上已经不允许采用地下水源热泵系统。相应的，国内的研究工作也更多地向适用性研究和应用问题研究方面倾斜。

目前，主要集中在以下几个方面：

1. 模型及模拟研究

在地下水模型及模拟研究方面，目前主要以地下水作为研究对象，研究方向主要分为下列几个方面：

（1）对含水层的速度场和温度场进行数值模拟，研究在水源热泵长期运行的情况下，井间的相互影响、“热贯通”现象以及对长期运行效果的影响。

（2）研究井水与土壤之间的传热数学模型，对各种工况进行数值模拟，研究各种热源井结构、间距，不同运行方式以及不同地质条件对水源热泵运行的不同影响。

（3）研究回灌过程中渗流场的变化，分析影响回灌的一些关键因素。

以上的研究，对一些特定地质条件和特定工况下的水源热泵工程具有一定的指导意义。对某些因素对地下水源热泵系统的影响，可以进行一些定性的分析。

由于不同项目的地质条件千差万别，而且同一项目区域不同地点的地质条件也可能不尽相同，因此在建模的过程中需要对一些未知或复杂的条件进行简化，同时模拟结果的准确性也受到影响。因此在今后的研究中，需要形成较为准确和公认的数学模型。同时研究成果中需要对建模过程的一些边界条件设置和模型简化方法做出详细的阐述，并说明研究结论的适用条件和范围，以指导实际工程。

2. 适用性、节能及经济分析

地下水源热泵系统的适用性、节能性和经济性分析也是国内目前的研究热点。研究方向主要为：

（1）地下水源热泵系统与其他空调供暖方式的对比。

（2）不同地区的适用性研究。主要研究不同的气候条件、地下水条件下，地下水源热泵系统的适用性问题。

（3）改善地下水源热泵系统节能性与经济性的方法研究。

（4）系统模拟的基础上，以节能为目标，在设计阶段对系统进行优化配置，或对系统的运行调节进行优化控制。

以上的研究内容对特定条件下的系统适用性、节能性和经济性可以得到较为直观的结论，对因地制宜地推广地下水源热泵系统具有重要意义。同时，在今后的研究中，需要重点解决以下两方面的问题：

在经济性比较方面，需要客观分析各种因素对系统初投资、运行费用和环境效益的影响，进行全寿命周期评价。

研究内容需要更多的实测数据，尤其是动态实测数据来支撑。目前进行的各种节能效益比较和系统评估中，一般依据静态工况的测试数据（或设计工况下的额定效率）推算到全年。而实际上，系统的全年效率与控制系统的完善程度、机组和输配系统的调节性能等因素关系很大。

3. 城市适宜性评价和资源评价

研究城市地下水资源和地下水源热泵系统应用条件，采用层次分析法等评价方面开展城市适宜性分区评价，获得全国主要城市的地下水地源热泵系统适宜性分区成果。根据该研究成果，全国31个省市主要城市的总评价面积为16.8万km^2，其中地下水地源热泵系统适宜区面积2.5万km^2，占总评价面积的15%；较适宜区面积3.7万km^2，占总评价面积的22%；不适宜区面积10.6万km^2，占总评价面积的64%。比较适合应用地下水地源热泵系统的地区主要分布在我国的东部平原盆地及富水性较好的地区。不适宜建立地下水地源热泵系统的地区主要位于我国西部的缺水区域以及部分炎热、寒冷的区域。

4. 地下水源热泵长期动态监测研究

为保证地下水资源的可持续利用及热泵系统高效能运行，基于采灌系统的水动力场、地温场和水化学特征的动态监测系统至关重要。监测内容包括：监测抽水井、回灌井水位和水温、水质变化情况；含水层和隔水层的地温变化情况。在长期动态监测的基础上，研究地下水地源热泵系统在运行时对抽、灌水源井周围温度场变化情况，采、灌水源井相互影响情况以及水质变化等，研究评价地下水源热泵系统的运行效果和地质环境影响。

5. 施工存在问题

（1）地下水资源保护问题

在地下水的各种资源属性中，作为饮用水或灌溉水的水源是首要的。地下水源热泵的设计首先要保证充分回灌，避免耗费地下水的水量。单井回灌率不仅与回灌方式、抽灌井距离、井孔结构和地下水背景埋深等因素有关，而且往往具有随时间衰减的趋势。对于回灌方式，真空回灌或自流回灌适用于地下水埋深较大的情况。回灌能力随时间下降的原因主要是井壁和井周含水层发生堵塞。施工填料、井孔管材的腐蚀、井壁微生物繁殖、加酸洗井等过程可能把一些降低水质的化学物质带入地下水。

（2）热短路问题

抽水井周围地下水温度的稳定性是维持地下水源热泵效能的关键，它应该与地表环境温度保持较大的温差。矛盾之处在于，回灌行为不可避免地会抬高或降低回灌井周围的地下水温度，这种温度的变化将随着时间的推移扩展到抽水井周围，可能在热泵运行期间导致“热短路”。抽灌井的温差如果小于5℃，地下水源热泵的效能将大大降低，可以作为判断热短路的参考依据。

因此，地下水源热泵的设计需要将回灌井对抽灌井的温度影响减小到可接受的水平。抽灌井之间温度场的形式主要存在三种物理机制：①对流传热，即地下水流动时携带热质一起迁移；②弥散传热，即地下水流速微观不均匀性引起热质的水动力学弥散；③直接热传导，通过含水层介质颗粒与地下水的分子振动传热，满足傅里叶定律。

（3）岩土层形变问题

地下水源热泵的运行也可能导致不均匀的地面沉降。贮存浅层地下水的含水层往往是松散的、未固定或弱固结的第四纪沉积物，作为热泵目标层的砂层通常夹在黏性土层之间，砂层内部也时常含有黏性土夹层。

（4）地下冷热岛效应

人类可以把地表高温环境或低温环境部分转移到地下岩土层这样的“保温箱”中，从而使建筑物室内保持舒适温度。地下岩土层贮存热量的能力也是有限的，如果长期的、大规模的、大范围的把地表热环境转移到地下，可以使地下环境显著偏离原有的平衡状态，局部地下空间越来越热形成热岛，或越来越冷形成冷岛。在绝大多数地区，建筑物的夏季冷负荷与冬季的热负荷需求并不平衡。若一个年周期内输入地下的热量过多，地下空间的年平均温度将逐渐升高，产生热岛效应；否则产生冷岛效应。

近年来地下水资源严重紧缺，同时由于地下水回灌过程中，存在地表凹陷及水质污染，且地下水源施工过程中，步骤较为繁琐，评估过程中存在不确定性，考虑环境等综合效益，地下水源热泵系统逐年减少。

5.3 地表水源热泵系统

5.3.1 江、河、湖水源热泵系统

5.3.1.1 基本原理与分类

地表水源热泵系统（SWHPs，Surface Water Heat Pumps system）是地源热泵的一种系统方式。它是利用地球表面水源，如河流、湖泊或水池中的低温低位热能资源，并采用热泵原理，通过少量的高位电能输入，实现低位热能向高位热能转移的一种技术。如果建筑附近有可利用的海、河流、湖泊或水池等水体，地表水源热泵系统可能是最具有节能优点而又最经济的系统。图5-25为一典型的利用池塘水换热的地表水源热泵系统。地表水水源包括江水、湖水、海水、水库水、工业废水、污水处理厂排出的达到国家排放标准的废水、热电厂冷却水等。海水是一种特殊的地表水体，热泵以其作为低位冷热源，可以称为海水源热泵。由于涉及海水特有的物理性质，在5.3.2节中有详细的介绍。一些污水实际也是一种特殊的地表水，热泵以其作为低位冷热源，可以称为污水源热泵。同样由于涉及与其他地表水物性的不同，5.3.3节中有详细的介绍。

与地表水进行热交换的地源热泵系统，根据传热介质是否与大气相通，分为开式和闭

图 5-25　利用池塘水换热的地表水源热泵系统

式系统两种。

地表水经处理直接流经水源热泵机组或通过中间换热器进行热交换的系统称为开式系统。其中，地表水经处理后直接流经水源热泵机组的称为开式直接连接系统；地表水通过中间换热器进行热交换的系统称为开式间接连接系统。开式直连系统适用于地表水水质较好的工程，一般需要进行除沙、除藻、除悬浮物等处理。

将封闭的换热盘管按照特定的排列方法放入具有一定深度的地表水体中，传热介质通过换热管管壁与地表水进行热交换的系统称为闭式系统。闭式系统将地表水与管路内的循环水相隔离，保证了地表水的水质不影响管路系统，防止了管路系统的阻塞，也省掉了额外的地表水处理过程，但换热管外表面有可能会因地表水水质状况产生不同程度的污垢沉积，而影响换热效率。换热盘管型式包括松散盘卷式（或螺旋盘管）、排圈式、U形管、毛细管等多种，如图 5-26 所示。

(*a*)

(*b*)

(*c*)

图 5-26　换热盘管换热盘管

在冬季气温较寒冷的地区，为了防止制热时循环介质冻结，一般采用防冻液作为循环介质。闭式系统同开式系统相比一般水泵能耗较小。由于换热盘管的安装较为繁琐，因此应用项目规模一般较小。

地表水相对于室外空气来说，一般温度波动小，是很好的低位热源。原则上，只要地表水冬季不结冰，均可作为冬季低位热源使用。利用地表水作为地源热泵系统的低位热源时，应注意以下几个关键问题：

（1）应掌握水源温度的长期变化规律，根据不同的水源条件和温度变化情况，进行详细的水源侧换热计算，采用不同的换热方式和系统配置。

（2）系统设计时注意对水质的要求及处理，防止出现换热、管路的腐蚀等问题。同时要考虑长期运行时换热效率下降对系统的影响。

（3）拟建空调建筑与水源的距离。

（4）应注意地表水源热泵系统长期运行后对河流、湖泊等水源的环境影响。

地表水源热泵系统在国外出现较早，20 世纪 30、40 年代开始就出现了成功的工程应用。

1939 年，瑞士就出现了以河水做为低位热源的 175kW 的热泵系统。目前，在欧美地表水系统也有一定应用。如加拿大的多伦多市投资 1.7 亿美元兴建湖水源热泵系统，利用安大略湖深层湖水进行集中供冷。美国康奈尔大学建成了深层湖水建成的集中供冷系统，为校区提供约 63000kW 的冷量，取代了原有的制冷机。类似的工程还有伦敦皇家音乐厅、苏黎世联邦工艺学院及日本东京箱崎地区区域供冷供热工程等。图 5-27 所示的是位于美国印第安纳州的一个 150kW 的小型地表水换热器的安装现场照片，该工程使用浅溏水作为低位热源，采用高密度聚乙烯换热管。

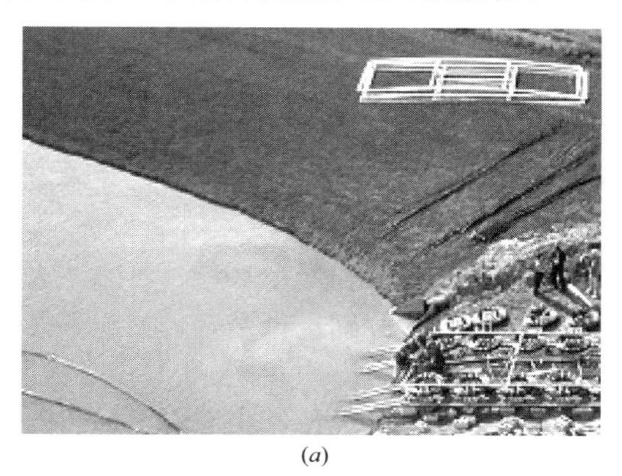
(a)

(b)

图 5-27 印第安纳州某地表水换热器安装现场

在我国，地表水源热泵系统在近十几年得到了越来越多的工程应用，系统型式大部分为直连或间连的开式系统。早期项目的供能规模多在 10 万 m^2 以内，例如贵阳花溪宾馆采用的地表水（花溪河水）源热泵系统（总热负荷为 1953kW）；浙江建德月亮湾大酒店采用千岛湖下游的新安江水作为低位冷热源，为 4 万 m^2 的酒店供冷供热；东莞三正半山大酒店地表水（湖水）源热泵系统。其中，闭式系统也在少数的工程项目中进行了尝试，如南京青龙山生态园的湖水源热泵系统，水下换热盘管长度为 15000m；世博中心采用江水源热泵系统，水下换热盘管长度为 125000m。

近几年来，国内地表水源热泵系统工程有明显的大型化趋势，出现了一些供能规模在几十万乃至几百万平方米的大型和超大型地表水源热泵项目。例如：贵阳未来方舟 1、2 号能源站采用南明河作为热泵系统的低位冷、热源，供能规模近 300 万 m^2；长沙滨江新城 B 区项目由江水源热泵系统集中供冷供热，区域供能面积约 210 万 m^2；重庆江北嘴 CBD 项目利用嘉陵江水作为低位冷热源，完全以地表水源热泵系统为当地 300 万 m^2 的各类公共建筑服务；上海国际航运服务中心地表水源热泵服务面积达到了 53 万 m^2；南京江北新区的地表水源热泵项目，其规划应用规模达到了 1500 万 m^2。

我国地表水资源丰富，很多需要供暖和空调的建筑物周围都存在着可利用的地表水体，因此地表水源热泵系统具有较为广泛的应用前景。

5.3.1.2 技术要点

1. 工程勘察

地表水源热泵系统方案设计前，应对工程场区地表水源的水文状况进行勘察。只要项目地点附近有大量地表水源，就应该把它作为系统可能的冷、热源进行调查研究。

地表水源热泵系统勘察应包括以下内容：

（1）地表水水源性质、水面用途、深度、面积及其分布。

（2）不同深度的地表水水温、水位。

（3）地表水流速和流量。

（4）地表水水质。

（5）地表水利用现状。

（6）地表水取水和回水的适宜地点及路线。

地表水的水温受气候影响较大，全年处于波动状态。掌握地表水的水温变化规律是实施地表水源热泵系统的前提。地表水水温的勘察应包括近年的极端最高和最低水温，同时掌握全年水温变化曲线也很重要。对于水位较深的静水体，还应对冬季和夏季不同深度的水温进行现场测试。根据勘察结果，可以初步判断地表水源长期的温度变化范围是否在系统允许的范围内。另外，应根据吸热量和排热量计算水温降低或提高的数值，并确定是否在能够接受的范围内，是否对水源中的生态环境造成影响。

地表水水位及流量勘察应包括近年最高和最低水位及最大和最小水量。对流入水体的水源温度也应进行勘察，不同的流入水源可能温度不同，应分别进行勘察，如地下泉水的流入、河水的流入、人工水源的流入等。

当采用开式系统时，对于流动水体，由于不存在水温分层现象，决定取水标高的关键参数是冬季估水位的标高，而洪水位是决定取水泵房安全性的主要指标。对于滞留水体，由于存在热短路的现象，因此地表水取水与回水的路线需要确定适宜的地点。而对于流动水体，通常的方案是上游取水、下游排水，单一项目不会出现热短路现象，但需要考虑的是排水温度对水体温度的影响，特别是国家规定的鱼类等珍惜水产资源保护场地，一般不允许排入温度变化的尾水。

地表水水质勘察应包括：引起腐蚀与结垢的主要化学成分，地表水源中含有的水生物、细菌类、固体含量及盐碱量等。

地表水源热泵系统勘察结束后应提交地表水水文勘察报告，报告中除提供上述勘察结果，还应对地表水源热泵系统设计方案提供建议。建议应包括以下内容：

（1）取水方式和回水方式。

（2）取水口和回水口位置。

（3）供水管和回水管网分布及埋深。

（4）水处理方式和处理设备。

2. 水温变化特点及换热能力

（1）换热过程

地表淡水与外界的热交换主要通过太阳辐射、天空辐射、与空气的对流换热、蒸发、与大地的热传导以及水源流入流出带走的热量。图5-28为地表水传热过程示意图。

其中，太阳辐射得热占有很大比重，可以达到950W/m²，它主要被水体上部分吸收。大约40%的太阳辐射在表面被吸收，其余能量的大约93%在人眼可见的深度内被吸收。当湖面比空气温度低时，热量通过对流换热传递到湖水中。风速的增加会使湖水的对流换热量增加，但通过对流传热的得热非常小，通常最大只相当于太阳辐射得热的10%～20%。湖水的冷却主要通过表面蒸发完成。风速对蒸发换热量的大小有很大的影响。因为温差相对较小，对流得热或散热在夏季只占一小部分。在晴朗的夜晚，温度相对较高的水

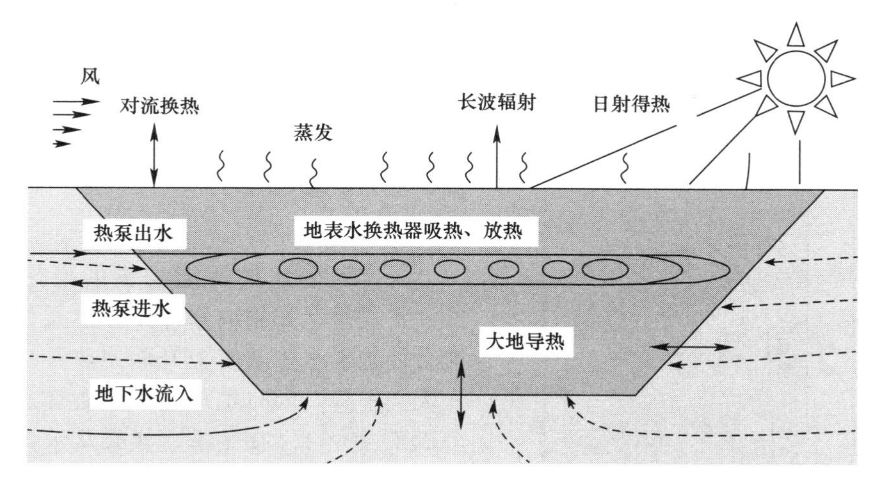

图 5-28 地表水传热过程示意图

体表面将向温度较低的天空进行辐射传热，这部分热量在水体冷却中占有不少的比例，比如当温差达到 14℃时，将有 160W/m^2 的热量通过辐射传递出去。最后一项热传递是通过大地导热的热量，它所占的比例并不大。

（2）水源流入对水体温度的影响

很多的地表淡水如江水、河水等，具有很大流量的水源注入，此类地表水温度在很大程度上取决于水源温度。一般当水体每日吞吐量超过水体总容体积的 2 倍时，可以认为水体平均温度与本地传热过程关系不大。

地表水的水源包括地下泉水的流入、河水的流入、人工水源的流入以及雨水的汇入等。水源的流入一般对提高水体冬季温度和降低夏季温度是有利的，因此可以不同程度地提高水源热泵系统的换热能力。例如有泉水注入时，由于地下水温度与当地年平均温度接近，因此可以有效地增加水体温度的惰性，减小气象条件变化对水体温度的影响。

（3）分层对水体竖向温度分布的影响

当地表水体达到一定深度时，会产生明显的分层现象。水在 4℃时的密度是最大的，而并非冰点 0℃。这种物理现象是使地表水体产生温度分层的原因。温度分层对提高水源热泵系统效率一般是有利的。因为在夏天需要向地表水体排热时，水体底部温度低于整个水体的温度平均值；而冬季需要从水体中吸热时，水体底部温度一般高于平均值。

在冬季，水体表面的温度较低，并可能冻结，而底层温度较表面可能高出 3～5℃。水体的竖向温度场趋于稳定，进入所谓“冬季停滞区”。春季，水体表面温度升高，当超过 4℃时，表面和底层由于密度差而产生对流循环，这使得整个水体的温度变得相对平均。随着温度的上升，循环只在水体的上部分进行，这种过程一直持续到整个夏季。水体上部受气候的影响较大，不断进行着吸热放热的过程。这些传热过程和水体循环一般不能穿透到底部，而大地导热量相对较小，所以水体底部维持相对较低的温度。这样水体上部可能达到 21～32℃，底部则可能维持在 4～13℃，而在中部较小的深度范围内形成一个斜温层。这时水体达到了比较稳定的竖向温度分布状态，称为“夏季停滞区”。随着秋季和冬季的来临，水体上部温度逐渐降低，整个水体不断进行着因密度差产生的循环，一直到进入“冬季停滞区”。图 5-29 反映了理想的四季中温度—深度变化曲线。

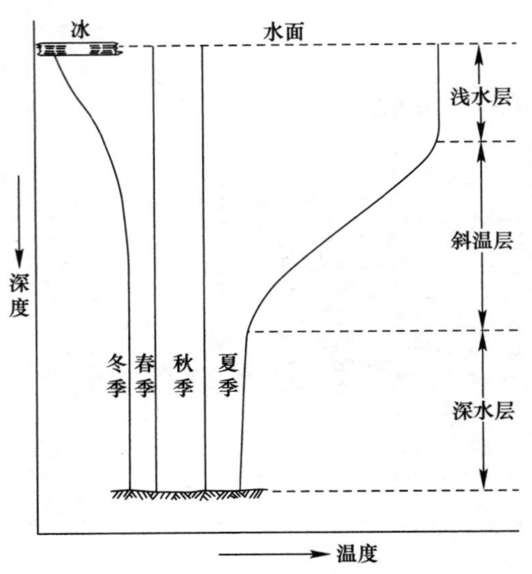

图5-29　理想的四季中温度—深度变化曲线

很多湖水的温度分层情况与理想状况非常接近。而造成与理想分层状态差异的因素主要包括：流入流出水体的影响；深度较小；水体内的波动；风力的扰动；冬季气温较高而达不到“冬季停滞区”。

（4）换热能力

一定地表水体所能提供的换热量是有限的。在夏季，如果向水体中排出过量的热，可能会使地表水体温度上升而使热泵机组的能效比大大下降，同时也可能由过破坏水体生态环境而不被允许。在冬季，如果从水体中吸收过多的热量，将使水体温度下降而低于所要求的工作温度甚至结冰。

因此，需要掌握热泵系统的取热量与水体温度的变化关系，并校核在满足系统所需要换热负荷的条件下，水体的温度变化是否在允许的范围内，这样才能保证所设计的系统能够正常运行。在进行地表水体的换热能力计算应按以下步骤进行：

① 根据勘察结果确定水体的最高、高低温度，体积、水源流量深度等参数。

② 根据环境影响评价，确定所允许的水体最高温度和最低温度。

③ 根据可利用的温差，采用动态模拟法或参考工程经验数据，计算水体可承担的散热、取热负荷的大小。

④ 计算（或估算）水源流入及水体分层对换热能力的影响。

图5-30和表5-11是一个采用模拟计算的实例结果（采用TRNSTS16）。实例是按照某建筑的供暖和空调负荷分布趋势，通过动态模拟，计算的单位表面积地表水体在最大取热负荷为0、120W/m²、240W/m²、360W/m²，最大散热负荷为0、150W/m²、300W/m²、450W/m²的条件下，水体平均温度（地点广州，深度4m，无大量水源流入）的全年变

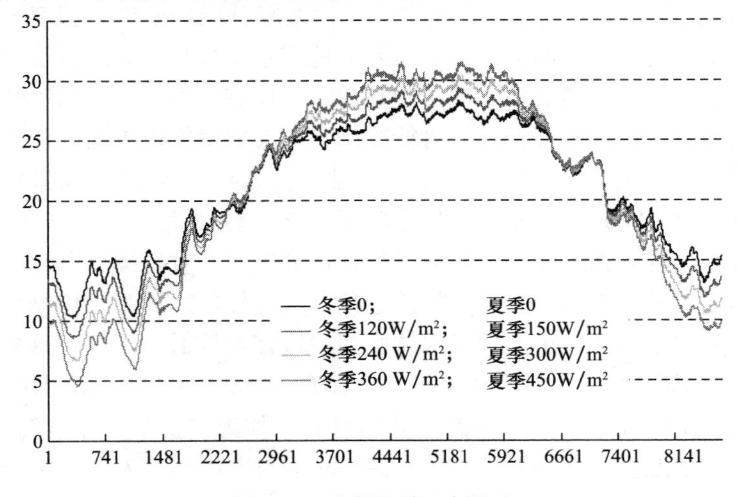

图5-30　模拟计算实例曲线

化情况（本实例中，取热、散热热负荷随建筑冷、热负荷逐时变化，年平均取热负荷和散热负荷约为最大负荷的2倍）。可以看出，夏季在300W/m^{2}的设计散热负荷下，水体平均温度最高升高了2.2℃左右；冬季在240W/m^{2}的取热负荷下，水体平均温度的最低下降了近3.5℃。

模拟计算的实际数据 **表5-11**

夏季	设计放热负荷（W/m^2）	0	150	300	450
	水体最高温度（℃）	28.37	29.42	30.52	31.62
	水体温度升高值（℃）	0	1.05	2.15	3.25
冬季	设计取热负荷（W/m^2）	0	120	240	360
	水体最低温度（℃）	10.19	8.51	6.61	4.52
	水体温度降低值（℃）	0	1.68	3.58	5.67

以上实例未计算流入水源及水体分层的影响，当考虑这两项后，地表水体的换热能力还可显著提高。例如当地表水为深度超过9m且温度分层明显的深水体时，有资料表明其冬季换热量的推荐值最大可达到690W/m^2。

在地埋管或地下水源热泵系统中，系统长年运行时可能会由于取热量的季节不平衡而使土壤温度或地下水源温度产生逐年变化，而恶化换热工况和影响系统的运行寿命。但一般来说，对地表水系统不需要要考虑这个问题。这是因为地表水体与外界环境换热相对频繁，受气象条件的影响较大。从长时间来讲，一般均可以消除季节性的换热不平衡的影响。

3. 闭式地表水源热泵系统

(1) 闭式系统的特点

将封闭的换热盘管按照特定的排列方法放入具有一定深度的地表水体中，传热介质通过换热管管壁与地表水进行热交换的系统称为闭式系统。闭式系统主要具有下列优点：

① 闭式系统将地表水与管路内的循环水相隔离，保证了地表水的水质不影响管路系统，防止了管路系统的阻塞，也省掉了额外的地表水水处理过程。

② 由于不必考虑从取水点到热泵机组的高度水头，闭式系统一般可以有效降低源侧泵耗。

同时闭式系统的缺点也很明显：

① 与开式直连的系统相比，冬季源侧水温会降低2～7℃，热泵机组效率会有所下降。

② 换热盘管置于水体内，有被损坏的危险。

③ 当水体流动性较差、换热盘管安装在水体底部时，盘管上容易产生污垢和水生物沉积，影响换热效率。

(2) 换热盘管管材

闭式系统换热盘管的管材，目前多采用高密度聚乙烯（PE3408），连接形式为热熔连接或插接。管材应该具有抗紫外线辐射能力，尤其是在靠近水面的位置安装时，PE3408黑色管道含有少量的碳黑成分，有很强的抗紫外线辐射能力，能够在室外露天存放或使用。聚氯乙烯（PVC）管材不宜在闭式系统中采用。

铜管也是可选择的换热盘管管材，在国外有成功的应用。由于铜管的传热性能较好，管道长度可以降低到PE管的1/3～1/4，但铜管的耐用性不如PE管。另外，污垢和水生物沉积对铜管的换热影响比较大。

(3) 盘管换热器的设计

盘管换热器在水体中的布置有两种主要型式：松散盘卷式和排圈式。

在深度较大或流速较大的水体中宜采用松散盘卷式，其布置如图 5-31 (*a*) 所示。一般将工厂生产的成捆管材拆散后，重新捆绑为松散盘卷，并在底部系以重物。重物可以由填充碎石的废旧轮胎构成，填充碎石的量应以能将盘卷沉入水体为准。闭式换热器的安装，同时也要考虑当换热器存在问题以及检修过程需要通过放水的形式使换热器利用自身浮力浮出水面。

在深度较小或流速较小的水体中宜采用排圈式，其布置如图 5-31 (*b*) 所示。这种形式在流动性差的水体中可以防止形成局部过热点或过冷点，单位长度的换热量也比松散排圈式大一些，但安装难度稍大。

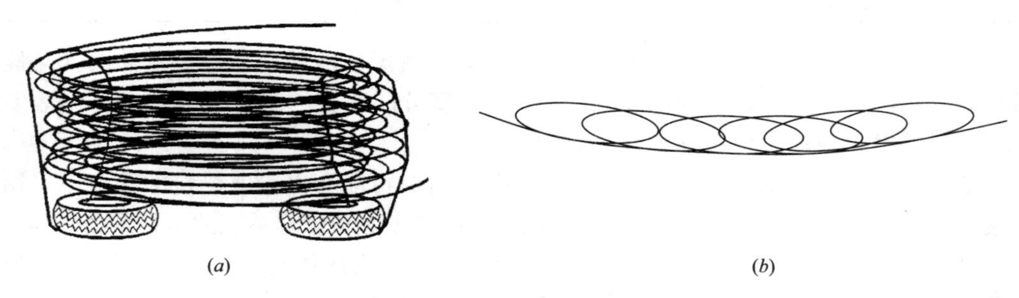

图 5-31 盘管换热器布置形式

(*a*) 松散盘管式；(*b*) 排圈式

地表水换热盘管的换热量应满足系统设计最大吸热量或释热量的需要。闭式系统换热盘管的总长度可以按照换热器的设计出水温度和水体温度的差值，参考图 5-32 的曲线选取。图中给出的曲线是基于管内紊流流动状态得出的 ($Re>3000$)。表 5-12 给出了保证不同流体紊流流动状态的最小流量。

当机房距离水体较远或水体分层较明显时，还应考虑总管上的温降（或温升）对机组的进水温度进行修正。

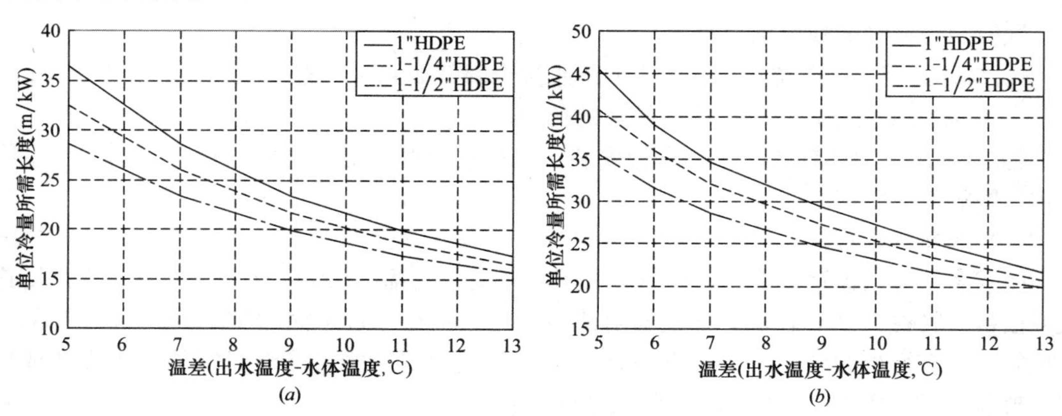

图 5-32 选取曲线（一）

(*a*) 排圈式单位冷量所需的盘管长度曲线；(*b*) 松散盘卷式单位冷量所需的盘管长度曲

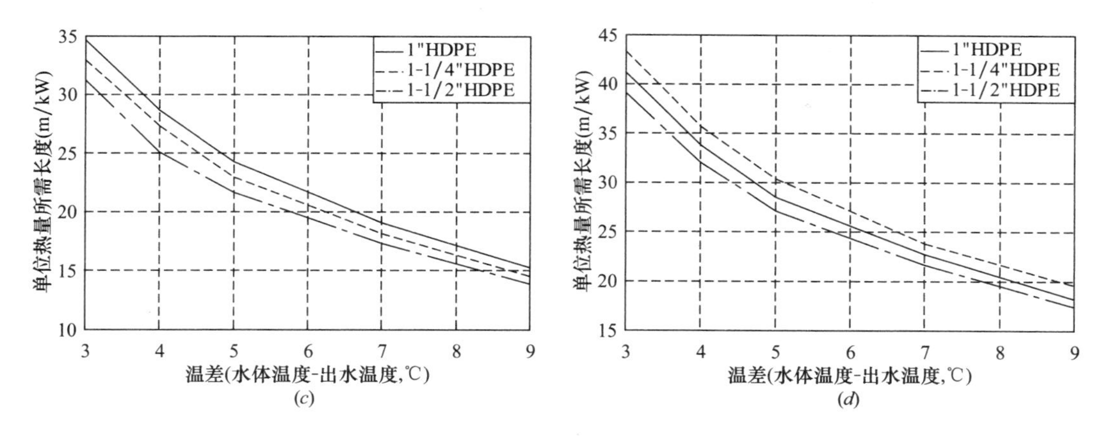

图 5-32 选取曲线（二）

（c）排圈式单位热量所需的盘管长度曲线；（d）松散盘卷式单位热量所需的盘管长度曲

保证不同流体紊流流动状态的最小流量（m^3/h） **表 5-12**

流体	−1.1℃				10℃			
	管径				管径			
	3/4″	1″	11/4″	11/2″	3/4″	1″	11/4″	11/2″
20%乙醇	0.86	1.09	1.36	1.57	0.59	0.73	0.91	1.04
20%乙二醇	0.57	0.70	0.89	1.02	0.41	0.50	0.64	0.70
20%甲醇	0.66	0.82	1.02	1.18	0.45	0.57	0.70	0.79
20%乙二醇	0.77	0.95	1.23	1.39	0.52	0.64	0.82	0.93
水	—	—	—	—	0.25	0.32	0.39	0.45

确定了换热盘管的总长度后，要开始设计换热盘管的构造和流程，即需要使用多少等长的盘管（环路数量），怎样把盘管分组连接到环路集管上，以及根据现有水体如何布置环路集管（图 5-33）。设计原则如下：

① 将计算得到的盘管总长度按单个盘卷或排圈的管长，分成等长的换热环路。

② 一般将每 10 个盘卷或排圈宜为一组，并联连接到环路集管。

③ 同一集管内的盘管连接应同程布置。

④ 每个环路集管中，环路数量相同，以保证流量平衡和环路集管管径相同。

⑤ 环路集管布置应与现有水体形状相适应，并使环路集管最短。

4. 开式地表水源热泵系统

开式地表水系统是我国大部分地表水系统所采用的形式。由于需要克服取水点到热泵机组的高度水头，开式系统的源侧泵耗可能较大。在进行系统设计前，应考虑系统的综合效率，如泵耗过大则不宜采用开式系统。在江、河等流动水体取水时，应取得有关部门的同意，并进行必要的资源环境评价。

（1）水温和水量

开式地表水系统所需水温和水量，一般也是按设计冷、热负荷以及热泵机组的 *COP* 进行计算确定。其中，系统最大取水量一般应小于水体流量的 20%，应重点考察枯水季水体的流量，并应保证不影响城镇供水及其他主要用途的取水要求。

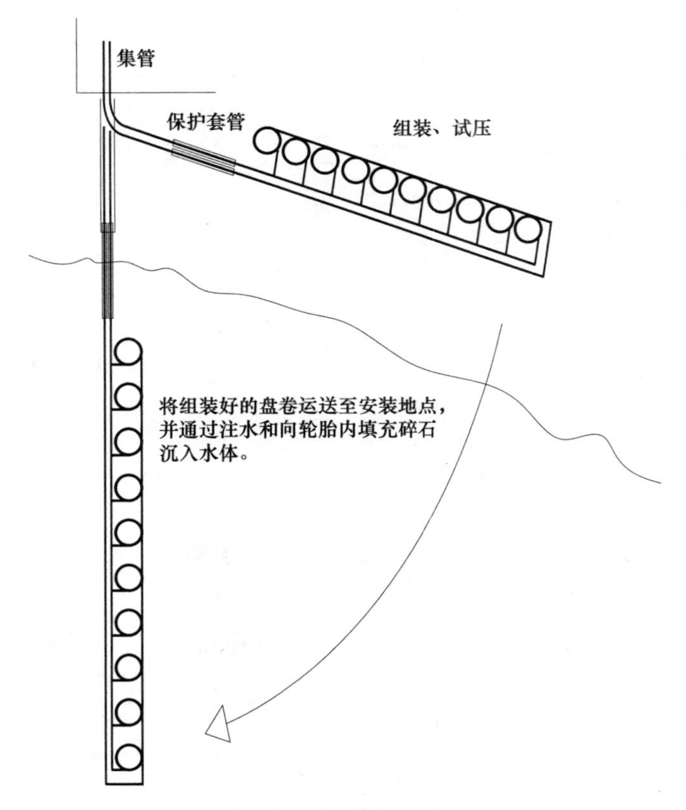

图5-33　换热盘管布置

地表水相对于室外空气来说，温度波动小，是较好的低位冷、热源。但相对于地下水或地埋管系统，温度受气候影响大。对于河水直接进入热泵机组的系统，一般最低进水温最低要求为7℃左右，通过蒸发器侧的特殊措施，少部分厂家热泵机组可适应不低于5℃左右的进水温度。我国大部分地区水体的冬季极端水温都低于7℃，因此如按极端温度设计开式地表水系统将受到很大限制。此时可采用中间换热器，并在二次侧充注防冻液，可进一步降低取、退水温度。近年，甚至有项目参考冰晶式冰蓄冷系统的做法，采用一次侧主动相变方式，即排放水为冰晶并提取了部分相变潜热，取得了不错的效果。

另外，对于非强制供暖地区，由于极端水温出现极少，在设计时也可以考虑平时工况和极端工况两种情况，平时工况从节能角度进行设计，覆盖全年绝大多数供暖时段；极端工况时采用其他辅助热源的方式解决。

（2）水质要求和水处理

当采用开式系统时，从保障水源热泵机组正常运行的角度，地表水应尽可能不直接进入水源热泵机组，即宜采用开式间接连接的地表水源热泵系统。直接进入水源热泵机组的地表水水质一般应符合以下规定：含砂量小于1/200000，pH值为6.5～8.5，CaO小于200mg/L，矿化度小于3g/L，Cl^-小于100mg/L，SO_4^{2-}小于200mg/L，Fe^{2+}小于1mg/L，H_2S小于0.5mg/L。

除以上要求外，还应满足选用的热泵机组设备的要求，当水质达不到要求时，应进行水处理，地表水经过处理后仍达不到规定时，应在地表水与水源热泵机组之间加设中间换热器。换热器的选择宜进行技术经济比较。一般宜采用换热管束为内光外肋合金管的壳管式换热器，对于腐蚀性及硬度高的水源，应设置抗腐蚀的不锈钢换热器或钛板换热器。

开式地表水换热系统源水侧应采取有效的除砂、过滤、灭藻等水处理措施。水处理应采用物理处理方式。水处理方式不得对地表水水体造成污染。换热系统的过滤器宜设置连续反冲排污功能，过滤器目数应按水体的杂质粒径确定。

（3）取退水

取水相关设计可以参考《室外给水设计规范》GB 50013 的相关条款进行设计，但应与地表水水源热泵系统相适应，并考虑节能优化调控措施。

开式地表水换热系统取水口应选择水温较佳、水质较好的位置，且于排水口的上游并远离排水口，应避免取水与排水短路。取水口（或取水口附近一定范围）应设置污物初过滤装置且应有便于清洗的措施。

取水口一般应设置在水体的底部，通过水泵抽取至热泵机房内，经热泵机组或中间换热器换热后排至水体。取水构筑物和回水构筑物设计可按《室外给水设计规范》GB 50013 进行。

取水构筑物的型式应根据取水量和水质要求，结合河床或水体的地形及地质、河床冲淤、水深及水位变幅、泥沙及漂浮物、航运、沿岸景观和施工工期要求等因素以及施工条件，在保证安全可靠的前提下，通过技术经济比较确定。江河水河床式取水构物宜选用具有较高除沙能力的防堵取水头部。

地表水水源热泵系统的退水管应与取水管相隔离。退水点应设置在取水点的下游。退水单独直接排放时一般应设置一定的消能措施，当工程规模较大时，宜设置多点排水。地表水水源热泵系统的排放水设置应按相关要求，进行生态环境影响评估。

5.3.1.3 存在问题及解决措施

地表水源热泵作为一种新型的制冷供暖方式，从技术的角度，尤其是热泵机组的角度上看应当是相当成熟的。但考虑到中国的国情，以及将地表水源热泵制冷供暖作为一个整体的系统来推广应用时，还是存在一些问题：

1. 水体参数

利用地表水源时，要了解地源热泵系统设计的基础资料。要在当地完成对工程所在地的水深、水温、水体容量、水质、水流情况等原始资料的采集，并保证这些资料的有效性和正确性，根据这些资料进行分析研究。目前全国范围内比较大的水系水体都有长年的水文资料参数，但在地表水源热泵系统所关注的极端水温、连续水温变化以及水质等方面还比较缺乏。

当进行地表水源热泵系统项目的可研性研究时，则需要进行全面水体资料调查和测试，增加了成本和项目周期。针对此问题，应整合目前已有的水体数据和水文资料，完善我国和各地方的地表水资料数据库。

2. 水质

目前地表水源热泵工程水质方面呈现较多的问题是由于水质引起的热泵换热器堵塞等问题。由于细泥沙对换热器换热存在影响，主要的水质处理方式有两种：取水头部处理和过滤设施以及增加额外的机组清洗设备。若水质通常较好，可以采用在带清洗装置的取水头部进行一次粗过滤，然后再通过旋砂出流器等去除泥沙。另外一种方式就是利用清洗球和清洗毛刷完成对热泵冷凝器或蒸发器的清洗。

不同地表水水体的水质相差很大，因此需要在项目前期进行针对性的水质分析，在制定水处理方案时，既要保证系统长时间的稳定可靠运行，又要符合项目经济技术要求。

3. 对水体的生态影响

湖泊水、河川水等自然水体经升温或降温后在排回水源当中，必然会或多或少的影响水体的生态系统。现有的环境影响评价主要根据《地表水环境质量标准》GB 3838 中“夏季周平均最大温升不大于 1℃，冬季周平均最大温降不大于 2℃”的指标进行环境影响评价。实际上，环境影响的各类指标之间存在相互耦合影响的复杂关系，需要进一步开展地表水体热扩散迁移问题的研究。对排放一定热（冷）量的热扩散迁移问题进行分析，确定扩散范围及程度，并分析造成这种扩散的主要影响因素，进而指导今后地表水源热泵空调系统的设计，减少对水体生态环境的影响。

5.3.1.4 国内应用研究现状

地表水地源热泵系统的应用在我国发展迅速，近年国内地表水源热泵的研究主要集中以下几方面进行：

（1）工程应用研究。主要围绕工程应用问题开展相关研究，包括新型系统形式、换热方式、取水方式、水处理和系统配置等方面。这方面的研究随着近几年国内工程应用的迅速发展而日渐丰富。例如，前述的源侧相变的地表水热泵系统或“冰源热泵”系统的研究，大口径渗滤取水等取水工艺的研究，有温排水或其他余热资源的地表水源热泵系统等。

（2）对滞留水体、流动水体的水温模型进行完善与预测。实际上，从国家“十一五”国家科技支撑计划课题“水源地源热泵高效应用关键技术研究与示范”的开始阶段，就已经有较多的学者开始对水温模型进行研究。目前的研究是在前期研究的成果上如何提高模型的精细度以及准确度，从而为准确获得水温资料进行项目全寿命周期的分析。

（3）部分研究者集中在如何降低取水能耗的研究上。由于取水能耗控制是地表水源热泵系统能效提升的关键技术措施，因此，部分学者采用取水泵变频控制以及台数控制来保证取水能耗的降低。在此问题的研究上，同时也涉及机组在低流量下的性能稳定性的相关研究。

（4）较多的学者与工程技术人员主要集中在具体项目的系统能效分析上。由于从国家“十一五”开始，推动对可再生能源的利用，各地均存在较多的地表水源热泵项目。这些项目均采用了不同的形式，这为目前地表水源热泵的实施提供了较多的有利条件以及参考案例。因此，从应用角度讲，地表水源热泵已经逐渐从示范阶段走向成熟应用阶段。由于各自工程的具体情况不同，没有统一的系统形式。因此，现有的大量研究仅仅是具体项目的分析成果。对于地表水源热泵系统研究的基础问题在“十一五”和“十二五”期间基本都得到了较好的解决。水源条件较好的地区，利用地表水源热泵建立能源站，为区域供冷集中供冷、供热服务，已逐渐形成规模效应。因此到目前的阶段，实际是完全进入到成熟期的应用阶段。

5.3.2 海水源热泵系统

海洋是一个巨大的可再生能源库，进入海洋中的太阳辐射能除一部分转变为海流的动能外，更多的是以热能的形式储存在海水中，而且海水的热容量又比较大，为 3996kJ/(m^3・℃)，而空气只有 1.28kJ/(m^3・℃)，非常适合作为冷、热源使用。把海洋作为一种冷、热资源，能量是取之不尽的，可再生的。我国海岸线较长，一些沿海城市具有很好地利用海水源热泵系统的条件。利用海水源热泵为建筑提供冷、热源，以节约能源，减小污染，既具有高科技成果应用的现实经济意义，又具有长远的节约型社会发展进步的意义。海水源热泵还可以与海水养殖业相结合，为沿海养殖户在“煤改电”过程中提供最优的替代冷热源，保证养殖和育苗成功率，提升现代海洋产业经济效益。

5.3.2.1 海水源热泵原理与分类

目前海水资源在暖通空调上的应用主要有两种形式，一种叫海水源热泵（Seawater source heat pump，SWHP）；另一种叫深水冷源系统（Deep water source cooling，DWSC）。两种方式在工作原理、系统组成和需要海水条件等方面都存在一定的差异，但在某些条件下可以联合使用。

海水源热泵系统是水源热泵装置的配置形式之一，即利用海水作为热源或热汇，并通过热泵机组，加热热媒或冷却冷媒，最终为建筑提供热量或冷量的系统。海水中所蕴含的热能是典型的可再生能源，因此，海水源热泵系统也是可再生能源的一种利用方式。

海水源热泵系统的工作原理是夏季热泵用作冷冻机，海水作为冷却水使用，冷却系统不再需要冷却塔，这样会大大提高机组的 *COP* 值，据测算冷却水温度每降低 1℃，可以提高机组制冷系数 2%～3%左右。冬季通过热泵的运行，提取海水中的热量供给建筑物使用。供热和供冷的时候使用一套分配管网系统。系统主要组成部分包括：海水取排放系统、热泵、冷冻水（供热）分配管网和热交换器（根据海水是否直接进入热泵确定有无）。这种系统把海水作为冷、热源使用，可以部分甚至全部取代传统空调和供热系统中的冷冻机和锅炉，在瑞典、挪威等欧洲国家应用较多。

深水冷源系统是与直接供冷（Free cooling）相对应的。工作原理是利用一定深度海水常年保持低温的特性，夏季把这部分海水取上来在热交换器中与冷冻水回水进行热交换，制备温度足够低的冷冻水供建筑物使用。系统主要由海水取排放系统、热交换器和冷冻水分配管网构成。这种系统仅把海洋作为冷源来使用，可以部分或者全部取代传统空调系统中的冷冻机，是美国、加拿大等美洲国家应用比较多的形式。系统工作原理图如图 5-34 所示。但是我国与美国、加拿大、北欧国家相比，临近城市的海岸线海水深度较小约为 20m 以内。7 月，我国黄、渤海区域 10m 深度内平均值海水温度为 22.41℃，垂直温差较小，温度梯度为 0.23℃/m，不适合于整个供冷季直接供冷，但是可以作为海水源热泵的冷源以及在供冷季初期和末期免费供冷。

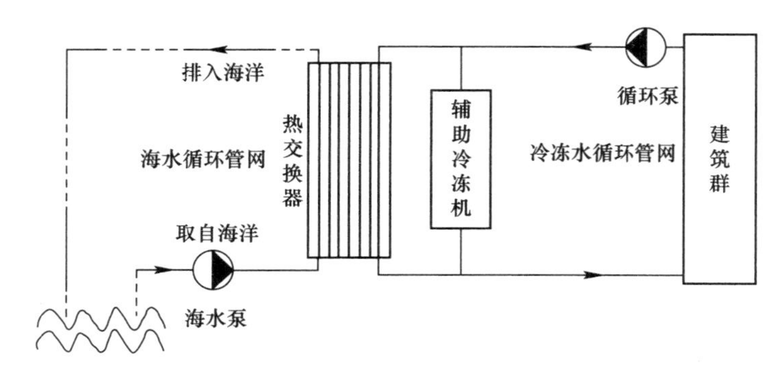

图 5-34 深水冷源系统原理图

以上两种方式，不论是通过热交换利用海水的冷量，还是通过热泵将海水的热量进行转换，得到的热水或冷冻水，均可以通过管道系统输送到空调器内，满足建筑的冷、热负荷需求。因此，这两种形式也可以统称为海水空调（Seawater air conditioning，SWAC）。

5.3.2.2　海水源热泵技术应用

海水温度是海水源热泵技术应用成败的关键，是实现海水资源利用的核心问题，对热泵系统能否正常运行起决定性作用。利用海水直接供冷要求海水温度在12℃以下。目前国外的热泵技术供热运行时要求海水温度不得低于2℃（少数热泵产品可在－4℃以上运行），而且海水温度越高，热泵机组的制热系数越大，供热效率越高。不同的海水温度在供热系统设计形式上也会存在差异，直接影响到工程投资和运行费用。

海水温度条件主要涉及海水最冷月和最热月海水各层的温度，在这方面我国黄、渤海地区有很好的水温条件。为了满足海水源热泵工程设计需要，得到具有代表性的海水温度数据。应从过去多年的海水温度数据当中得到具有代表性的一整年温度数据，即典型海水温度年。典型海水温度年是以过去多年的海水温度实测数据为基础计算得到的具有代表性的一整年海水温度数据。典型海水温度年由12个具有代表性的月份组成，其温度变化趋势和分布规律与过去多年温度整体变化趋势和分布规律相符。

图5-35为大连典型海水温度年逐日海水温度（2005～2014年数据）与典型气象年月平均气温变化曲线图。从图5-35中可以看到，与全年气温变化趋势相比，首先，海水温度全年变化幅度较气温小，全年海水温度约在2～25℃范围内变化，而气温月平均温度变化范围约为－5～24℃；其次，比较海水温度曲线和气温月平均温度曲线的波峰与波谷可知，海水温度变化相对于气温变化存在延迟，最低气温出现在1月，而最低海水温度出现在2月。

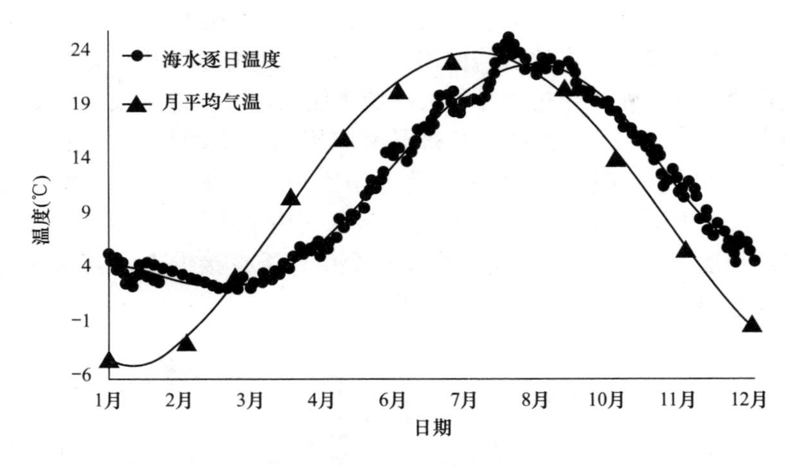

图5-35　大连典型海水温度年逐日海水温度与典型气象年月平均气温变化曲线图

海水源热泵设计首先要考虑SWHP和DWSC的结合形式。在过渡季和夏季，当海水温度能够满足工程要求时可以利用海水直接供冷，在峰值负荷的时候运行热泵。冬季切换部分阀门，热泵按照制热模式进行区域供热。夏季联合运行系统如图5-36所示。这种系统设计形式在热泵供冷运行时海水作为冷却水使用，充分利用海水的自然温度条件，是节能运行的最佳模式。在设计时要充分调查当地水温和水深条件找到最佳的取水点。

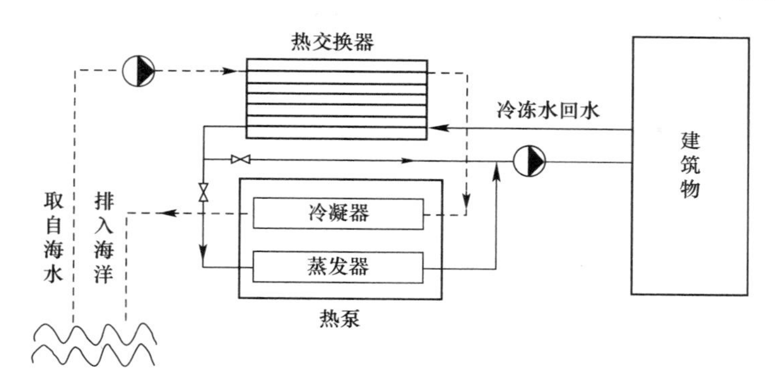

图 5-36 SWHP 和 DWSC 夏季联合运行系统图

我国海岸线长，有众多的岛屿和半岛，目前沿海城市是发展最快的地区，同时沿海城市又是冷、热负荷最集中的地区，有很多地区正在考虑大规模的整体开发海水源热泵系统。如果将当地地理优势和热泵技术充分结合必能大大缓解空调用电的压力，对环境保护有很大帮助的同时又可以带来巨大的经济效益和社会效益。国外应用工程的经验也是系统规模越大，整体的经济效益也就越好。同时海水源热泵取消了空调系统的冷却设备，可以节约大量的淡水资源，这一点对于淡水匮乏的中国而言意义也很大。

海水源热泵系统是一个综合技术的体现，最终达到应用阶段还有赖于暖通行业与其他相关专业的共同发展，在这方面中国已经具备了一定的理论基础和工程经验。

目前，国内对海水源热泵技术的研究、发展和应用主要集中在青岛、大连、天津及厦门等沿海城市，在建或已建成的利用海水源热泵系统供热供冷的工程项目也主要集中在这些城市及其周边地区。由于有供热需求，对于海水源热泵系统研究的科研团队也多集中于北方沿海城市的高等院校与研究所。而最近几年来，南方沿海城市的高等院校与研究所也已对海水源热泵系统供热供冷在本地区的使用开展可行性研究。厦门、宁波、泉州等南方沿海城市也开始应用海水源热泵，陆续建成多个海水源热泵系统工程项目。

1996 年，于立强对青岛东部开发区 14 万 m^2 建筑采用海水热泵的大型制冷站供冷进行了可行性分析，证实建设采用海水热泵的大型制冷站在青岛地区具有一定的可行性。2004 年，国内第一个为建筑供冷、供热的海水源热泵系统在青岛发电厂建成。该项目使用开式海水源热泵系统为青岛发电厂供热制冷并提供生活热水，其通过中间板式换热器和载冷介质的方式换热，并选用抗腐蚀的钛板换热器，在海水进入中间换热器前进行了过滤以及水处理，解决了海水腐蚀热泵机组的难题，实现了真正意义上的海水源三联供系统。2006 年 6 月，大连市被原建设部确定为全国唯一的海水源热泵示范城市，7 个海水源热泵项目被确定为国家级示范项目，大连市政府计划内海水源热泵项目多达 13 项，涉及供冷供热面积达 1100 万 m^2。截至 2008 年，大连市已经完成采用海水源热泵供冷供热面积多达 85 万 m^2，大连理工大学的科研团队对于其中多个项目进行长期测试，证明其运行良好。2006 年，作为北京奥运会配套建筑的青岛国际帆船中心媒体中心建成并投入使用，其采用海水源热泵系统制冷供热，实现“科技奥运”与“绿色奥运”的理念。2008 年北京奥运会成功举办，青岛国际帆船中心媒体中心采用海水源热泵空调系统，该系统可为建筑面积为 8199m^2 的媒体中心供热供冷，相比于采用离心式冷水机组或空气源热泵的传统空调系统，长期运行监测表明其能耗降低可达 30%，有良好的经济效益与社会效应。目前该工程项目的海水源热泵项目运行良好，为国内海水源热泵的推广应用积累了技术资料，为国内沿海地区建设大型海水源热泵工程项目提供了宝贵的经验。天津大学的俞洁结合天津港码头办公楼的改造方案，通过理论分析与现场测试分析对抛管式（地埋管）前端换热器的海水源热泵系统的经济性和节能性进行了研究，其研究结果表明改造后的海水源热泵系统运行能耗大大降低，具有显著的经济效益。其对于渤海湾沿海地区海水源热泵工程项目的推广起到了推动作用。天津大学的王晓东、由世俊、俞洁等人结合工程实例对采用抛管式（地埋管）换热器的闭式系统、采用中间换热器的间接式系统和直接式系统进行了经济性和环保性的分析，得出了采用抛管式换热器的热泵系统的经济性和环保性均优于其他两种系统的结论。2017年，青岛理工大学胡松涛团队在青岛沙子口海域的某酒店应用了自主研发的以毛细管网为前端换热器的海水源热泵系统，并建立了以毛细管网为前端换热器的海水源热泵系统示范基地，旨在对该系统从设计、施工到运行调节进行全过程研究和现场测试。目前相关施工技术规范已成稿。

5.3.2.3　技术条件

在系统选择、设备选型及进行海水源热泵系统设计之前，必须对建筑物的冷、热负荷进行精确估算。估算时首先应进行空调分区，然后确定每个分区的冷、热负荷，最后计算整幢建筑总供热与供冷负荷。分区负荷用于各分区热泵的选型；总负荷用于确定热泵系统主设备容量及海水源热泵系统需要的附属设备的选择，如热交换器或对水井的要求。关于负荷计算方法不再赘述。

如果海水有足够的可利用量，水质较好，有开采手段，规定又允许，应该考虑此系统设计，现场调查将对以上问题给予确认，以下是一些基本原则：

（1）海水循环泵水流量由计算得到的最大得热量和最大释热量确定，有条件时应选择变流量水泵。

（2）根据具体系统形式的不同，对不同部位进行防腐处理。

（3）根据海水系统的运行温度要求对管道进行保温。

（4）海水系统的投资效益比，较大的建筑物比小的建筑物好，因为海水取水设施的投资并没有随容量的增加而线性上升。

海水源热泵系统主要包括海水循环系统、热泵系统及末端空调系统等三部分，其中海水循环部分由取水构筑物、海水引入管道、海水泵站及海水排出管道组成。

根据使用区域的规模、功能和开发进度，热泵站方案设计比较灵活，主要有以下设计方案：

集中式海水源热泵系统，就是将大型海水源热泵机组集中设置于统一的热泵机房内（热泵机房根据需要设置），热泵机房制备的冷/热水通过小区外网输送至各用户，如图5-37所示。这种设计适用于建筑物相对集中的区域。每个泵站可以设多个热泵机组，根据负荷变化情况进行台数调节。因为并非所有的用户都在同一时刻达到峰值负荷，集中式系统可以减少设备的总装机容量，有利于降低自身的初投资。集中式系统一般采用大型热泵机组，*COP*值比小型机组的要高，提高了能量利用效率。不需要冷却塔，这样既节省了许多宝贵的建筑面积，增加了业主的收益，又可以减轻由设备的布置而给结构专业带来的设计负担，降低结构施工的成本。

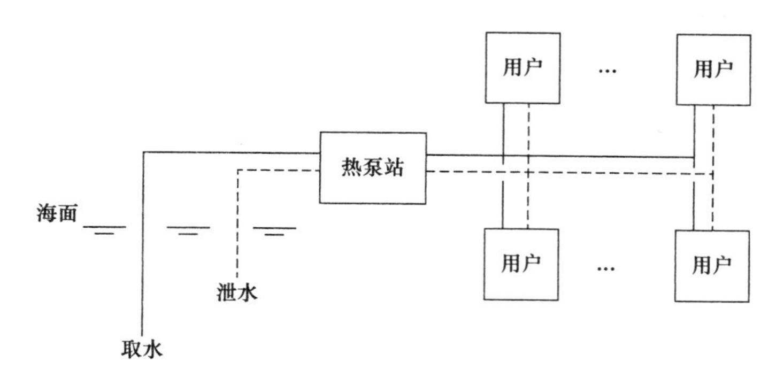

图 5-37 集中式海水源热泵空调系统

集中式系统的特点是：

(1) 由于选用大型热泵机组，集中式海水源热泵系统的 *COP* 值比小型机组要高，从而提高了能量利用率。

(2) 由于各用户达到峰值负荷的时间不同，集中系统充分利用各用户负荷分布多样性特点，当装机容量大时，可是适当减少设备的总装机容量，降低初投资。

(3) 可以取消各用户内的冷热源机房和室外冷却塔，既节省了建筑面积又降低了结构施工成本，美化建筑外观。

(4) 热泵机组的集中布置，为运行管理和维修带来方便，提高了供热和供冷的可靠性。

(5) 由于一年大部分时间都在较高的 *COP* 值下运行，集中系统具有明显的节能优势。

(6) 集中系统的灵活性相比分散式系统较差些，系统运行中的调节也相对复杂。

在规模大，建筑群分散并存在多个功能组团的区域，仅靠设置一、两个热泵站进行区域供冷和供热，不论是在机组的运行效率和运行调节都是很难达到最优的，因此系统可以设计成由一个主站和多个子站构成，也被称为双级耦合式海水源热泵空调系统，或联合式海水源热泵空调系统。系统原理图如图 5-38 所示。主站的供水水温可以不用太高，10～15℃左右即可，二级热泵站可以根据末端设备的不同需要灵活运行。采取这种系统运行调节比较方便，便于管理。

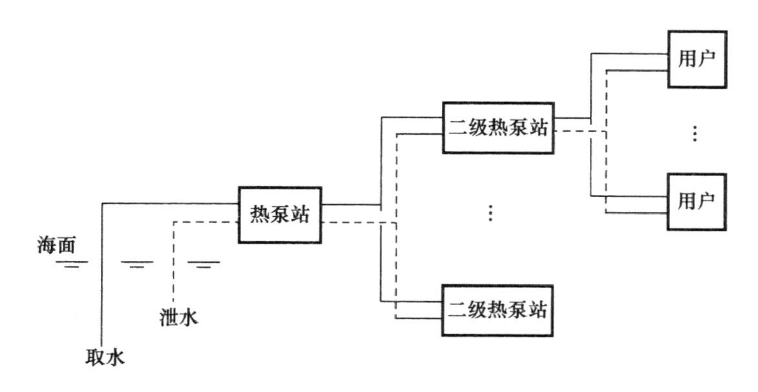

图 5-38 多级泵站海水源热泵空调系统图

分散式系统一般应为间接式系统，分散式海水源热泵系统的系统形式如图 5-39 所示。所有的热泵机组都分散至各用户，室外管网系统只为各用户机组提供所需的循环水，循环水一般非海水。与集中式海水源热泵空调系统相比，该系统的热泵机组分散，容量相对较小，初投资会相应增加，机组的 *COP* 值也会比集中放置的大型机组的略低，并且各用户仍然要有冷热源机房；但该系统中各用户的热泵机组相对独立，增大了用户的灵活性，如各用户可根据自身的特定需要来调节热泵的进出水温度的高低。

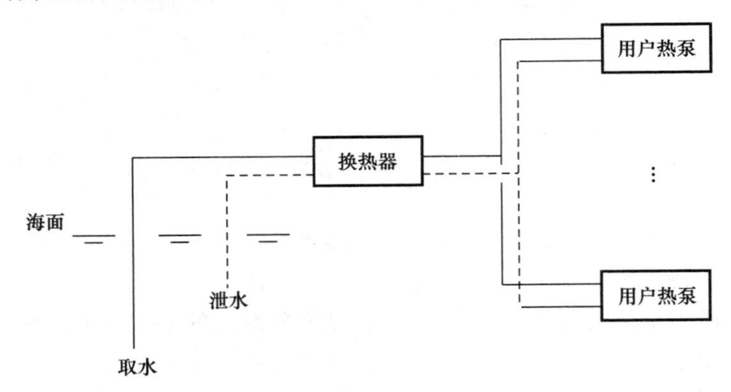

图 5-39　分散式海水源热泵空调系统图

与集中式系统相比，分散式系统特点是：

（1）热泵机组分散，初投资相应增加。

（2）机组容量相对较小，*COP* 值比集中系统略低。

（3）各用户仍然需要冷热源机房。

（4）由于热泵机组相对独立，增加了用户的灵活性。

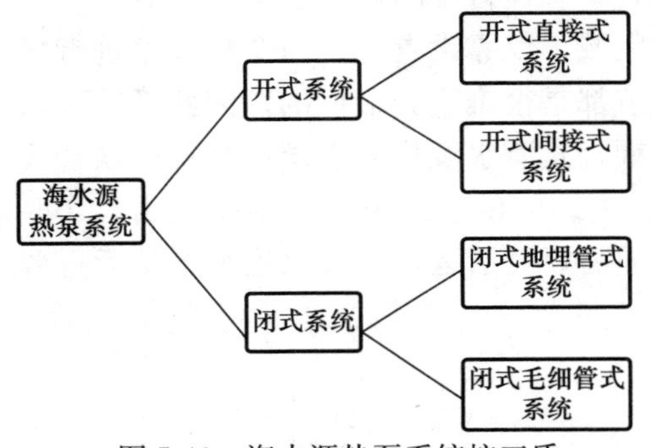

图 5-40　海水源热泵系统按工质换热方式的分类示意图

根据源侧海水与冷却水循环工质换热方式的不同分为开式系统和闭式系统。开式系统根据海水是否进入热泵机组又分为开式直接式系统和开式间接式系统；闭式系统根据前端换热器不同又可以分为闭式地埋管式系统和闭式毛细管式系统（图 5-40）。

开式直接式海水源热泵系统海水直接进入热泵机组。冬季供暖工况时，海水作为热源直接进入热泵机组的蒸发器；夏季供冷工况时，海水作为冷却剂直接进入热泵机组的冷凝器，与制冷剂换热后，带走制冷剂的热量，并排入大海。开式直接式海水源系统的特点是热泵机组的制冷剂工质直接与海水进行换热，能降低传热温差，换热效率较高，可用于大型冷用户或热用户供冷或供热；海水外网取水点可设置在深海中，但排水点可在近海，因此经过热泵机组换热后的海水对取水点处区域海水温度的影响较小，可保证取水区域海水温度的稳定。但是，由于海水直接作为换热介质，对换热设备的腐蚀较强，因此对汲水管路、水泵、换热设备等应采取安全可靠的防腐及防生物（藻类、贝类）附着措施，并且要定期清洗检修，维护费用较高。

在开式间接式系统中，海水经水泵提升后，经输送管道先进入换热器，在换热器内与热泵机组的冷却水回水换热，将冷热量传递给水环系统的载冷或载热介质，再通过介质循环将冷热量传递给蒸发器或冷凝器，换热之后的海水则通过排水管道输送回大海。开式间接式系统除了具有开式直接式系统的优点外，还由于与海水直接接触的设备只有换热器，当换热器受到腐蚀或管路堵塞时，只需对换热器进行更换或清洗。对于开式系统，应注意将海水取水口与排水口相隔一定距离，而且取水外网的布置还应注意不得影响该区域的海洋景观或船只等的航线。

以毛细管网为前端换热器的闭式海水源热泵系统是指在源侧采用闭环的水系统，由毛细管网换热器、循环水泵、热泵机组、末端装置等组成，其将毛细管网前端换热器埋置于浅滩中，热泵机组中的载冷或载热介质通过前端换热器与富含海水的砂土换热，从而实现能量的转移。冬季供热工况时盘管中的乙二醇混合水溶液或者水通过换热器从浅层海床中吸热，温度升高后进入热泵机组的蒸发器，加热制冷剂并使制冷液汽化为制冷剂蒸汽，通过蒸发器换热后，乙二醇水溶液或者水温度降低，再次进入换热器从浅层海床中吸热。制冷剂蒸汽进入压缩机，经过压缩后，变成高温高压的制冷剂蒸汽，进入冷凝器，在冷凝器中高温高压的制冷剂蒸汽加热循环水，从而满足用户要求。夏季供冷工况时乙二醇水溶液或者水作为冷却剂进入冷凝器，吸收冷凝器中的热量后，通过换热器将热量释放到浅层海床中，温度降低后再次进入热泵机组的冷凝器，冷却制冷剂蒸汽。从冷凝器出来的制冷剂蒸汽进一步经过节流阀的降温、降压后进入蒸发器，低温低压的制冷剂在蒸发器中吸收循环水中的热量，从而提供温度较低的冷冻水，满足末端用户供冷的要求。以毛细管网为前端换热器的闭式海水源系统的特点：

(1) 由于系统中进行换热的工质是水及防冻液混合液，不是海水，因此对海水水质无需特殊处理，不需要增设过滤和杀菌祛藻等装置，而工质与海水和海床换热后直接进入热泵机组，同样无需增设其他换热设备，初投资和运行成本比开式海水源系统小，同时机组的换热器内不结垢，降低了机组的维修费用。

(2) 以毛细管网为前端换热器的闭式海水源系统对取水深度无要求，可以在浅滩或湿地条件下使用。

(3) 由于不需要克服取水口至热泵机组的静水高度，因此源侧的循环水泵耗电量较开式系统要小。另外与常规的开式海水源热泵系统相比，省掉一套海水泵，其输配系统效率可提高 1/3。

(4) 海水与热泵机组不直接接触，因此热泵机组的换热设备（如蒸发器和冷凝器）无需进行特殊处理，扩大了热泵机组的选择范围，降低了投资成本。

(5) 以毛细管网为前端换热器的闭式海水源系统适用范围很广，尤其适用于无法采用开式海水源热泵系统的海域，比如海水含盐量大、悬沙量大、海洋生物丰富的海域（如海岛地区）；淤泥质海域（如宁波舟山海域），海水通常含有大量悬移质泥沙，海水浑浊，过滤困难，海岸泥沙淤塞，承载能力弱，开挖后回淤严重，不利于直接施工取水，而采用上述闭式热泵系统，则可以避免以上不利条件。此外对于设置取水口会对航运和海岸景观产生影响或破坏的海域，或者对于海水源热泵机房距离海岸较远的工程也尤其适合上述闭式热泵系统。

(6) 以毛细管网为前端换热器的闭式海水源系统对水质无要求，可以在近海岸区域敷设，其取水工程造价与其他冷热源方案相比可降低 60%。

5.3.2.4 海水取水装置

海水取水方式一为在换热站周边开凿海岸井。因为在近海区域的岩土体通常存在一些地质裂缝，特别在填海工程区域，使得距离海岸线一定范围内的岩土体内充满海水。如果开凿海岸井，从海岸井中取海水作为热泵系统的低位热源，在保证水量的同时，可以提高水温和水质。该方案的优点是取水路径缩短，相当于就地取水，可以节省部分管道投资以及海水构筑物的投资。海水通过海岸线与海岸井的液位差从海岸线自然渗流到海岸井，节省了这部分海水泵的输送能耗。地下岩土是一个天然的过滤器，可以提高海水的水质，并且地下海水在渗流过程中与地下岩土进行渗流换热，冬季提高了海水温度，夏季降低了海水温度，且海岸井海水比海岸线海水温度更稳定，这更有利于机组稳定、高效运行。北方沿海城市极端天气下海水温度约为 0.50℃，与冰点－1.70℃的温差为 2.20℃，极端天气从海岸线直接取海水作为海水源热泵系统的热源，取热温差小，热泵系统运行性能下降，甚至停机，存在可靠性问题。海岸井取水系统可以提高海水温度，解决直接取水系统在极端天气下运行的可靠性问题。但是该方案是否可行，应进行进一步的打井测试试验，以校核当地水量、水温和水质条件是否满足工程要求，如果条件允许，应优先采用该方法。海岸井做法如图 5-41 所示。

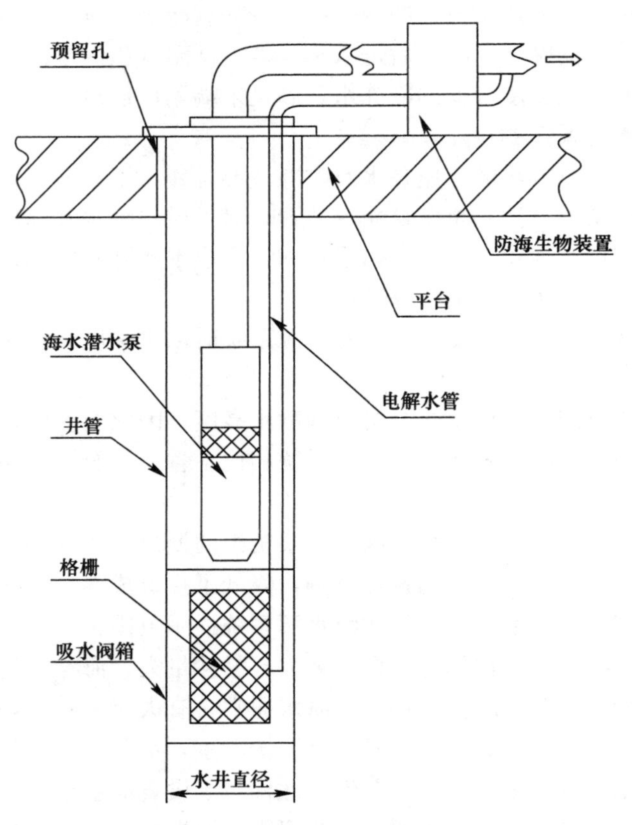

图 5-41　海岸井取水示意图

海水取水方式二是管道直接取水方式，如图 5-42 所示。也可采用增设集水井的方式，利用连通的原理将海水利用 PE 管道将远处的深海水输送到岸边设置的集水井内，在集水井内安装潜水泵取水。取水井做法基本与方式一相同，但是水处理应前移到 PE 管道端头。

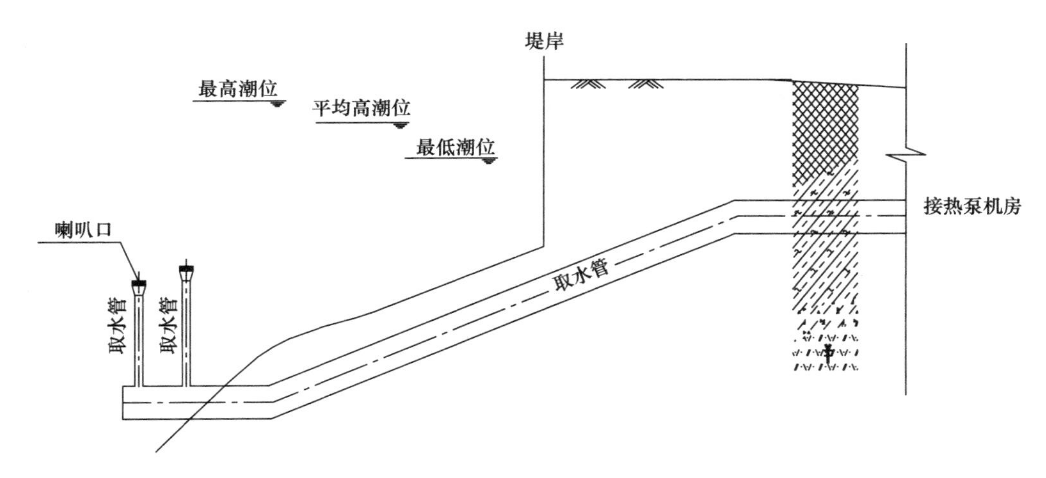

图 5-42 直接取水原理图

5.3.2.5 防海水腐蚀问题

对于利用海水作为热泵系统冷热源这一问题，人们普遍关心的技术问题主要是海水对设备和管道的腐蚀以及海生物附着造成的管道和设备的堵塞等，针对这些问题，可以从以下几方面开展工作。(1) 尽可能采用耐腐蚀的材料：管材采用有防腐层的铸铁、高密度聚乙烯材料等；对水泵腐蚀发生在机械磨损与水流较快部位，这些部位材料最好采用铸铜、磷青铜和不锈钢等。阀门腐蚀主要是丝杆，闸板密封圈，可采用不锈钢或者铜质材料。(2) 涂刷防腐保护层。(3) 采用电化学防腐保护层。(4) 化学防腐法：向水中投加化学药剂，进行碱化在管内形成保护层。

5.3.2.6 防海生物堵塞问题

为了保证进入热泵机组或换热器的海水水质，海水需要经过过滤、除砂、杀菌、祛藻等处理环节。一般应设滤网去除水中的贝类动物、海藻以及其他较大的杂质。为防止砂砾进入机组或换热器，磨损换热器甚至导致换热器堵塞，在海水进入机组前可设置通过除砂器，用以去除直径在 0.5mm 以上的砂砾，并且保证进入机组或换热器的海水（含砂量在 50ppm 以下）经过过滤器过滤，再由电解海水法或者化学加药法杀死海水管路中的海生物幼虫或虫卵。在过渡季系统停用期间应采取措施对管道、换热器等进行保养（比如添加药剂），以确保防止海洋生物造成的堵塞。换热器可采用钛板可拆式板式换热器，其具有良好的耐腐蚀性和传热效果，可拆式换热器清洗更换非常方便。为了确保取水安全，取水管道至少两条，管径和水泵扬程适当加大。如果设计形式为海水直接进入机组，需要考虑加设自动清洗装置。定期清理潜水泵过滤网，防止由于堵塞导致取水量不足，水泵运行出现震动现象，系统运行性能下降。

5.3.2.7 海水源热泵应用相关问题

1. 取水系统方面

取水系统的取水量、取水温度和水质是影响水源热泵系统运行效果的重要因素。就水源取水这方面来说，供回水口位置的优化选择问题亟待研究，以指导实际工程上敷设供回水管道。

2. 投资的经济性

由于受到不同地区、不同用户及国家能源政策、燃料价格的影响，水源的基本条件不同，一次性投资及运行费用会随着用户的不同而有所不同。虽然总体来说，海水源热泵的运行效率较高，但与传统的空调制冷取暖方式相比，在不同地区不同需求的条件下，海水源热泵的投资经济性会有所不同。尤其是在前端的水源系统方面，海水供回水管道的敷设位置（距海岸距离及距海底深度）及敷设方式（垂直于海流方向及与海流同向）与其在工程投资方面的实际造价之间的经济性问题值得深入研究。

3. 整体系统的设计

海水源热泵的节能作为一个系统，必须从各个方面考虑，虽然水源热泵机组可以做到利用较小的水流量提供更多的能量，但系统设计对水泵等耗能设备选型不当或控制不当，也会降低系统的节能效果。同样，若机组提供了高水温，但设计的空调系统的末端未加以相应的考虑，也可能会使整个系统的效果降低，或者使得整个系统的初投资增加。所以，海水水源热泵的推广应用，需要更多的各个专业各个领域的人来共同努力共同配合，从政府政策、机组的设计制造、系统的设计和运行管理等各个方面来共同考虑。

5.3.3 污水源热泵系统

污水源热泵系统是地源热泵系统的一种类型。污水水温的变化较室外空气温度变化小，因而污水源热泵的运行工况比空气源热泵的运行工况要稳定。城市污水是一种优良的低温热源。

城市污水有三种形式：原生污水、二级再生水和中水。原生污水就是未经任何物理手段处理的污水。二级再生水是指经过物理处理之后的一级污水再经过活性污泥法或生物膜法等生化方法处理或深度处理后（可称为二级污水），达到排入天然河道的标准，主要用于使河水还清。少量二级再生水经过进一步深化处理，成为中水，作为城市杂用水，用于市政绿化、居民冲厕等。城市污水来源广泛，汇流面积大，污水原水流量具有小时变化规律明确、日流量相对稳定、随着城市规模的扩大而呈逐年递增的趋势等特点。将水源热泵系统技术与城市污水结合来回收污水中的热能，不仅是城市污水资源化的新方法，更是改善我国供暖以煤为主的能源消费结构现状的有效途径，同时也为可再生能源的应用和发展拓展了新的空间，不仅扩大城市污水利用范围，而且拓展了城市污水治理效益。

5.3.3.1 城市污水资源特征

污水冷热能资源化的潜力取决于污水的水温、水质和水量。

1. 污水水质特征

污水水质特征取决于给水原水水质的化学成分、每人每日用水量以及排入下水道物质的性质和数量。城市污水由生活污水和工业废水组成，它的成分是极其复杂的，难以用单一指标来表示其性质。在众多的水质指标中，按污水中杂质形态大小分为悬浮物质和溶解物质两大类，每类按其化学性质又分为有机物质和无机物质；按消耗水中溶解氧的有机污染物综合间接指标有生物化学需氧量（BOD）、化学需氧量（COD）等。污水水质的优劣是污水水源热泵系统成功与否的关键，相关水质标准在国家规范中均有规定，可以作为换热器设计的依据。此外，我国东北地区污水水质主要受工业企业影响，水污染元素主要为总硬度、矿化度、硝酸盐、亚硝酸盐、铁和锰；其次为硫酸盐和氯化物，在设计时应引起注意。

处理后污水中的悬浮物、油脂类、硫化氢等均要比原生污水小十倍乃至几十倍，因此，处理后污水作为热泵热源要优于以原生污水做热源，热泵的制热性能系数和制冷性能系数都较大，在能够使用处理后污水为热源/汇时，尽量使用处理后污水。

2. 污水热能特征

(1) 城市污水水温与季节和地域有关。由表5-13可以看出：城市污水水温稳定，变化幅度小，夏季水温比当地气温低10℃左右，冬季则因地域不同而差别较大，东北地区差别30℃左右，西南地区也在10℃之上，具有典型的冬暖夏凉特征。作为一种稳定的水源，污水处理厂的污水温度特性可以很好地满足污水源热泵系统的稳定、高效运行的需要。

不同地域城市污水水温状况 **表5-13**

地域	冬季水温情况	夏季水温情况	冬夏室外空调设计温度
东北地区（哈尔滨）	10℃左右	23℃左右	−29℃/33.3℃
华北地区（北京）	13℃左右	20～25℃	−12℃/33.2℃
华东地区（南京）	15℃左右	22～27℃	−6/35℃
中原地区（郑州）	14℃左右	20～27℃	−7/35.6℃
西南地区（重庆）	16℃左右，最低不低于13℃	夏季一般为25～28℃，最高不高于30℃	2/36.5℃

(2) 污水处理厂出水的水量稳定，流量大，污水处理厂稳定的流量可使污水源热泵机组运行稳定，正常发挥机组的工作性能，有较好的节能效果。城市污水是城市排热的主要渠道之一。统计资料表明，我国各大城市污水排热量占城市总排热量的10%～16%，而日本东京城市污水排热量则占城市排热量的39%。此外，城市污水水温受气候影响小，利用区域也较广。

(3) 污水水质对热泵系统的影响主要有三种：腐蚀、结垢及堵塞。污水如果直接进入换热器，仍然会对系统造成一定的影响。但通过采用特殊设计、特殊材料的换热器，以及装设自动换热器清洁系统，或者采用特殊设计的污水热泵系统，能够解决污水对换热器的腐蚀和堵塞结垢等问题。

从以上分析可看出，城市污水原水、二级水、中水具有水量大、水量较稳定、温度适宜、水温在应用季节相对稳定等特点，能很好地满足水源热泵的使用要求，用作水源热泵系统的冷/热源是完全可行的。

5.3.3.2 污水源热泵系统形式

污水源热泵系统形式较多，按照是否直接从污水中提取冷热能，可分为直接式和间接式污水源热泵系统；按照热泵机组机房的布置情况可分为集中、半集式和分散式的污水源热泵系统；按照其使用污水的处理状态可分为以原生污水源热泵系统和以二级出水和中水作为热源/热汇的污水源热泵系统。

1. 原生污水源热泵系统

以原生污水为污水源热泵的热源/热汇，可就近利用城市污水，把未处理污水的冷/热量通过热泵系统，能就近输送给城市的用户，可以显著增加污水源热泵供热供冷的范围。但由于未处理污水含有大量杂质，故其水处理和换热装置比较复杂。工程中常用的方案有两种：

(1) 沿污水主管道设热泵站

由于污水排放主管道具有较广的排污收集面积，因此具有污水流量较大且较稳定的特点，可在其沿线设置热泵站，以供沿线部分建筑作冷热源使用。但该方式需要注意在冬季供热时，防止污水温度降低过多而影响其后污水的处理工艺，否则，从系统观点来看，是一种得不偿失的方法。

（2）在小区污水处理器设热泵站

据有关城市污水排放规定，小区污水在排放入市政排水管网之前应经过小区的污水处理器的预处理。污水处理器集中了小区的全部污水，具有稳定的来源，且维持了一定的容量，也很适合作为污水热热泵工作。特别是随着人们对水资源的关注，污水回用的中水系统逐渐得到普遍认可，中水也将会是很好的冷热源。

（3）原生污水源热泵系统及其设计注意问题

城市污水干渠（污水干管）通常是通过整个市区，如果直接利用城市污水干渠中的原生污水作为污水源热泵的低温热源，则使用范围大幅扩展，并且热源靠近热用户，节省输送热量的耗散，从而提高其系统的经济性，但应注意以下几个问题：

1）污水取水设施如图5-43所示，取水设施中应设置适当的水处理装置。

2）应注意利用原生污水热能对后续污水处理工艺的影响，若原生污水水温降低过大，将会影响污水生物处理的正常运行，这一点早在1979年英国R.D.希普编《热泵》一书中已明确指出。在牛津奴菲尔德学院的一个小型热泵上，已对污水热量加以利用。由于污水处理要求靠污水具有一定的热量，若普遍利用这一热源，意味着污水处理工程中要外加热量，这是所不希望的。

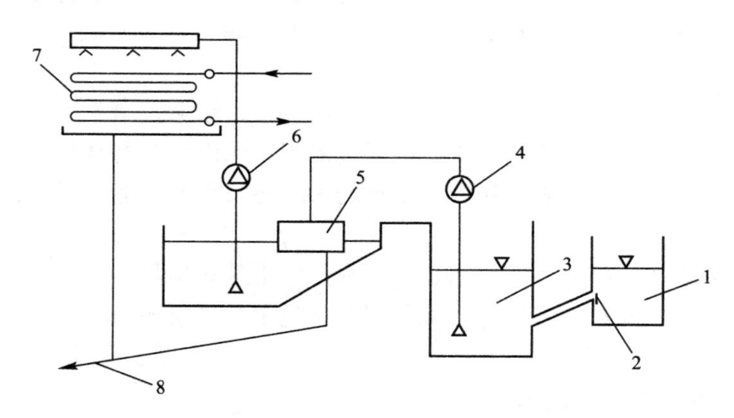

图5-43 污水干渠取水设施

1-污水干渠（污水干管）；2-过滤网；3-蓄水池；4-污水泵；5-旋转式筛分器；
6-已过滤污水水泵；7-污水/制冷剂换热器；8-回水和排水管

3）由初步的工程实测数据表明，清水与污水在同样的流速、管径条件下，污水流动阻力为清水的2～4倍。因此，在设计中对这点应充分注意到，要适当加大污水泵的扬程，采取技术措施适当减少污水流动阻力损失。

4）以哈尔滨望江宾馆实际工程为对象，经3个月（2003年12月～2004年2月）的现场测试，当管内流速为1.0～2.5m/s、管外水流速为1.0～2.5m/s时，其传热系数为1740～3490W/(m^2·℃)。有文献指出，污水/水换热器换热系数约为清水的25%～50%。因此，在设计中要适当加大换热器面积，或采取技术措施强化其换热过程。

5）提高原生污水源热泵运行稳定性及其改善措施。所谓的原生污水源热泵运行稳定性差是指热泵在运行过程中随着运行天数的延续，其供热量在不断衰减的现象。引起这种现象的主要原因有：

① 流入换热器内的污水量随着热泵运行天数的延续而不断减少，对哈尔滨望江宾馆实际工程3个月（2003年12月～2004年2月）的现场测试充分说明这一点，热泵运行30天后，热泵从污水量的吸热量比第一天的吸热量减少了一半多，这意味着热泵随着从污水中吸取热量的减少而使其供热量也减少。

② 由于换热器内积垢随着运行天数的延续也会越来越多，这意味着换热热阻的加大，其结果又会使换热器的换热能力下降。

③ 为了改善污水源热泵的运行特性，在设计中通常采用设置热水蓄热罐，使向用户供应的热量趋于稳定。日本某宾馆杂排水热能回收系统，设置两类储热罐，一是预热储热罐；二是加热储热罐。用这些储热罐的蓄热作用改善其运行特性。

在设计中也可考虑设置辅助加热系统，在污水源热泵供热量不足时，投入辅助加热系统运行，通过辅助加热器来改善其运行特性。

2. 污水处理厂设大型热泵站

在污水处理厂设置热泵站，相比于前两种方式，具有更大的优势。污水集中，流量很大，可利用处理后的排放污水或城市中水设备制备的中水作为冷热源，几乎不受降温的影响，将较大地提高热泵的性能，而且换热器的腐蚀结垢等情况也将极大地减少。这时可以将热泵站与区域供冷相结合，发挥其更大的节能效益，这将有助于中小冷热用户减少投资和运行费用。

城市污水处理厂通常远离城市市区，这意味着热源与热汇远离热用户。因此，为了提高系统的经济性而在远离城市市区的污水处理厂附近建立大型污水源热泵站。所谓的热泵站是指将大型热泵机组（单机容量在几兆瓦到30MW）集中布置在同一机房内，置换热水通过城市管网向用户供热的热力站。

3. 污水处理厂设立泵站的分散式热泵系统

在污水处理厂设立泵站把处理后的污水分送到需要的热用户，作为用户水源热泵的低位热源，向用户供冷或供热。这样的好处是，处理后污水输送管网不用保温，管网投资低，热量损失少。此外，用户可以根据自己的需要，选择常规热泵机组，并且可以根据自己的需要，开启热泵机组提供冷水或热水，使用起来方便灵活。

4. 直接式和间接式污水源热泵系统型式分析

所谓的间接式污水源热泵是指热泵低位热源环路与污水热量抽取环路之间设有中间换热器，或热泵低位热源环路通过水/污水浸没式换热器在污水池中直接吸取污水中的热量。而直接式污水源是将热泵或热泵的蒸发器直接设置在污水池中，通过制冷剂汽化吸取污水中的热量（图5-44）。两者相比，具有以下特点：

（1）间接式污水源热泵相对于直接式运行条件要好，一般来说没有堵塞、腐蚀、繁殖微生物的可能性，但是中间水/污水换热器应具有防堵塞、防腐蚀、防繁殖微生物等功能。

（2）间接式污水源热泵相对于直接式而言，系统复杂且设备（换热器、水泵等）多，因此，间接式系统的造价要高于直接式。

（3）在同样的污水温度条件下，直接式污水源热泵的蒸发温度要比间接式高2～3℃，在供热能力相同情况下，直接式污水源热泵要比间接式节能7%左右。

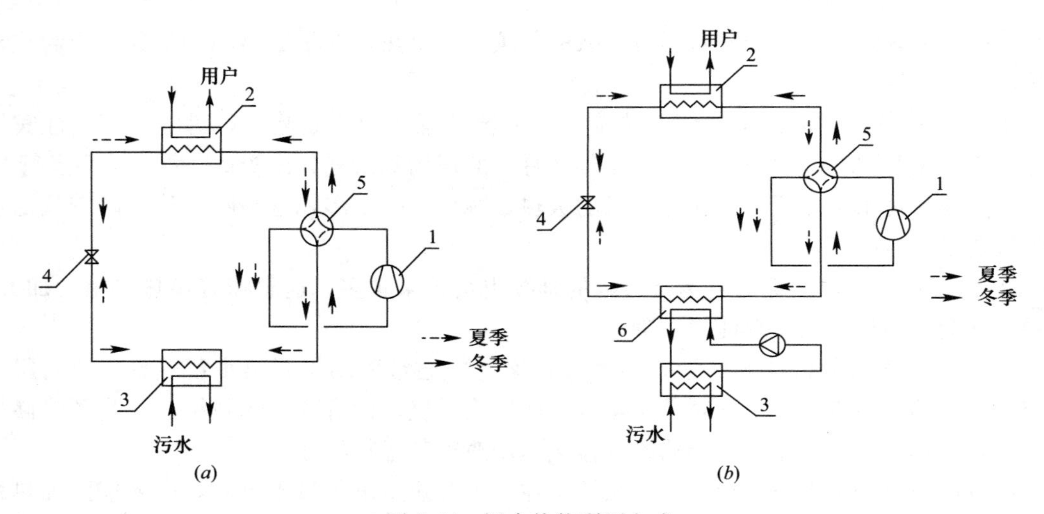

图 5-44　污水热能利用方式

(a) 直接利用方式；(b) 间接利用方式

1-压缩机；2-用户侧换热器；3-污水侧换热器；4-节流阀；5-四通换向阀；6-间接换热器

5. 典型污水源热泵系统方案比较分析

由于换热设备的不同或系统取热形式的不同，可组合成多种污水源热泵系统方案，下面介绍几种目前可行的典型污水源热泵系统方案。

(1) 方案 1

图 5-45 所示，该方案是由三个环路组成，环路Ⅰ将污水中的热量转移给中间介质(水)，环路Ⅱ又将中间介质(水)中的热量转移给热泵，通过热泵将中间介质(水)中的热量提高其品位，并转移给环路Ⅲ中的热媒，热媒通过环路Ⅲ向楼内供暖。

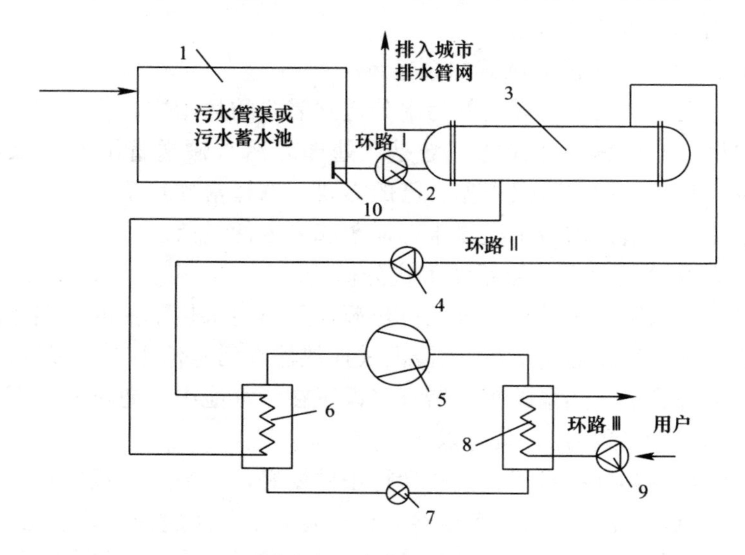

图 5-45　方案 1 原理图

1-污水管渠或污水蓄水池；2-环路Ⅰ循环泵(污水泵)；3-污水/水换热器；
4-环路Ⅱ循环泵；5-压缩机；6-蒸发器(热泵工况)；7-节流阀；
8-冷凝器(热泵工况)；9-环路Ⅲ循环泵(热水泵)；10-过滤装置

方案 1 特点：

① 热泵设备工作条件好，不受污水的腐蚀和污垢的影响。

② 由于环路多，相应的循环泵亦多，循环泵耗功过大。

③ 系统复杂，中间环节多，从而造成低温热源温度品位降低，使热泵系统 *COP* 值有所下降。

④ 为了尽量提高中间介质的热泵进口温度，污水/水换热器 3 的传热温差势必很小，这样造成了污水/水换热器的换热面积非常大。

⑤ 若此系统是以原生污水为热源/汇，由于夜间污水量很小，因而为了满足夜间供暖的要求，应设置蓄水池（约供 6～7h 用），且出口处应设置过滤装置。

（2）方案 2

该方案如图 5-46 所示。方案 2 与方案 1 相比较，方案 2 中利用浸没式换热器将方案 1 中的蓄水池与污水/水换热器有机地集成在一起，从而省掉了环路Ⅰ，节省了初投资和环路Ⅰ循环泵的功耗，同时可节省过滤器装置。方案 1 和方案 2，都属于间接换热方式，因此，都存在传热温差小、换热面积大、传热性能差等问题。浸没式污水换热器传热管易被腐蚀结垢，并且不易清洗和更换，吉林建筑工程学院通过实验研究，建议换热管选用塑铝螺旋管形式，管间距 150mm。

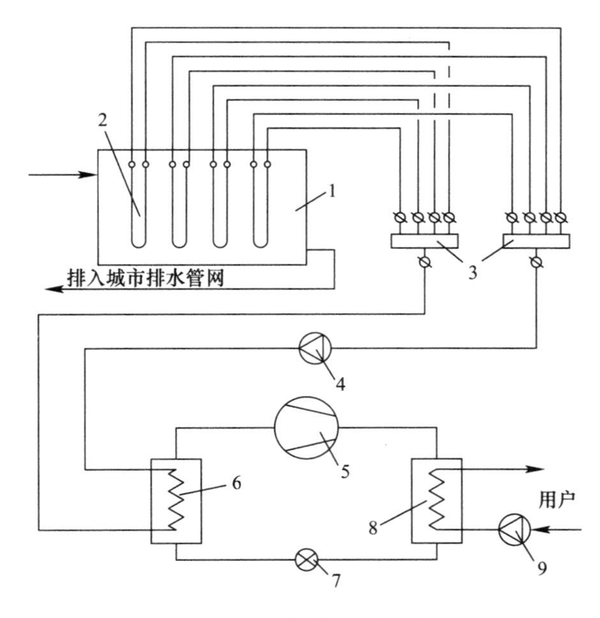

图 5-46 方案 2 原理图

1～9-同图 5-45；2-浸没式换热器；3-集水缸与分水缸

（3）方案 3

该方案如图 5-47 所示。该方案属于直接热交换方式，将蒸发器直接放置在污水管渠或蓄水池内，制冷剂在此直接蒸发，吸取污水中的热量，制冷剂蒸发后，再经压缩机压缩至高压，送入冷凝器，用于加热热媒，以供用户使用。

方案 3 有如下特点：

① 相对方案 1 与方案 2 而言，方案 3 系统简单，蒸发温度要高些，从而使热泵系统性

能系数也高些，有利于节能。

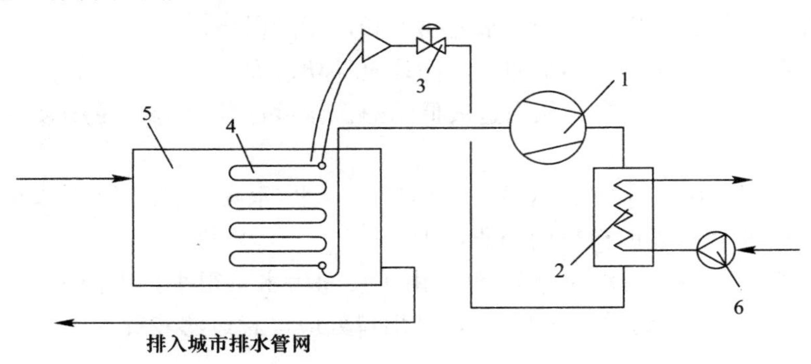

图 5-47　方案 3 原理图

1-压缩机；2-冷凝器（热泵工况）；3-节流阀；
4-蒸发器（热泵工况）；5-污水管渠或蓄水池；6-循环泵

② 方案 3 省略了方案 1 中的环路Ⅰ和环路Ⅱ，从而避免了两个环路循环泵的功耗，这两个环路中循环泵的耗功约占方案 1 中总耗功的 15％左右。

③ 在污水蓄水池中布置盘管数量相对方案 1 和方案 2 而言要少。

④ 在污水蓄水池中布置的盘管仍存在腐蚀、污垢等问题。

⑤ 该方案无技术问题，但要因地制宜现场安装。

⑥ 设计中要注意制冷工况与热泵工况运行时设备与系统的回油问题。

⑦ 系统采用直接供液系统。

（4）方案 4

图 5-48 所示是一种泵供液系统，依靠泵的机械力向蒸发器 4（污水干管组合蒸发器）供制冷剂。高压部分的系统同方案 3，高压制冷液体节流后进入低压循环储液桶 7 中，使气液分离，其中制冷剂液体经制冷剂泵 8 送入蒸发器 4 中蒸发吸取污水中热量，然后返回低压循环储液桶中。

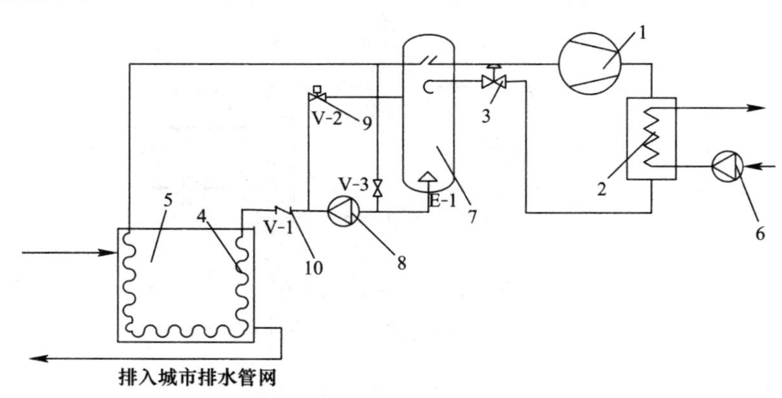

图 5-48　方案 4 原理图

1～6-同图 5-47；7-低压循环储液桶；8-制冷剂泵；9-旁通阀；10-止回阀

与方案 3 相比，它有如下的特点：

① 方案 3 与方案 4 同属于直接式污水源热泵型式，但是方案 3 是直接供液系统，而方案 4 是泵供液系统。

② 系统中设有低压循环储液桶，其功能是起着气液分离和储存低压制冷剂液体的作用。

③ 制冷剂泵的供液量通常是蒸发器中的蒸发量的 3～6 倍，泵的入口段要保持一定高度的液柱，以防止工作时，因压力损失而导致液体管中闪发蒸汽和泵气蚀。

④ 系统采用污水干管组合式蒸发器，其传热性能比方案 3 蒸发器的传热性能差，安装也较复杂，必须设置检漏装置。因此，在实际工程上应用比方案 3 的难度要大。

5.3.3.3 污水换热器结构形式

针对污水水质的特点，设计和优化与污水接触的换热器的构造，使换热器具有一定的防堵塞、防腐蚀、防结垢等功能。污水换热器种类较多，通常采用的有壳管式换热器、浸没式换热器、淋激式换热器、污水干管组合式换热器，以及近年来应用的流道式换热器，如图 5-49 所示。除此之外，还有人提出板式换热器以及液固流化床换热器。

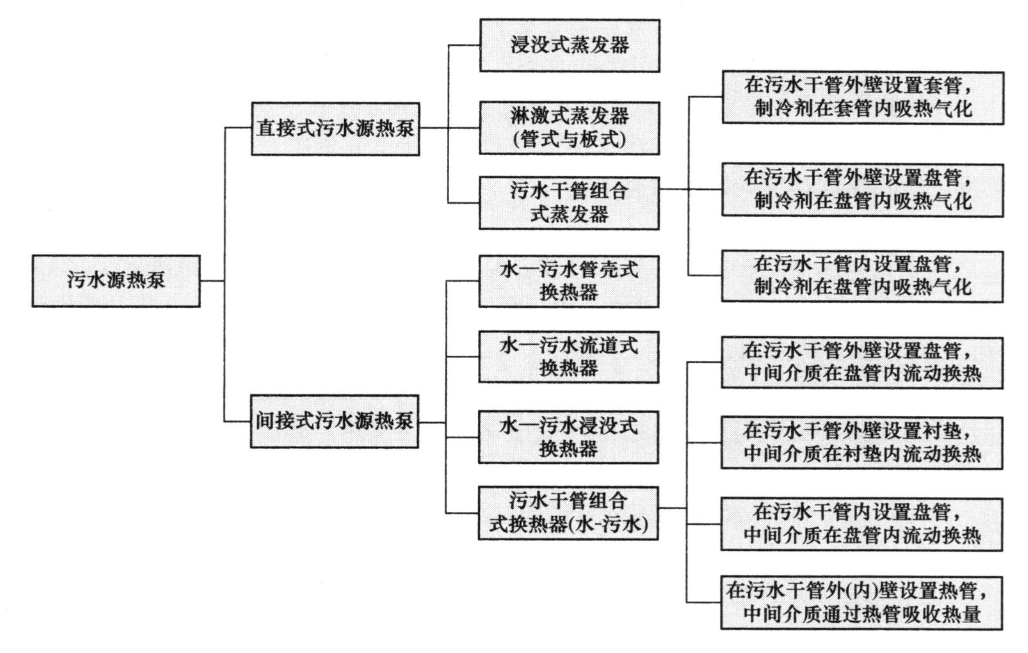

图 5-49 污水源热泵型式框图

1. 浸没式换热器

(1) 浸没式换热器包括污水换热池以及设于污水换热池内的进水集管和出水集管。进水集管和出水集管间隔分布，进水集管和出水集管之间通过若干换热管连接，有些浸没式换热器在污水换热池内还设置污水搅拌器（图 5-50）。

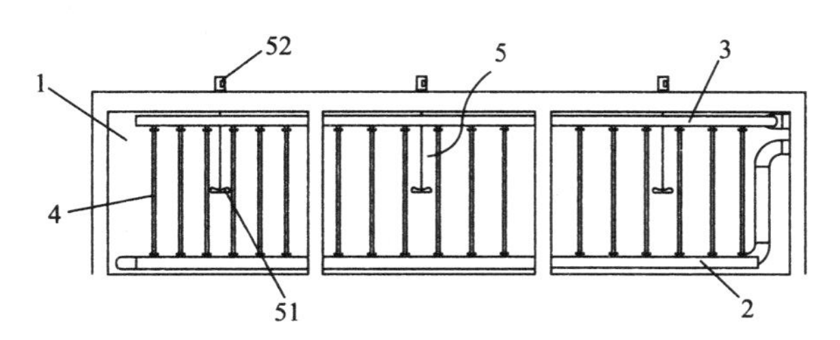

图 5-50 浸没式污水换热器结构图

1-污水换热池；2-进水集管；3-出水集管；4-换热集管；5-搅拌器；51-转叶；52-电机

（2）浸没式换热器结构简单，制作最为简单。

（3）浸没式管外污水流速低，传热温差不大，传热系数相对较低，因此换热面积较大，体积庞大，造价高。同时由于污水流动速度小，流量大，且没有固定流道，因此进出水与污水的换热时污水温度始终保持在较高的温度，没有明显的下降，从而提高了换热系数，可以适当减小换热面积。

（4）减小堵塞问题。搅拌器带动外侧污水流动，一定程度上减轻了换热器表面的堵塞问题，但是也带来了搅拌器表面容易堵塞的问题。

2. 壳管式换热器

（1）壳管式换热器，传热系数较高，在其他领域应用广泛，不同负荷的换热器型号完备。

（2）污水可在壳侧，也可在管侧。若污水在管侧流动，容积流量小，需增大换热管管径。若污水在壳侧流动，为加大流速，需在管外空间装设折流板，污水曲折流动多次，在壳侧空间容易发生积垢和阻塞，且不容易清洗。

（3）壳管式换热器更适合于处理后污水，而对原生污水需在换热器前加设过滤装置等。

（4）对采用壳管式换热器用作污水换热器时，主要研究集中在对过滤设备、在线除垢设备以及离线除垢周期等问题的研究上。

3. 淋激式换热器

（1）淋激式换热器结构简单，形式开放，易于清洗和维护，且喷淋清洗效果最好。

（2）污水通过淋激装置均匀的淋洒在传热元件上（通常为圆管或平板），并以液膜或少量液滴和液流的状态沿管壁或板壁流下，与此同时与制冷剂或水等介质换热。淋激在传热面上的液膜较薄，且受重力作用，流动加强，与浸没式换热器管外自然对流相比，换热系数较高。

（3）操作中易于观察与控制，由于污水在管外流动换热，其成膜情况及结垢情况可以方便地观察并测定，易于实现控制。

（4）由于溶液沿管壁呈传热效果较好的膜状流动，液膜很薄，且有波动性质，有利于液膜与管壁间的传热。低温传热性能优良，传热温差小，适合回收污水热能等低品位热能。

（5）维持流动水膜的相对稳定，使之均匀地包覆传热表面是保证水膜强化传热和换热器安全有效运行的一个重要前提。一旦液体薄膜发生破断，在传热表面出现干区，那么就会使换热系数迅速降低。维持液膜稳定有如下技术要点和措施：

① 合理设计喷淋密度和热流通量，喷淋密度过小或热流通量过大都容易造成壁面液膜破裂。

② 合理设计污水布水器，包括布水孔的大小、密度、排列方式，以及距离首层换热管的高度，以使稳定液膜尽快形成。

③ 常用的喷淋装置有喷头式、排管式等，淋激式污水换热器宜使用溢流式，从而限制喷淋速度，防止溅射。

④ 增强换热器壁面亲水性，可涂部分亲水涂层。

⑤ 换热器顶部管表面可包覆吸性材料，如吸水性织物等，以提高换热器的表面润湿性能。该吸水性织物有一定的过滤作用，可定期更换。

4. 污水干管组合式换热器

污水干管组合式换热器可根据设置盘管的位置和方式形成多种换热器形式，与污水接触的换热器设计时还应注意：

（1）合理选择防腐管材，目前出现的管材有：铜质、钛质、镀铝管材传热管和铝塑管传热管等。日本曾对铜、铜镍合金和钛等几种材质分别作污水浸泡试验。试验表明：以保留原有管壁厚度1/3作为使用寿命时，铜镍合金可使用3年，铜则只能使用1年半，而钛则无任何腐蚀。因此，在原生污水源热泵，宜选用钛质传热器和铝塑传热管。但应注意到：

① 钛质传热管与其他材质相比较，其价格昂贵。

② 铜管对污水中的酸、碱、氨、汞等的抗腐蚀能力相对较弱。

③ 钢制、铝制换热管的表面电镀铜合金表面不适用于污水源热泵系统。

④ 采用金属表面喷涂防腐防垢且不影响换热的涂层。

（2）要求换热器尽可能结构简单，形式开放，越复杂越难清洗，并应留有清洗开口或拆卸端头，以方便清洗、更换管件等日常维护。

（3）换热器附属设备，如框架装置等应尽可能少地接触污水，以减轻不必要的腐蚀和结垢。

（4）在污水进入换热器之前，宜设置沉淀池、格栅、过滤器等设备，以对污水进行初级物理处理，去除污水中的浮游性物质，如污水中的毛发、纸片等纤维质，尤其对原生污水。

5. 流道式换热器

宽流道污水换热器与一般换热器的不同之处在于其水平方向和垂直方向的换热器流道布置。水平方向上看，在每一流道内，清水管布置在污水流道的上方，紧贴顶板，避免了受重力作用的杂质沉淀；垂直方向上看，清水管的垂直流动借助了布置在污水流道外侧的管道，避免了清水管阻止污水的正常流动形成堵塞（图5-51）。该换热器独有的单宽流量设计与合理的流道宽度，可以使成分复杂的城市原生污水在换热器内产生紊流和扰动，保

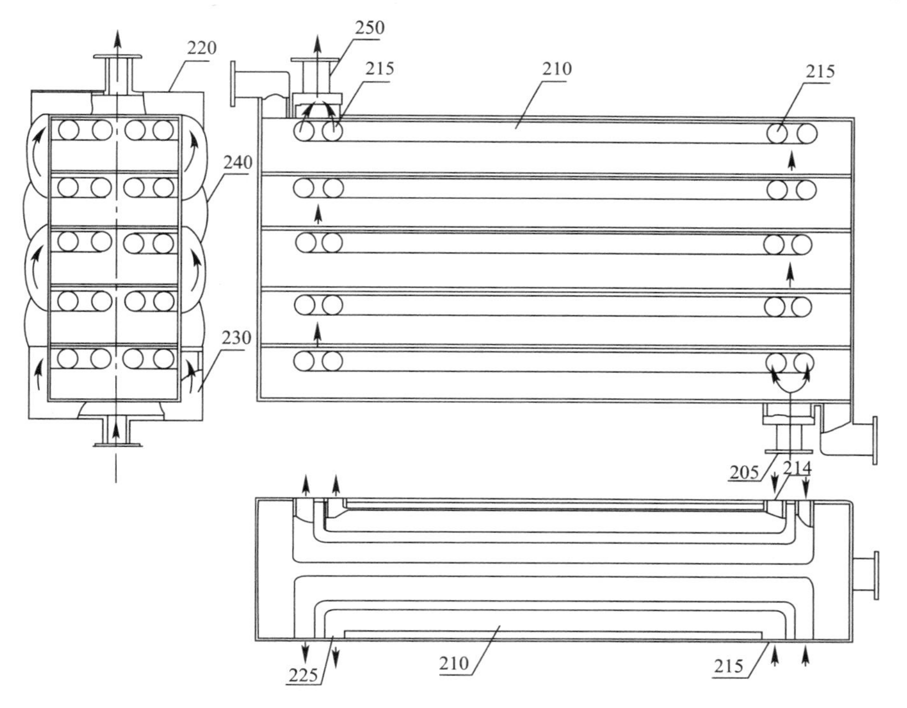

图5-51 流道式污水换热器结构图

205-清水进口；214、215-清水管道的两侧进水口；210、225-清水管道两侧出水口；220-出口汇集箱；230-进口分水箱；240-瓦型板；250-清水出水口

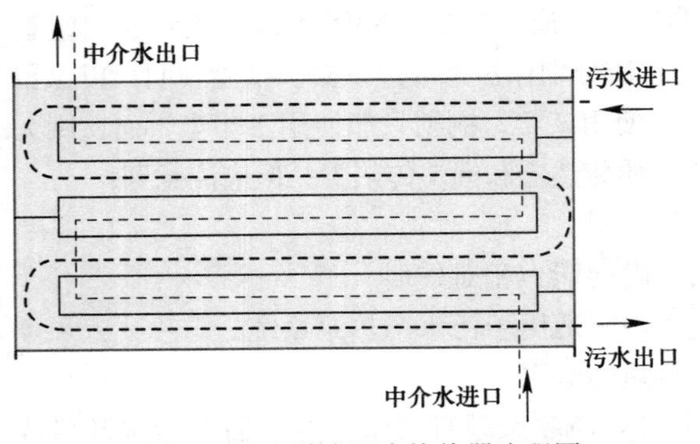

图 5-52　流道式污水换热器流程图

证污水在一定压力下，保持一定的流速顺利通过，解决了堵塞和挂垢问题，且易清洗维护，同时大幅提高了传热效率。两侧开启门设计，利于换热器周期性维护保养。除污器采用纯逆流换热，保证了高效换热，实现了同等换热量下，占地面积更小，污水侧和中介水侧无任何掺混。除污器流程图如图 5-52 所示，污水在宽通道内多次往返形成多个回程，而中介水也多次往返与污水侧形成逆流换热。为了严格避免污水与中介水的掺混，中介水相邻两个回程通过该换热器两端的开启门侧面的管路连接（侧面凸起部分），进而避免占用污水侧通道。

宽流道换热器的技术特点是：

（1）防垢性能好。污水侧采用单流道、大截面、无触点单宽流道设计，具有优异的抗堵防垢性能。

（2）设备紧凑。清水侧（介质水）采用紧凑型、多支点、小截面、多层并联再串联结构，既保证了换热设备整体的承压能力与抗挠度，又减少了设备体积与占地面积。

（3）传热系数高。两侧换热介质整体实现了纯逆流换热，传热系数高，因此可以实现换热面积小，设备占地面积小。经测试，初始状态传热系数在 1800W/(m^2·K) 以上，连续运行 6 个月不低于 1000W/(m^2·K)。

（4）易于清洗维护。换热器两端分别设置了专用密封门，开启任意一侧，所有污水通道全部可视。清洗维护周期不低于 6 个月。

5.3.3.4　防堵、防腐、防垢及其他技术要点和措施

众所周知，防堵、防腐、防垢问题是污水源热泵系统设计、安装和运行中的关键性问题。其问题解决得好与坏，是系统成功与否的关键，污水源热泵系统在设计以及运行过程中的技术要点、难点、特点以及目前存在问题、解决措施，主要集中归纳如下：

（1）由于二级或三级处理后污水和中水水质较原生污水好，在可能的条件下，宜选用二级或三级处理后污水或中水做污水源热泵的热源和热汇。这样，其系统类似于一般的水源热泵系统。例如，瑞典中部距斯德哥尔摩西 100 km 的城镇塞勒（Sala），于 1981 年投入运行的净化后污水源热泵站运行表明：净化后的污水不会引起由电镀碳钢制成的蒸发器腐蚀问题，因污水而使蒸发器积垢问题不大。

（2）在设计中，宜选用便于清理污物的淋激式蒸发器和浸没式蒸发器；污水/水换热器，即中间换热器，宜采用浸没式换热器。

（3）安装设置自动过滤除垢装置，目前已经出现的有自动筛滤器、转动滚筒式筛滤器、德国的除污并联环、电子水处理仪、过滤框架网、连续过滤除污器、滚筒格栅自清装置，我国应继续自主研究该类装置。

（4）对污水走管内的壳管式换热器的在线除垢技术有螺旋线、螺旋纽带和螺旋弹簧，即在换热管内设置螺旋线、纽带或弹簧，利用流体流过螺旋元件所传递的动量矩，来刮扫内壁污垢，达到在线、连续、自动防垢和除垢的目的。除此还有海绵胶球在线清洗法。

(5) 系统设计阶段，防垢措施是：应充分考虑污垢形成后，其热阻对换热性能的影响，计算洁净系数和冗余面积，从而合理加大换热器面积。

(6) 系统运行阶段，抑垢措施有：投放杀生剂、缓蚀剂、阻垢剂以及控制污水 pH 值。研究表明，污垢组分的溶解能力随 pH 值的减小而增大。因此向污水中加酸的方法使 pH 维持在 6.5～7.5，对抑制污垢有利。

(7) 污垢形成后阶段，除垢措施有：一是物理清洗，最常采用的是喷水清洗，即利用具有一定压力的水流对设备污脏表面产生冲刷、气蚀、水楔等作用以清除表面污垢。现推荐的污水除垢喷水压力为 70～140MPa。德国和美国研制出超高压水射流冲洗系统，可提供 200～300MPa 的工作压力。二是化学清洗，主要化学清洗分为酸清洗、碱清洗和杀生剂清洗等，化学清洗能清洗到机械清洗所清洗不到的微小间隙，且清洗均匀一致，不会留下沉积颗粒。

(8) 对腐蚀性强的污水，污水中的硫化氢使管道和设备腐蚀生锈，在合理选用防腐管材和涂层外，还应加入缓蚀剂。

(9) 城市污水由生活污水和工业废水组成，其成分复杂。生活污水常含有较高的有机物（如淀粉、蛋白质、油质等），工业废水中含无机化合物、油类、有机污染物等，因此污水换热器表面易形成微生物膜或油垢膜，其热阻较大，影响不容忽视，可采用一段时间后喷热水清洗兼化学清洗的办法。

(10) 长期运行，由于堵塞和结垢影响，使与污水接触的换热器流动阻力增大，污水量减少，同时传热热阻增大，传热系数减小。因此，污水源热泵运行稳定性较差，其供热量有随运行时间的延长而衰减的趋势，因此应及时清理除垢，污水源热泵的运行管理和维修工作量较大。

(11) 注意在线清洗和周期停运清洗的配合，现在已经开发出许多新的在线清洗的设备，如自动刷系统、旋转式弹簧清洗设备、螺旋线型除垢强化器等。对于离线清洗，是指周期停运系统而进行彻底清洗。

(12) 污垢热阻的存在和逐渐加大使系统各部件的性能都受影响，使整个系统性能恶化。而污垢对换热器的影响复杂，不仅与污垢热阻大小有关，还与传热系数的大小有关，因此应加强污垢理论研究，细致研究污垢生长和剥落的过程，为能够逐步实现污水源热泵换热器污垢在线监测和控制提供理论依据。

(13) 污水的水量和水温是污水冷热能潜力的标志，是决定污水冷热能是否能够资源化、是否有必要回收和利用的根本。而污水的水质是决定污水源热泵能否有效运行的关键因素。因此在选择和设计污水源热泵系统之前，首先要在工程地点做好调查工作，详细了解该处污水的水温和水量以及水质情况，尤其对原生污水热能的回用更为重要。应该通过勘察充分了解、掌握和考虑如下因素：

① 污水管道的主干渠位置，跟踪测定一天、一个月乃至一个供暖周期内的该处污水管道内的污水水量及水温的详细变化情况，水量太小或水温太低，都不适合采用污水源热泵系统。

② 根据该处水温水量的变化，从而了解该处可提取冷热能的潜力，并据此决定污水源热泵是否可行，是否需要补充内部水源作为冷热源，如自来水水池等，是否需要选择加设辅助加热装置或蓄热装置及其容量。

③ 了解该处污水管道的流动方向，距离污水处理厂的距离等。因原生污水热能，不能全线取用，如果长期并大量使用原生污水热能，将影响后期处理厂内的污水生物处理，应该保证取热地点之后，该部分污水能够依靠管道周围土壤的热能或其他汇入管道的污水热能来恢复其温度，保证后期污水处理厂内的生物处理要求。

④ 考察该处污水水质的实际情况，作水质分析，包括BOD，COD，SS以及pH值等，并了解周围是否有工业企业的污水汇入，以及该企业的排水性质，从而对污水源热泵系统内换热器形式的选择以及管材和涂层，以及后期除垢方法和化学试剂的选择等提供依据。

因此必要时需编写污水水量、水温、水质的勘察报告，以作为污水源热泵系统科学决策的依据和设计的原始资料。

（14）对特殊场合，如污水处理厂内部，洗浴中心和游泳池，油田、药厂、啤酒厂、医院等地，其污水可以因地制宜地回收热能并就地使用，满足自身的工艺热能或厂区供热制冷的需要。这样处理后污水的余热获得的地点同使用热的地点相吻合，且一般两者都属于低品位热能，能源利用效率高，热泵系统能效比大，避免能源浪费。

（15）注意污水热能与其他可再生能源的综合利用，如土壤热能和太阳能。美国2006年盐湖城能源理事会项目报告中提出综合回收管道内原生污水热能和土壤热能的一种取热方式。将距取热地点60英尺的污水管道换为不锈钢双层壁管，两层管壁之间通入传热介质，传热介质同时吸收污水和土壤热能后，流入室内换热器，为室内供热制冷提供能量。

5.3.3.5　低真空相变余热回收技术

处理中高温污水（以70℃为例）时，原有做法通常是直接利用水—水换热器将70℃污水与用户侧水进行换热，其缺点是污水直接经过换热器时由于温度降低，可能析出不溶沉淀，堵塞换热器管道。现有改进的主要原理是增加一低压蒸发器，将70℃污水蒸发成70℃蒸汽，再利用气—水换热器与用户侧水进行换热（图5-53）。

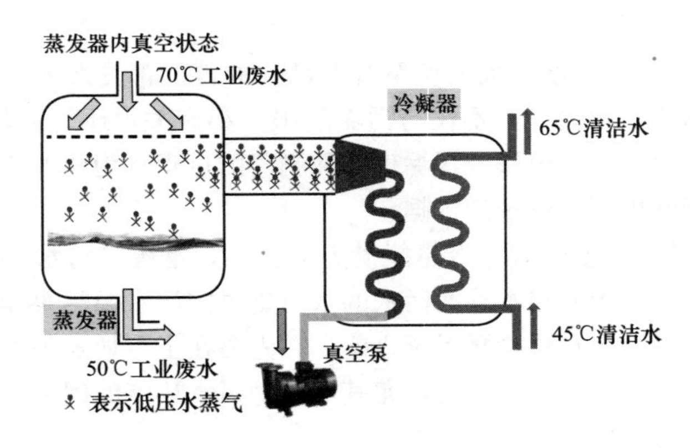

图5-53　直热机工作原理图

在制冷工况下，液态冷媒从第一液相冷媒管路2进入筒体1的闪蒸腔11中，在闪蒸腔11内部，一部分液态冷媒迅速变成气态冷媒，并从气相冷媒管路4流出，剩余的液态冷媒从筒体1底部的第二冷媒管路3流出。

在制热工况下，液态冷媒从筒体1底部的第二液相冷媒管路3进入筒体1的闪蒸腔11中，在闪蒸腔11内部，一部分液态冷媒迅速变成气态冷媒，并从气相冷媒管路4流出，剩余的液态冷媒从筒体1顶部的第一液相冷媒管路2中流出。闪蒸器的闪蒸腔内设置有缓冲部，缓冲部将闪蒸腔分隔为第一工作腔和第二工作腔，且第一工作腔和第二工作腔是连通的，缓冲部包括阻挡部，阻挡部对应设置在第二液相冷媒管路的进出液口的上方，在制热工况下，高压的液态冷媒沿着筒体底部的第二液相冷媒管路通过其进出液口冲进闪蒸腔后，在向筒体的顶部流动过程中会遇到阻挡部阻挡，从而降低流速，使没有被气化的液态冷媒无法冲进筒体顶部的气相冷媒管路中（图5-54）。

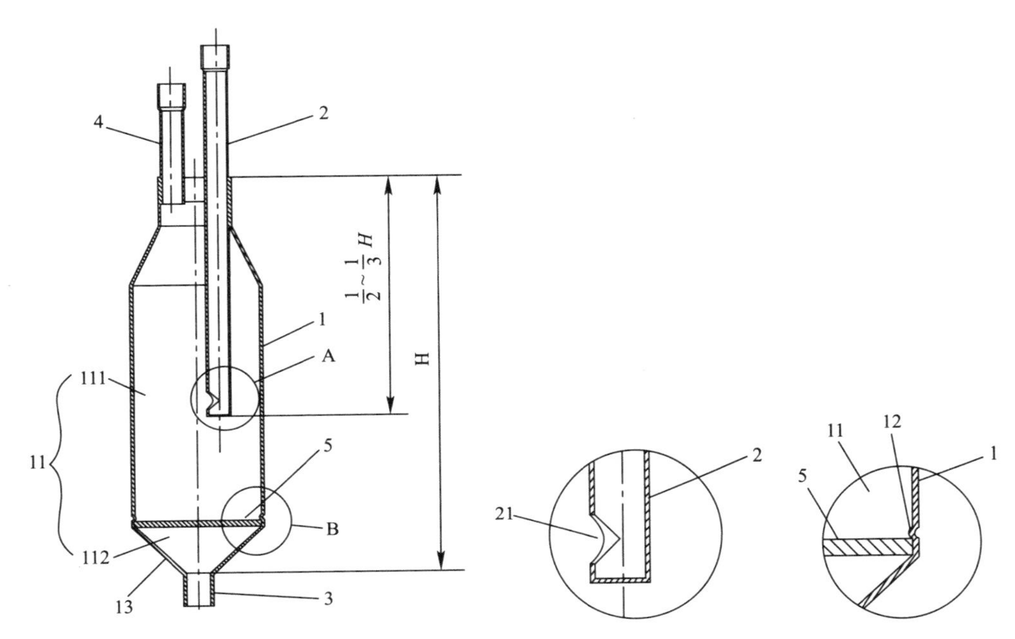

图5-54 闪蒸器结构示意图及A、B断面详图

1-筒体；2-第一液相冷媒管路；3-第二液相冷媒管路；4-气相冷媒管路；5-缓冲部；11-闪蒸腔；111-第一工作腔；112-第二工作腔；12-止挡凸部；13-锥面段；21-第一进出液口

优化换热器管壁环境。由于不溶沉淀在液态水中的溶解度远大于蒸汽，因此改用蒸汽换热有效减少了不溶沉淀的产生，避免了换热壁面与工业废水的直接接触，解决了传统换热方式在工业废水余热回收应用上发生的换热壁面污染、腐蚀、结垢的问题，实现了工业废水的清洁、高效换热。

技术要点：

1. 真空相变技术

将中高温废水闪蒸，产生的蒸汽与低温流体进行热交换。实现热交换过程工业废水与低温流体换热无壁面接触，彻底解决传统间壁式换热器易腐蚀、结晶、挂垢及堵塞等技术难题。

2. 蒸汽侧大通道板式换热器

该产品的冷凝侧为适应负压蒸汽相同质量流量下体积巨大的特点，专门开发了负压蒸汽冷凝器（蒸汽侧大通道板式换热器），既保留了板式换热器传热系数高的特点，又通过加大蒸汽侧流通截面积降低压阻。

3. 相关设备性能

见表5-14。

换热器性能参数　　表 5-14

机组型号		JTHR-Z-10.0-3（单蒸发器）	
名义换热量		kW	10000
		kCal/h	859.8×10⁴
机组输入功率		kW	31.5
控制系统		微电脑全自动控制 PID 调节	
热源水侧	工况		额定工况
	进出口温度	℃	75～64.5℃
	流量	m³/h	821
	进口/出口尺寸		*DN*400/*DN*450
采暖水侧	进出口温度	℃	70～55℃
	流量	m³/h	573
	进口/出口尺寸		*DN*350
换热器换热面积		m²	1010
初始状态下的传热系数		W/(m²·℃)	1800
渣水工况下6个月末供暖末期的传热系数		W/(m²·℃)	1800
换热器渣水及系统水侧的设计压力		MPa	渣水侧设计压力 0.6MPa/系统水侧设计压力 1.6MPa
运行重量		kg	52000
外形尺寸（长×宽×高）		mm	5800×5100×13700

5.4 城市地下空间废热源热泵系统

5.4.1 基本原理

随着社会与经济的飞速发展，中国城市化速度加快，地上空间资源越来越紧缺，建筑物密集、交通拥堵，部分地区出现了围绕着人口、资源、环境三个方面的问题，因此，开发和利用城市地下空间成为解决此类问题的有效途径。目前我国正在越来越多的建设地下交通，地铁的运行和使用使地面交通的负担大为减轻，地下商场、步行街等商业中心也逐渐增多。地下空间的利用必然会伴随着大量人员与设备的散热，如果不能将这些热量有效排出，地下岩体将不断吸收热量，在地下出现热堆积问题，这既会影响地下空间热环境，又会导致地下岩体温度逐年上升，破坏了环境与生态平衡，因此，地下空间的排热问题受到了业内的关注。另外，如何实现地下空间废热的高效利用，对节约能源、保护环境、调整能源应用结构具有重要意义。

研究表明，在冬季利用热泵系统将地下空间热量排出并为地上建筑供热是一种有效的解决方案。英国曾在地铁围岩中利用垂直埋管作为前端换热器从岩体中取热并对隧道进行降温，但垂直埋管占地面积大、施工过程复杂、风险大，应用于地下空间排热具有一定的局限性。地下空间的壁面大多呈坡面、平面或者弧面，如果采用平面式换热器，就可以直接沿地下空间的壁面进行敷设，既可作为热量收集器，又可作为主动降温的换热器。平面式换热器可以大面积敷设，相比垂直埋管换热器既节省了空间又改善了换热效果。平面式换热器可采用毛细管网换热器。

地铁废热源热泵系统就是利用毛细管网换热器作为前端换热器敷设在地铁隧道壁面内，从岩体和隧道区间中吸收或放出热量，再通过热泵系统向用户末端供热或供冷，其系统如图 5-55 所示。热泵机组的一端连接敷设于地下空间壁面的毛细管换热器，另一端连接地上建筑的用户末端换热器。在冬季，毛细管换热器从地下岩体中取热，同时也带走地铁隧道内产生的热量，并通过热泵提升温度，最终将热量输送到地上建筑的末端换热器，为地上建筑供暖或提供生活热水，考虑到热泵机组的效率和供水温度，地上用户末端通常可采用地板辐射末端或风机盘管；在夏季，热泵系统为地上建筑供冷，系统的排热量通过毛细管前端换热器蓄存到地下岩体中，以备冬季使用。由于隧道围岩不断吸收隧道内空气的热量，因此，为使围岩温度常年维持在一个稳定的温度范围，一年中从围岩的总取热量应大于向围岩的总排热量，根据地上建筑的实际冷、热负荷及供热、供冷时间来确定废热源热泵系统的运行方案，当夏季毛细管换热器向隧道围岩的排热量不能够满足地上建筑供冷需求时，则为热泵系统增置冷却塔等辅助冷源，将多余的热量直接排放到室外环境。冬季工况和夏季工况之间的转换可通过四通换向阀或管路的切换来实现。

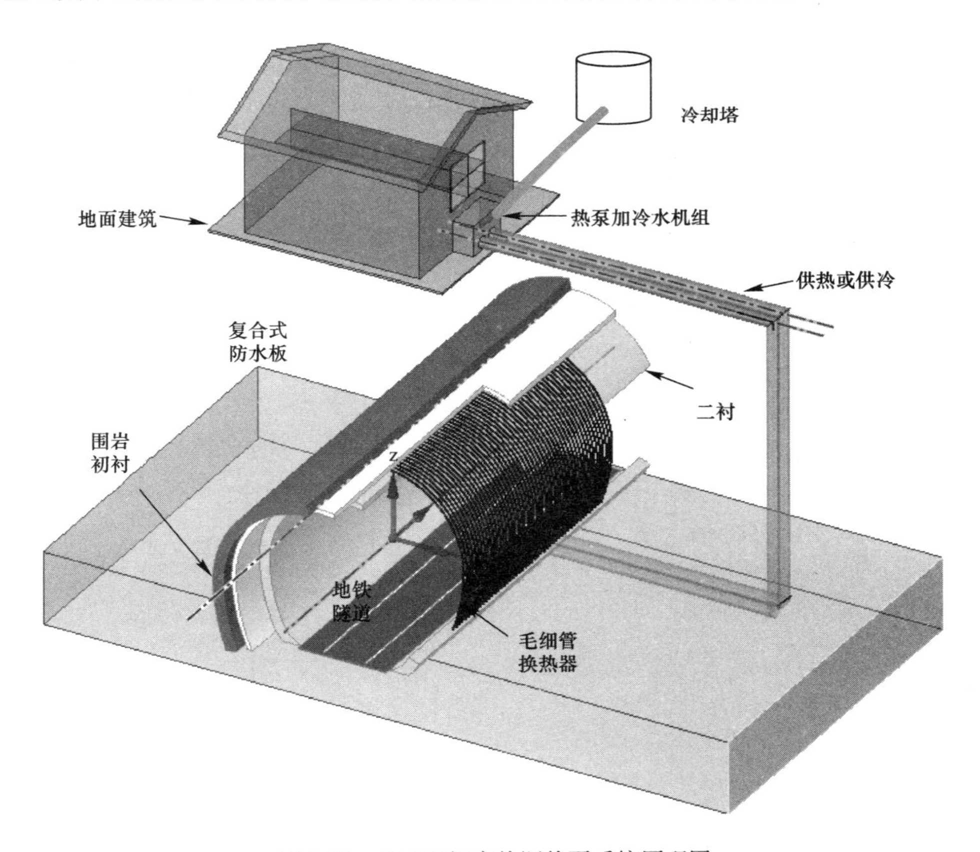

图 5-55　地下空间废热源热泵系统原理图

5.4.2　特点及技术要点

城市地下空间废热源热泵系统的主要特点是采用毛细管网换热器作为前端换热器从岩体中取热或放热，由于传统的地源热泵系统已较为成熟，因此，本系统的技术要点主要集中在毛细管前端换热器的工艺要求和施工工法。本部分以地铁隧道内敷设毛细管换热器为例进行介绍。

1. 毛细管工艺要求

对于毛细管网栅，要求其颜色均匀一致，管材、管件内外表面应光滑、平整、清洁，无凹陷、气泡、明显的划伤和其他影响性能的表面缺陷，管材的端面应切割平整，并应与轴线垂直；单根毛细管应一次成型，不允许中间有接头焊接；毛细管网栅端头要求无痕密封打压，出厂时做水压测试；编管卡条要求与细管面宽等长，有固定孔，且为一根完整卡条，保证网片编管平整，不允许多根卡条搭接，固定孔内凹，固定后固定孔上沿要求与自攻钉顶面平齐；主管道上带有固定间距热熔直接（用专用加热工具加热连接部位，使其熔融后，施压连接成一体的连接方式）的管道。

2. 施工工法

施工前需要进行如下准备工作：

（1）隧道壁面凹凸严重部位，采用水泥砂浆（沙子∶水泥＝1∶3）对基面进行找平。

（2）在明挖地段，对地面不平之处采用水泥砂浆找平。

（3）将毛细管网栅、管材、管件等运抵至施工作业面，进入现场的毛细管席和管件必须逐件进行外观检查，破损和不合格产品严禁使用。

（4）施工现场的毛细管网栅、管材、管件等摆放应符合要求。

（5）材料运抵工地后，应用水压试压进行检漏试验（抽检）。

对于地下隧道段和明挖段，毛细管换热器分别敷设在隧道内和明挖地带。图5-56为隧道内毛细管敷设位置断面示意图，毛细管网敷设在地铁隧道的一衬和二衬之间，毛细管网靠近二衬一侧增设砂浆保护层及挡水板，隧道一侧的底端预留毛细管沟，敷设毛细管网主管。图5-57为明挖段毛细管敷设位置断面示意图。基本施工流程为：挖管槽、敷设干管、敷设毛细管、管道连接、保压、设置挡水板、加保护层。

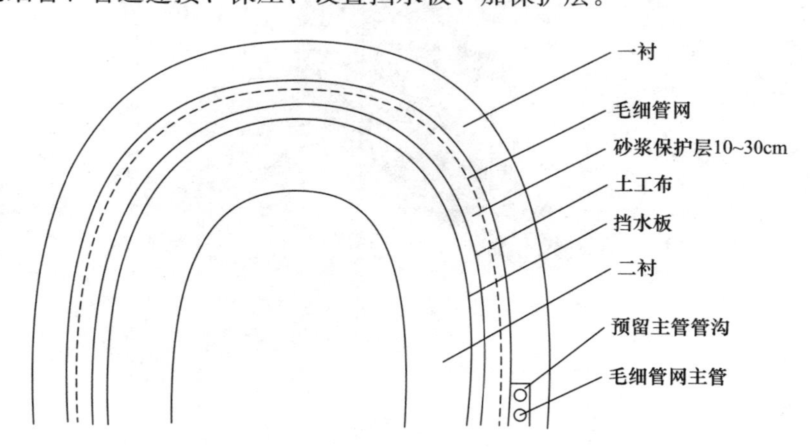

图5-56　隧道内毛细管敷设安装位置断面示意图

考虑PPR管承重、承压以及耐久性的特点，毛细管换热器系统集管采用PPR热水管，施工技术要求如下：

（1）管径椭圆率应＜10％，管材同一截面的壁厚偏差应＜14％。内外壁应光滑、平整、无气泡、裂口、裂纹、凹陷、脱皮和严重的冷斑及明显的痕迹。

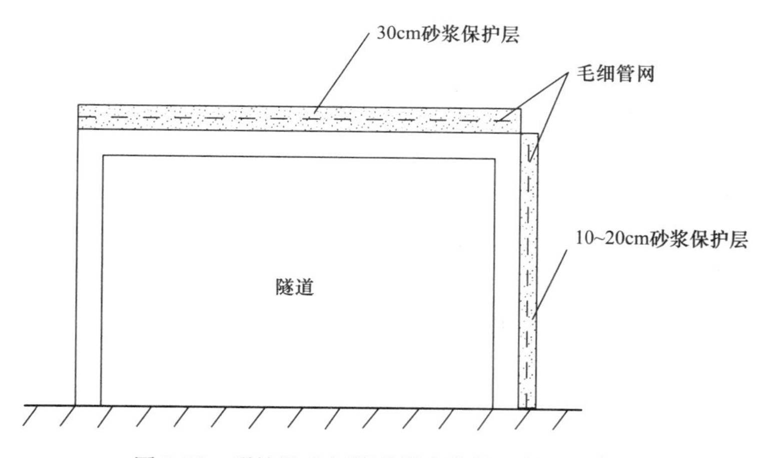

图 5-57 明挖段毛细管敷设安装位置断面示意图

(2) 毛细管集管（*De*50、*De*20）宜采用隐蔽安装，在隧道内壁开挖管道沟槽，安装后采用水泥砂浆抹平。2×*De*50 管道开挖尺寸（宽×深）：200m×60mm；2×*De*20 管道开挖尺寸：50mm×30mm。

施工前需进行准备工作，如基面找平；毛细管外观检查和检漏抽检等。毛细管换热器系统集管采用 PPR 热水管，PPR 管道须采用热熔连接。连接前，应先清除管道及附件上的灰尘及异物。毛细管网采用毛细管专用管卡固定，图 5-58 为固定毛细管网的现场照片。毛细管网安装环境温度不宜低于 5℃；若在低于 0℃的环境温度下施工时，现场应采取升温措施。

图 5-58 固定毛细管网阶段

施工过程中需采取如下保护措施：

(1) 进场材料、切割后的管材、未能立即使用的管材以及施工后的管材接口全部进行封堵。*De*50 以上管材采用专用管帽封堵；*De*20 管材采用尼龙袋（并用绳索捆住）或者用胶带密封。

(2) 由于隧道内有大量的污水、水泥，管材、管件齐整的放置在移动支架上面。明挖地段地上铺设的毛细管，采用 100mm 的水泥砂浆覆盖层防止被压坏。

(3) 毛细管网栅应进行遮光包装后运输，不得裸露散装，在装卸和搬运时，应小心轻放。

(4) 在施工过程中，杜绝任何损伤毛细管网栅、管材、管件行为。

(5) 毛细管网栅施工过程中，禁止油漆、沥青或其他化学溶剂接触毛细管网栅的表面。

在水系统安装完毕后，应对整个水系统进行冲洗及水压试验，水压试验按照工作压力的 1.5 倍进行，不宜以气压代替水压试验。

5.4.3　存在的问题及解决措施

城市地下空间废热源热泵系统在设计和应用过程中主要会面临两方面的问题，一是针对设计阶段如何确定岩体热物性的问题，二是在施工或使用过程中对于出现毛细管破裂问题的应急处理和防水措施。

1. 岩体热物性测试

热泵系统的前端换热器敷设于岩体中，直接与岩体进行换热，其周围岩体的热物性参数将对换热器的换热性能产生很大影响，在进行前端换热器设计之前，首先需要现场测试确定岩体的热物性参数。由于该系统采取了平面式前端换热器，而现有的岩体热物性测试方法是针对垂直埋管换热器提出的基于线热源或柱热源的测试方法，这些方法对于平面式换热器并不适用，因此，针对平面式换热器，需要研究一种基于面热源的岩体热物性测试方法。

首先，需要建立面热源与岩体及地下空间内空气之间传热的非稳态数学模型，并进行求解；其次，编制程序，利用实际测得的换热器内的水温，反演计算岩体热物性参数；最后，利用热响应仪试测岩体热物性参数，验证模型，并设计形成一套完整的岩体热物性测试方法。

2. 毛细管破裂及防水处理

针对毛细管换热器在施工或使用过程中可能出现的损坏、破裂的问题，需采取有效的应对措施。在施工过程中，如果毛细管受到较大冲击，可能造成损坏，因此在施工中会采取相应的保护措施，比如在毛细管敷设完成后覆盖水泥砂浆保护层，防止毛细管受力损坏。如果出现局部毛细管损坏的问题，无需更换毛细管网栅，将毛细管网栅与水路分离将泄漏管剪掉，待干燥后将两端口封闭（使用焊枪或电烙铁）加热并将剪切表面压挤到一起，并重新进行压力测试。施工过程中发现某安装段漏压，要及时处理并重新试压、保压，如果确实无法恢复，此段可不与系统连接，直接弃用。针对可能出现的毛细管网漏水问题，在毛细管靠近地下空间一侧设置挡水板，防止出现毛细管漏水后向壁面渗水的问题。

5.4.4　国内研究现状及评价

我国对于城市地下空间废热的利用与研究较国外相对较晚，目前的技术主要运用于地铁环控方面。

在理论研究方面，最早将该理论应用于实践的是日本，随后我国分析了日本札幌地铁站的废热回收过程，并分析了对于回收废热进行生活用水加热的可能性，叶凌提出了对于城市地下空间热能综合利用的研究以及以各类热泵为主要设备的热能综合利用系统概念。

在系统研究与模拟方面，哈尔滨工业大学在地铁废热—土壤源混合式热泵系统方面进行了探究，探究方向如下：

(1) 对于地铁回收热泵系统的技术经济性进行了分析。

(2) 城市地下空间中的地铁废热—土壤源混合式热泵系统实验研究，对混合式热泵系统作了设计流程，同时还对混合式热泵与锅炉（燃油、燃煤、天然气）加单冷空调共3种供暖供冷空调方案进行技术经济性比较。

(3) 基于土壤温度控制的复合式地源热泵系统模拟研究，同时由于地区、海拔、气候等方面的差异，我国部分地区也进行了依照地划区域进行的复合式地源热泵系统的优化与分析。

在地下空间废热源利用的创新方面，青岛理工大学对于应用于地下空间壁面的平面式毛细管前端换热器进行了探究，前后进行了毛细管壁面换热器应用于地铁环控系统的传热问题探究，定量分析了换热器换热特性及其应用于地铁环控系统中的可行性，为毛细管壁面换热器在地铁环控系统中的应用提供了参考，随后对于地下空间废热热泵系统进行技术探究，将毛细管换热器应用于该热泵系统之中，使其较传统的垂直埋管式换热器更加节省空间，也提高了换热效率。

如今的城市地下空间废热源热泵系统正处于示范工程建设阶段，新的热泵系统能够很好地解决地下岩体的热堆积问题，但业内最关注的还是系统运行的可靠性和运行效率。目前针对毛细管换热器性能及整个热泵系统运行效率的模拟计算逐步展开，示范工程也基本建设完成，进一步的研究和工程实践将推动该技术不断完善。这对于我国新时期能源结构调整起到了积极的作用，是解决城市中资源、环境等问题的重要途径。

5.4.5 案例

本项目示范工程为青岛地铁R3号线灵山卫站。将敷设于地铁隧道围岩的毛细管换热器与热泵相连，冬季管内的循环介质吸收围岩中的地热能，经热泵升温，用于地上建筑供热，同时排除围岩内废热，可降低隧道内温度，并备夏季用；夏季利用热泵为地上建筑供冷，并将热泵系统排出的热量释放并储存到围岩内，以备冬季用。

毛细管网的结构是分集水式结构，由供回水主管和若干细管以一定的间距并联焊接而成，细管的两端分别以相同的间距焊在主管上，形成一个封闭的网栅。毛细管网示意图及实物照片如图5-59所示。

本示范工程的地上建筑为灵山卫地铁大厦，其建筑面积为46745m^2，计算冷负荷约为4581kW，建筑面积冷负荷指标为98W/m^2，计算热负荷为2748kW，建筑面积热指标为58.8W/m^2。其中派出所为独立冷热源（采用VRV，冷热负荷不计入），扣除派出所后剩下的冷负荷为4300kW，热负荷为2633kW。冬季2633kW的热负荷全由毛细管换热器承担，夏季冷负荷由毛细管换热器和冷水机组（冷却塔）共同承担。

整个施工可以分为壁面施工段和明挖地段两部分。

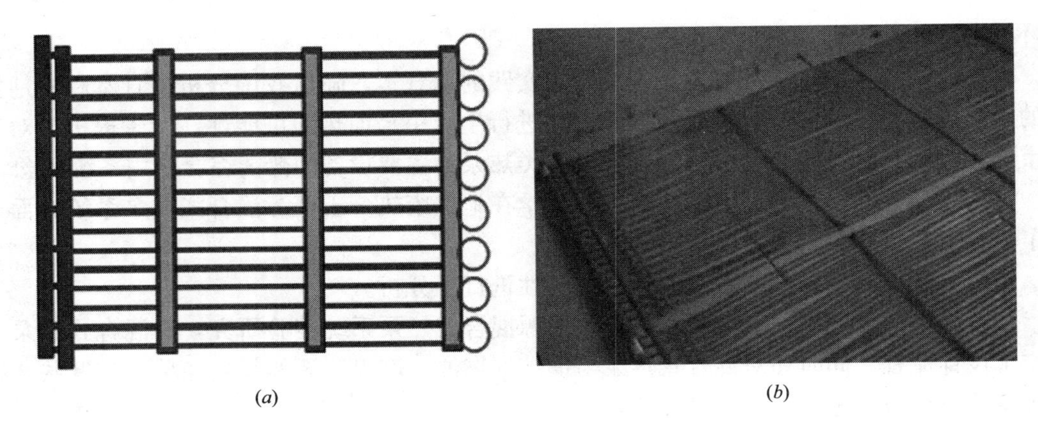

(a)　(b)

图 5-59　毛细管网示意图及实物照片
(a) 示意图；(b) 照片

壁面施工段的流程如图 5-60 所示，在敷设之前需检查防水层是否有破损，是否符合安装要求，对于壁面凹凸严重部位应首先进行找平；在固定毛细管网时采用热熔固定或卡钉连接等形式，隧道内 *De*110 毛细管主管由施工缓冲台（施工斜井和隧道交界处）伸出地面，链接到室外检查井，隧道敷设毛细管总长度为：2412m，考虑片与片之间的间隔，取 1.05 的安全系数：2412×1.05＝2532m，则每个隧道长度：1266m，以施工斜井和隧道交界处为基点，左边敷设长度为 701m，右边敷设长度为 565m。细管网采用毛细管专用管卡（30mm 宽）固定，连接毛细管模块与干管时采用热熔连接或者软管快速接头方式，安装温度不低于 5℃；之后的水压试验，如若出现泄漏，修复后需重新进行水压试验；最后将毛细管网通过结构施工进行隐蔽。现场施工安装过程图如图 5-61～图 5-63 所示。

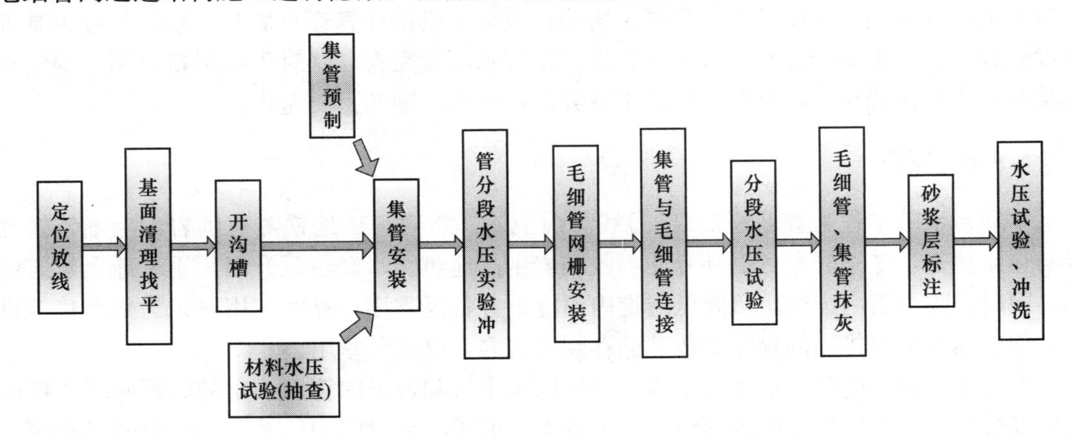

图 5-60　壁面毛细管施工敷设方法

毛细管换热器敷设在一衬和防水板之间，主管放在挡水板与二衬之间，每 267 片毛细管接一对 *De*110 的供回水管上，共有 9 对，并通过分集水器与机房相连接。隧道敷设横断面如图 5-64 所示。

明挖段施工敷设阶段方法如图 5-65 所示，明挖地段施工方法与壁面段施工方法大致相同，仅在部分工序有少许差异。明挖段地面敷设毛细管安装位置如图 5-66 所示，现场施工安装如图 5-67 所示。

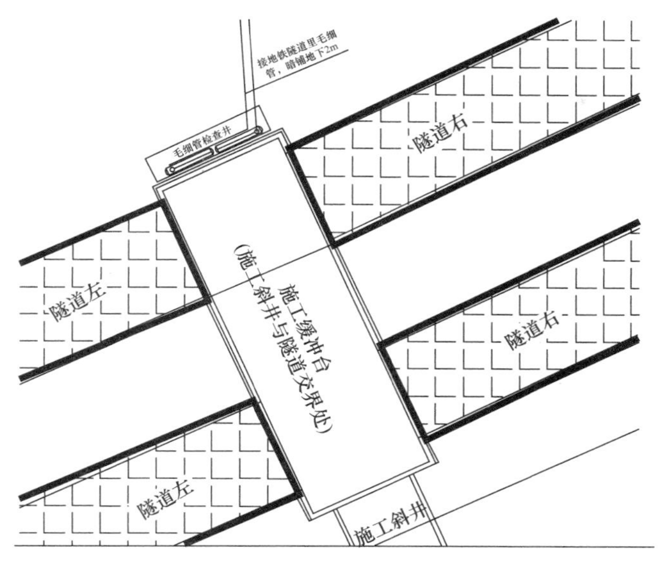

图 5-61 毛细管主管与室外检查井连接平面图

图 5-62 毛细管专用管卡

(a) (b)

(c) (d)

图 5-63 隧道段现场安装图

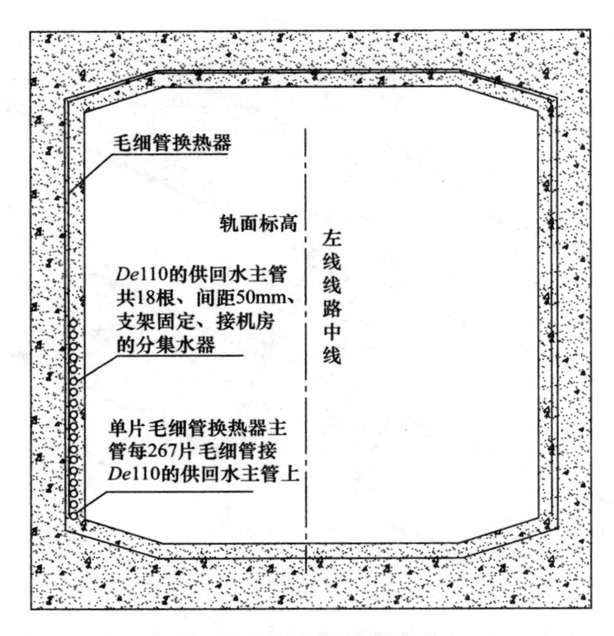

图 5-64　地铁隧道敷设横断面

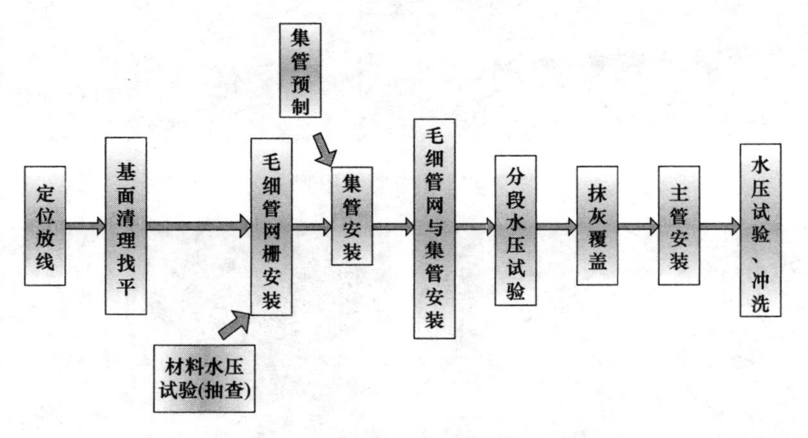

图 5-65　明挖地段施工敷设方法

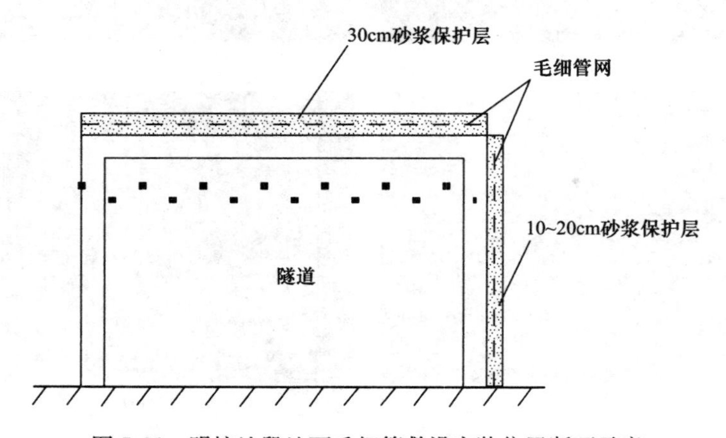

图 5-66　明挖地段地面毛细管敷设安装位置断面示意

(a) (b)

(c) (d)

图 5-67 明挖段现场安装图

本示范工程供热运营方式采用集中供热＋合同能源管理，按青岛市供热条例收取供热配套费及运行费用。供冷运营方式采用合同能源管理＋双方协商，运行费用估算为一个供冷季 20 元/m^2。

5.5 复合式地源热泵系统

对于冷热负荷差别比较大，或者单纯利用地源热泵系统不能满足冷负荷或热负荷需求时，经技术经济分析合理时，可采用复合式地源热泵系统，从而保障建筑空调设备运行的可靠性。下面以地埋管地源热泵系统为例，进行介绍。

对冷热负荷不等的地区，地源热泵向地下排放和吸收的热量不等，存在着不平衡，如果夏季空调向岩土体排放的热量大于冬季供暖时所提取的热量，那么，长期运行结果势必使岩土体温度越来越高，所能取得的热量会逐年减少，这将降低热泵系统的运行效率，最终导致夏季地源热泵系统不能正常运行。相反，如果夏季空调向岩土体排放的热量小于冬季供暖时所提取的热量，那么，长期运行结果势必使岩土体温度越来越低，所能取得的热量会逐年减少，这也将降低热泵系统的运行效率，最终导致冬季地源热泵系统不能正常运行。

为实现地源热泵系统长期高效的运行，应使地源热泵每年从地下取热和排热总量基本达到平衡。因此，冷、热负荷相差较大时，可采用复合式地源热泵系统。当冷负荷大于热负荷时，可采用“冷却塔＋地源热泵”的方式，地源热泵系统承担的容量由冬季热负荷确定，夏季超出的部分由冷却塔提供。当冷负荷小于热负荷时，可采用“辅助热源＋地源热泵”的方式，地源热泵系统承担的容量由夏季冷负荷确定，冬季超出的部分由辅助热源提供。通常采用的辅助热源方式有：太阳能、燃气锅炉、电加热器或余热等。采取复合式地源热泵系统后，可以使得吸、排热量大体持平。

下面分别介绍典型的复合式地源热泵系统，如：地源热泵与太阳能复合式系统、地源热泵与冰蓄冷复合式系统、地源热泵与冷却塔复合式系统、地源热泵热水系统等。

5.5.1　地埋管地源热泵系统与太阳能系统

太阳能是永不枯竭的清洁能源，量大，资源丰富，绿色环保。但太阳能也具有一些缺点：(1) 太阳能的能流密度低，而且它因地而异，因时而变。(2) 太阳能具有间歇性和不可靠性。太阳能的辐照度受气候条件等各种因素的影响不能维持常量，如果遇上连续的阴雨天气太阳能的供应就会中断。此外，太阳能是一种辐射能，具有即时性，太阳能自身不易储存，必须即时转换成其他形式能量才能利用和储存。因此，尤其在寒冷地区，单独利用太阳能对建筑物进行供暖，一般很难满足要求。

而对于土壤源热泵系统来说，空调季地埋管换热器将室内的热量送入岩土中，供热季地埋管换热器需从岩土中取出热量送入室内。但在我国北方，特别是严寒和寒冷地区，由于气象条件的原因，大部分建筑物的累计热负荷大于累计冷负荷，导致空调季送入岩土体的热量低于供热季岩土体被热泵提取的热量，且岩土体自身热恢复难以满足热量缺口，导致岩土体温度逐年下降，热泵机组蒸发器进口水温降低，出现系统运行效率逐年下降甚至机组无法运行的情况。

为了解决太阳能和地源热泵系统单独应用时存在的缺陷，这两种能源应该联合使用，互相弥补自身的不足，提高资源利用率。

太阳能一地源热泵系统具有以下优点：(1) 采用太阳能集热器辅助热源供热时，热泵机组的蒸发温度提高，使得热泵压缩机的耗电量减少，节省运行费用；(2) 在夏季夜间运行时太阳能集热器可作为辅助散热设备，从而减少了夏季向地下的排热量，使地温在数年内保持稳定，以保证机组在高效率下运行；(3) 在冬季运行时由于蒸发温度提高，使得用户侧出水或空气出口温度上升，舒适性提高；(4) 在系统设计时，使地源热泵系统可以按照夏季工况进行设计，从而减小了地下换热器的容量，减少了地源热泵地下部分的投资。

但是太阳能一地源热泵系统也存在部分缺陷，如投资回收期较长，系统较为复杂，建设和运行的要求较高等。

5.5.1.1　太阳能作为辅助热源的可行性

我国拥有丰富的太阳能资源，见表5-15。据统计，每年中国陆地接收的太阳辐射总量相当于24000亿t标煤，全国2/3的地区年日照时间都超过2000h，特别是西北一些地区超过3000h，这就为在热泵系统中利用太阳能提供了宝贵的资源。而且太阳能是取之不尽，用之不竭的一种绿色环保能源，不受任何人控制和垄断，它的利用也比较灵活，规模可大可小。

太阳能资源表　　表5-15

等级	太阳能条件	年日照时数（h）	水平面上年太阳辐照量 [MJ/(m² · a)]	地区
一	资源丰富区	3200～3300	＞6700	宁夏北、甘肃西、新疆东南、青海西、西藏西

续表

等级	太阳能条件	年日照时数（h）	水平面上年太阳辐照量［MJ/(m²·a)］	地区
二	资源较丰富区	3000～3200	5400～6700	冀西北、京、津、晋北、内蒙古及宁夏南、甘肃中东、青海东、西藏南、新疆南
三	资源一般区	2200～3000	5000～5400	鲁、豫、冀东南、晋南、新疆北、吉林、辽宁、云南、陕北、甘肃东南、粤南
		1400～2200	4200～5000	湘、桂、赣、江、浙、沪、皖、鄂、闽北、粤北、陕南、黑龙江
四	资源贫乏区	1000～1400	＜4200	川、黔、渝

5.5.1.2 太阳能一地源热泵技术应用的条件

太阳能-地源热泵系统联合运行的工程中，在初投资上，太阳能系统完全为增量成本，系统的初投资较高，因此在应用太阳能一地埋管地源热泵技术时应遵循下列原则：

（1）在经济许可的前提下最大限度地利用太阳能。太阳能是完全免费的，在利用过程中，仅消耗水泵能耗，运行费用低，所以在经济许可的情况下，尽可能增大太阳集热器的面积，以提高太阳能的利用率。

（2）太阳能一地源热泵技术适宜全年供生活热水、冬季供暖、夏季制冷的全年综合利用的场所。在实际工程中，采用太阳能一地源热泵技术后，系统初投资较高，尤其是太阳能集热器，全部是增量成本，最好能全年综合利用。例如：太阳能集热器冬季供热、夏季制冷，在过渡季，不设空调时，太阳能除提供生活热水外，可将多余的热量储存起来，供冬季供热。这样的做法既可以做到太阳能的综合利用，又可以避免太阳能集热器的空晒，增加了太阳能集热器的寿命。

（3）新能源利用的前提是必须采用节能建筑，以降低系统的初投资。太阳能的能流密度较低，太阳能集热系统的价格在目前仍然偏高；地源热泵系统与常规系统相比，初投资也较高。为了尽可能减少系统的初投资，必须保证建筑围护结构符合节能规范的要求，以降低供暖、空调系统的负荷需求。

（4）与供水温度要求低的末端系统配套使用。目前高温型的地源热泵机组 *COP* 值较低，对于常规地源热泵机组来说，供热时，出水温度较低。同时，太阳能集热系统的集热效率与集热系统的出水温度有关，温度越高热损失越大，集热效率降低，因此在选择供暖系统时应优先选择供水温度要求低的形式，如低温地板辐射供暖系统。

5.5.1.3 太阳能系统与地源热泵系统联合运行的方式

太阳能系统与地源热泵系统联合运行的原则是：以地源热泵系统为主，太阳能系统为辅助热源，但在运行控制上要优先采用太阳能，并加以充分利用。

太阳能系统与地源热泵系统联合供热的方式有两种：并联和串联。并联方式示意图如图 5-68 所示，串联方式示意图如图 5-69 所示。

并联方式：假设末端系统所需的供回水温度为 50/40℃，并联系统的运行模式为：（1）在供暖初始时，由于室外温度较高，供暖负荷较小，此时，经过太阳能加热后的供水温度 T_g 较高时（如 T_g 温度高于 50℃），太阳能被直接利用，此时阀门 V1、V2 开启，水泵 2、水泵 3、水泵 4 开启；阀门 V3、V4、V5、V6、V7、V8 均关闭，热泵机组关闭，水泵 1 关闭。（2）当 T_g 温度低于 50℃时，且高于 30℃时，太阳能不能被直接利用，而是加热岩土体侧地埋管换热器，此时阀门V3、V4、V6、V7开启，水泵1、水泵2、水泵3、水泵4开启，热泵机组开启；阀门V1、V2、V5、V8均关闭。(3) 当T_g温度低于30℃时，且高于15℃时，太阳能不能被直接利用，而直接进入热泵机组的蒸发器，此时阀门V3、V4、V6、V8开启，水泵1、水泵2、水泵3、水泵4开启，热泵机组开启；阀门V1、V2、V5、V7均关闭。(4) 当T_g温度低于15℃时，太阳能系统停止运行，仅采用热泵系统供暖。此时，阀门V3、V4、V5开启，水泵1、水泵2开启，热泵机组开启；阀门V1、V2、V6、V7、V8均关闭，水泵3、水泵4关闭。

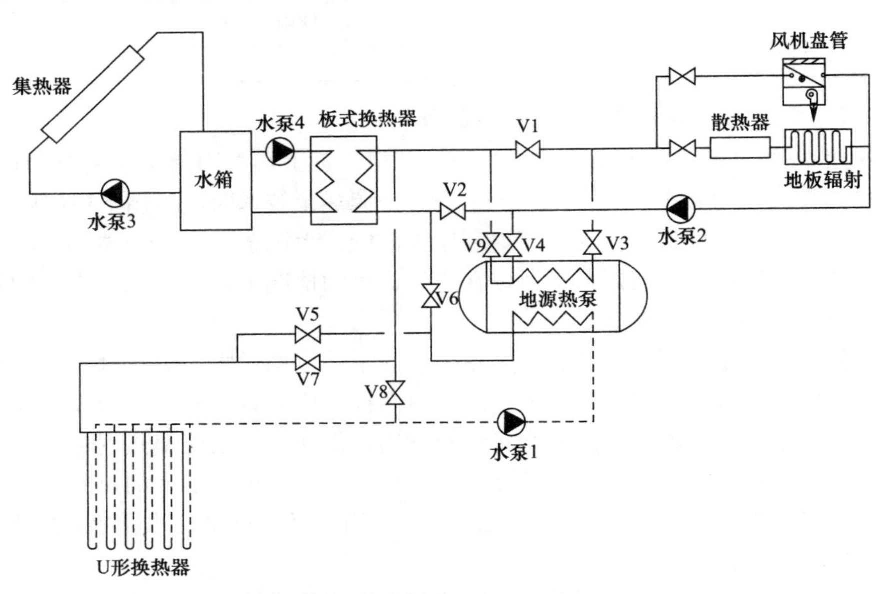

图5-68　太阳能系统与地源热泵系统并联供热方式

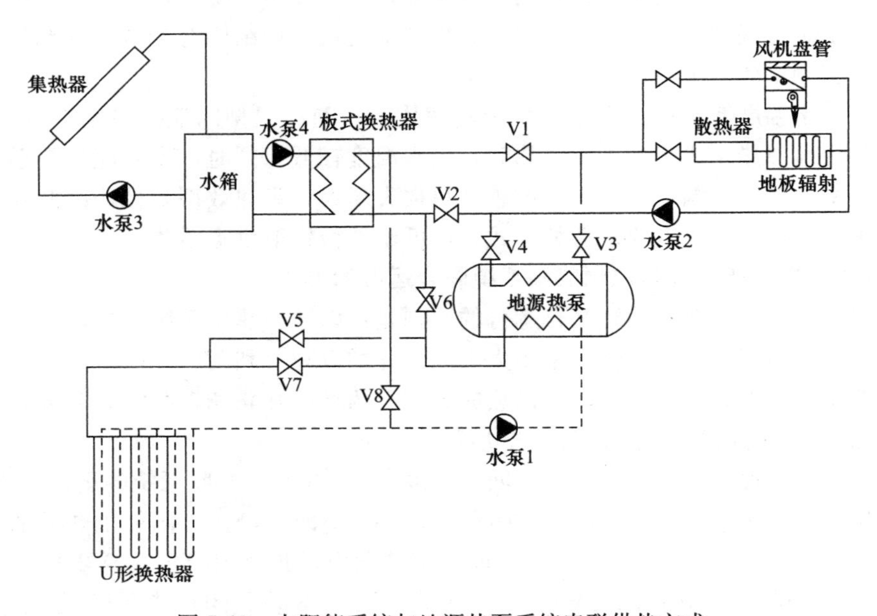

图5-69　太阳能系统与地源热泵系统串联供热方式

串联方式：假如末端系统所需的供回水温度为50/40℃，串联系统的运行模式为：(1) 在供暖初始时，由于室外温度较高，供暖负荷较小，此时，经过太阳能加热后的供水温度 T_g 较高时（如 T_g 温度高于 50℃），太阳能被直接利用，此时阀门 V1、V2 开启，水泵 2、水泵 3、水泵 4 开启；阀门 V3、V4、V5、V6、V7、V8、V9 均关闭，热泵机组关闭，水泵 1 关闭。(2) 当 T_g 温度低于 50℃时，且高于 40℃时，太阳能不能被直接利用，而是与热泵机组串联，进入热泵机组的冷凝器侧，此时阀门 V2、V3、V5、V9 开启，水泵 1、水泵 2、水泵 3、水泵 4 开启，热泵机组开启；阀门 V1、V4、V6、V7、V8 均关闭。(3) 当 T_g 温度低于 40℃时，且高于 30℃时，太阳能不能被直接利用，而是加热岩土体侧地埋管换热器，此时阀门 V3、V4、V6、V7 开启，水泵 1、水泵 2、水泵 3、水泵 4 开启，热泵机组开启；阀门 V1、V2、V5、V8、V9 均关闭。(4) 当 T_g 温度低于 30℃时，且高于 15℃时，太阳能不能被直接利用，而是直接进入热泵机组的蒸发器，此时阀门 V3、V4、V6、V8 开启，水泵 1、水泵 2、水泵 3、水泵 4 开启，热泵机组开启；阀门 V1、V2、V5、V7、V9 均关闭。(5) 当 T_g 温度低于 15℃时，太阳能系统停止运行，仅采用热泵系统供暖。此时，阀门 V3、V4、V5 开启，水泵 1、水泵 2 开启，热泵机组开启；阀门 V1、V2、V6、V7、V8、V9 均关闭，水泵 3、水泵 4 关闭。

并联运行模式与串联运行模式相比，各有优缺点：

(1) 并联系统：当太阳能集热器的温度较高，而又不能直接供热时（如温度在 30～50℃之间），可以将集热器的热量转移到地下储存，这样既可使岩土体温度场得以较快的恢复，又可提高热泵机组的效率；缺点是直接利用太阳能的时间较短，大部分时间太阳能是间接利用的，即利用太阳能来加热岩土体的温度，以便提升进入蒸发器入口的介质的温度。

当太阳能系统与地源热泵系统同时运行时，系统的循环水量为两者之和，太阳能系统能否直接供热，直接影响系统的循环水量，进而影响热泵机组的可靠性。

(2) 串联系统：除具有上述并联系统的优点外，它还具有直接利用太阳能的时间较长（温度在 40℃以上都可利用）。

在实际工程中，要根据情况，合理选择并联或串联运行方式。

5.5.1.4 太阳能—土壤源热泵系统集热面积设计方法

在 20 世纪 60 年代，国内外学者提出了太阳能—土壤源热泵系统，经过几十年的发展，该技术在国内外大量工程中得到了实践。国内外学者也对这种系统进行了大量实验和模拟研究。研究和实践表明：太阳能集热面积是影响整个系统的运行效果的主要因素之一，直接关系到系统的整体性能以及经济性和安全性，必须提出一种与实际情况相符且合理准确的计算方法，以指导太阳能—土壤源热泵系统的设计。

针对太阳能集热器面积的计算，研究人员先后提出了两种的设计方法，分别是太阳能保证率法和热平衡法。

太阳能保证率法以太阳能保证率为主要设计依据，根据当地的太阳能保证率和系统的热负荷确定集热面积的大小。在设计计算时首先确定系统的热负荷，其次根据该地区的太阳能保证率推荐范围确定系统的太阳能保证率。太阳能保证率乘以设计热负荷，得到需要的太阳能集热量。根据这个太阳能需热量并结合当地的太阳能资源情况，即可计算出需要的集热面积。

热平衡法基于能量守恒原理，进行集热面积的设计，其基本原理如下：热泵系统全年从土壤中的取热量应等于系统全年向土壤中的放热量。系统全年向土壤中的放热量包括：热泵系统空调季向土壤中的放热量、太阳能集热系统在过渡季和供暖季收集到的热量以及场地附近土壤向地埋管区土壤的传热量，即土壤自身的热恢复。

1. 土壤温度恢复率判断

土壤的热恢复能力主要与地源井数量 n、地埋管换热器长度 L、土壤热导率 λ 和系统累计热冷负荷比 r 有关。可以利用多元逐步回归方法建立土壤温度恢复率 β 与主要影响因素的关联式 $\beta\sim f$（n，r，L，λ）。

$$\beta=\frac{t'-t}{t_0-t} \tag{5-14}$$

式中，β 表示土壤全年温度恢复率；t_0 表示土壤初始全年平均温度；t 表示供暖季结束时土壤平均温度；t' 表示下一个供暖季开始前土壤平均温度。上述的土壤温度可以通过监测地埋管区域土壤温度获取。

系统累计热冷负荷比 r 可以由式（5-15）计算：

$$r=\frac{Q_{\rm H}}{Q_{\rm C}} \tag{5-15}$$

根据建筑物和地埋管换热器的信息，将 r、n、L 和 λ 带入到土壤温度恢复率关联式 $\beta\sim f$（n，r，L，α）中，计算得到系统的初始土壤温度恢复率 β，判断埋管区土壤是否满足全年热平衡，是否需要为系统增加辅助热源。判断规则如下：

如果 $\beta\geqslant 1$，说明系统在不设计太阳能集热器的情况下土壤全年温度能够得到有效恢复，此时可以不必为系统设计太阳能集热器。

如果 $\beta<1$，说明在不设计太阳能集热器时土壤全年温度恢复率不能够得到有效恢复，系统长期运行可能出现土壤温度持续下降的问题。此时需为热泵系统添加太阳能集热系统保证土壤全年温度得到有效恢复。

2. 太阳能集热面积计算

太阳能集热面积设计计算方法是在能量守恒定理基础上得到的，地埋管区土壤全年热量平衡方程如式（5-16）和式（5-17）所示。

$$Q_{\rm out}=Q_{\rm in}+Q_{\rm r}+Q_{\rm s} \tag{5-16}$$

$$Q_{\rm s}=A\times\eta\times q \tag{5-17}$$

式中，$Q_{\rm out}$ 表示热泵系统全年从土壤中的取热量；$Q_{\rm in}$ 表示空调季热泵向土壤中的放热量；$Q_{\rm r}$ 表示土壤自身恢复的热量；$Q_{\rm s}$ 表示热泵系统使用太阳能收集到的热量；η 表示太阳能平均集热效率；q 表示工程所在地太阳能系统运行时的辐射量总和；A 表示集热面积，$\rm m^2$；

若使热泵系统地源侧的土壤温度保持稳定，避免出现土壤温度逐年下降的情况，则需使土壤温度恢复率 $\beta'=1$，将 β' 代入 $\beta\sim f$（n，r，L，λ）的关联式，在地源井数量 n、地埋管换热器长度 L、土壤热导率 λ 不变的前提下，推算出系统累计冷热负荷比 r'，此处的 r' 为修正值，利用 r' 计算出修正累计热负荷 $Q'_{\rm H}$，如式（5-18）所示。

$$Q'_{\rm H}=r'Q_{\rm C} \tag{5-18}$$

式中，r' 表示系统修正累计冷热负荷比，$Q'_{\rm H}$ 表示修正累计热负荷。

对于太阳能—土壤源热泵系统，建筑修正后的热负荷与蒸发器换热量之间的关系如式（5-19）所示。

$$Q_{out}+Q_s=\frac{COP_H-1}{COP_H}\times Q'_H \tag{5-19}$$

得到太阳能集热器面积计算公式，如式（5-20）所示。

$$A=\frac{(Q_H-r'Q_C)\dfrac{COP_H-1}{COP_H}}{\eta\times q} \tag{5-20}$$

在实际工程设计中，土壤温度恢复率β与主要影响因素的关联式是集热器面积设计的难点所在，关联式拟合方法仍需要进一步研究。

5.5.2 地源热泵与冰蓄冷系统

地源热泵系统、冰蓄冷系统在国内工程项目上已被较广泛地采用，其中冰蓄冷系统在夏季将蓄能空调和电力系统的分时电价相结合，从宏观上可以削峰填谷；平衡电网负荷；微观上可以使空调用户享受分时电价政策，节省大量运行费用。地源热泵系统优缺点前面已经论述，不再重复。

但是，作为地源热泵系统和冰蓄冷系统，这两种系统都具有一定的局限性。地源热泵系统虽然能同时提供冬季供暖、生活热水和夏季制冷，但却无法起到削峰填谷的作用；对于冷负荷大于热负荷的建筑来说，机组选择的时候，按照冷负荷标准进行机组的选择，则会导致机组的制热能力大大超出建筑物的热负荷需求，在供热上造成了机组投资和运行的浪费，而若按照热负荷标准选择的话，则会出现夏季制冷量不够，往往需要添加额外的制冷机组，造成冬季机组大量闲置。而对于冰蓄冷系统，主机设备只能在夏季使用，冬季闲置，造成巨大浪费。而此时采用冰蓄冷后，则可以减少机组、相关辅助设施的容量和投资，使系统实现更为合理的配置。采用以三工况热泵机组为核心的地源热泵与冰蓄冷相结合的系统是目前解决系统优化配置的良好选择。

因此，采用以三工况热泵机组为核心的地源热泵系统和冰蓄冷系统的联合运行，既可以使用户使用到冬季廉价的供热，又可使用户使用到具有良好舒适性的冰蓄冷空调制冷。这样既减轻了采用常规能源带来的环境压力，还为平衡电网负荷做出了贡献，可谓一举多得。

5.5.2.1 地源热泵与冰蓄冷系统运行策略

地源热泵与冰蓄冷联合运行系统主要由以下系统构成：室内供冷、供热系统、三工况热泵机组工质循环系统、冰蓄冷系统和地埋管换热系统。

在冬季，冰蓄冷系统不运行，地源热泵系统单独运行，这与通常的地源热泵系统无异，在此不再赘述，以下仅介绍夏季制冷工况。

冰蓄冷系统的运行方式有两种：全部蓄冷模式和部分蓄冷模式。两者相比，部分蓄冷的热泵机组利用率高，蓄冷设备容量少，是一种更经济有效的运行模式。

三工况热泵机组选择时，根据供热负荷确定容量，在夏季运行时，不足容量由蓄冰设备承担。

运行策略要以夏季逐时负荷为依据，采用负荷均衡的部分蓄冰运行策略，以便得到最佳的投入产出比。除方案设计或初步设计，可使用系数法或平均法对空调冷负荷进行必要的估算，施工图必须进行逐项、逐时的冷负荷计算。

地源热泵与冰蓄冷联合运行时，在夏季电力低谷时段，启动热泵机组制冷工况蓄冰，将冷量储存在蓄冰槽中，白天用电高峰时段释冷。如果日间冷负荷需求较小，单独采用冰蓄冷空调制冷；若日间冷负荷需求较大，开启三工况热泵机组制冷工况，由地源热泵机组和冰蓄冷联合制冷。若夜间有少量负荷需求，可单独设基载热泵主机。具体工程要根据不同的负荷情况确定控制策略，常用的冰蓄冷控制策略见表5-16。

常用的冰蓄冷控制策略 **表5-16**

空调负荷	制冷方案	控制策略
100%负荷段	三工况热泵机组＋蓄冷设备＋基载主机	夜间利用基载主机供冷，三工况热泵机组在电力低谷段蓄冰；在电力平段、高峰段，根据负荷情况投入三工况热泵机组、蓄冷设备、基载主机
40%～80%负荷段	三工况热泵机组＋蓄冷设备＋基载主机	夜间利用基载主机供冷，三工况热泵机组在电力低谷段蓄冰；在电力平段根据负荷情况投入蓄冷设备、基载主机；在电力高峰段，根据负荷情况投入三工况热泵机组、蓄冷设备
30%以下负荷段	蓄冷设备＋基载主机	夜间利用基载主机供冷，三工况热泵机组在电力低谷段蓄冰；在电力平段、高峰段，根据负荷情况投入蓄冷设备

5.5.2.2 地源热泵与冰蓄冷系统设计注意事项

在采用地源热泵与冰蓄冷系统时，应注意以下几点：

（1）进行技术经济分析，合理确定冰蓄冷系统承担夏季空调负荷占设计负荷的比例，确定蓄冰设备容量及配套主机和辅助设备规模。

（2）主机与蓄冰设备是整个系统的核心，其安全可靠性在很大程度上决定了整个系统的安全可靠性。应选用三工况热泵机组，要适应空调工况、制冰工况和制热工况，最好选用三工况冷水机组机；蓄冰设备要选用技术成熟、安全、可靠，运行与调节操作灵活，蓄冷与释冷效率高的产品。

（3）根据现场可用地表面积、岩土体类型以及钻孔费用，合理确定地埋管换热器的埋管方式、埋管形式、钻孔数量及深度，并进一步确定热交换器采用的管材与管径、钻孔间距、钻孔回填料配方。

（4）采用地源热泵与冰蓄冷相结合的系统，运行工况多，包括：空调工况、制冰工况、融冰工况、制热工况和上述工况的可能组合，工况切换频繁；特别是冰蓄冷系统控制直接影响系统运行的运行效率及安全可靠性。在设计时，应制订科学合理的工艺流程、运行模式和控制策略，实现主机设备与蓄冰设备的合理搭配，同时制订安全有效的防冻保护措施。

5.5.3 地源热泵生活热水系统

5.5.3.1 系统简介

随着人们生活水平的提高，提供安全、稳定的生活热水系统，已成为宾馆、医院、学校设施要求的基本条件，居民住宅小区集中供生活热水的需求也越来越大，尤其是夏热冬暖的亚热带地区，气候潮湿、冬季气温变化大、夏季炎热，人们用热水洗澡的天数一般占全年80%以上。长期以来，各种热水锅炉和家庭热水器为解决生活热水问题，既有其便利之处，又有其各方面的不足和局限。燃煤锅炉成本低，但污染严重，一些城市已下文禁止使用燃煤锅炉，要求改用燃油锅炉，但随着燃油价格的不断上涨，其运行成本使大家难以承受；燃气热水器在通风条件差的地方使用存在安全隐患且运行成本高；采用太阳能热水系统，可节省大量高品位能源，但对于冬季阴雨连绵的地区，寒冷时是需要热水量最多的季节，却要以电（燃气或燃油）加热为主，集中供热水其能耗之大使系统冬季运行难以承受；空气源热泵热水设备，安装灵活，使用方便，与电锅炉相比节能效果突出，逐渐成为热水设备的主流产品之一，但同样是冬季需热水量最大时，能效最低，达不到最佳节能效果，而且在北方寒冷地区冬季不适用。

地源热泵热水系统是近年来推出的新型热水系统，经过我国一些地区的有效实施表明其节能、环保效果突出，如系统设计合理，具有供热水量稳定、可靠、能效比高、无污染等特点，能满足生活热水水温 45～60℃的要求。

地源热泵热水系统必须具备一定的环境资源条件，必须因地制宜，根据用户要求、使用情况、资源条件合理选择热源形式和热源组合方式，既要保证系统效果，又要综合考虑投资运行成本。

5.5.3.2 地源热泵热水系统形式

按热水是否由水源热泵机组直接供给，系统可分为直接供水和间接供水两种。直接供水系统示意图如图 5-70 所示，间接供水系统示意图如图 5-71 所示。

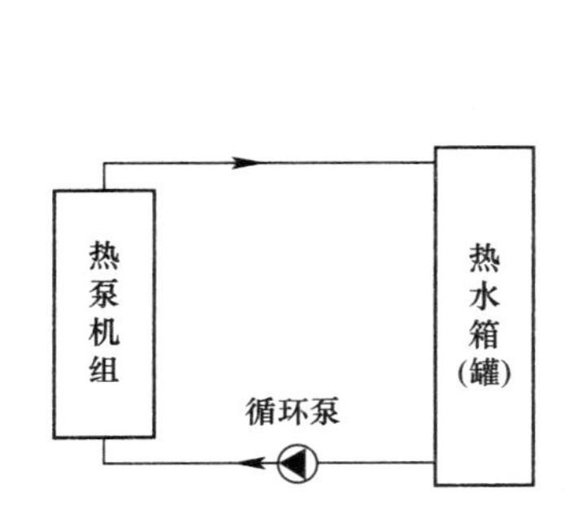

图 5-70 直接供水系统示意图

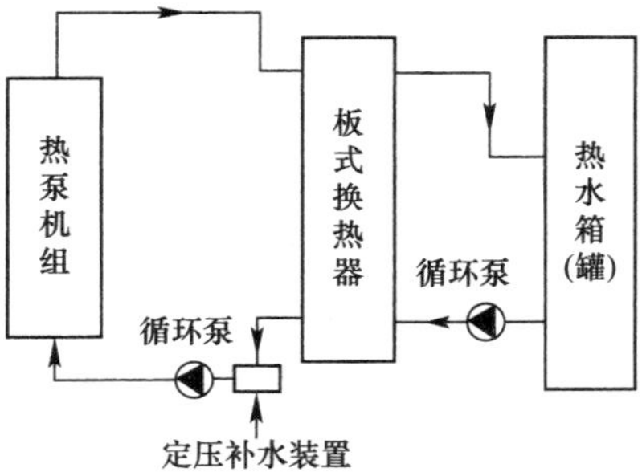

热泵机组
板式换热器
热水箱(罐)
循环泵
循环泵
定压补水装置

图 5-71 间接供水系统示意图

直接供水系统适用于冷水硬度小于等于 200mg/L，且对供热水要求一般的场所。该系统的优点是热效率高，系统简单。缺点是在循环工质泄露时会污染热水；冷水水质不好时可能造成热泵机组内冷凝器等结垢或阻塞，影响使用寿命。

间接供水系统适用于冷水硬度大于 200mg/L，且对供热水要求较高的场所。该系统优点是循环工质泄露时不会污染热水，冷水水质不好时不会影响热泵机组。缺点是系统复杂，系统热效率降低；系统出热水温度降低。两种间接式供水方式比较，采用板式换热器时换热面积小和温差小但需设两组循环水泵，系统较复杂，需根据项目实际情况，确定采用何种间接供水系统。

地源热泵热水系统可分为独立地源热泵热水系统和复合式地源热泵热水系统两类。独立地源热泵热水系统是指生活热水完全由地源热泵系统来承担，不和其他热源及空调系统联合运行的方式（图 5-72）。复合式地源热泵热水系统是指由地源热泵系统和其他辅助热源或空调系统联合运行的方式。按照与空调系统的组合运行方式可以分为直接组合方式、热回收组合方式、冷却水二次利用组合方式等。按照辅助热源组合形式可分为：地源热泵与空气源并联的混合型地源热泵热水系统、地源热泵与常规能源（热力网、燃气、燃油加热设备、电加热设备等）并联的混合型地源热泵热水系统、太阳能一地源热泵耦合型地源热泵热水系统等。

独立地源热泵热水系统的优点是运行不受其他热源及空调等的影响，系统日常操作简单。缺点是与联合系统相比节能效果差，该系统适用于地源热泵系统仅作为生活热水热源的场所。

直接组合热水系统运行方式的优点是在空调季节节能效果好，热泵机组一机多用。缺点是热水与供暖的供回水温度需一致，热水只能采用间接供水，系统运行操作复杂，几种负荷运行中相互干扰。该系统适用于有较大的空调负荷，且能解决空调与热水高峰时间不一致的场所（图5-73）。

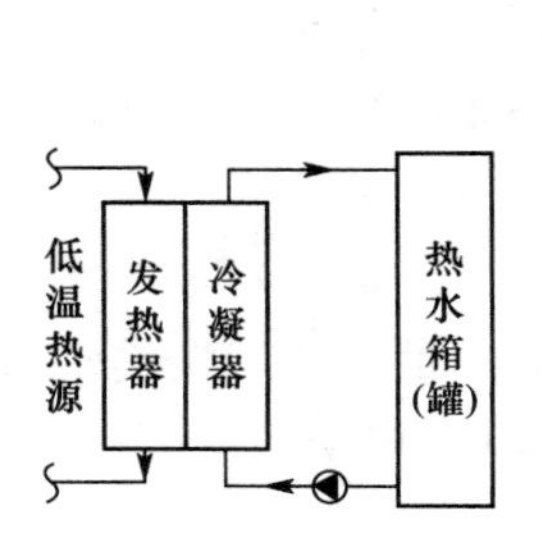

图5-72　独立热水系统示意图

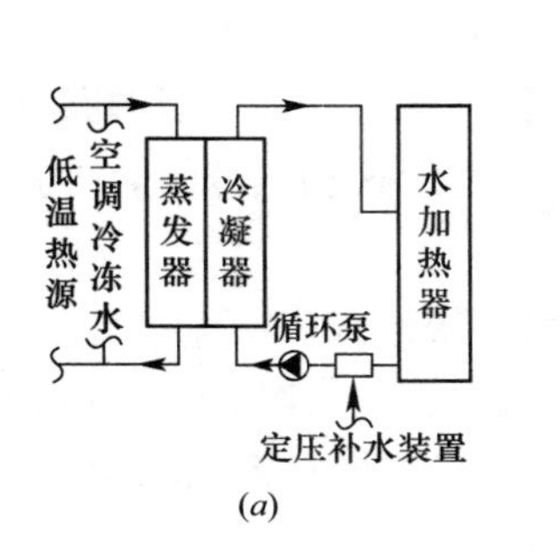

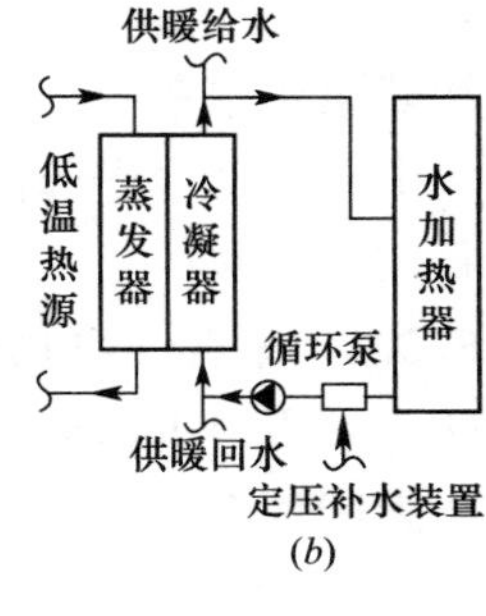

图5-73　直接组合热水系统示意图

(*a*) 空调季节；(*b*) 供暖季节

热回收组合方式的特点是要选用带热回收冷凝器的水源热泵机组。该运行方式的优点是热水系统相对独立，热水温度可独立设置，操作简单。缺点是几种负荷运行仍有些干扰，热水温度及热水量受回收热量的限制（图5-74）。

冷却水二次利用运行方式的优点是在空调季节节能效果好。缺点是当空调负荷小于热水负荷时需考虑设辅助热源。该运行方式适合于空调季节很长，且热水负荷相对空调负荷很小的场所（图5-75）。

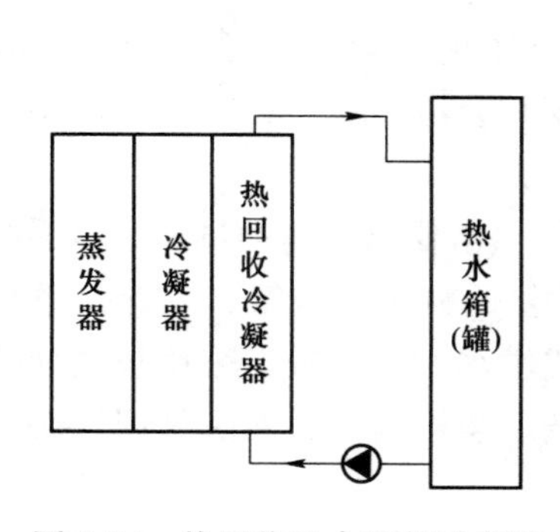

图5-74　热回收组合运行示意图

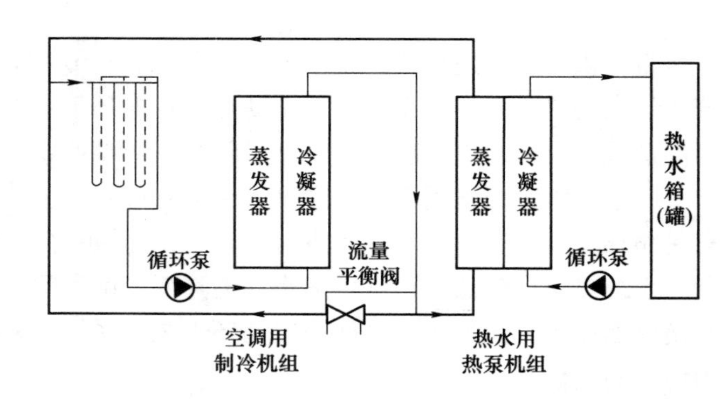

图5-75　冷却水二次利用运行示意图

5.5.3.3　其他典型复合式地源热泵热水系统形式

1. 地源热泵与空气源热泵并联的复合式热水系统

在这种复合式地源热泵热水系统中，岩土体和空气并联组成三种运行方式：当环境温度低于一定温度时，复合式地源热泵热水系统的低位热源主要是岩土体，此时采用岩土体的制热能效比高于空气；当环境温度高于一定温度时，空气的换热效率高于地埋管换热器，此时单独使用风扇吸收空气中的热量；当环境温度位于一定范围之内时，可以同时综合利用岩土体和空气，这样可以减少和防止地埋管换热器由于吸取地下过多热量而导致的系统性能下降。

图 5-76 是某实际工程中热泵系统能效比随环境温度的变化曲线。由图 5-76 可知，采用岩土体时热泵系统的能效比较稳定，一般保持在 3.2 左右；采用空气源时热泵系统的能效比受环境温度的影响较大，其能效比随环境温度上升的幅度比较明显，当环境温度约为 10℃时系统能效比为 2.7 左右，当环境温度为 33℃时系统的能效比达到 3.9，说明空气源热泵系统能效比受季节性影响较大。特别是当冬天热水需求量最多的时候，空气源热泵系统能效比较低的缺陷更显示了地源热泵系统的优势所在（冬季地埋管地源热泵与空气源热泵的 *COP* 值相比，约提高了 18.5%）；从图 5-76 可以看出当环境温度高于 21℃时空气源热泵系统能效比就开始高于地源热泵系统能效比，即当环境温度达到 21℃使用空气源热泵比较节能，同时又可以避免由于长期取热导致系统性能下降，这对热泵系统长期高效运行是至关重要的。

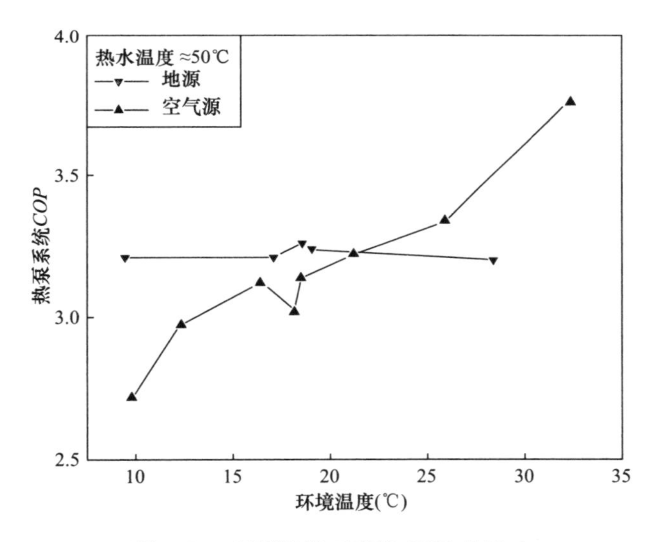

图 5-76 环境温度对系统 *COP* 的影响

2. 太阳能一地源热泵复合式热水系统

太阳能一地源热泵复合式热水系统主要由热泵机组、太阳能集热器、保温水箱、水泵等组成，通过自动控制系统，可根据情况选择多热源或单热源，有效地实现了太阳能和浅层地热能两种可再生能源的互补利用。在夏、秋季，太阳日照充足情况下，系统以太阳能为主，当检测到太阳能水箱水温不足的情况下，再由地源热泵系统循环加热；在冬、早春季节，白天利用太阳能系统进行加热，晚上热水注入中间水箱，由地源热泵机组进行加热，第 2 天提供生活热水，从而实现最大程度的利用太阳能。

图 5-77 为某实际工程中太阳能一地源热泵复合式热水系统的 *COP* 情况，测试时间为 2012 年 3 月 26 日～4 月 7 日。该时间段处于广州地区的梅雨季节，天气情况以阴雨、潮

湿天气为主。3月26日～4月7日平均最低气温为18.5℃，平均最高温度为23.1℃。而且在14天中，有11天以阴雨天气为主，日照情况较差，复合式热水系统运行中主要以地埋管地源热泵为主。从图5-77中可以看出，复合式地源热泵热水系统的*COP*平均为4.52，而单一地源热泵系统情况下为3.61；在前7天，天气温度较高，日照较好的情况下，太阳能系统效果较好，所以复合式地源热泵热水系统与单一地源热泵系统之间的Δ_{COP}较大（Δ_{COP}在1左右）；在后7天，气温降低，持续阴雨天气，日照很少的情况下，以地埋管地源热泵系统工作为主，所以复合式地源热泵热水系统与单一地源热泵热水系统*COP*非常接近，且波动较小。以上数据表明：太阳能一地源热泵复合式热水系统受天气的影响较大，但系统的*COP*值始终高于单一地源热泵系统，在4～6之间，能效比很高，节能效果明显；单一地源热泵系统*COP*值稳定，始终在3～4.5之间波动，受天气温度、日照的影响很小，运行可靠。可见，采用多热源的耦合型地源热泵系统可以提高系统能效比，降低运行成本。

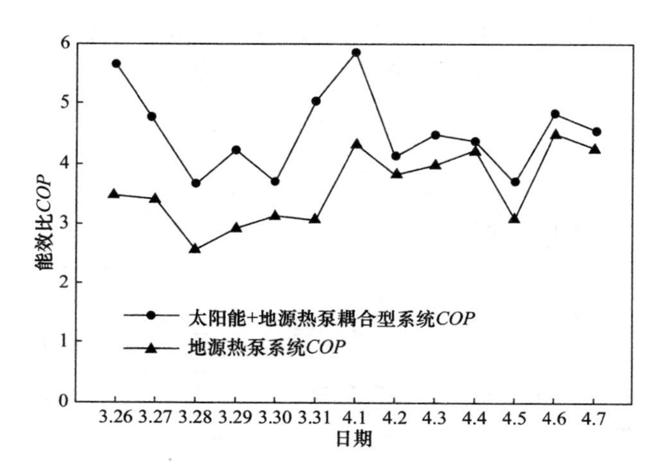

图5-77　太阳能—地埋管地源热泵热水系统*COP*情况

5.5.4　复合式地源热泵系统综合集成

在复合式地源热泵系统中，地源热泵系统的设计要满足吸热量和排热量中数值较小的需求，其余多出的热量由辅助散热或辅助加热系统来承担。在实际工程中，年吸热量、排热量并非要求绝对的平衡，只要这种不平衡率不会导致随运行年数的增加而使地源热泵系统的工作状况恶化就可以了，一般来说不平衡率宜保证在10%～15%以内。

假设年吸热量、排热量允许的不平衡率为$\pm P$（%），建筑所需的年供冷量为Q_LMWh，年供热量为Q_RMWh，且年均供冷、供热性能系数分别为COP_L和COP_R，分别按满足供冷和供热需求所选择的地源热泵数量为N_L和N_R，则实际地源热泵系统的确定方法如下：

1. 求出年吸热量、排热量值

$$年释热量\ Q_{SL}=\frac{COP_L+1}{COP_L}Q_L \tag{5-21}$$

$$年吸热量\ Q_{XR}=\frac{COP_R-1}{COP_R}Q_R \tag{5-22}$$

2. 当 $Q_{SL}>Q_{XR}$时，分为两种情况：

(1) 若$\frac{Q_{SL}-Q_{XR}}{Q_{XR}}<P$，则地源热泵按满足夏季供冷要求计算，无需增设辅助散热设备；

(2) 若$\frac{Q_{SL}-Q_{XR}}{Q_{XR}}>P$，则需增加辅助散热设备，且其至少要承担 $Q_{SL}-(1+P)Q_{XR}$的年散热量，而此时地源热泵必须以能够满足冬季供热时的需求为下限，具体数值可由技术经济分析得到。

3. 当 $Q_{SL}<Q_{XR}$时，也分为两种情况：

(1) 若$\frac{Q_{XR}-Q_{SL}}{Q_{SL}}<P$，则地源热泵按满足冬季供热要求计算，无需增设辅助加热设备；

(2) 若$\frac{Q_{XR}-Q_{SL}}{Q_{SL}}>P$，则需增加辅助加热设备，且其至少要承担的年加热量相当于从岩土体中吸收大小为 $Q_{XR}-(1+P)Q_{SL}$的热量，而此时地源热泵必须以能够满足夏季供冷时的需求为下限，具体数值可由技术经济分析得到。

以地源热泵—冷却塔系统为例，介绍复合式地源热泵系统在设计中应注意的问题。

在实际工程中，地源热泵和冷却塔的连接方式有两种，一种是串联，一种是并联。

地源热泵和冷却塔的串联连接方式如图 5-78 所示。由地源热泵系统承担基础负荷，冷却塔用于调峰和平衡吸热量和排热量的差异。

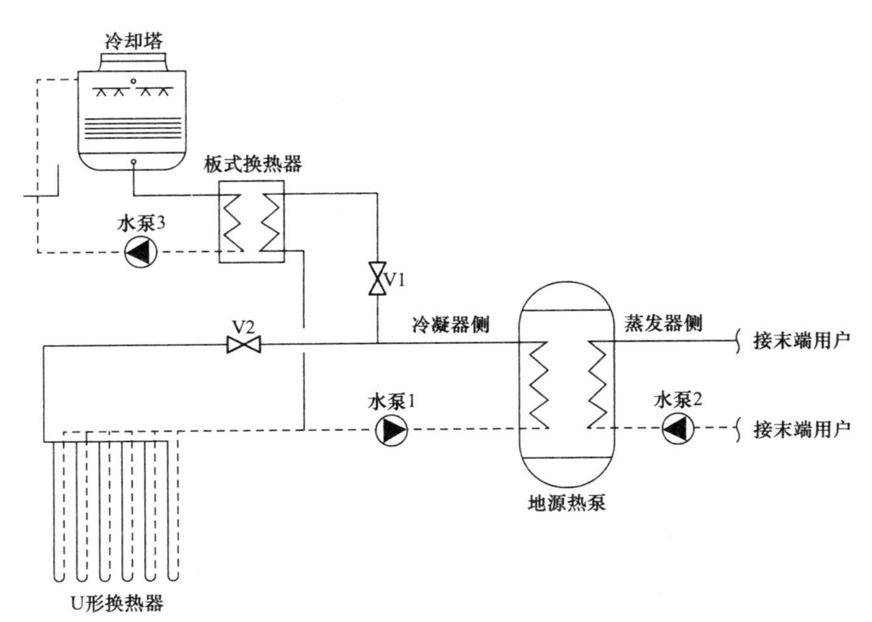

图 5-78 地源热泵和冷却塔系统串联连接方式

地源热泵和冷却塔的并联连接方式如图 5-79 所示。在并联连接方式中，地源热泵和冷却塔可同时运行，也可交替运行，这主要取决于冷却塔的具体选型。

地源热泵和冷却塔的连接方式不论是串联还是并联，对于冷却塔来说，都有以下三种控制策略：

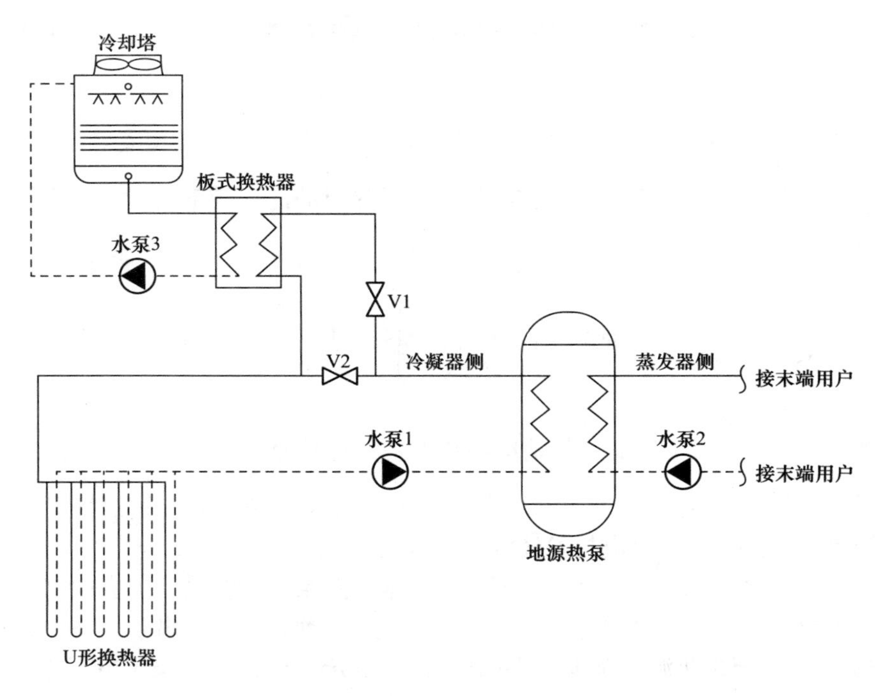

图 5-79 地源热泵和冷却塔系统并联连接方式

控制策略 1：设定冷却塔的运行时间，并在规定的时间域内启动冷却塔。

控制策略 2：设定地埋管换热器流体平均温度。当温度超过设定值 t 时，启动冷却塔。

控制策略 3：设定地埋管换热器流体温度与环境湿球温度的差值。当温差大于设定值 Δt_1 时，启动冷却塔；当温差小于设定值 Δt_2 时，关闭冷却塔。

无论采用哪种连接方式，在选择冷却塔时，冷却塔运行时的出力和时间的乘积应能平衡吸热量和排热量的差异，使得地下岩土体的温度在一个周期内（一般为 1 年）基本保持不变。

5.5.5 复合式地源热泵系统评价

在过去的“十二五”时期，我国建筑行业节约能源工作取得了明显成效，但是也存在如下问题：

（1）建筑能耗高、能源利用形式单一，导致夏季电力不足，燃气过剩，而冬季则恰好相反。

（2）空调设计不合理；空调系统设备安全余量大，设备长期低效运行。

（3）集中供热系统效率低，热能利用率不足 55%。

（4）冷热源设备运行策略简单，缺乏优化。

（5）空调系统运行时未根据负荷需求合配置，主要表现在冷热源设备未根据负荷需求合配置、循环水泵未根据负荷需求合配置。

（6）大型公共建筑能耗高，行为节能意识不强；未有效实现分区、分时管理。

（7）可再生能源（太阳能、地热能）受投资、现场条件限制，未得到有效利用。

（8）可再生能源具有不连续性、不稳定性的特点，需通过不同能源形式的最佳组合，实现联合高效利用。

因此，针对以上问题，从改善能源结构角度考虑，应由单一能源向多能源发展，通过多种能源有机整合、集成互补，缓解能源供需矛盾，提高能源利用效率；在系统设计中应注重多能源系统容量合理配置，降低初投资的同时实现空调系统根据负荷需求进行多策略控制，节省运行费用。

除上述系统外，复合式地源热泵系统还包括地源热泵＋燃气锅炉系统、地源热泵＋市政热力系统、地源热泵＋燃气三联供＋辅助冷热源以及与蓄能系统的组合等。复合式地源热泵系统形式复杂，初投资较高，控制策略多样化。因此，在方案阶段需要充分论证，并提出合理的最优化容量配置和运行控制策略。

复合式地源热泵系统的评价方法有多种，分别以全寿命周期成本、系统能耗及运行费用、能源综合利用率、系统效率、投资成本、碳排放、现场条件等作为最优化评价指标，根据项目具体情况，宜全面考虑能源系统成本、经济运行、环境等影响因素，形成适宜的多能源系统指标评价方法。

本节推荐采用全寿命周期成本（Life cycle cost）法进行复合式地源热泵系统的评价。文中提及的是狭义上的全寿命周期成本法，即从能源系统开始建设到拆除为止，整个阶段内消耗成本（图 5-80）。包括：初期建设费用、运行费用、维护管理等费用折算到现值之和减去可回收得到的费用现值。

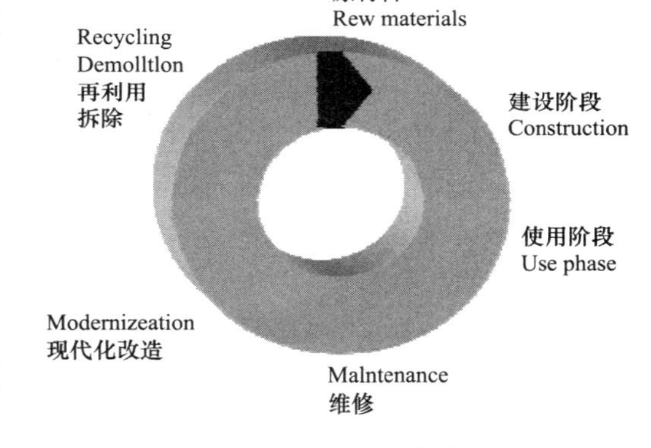

图 5-80 全寿命周期成本

全寿命周期成本 LCC 的计算公式如下：

$$LCC = IC + OC + MC - RC \tag{5-23}$$

式中 LCC——能源系统的全寿命周期成本；

IC——能源系统建设费用的现值；

OC——能源系统运行费用的现值；

MC——能源系统维护管理费用的现值；

RC——能源系统寿命周期结束时剩余残值净现值。

5.6 水（地）源热泵机组及相关设备概况

5.6.1 水（地）源热泵机组定义和相关标准

5.6.1.1 相关标准和定义

水（地）源热泵机组的相关标准如下：

国外标准：ARI 320-98 Water-Source Heat Pumps；ARI 325-98 Ground-Water-Source Heat Pumps；ARI 330-98 Ground-Source Closed-Loop Heat Pumps；ASHRAE 37-1988

Methods of Testing Unitary Air-Conditioning and Heat Pump Equipments；ANSI/ARI/ASHRAE ISO Standard 13256-1998 Water-Source Heat Pumps-Testing and Rating for Performance 等。

国内标准：《水（地）源热泵机组》GB/T 19409—2013；《地源热泵系统工程技术规范》(2009 年版）GB 50366—2005；《蒸气压缩循环冷水（热泵）机组性能试验方法》GB/T 10870—2004；《蒸汽压缩循环冷水（热泵）机组第 1 部分：工业或商业用及类似用途的冷水（热泵）机组》GB/T 18430.1—2007；《蒸汽压缩循环冷水（热泵）机组第 2 部分：户用及类似用途的冷水（热泵）机组》GB/T 18430.2—2016；《螺杆式冷压缩机》GB/T 19410—2008。

《Water-Source Heat Pumps》ARI 320—98 对水源热泵机组（water-source heat pump）定义：是一种采用循环流动于共用管路中的水为冷（热）源的设备，环路中水温通常在 15.5～32.2℃，包括一个使用侧换热设备、压缩机、热源侧换热设备，具有单制冷或制冷和制热功能。

《ASHRAE Handbook Applications (SI)》(2003 版）对地源热泵（ground-source heat pump）做出了定义：地源热泵是一种使用土壤、地下水、地表水作为热源或热汇的热泵系统。可分为三类：土壤源耦合式热泵系统（也称为闭环地源热泵）、地下水热泵系统、地表水热泵系统。

《ASHRAE Handbook：HVAC Systems and Equipment》(2004 版）对水源热泵（water-source heat pump）下定义：可逆向循环的、以水为热源（制热时）和热汇（制冷时）的单元式热泵机组。可用于以下几种系统中：水环热泵系统、地下水热泵系统、闭环地表水热泵系统、地表水热泵系统、土壤源耦合式热泵系统。

《地源热泵系统工程技术规范》（2009 年版）GB 50366—2005 对水源热泵机组做了定义：以水或添加防冻剂的水溶液为低温热源的热泵。通常有水/水热泵、水/空气热泵等形式。根据地热能交换系统形式的不同，地源热泵系统分为地埋管地源热泵系统、地下水地源热泵系统和地表水地源热泵系统。

《水（地）源热泵机组》GB/T 19409—2013，在以上国内外规范的基础上对水源热泵机组定义进行了完善，扩大了“水”的含义，其定义水源热泵是一种以循环流动于地埋管中的水或井水、湖水、河水或生活污水及工业废水或共用管路中的水为冷（热）源、制取冷（热）风或冷（热）水的设备。其中的“水”还包括“盐水”或类似功能的流体（如“乙二醇水溶液”)，根据机组所使用的热源流体而定。水（地）源热泵机组按使用换热侧设备的形式分为冷热风型水源热泵机组和冷热水型水源热泵机组，按冷（热）源类型分为水环式水源热泵机组、地下水式水源热泵机组和地下环路式水源热泵机组。

5.6.1.2 能效标准和测试工况

我国《水（地）源热泵机组》GB/T 19409—2013 中在世界上首次提出了全新参数“全年综合性能系数（*ACOP*)”作为水（地）源热泵机组的能效水平考核指标。$ACOP=0.56EER+0.44COP$，其中 *EER* 为水（地）源热泵机组在额定制冷工况下满负荷运行时的能效；*COP* 为水（地）源热泵机组在额定制热工况下满负荷运行时的能效。《公共建筑节能设计标准》GB 50189 对冷水（热泵）机组的性能要求仍然采用 *EER* 作为限值要求，分气候区规定了最低能效限值。

美国采用 ANAI/ASHRAE standard 90.1-2016《Energy Standard for Buildings Except Low-rise Residential Buildings》中规定的 *COP* 和 *EER* 来独立判断水（地）源热泵机组的制冷和制热能效。以 AHRI Standard 550/590《2015 Standard for Performance Rating Of Water-Chilling and Heat Pump Water-Heating Packages Using the Vapor Compression Cycle》中规定工况及方法进行 *COP* 和 *EER* 测试。

欧盟采用 *SCOP* 和 *SEER*，即季节能效系数作为热泵产品能效考核指标，*SCOP*＝全年供热量/全年供热能量输入，*SEER*＝全年供冷量/全年供冷能量输入。欧盟采用 Energy Lablling 对产品进行能效分级要求，但对热泵产品仅适用于 70kW 以下产品。Ecodesign 从全生命周期生态环保角度，对低于 400kW 的热泵产品进行能效限值要求。两个能效标准均以季节性空间供暖能效 η_s（Seasonal space heating energy efficiency）进行能效等级划分，季节性空间供暖能效是指定供暖季节的空间供暖需求与满足这一需求所需的年度能源消耗量之间的比例。

ISO 13256—1 和 ISO 13256—2 为针对水源热泵机组的测试规范，规范中采用 *COP* 和 *EER* 来评价水源热泵机组的性能，但其中只对测试方法及工况进行了规范，并没有对水源热泵产品能效进行规定。

综上可以看出，只有中美规范对水源热泵产品有明确的能效限值要求，其中采用的评价参数有所不同，我国新修编的产品规范，根据我国公共建筑的实际负荷需求特点，提出了 *ACOP* 作为能效指标，《水（地）源热泵机组》GB/T 19409—2013 提出了热泵机组的能效限值，并在《水（地）源热泵机组能效限定值及能效等级》GB 30721—2014 中对其能效进行了分级。工程技术规范中仍然采用 *COP* 作为限值要求。

美国 ASHRAE90.1-2016 对于热泵机组的能效要求是采用制冷工况下的 *COP* 和 *IPLV* 指标来规定的，并且对于电制动的热泵机组，提供了 path A 和 path B 两种不同的限值要求供选择，但要求不论是选择 path A 还是 path B，这两种路径中的 *COP* 和 *IPLV* 限值必须同时满足标准要求。

我国《公共建筑节能设计标准》GB 50198—2015 中，对水地源热泵机组产品，同样也是根据制冷工况下数值 *COP* 和 *IPLV* 进行划分。我国地域辽阔，南北差异大，在规范中根据应用的气候区域不同，进行了分别的约定，由于主要考核制冷工况下指标，严寒地区夏季运行时间较短，而夏热冬暖地区制冷运行时间较长，为保证全国不同气候区达到一致的节能率，严寒地区的机组性能要求提升幅度较小，维护结构性能提升要求较大，夏热冬暖地区机组性能要求提升较大。以下对比表 5-17 中，将我国标准 GB 50198—2015 能效指标和美国标准 ASHRAE90.1-2016 能效指标进行对比。

由表 5-17 中可以看出，ASHRAE90.1-2016 中对水地源热泵产品的能效要求普遍高于我国 GB 50198—2015 中的各项标准。除了对应产品的能效数值高以外，美国标准中，并未根据制冷量范围进行产品推荐，因此可以看到其容积型热泵机组的制冷量范围与离心式范围相同，也规定了其不同范围内的能效数值。我国的 GB 50198—2015 中，根据不同容量范围进行了产品类型规范，低于 1163kW 时采用容积类热泵机组，大于 1163kW 时则都采用离心式机组。

中美热泵水（地）源机组能效限值对照表 **表 5-17**

类型	名义制冷量（kW）	严寒A、B区		严寒C区		温和地区		寒冷地区		夏热冬冷地区		夏热冬暖地区		Path A		Path B	
		COP	*IPLV*	*COP*	*IPLV*	*COP*	*IPLV*	*COP*	*IPLV*	*COP*	*IPLV*	*COP*	*IPLV*	*COP*	*IPLV*	*COP*	*IPLV*
活塞式/涡旋式	*CC*≤528	4.10	4.90	4.10	4.90	4.10	4.90	4.10	4.90	4.20	5.05	4.40	5.25	4.889	6.286	4.694	7.184
螺杆式	*CC*≤528	4.60	5.35	4.70	5.45	4.70	5.45	4.70	5.45	4.80	5.55	4.90	5.65	4.889	6.286	4.694	7.184
	528<*CC*≤1163	5.00	5.75	5.00	5.75	5.00	5.75	5.10	5.85	5.20	5.90	5.30	6.00	5.334	6.519	5.177	8.001
	CC>1163	5.20	5.85	5.30	5.95	5.40	6.10	5.50	6.20	5.60	6.30	5.60	6.30	5.771（<2110） 6.286（>2110）	6.77（<2110） 7.041（>2110）	5.633（<2110） 6.018（>2110）	8.586（<2110） 9.264（>2110）
离心式	*CC*≤1163	5.00	5.15	5.00	5.15	5.10	5.25	5.20	5.35	5.30	5.45	5.40	5.55	5.77	6.401	5.544	8.801
	1163<*CC*≤2110	5.30	5.40	5.40	5.50	5.40	5.55	5.50	5.60	5.60	5.75	5.70	5.85	6.286	6.77（<1407） 7.041（>1407）	5.917（<1407） 6.018（>1407）	9.027（<1407） 9.264（>1407）
	CC>2110	5.70	5.95	5.70	5.95	5.70	5.95	5.80	6.10	5.90	6.20	5.90	6.20	6.286	7.041	6.018	9.264

国外和国内在能效标准的评价上，依据的测试工况有所不同。表5-18中给出了ARI/ISO-13256-1关于水源热泵机组的试验工况。表5-19中给出了GB/T 19409—2003关于水源热泵机组的试验工况。

水源热泵机组水源侧试验工况（ARI/ISO-13256-1） **表5-18**

试验条件	使用侧入口空气干球/湿球温度	测试环境温度	热源侧进水温度/单位制冷（热）量水流量		
			水环式	地下水式	地下环路式
标准制冷工况	27℃/19℃	27℃	30℃/0.215	18℃/0.103	25℃/0.215
标准制热工况	20℃/15℃	20℃	20℃/—*	15℃/—*	10℃

*采用名义制冷工况确定的单位制冷（热）量水流量。

水源热泵机组水源侧试验工况（GB/T 19409—2003） **表5-19**

试验条件	使用侧入口空气干球/湿球温度	测试环境温度	热源侧进水温度		
			水环式	地下水式	地下环路式
标准制冷工况	27℃/19℃	27℃	30℃/35℃	18℃/29℃	25℃/30℃
标准制热工况	20℃/15℃最大	20℃	20℃/—*	15℃/—*	0℃/—*

*采用名义制冷工况确定的水流量。

对于部分负荷下热泵机组的能效评价，美国和中国采用的是综合部分负荷性能系数（*IPLV*）作为产品的性能评价指标（AHRI550/590-2015和GB/T 18430.1—2007及GB/T 18430.2—2016），欧洲机组标准（EN 14825—2010）采用了季节能效比（*SEER*）作为产品的性能评价指标。表5-20给出了美国、欧洲和中国标准中机组性能评价指标对应的测试工况。从表5-20中可知规定的温度三者相差都不大，中国规定的温度都稍偏高。

机组性能评价指标对比 **表5-20**

		EN 14825-2010		AHRI 550/590-2003		GB/T 18430.1-2007	
蒸发器	出水温度	7℃		6.7℃		7℃	
		运行负荷百分比（%）	温度（℃）	运行负荷百分比（%）	温度（℃）	运行负荷百分比/%	温度（℃）
水冷式冷凝器	A负荷进水温度	100	30	100	29.4	100	30
	B负荷进水温度	74	26	75	23.9	75	26
	C负荷进水温度	47	22	50	18.3	50	23
	D负荷进水温度	21	18	25	18.3	25	19

此外，各国在机组测试时考虑的因素也有所不同，欧洲标准（EN 14825—2010）在机组测试计算时，未考虑水质（污垢系数）对测试的影响，我国标准（GB/T 18430.1—2007及GB/T 18430.2—2016）考虑了。欧洲标准（EN 14825—2010）中引入了对机组曲轴箱加热器、恒温器等的待机能耗，以及对制热季节性能评价*SCOP*的测试计算。中国标准（GB/T 18430.1—2007及GB/T 18430.2—2016）目前没有考虑到。

《水（地）源热泵机组》GB/T 19409—2013，对水（地）源热泵机组按冷量分类进行了大幅度简化。2003版水源热泵机组标准，根据名义制冷量的大小，将机组的类别分为9

档。2013版标准中水/风型机组按一种规格考核，水/水型机组按名义冷量简化为2档，即150kW及以下和150kW以上两种规格。

2013版规范在世界上首次提出了全新参数“全年综合性能系数（*ACOP*）”作为水（地）源热泵机组的能效水平考核指标。提出该参数的主要理由和依据是：

（1）采用冷却塔降温的水冷冷水机组，其运行工况及负荷变化主要决定于环境温度，所以在GB/T 18430系列里采用*IPLV*来考核其能效是合理的。但水（地）源热泵的热源温度是相对稳定的，我们认为对这类热源相对稳定的产品，不宜用*IPLV*进行能效水平的考核指标。

（2）通常情况下，水源热泵的设计开发都以机组的制冷量为基础，在原《水源热泵机组》GB/T 19409—2003中，采用制冷能效比作为能效评价方法，符合制冷空调行业能效标准制定的惯例，试验也比较方便。但就水源热泵机组而言，制热性能也是也是非常重要的。单以制冷能效比作为能效评价指标，可能导致片面追求制冷高能效，而忽略甚至牺牲制热能效的行为发生。水源热泵机组重在制热功能，用*COP*作为能效评价方法，可以体现机组本身的特点。然而，水源热泵机组具有显著的节能减排效应和一机多用等特点，得到国家政策扶持而快速推广应用，仅从制热的角度评价其能效，不足以体现一机多用的特点。

（3）结合水源热泵机组使用特点，其能效评价方法应选择制冷性能、制热性能都考虑在内的方案比较合理，提出了水源热泵能效比与性能系数的加权来作为其能效评价性能参数。该方案的优势是既考虑到水源热泵机组的制冷能效也考虑到了其制热能效，很好地体现了水源热泵机组一机多用的特点和多用途性能兼顾的优点。

5.6.2 水源热泵机组构造形式及工作原理

1. 基本组成

蒸汽压缩式水源热泵机组，主要由压缩机、蒸发器、冷凝器和膨胀节流阀组成。

（1）压缩机。系统中的高品位能源输入装置，通过压缩机做功，将蒸发器出口的低温低压的制冷剂工质，压缩至冷凝器入口的高温高压的状态。

（2）蒸发器。系统的低位热源换热器，从节流阀出口的两相流体，在蒸发器中吸热，从低位热源中提取热量，蒸发过程使得制冷剂的干度不断增加，最终全部变为气态的低温低压气体。

（3）冷凝器。系统的高位热源换热器，从压缩机排出的高温高压制冷剂气体，在冷凝器中不断向高位热源放出热量，冷凝过程中制冷剂蒸汽温度不断降低，直至饱和达到饱和气体状态后，继续放热进入两相区。

（4）节流装置。它对循环制冷剂起到节流降压作用，并调节进入蒸发器的制冷剂流量。

2. 工作原理

在制热工况下，压缩机排出的高温高压的制冷剂过热蒸汽，在冷凝器中与高位热源进行热交换，向外界释放热量，高压的制冷剂液体经过节流装置后，经历一个等焓过程，成为低压两相流体，在蒸发器内，吸收低位热源的热量，成为低压饱和蒸汽后，进入压缩机，至此完成一个热泵制热循环。

热泵制冷循环工作原理，即通过换向阀的切换，使制热工况时的冷凝器在此时变为蒸发器，而制热工况时的蒸发器此时变为冷凝器。通过蒸发器吸收用户侧的热量，通过制冷循环将热量排出至周围环境。

3. 机组的主要结构形式

（1）有四通换向阀的水源热泵机组

该类机组多为水—空气机组，部分为小型水—水机组。水—空气机组原理图如图 5-81 所示。机组制冷时，制冷剂/空气热交换器 2 为蒸发器，制冷剂/水热交换器 3 为冷凝器。其制冷流程为：压缩机 1→四通换向阀 4→制冷剂/水热交换器 3→双向节流阀 5→制冷剂/空气热交换器 2→四通换向阀 4→压缩机 1。机组制热时，制冷剂/空气热交换器 2 为冷凝器，制冷剂/水热交换器 3 为蒸发器。其制冷流程为：压缩机 1→四通换向阀 4→制冷剂/空气热交换器 2→双向节流阀 5→制冷剂/水热交换器 3→四通换向阀 4→压缩机 1。

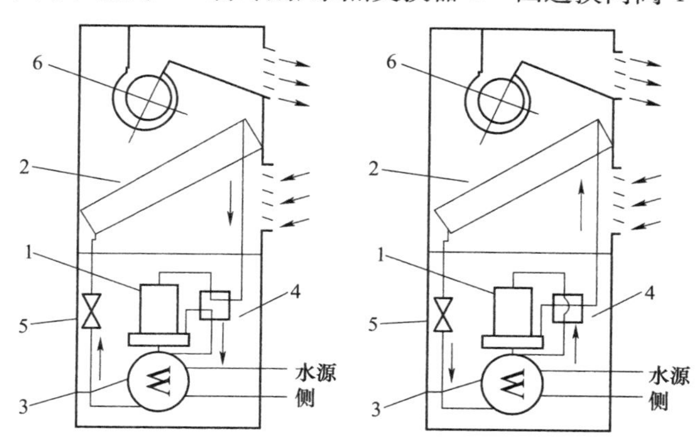

图 5-81 冷热风型水源热泵工作原理

1-压缩机；2-制冷剂/空气热交换器；3-制冷剂/水热交换器；
4-四通换向阀；5-双向节流阀；6-风机

这种机组形式较多，按安装方式上可分为暗装机组和明装机组两种，暗装机组一般吊装在顶棚中或设置在专门的小型机房内（200～10000m^2），一般需要接风管，对噪声的指标要求相对要低些，需与室内装修协调一致。明装机组一般不需要接风管，直接置于室内墙角或窗边，由于机组明装，安装维修相对方便。热泵机组的冬夏季工况的准换模式有两种，一种是制冷剂（氟利昂）的内部转换，一种是机组外水路的转换，小机组内部一般都有四通换向阀。

（2）无四通换向阀的水源热泵机组

该类机组多为单冷型水源热泵机组，机组容量较大。机组制冷剂环路无四通换向阀，采用水路阀门转换来实现使用侧制冷和制热功能，蒸发器和冷凝器的功能不变。

这种机组按照结构形式不同，可分为整体式水源热泵机组和模块化水源热泵机组。整体式水源热泵机组容量较大时，压缩机一般具有能量调节手段，可实现部分负荷运行。模块化水源热泵机组由多个独立回路的单元机组组合而成，每个单元机组有独立的压缩机、冷凝器、蒸发器和节流装置等，通过水管将各个单元连接在一起。单元机组一般分为主机和辅机，主机带有控制系统，根据负荷变化的情况，自动调节制冷（热）量输出，保证与冷热负荷的匹配。由于采用了模块化设计，便于能量扩展，单元模块体积小，重量轻，搬运方便。

5.6.3 机组部件概况

水源热泵机组一般由压缩机、蒸发器、冷凝器、节流装置、电控机构、贮液器、油分离器等部件组成，同我们常用的冷热水机组基本相似，所用的制冷剂主要有R22、R134a、R407C、R410a、R404a等。现就主要部件的应用情况做一些说明。

1. 压缩机

活塞式压缩机制造工艺成熟，容易维护，性价比实惠，但存在湿压缩敏感，变负荷调节性能差的缺点，一般采用压缩机前置低压贮液器、间歇运行方式。由于单台压缩机容量大时启停运行对电网冲击较大，因此常用在小型水源热泵机组或模块化水源热泵机组中。

螺杆式压缩机零部件少，结构简单，易于维护，对湿压缩不敏感，容积效率高，运行可靠，可实现无极调节，常用于大型水源热泵机组。其夏季制冷运行季节性能系数比往复压缩机高6%～20%，冬季供热运行性能系数比往复压缩机提高12%～20%。因此，对于比较寒冷、热水温度在56℃以上场合推荐使用螺杆压缩机。缺点是噪声大，对噪声有特别要求的地方需对机房进行处理。

离心式压缩机具有易损件少，供气脉动性小，运转平稳可靠，可实现无油压缩，维护费用低，单机制冷量大，单位制冷量机组的重量轻、体积小、占地少、效率高等优点，不足之处是单机容量必须较大，变工况适应能力不强，而且噪声较大。需要注意其喘振区及高速轴的润滑。

目前，一台机组常采用多台压缩机并联运行，这样可以降低启动电流，配以一定的控制程序，可在部分负荷时轮流使用，延长压缩机使用寿命，并且部分负荷时效率比单压缩机机组要高。即使一台压缩机出现故障，其余压缩机仍可继续工作。

2. 冷凝器和蒸发器

大型水源热泵机组冷凝器和蒸发器主要以壳管式为主，传热管多采用内外侧强化传热管。蒸发器可分为干式和满液式，其中满液式蒸发器属于液体和液体传热，因此传热效率比干式蒸发器高出15%～25%，由于水走管侧，故水侧阻力小，易于维护及清洗。满液式蒸发器也存在两个缺点：第一，蒸发器水容量小，出水温度波动较大，容易被冻结，胀裂传热管；第二，制冷剂充注量较大，回油较为困难，采用满液式蒸发器时，油分离器作为水源热泵的重要部件。

由于板式换热器具有体积小、重量轻、传热效率高、加工过程简单等优点，近年来得到广泛的应用。两器如采用板式换热器，可使机组设计得更为紧凑，制冷剂的充注量更少，但由于换热通道较窄，清洗较为困难，内部渗漏不易修复。冷凝器侧容易结垢，蒸发器侧容易冻结，因此需注意解决维护简便性和换热器可靠性问题。

套管式换热器传热效果好，具有结构紧凑、制造简单、价格便宜、冷却水耗量少等优点。但两侧流体的流动阻力较大，且清除水垢较困难，目前多用于小系统中。

3. 节流装置

热力膨胀阀由于价格便宜，得到广泛的应用。由于制冷、制热工况不同，制冷剂循环量变化较大，必要时，需两个或多个热力膨胀阀以适应工况要求。在液态管路阻力大的场合，要注意适当加大相应膨胀阀的孔量，以免出现供液不足的情况。缺点是控制精度不高，有所滞后，在启动和负荷突变时，可能导致被调参数发生周期性振荡。

电子膨胀阀控制精度高，响应快，流量调节范围宽，可以按预设的各种复杂调节规律动作，获得很好的过热度调节品质，使装置的启动和变负荷动态特性大为改善，因此，电子膨胀阀能够使得水源热泵机组控制更为可靠和节能。

4. 控制系统

采用先进的控制系统将使得水源热泵能够更加高效、可靠、稳定运行。目前，大多数水源热泵机组采用PLC可编程控制器进行控制，能够根据制冷和供热运行情况，对机组冷热运行进行精确显示、控制和保护，小型水源热泵的控制系统基本停留在开停机、参数显示和具有简单保护功能水平上。

用户操作界面，常采用触摸屏控制，可以突破语言障碍，操作人员可以通过表示为图形的按键，进行快捷操作，可以选择运行时间、故障查询、运行状态、参数设定、调节显示、操作界面等子菜单，实现冷水进出温度和热水进出温度，蒸发压力、冷凝压力及温度，油过滤器压差和油温，电机温度，电子膨胀阀开度，压缩机运行小时数及机组运行小时数等的显示，并进行有效的操作和控制。

冷热水温度控制，采用PID控制算法可保证蒸发器和冷凝器出水温度恒定，避免机组频繁启停，有效保持机组运行的稳定性和经济性。通过连续监视蒸发器冷水进口温度以精确控制机组负载，并控制机组启动时蒸发器出水温度降低速率在0.1～1.1℃/min，有效避免冷水出水温降速率过快导致的能量浪费，提高机组性能系数，延长机组寿命。

机组的控制，应能自动控制各制冷回路以及各回路中的每台压缩机的启停及上下载顺序，以均衡各回路及压缩机的运行时间。实现冷水及冷却水泵的联锁，保证机组高效安全运行。

故障预诊断和报警，机组启动前通过快速模拟检测确认机组的各个开关量、传感器、电压和压缩机是否正常。运行中通过人机界面显示各种设置点及实际运行参数，监视机组运行，必要时报警。还能对机组进行有效的保护，如冷水出水温度过低、油压过低、制冷剂压力过高或过低、漏电流、电机过载、电压过高及过低和缺相、冷（热）水流量低保护等。一些机组可以提供百余种显示和报警信息，根据报警信息再采取相应的方法即可解除。

5. 制冷剂

制冷剂是在制冷系统中完成制冷循环的工作流体。对于热泵系统，其制冷剂也可以称作热泵工质。有适宜的压力和温度，并满足一定条件的可作为制冷剂的物质大约有几十种，但常用的不过十几种，可分为饱和碳氢化合物的衍生物、环状有机化合物、共沸混合物、饱和碳氢化合物、有机氧化物、无机化合物等。当前水源热泵机组主要使用的制冷剂为氢氟烃HFCs（Hydrofluorocarbon）和天然工质类。

(1) 氯氟烃（CFC）类制冷剂

氯氟烃是氯氟碳化合物，即饱和烃中的氢元素完全被氯元素和氟元素置换，它是属于氟利昂物质中的一种。如R11、R12、R13、R113等，它们极为稳定，可以在大气内长期存在，生存期长达几十年至上百年。当这类工质扩散至上层大气时，被紫外线光解分裂成自由的氯原子，同温层中的臭氧就会被氯催化而破坏，而使臭氧层减薄或消失，这样就不能有效地保护地球上的生物免遭紫外线的损伤。CFC及卤族化合物类物质还是造成温室效应的因素之一。全球气候变暖会导致一系列的环境问题。

为了保护臭氧层，国际社会在1987年与加拿大制定了《关于消耗臭氧层物质的蒙特利尔议定书》，开启了限制消耗臭氧层的化学物质（Ozone Deleting Substances，简称ODS）生产数和消耗量的进程。之后又分别于1990年《议定书》通过了《伦敦修正案》，于1993年通过了《哥本哈根修正案》，于1997年通过了《北京修正案》，这一系列的修正案对消耗臭氧层物质的种类、消耗量基准和禁用时间做了进一步的调整和限制。1991年6

月，我国正式提出加入经修正的《关于消耗臭氧层物质的蒙特利尔议定书》，成为按议定书“发展中国家”行事的缔约国。

由于CFC和HCFC不但破坏臭氧层还会加剧温室效应，1997年联合国气候变化框架公约缔约国在日本东京召开第三次会议，通过了《京都议定书》，确定了CO_2、HFCs等为受管制的温室气体。我国于2002年9月正式核准《京都议定书》，并承担相关国际义务。

国际上对CFCs及HCFC禁用时间表要点见表5-21。欧盟议会于2000年6月批准了最新关于消耗臭氧物质HCFCs的禁用时间，见表5-22。

CFCs及HCFC禁用时间表　　　　**表5-21**

种类	物质代码	限制日程	
		发达国家	发展中国家
CFCs	R11、R12、R113、R114、R115等氟氯烷烃物质	规定从1996年1月1日起完全停止生产与消费	最后停用的时间是2010年
HCFC	R22、R142b、R123等	1996年起冻结生产量。2004年开始消减，至2020年完全停用	2016年起冻结生产量。至2040年完全停用

关于消耗臭氧物质HCFCs的禁用时间表　　　　**表5-22**

禁用日期	禁止将HCFCs用于新设备名称
1996年1月1日	开放式直接蒸发系统；家用冷藏箱和冻结箱；除军用外的汽车、拖拉机、越野车或拖车空调系统，不论采用任何能源
1998年1月1日	轴功率150kW及以上的公共交通用铁路运输空调设备及分配性汽车
2001年1月1日	除了小于100kW制冷量的固定空调设备以及所有可逆向运行的热泵设备外的所有新的空调设备
2002年7月1日	小于100kW制冷量的固定空调设备
2004年1月1日	可逆向运行的空调热泵设备
2010年1月1日	禁止将新的HCFCs工质用于维修现有制冷空调设备
2015年1月1日	全部禁用

(2) 常用工质介绍

随着全球化对制冷剂使用的关注以及新型制冷剂的出现，在水源热泵机组中使用的制冷剂目前主要有以下几种：

1) R134a（C2H2F4）

R134a是一种新型的氢氟烃制冷剂，主要热力性质与R12相似。毒性A1级与R12相同，R134a的$ODP=0$，$GWP=1300$，相当于R22的1/6.5，是一种非常安全的制冷剂，对臭氧层无破坏作用，温室效应也较小。

R134a的换热性能比R12有较大的提高，其冷凝和蒸发过程的放热系数，一般与R12相比要高25%～35%和35%～40%，这将提高R134a系统的效率和性能。

R134a的单位体积制冷量略低于R12，其理论循环效率也比R12略有下降。一般来讲采用R134a的压缩机，其制冷量和单位功耗都将下降2%～5%。采用过冷和回热循环后，可缩小这种差距。

R134a 的等熵指数比 R12 小，所以在同样的蒸发温度和冷凝温度下，其排气温度较低。

R134a 与传统的矿物油不相溶，但在温度较高时，能完全溶解于多元烷基醇类（Polyal-kylene Glycol，PAG）和多元醇酯类（Polyol Ester，POE）合成润滑油；在温度较低时，只能溶解于 POE 合成润滑油。

R134a 的化学稳定性很好，然而由于它的水溶性强于 R12，其使用的 PAG 和 POE 润滑油比常规使用的矿物油吸水性也高得多，因此即使系统内有少量水分存在，在润滑油的作用下，会产生酸，将对金属产生腐蚀作用，或产生“镀铜”现象。因此，R134a 对系统的干燥和清洁性要求更高，必须用与 R134a 相溶的干燥剂，如 XH－7 或 XH－9 型分子筛。

2）R22（HCFC22）

R22（CHF2Cl）是目前卤代烃制冷剂中应用最广的一种工质，它属于过渡性的制冷剂，R22 的 *ODP* 和 *GWP* 都比 R12 小得多，但是其组成中仍然有氯存在，所以对臭氧层还是有破坏作用，我国可以应用到 2040 年。

R22 无色、无味、不燃烧、不爆炸，使用中比较安全可靠。R22 能够部分地与矿物油相互溶解，而且其溶解度随矿物油的种类而变化，随温度的降低而减小。

水在 R22 液体中的溶解度较小，而且温度越低溶解度越小，如果系统中有水，会对金属有腐蚀作用，而且会产生冰塞现象，要求 R22 中含水量不大于 0.0025%（质量分数），制冷系统中也必须配干燥器。

3）R407C 和 R410A

R407C 和 R410A 均为非共沸混合物，两者的 *ODP* 均为 0，不破坏臭氧层，但是 R407C 的 *GWP*＝1530，R410A 的 *GWP*＝1730，均为温室气体，这两种制冷剂是由 R32、R125、R134a 按一定比例混合而成，其质量分数见表 5-23。

R407C 与 R410A 组成（质量分数，%） **表 5-23**

制冷剂	R32	R125	R134a
R407C	23	25	52
R410A	50	50	

R407C 在工作压力范围内热力性质与 R22 相似，其制冷剂 *COP* 与 R22 也相近，因此，将 R22 的空调系统换成 R407C，只要将润滑油和制冷剂改换就可以了，而不需要更换制冷压缩机，这是 R407C 作为 R22 替代物的最大优点。但在低温工况（蒸发温度＜－30℃）下，虽然其制冷系数比 R22 低得不多，但它的容积制冷量比 R22 要低得多（约 20%），这一点在使用时要特别注意。此外，由于 R407C 的相变滑移温度较大，在发生泄露、部分室内机不工作的多联机系统和满液式蒸发器场合，混合物的配比可能发生变化，影响使用效果。

R410A 是一种两元非共沸混合制冷剂，它的热力性质十分接近纯工质，R410A 不能与矿物油互溶，但能溶于聚酯类合成润滑油。R410A 的冷凝压力与 R22 相比增大近 50%，是一种高压制冷剂，需要提高设备及系统的耐压强度。

和 R22 一样，R407C 和 R410A 也必须防止在高温下分解，否则易产有毒或过敏性成分。

R22 和 R407C 或 R410A 混合不会有化学反应，但是如果 R407C 或 R410A 一旦与

R22 混合，将很难将 R22 分离出来，而且混合后的制冷剂的特性会发生很大变化，因此必须避免 R22 与 R407C 或 R410A 混合。

5.6.4 发展现状

随着我国对能源和环境问题的持续关注，尤其是清洁供暖工作的大力开展，水地源热泵系统以其清洁环保高效的特点，再一次得到了关注。经过了逐年下滑后，市场开始回归理性，放缓了下滑趋势。2018 年年初，国家发改委发布《国家重点节能低碳技术推广目录（2017 年本，节能部分）》，其中囊括地源热泵、水源热泵，并表明其推广潜力分别达到 50%和 70%。政策对水地源热泵产品应用具有较大的影响作用，2017 年，随着京津冀清洁供暖的推动，华北区域水地源热泵市场增长显著。2018 年，随着京津冀区域政策变动的影响，相比 2017 年同期，华北区域的水地源热泵市场产生了两位数的下滑。

从品牌方面来看，目前国内的水地源热泵市场还是一个品牌比较分散的市场，克莱门特、麦克维尔、江森自控约克、美意、开利、顿汉布什、盾安等品牌依旧占据着水地源热泵市场的半壁江山。像天加、富尔达、WFI、博纳德、清华同方、宏力、莱恩、中宇、永源、枫叶能源等品牌在水地源热泵市场上也占有着一席之地。

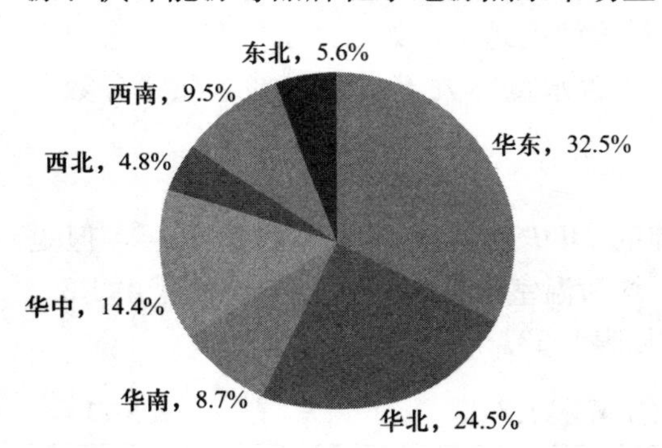

图 5-82 区域应用占有率

从图 5-82 区域应用占有率可见，华东地区仍是水地源热泵应用量最高区域，华北地区受清洁供暖政策推动，应用比例居于第二位，东北地区则由于政策推动作用减弱，以及适用性条件限制，应用比例下滑。产品结构方面，螺杆式水地源热泵机组仍然占据市场份额最大，由于清洁供暖工作的开展，小型模块机组及专用机组占市场份额增长较快。离心式热泵机组在大型工程项目中应用地位稳固，市场份额变化不大。

5.6.5 发展方向

水地源热泵产品的发展与市场的需求密不可分，节能、环保、高效利用可再生能源仍然是未来产品研发的主要方向。与当前我国清洁供暖工作相对应，小型水地源热泵的研发及应用也成了新的热点。

水地源热泵机组节能性研究重点集中在以下几个领域：

1. 环保高效替代工质的开发

传统广泛使用的制冷剂，如 R11、R12、R113、R114 和 R22 等，由于其臭氧破坏潜能（*ODP*）大、全球变暖潜能（*GWP*）大，将逐渐被淘汰。环保高效制冷剂的研发，一直是行业的研发热点。

二氧化碳、丙烷和氨等自然制冷剂虽具有良好的热物性以及循环性能，但由于其使用安全性一直没有解决，并没有被广泛的应用。HFCs 及其混合物具有与 R22 相近的热力性质，是目前水源热泵广泛采用的替代工质，其中 R134a、R410A 和 R407C 是近期合适的 R22 的替代工质，HFC32、HFC25、HFC134a、HFC143a、HFC152a、HFC227ea、HFC236fa 和 HFC245fa

被认为是具有潜力的水源热泵替代工质或组分。

对于工业用高温热泵，工质是影响其发展的关键因素，目前水源热泵也在向高温化方向发展，主要用于原油加热、高温供暖、工业废热回收利用等方面，研究主要集中在中高温制冷剂研究上，目前已经过试验并能可靠提供60℃以上的制冷剂有HFC227ea、HFC236fa、HFC245fa、HCFC22/CFC114、HFC32/HC290、HFC32/HFC152a、HC290/HC600a、HCFC22/HFC134a、HCFC22/HFC152a、HCFC22/HCFC142b、HCFC22/HCFC123、HCFC22/HCFC142b/HCFC21、HCFC22/HCFC21、HCFC22/HCFC152a/HCFC21、R22/R141b、R290/R600a/R123等。

2. 高效换热器开发

国内外对于热泵换热器的研究一直十分活跃，通过强化传热来缩小设备尺寸，提高热效率，归结起来主要有以下几个方面：

（1）开发新型换热器。采用涂层、粗糙或扩展表面，例如换热表面采用多孔表面、粗糙表面、螺旋表面或肋化表面等强化传热；采用波纹换热管管内强化传热、超声波抗垢强化传热技术、螺旋槽管的强化传热技术、小热管的强化传热技术等。

（2）改善两器内液体的流动状况。在蒸发器内装入多种形式的湍流构件，可提高沸腾液体侧的传热系数。例如将铜质填料装入满液式蒸发器后，可使沸腾液体侧的传热系数提高50%。这是由于构件或填料能造成液体的湍动，同时其本身亦为热导体，可将热量由加热管传向溶液内部，增加了蒸发器的传热面积，例如最近文献中提到的采用降膜式换热器，增大传热面积，提高换热效率。

（3）改进溶液的性质，例如有研究表明，加入适当的表面活性剂，在换热介质中掺入少量异种物质小颗粒来强化换热。加入适当阻垢剂减少蒸发、冷凝过程中的结垢亦为提高传热效率的途径之一。

3. 多功能机组开发

水地源热泵机组是高效利用可再生能源的节能产品，但由于可再生能源为低品位能源，能量密度低，因此，在满足用户需求的时候，存在时间和空间上的不对等。为满足用户需求，可以采用多种可再生能源作为热泵机组的低位热源来解决，因此，开发多功能、多源的水地源热泵机组成了热点。

4. 小型化产品的开发

随着近些年来公建项目的减少，工装市场的萎缩与家装市场的兴起，推动了家用及模块机组的应用发展。华北地区京津冀“煤改电”等政策，给小型化水地源热泵产品研发带来了更大机遇，各大生产商的小型模块机销售渐增，一些企业灵活开发专用小型水地源热泵产品，如恒有源生产的小型水地源热泵最小容量可以达到1.5P，适用于京津冀区域农村煤改电分户应用，且可以实现分户的热水、热风机不同末端配置，在实际应用中取得了良好的应用效果。未来，随着清洁供暖工作的进一步开展，小型水地源热泵产品会取得更大范围的应用。

第6章　中深层地热能地源热泵技术发展与评价

地质学界将地面到地下30km之间划分为3个不同的地热层。图6-1所示，最上面的一层为变温层，变温层的温度随四季变化而发生不同程度的改变。中间一层为恒温层，在变温层之下，恒温层一年四季不受外界的影响，温度基本不变。恒温层相当于一种分界面，最下面一层为增温层。在增温层内，温度从上向下逐渐增高。一般每向下100m，温度升高3℃，此称为地热梯度。地热的开发主要在增温层的上部。

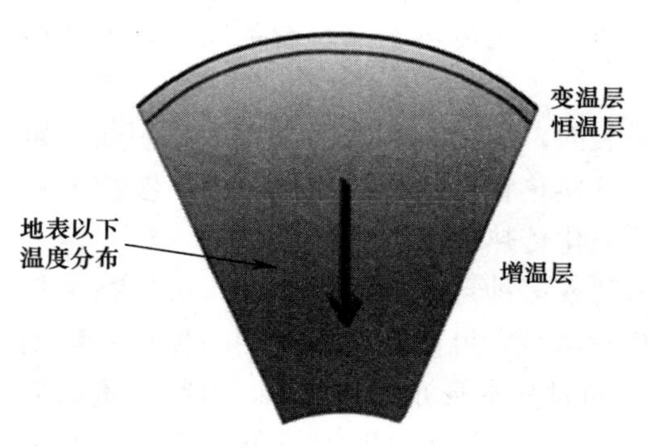

图6-1　地表以下温度分布

由于地热资源的成因决定了地热能资源储量惊人，远超过其他化石能源，据粗略估算，全球地热资源是化石能源所提供能量的5万倍。地热储量为140×10^6EJ/年，相当于4968×10^{12}t标准煤，可满足人类数十万年的能源需要。我国的地热能也非常丰富，年储量达到11×10^6EJ，占世界总储量7.9%。具体来说，根据我国勘查统计，我国浅层地热资源可达94.86亿t标准煤，水热型地热能资源可达8.53×10^3亿t标准煤，而干热型地热资源可达8.6×10^6亿t标准煤，相当于我国大陆2014年能源消耗总量的20万倍。

按照不同成因及产出条件，可将地热资源分为水热型地热能资源和干热型地热能资源。水热型地热资源包括蒸汽地热能、液态水地热能；干热型地热能资源包括地压型地热能、干热岩型地热能和岩浆型地热能。按照热储代表性温度划分，可将地热资源划分为高温地热能资源（$t\geqslant150$℃）、中温地热能资源（90℃$\leqslant t<$150℃）、低温地热能资源（25℃$\leqslant t<$90℃）。根据开发利用区域深度和热源品位，地热能又分为浅层地热能资源（地下1000m以内）、中层地热能资源（地下1000～5000m）、深层地热资源（地下5000m以下区域）。按照现有开发技术的可能性，地热能资源主要集中在地壳表层以下5000m以内岩石和地热流体所含的热量，即浅层地热资源和中层地热能资源。

地热资源是在当前技术经济条件和地质条件下，能够从地壳内科学、合理地开发出来的岩石热能量、地热流体热能量及其伴生的有用组分。地热资源既属于矿产资源，也是可再生能源。目前可利用的地热资源主要包括：天然出露的温泉、通过热泵技术开采利用的浅层地温能、通过人工钻井直接开采利用的地热流体以及干热岩体中的地热资源。在全球各国积极应对气候变化，努力减少温室气体排放的背景下，近年来，全球地热能开发及利用取得较快发展，也越来越引起我国政府及企业的重视。近年来，随着社会经济发展、科学技术进步和人们对地热资源认识的提高，出现了地热资源开发利用的热潮，平均每年以

12%的速度增长。我国是地热资源相对丰富的国家，地热资源总量约占全球的 7.9%，可采储量相当于 4626.5 亿 t 标准煤。

我国热力供暖行业的年耗煤量约为 1.5～2.0 亿 t，是我国能源消耗最主要的一部分，也是我国北方地区重度雾霾的主要来源之一。地热能直接利用作为一种高效、清洁的可再生能源除了广泛应用于建筑供暖行业外，在北方集中供暖地区，凭借地热能的优势，将为热力供暖行业带来变革。河北雄县成为我国第一个无烟城，就是通过地热代替燃煤锅炉进行集中供暖而实现的。在传统热力供暖行业转型、地热能直接利用技术不断发展的情况下，将有更多的地热直接利用企业进入热力供暖行业，为行业带来革命性的变革，成为能源革命、节能减排、环境治理的重要组成部分。2017 年发布的《北方地区冬季清洁取暖规划（2017-2021 年）》中明确提出积极推进水热型（中深层）地热供暖，到 2021 年，中层供暖 5 亿 m^2。按照“取热不取水”的原则，采用“采灌均衡、间接换热”或“井下换热”技术，以集中式与分散式相结合的方式推进中深层地热供暖，实现地热资源的可持续开发。

地热水直接利用早在数千年就已经开展，现在已普遍应用于多个国家。

1904 年意大利人首次利用地热蒸汽发电机点燃了 4 盏电灯泡，并于 1913 年建成了世界上第一个商业性的地热能发电站，揭开了人类利用地热发电的篇章。随后，新西兰、墨西哥、美国、日本、俄罗斯（苏联）、冰岛、中国等国相继利用中深层地热发电。1960 年美国在距离旧金山以北 117km 的盖瑟斯火山区建成第一个中深层地热发电站，这一地区现在已经建成 350 多口地热井、22 个地热电站，总装机容量为 1517MW。目前，世界已有 24 个国家利用地热能发电，装机总量达到 12.6GW，美国凭借 3450MW 的装机容量高居第一。

根据 2015 年世界地热大会数据显示（图 6-2），21 世纪以来全球地热直接利用呈现逐年快速增长的态势，年平均增长率保持在 10%以上，特别是 21 世纪初增长迅猛。2010 年以来，地热直接利用有所放缓，主要原因在于国际能源价格持续低位运行，但总体上地热能利用仍有空间保持较快发展。世界各国地热能直接利用情况如图 6-3 所示。

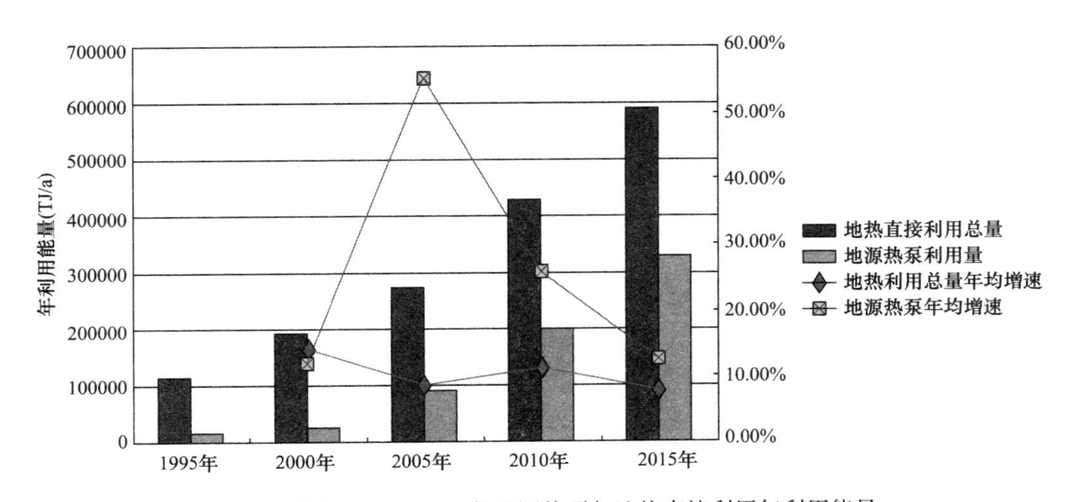

图 6-2　世界 1995～2015 年地源热泵与地热直接利用年利用能量

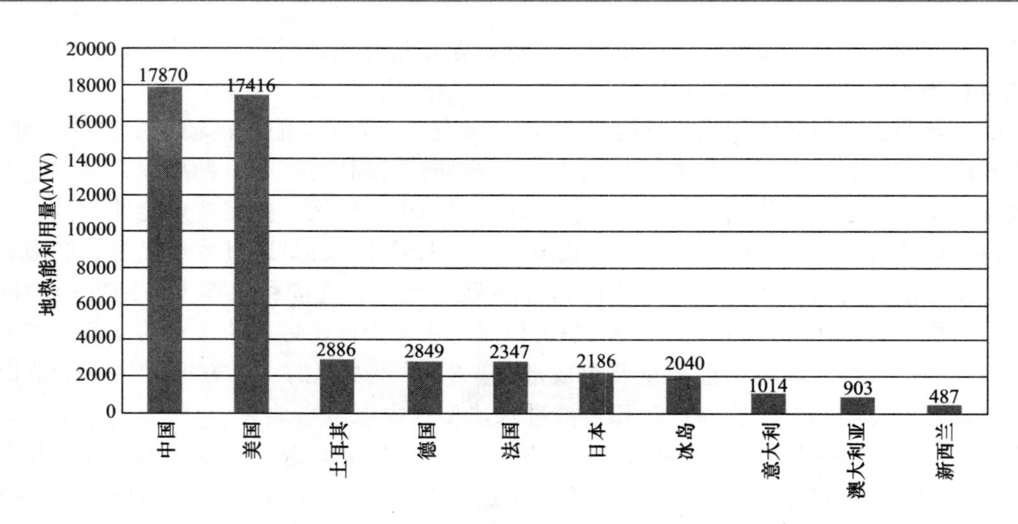

图6-3　2015年世界各国地热能直接利用情况

我国是世界上最早利用地热资源的国家，据记载早在2000多年前的东周时代我国就有关于利用温泉洗浴和医疗的说法，而在近代以前，我国关于地热利用的方式大多仍集中温泉领域。20世纪70年代，我国开展对地热资源的勘探，相继在北京、天津打出地热水，开始了我国现代意义上的中深层地热直接利用，主要包括地热水供暖、医疗洗浴、水产养殖、工业洗涤干燥等方面的利用。该阶段对地热的利用多为地热水的直接利用，如利用地热水进行供暖、地热水用于轻纺加工、地热水温泉的旅游开发、医疗卫生等。总体来说，这个阶段对地热能的直接利用相对原始，地热资源受制于技术、勘探等原因的影响，利用率不高，发展缓慢。

从20世纪80年代开始进行全国性大规模的地热勘探，随着我国经济快速发展，中深层地热在农业、工业、旅游业、医疗卫生等行业应用更加广泛起来。这一时期，地热直接利用行业仍然是以农业、工业、旅游业、医疗卫生等行业的稳步运用为主。

2014年国家能源局综合司、国土资源部印发《关于组织编制<地热能开发利用规划>的通知》，《通知》中明确了地热开发的远期规划以及相关省市地热开发示范区的建设，希望各地相关部门统筹协调，实现当地地热开发利用的可期目标，推动全国地热利用行业的更加健全快速的发展。2017年1月国家发展和改革委员会、国家能源局、国土资源部联合发布了《地热能开发利用"十三五"规划》，明确提出了在"十三五"时期，开展干热岩开发试验工作，建设干热岩示范项目。通过示范项目的建设，干热岩资源潜力评价与钻探靶区优选、干热岩开发钻井工程关键技术以及干热岩储层高效取热等关键技术，突破了干热岩开发与利用的技术瓶颈。同时还明确提出了要积极推进水热型地热供暖，在"取热不取水"的指导原则下，进行传统供暖区域的清洁能源供暖替代。

在这一背景下，一批地热能企业不断提高研发水平，着力研发地热能直接利用新技术，解决传统地源热泵技术存在的弊端；不断创新经营模式，结合行业发展现状，形成行业独特运营模式。

中深层地热能是较为可靠的可再生能源，能源蕴藏丰富并且在使用过程中不会产生温室气体，对地球环境不产生危害，是最值得开发利用的清洁能源。近年来，国家出台了一系列的政策鼓励地热能的开发与利用，随着相关技术的成熟，地热能将逐步改变我国现有的能源利用结构，成为被利用的重要能源。

首先，中深层地热能发电将得到更大发展。目前因中深层地热发电对地下水的温度要求较高，只有在少数地热资源较为丰富的地区才有所应用。而利用深层地热能干热岩进行发电将改变这一现状，当前国外科研机构和地热能利用企业已经研发成功利用干热岩发电的技术，并在小规模范围内得到了应用。随着技术的不断成熟，干热岩发电有望在更大范围内得以应用，成为重要的发电方式。

其次，中深层地热能供暖将得到更大范围的应用。一方面，我国雾霾等环境问题日益受到各方重视，作为能源消耗重要组成部分的建筑耗能正受到更多的关注。在国家相关政策推动下将快速发展，建筑节能领域逐步发展成为持续增长市场，而利用地热能这一高效清洁可再生的新能源替代传统高污染、高能耗的建筑供暖制冷技术成为建筑节能市场中的明珠，市场潜力巨大。另一方面，随着无干扰地热供热技术供暖型地热利用技术逐步成熟，并走向市场化应用，为实现地热能直接利用在建筑供暖制冷领域的持续性增长奠定了良好基础。

6.1 中深层地热水梯级利用技术

目前在暖通空调领域，中深层地热利用有两种主要的形式：中深层地热水梯级利用技术和中深层地热能无干扰供热技术。中深层地热水梯级利用技术形式简单，经济性较好，应用历史悠久，我国目前绝大多数应用为此类案例。

6.1.1 基本原理和系统构成

中深层地热梯级利用是指根据地热流体不同温度进行的地热逐级利用。地热是人类的宝贵资源，只有最大限度利用地热，才能取得较高的经济效益。为此，一般地热供热系统中，地热水除了直接或间接换热应用外，其低温尾水中的热量还可通过水源热泵将水温提高后再加以利用，实现地热水的梯级利用。梯级利用的合理性直接影响到地热供热的经济性。

中深层地热水梯级利用供热的原理：地热水经抽水泵提升后，经板式换热器换热，直接提供供暖用户，其低温尾水经水源热泵升温后再供给供暖用户；地热水经水处理后可直接提供用户洗浴。中深层地热水梯级利用供热原理如图 6-4 所示。

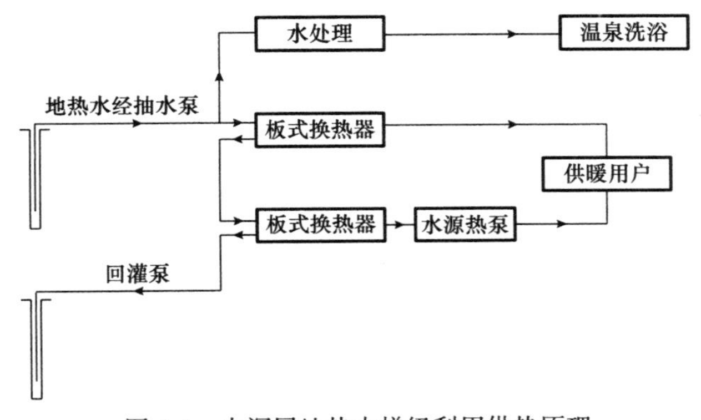

图 6-4 中深层地热水梯级利用供热原理

6.1.2 中深层地热水利用特点及技术要点

根据国家地热能源开发利用研究及应用推广中心2014年发布的《中深层地热供暖项目技术要求》等标准和文献要求，开展中深层地热梯级利用应符合以下技术要求：

1. 地热资源勘查

地热资源勘查程度达到《地热资源勘查规范》GB/T 11615—2010规定的预可行勘查阶段，从地热流储量、地热流体可开采量、地热流体温度、水质等方面进行资源规模和品质的综合评估，确定具备长期规模开发利用的资源条件。

地热储量、地热流体可开采量计算方式见《地热资源勘查规范》GB/T 11615—2010。

2. 成井技术

地热井间距一般宜不小于500m。

管材：井深大于1500m或腐蚀性较强的地热井，宜选择石油套管；过滤管选择石油套管缠梯形丝的双层过滤管，不宜直接使用单层桥式过滤管或者单层缠丝过滤管。

止水：较浅的孔隙型地热井可选用半干黏土球止水，黏土球直径应小于30mm，止水厚度应不低于10m，较深的孔隙型地热井可根据情况选用膨胀橡胶或膨胀橡胶—普通橡胶联合止水，止水位置应在最上部过滤器顶端，数量为2～4组，裂隙岩溶型地热井一般采用水泥固井方法止水。

固井：水泥标号宜不小于普硅P. 042. 5，水泥浆密度应在1. 60～1. 85g/cm^{3}之间。

泵室：泵室段井斜不大于1°；泵的入口温度与井水出水温度之差不大于5℃。

含沙量：地热成井验收时含沙量的容积比不高于1/20000，当地热水含砂量的容积比大于1/50000时，井口设置除砂器。

3. 地热水管网防腐防垢及保温

地热水管网技术参数应符合《城镇地热供热工程技术规程》CJJ 138—2010的要求。应根据地热流体的化学成本，按腐蚀性、结构性等特点，选用安全可靠的管材，并应符合国家现行标准的规定。当采用非金属管材时，性能应符合《城镇地热供热工程技术规程》CJJ 138—2010的要求，温降不应大于0. 6℃/km。

4. 供热系统

中深层地热水梯级利用供热系统方案确定的原则：

（1）最大限度利用已有地热资源，做到地热资源充分合理的应用。

（2）根据用户负荷的分布情况，确定各系统地热水的应用方案。

（3）选用容量大、效率高的热泵机组，以减少初投资及运行费用。

（4）系统稳定性好系统配置简单、操作方便、舒适。

5. 自动监测及计量

应采用自动监测及计量系统，监测和计量参数包括：

（1）潜水泵入口温度、地热井井口温度、供暖循环水供/回温度、地热水进/出供热站温度、回灌温度、排水温度。

（2）地热水流量和循环水流量。

（3）地热供/回水压力、循环供/回压力、补水压力、地热井水位。

按照《用能单位能源计量器具配备和管理通则》GB 17167—2006标准，设置独立耗电计量设施。各供暖子系统应进行耗热量计量，调峰热源应进行供热计量。

建立地热资源动态监测系统，实现地热井长期动态监测、日常开采监测和开发利用管理动态监测。动态监测应包括地热井的地热流体温度、流量、压力、水位和水质，实现地热资源的可持续开发。对地热资源开发规模较大的地区，应设置地热专用动态观测井。对开发程度较低的地区，可利用地热供热井进行动态监测。各项原始数据须及时整理、校核，并应编制监测资料统计表。

6. 尾水回灌

地热开采必须实行“采灌结合”的均衡开采模式，地热回灌采用未受污染的原水回灌，回灌严禁对热储造成污染。宜采取同层回灌模式，以维持开采热储的压力，特殊情况下可以实行异层回灌。当采用异层回灌时，必须进行回灌水对热储及水质的影响评价。

地热回灌宜在可行性勘查的后期或开采阶段布置，可行性勘查阶段以回灌试验为主，开采阶段以生产性回灌为主。地热井回灌井应结合地热井开采布置，视回灌实验结果、回灌井的回灌能力及维持开采区采/灌平衡的需要确定回灌井数量。

回灌井与开采井的深度、井结构相同。回灌井与开采井应保持一定的间距，其间距应在分析地质结构、热储性质、回灌量、开采和回灌水温差等的基础上确定，应避免发生回灌水未达到增温目标而提前进入开采井。

6.1.3 典型应用

北苑家园六区位于北京市亚运村以北三公里，奥运公园的东北侧，是奥运统一规划的一部分。全区共有 18 栋商住和住宅楼，总建筑面积约 40 万 m^2，其住宅 34.6 万 m^2，配套用房约 5.5 万 m^2。小区内以高层建筑为主，住宅最高为 25 层。

该地区地热资源比较丰富，地热水温度可达 60～70℃，所以采用以地热利用为主的集中供热方式。本项目共设 5 口井，其中 2 口抽水井、2 口回灌井、1 口备用井。单井出水量 2000m^3/d，出水温度 68℃。另外，北苑家园地热水水质经鉴定已初步确定为氟、偏硅酸盐型淡温泉水，具有医疗矿泉功能，可供住户洗浴用。

在上述地热资源开采量的前提下，地热量还不能满足 40 万 m^2 的供暖需求，还需另设辅助热源，满足峰值需要。北苑家园小区内设有集中燃气锅炉房一座，可向小区提供 110/65℃的高温水。系统的末端形式及供暖分配量见表 6-1。

供热量分配汇总　　表 6-1

系统形式	地热水直接供热能力（kW）	地热-热泵供热能力（kW）	辅助加热（kW）	合计（kW）
低层裙房散热器供暖	1044	0	1956	3000
住宅高区地板辐射供暖	2958	0	5042	8000
住宅低区地板辐射供暖	0	5992	8008	14000
生活热水系统	0	0	3313	3313
合计	4002	5992	18319	28313
分配比例（%）	14.1	21.2	64.7	100

由表 6-1 可见，在设计工况下，地热—热泵供热量只能提供所需供热量的 35.3%，其余 64.7%的热量需燃气锅炉房辅助加热提供。

根据全年供暖负荷变化曲线及热负荷调节方案，对本设计方案全年供暖供热量进行了计算。

从图6-5计算结果显示，全年供暖总供热量中21.9%为地热水直接供热量，47.9%为地热—热泵供热量，30.2%为燃气辅助加热量。

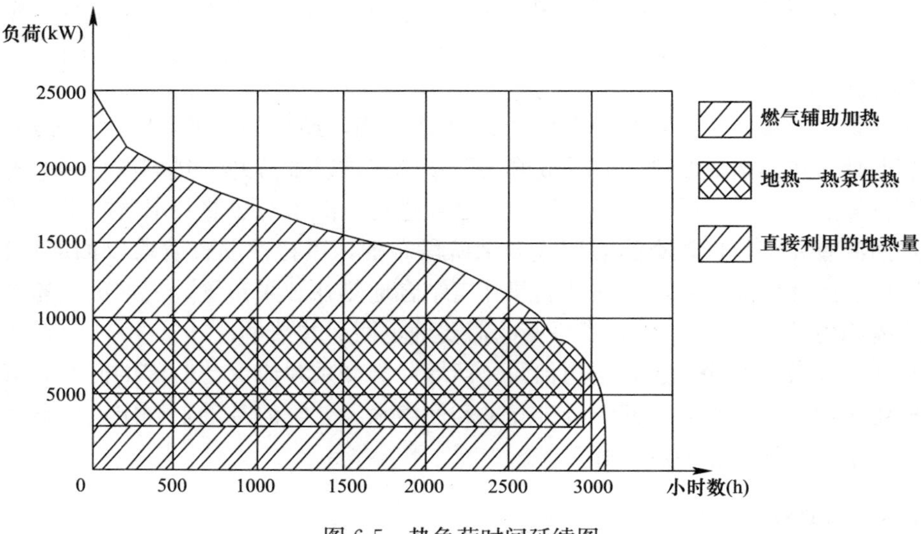

图6-5　热负荷时间延续图

北苑家园地热供暖项目自2003年供暖季至今已运行14个供暖季，总体运行状况良好。地板辐射供暖供水温度约38～45℃，回水温度约34～38℃，供回水压差约10m。室内温度均高于18℃，达到设计要求。

根据该小区动态热负荷曲线，对地热—热泵供热系统方案的运行费用进行了计算，同时考虑初投资设备的折旧费，初步计算出地热—热泵系统的供热价格约为0.194元/kWh，低于小区集中燃气锅炉房的供热价格0.275元/kWh，说明该小区采用地热—热泵供热是经济的。

地热—热泵供热系统热价构成与计算详见表6-2。

地热—热泵系统热价构成与计算　　**表6-2**

项目		打井及一次网	热泵站及输配管网	热泵站土建	合计
折旧费	初投资（万元）	4300	2147	1000	7447
	回收年限（年）	40	20	50	
	年折旧（万元/年）	107.5	107.2	20	234.7
	供暖季总负荷（10000kWh）	4270			
	折合热价（元/kWh）	0.0550			
运行费用	年运行费用（万元/年）	594			
	折合热价（元/（kWh）	0.1391			
综合热价（元/kWh）		0.1941			

6.2　中深层地热能无干扰供热技术

地热能是清洁环保的新型可再生能源，资源储量大、分布广。地热能来源于地球外部和地球内部，其中，由于地核的作用，地球内部是主要的热能来源，岩土向下越深温度越高。地热能建筑利用目前主要采用地埋管热泵技术，埋管埋深一般在100～150m之间，属于浅层地热能利用技术。近几年在我国陕西等地区出现了深埋管建筑供暖技术应用项目，竖向埋管深度达到2000m以上，这个深度的岩土温度可达70℃左右，属于中深层地热能的利用技术。

6.2.1 基本原理

无干扰地热供热技术，是指通过钻机向地下一定深处岩层钻孔，在钻孔中安装一种密闭的金属换热器（地下换热器采用耐高压、耐腐蚀、耐高温的特种钢材制造），在内充满换热介质，通过换热器传导将地下深处的热能导出，并通过专用设备系统向地面建筑物供热的新技术。

无干扰地热供热技术是一种“取热不取水”的闭式“干热型”利用地热资源供暖技术。这一技术与传统地热利用技术的区别在于不开采使用地下热水，就可几乎随时随地低成本开采使用地热。为了突出这一新技术的特点，以便与开采地下水区别开来，将这一新技术命名为无干扰地热供热技术。要特别说明的是，由于该技术属于近几年研发的新技术，该技术命名存在一定争议。该技术曾一度被命名为“干热岩供热技术”，即使现在很多社会大众由于习惯，仍然称呼本技术为“干热岩供热技术”，由于干热岩在我国地质学术界有明确的定义，本应与该定义有较大区别，因此本书不采用干热岩供热这一名词。而且所谓的“无干扰”更多的是为了强调该技术为闭式系统，与开采地下水的开式系统有较大区别。而且“无干扰”不是为了说明本技术完全对环境无干扰，事实上只要埋管换热存在，就对环境有干扰，只是干扰远小于开式系统远小而已。

该技术无污染，不受地面气候等条件的影响，能有效保护地下水资源，实现地热能资源的清洁、高效、持续利用，是一种更加优质的地热能利用技术。而国外主要为利用干热岩发电，尚无类似直接取热的无干扰地热供热技术。

无干扰地热供热技术供暖系统以提取中深层地热为主（图6-6），热源为中深层地壳岩土体。通过前期勘探后，使用专业石油钻孔设备在目的地钻孔，钻孔深度地下1000～5000m，钻孔直径200mm，安装特种材料制成的金属换热器，封闭换热井。填充液体换热介质，通过换热介质将换热器所提取的热量传输至专业设备机房，再分配至终端用户。该技术具有热源温度更高（地下2000m以下岩体热源可达70℃）且恒定，单个换热井换热面积大，运行成本低，节能环保性强等特点，可大规模用于商业建筑、民用住宅、政府学校等建筑。该技术在行业内具有独创性，竞争优势明显。与传统供热形式相比，无干扰地热供热技术供暖优势更加明显：

（1）突破用地制约，在受热建筑物附近向地下钻孔，不需建市政配套管网，具有普遍适用性。

（2）只抽取地下热能，不需要取地热水，“取热不取水”，保护水资源。

（3）绿色环保，无废气、废液、废渣等任何污染物排放量，治污减霾成效显著。

（4）节能减排效果明显。该应用由于供热使源测温度较高，热泵系统运行能效显著提升，节能效果显著。

（5）安全可靠。该技术孔径小（200mm），地下无运动部件，对建筑基础和地质无任何影响，利用地下高温热源供热，热源取之不尽用之不竭，系统稳定。

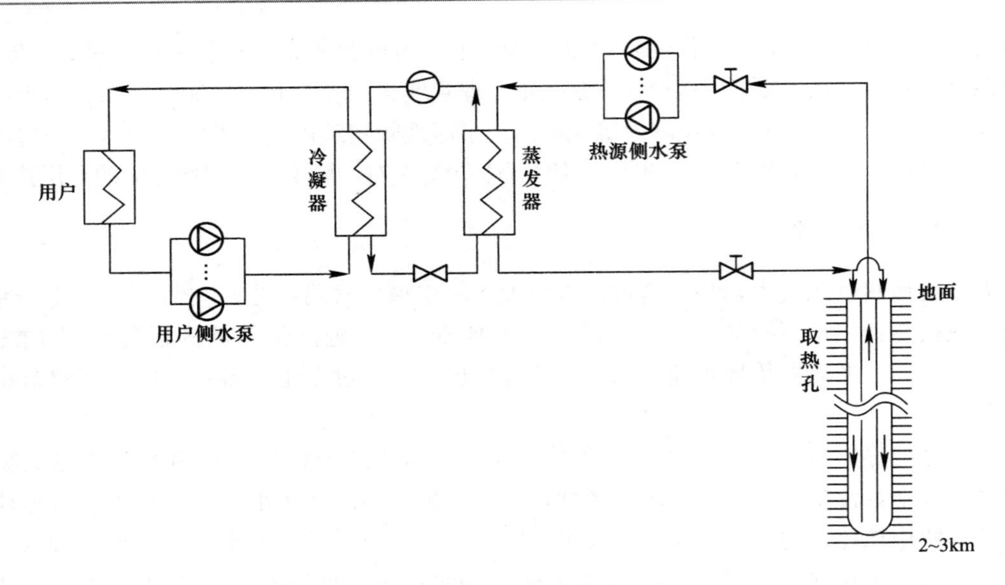

图 6-6 无干扰地热供热技术示意图

(6) 系统寿命长。地下换热器耐腐蚀、耐高温、耐高压，设计寿命 50 年，寿命与建筑寿命相当。

(7) 运行成本低。无干扰地热供热技术向地下中、深层取热，增加单孔取热量，扩大供热面积，可减少钻孔数，降低开发成本。

(8) 无干扰地热供热技术目前一次投资略高于集中供热，但从技术适用面来看，该项技术使用灵活方便。对于建筑面积 1 万～10 万 m^2 单体项目，可在项目用地红线内安装地下无干扰地下取热换热器，在项目地下室设备间安装换热机组，通过无干扰地热供热技术供暖系统将地热输送到用户。对于建筑面积在 10 万至几十万平方米、几百万平方米的项目，通常按面积或负荷，分成几个独立系统。例如 15 万 m^2 或 20 万 m^2 一个系统，几个独立系统由用户总的自控中心来控制管理运行。一个地区通常会有几千万平方米的建筑需要供热制冷，与集中供热制冷不同，无干扰地热供热技术供暖系统不需要庞大的地下集中输送管网，不用专门建造大的中心机房。可根据区域的发展情况，实际需求，化整为零，就地安装无干扰地热供热技术供暖系统。一个区域的若干个无干扰地热供热技术供暖系统可以通过电脑远程控制建立总控中心，实现统一管理和运行。该技术可以很好地替代燃煤燃气集中供热系统、实现低能耗低排放，节能环保运行。

依靠科技进步和技术创新，无干扰地热供热技术供暖系统成功研发并获得一定市场认可。这种新技术只通过岩土体进行换热，不抽取地下水，不影响环境和地下水。与传统地源热泵技术相比优势较为明显：首先，无干扰地热供热技术供暖系统使用的是中深层地热，较浅层地热温度更高，热源更加稳定可靠；其次，新技术拥有传统地源热泵无法比拟的经济优势，初始投资相当的情况下，运行成本大幅降低 30%以上；最后，对环境影响较小，有助于我国环境保护和污染治理。

6.2.2 特点及技术要点

目前，由于打井抽取热水、燃煤锅炉、燃气锅炉等传统供暖方式存在污染环境、浪费资源等弊端。地源热泵受项目具体条件制约，推广使用也受到场地等的影响，亟需一种新的节能、环保、高效的供暖技术。而无干扰地热供热技术作为一种很好的地热直接利用替代方案，具有明显优势。该项技术的关键在于高效创新的地热能交换系统。无干扰型系统具有适用性强、稳定性高、环境影响小、节能效率高、系统寿命长、运行经济等特点。无干扰地热供热技术供暖系统、地源热泵系统与其他传统的中央空调系统相比的特点，具体见表 6-3。

无干扰地热供热技术供暖系统与常规空调技术特点比较 **表 6-3**

项目	无干扰地热供热技术	地源热泵系统	区域燃煤锅炉	燃油（气）热水锅炉	电热锅炉
能源	中深层地热能	浅层地热能	煤炭	石油、天然气	电力
能效比	最高达到 7.1	利用系数为 3.8～4.5	约 60%	90%左右	90%以上
环境保护	无排放无污染，只钻井不取水	无燃烧污染，地下水回灌等问题难以根治	燃煤有较强污染	有燃烧污染	无燃烧污染
占地面积	施工及机房对占地面积要求极小	地埋管换热部分对占地面积有一定要求	市政锅炉及储煤占地面积较大	须建设锅炉房，储油设备需要占地面积	须建设和锅炉房，需要较大的电负荷
设备寿命	地下换热器寿命与建筑寿命相当，维护成本极小	地下换热器寿命与建筑寿命相当，维护成本极小	15～20 年，需定期维修，维修成本	10年左右，维护成本高	15 年左右，维护成本一般
水资源消耗量	换热管壁与岩土体接触换热，无需消耗任何地下水	除地埋管地源热泵外，其他地源热泵，都可能消耗水资源，且回灌问题无法根治	冬季供热的排污补水	冬季锅炉的排污补水	冬季锅炉的排污补水
备注	封闭式换热介质为水或其他物质	需要一定量的水资源	运行维护投入大	运行维护复杂锅炉房需要安全报警装置	运行维护复杂

地热能资源按照深度不同可分为浅层地热资源、中层地热资源和深层地热资源。浅层层地热比大气稳定，冬季比环境空气温度高，夏季比环境空气温度低，是很好的热泵热源和空调冷源，这种温度特性使得使用浅层地温层为热源的地源热泵比传统空调系统运行效率要高 30%，因此要节能和节省运行费用 30%左右。中深层地热温度较高，更加适应于供暖，无干扰地热供热技术供暖系统使用中层地热热源供暖能效比最高可以达到 7 以上。由于热源稳定可靠，极大地降低了供暖运行成本，据实际供暖项目经验，相比地源热泵供暖、传统燃煤锅炉费用可降低 35%～50%，虽然该系统在夏天制冷的能效比、运行费用与一般水冷机组相当，但总体来说，无干扰地热供热技术供暖系统凭借着极高的能源效率利用率，全年系统运行费用较其他供暖制冷系统有一定的优势。与此同时，由于中层地热温度相对浅层地温、大气温度更加恒定，使得无干扰地热供热技术供暖系统运行更可靠、稳定，保证了系统的高效性和经济性。因此，设计安装良好的无干扰地热供热技术供暖系统，平均来说可以节约用户 50%左右的供暖运行费用。因此，无干扰地热供热技术在供热领域具有较强的适用性，具有较大的技术经济先进性。

6.2.2.1　无干扰地热供热技术先进性

1. 不抽取和使用地下水，对环境影响小

无干扰地热供热技术供暖系统最大的特点在于系统与地下水隔离，仅通过地热能换热金属管壁与高温岩层换热，不抽取地下水，也不使用地下水。相比地源热泵等地热利用技术，没有尾水及尾水回灌的问题，杜绝了尾水的环境污染，也避开了尾水回灌成本高，井回灌量逐步衰减，大量开采地下水的水资源浪费和地面沉降等次生灾害问题。

2. 钻孔、机房占地面积小，适宜在建筑和人口密集区开展

随着我国经济的快速发展，我国城镇化率逐步升高，人口向城市转移使得城市建设不断扩大，特别是大中城市，市区人口与建筑密度极高，以地源热泵为代表的传统地热能直接利用对占地面积、地质要求较高，较难在市区使用，而人口密集区正好是我国建筑供暖的主要需求地。

3. 先进的地热换热系统适用范围广

我国是地热资源大国，地热能资源蕴含丰富，除滇藏地热带和环太平洋地热带拥有丰富的高温地热资源外，其余大部分地区都是中低温地热。从理论上说，我国绝大多数地方都有可供利用的地热能资源。无干扰地热供热技术供暖系统是通过现代的钻孔方法对地下中层地热进行利用，受地表层温度、环境影响较小，适用于我国大部分地区。

根据国家发展和改革委员会、国家能源局、国土资源部联合发布的《地热能开发利用"十三五"规划》，地热资源勘察数据显示据国土资源部中国地质调查局2015年调查评价结果，全国336个地级以上城市浅层地热能年可开采资源量折合7亿t标准煤；全国水热型地热资源量折合1.25万亿t标准煤，年可开采资源量折合19亿t标准煤；埋深在3000～10000m的中深层地热资源量折合856万亿t标准煤。

4. 大幅降低行业供暖费用，性价比高

和其他常规中央空调系统比较，设计安装良好的地源热泵系统、无干扰地热供热技术供暖系统等地热能利用系统可为用户节省大量的投资及运行费用。随着地热能直接利用系统的广泛应用，系统技术、运营模式不断发展，地源热泵系统平均投资成本已由过去的400～450元/m^{2}降至目前的220～320元/m^2，无干扰地热供热技术供暖系统在此基础上，进一步降低了投资费用，目前可降至200～300元/m^2。以无干扰地热供热技术供暖系统为代表的地热能直接利用系统已成为客户建筑供暖制冷系统的重要选择之一。无干扰地热供热技术供暖系统、地源热泵系统与常规空调系统初始投资费用对比大致见表6-4。

无干扰地热供热技术供暖系统、地源热泵系统、常规空调系统初始投资费用比较　表6-4

类型	无干扰地热供热技术供暖系统	地源热泵系统	冷水机组+燃煤锅炉	冷水机组+燃油锅炉	直燃机	风冷热泵
单位建筑面积造价（元/m^2）	240～300	220～320	240～340	240～340	260～360	280～380
单位建筑面积运行费用（元/m^2）	8～18（供暖） 15～30（制冷）	15～28	15～30	30～55	40～75	20～35

无干扰地热供热技术解决很多地源热泵系统固有技术难题，使地热能的利用更加广泛、高效，具有重要实际应用价值。随着技术的不断成熟与发展，社会对可再生能源的认知度提高，先进的无干扰地热供热技术有可能逐步发展成为替代传统建筑供热的重要新型

清洁热源技术。

6.2.2.2 无干扰地热供热技术创新性

通过前述分析，无干扰地热供热技术在很多方面均有技术突破和创新，主要体现如下：

1. 地热利用理论的创新

无干扰地热供热技术突破了传统的地源热泵和地热水利用技术的瓶颈，是地热利用理论的重大创新。无干扰地热供热技术的研发成功将明显提高地热利用技术在建筑供暖空调以及生活热水中应用的比例，为我国建筑节能减排事业做出贡献。

2. 超长换热器（2～3km）以及回填材料的创新

要做到合理获取中深层资源而不破坏环境有几大技术难点，一是需要类似于地源热泵一样的闭式埋管系统；二是埋管需要承受巨大压力，必须研制特种钢材，同时超长换热器换热性能的保证也离不开回填材料的研发和应用。

现有的无干扰地热供热技术通过研制特种钢材生产的超长换热器解决了管材闭式和承压问题，同时回填材料的创新也加强了管材的换热能力，保证了最大限度地获取地热资源。

通过创新，无干扰地热供热技术供暖合理地解决了上述问题，能保证高效换热的同时，对环境无几乎没有破坏和干扰，前景十分广阔。

3. 钻探过程中对地下水保护的创新

无干扰地热供热技术在使用过程中"取热不取水"，是对我国地下水资源的有利保护，这种对地下水资源保护的钻探过程应予以大力提倡。

4. 钻井技术的创新

无干扰地热供热技术钻探深度较大，在 2000m 以上。传统建筑供暖空调领域基本不涉及此深度地热资源的利用，地源热泵技术最多在 200m 应用范围内。如此大深度的应用地热资源，必须将地质和石油等领域的钻井技术引入、消化并吸收应用到建筑供暖空调领域。因此，无干扰地热供热技术的推广离不开各学科知识的交叉和融合，需要创新性的综合各学科技术才能合理的推广该技术。

6.2.3 国内研究现状及典型案例

6.2.3.1 研究现状

深埋管换热机理与浅层土壤源热泵有很大的不同。浅层埋管换热理论是建立在岩层匀质、上下温度相同且为纯导热的问题上的。但由于深埋管穿过的岩层不能简化为匀质，特别是上下温度不能简化为相同，因此，浅层埋管换热的理论计算模型不能简单用于深埋管。

国内目前有部分团队较早开展了无干扰地热供热技术的研究，并取得了一定成果。由于该技术还属于前期研究阶段，各个团队的结论存在一定程度的差异，这可能需要更深入的研究和长期的实际运行数据的验证和分析来推动相关研究工作。

本书简要介绍下目前国内主要研究团队的相关研究成果。

1. 中国科学院地质与地球物理研究所孔彦龙团队研究成果

中国科学院地质与地球物理研究所孔彦龙团队针对我国北方典型地区地热地质条件，分别采用 Beier 解析法和双重连续介质数值模拟法（基于 OpenGeoSys 模拟平台）计算了短期（4个月）采热和长期（30年）采热情景下的换热量。解析法和数值模拟法的结果均表明，延米换热功率上限不超过150W。在间断采热，即每天供热12个小时，停止12个小时的情景下，延米换热功率可以翻倍，但是总换热量基本不变，且水温在一天内的波动明显变大。深井换热技术的设计采热负荷应采取延米换热功率结合初始出水温度来衡量。以延米换热功率取100W为例，短期情景下出水端温度下降幅度约为22℃左右。对数值模型进行敏感性分析发现，在地温梯度一定的条件下，井深对延米换热功率影响不大，而地层热导率对其影响较为明显。最后指出，提高深井换热技术换热量的主要手段是增加井周围地层中的热对流，或者说，增加循环水与岩石的接触面积。

2. 长安大学官燕玲老师团队研究成果

长安大学官燕玲老师团队针对西安某个埋管深度大于2000m的地热能建筑供暖竖向U形深埋管换热系统的换热性能开展了原位实验研究（图6-7），并通过实验验证对该埋管换热系统建立了耦合管内外换热的全尺寸数值计算模型，在此基础上，在充分考虑岩土温度及岩土结构上下非均匀性的实际条件下，计算分析了系统运行时间等对埋管取热能力的影响，分析了埋管换热的影响半径、延米换热等。研究得到以下结论：

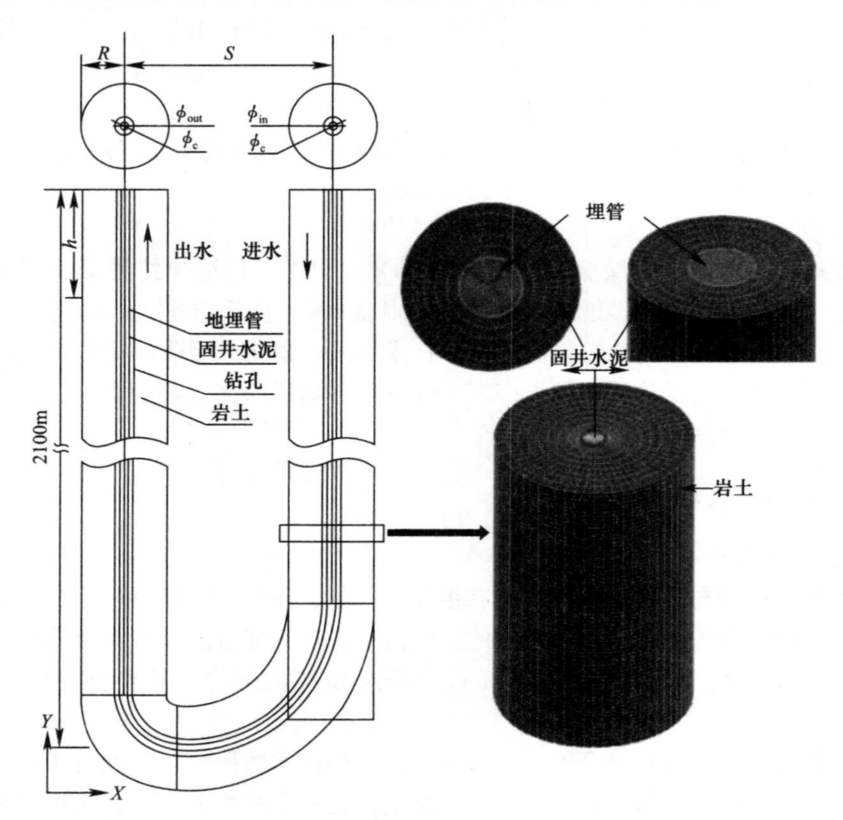

图6-7　竖向U形深埋管几何模型及网格图

（1）本研究的深埋管换热系统，在实验条件下得到的换热能力约为0.48MW，即进、出管总平均沿米换热为114.29W/m。

（2）以年为周期的单向取热供暖，经过恢复期后岩土温度不能恢复到最初状态，从而会影响供热能力逐年衰减。当取热量为0.4MW、流率为18.22kg/s时，第一年供热期结束埋管进口温度为 5.57℃，第二年供热期结束埋管进口温度已经低至 4.24℃。

(3) 埋管换热影响半径随着运行时间以及埋管深度的增加而逐渐加大。取热为 0.4MW、流率为 18.22kg/s 时，埋管换热的最大影响半径运行一年（第一个恢复期结束）约为 16m，运行两年（第二个恢复期结束）约为 21m。

(4) 恒定负荷运行时，在同一个供热周期内，随时间的推移，上部浅层埋管部分（深 1200m 以内）管内外传热温差逐渐加大，且延米换热量逐渐增大；而下部深层埋管部分（深度大于 1200m）管内外传热温差逐渐减小，且延米换热量逐渐减小。

(5) 随着埋管内流率的增加，埋管进水温度提高，即相应的供热能力提高。

同时官燕玲老师团队针对西安某个埋深为 2505m 的竖向 U 形深埋管换热系统（图 6-8），在原位实验的基础上建立耦合管内外换热的三维全尺寸数值计算模型，并验证了模型的合理性。在此基础上，借助该数值模拟软件对比分析了该深埋管系统在某个恒定取热量且不同保温深度的条件下，一个供暖季的平均出口水温的大小，从而分析确定出该深埋管换热系统在恒定取热量工况下的最佳保温深度，并对其埋管不保温状态的换热进行了计算分析，得到出水管在一个供暖季内的临界放热深度正是最佳保温深度；由此，计算得到其他几个恒定取热量不保温运行的临界放热深度，将其作为最佳保温深度。最后，通过具有最佳保温深度的埋管在供暖季的平均出水温度和最佳保温深度处岩土的初始温度，分析得到在该原位实验的地质条件下两者之间的线性关系，由此，在地上热泵系统对埋管侧的水温需求已知的条件下，可以通过这个线性关系由岩土的初始温度分布预测这个埋管系统的出水管的保温深度。综上所述，该研究得到以下结论：

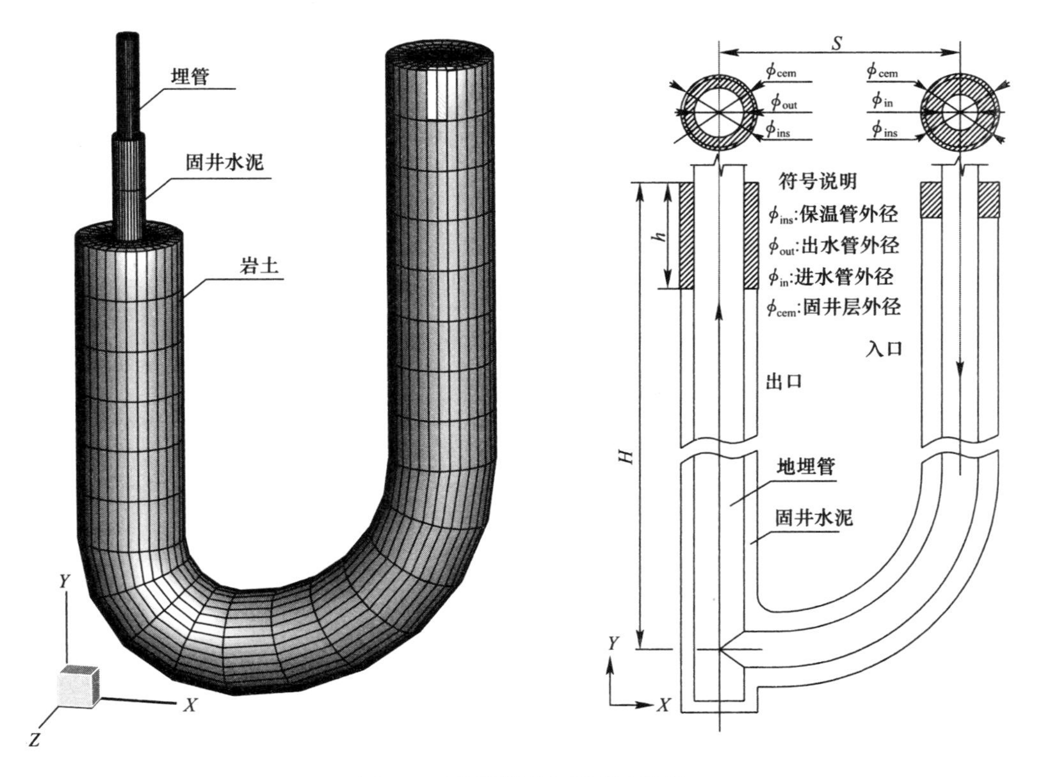

图 6-8 U 形深埋井模型示意图

(1) 埋管在一个供热周期内的平均出口水温随出水管保温深度的增加先增加，至峰值后递减，存在一个最佳保温深度。

(2) 当埋管不保温时，计算统计一个供热周期内埋管不同深度与周围岩土的总换热量，其为负值的临界深度与最佳保温深度相吻合。

(3) 在岩层结构、岩土温度分布以及埋管结构尺寸确定的条件下，可以通过数值方法得到最佳保温深度处的岩土初始温度与U形深埋管一个供暖季埋管平均出口水温之间的线性关系，从而可在施工方案阶段给出该地质条件下深埋工程的最佳保温深度。

3. 山东建筑大学方肇洪老师团队研究成果

山东建筑大学方肇洪老师团队主要对中深层地埋管进行了理论研究，团队采用FDM模型进行了中深层地埋管动态传热特性研究，主要结论如下：

(1) 采用FDM模型模拟计算相对于其他模型是可行而且高效的，能在较短时间内完成复杂的地温场计算。

(2) 图6-9为中深层换热器名义取热量的模拟计算结果。2000m埋管的持续抽热能力约为240kW左右，供热面积约为几千平方米，不到1万m^2。1个中深层埋孔换热量大体相当于浅层地埋孔50～60个，且钻孔底部的初始温度是决定换热能力的重要指标，与孔深以及低温梯度密切相关。

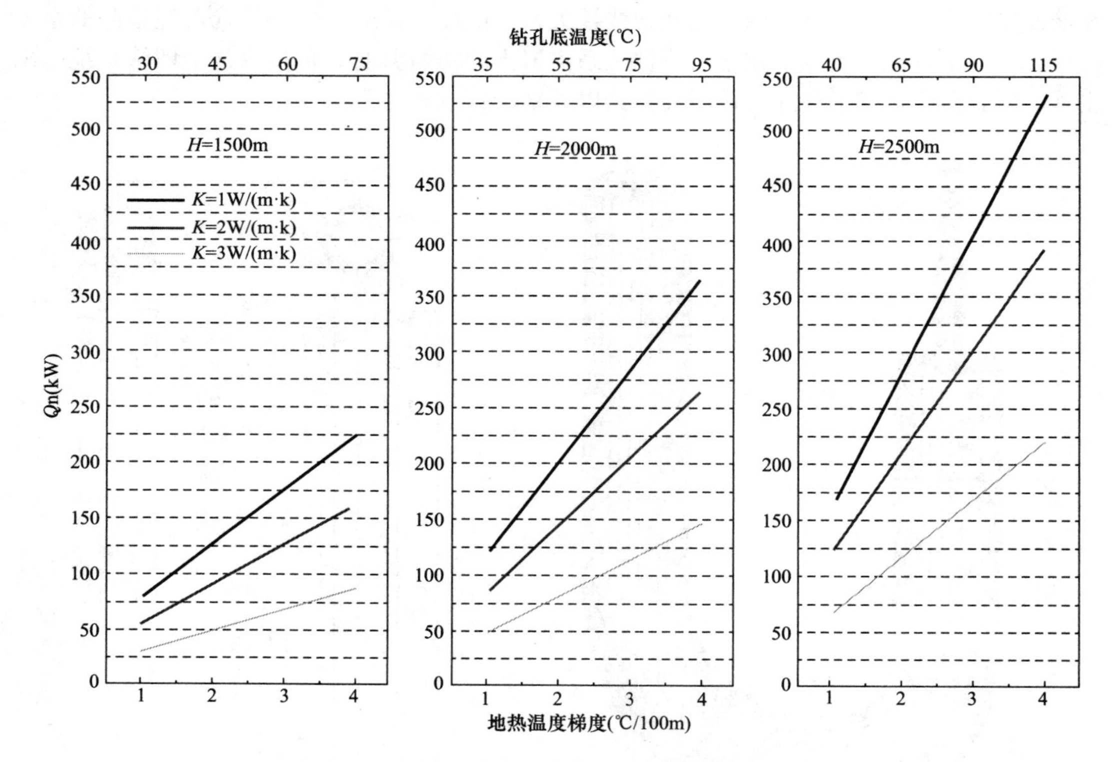

图6-9　中深层换热器名义取热量

(3) 热平衡问题。该技术只要孔间距做到足够大，基本不存在热不平衡问题。模拟计算10年，前2～3年温度逐渐下降，后5、6年温度下降速度很慢，不到0.1℃，运行20年基本没有问题。

（4）对于该技术经济性是推广的重要因素，其中钻井成本是经济性的关键。严寒地区正好夏季不需要供冷，且冬季浅层土壤温度较低，是该技术的适宜推广地区。

4. 清华大学魏庆芃老师团队研究成果

清华大学技术团队于2013～2015年期间对已投入使用的中深层地热源热泵系统实际运行情况进行了实测调研。项目所在地位于陕西省西安地区，供暖时间为每年的11月15日～次年3月15日。表6-5为调研项目基本信息。

中深层地热源热泵系统项目基本信息　　表6-5

	项目A	项目B	项目C	项目D
建筑功能	住宅	住宅	住宅	住宅＋商业
建筑面积（m^2）	20600	43500	56000	37800
实际供暖面积（m^2）	6000	18700	38000	7560
入住率	0.29	0.43	0.68	0.20
取热孔个数	1/2	3/3	5/5	1/3
取热孔深度（m）	2000	2000	2000	2000
末端形式	地板供暖	地板供暖	地板供暖	住宅：地板供暖商业；风机盘管

注：取热孔个数1/2表示热源侧开采2口取热孔。测试期间开启其中的1口取热孔，余同。

参照《可再生能源建筑应用工程评价标准》GB/T 50801—2003，对4个投入实际运行的项目在严寒期进行48h以上的连续监测，通过连续测量热源侧流量和进出口水温、用户侧流量和进出口水温以及热泵机组消耗的电量等参数，测试结果经能量平衡校核后（不平衡率低于10%），得到中深层地热源热泵供暖系统的实际运行情况。对监测阶段室外气温、用户侧供回水温度、热源侧供回水温度的平均值进行统计，结果见表6-6。

监测阶段实测热源侧进出水温度平均值（℃）　　表6-6

	项目A	项目B	项目C	项目D
平均室外气温	−0.5	−3.0	−0.8	3.1
用户侧平均供水温度	42.0	39.6	38.9	40.9
用户侧平均回水温度	38.4	35.8	33.5	36.9
热源侧平均进水温度	18.9	19.3	8.0	18.8
热源侧平均出水温度	26.9	29.8	20.1	22.1

表6-7显示了4个项目测试期间热源侧换热器单位长度的取热量。其中，项目C由于热源侧平均温度最低，使得其与土壤换热温差相对更大，热源侧换热器单位长度取热量最大；而项目B由于热源侧平均温度最高，因此其热源侧换热器单位长度取热量最小；而常规地源热泵系统热源侧换热器单位长度取热量为40W/m。相比之下，中深层地热源热泵系统热源侧换热器单位长度取热量可以达到常规地源热泵系统的2.0～3.6倍。

热源侧换热器单位长度取热量（W/m）　　表6-7

项目A	项目B	项目C	项目D
129	79	144	122

表6-8显示了系统运行性能实测情况，可以看出，得益于中深层地热能提供的高温热源，中深层地热源热泵系统无论是机组能效还是系统能效都得到了提升。实测4个项目热

泵机组制热性能系数 COP_h 最高为 5.64（项目 A），最低为 4.35（项目 C）；而系统综合制热性能系数 COP_s 最高为 3.81（项目 A），最低为 3.28（项目 B）。

实测系统运行性能　　**表 6-8**

	项目 A	项目 B	项目 C	项目 D
平均室外气温（℃）	−0.5	−3.0	−0.8	3.1
平均室内气温（℃）	23.1	20.2	22.4	21.4
平均热负荷（W/m^2）	54.5	30.6	46.5	43.6
热泵机组 COP_h	5.64	4.71	4.35	4.82
热源侧输配系数 WTF_s	32.4	56.6	46.3	26.1
用户侧输配系数 WTF_I	18.5	13.5	39.5	25.7
系统综合 COP_s	3.81	3.28	3.61	3.51

表 6-9 显示了 4 个项目 1 个供暖季累积单位建筑面积供暖量和耗电量。其中项目 A 单位面积供暖量和单位面积耗电量均最高，项目 B 单位面积供暖量和单位面积耗电量均最小。由此可见，采用相同的供暖技术，在同一地区为同一类型的建筑进行供暖，在系统设计、施工、运维、管理水平不同的情况下，系统运行性能也会存在较大差别。这其中既有中深层地热源热泵供暖技术系统设计、运行调节亟需完善的原因，也有建筑物围护结构、庭院管网敷设与平衡调节、楼内管网及末端用户调节等方面的原因，需全面考虑、系统解决。

供暖季累积单位建筑面积供暖量及耗电量　　**表 6-9**

	项目 A	项目 B	项目 C	项目 D
单位面积供暖量（GJ/m^2）	0.43	0.23	0.36	0.25
单位面积耗电量（kWh/m^2）	30.5	17.6	28.2	20.4

清华大学通过对多个实际项目的跟踪测试得到以下结论：

（1）该供暖技术热源侧采用封闭式换热器，对地下环境基本无影响，应用范围广。我国地热资源丰富，该技术采用地下 2～3km 深的中深层地热能作为热泵低温热源，通过地埋管换热装置提取热能，无需提取地下水，对地下水资源无影响。其次，由于取热孔径小，对地下土壤岩石破坏较小，因此该技术对地下环境基本无影响。再次，由于该技术热源侧取热点较深，基本不受当地气候环境影响，可为热泵机组长期提供高品位的低温热源，保证系统稳定高效运行。

（2）由于中深层地热用常规的地源热泵系统，只在冬季为居住建筑供暖，在夏季需要额外对土壤进行补热，以避免由于全年取热、排热不平衡导致土壤温度逐年下降，使得系统运行能效降低甚至无法运行的情况。如果采用中深层地热源热泵技术，由于热源侧取热于地下中深层地热能，其热量直接来自于地球内部熔融岩浆和放射性物质的衰变过程，有源源不断的热量补充到中深层地热之中，能够从根本上解决补热的问题。经计算，如果地埋管间距在 20m 以上，经过 1 个供暖季的取热，地下土壤平均温降小于 2℃，在供暖季结束后 4 个月即可恢复，夏季无需额外补热，保证热泵系统长期高效地运行，很好地适应了居住建筑的用能特点。

（3）热源侧出水温度较高，取热量较大。通过对已投入使用的项目运行情况进行实测调研，得到热源侧单个取热孔循环水量一般为 20～30m^3/h，此时热源侧出水温度可以达到 20.1～29.8℃，单个取热孔的取热量为 158～288kW，平均每延米取热量可达到 79～

144W，热源侧取热量及出水温度均高于常规浅层地热源热泵。实际运行的热泵机组蒸发温度都能保证在15℃以上，对于居住建筑，末端搭配地板供暖系统时，用户侧实测供回水温度为42℃/37℃，热泵冷凝温度为45℃左右。而当末端采用常规散热器或风机盘管时，供回水温度要求为45℃/50℃，热泵冷凝温度达到48～53℃。

即无论搭配何种末端形式，采用该技术的热泵压缩机与常规的浅层地热源热泵系统相比，都运行在一个更小的压缩比工况下，机组 *COP* 更高。工程案例实测也表明，应用中深层地热源的热泵机组制热 COP_h 能达到5～6，供热系统的综合效率 COP_s 能达到3～4（包括热源侧循环泵和用户侧循环泵的电耗），具体系统效率取决于系统设计、施工、调适和运行管理水平。而常规的浅层地热源热泵系统实测系统综合效率 COP_s 在3左右。可见，得益于高温的热源，中深层地热源热泵供暖系统具有更高的运行能效，是实现高效清洁供暖、推动建筑节能的重要途径。

5. 哈尔滨工业大学热泵技术研究所倪龙老师团队研究成果

倪龙老师团队主要对中深层地热源热泵系统的套管式地埋管换热器的传热特性进行了研究，从现场实验测试和理论模型两方面进行分析，重点集中在热泵系统地源侧套管式地埋管的相关传热模型的建立与求解方法、传热影响因素研究两方面，研究内容为中深层地热源热泵系统的应用提供了基础实验数据和理论依据，为工程实践提供了指导和改进方向，逐步提升该热泵技术的可靠性。

主要结论如下：

（1）对于深度在200～2000m的中深层，土壤的温度随深度近似呈线性关系，土壤初始温度随热源井深度的增加而增加，且土壤温度的梯度随着热源井深度的增加逐渐变大，说明增加取热点的深度可以获得温度更高的低温热源。热源井的取热量也随深度的增加而大幅增加，600m热源井取热量为25kW，而1200m热源井取热量为120kW，说明了深井取热的重要性。热源井套管式地埋管换热器的出水温度随运行时间的增加而降低并最终达到一个稳定的状态，根据实验数据，稳定时间一般在5h以上。间歇运行比连续运行换热量提升78%。热泵系统运行期间，热源井的换热能力逐渐降低，需要提高流量来维持稳定的取热量。在大流量的工况下，热源井的地热恢复时间更短，地埋管换热器出水温度的下降更缓慢，热泵机组运行更稳定。

（2）建立了半经验设计计算模型和二维解析传热模型，并得到目标物理量的显式数学解析式。经实验验证，半经验设计计算模型可用于工程实际，最终可得到工程初步设计阶段所需的设计钻孔深度、每延米换热量等参数；给出了二维解析模型的实验验证思路，推导出了钻孔内热阻的数学表达式，并结合实验计算出本地区岩土平均导热系数与岩性勘探结果基本一致，证明二维解析模型可用于确定岩土热物性参数。

（3）对二维解析模型推导结果的分析表明，在冬季工况钻孔壁平均温度恒定的前提下，钻孔深度变化时，影响换热器出水温度的主要因素是土壤远端温度的变化而非钻孔内无量纲热阻的变化，后者的影响一般可忽略；同尺度范围内的外管侧热阻对套管换热器出水温度的影响较内管侧热阻更大，为增强换热器换热效果应着重强化外管侧热阻；内外管管材热导率在低热导率范围内变化时对换热器出口流体温度的影响尤其大，内管管材的热导率一般不应超过0.5W/(m·K)，而外管管材热导率一般应大于10W/(m·K)；其他条件一定时，套管换热器出口流体温度与入口温度近似呈线性正相关，与实验结果相符；流体进出套管换热器的方式不影响换热器出水温度的大小，但内进外出情形的环腔流体温度可能会在内管侧热阻较小时存在极值点，此时应着重提高内管侧上部热阻；其他条件一定时，内进外出情形得到的换热器流程流体温度最大值较外进内出情形低，且沿程热短路效应比外进内出情形更为明显。

（4）建立了耦合数值传热模型，将早期的V.C.Mei模型进行改进并推广到了流体进出套管换热器方式的外进内出情形。采用有限容积法进行数值模拟，模拟结果符合工程实际，为类似传热问题提供了有效的求解实施方式，为深入了解套管式地埋管换热器的传热过程奠定了良好的基础。

6.2.3.2　典型应用

无干扰地热供热技术已经在研发并实际应用。这项新技术已经在项目中得到应用，并在实际运行中取得好的经济效益和环境效益。目前在西咸新区已经有较多无干扰地热供热技术供暖项目，已经投入运行的无干扰地热供热技术供暖面积共114.27万m^2，占已供热建筑面积的7.3%。

以长安科技综合大楼无干扰地热供热技术供暖项目为例，基于项目实际运行数据说明既有无干扰地热供热技术供暖项目的实际供热效果以及系统实际运行能效情况。该项目位于西安市友谊东路，项目总建筑面积43000m^2，其中地上建筑面积38000m^2，分为商业部分13000m^2和住宅部分25000m^2。采用最新新型专利无干扰地热供热技术，共钻孔3个，孔深2000m，冬季供暖，夏季制冷，已正常供暖三年。该项目系统配置见表6-10。

长安科技综合大楼暖通空调系统设备表　　**表6-10**

序号	设备名称	设备参数	单位	数量	备注
1	热泵机组	制冷量：1000kW；输入功率：179kW	台	2	冬夏均开启
		制热量：1080kW；输入功率：229kW			
2	负荷侧水循环泵	流量：100m^3/h；扬程：32m	台	5	
		输入功率：15kW			
3	冷却水循环泵	流量：120m^3/h；扬程：30.5m	台	3	
		输入功率：15kW			
4	全自动软水器	处理量：6～8m^3/h，单罐，流量控制	套	1	配套盐液罐一个
5	软化水箱	长×宽×高：2500×2000×2000（mm）	套	1	配套浮球阀一个，有效容积8m^3
6	高区定压补水装置	调节容积：1.95m^3，单罐双泵型	套	1	补水泵一用一备
		补水泵流量：5.1m^3/h；扬程：115m			
		输入功率：11.5kW			
7	低区定压补水装置	调节容积：1.95m^3，单罐双泵型	套	1	补水泵一用一备
		补水泵流量：5.1m^3/h；扬程：75m			
		输入功率：7.5kW			
8	源侧定压补水装置	调节容积：1.95m^3，单罐双泵型	套	1	补水泵一用一备
		补水泵流量：5.1m^3/h；扬程：32m			
		输入功率：2kW			
9	冷却塔	流量：250m^3/h	台	2	
10	负荷侧集分水器	$DN500L$=3280mm	台	2	
11	源侧集分水器	$DN500L$=26600mm	台	2	

2015 年 12 月 19 日 12：00～12 月 22 日 06：00，上海市建筑科学研究院对该项目进行了系统能效测试。测试现场情况如图 6-10～图 6-12 所示。

图 6-10 热泵机组

图 6-11 流量检测

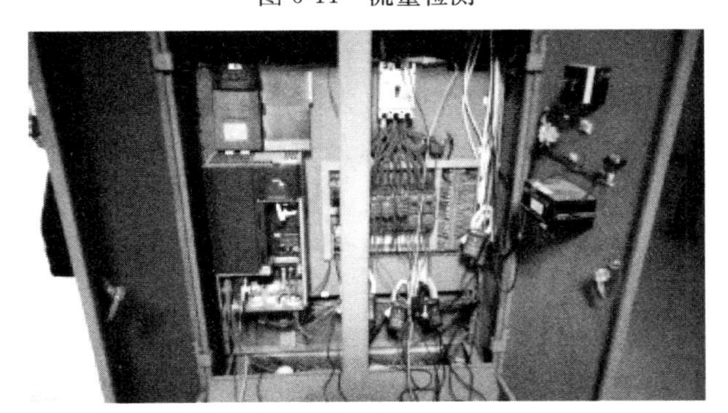

图 6-12 耗电量检测

测试日平均温度为 4.34℃，测试日各工况参数见表 6-11。

长安科技综合大楼冬季工况测试 **表 6-11**

序号	检测参数	单位	检测值
1	热源侧平均供水温度	℃	21.03
2	热源侧平均回水温度	℃	16.94
3	热源侧平均回水温差	℃	4.09
4	热源侧平均水流量	m^3/h	54.4
5	热源侧累计换热量	kW·h	9146.84

续表

序号	检测参数	单位	检测值
6	用户侧平均供水温度	℃	40.89
7	用户侧平均回水温度	℃	36.59
8	用户侧平均供回水温差	℃	4.3
9	用户侧平均水流量	m^3/h	66.63
10	用户侧累计供热量	kW·h	12136.53
11	热泵机组累计耗电量	kW·h	2409.42
12	热泵机组平均制热性能系数 *EER*	/	5.04
13	热源侧取热水循环泵累计耗电量	kW·h	320.27
14	用户侧热水循环泵累计耗电量	kW·h	394.75
15	除热泵机组外的机房设备累计耗电量（含热源侧和用户侧水泵等）	kW·h	715.02
16	热源侧取热水循环泵输配系数	/	37.9
17	用户侧热水循环泵输配系数	/	30.74
18	系统总耗电量	kW·h	3124.44
19	冬季工况系统能效比	/	3.88
备注	检测期间，热源侧水泵及用户侧水泵均开启一台，热泵机组开启一台（热泵主机有两个机头，检测时开启其中一个机头）		

通过测试数据可得，在测试日，冬季工况系统能效比达到3.88，而北方地区供暖一般的地埋管的系统能效比一般在3.0左右，因此，本项目的系统能效比常规地埋管地源热泵系统能效明显高。

6.2.4 存在问题及解决措施

无干扰地热供热技术作为一种创新技术，需要深入分析相关问题，并针对问题制定相关政策和措施来克服新技术发展和推广的瓶颈。

无干扰地热供热技术主要存在如下问题：

（1）无干扰供热技术虽然是利用中深层地热能，但是长期单向取热，是否存在“热不平衡”问题，是否对环境有一定影响而无法做到真正无干扰，业内存在争议。

（2）无干扰供热技术换热能力目前各个研究团队存在较大争议，业内亟需结合工程实际运行数据，研制支撑工程开发应用的理论模型。

（3）该技术目前缺少相应的国家和行业标准来规范技术的有序合理发展，项目的工程勘察、设计、施工验收以及整体运转调试需要有一套规范有序的流程。

（4）该技术投资相对于燃煤锅炉房等供热方式目前还是相对较高，需要进一步研发打井技术，强化传热，降低初投资，扩大推广范围。

（5）应用该技术的实际运行项目能效还有待进一步提升来验证该技术的节能潜力。

针对上述分析，对无干扰地热供热技术发展提出如下建议：

（1）重点研究目前已建成的利用无干扰地热供热技术项目，加强监测，跟踪分析各项目实际应用效果，探索目前推广存在问题，寻求切实可行的解决方案，提高无干扰地热供热技术应用的科技创新能力。

(2) 编制无干扰地热供热技术规范，为无干扰地热供热技术推广夯实基础。

(3) 加强监管，建立地热资源勘察与评价、项目开发与评估、环境监测与管理体系，坚持地热资源开发与环境保护并重，加强地热资源开发利用全过程的管理。严格地热资源开发利用的环境监管，建立地热资源开发利用环境影响评估机制，加强对地质资源、水资源和环境影响的监测与评价，促进地热资源的可持续利用。

(4) 加强政府引导，研究推广无干扰地热供热技术适宜的财政、税收政策。

(5) 促进市场推动。应对项目的经济效益、环境效益和社会效益进行系统地分析，建立持续稳定的无干扰地热供热技术应用市场，充分发挥市场配置资源的作用，鼓励各类投资主体参与无干扰地热供热技术开发、营造公平市场环境，提高地热资源开发利用的市场竞争力。

无干扰地热供热技术作为一种新型高效供暖技术，技术上还有进一步提升和优化的空间，建议后续主要在以下几方面开展技术攻关，不断提高系统的能效，降低能耗，降低投资和运行费用，进一步提升技术的竞争力：

(1) 通过技术攻关，进一步降低建造难度和建造成本。中深层地热资源是无干扰地热供热技术的核心，在热源侧地埋管的，施工过程中需要解决岩层硬度大、压力高等具体问题，安装过程中需要保证内外套管分别紧密连接。这些具体技术问题导致实际项目中存在一定的技术难度。

(2) 设计过程中，进一步优化系统设计和提高系统运行效率，充分发挥高温热源的优势。主要涉及系统设计、设备选型、运行策略等方面。

(3) 准确计算供热负荷。合理确定热泵机组型号，保证机组高负荷率和高效运行。

(4) 合理确定热泵机组的供水温度，尤其是同末端采用地板采暖系统时，避免出水温度过高，影响机组效率。

(5) 合理选择水泵型号，避免水力失调，保证供热和用热的合理匹配。

(6) 设计时考虑住宅小区入住率的影响，可采用事先预留机房位置，根据入住率，分期分批增加机组设备，保证系统的高效运行和可调性。

无干扰地热供热技术充分利用温度较高的低温热源，为系统提供了稳定高效的运行环境，已有的示范工程建设已经取得了较好的运行效果，但实际推广中，兼顾系统优势的前提下，必须充分考虑该技术和系统的特殊性和复杂性。在政府的支持和科学管理下、在工程界的努力下，科学推广无干扰地热供热技术，助力清洁高效、低能耗供暖；提高居民生活幸福指数，满足对美好生活的向往。

第7章　地源热泵系统的测试与评价

地源热泵技术经历了起步阶段、推广阶段、快速增长阶段，目前处于平稳发展阶段，随着国家对可再生能源、新能源应用的系列支持政策的发布，如财政部、住建部印发的《可再生能源建筑应用城市示范实施方案》，财政部、生态环境部、住建部、国家能源局发布的《关于扩大中央财政支持北方地区冬季清洁取暖城市试点的通知》等，进一步促进了地源热泵技术的发展应用。但是在快速地推广应用过程中，不乏对系统节能效果质疑的声音，对于具体项目地源热泵系统是否节能要看系统实际的检测结果，针对地源热泵系统检测需要一个完整的测试和评价体系。

为促进我国可再生能源建筑应用事业的健康发展，指导可再生能源应用工程的测试与评价，住建部组织相关科研单位、高校和企业编制了《可再生能源建筑应用工程评价标准》GB/T 50801—2013，对可再生能源建筑应用工程建立了完整的测试评价体系。可再生能源建筑应用工程评价以实际测试参数为基础进行，下面主要介绍地源热泵系统的测试和评价方法、测试项目情况、测试结果及分析。

7.1　检测评价方法

7.1.1　测评指标

地源热泵系统测评目的是对地源热泵系统运行情况进行全面评价，对某个地源热泵应用项目做出全面、客观、合理的评价，一般要对室内应用效果、热泵机组、系统的运行能效进行测试，进一步可计算分析地源热泵系统的节能、经济和环境效益。由此，确定地源热泵系统的测试评价指标如下：

（1）室内效果保证率。

（2）热泵机组制冷能效比。

（3）热泵机组制热性能系数。

（4）地源热泵系统制冷能效比。

（5）地源热泵系统制热性能系数。

（6）常规能源替代量。

（7）二氧化碳减排量、二氧化硫减排量、粉尘减排量。

（8）静态投资回收期。

根据地源热泵系统冷热源的特性，还应对地源侧换热特性以及地下水源热泵抽水、回灌量及其水质进行持续监测或定期检测。

7.1.2 测评方法

7.1.2.1 测评工况

地源热泵系统测试分为长期测试和短期测试，对于具备冷热源监测系统的地源热泵系统可采用长期测试的方法，对于未安装监测系统的地源热泵系统，其系统性能测试宜采用短期测试。短期测试应符合下面规定：

（1）应在系统开始供冷（供热）15d以后进行测试，测试时间不应小于4d。

（2）系统性能测试宜在系统负荷率达到60％以上进行。

（3）热泵机组的性能测试宜在机组的负荷达到机组额定值的80％以上进行。

（4）室内温湿度的测试应在建筑物达到热稳定后进行，测试期间的室外温度测试应与室内温湿度的测试同时进行。

（5）短期测试以24h为周期，每个测试周期具体测试时间根据热泵系统运行时间确定，但每个测试周期测试时间不宜低于8h。

7.1.2.2 测试仪器

地源热泵系统的空气温度、水温、流量、功率、模拟或数字记录的仪器设备的准确度或测量误差应满足如下要求，并且设备均应在计量检定有效期内：

（1）环境空气温度的准确度应为±0.5℃。

（2）水温度的准确度应为±0.2℃。

（3）流量测试仪器的准确度应为±1.0％。

（4）测量电功率所用的电功率表的测量误差不应大于5％。

（5）模拟或数字记录仪的准确度应等于或优于满量程的±0.5％，其时间常数不应大于1s。

7.1.2.3 测试方法

1. 室内效果测试

地源热泵系统室内应用效果即舒适性，主要是指室内温度和湿度，保证室内温湿度是空气调节的最重要的目标之一，如果室内温度不满足要求，节能环保也就无从谈起。因此，室内效果是评价的基础，在对地源热泵系统性能进行测评的同时，对室内温湿度和室外温湿度也应进行测试。

对于既承担冬季热负荷又承担夏季冷负荷的地源热泵系统项目，应在供暖季和制冷季选取典型的供暖日和供冷日进行测试，抽测面积不低于空调区域的10％，测试记录时间间隔不大于600s，室内温、湿度取测试结果的平均值。

2. 热泵机组性能测试

热泵机组的性能包含制冷能效比*EER*和制热性能系数*COP*，计算方法为热泵机组制热量（制冷量）和消耗的功率的比值。每台热泵机组都有铭牌参数，包括制冷量、制热量、输入功率、输入电流、进出口水温、能效比等，铭牌上的值都是在实验室额定工况下得出来的值，并不是机组实际运行参数，这里热泵机组的性能测试是指机组在实际应用工况下的性能。

热泵机组性能测试宜在热泵机组运行工况稳定后1h进行，测试时间不低于2h，具体测试参数包含：

（1）热源侧介质流量（m^3/h）。

（2）用户侧介质流量（m^3/h）。

（3）热源侧进、出口介质温度（℃）。

（4）用户侧进、出口介质温度（℃）。

（5）机组输入功率（kW）。

3. 地源热泵系统性能测试

地源热泵系统性能不是指某个设备的性能，而是指整个系统包括所有设备的综合性能，系统中每个设备的性能都会直接影响系统的性能，而且，系统中各个设备之间的匹配、系统的运行模式、控制方式是否合理都会影响系统的性能。地源热泵系统的性能包含系统制冷能效比 EER_{sys} 和系统制热性能系数 COP_{sys}，想要得到系统的运行性能需要测试如下参数：

（1）系统用户侧流量（m^3/h）。

（2）系统用户侧介质进、出口温度（℃）。

（3）系统热源侧流量（m^3/h）。

（4）系统热源侧介质进、出口温度（℃）。

（5）机组的总耗电量（kWh）。

（6）水泵的总耗电量（kWh）。

4. 地源侧换热特性测试

地源热泵供暖空调系统与常规冷热源系统最大的区别在于低位热源不同，地源热泵系统是间接利用浅层地能来供暖或供冷，浅层地能包括土壤、地下水、地表水（江水、湖水、海水）和生活污水、工业废水。这些低位热源的特点和热物性直接影响地源热泵系统的应用效果，因此在项目初期需要对低位热源的热物性进行测试。对于土壤源热泵系统来说主要参数包括土壤的初始温度、导热系数、比热容等；地下水系统主要参数有含水层的深度、地下水的水温和水质等；地表水系统、污水系统主要参数有水量及动态变化、水温和水质等。

上述参数需要在地源热泵系统方案确定之前进行测试，这里的地源侧换热特性主要指系统设计安装完成后，地源侧换热系统的实际应用特性。地源侧换热特性测试目的是监测热源温度的稳定性及可持续能力，按照地源侧热源形式分别确定需要具体测试的参数如下：

（1）地表水源、污水源：取水温度、热源侧换热量。

（2）地下水源：取水温度、流量、热源侧换热量。

（3）土壤源：水温、土壤温度、热源侧换热量。

5. 地下水回灌效果的检测

地下水源热泵系统是利用地下水资源作为热源，如果在前期勘察、设计、施工、运行管理等各个环节中出现问题，可能会导致地下水资源的消耗或者污染。我国地下水资源形势严峻，必须实施严格的水资源保护措施，因此必须采取可靠回灌措施，确保置换冷量或热量后的地下水全部回灌到同一含水层，并不得对地下水资源造成浪费及污染。地下水源热泵系统投入运行后，应定期对抽水量、回灌量及其水质进行定期监测。

（1）抽水量、回灌水量检测方法

对于地下水源热泵系统回灌效果的测试需要连续监测且选好测试位置，同时要注意观察各个回水井的井口位置有没有溢水迹象。

抽水水量测点可直接设置在制冷机房内总的管路上，回灌水量要求在各个回灌井支路靠近回灌井处进行测试，要求测试周期内累计抽水量与累计回灌水量相等。

（2）抽水水质、回灌水质检测方法

从表面上看，水源热泵机组只是提取了水中的热量，水源水经过热泵机组进行热量交换后又回灌到地下，水质几乎没发生变化，回灌不会引起地下水污染，但是还是会有一些潜在原因可能会引起水质的变化，例如输送管道生锈、换热器管路的泄漏等都会对回灌水质产生影响。一旦发生地下水质污染，后果将不堪设想，尤其是离饮用水较近的水源。因此，应定期对抽水和回灌水的水质进行取样，送有关部门检测。

7.1.2.4 评价方法

1. 室内应用效果评价

对室内外温湿度监测结果进行整理，计算室内温度保证率，具体计算方法见式（7-1）。

$$PPS = \frac{N_{ps}}{N_{pt}} \tag{7-1}$$

式中 PPS——室内温度保证率；

N_{pt}——总的测点数量；

N_{ps}——满足设计要求的测点数量（当设计文件无明确规定时，取符合国家现行相关标准规定的测点数量）。

根据室内温度保证率对地源热泵系统的在该项目中的室内应用效果进行评价。

2. 地源热泵性能评价

按照实测热泵机组制热量（制冷量）和消耗的功率，计算测试期间各个时刻地源热泵机组的制冷能效比 EER（制热性能系数 COP），具体计算公见式（7-2）和式（7-3）

$$EER(COP) = \frac{Q}{N_i} \tag{7-2}$$

$$Q = \frac{V\rho c\Delta t_w}{3600} \tag{7-3}$$

式中 EER——热泵机组的制冷能效比；

COP——热泵机组的制热性能系数；

Q——测试期间机组的平均制冷（热）量（kW）；

N_i——测试期间机组的平均输入功率（kW）；

V——热泵机组用户侧平均流量（m^3/h）；

Δt_w——热泵机组用户侧进出口介质平均温差（℃）；

ρ——冷（热）介质平均密度（kg/m^3）；

c——冷（热）介质平均定压比热 [kJ/(kg·℃)]。

热泵机组的实测制冷能效比、制热性能系数应符合设计文件的规定，当设计文件无明确规定时应符合相关国家设计规范的规定。

3. 地源热泵系统性能评价

根据测试期间地源热泵系统总的供回水介质的温度、系统流量，计算系统在不同时刻的逐时制热量或制冷量，将各时刻系统各设备功率求和，得出不同时刻系统总的输入功率，进而得出不同时刻系统的性能系数，具体计算公式如下：

$$EER_{sys}=\frac{Q_{SC}}{\sum N_i+\sum N_j} \tag{7-4}$$

$$COP_{sys}=\frac{Q_{SH}}{\sum N_i+\sum N_j} \tag{7-5}$$

$$Q_{SC}=\sum_{i=1}^{n} q_{ci}\Delta T_i \tag{7-6}$$

$$Q_{SH}=\sum_{i=1}^{n} q_{hi}\Delta T_i \tag{7-7}$$

$$q_{c(h)i}=V_i\rho_i c_i\Delta t_i/3600 \tag{7-8}$$

式中　EER_{sys}——热泵系统的制冷能效比；

COP_{sys}——热泵系统的制热性能系数；

Q_{SC}——系统测试期间的累计制冷量（kWh）；

Q_{SH}——系统测试期间的累计制热量（kWh）；

$\sum N_i$——系统测试期间，所有热泵机组累计消耗电量（kWh）；

$\sum N_j$——系统测试期间，所有水泵累计消耗电量（kWh）；

$q_{c(h)i}$——热泵系统的第 i 时段制冷（热）量（kW）；

V_i——系统第 i 时段用户侧的平均流量（m^3/h）；

Δt_i——热泵系统第 i 时段用户侧进出口介质的温差（℃）；

ρ_i——第 i 时段冷媒介质平均密度（kg/m^3）；

c_i——第 i 时段冷媒介质平均定压比热［kJ/(kg・℃)］；

ΔT_i——第 i 时段持续时间（h）；

n——热泵系统测试期间采集数据组数。

地源热泵系统制冷能效比、制热性能系数应符合设计文件的规定，当设计文件无明确规定时应符合表7-1的规定。

地源热泵系统制冷能效比、制热性能系数限值　　表7-1

	系统制冷能效比 EER_{sys}	系统制热性能系数 COP_{sys}
限值	≥3.0	≥2.6

4. 节能性评价

节能性评价主要指其相对于传统的供暖或空调方式的节能效益分析，一般选取一个供暖季或一个供冷季进行分析评价，对于地源热泵系统既供冷又供暖的项目，可以综合起来进行评价。这里节能效益指标采用常规能源替代量，计算方法按照式（7-9）～式（7-13）。地源热泵系统的常规能源替代量应符合项目立项可行性报告等相关文件的要求。

（1）地源热泵系统的常规能源替代量 Q_s 应按下式计算：

$$Q_s=Q_t-Q_r \tag{7-9}$$

式中　Q_s——常规能源替代量（kgce）；

Q_t——传统系统的总能耗（kgce）；

Q_r——地源热泵系统的总能耗（kgce）。

（2）对于供暖系统，传统系统的总能耗 Q_t 应按下式计算：

$$Q_t = \frac{Q_H}{\eta_t q} \tag{7-10}$$

式中 Q_t——传统系统的总能耗（kgce）；

q——标准煤热值（MJ/kgce），取 q=29.307MJ/kgce；

Q_H——根据测试期间系统的实测制热量和室外气象参数，采用度日法计算供暖季累计热负荷（MJ）；

η_t——以传统能源为热源时的运行效率，按项目立项文件选取，当无文件规定时，根据项目适用的常规能源，其效率可按《可再生能源建筑应用工程评价标准》GB/T 50801—2013 表 4.3.5 确定。

（3）对于空调系统，传统系统的总能耗 Q_t 应按下式计算：

$$Q_t = \frac{DQ_C}{3.6EER_t} \tag{7-11}$$

式中 Q_t——传统系统的总能耗（kgce）；

Q_C——根据测试期间系统的实测制冷量和室外气象参数，采用温频法计算供冷季累计冷负荷（MJ）；

D——每度电折合所耗标准煤量（kgce/kWh）；

EER_t——传统制冷空调方式的系统能效比，按项目立项文件确定，当无文件明确规定时，以常规水冷冷水机组作为比较对象，其系统能效比按《可再生能源建筑应用工程评价标准》GB/T 50801—2013 表 6.3.1 确定。

（4）整个供暖季（制冷季）地源热泵系统的年耗能量应根据实测的系统能效比和建筑全年累计冷热负荷按下式计算：

$$Q_{rc} = \frac{DQ_C}{3.6EER_{sys}} \tag{7-12}$$

$$Q_{rh} = \frac{DQ_H}{3.6COP_{sys}} \tag{7-13}$$

式中 Q_{rc}——地源热泵系统年制冷总能耗（kgce）；

Q_{rh}——地源热泵系统年制热总能耗（kgce）；

D——每度电折合所耗标准煤量（kgce/kWh）；

Q_H——建筑全年累计热负荷（MJ）；

Q_C——建筑全年累计冷负荷（MJ）；

EER_{sys}——热泵系统的制冷能效比；

COP_{sys}——热泵系统的制热性能系数。

当地源热泵系统既用于冬季供暖又用于夏季制冷时，常规能源替代量应为冬季和夏季替代量之和。

5. 环保性评价

地源热泵系统运行能效高会带来良好的环境效益，包括较少温室气体和有害气体的排放、减粉尘排放等。另外在采用地下水源作为热源时，还包括回灌水量及回灌水质对水资源的影响。

这里选取的环境效益评价指标包含二氧化碳减排量、二氧化硫减排量和粉尘减排量，按式（7-14）～式（7-16）进行计算，计算出的二氧化碳减排量、二氧化硫减排量、粉尘减排量应符合项目立项可行性报告等相关文件的要求。

（1）地源热泵系统的二氧化碳减排量 Q_{co_2} 应按下式计算：

$$Q_{co_2} = Q_s \times V_{co_2} \tag{7-14}$$

式中　Q_{co_2}——二氧化碳减排量（kg/年）；

Q_s——常规能源替代量（kgce）；

V_{co_2}——标准煤的二氧化碳排放因子，这里取 $V_{co_2}=2.47$。

（2）地源热泵系统的二氧化硫减排量 Q_{so_2} 应按下式计算：

$$Q_{so_2} = Q_s \times V_{so_2} \tag{7-15}$$

式中　Q_{so_2}——二氧化硫减排量（kg/年）；

Q_s——常规能源替代量（kgce）；

V_{so_2}——标准煤的二氧化硫排放因子，这里取 $V_{so_2}=0.02$。

（3）地源热泵系统的粉尘减排量 Q_{fc} 应按下式计算：

$$Q_{fc} = Q_s \times V_{fc} \tag{7-16}$$

式中　Q_{fc}——粉尘减排量（kg/年）；

Q_s——常规能源替代量（kgce）；

V_{fc}——标准煤的粉尘排放因子，这里取 $V_{fc}=0.01$。

（4）对水资源影响评价

针对水源热泵项目的水资源评价，根据抽水、回灌水量测试结果及抽水、回灌水质化验结果和空调运行管理人员提供相关资料，对水源热泵系统地下水回灌质量和对水源的影响进行客观的评价。

6. 经济性评价

经济性评价指其相对于传统空调系统的初投资，能耗费用、运行管理费用、使用年限等方面的综合分析评价。这里选取的经济效益指标为静态投资回收期，具体计算方法参照式（7-17）和式（7-18）。地源热泵系统的静态投资回收期应符合项目立项可行性报告等相关文件的要求。当无文件明确规定时，地源热泵系统的静态回收期不应大于10年。

$$N = C/C_s \tag{7-17}$$

式中　N——地源热泵系统的静态投资回收年限；

C——地源热泵系统的增量成本（元），增量成本依据项目单位提供的项目决算书进行核算，项目决算书中应对可再生能源的增量成本有明确的计算和说明；

C_s——地源热泵系统的年节约费用（元）。

地源热泵系统的年节约费用 C_s 按下式计算：

$$C_s = P \times \frac{Q_s \times q}{3.6} - M \tag{7-18}$$

式中　C_s——地源热泵系统的年节约费用（元/年）；

Q_s——常规能源替代量（kgce）；

q——标准煤热值（MJ/kgce），这里取 $q=29.307$MJ/kgce；

P——常规能源的价格（元/kWh）；

M——每年运行维护增加费用（元），由建设单位委托运行维护部门测算得出。

7. 地源热泵系统性能评级

地源热泵系统的单项评价指标均满足要求时，判定为地源热泵系统性能合格，若系统制冷能效比、制热性能系数的设计值不小于表 7-1 的限值，且地源热泵系统性能判定为合格后，可进行性能级别评定。地源热泵系统性能共分 3 级，1 级最高，级别应按表 7-2 进行划分。对于地源热泵系统既供冷又供暖的项目，应对制冷季和供暖季性能分别进行分级，性能级别与其中较低级别相同。

地源热泵系统性能级别划分 **表 7-2**

工况	1 级	2 级	3 级
制热性能系数	$COP_{sys}\geqslant 3.5$	$3.5>COP_{sys}\geqslant 3.0$	$3.0>COP_{sys}\geqslant 2.6$
制冷能效比	$EER_{sys}\geqslant 3.9$	$3.9>EER_{sys}\geqslant 3.4$	$3.4>EER_{sys}\geqslant 3.0$

7.2 测试项目及结果分析

7.2.1 测试项目概况

国家空调设备质量监督检验中心是原国家标准局 1985 年 10 月发文拟建的第一批 113 家国家级质检中心之一，中心于 1989 年通过原国家技术监督局的审查认可和计量认证，2000 年按《实验室认可准则》CNACL 201—99（等同 ISO/IEC 导则 25：1990《校准和检测实验室能力的通用要求》）通过中国实验室国家认可委员会的评审，首次通过国家实验室认可和国家计量认证、审查认可，是国家依法授权的具有第三方公正地位的空调设备、系统质量监督检验机构。中心基本任务：承担国家监督抽查、仲裁检验、产品鉴定、许可证和委托检验评定工作；编制有关空调产品及系统的标准、规程；研究、开发新的检验技术方法和进行技术咨询、检测人员培训；承担各类空调设备、供暖设备应用实验室的设计、施工、调试和性能认定。

近几年，中心承担了百余项可再生能源建筑应用城市示范项目的测评工作，项目分布在严寒气候区、寒冷气候区和夏热冬冷气候区，热源形式包含地下水源、地表水源、土壤源和污水源。下面针对不同的热源形式，表 7-3 列出几个典型的地源热泵应用示范项目。

原建设部、财政部可再生能源建筑应用城市示范项目 **表 7-3**

项目名称	建筑类型	示范面积	热源形式
戈登大酒店	公建	1.24 万 m^2	地下水源
澧县一中教学楼学生公寓	居住	3.16 万 m^2	地下水源
澧县中医院住院楼	公建	3.96 万 m^2	地下水源
澧县行政服务中心	公建	5.56 万 m^2	地下水源
湘乡市行政中心	公建	4.59 万 m^2	土壤源
炎陵县熊森国际假日酒店	公建	5.98 万 m^2	土壤源
天津市蓟县许家台北区东区住宅楼	居住	4.59 万 m^2	土壤源
天津静海县人民医院	公建	1.29 万 m^2	土壤源
天津市静海县新宇大厦	公建	4.50 万 m^2	土壤源
炎陵县熊森国际假日酒店	公建	5.98 万 m^2	地表水源
辽宁省抚顺市绿地剑桥二期	居住	40 万 m^2	污水源
永宁小区、祥和小区	居住	5.5 万 m^2	污水源

7.2.2 检测结果及分析

1. 应用效果

测试各应用项目室内效果良好，基本满足设计或规范要求，室内温度保证率在95%～100%，大部分用户对热泵系统的应用效果比较满意。

2. 地源热泵机组性能

(1) 冬季

在热泵系统正常运行的情况下热泵机组平均性能系数为3.9，热泵冬季制热性能系数分布在3.6～4.4，土壤源热泵的性能系数偏低，地下水源和污水源热泵机组的性能系数较高。

(2) 夏季

夏季热泵机组平均运行能效比为4.7，热泵夏季制冷能效比分布在3.9～5.3，地下水、地表水源热泵平均运行能效比较土壤源热泵高。

3. 地源热泵系统性能

冬季热泵系统平均运行性能系数为3.1，热泵系统制热性能系数分布在2.9～3.2，按系统制热性能级别划分，大部分地源热泵系统性能评级在2级。夏季热泵系统平均能效比为3.3，热泵系统制冷能效比分布在2.9～3.6，大部分地源热泵系统性能评级在2～3级，个别项目系统能效比低于3.0。各个项目热泵系统运行参数的差别包括设计、设备、运行等原因，对于热泵系统来说匹配和运行模式对系统性能影响较大。

地源热泵系统能耗包含热泵主机能耗和输送系统能耗，输送系统包含热源侧水泵和负荷侧水泵。地源热泵系与常规冷热源系统的主要区别在于源侧系统不同，源侧循环泵的电耗占比会有所不同。地源热泵测试项目冬季热泵主机能耗约占系统能耗的75%，循环泵能耗约占25%；夏季热泵主机能耗约占系统能耗的68%，循环泵能耗约占32%。

根据测评项目统计结果，地源热泵机组和系统的性能系数均有了一定的提高，近年来随着地源热泵技术快速发展，地源热泵产品的性能质量有较大的提升，地源热泵系统的设计方法、施工工艺更加科学、规范，地源热泵系统的节能效益明显。

4. 地源热泵系统节能性

从测试结果来看，夏季地源热泵系统相对常规的水冷冷水系统或者大型的风冷热泵系统节能效果并不明显，平均节能率为11%。因此地源热泵系统的节能性主要体现在冬季供暖，测试项目冬季相对常规分散锅炉供暖系统平均节能率为41%。

5. 地源热泵系统经济性

影响地源热泵系统使用经济性的因素很多，如国家能源政策、环保节能政策、能源价格、建筑环境、使用者以及气候条件等。从地源热泵系统夏季制冷节能测试评估结果看，每个制冷季运行费用较常规供冷系统平均可节约20%左右。

地源热泵供暖运行费用相对较低，各种供暖方式中，燃煤锅炉房运行费用最低，其次就是地源热泵系统供暖，再次为天然气锅炉房供暖，最贵的是燃油锅炉供暖。

6. 地源热泵系统环保性

为了彻底整治环境，减少污染气体的排放，我国政府正在规划改变以煤为主的能源结构，以实现可持续发展。北方地区燃煤锅炉供暖能源利用效率低，并且排放大量的二氧化硫、氮氧化物以及烟尘等污染物，环境污染严重。财政部、生态环境部、住房城乡建设部、国家能源局四部委已连续两年发布开展中央财政支持北方地区清洁取暖试点工作的通知，并在2018年扩展了试点范围，要求北方地区立足本地资源情况、经济实力、基础设施等条件，统筹利用天然气、电、地热、生物质、太阳能、工业余热等各类清洁能源，多措并举推进清洁取暖工作。

地源热泵供暖系统运行费用虽然稍高于燃煤锅炉，但其环境效益显著，根据测试结果，北方地区采用地源热泵供暖相对于常规的燃煤锅炉供暖，每个供暖季每平方米可减少二氧化碳排放21kg，减少二氧化硫排放0.7kg，减少氮氧化物0.6kg。

7.2.3 典型项目分析

本小节选取1个典型的地源热泵项目，对系统制冷季和供暖季的运行能效进行详细分析。

1. 项目概况

郑州某四星级酒店建筑面积12000m^2，采用地下水源热泵系统来提供建筑的冷热负荷需求。地下水源侧设计两口地下水井，回灌方式为同井回灌；热泵机房主机设置1大1小总计2台水源热泵，空调负荷侧循环泵设计2台，负荷侧循环泵和潜水泵均设置变频器，但未实现自动调节，变频器由运行人员根据经验手动调节。主要设备参数见表7-4。

主要设备参数 **表7-4**

设备名称	主要性能参数	数量	备注
1号热泵主机	制冷：制冷量：550kW；输入功率：80kW； 制热：制热量：598kW；输入功率：109kW	1	非变频主机
2号热泵主机	制冷：制冷量：351kW；输入功率：54.3kW； 制热：制热量：385kW；输入功率：72.8kW	1	非变频主机
空调循环泵	流量：200m^3/h；扬程32m；功率：30kW	2	1用1备
潜水泵	流量：80m^3/h；扬程140m；功率：55kW	2	1用1备

2. 制冷季运行能效

2017年制冷季6月27日9：00～6月28日8：00对该地下水源热泵系统的运行能效进行了测试，测试结果见表7-5，系统制冷平均能效比为2.90。

热泵系统实际制冷运行工况下性能测试结果 **表7-5**

序号	测试项目	测试结果
1	机组空调侧出水温度（℃）	10.8
2	机组空调侧进水温度（℃）	14.4
3	机组地下水源侧出水温度（℃）	19.0
4	机组地下水源侧进水温度（℃）	30.2
5	机组空调侧流量（m^3/h）	60.3
6	机组地下水源侧流量（m^3/h）	31.7
7	系统总制冷量（kWh）	6000.3
8	系统总耗电量（kWh）	2067.8
9	热泵机组耗电量（kWh）	1540.3
10	空调负荷侧循环水泵耗电量（kWh）	165.1
11	潜水泵耗电量（kWh）	362.4
12	系统制冷平均能效比	2.90

注：1. 系统总的耗电量=热泵机组耗电量+空调负荷侧泵耗电量+潜水泵耗电量；
2. 表中温度和流量数据为测试期间的平均值；制热量及耗电量为测试期间累计值；
3. 测试期间运行1号主机，1台空调侧循环泵和1台潜水泵；
4. 测试期间室外平均温度为30.3℃，相对湿度49.8%。

测试期间，空调负荷侧和地下水源侧的温度工况和流量如图 7-1 所示，逐时供冷量如图 7-2 所示，热泵系统电耗构成比例如图 7-3 所示。

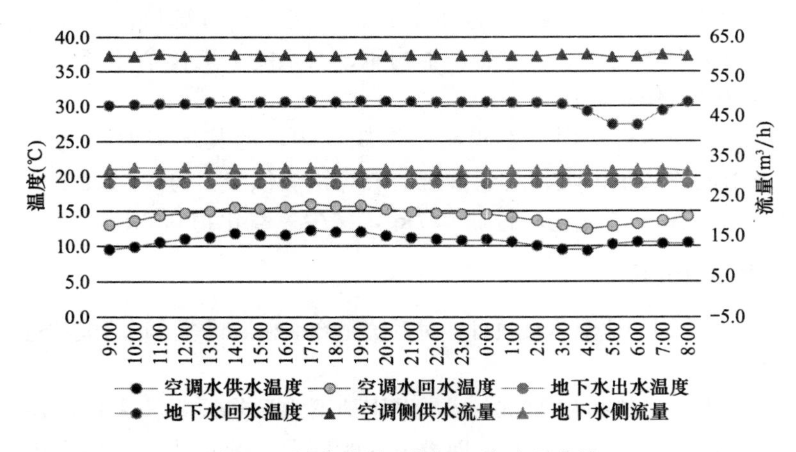

图 7-1　制冷季测试期间温度流量曲线

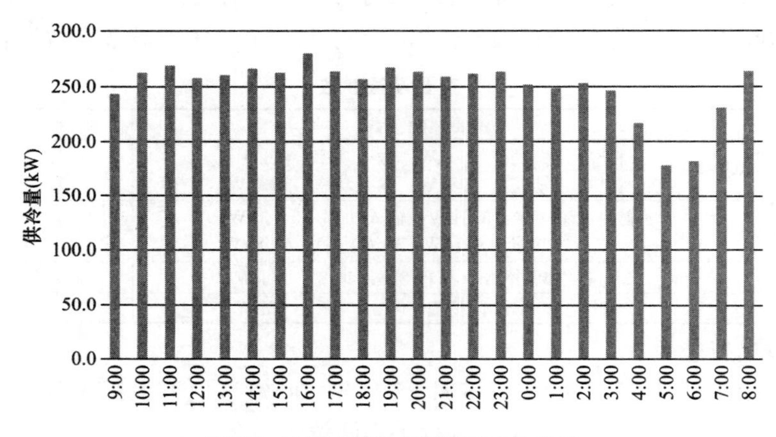

图 7-2　制冷季测试期间逐时供冷量

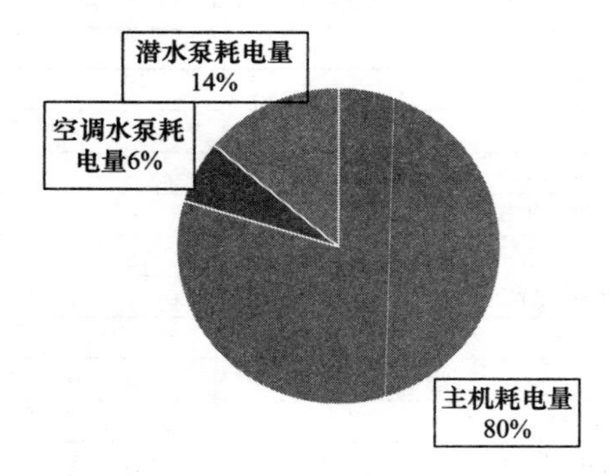

图 7-3　制冷季热泵系统电耗构成比例

3. 供暖季运行能效

2017 年供暖季 12 月 6 日 0：00～23：00 对该地下水源热泵系统的运行能效进行了测试，测试结果见表 7-6，系统制热平均性能系数为 3.51。

热泵系统实际制热运行工况下性能测试结果　　表 7-6

序号	测试项目	测试结果
1	机组空调侧出水温度（℃）	39.9
2	机组空调侧进水温度（℃）	35.7
3	机组地下水源侧出水温度（℃）	18.2
4	机组地下水源侧进水温度（℃）	13.1
5	机组空调侧流量（m^3/h）	56.4
6	机组地下水源侧流量（m^3/h）	32.6
7	系统总制热量（kWh）	6655.0
8	系统总耗电量（kWh）	1894.7
9	热泵机组耗电量（kWh）	1484.2
10	空调负荷侧循环水泵耗电量（kWh）	119.7
11	潜水泵耗电量（kWh）	290.8
12	系统制热平均性能系数	3.51

注：1. 系统总的耗电量＝热泵机组耗电量＋空调负荷侧泵耗电量＋潜水泵耗电量；
2. 表中温度和流量数据为测试期间的平均值、制热量及耗电量为测试期间累计值；
3. 测试期间运行 2 号主机，1 台空调侧循环泵和 1 台潜水泵；
4. 测试期间室外平均温度为 6.3℃，相对湿度为 27.1%。

测试期间，供暖季空调负荷侧和地下水源侧的温度工况和流量如图 7-4 所示，逐时制热量如图 7-5 所示，热泵系统电耗构成比例如图 7-6 所示。

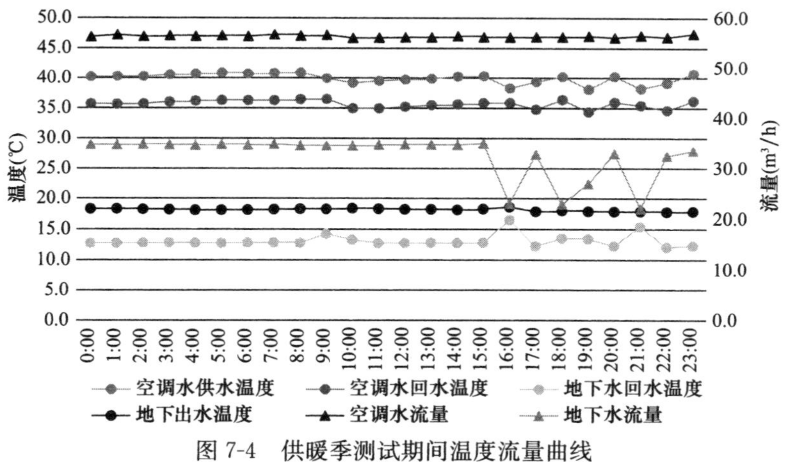

图 7-4　供暖季测试期间温度流量曲线

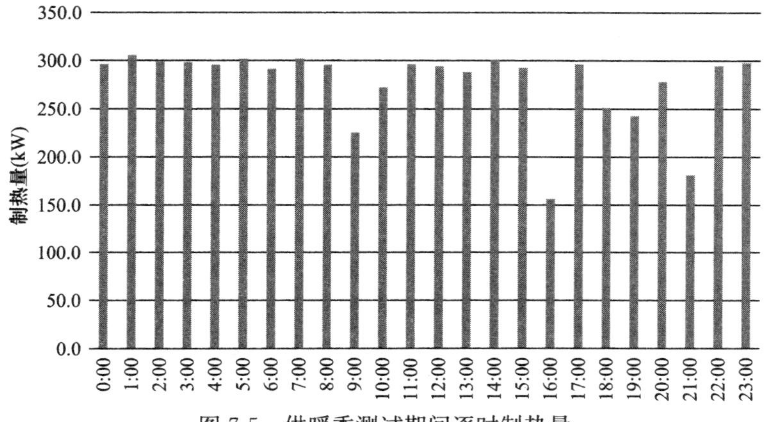

图 7-5　供暖季测试期间逐时制热量

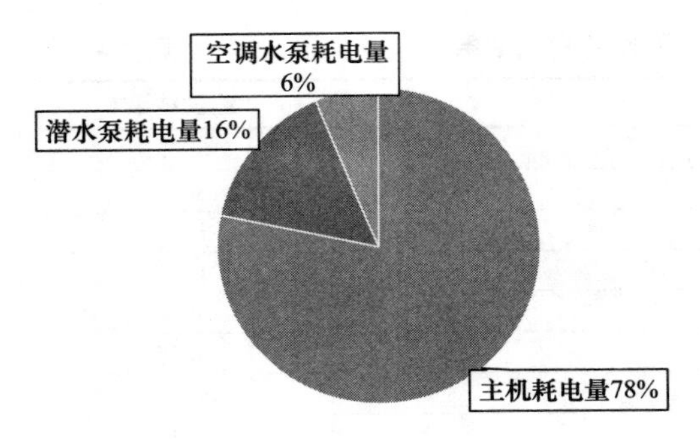

图 7-6 供暖季热泵系统电耗构成比例

4. 系统运行能效分析

根据测试结果，系统制冷能效比为 2.91，低于标准中规定的限值 3.0。系统能效比偏低主要是系统未能实现优化运行。循环泵和潜水泵设置了变频器但仍然是由运行人员根据经验手动设置频率，热泵主机未能根据室外气象参数以及实际冷负荷需求投入合适的机型。制冷季测试期间逐时制冷量最大值为 280kW，实际冷负荷需求为 2 号主机额定制冷量的 80%，占 1 号主机额定制冷量的 50%，运行 2 号小主机即可满足建筑供冷负荷需求，热泵主机也可以运行在高效区。此外，该系统的空调水循环泵的设计流量严重偏大，运行过程中频率设定在较小值，降低了水泵的运行效率。因此提高系统的运行能效，应加强设计、施工及运行各个环节的质量保障。

7.2.4 存在的问题

经过多年的研究与发展，地源热泵技术已相当成熟，根据地源热泵项目的测评结果，可再生能源建筑应用示范城市的地源热泵系统的运行能效已有一定的提高。同时，在调查测试过程中也发现部分项目在设计、施工及运行管理等方面存在一些问题，从而降低了系统的节能效果，下面结合测试情况提出地源热泵技术应用的几个关键性问题和建议。

1. 基础资料收集

无论土壤源热泵系统或者是地下水源热泵系统，其应用条件和应用效果都和当地的气候条件、水文地质情况等有密切的关系，因此，对地源热泵项目要注重基础资料的收集，做好项目的可行性研究工作，进行充分的论证，有针对性地使用该项技术，促进其有效推广和可持续发展。

2. 系统设计

地源热泵系统设计应依据《地源热泵系统工程技术规范》(2009 版) GB 50366—2005 的相关规定，地埋管换热系统的设计应进行全年动态负荷计算，对于建筑面积超过一定规模的项目应进行土壤热物性试验获得土壤热物性参数用于地埋管换热器的设计。但在地源热泵系统实际应用过程中，仍然有些项目的地埋管换热系统采取粗放的估算进行设计，设计不规范容易造成土壤温度场冷热不平衡，致使系统的综合运行能效下降。

为充分利用浅层地热，部分项目采用复合式地源热泵系统，更需要科学的设计，以确定系统的容量配置以及优化的运行控制策略，达到复合式系统较优的节能性和经济性。科学的设计是地源热泵系统实现预期节能效果的前提条件。

3. 施工质量

地源热泵系统施工工艺不够规范，成套设备集成化不高，同时具体施工过程机械化程度较差，施工规范化不强。比如回灌打孔技术，一些个体打井队伍并没有真正掌握回灌先进的设计、施工核心技术，在打孔过程中不会考虑回灌、对建筑物沉降的影响、地下水温度的变化等问题，会导致后续运行及环境问题。规范的施工是地源热泵系统实现预期节能效果的关键因素。

4. 运行管理

地源热泵系统尤其针对复合式地源热泵系统，需要精细化的运行管理，提高机房运行管理人员的专业水平，有利于运行人员根据实际负荷特性以及热源侧的温度特性进行合理的运行调节，提高系统的运行能效。

5. 环境问题

地下水地源热泵系统通过抽取相对恒温的低品位浅层地表水体作为热源，浅层地表水体作为储存热量的介质使用，它通过封闭的管道在被吸收或者释放热量后回灌到水体，回灌水的温度会升高或降低，而其组成成分基本不变。但地下水源热泵系统的运行会造成对水体的热污染。

目前，国内外还没有明确关于热污染的地下水温度排放标准，对这一方面的研究成果也较少。在美国，根据立法机关的要求，已把热排放标准定为法律，对于地下水，排放的温度容许相差5℃。

温度的变化对地下水中的物理、化学和生物过程会有影响，从而对水质产生影响。而这种影响是一个缓慢的过程，其影响程度、范围与回灌水的温差有很大的关系。在没有完全查明回灌水温差对地下水环境影响的情况下，需要加强监测，不断总结和研究，促进这项技术的健康发展。

7.3 长期监测平台开发

地源热泵系统监测评价指标主要依据为《可再生能源建筑应用工程评价标准》GB/T 50801—2013，同时可根据地源热泵系统监测各评价指标，结合项目实际运行过程中的对项目能耗的评价指标进行综合统计，从而可形成较为完整的地源热泵系统监测平台的整体内容。

7.3.1 监测内容

1. 监测内容

地源热泵系统的主要监测内容可根据分析评价指标所需的计量参数进行确定，即各监测参数均是为后期分析地源热泵系统运行指标提供原始数据支撑。

一般主要监测参数根据主机形式、系统形式等分为水系统监测内容和风系统监测内容。其中水系统监测主要是指针对地源热泵系统的冷热水系统实施的监测内容，风系统监测主要是指对末端空调机组（新风机组等）和室内外环境效果实施的监测内容。

水系统监测可根据参数分布，分为系统参数和设备参数。

其中系统参数主要包括以下内容：

（1）各系统的供回水温度。

（2）各系统的供回水压力。

（3）各系统的循环流量。

（4）各系统的运行能耗。

设备参数主要包括以下内容：

（1）主机运行参数，包括主机控制面板中各参数、主机蒸发器、冷凝器循环流量等。

（2）水泵运行流量、扬程、功率。

（3）各设备运行能耗。

风系统监测主要是指对末端送风设备、空调机组、新风机组（热回收）等风系统设备进行集中监测，主要监测参数包括但不限于以下参数：

（1）送风温湿度。

（2）回风温湿度。

（3）新风温湿度。

（4）送风机（回风机）运行控制参数。

（5）过滤网压差报警。

（6）机组运行状态、控制模式。

（7）其他跟机组运行有关的参数。

与此同时，为了有效评价地源热泵系统的运行效果，还应对以下参数进行有效监测：

（1）地源温度场温度。

（2）室内环境效果。

（3）室外环境温湿度。

2. 评价内容

针对地源热泵系统主要应评价以下运行指标：

（1）地源热泵系统的综合能效。

（2）地源热泵机组的运行性能。

（3）系统输配水泵的输送系数。

（4）系统输配水泵的运行效率。

（5）系统供回水温差。

（6）地源侧年运行热平衡性。

（7）地源热泵系统年单位面积能耗。

（8）地源热泵系统节能减排量。

7.3.2　监测参数要求

地源热泵系统监测工程实施过程中，应选择测量精度较高的传感器对系统的温度、压力、流量等参数进行监测。

1. 系统温度传感器

目前，温度传感器主要分为电阻式、电压式、电流式三种信号形式。

由于电阻式传感器受信号线的导线电阻的长度影响，导线越长，测量的传感器电阻越大，因此针对电阻式传感器建议选择带导线电阻补偿功能的测量仪表（或采集模块）对其进行测量，不建议直接将电阻式传感器直接接入不带导线电阻补偿的监测控制系统的控制器（控制模块）中。

电压式温度传感器，一般输出为0～10VDC信号，而由于电压在通过导线传输过程中，受导线电阻的影响，导线越长，电阻越大，使得测量的电压数值相较于实际温度电压信号较小。同样不建议长距离传输时采用电压式温度采集信号。

电流式信号在传输过程中一般为4～20mA信号，传输信号并不受导线电阻的影响，因此建议在监测计量系统实施过程中采集电流式信号传输。

2. 系统压力传感器

与温度传感器相似，系统压力传感器同样可分为电压式和电流式，建议现场实施过程中采用电流式压力传感器。

3. 系统流量传感器

地源热泵系统流量监测常用的传感器分为超声波流量计和电磁式流量计。

其中超声波流量计具有安装简便的特点，但是受现场电磁干扰，超声波流量计的抗干扰性较差，往往由于水泵的变频器等运行时出现无信号的现象，因此建议在电磁干扰较弱的系统中采用超声波流量计，在电磁干扰较大的系统中采用电磁式流量计。

4. 设备电量监测

地源热泵系统中的电量监测，主要是指对地源热泵系统的主机、循环水泵、末端空调机组等设备的用电进行单台设备的电计量监测。

设备电量监测常用三相多功能电表进行计量监测，结合地源热泵系统的自控系统软件进行集成，主要的采集技术要求如下：

（1）传输协议信号为 RS485，传输协议为 Modbus RTU。

（2）三相电压。

（3）三相电流。

（4）三相有功功率。

（5）三相功率。

（6）无功功率。

（7）累计电量等。

其中三相电压可用于计算分析设备的电压不平衡度，功率因数可用于分析设备的用电特性。

5. 机组主要数据

地源热泵系统的机组主要数据是指通过通信的方式读取热泵主机、新风机组、空调机组、补水系统等运行数据。常用的通信协议主要包括 Modbus 协议、BACnet 协议等。

6. 地源温度场温度

地源温度场温度一般采用 4 线制 PT100 或 PT1000 温度传感器进行测量，为了准确监测地源温度场温度，温度采集设备（模块）必须带导线电阻补偿功能，确保实际采集的温度数值即为地源温度场的实际土壤温度。

7.4 长期监测项目优化控制分析

7.4.1 监测系统功能

一般对于地源热泵系统而言，监测系统主要为用户提供了实时的运行数据展示与基础数据分析功能。因此，建立地源热泵系统监测系统功能时应以实际用户使用对象为出发点，综合考虑用户的实际需求和实际使用功能建立合适的监测系统。

依照常规的地源热泵系统的监测系统建设，主要的系统功能应分为以下功能模块：

1. 热泵系统

实时动态显示地源热泵系统的运行流程；热泵主机运行状态；循环水泵运行状态；系统运行温度、压力、流量、压差等参数。

2. 热泵主机

实时展示热泵主机的运行参数，包括主机运行状态、运行工况、冷凝器和蒸发器的进出水温度、冷凝温度、蒸发温度、运行负荷等。

3. 空调机组

实时展示各台新风机组、空调机组等的运行参数，包括运行状态、送风温湿度、机组运行模式、控制方式、过滤网压差报警等。

4. 环境温度

实时展示地源热泵系统的运行室内外环境效果参数，包括室内环境温湿度、室外环境温湿度等。

5. 地温温度

实时展示地源热泵系统监测的地源温度场的各温度。

6. 设备电耗

实时监测展示各台热泵机组、循环水泵、空调机组运行电耗，包括各台设备的运行电压、电流、有功功率、功率因数、累计电量等。

7. 节能分析

实现对地源热泵系统运行的各指标分析与展示功能。详细的分析指标详见第 6.4.1.2 章节。

8. 历史报表

实现对地源热泵系统运行过程中的各设备运行数据、各系统运行数据的报表化呈现于查询功能，方便运行人员随时导出查看系统运行数据。

9. 项目管理

实现对项目的各主要控制参数、报警参数、指标参数的设定与管理。

10. 专家报告

为地源热泵系统提供专业化的节能分析服务报告。

监测平台为系统运行优化以及运行能耗控制提供了有效的途径和手段，近年来随着对建筑能耗和供能系统效率的关注，许多大型的建筑公司对能源系统的在线监测都十分重视，地源热泵技术具有特殊性，其地源侧能量累计对系统影响较大，因此，地源热泵系统能耗监测平台的建设对保障其系统长期的高效运行尤为重要。图 7-7 和图 7-8 为已经建成的地源热泵系统长期监测平台，可以通过监控室对平台各参数进行实时监测，并根据监测数据对系统进行优化调节。

7.4.2 监测系统项目介绍

本节以中国建筑科学研究院实施的具体项目为案例，在实现对地源热泵系统监测的基础上完成了对该系统的无人值守控制系统建设，最终实现了现场系统无人值守的控制方式。

该项目的主要监测内容包括以下几部分：

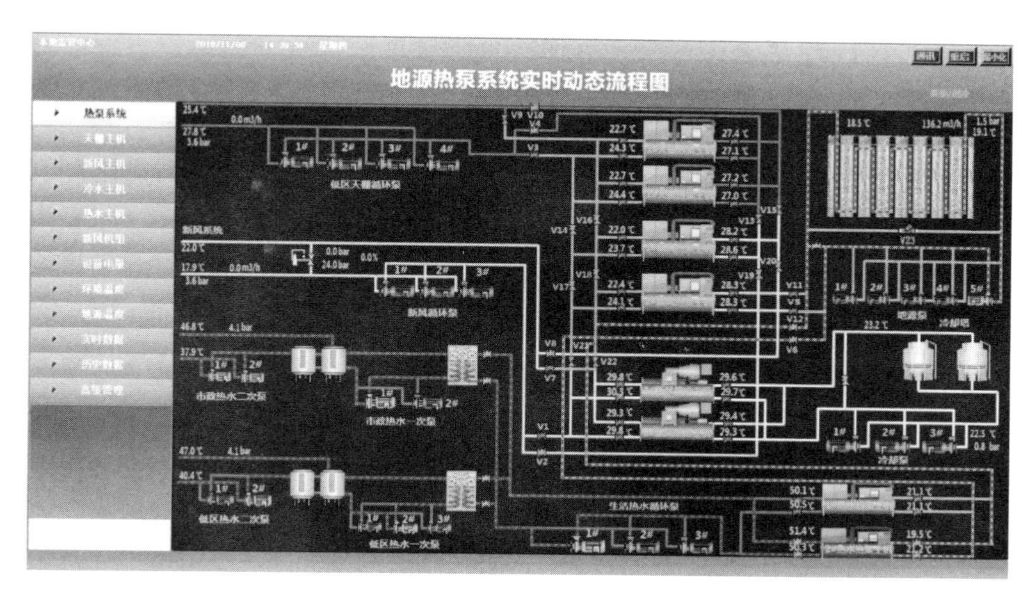

图 7-7 监测系统示意图

图 7-8 监测云平台实景图

1. 地源热泵系统运行参数

主要包括各分支系统的运行温度、压力、流量等。

2. 地源热泵主机运行参数

主要实现以 Modbus 通信的方式读取现场热泵主机的通信参数。

3. 设备用电量监测参数

主要实现以 Modbus 通信的方式读取现场各热泵主机、循环水泵的运行能耗数据。

4. 末端机组运行参数

主要实现以 Modbus 通信的方式读取末端新风机组的运行参数，并实现远程在线控制功能。

5. 地源温度场温度监测

主要对地源温度场的实际传感器监测温度进行统一采集，实现对地源温度场温度的监测分析。

6. 无人值守控制系统

本项目采用 Tridium 公司的 Niagara 软件框架，对现场地源热泵系统实现了全自动化的无人值守控制系统。

系统主要控制功能包括以下内容：

(1) 系统一键启停控制。

(2) 热泵主机自动加减载控制。

(3) 热泵主机与调峰冷水机组实现自动切换运行控制。

(4) 系统主机实现自动节能优化控制。

(5) 系统水泵实现自动启停、加减载、调频控制。

(6) 热水系统实现自动调峰控制等。

与此同时，项目根据室外环境温湿度实现对系统负荷的自动调节控制功能。

本系统上线运行后，与同类项目相比，可实现 25%以上的节能率（仅用电能耗）。

图 7-9 和图 7-10 为该项目监测平台页面，以及 2017 年 8 月份逐日能耗构成。

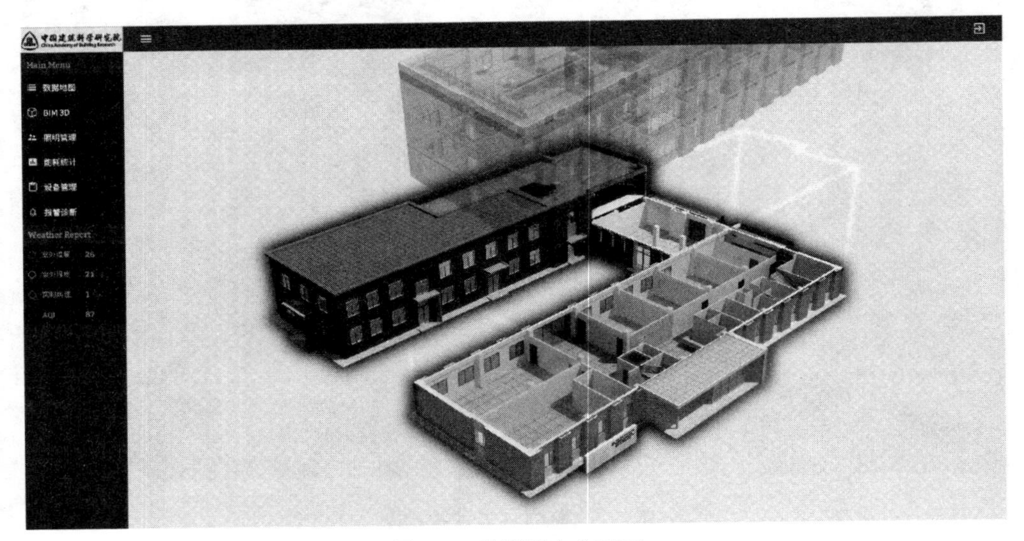

图 7-9 监测平台主页面

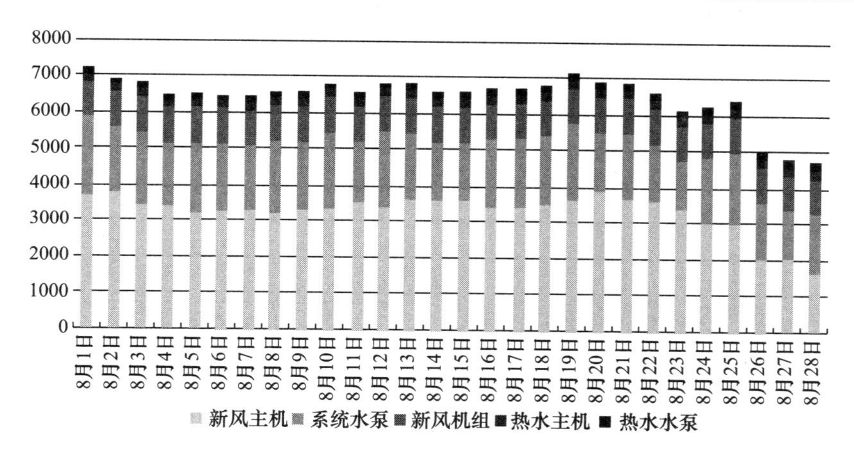

图 7-10 8 月份逐日能耗构成

第8章 典型工程

本章筛选了部分我国目前地源热泵系统工程项目进行简单介绍，供广大技术人员参考。

8.1 复合式地源热泵系统

8.1.1 中国建筑科学研究院近零能耗示范楼介绍

建设地点：北京市朝阳区北三环东路
设计时间：2013年2月
工程竣工日期：2014年4月
设计单位：中国建筑科学研究院
建设单位：中国建筑科学研究院
1. 工程概况

中国建筑科学研究院近零能耗示范楼（以下简称“建研院示范楼”）位于北京市朝阳区北三环东路30号，地上4层，建筑面积4025m²，近零能耗示范楼于2014年7月11日投入使用，主要用于中国建筑科学研究院建筑环境与节能研究院办公和会议，其东北侧人视图，如图8-1所示。

图8-1 示范楼东北人视图

2. 系统设计

(1) 冷热源系统设计

建研院示范楼的能源系统由基本制冷、供热系统和科研展示系统组成。夏季制冷和冬季供暖采用太阳能空调和地源热泵系统联合运行的模式。屋面布置有144组真空玻璃管中温集热器，结合两组可实现自动追日的高温槽式集热器，共同提供项目所需要的热源。示范楼设置一台制冷量为 35kW 的单效吸收式机组，一台制冷量为 50kW 的低温冷水地源热泵机组用于处理新风负荷，以及一台制冷量为 100kW 的高温冷水地源热泵机组为辐射末端提供所需冷热水。项目分别设置了蓄冷、蓄热水箱，可以有效降低由于太阳能不稳定带来的不利影响，并在夜间利用谷段电价蓄冷后昼间直接供冷。

（2）末端系统设计

除了水冷多联空调及直流无刷风机盘管等空调末端之外，建研院示范楼在二层和三层分别采用顶棚辐射和地板辐射空调末端。全楼每层设置热回收新风机组，新风经处理后送入室内，提供室内潜热负荷和部分显热负荷。室内辐射末端处理主要显热负荷。采用不同品位的冷水承担除湿和显热负荷，尽量提高夏季空调系统能效。

示范楼暖通空调系统示意图和末端设计示意图分别如图 8-2 和图 8-3 所示。

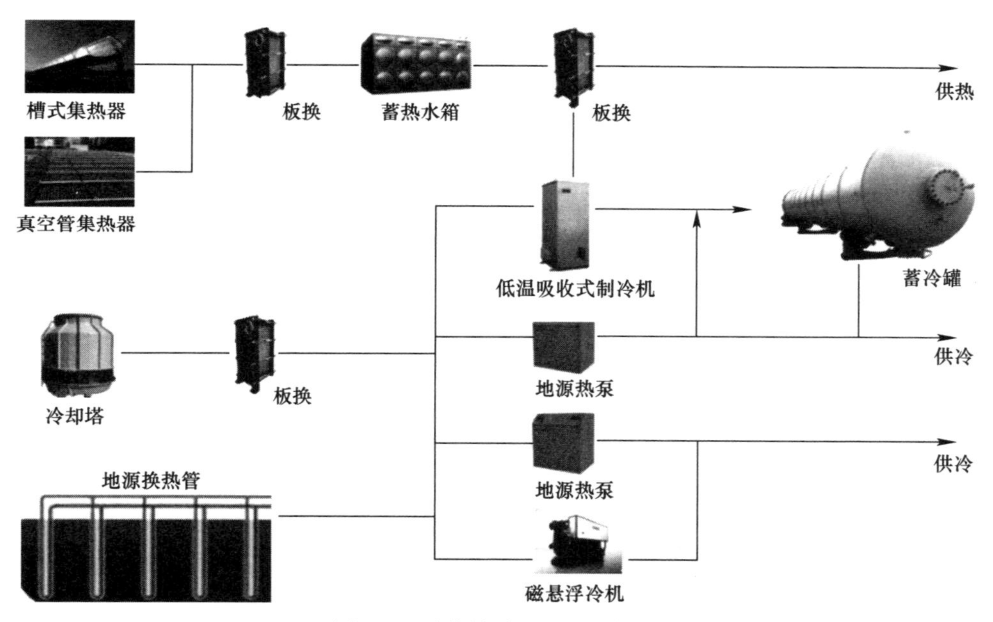

图 8-2 示范楼暖通空调系统图

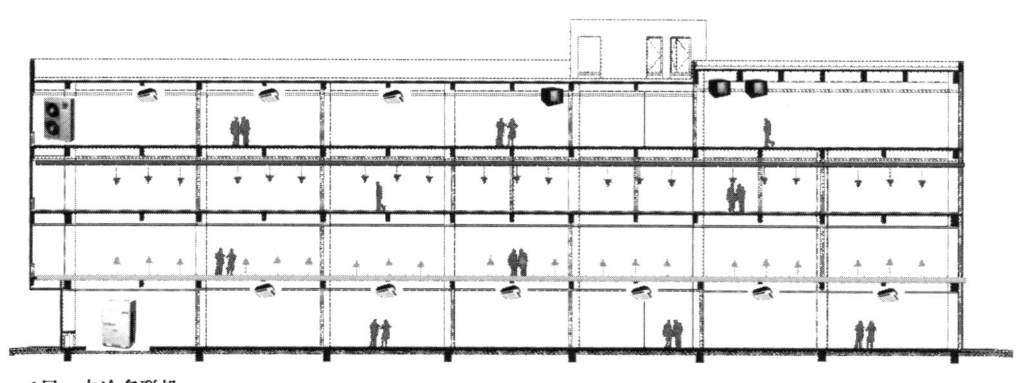

图 8-3 示范楼暖通空调末端设计

(3) 地埋管设置

地埋管分布如图8-4所示。图8-4中黑色圆孔代表地埋管，其中20口双U聚乙烯地埋管分布于建筑南边空地，管深100m，设置为两个支路，10口井串联为一个支路。50只单U聚乙烯管中40支位于该建筑北侧空地，井深60m，分为4个支路，每个支路10口井，另外10只分布于该建筑西侧的空地。地埋管中填充水和周围土壤进行热交换。7条地埋管支路汇聚于该建筑冷热源站机房内的集水器，集水器中地源水根据各相关机组所需用水量，通过平衡阀调节后，进入相关机组。主要设备列表，见表8-1。

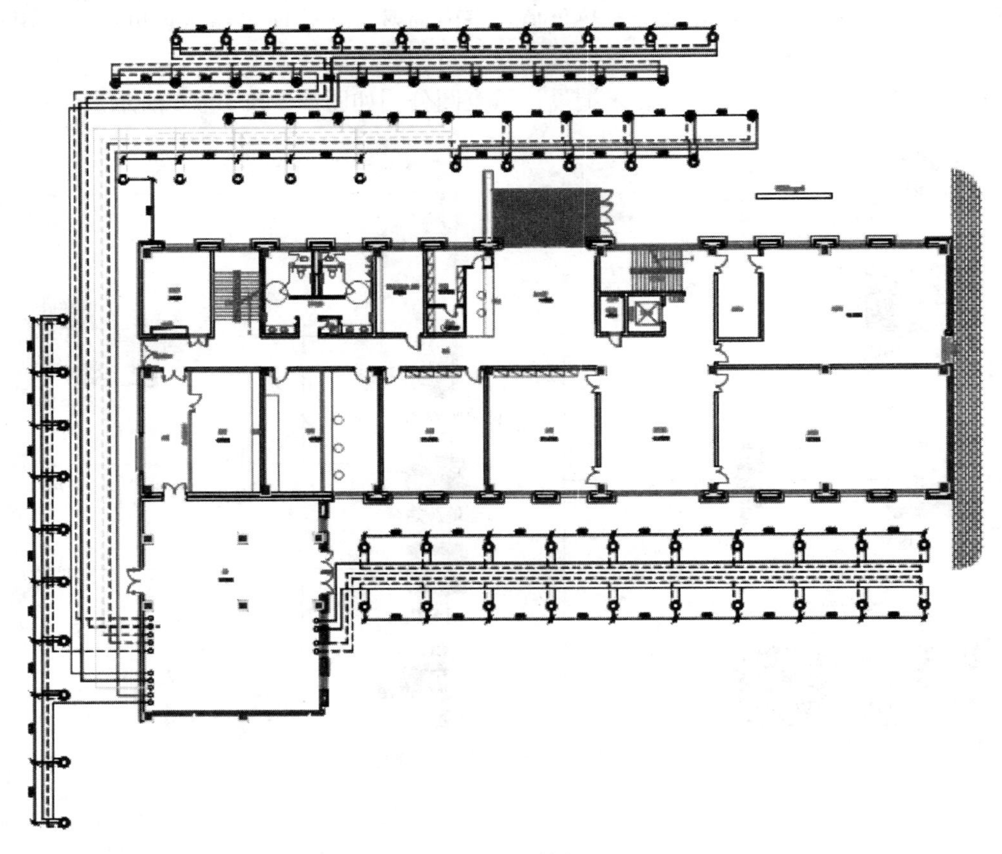

图8-4　地埋管敷设

主要设备列表　表8-1

序号	设备名称	规格及性能	数量
1	地源热泵机组（10～13℃）	制冷量：99.5kW，功率：18.6kW； 制热量：103.7kW，功率：25.2kW； 1055×649×1255；300kg	1
2	地源热泵机组（7～12℃）	制冷量：50kW，功率：9.3kW； 制热量：103.7kW，功率25.2kW； 1222×873×1496；595kg	1
3	磁悬浮冷机	名义制冷量：352kW；功率：60kW； 2500×1300×30；1980kg	1

续表

序号	设备名称	规格及性能	数量
4	热水单效吸收机组	制冷能力 10RT（38.1kW），COP=0.7	1
5	水冷多联主机	额定制冷容量 22.4kW，额定制冷耗电量 4.25kW； 额定制热容量 25kW，额定制热耗电量 4.09kW； 机器尺寸（高×宽×厚）：1000×780×550；重量 146kg	1
6	水环热泵（会议室）	380/50/3　410A CXM CE CU （冷却塔工况下，制冷量 15.02kW，EER 4.8，制热量 16.71kW，EER 5.0）	2
7	水环热泵（办公室）	380/50/3　411A CXM CE CU （冷却塔工况下，制冷量 5.0kW，EER 4.8，制热量 5.5kW，EER 5.0）	1
8	DE 智能变频泵	扬程 16.5m，流量 37.6m³/h，额定功率 3kW，转数 2910r/min； 尺寸（长×宽×高）：360×284×641，净重 65kg； 重新核定后：流量 35t/h，扬程 20m	2
9	DE 智能变频泵	流量：48m³/h；扬程：36.4m，11kW	1
10	DE 智能变频泵	流量：9m³/h；扬程：21.46m，1.5kW	2
11	DE 智能变频泵	流量：20m³/h；扬程：20.7m，2.2kW	2

3. 地源系统运行情况

图 8-5 为示范楼 2015 年制冷季（6～8 月）向建筑提供的冷量（新风＋房间供冷），以及冷机设备耗电量和输配系统耗电量。其中，供冷季总供冷量 56200kWh，单位面积供冷量 13.9kWh/(m² · a)。全年供冷能耗 17188kWh，单位面积供冷能耗 4.3kWh/(m² · a)，其中，热泵机组（地源热泵主机 2 台＋吸收式冷机 1 台＋水环热泵 3 台＋水冷多联机 2 台）耗电量 11184kWh，输配系统（冷冻、冷却、末端系统循环泵和蓄冷系统循环泵）耗电 6004kWh。

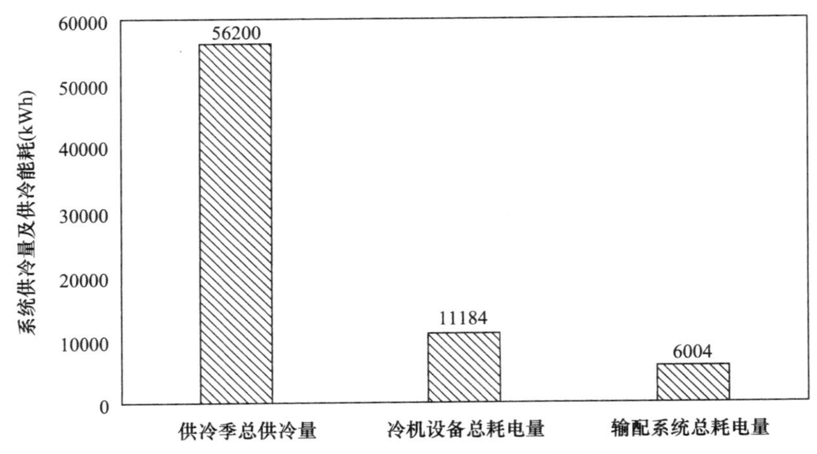

图 8-5　示范楼 2015 年供冷量和耗电量

图 8-6 为示范楼 2015 年供暖季（11～次年 3 月）向建筑的供暖量（新风＋房间供暖），以及热泵耗电量和输配系统耗电量。其中，供暖季总供热量 86800kWh，单位面积供暖量 21.6kWh/(m² · a)，折合 0.08GJ/(m² · a)，远低于《民用建筑能耗标准》GB 51161 中给出的引导值。全年供暖能耗 25394kWh，单位面积供暖能耗 6.3kWh/(m² · a)，其中，热泵机组

（地源热泵主机2台＋水环热泵3台＋水冷多联机2台＋太阳能直接供暖）耗电量18294kWh，输配系统（冷冻、冷却、室内末端循环泵、蓄热系统循环泵等）耗电7100kWh。

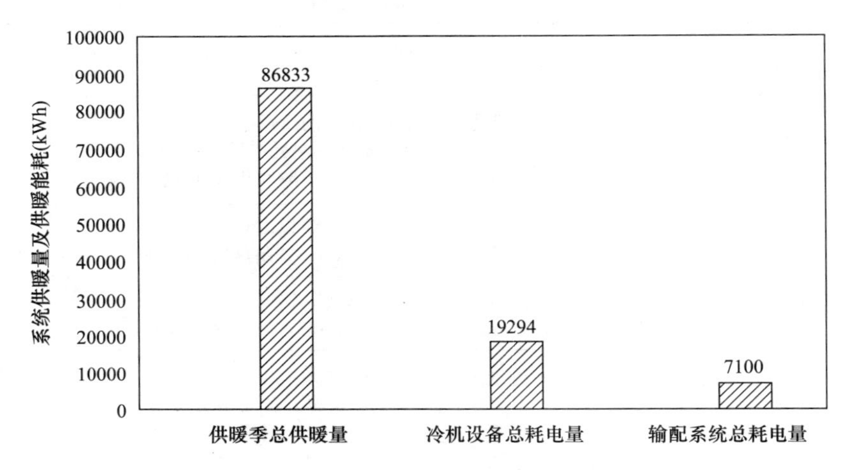

图8-6 示范楼2015年供暖量和耗电量

4. 空调系统运行能效分析

（1）地源热泵运行能效分析

示范楼空调系统由太阳能空调系统＋地源热泵系统＋水冷多联机系统组成。图8-7为地源热泵系统2014年和2015年的运行分析。图8-7中左侧两柱为2014年和2015年示范楼整个能源系统向土壤的散热量，其中2015年散热量约为85MWh（包含9月中下旬太阳能向地下蓄热，约10MWh）；右侧两柱为2014年和2015年供暖季地源热泵机组通过地埋管从土壤中获取的热量，其中2015年取热量约为50MWh。

2014年和2015年地源热泵机组夏季供冷*COP*分别约为4.8和5.1（黑色方块点线），冬季供热*COP*分别约为4.6和4.7。夏冬季系统*SCOP*如图8-7所示，2014年和2015年夏季*SCOP*分别为4.1和4.2，冬季*SCOP*分别为3.2和3.5。

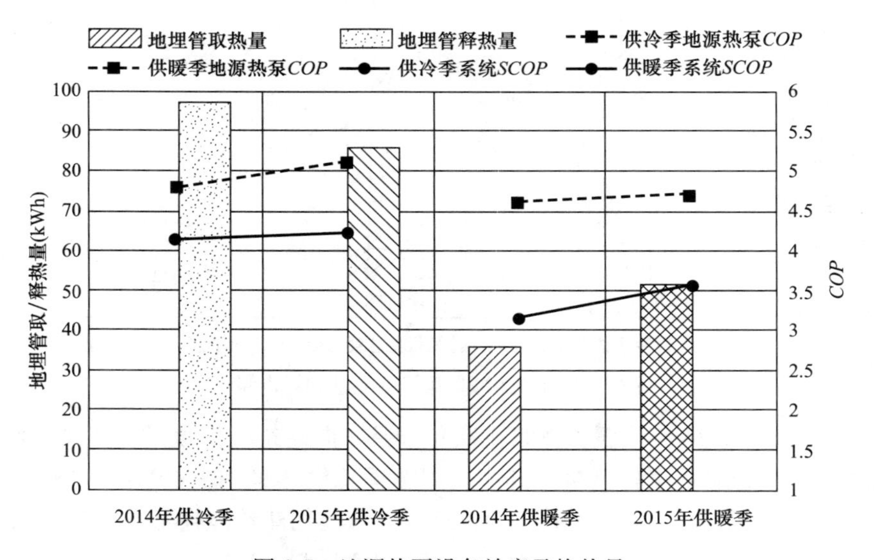

图8-7 地源热泵设备效率及换热量

(2) 夏季工况下典型日运行情况

对机组 2 在夏季运行工况下典型日的运行情况进行分析，该典型日室外最高和最低温度约为 40℃和 22℃。机组室内侧和地源侧供回水温度如图 8-8 所示，其中 T_{2in} 和 T_{2out} 分别代表室内侧供回水水温，平均约为 10℃和 15℃，供回水温差约为 5℃。地源侧进入地下水温约为 28℃，从土壤循环后进入机组温度约为 23℃，供回水温差约为 5℃。

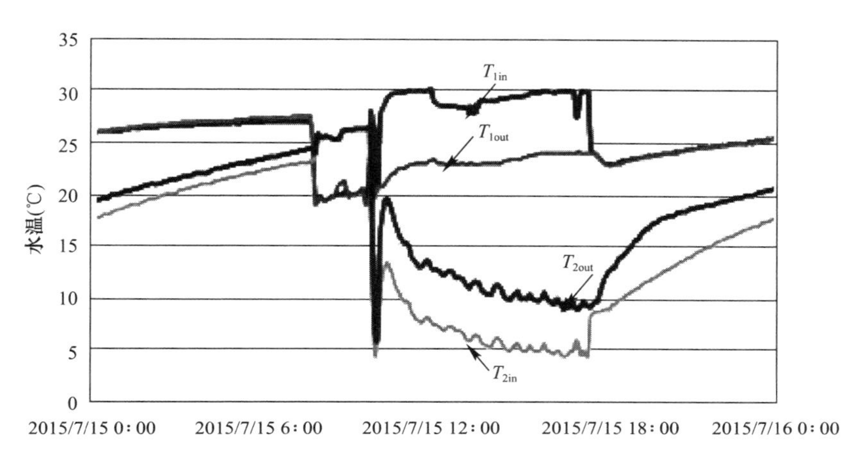

图 8-8 地源热泵 2 号机组室内侧和地源侧供回水温度逐时变化

该日设备运行瞬时 *COP* 如图 8-9 所示，该日设备运行平均 *COP* 约为 5.4。

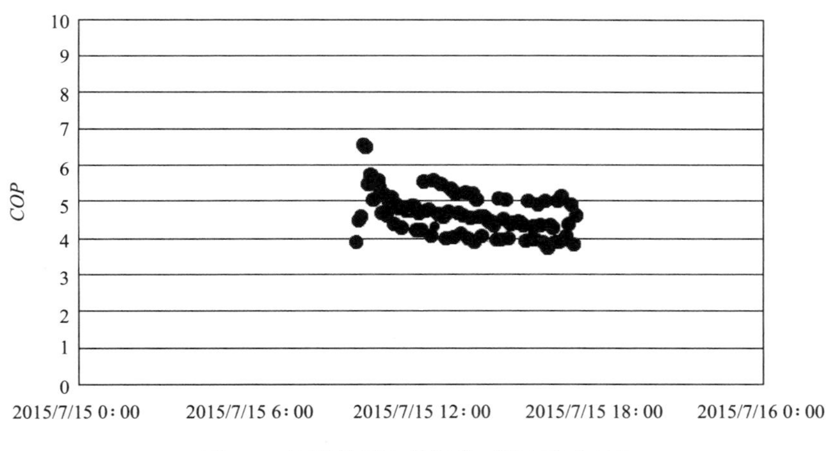

图 8-9 地源热泵 2 号设备 *COP* 逐时变化

(3) 冬季工况下典型日运行情况

对 2 号机组在冬季运行工况下典型日的运行情况进行分析，该典型日室外最低温度为 −7℃。机组室内侧和地源侧供回水温度如图 8-10 所示，其中 T_{2in} 和 T_{2out} 分别代表进入室内和在室内循环后进入机组的水温，T_{2in} 从 29℃上升至 35℃，T_{2out} 从 35℃上升至 43℃，供回水温差约为 4℃。地源侧进入地下水温约为 9℃，从土壤循环后进入机组温度约为 13℃，供回水温差约为 4℃。

该日设备运行瞬时 *COP* 如图 8-11 所示，该日设备运行平均 *COP* 约为 4.6。

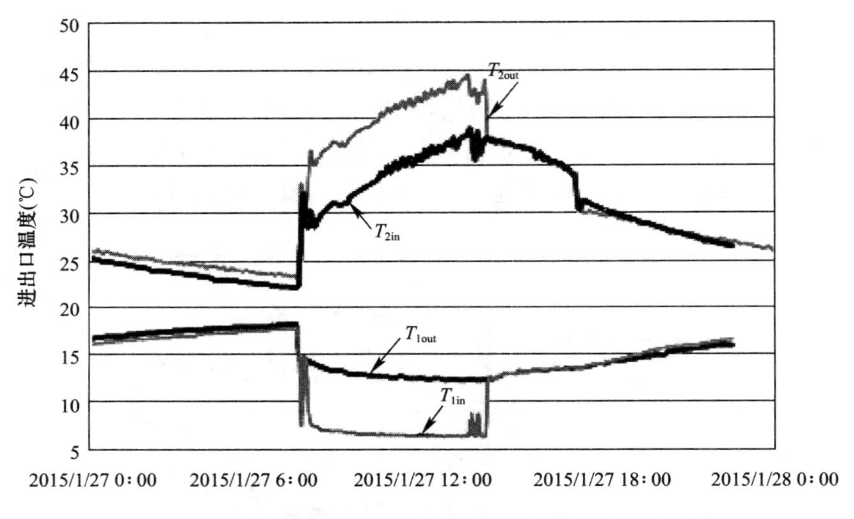

图 8-10　地源热泵机组室内侧和地源侧供回水温度变化

图 8-11　地源热泵机组 *COP* 变化

(4) 土壤温度变化

对地埋管区域不同深度的土壤温度进行长期监测，图 8-12 为－20m、－40m 和－60m 深度下土壤温度随时间的变化。从图 8-12 中可见，－20m 深度土壤温度波动最大，夏季供冷季，温度从 15.5℃上升至 17.2℃，上升约 1.7℃；冬季供暖季，土壤温度从 15.8℃上升至 17.5℃，变化约 1.7℃。经过一个供暖季和供冷季，不同深度土壤温度均能够回复到原始温度。

(5) 可再生能源贡献率

可再生能源利用率以及各系统在冬夏季供冷供暖率如图 8-13 所示。夏季工况下，太阳能空调系统利用太阳能集热器产生的热水驱动吸收式冷机为建筑供冷。2015 年，太阳能空调系统夏季为建筑室内提供的冷量为总供冷量的 19.9%。地源热泵、水冷多联和水环热泵系统对室内供冷的贡献率分别为 57.8%、17.8%和 4.5%。冬季工况下，太阳能热水或者直接给室内供暖（热水循环），或者辅助地源热泵系统给室内供暖。2015 年冬季，太阳能系统对建筑室内供暖的贡献率为 35%，地源热泵、水冷多联和水环热泵系统的贡献率约为 63%、1.5%和 0.5%。

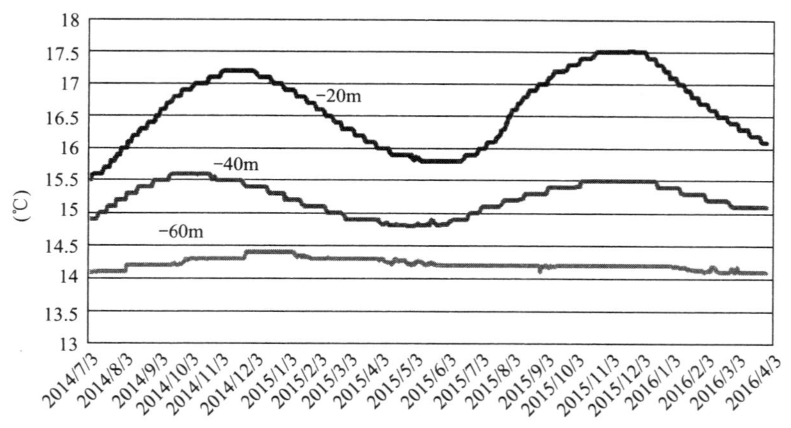

图 8-12 土壤温度监测图

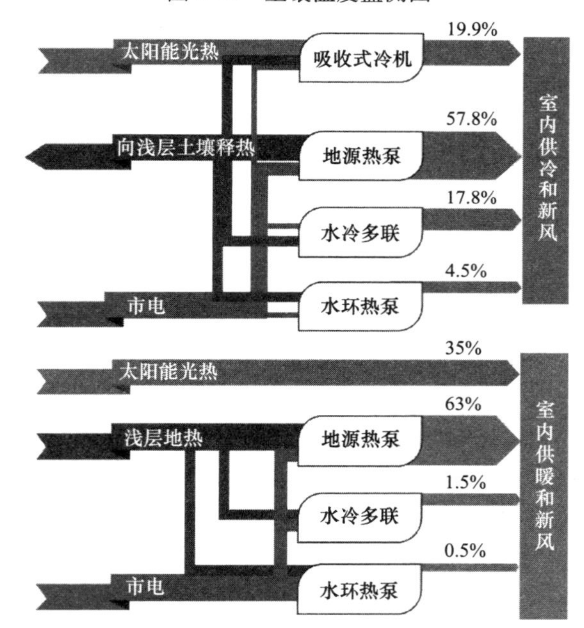

图 8-13 各系统及可再生能源供冷供暖贡献率

5. 典型功能房间室内环境与热舒适水平分析

(1) 夏季典型日室内参数分析

示范楼夏季室内设计温度为 26℃，图 8-14～图 8-16 分别为典型房间夏季某工作日室内温度、相对湿度和室内 CO_2 浓度 24 小时变化。从图 8-14 看到，工作日工作时间段内，房间温度在 24～26℃的范围内变化。从图 8-15 看到，相对湿度介于 50%～60%之间。从图 8-16 看到，CO_2 浓度≤1000ppm，多数时间，室内 CO_2 浓度≤800ppm。

(2) 冬季典型日室内参数分析

示范楼冬季室内设计温度为 20℃，CO_2 浓度≤1000ppm。图 8-17～图 8-19 分别为建筑房间冬季某工作日室内温度、相对湿度和室内 CO_2浓度 24 小时变化。从图 8-17 看到，工作日工作时间段，房间温度≥20℃，下班时间，房间温度约为 22℃。从图 8-18 看到，工作日工作时间段，室内相对湿度介于 30%～60%之间。从图 8-19 看到，CO_2 浓度≤1000ppm。基本实现设计要求。

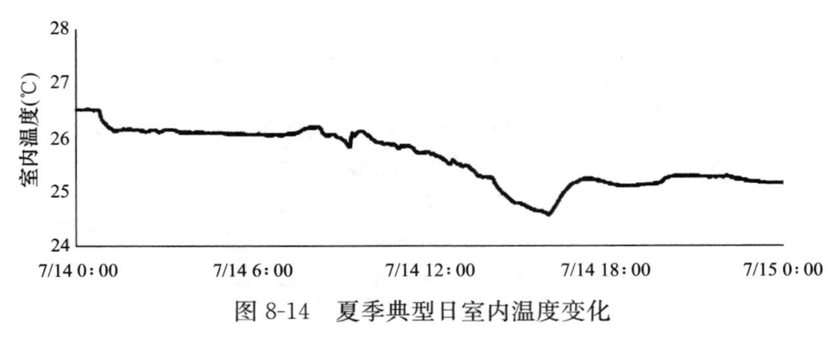

图 8-14 夏季典型日室内温度变化

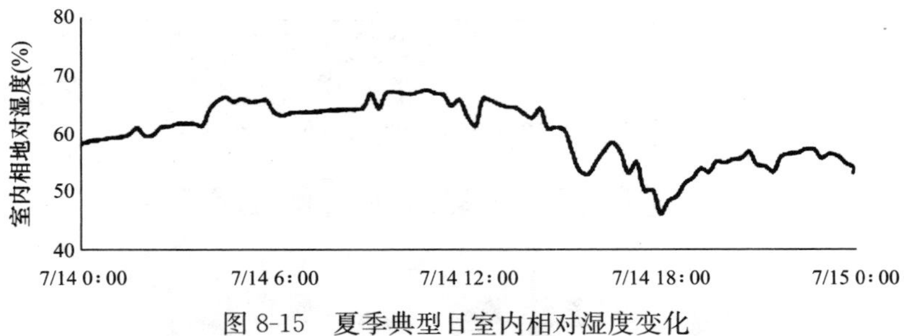

图 8-15 夏季典型日室内相对湿度变化

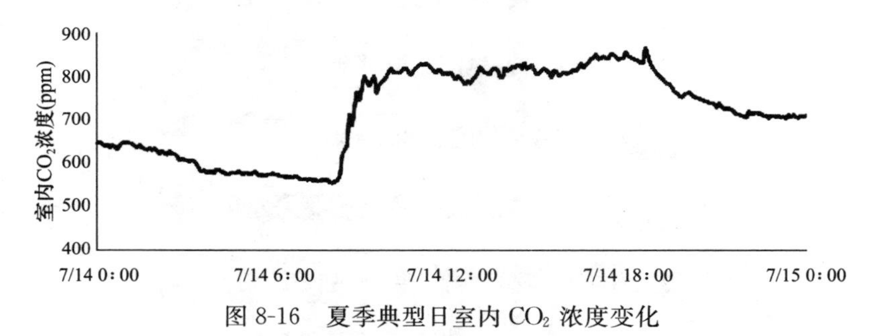

图 8-16 夏季典型日室内 CO_2 浓度变化

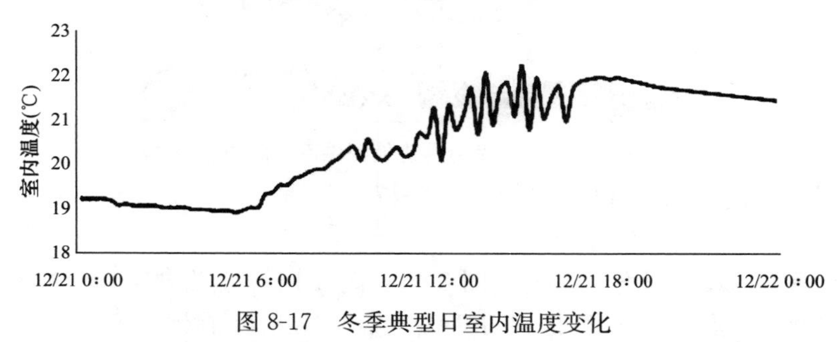

图 8-17 冬季典型日室内温度变化

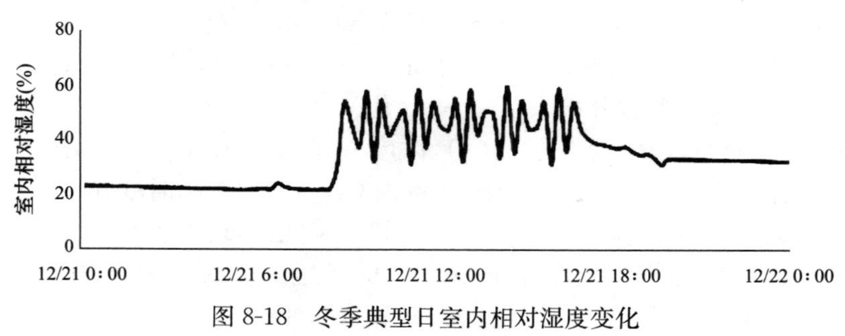

图 8-18 冬季典型日室内相对湿度变化

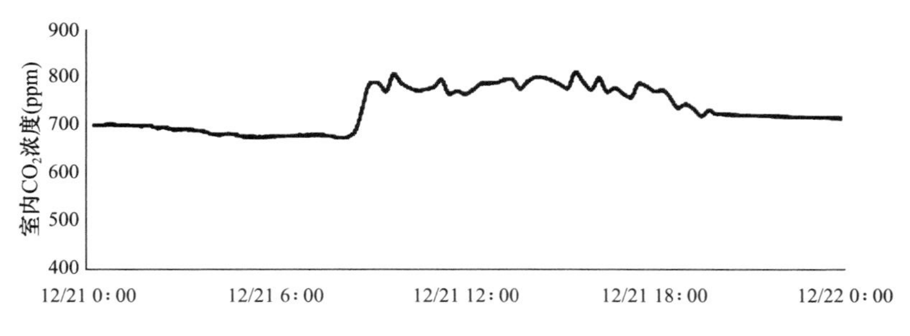

图 8-19 冬季典型日室内 CO_2 浓度变化

地源热泵系统作为该超低能耗建筑的能源系统，为建筑提供所需的冷热负荷，系统冬季 *COP* 约为 4.5，夏季 *COP* 约为 5.0。

8.1.2 北京雁栖湖国际会展中心地源热泵项目

建设地点：北京市怀柔区
设计时间：2011 年 2 月完成设计
工程竣工日期：2011 年 7 月竣工
设计单位：北京市建筑设计院有限公司
建设单位：北京控股集团有限公司

1. 工程概况

北京雁栖湖国际会展中心位于雁栖湖西岸范崎路东侧，用地规模约 10.8hm^2，总建筑面积约 7.9 万 m^2，地上 4.4 万 m^2，地下 3.5 万 m^2，容积率 0.4，建筑高度 31.9m，建筑地上 5 层，地下 2 层，地上 2 层为建筑主体功能，建筑主体是圆形大楼，建筑造型外观似天坛无盖，周围为环形通廊，建筑中心为多功能厅，实景图如图 8-20 所示。

图 8-20 北京雁栖湖国际会展中心外观实景图

雁栖湖国际会展中心采用钢骨混凝土框架—钢筋混凝土剪力墙体系，由于特殊的建筑形式和大空间的功能要求，圆形主会场屋盖跨度为 84m，采用了放射状鱼腹式空间桁架体系和混凝土屋面板，施工工艺为在地面组装和浇筑混凝土，之后整体同步提升。主会场楼面结构跨度为 45m，采用钢结构楼盖体系，用 TMD 减振系统改善了楼盖的舒适度性能。

会展中心是以会议和展示为主要功能的综合建筑，既需要承担众多大型及重要的国际会议，又会举办各种高端展览和演出，内部区域设有可分隔式 5500m² 无柱大会议厅、2200m² 宴会厅和 1800m² 多功能厅，以及各种现代化大、中型会议室 70 余间，同时内设有精品酒店，并配有 3000m² 厨房，可同时提供 5000 人高端餐饮。

该项目于 2011 年 2 月完成设计，2011 年 7 月竣工并投入试运行，已获得绿色三星设计评价标识。截至目前，该国际会展中心已成功为 APEC 会议、北京国际电影节、2015 年第五届世界水电大会提供了会场服务，取得了良好的社会效益。

2. 系统设计

（1）末端系统设计

会议厅、入口大厅、多功能厅等大空间区域采用了低速风道全空气双风机空调系统，过渡季可实现 100％全新风运行，减少制冷机运行时间。

办公室、媒体办公区等小空间采用风机盘管加独立新风的系统，使用灵活方便，且有利于减少吊顶内占用空间，提高空间利用率。采用热回收新风机组，热回收效率不小于 60％，有效降低了新风能耗。新风系统设置粗效、高压静电中效过滤器，大大提高了空气品质。

负荷侧的空调机组、新风机组冷（热）水出口设置动态平衡电动调节阀，风机盘管设电动两通阀，风机盘管水系统支路设置自力式压差平衡阀。

大空间区域采用合理的气流组织和供热形式，如在 15m 高的环廊大厅采用分层侧送风口，减少风机输送能耗和无效供冷，冬季在主会厅和外环廊设置了地面辐射供暖系统，减少温度梯度，达到节能运行目的。

整个末端系统采用楼宇自控控制，通过自动控制，进一步降低运行能耗。

（2）能源系统设计

根据该地区的气候特点、建筑物的冷热负荷特点、地理环境以及周围的市政情况，采用地源热泵机组＋常规电制冷机组＋燃气锅炉的复合能源系统，即由地源热泵承担基础负荷，最大限度减少污染物和二氧化碳排放，高效运行。系统原理如图 8-21 所示。

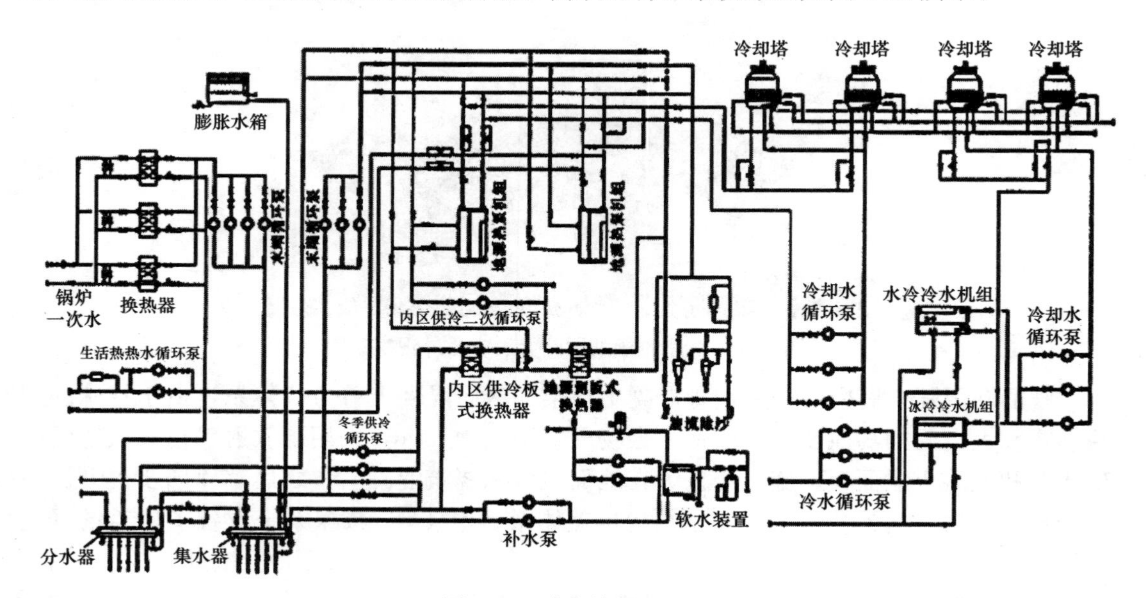

图 8-21　动力站原理图

1）冬季供暖

冬季空调热源采用地源热泵系统＋燃气锅炉，其中地源热泵系统承担基础运营时的冬季基础热负荷，即总负荷的56%，燃气锅炉在调节峰值热负荷时启用。燃气锅炉在调节峰值热负荷期间与地源热泵机组并联运行。

燃气锅炉在选型时充分考虑了建筑物的重要性、系统的安全可靠性等因素，并适当考虑了余量。锅炉房位于建筑主体以外停车场区域，与冷却塔处于同一辅助区域，避免了对建筑物美观和噪声的影响，同时也解决了锅炉房泄爆问题。

锅炉房提供一次热水，通过板换式换器换出二次热水为空调系统服务。锅炉房同时为冬季太阳能生活热水系统提供一次辅助热源。

地源热泵机房位于地下2层，内设2台地源热泵机组，热水进出口温度为40℃/45℃。夏季利用地源热泵机组进行热回收，作为夏季太阳能生活热水系统的辅助热源。

2）夏季制冷

夏季空调冷源采用地源热泵系统＋水冷冷水机组，其中地源热泵系统承担基础运营时的夏季基础冷负荷，约3200kW，选用单台制冷量为1640kW左右的机组2台，负担物业管理用房、客房区域、常用小型会议室等的负荷；冷水机组在调节峰值冷负荷时启用。夏季地源热泵机组与冷水机组并联运行，并设置4组冷却塔，其中2台与调峰冷水机组对应，冷却水供回水温度为32℃/37℃；考虑到该建筑重要国际会议期间的安全可靠性，另2台作为备用，与地源热泵机房内的2台地源热泵机组对应。

冷水机组与地源热泵机组同设在一个制冷站房内，制冷工况下冷水进出口温度为12℃/7℃，单台制冷量2765kW，共2台。

冬季地源热泵机组在制热的同时进行冷回收，为建筑内区的空调系统供冷。

3）冷热源系统运行策略

该项目采用集散式控制管理方式，对现场设备进行分散控制、集中管理，各现场控制器可实现点对点的双向通信。

① 冬季供暖系统控制方案

热源系统包括2台地源热泵、锅炉侧3台板式换热器板换。5套子系统采用群控。

末端供回水温度低于设定值时设备开启顺序（此时相对应的泵、阀将同时动作）：1号地源热泵机组（热回收）→2号地源热泵机组→锅炉侧第1台板式换热器→锅炉侧第2台板式换热器→锅炉侧第3台板式换热器。

地能井泵根据地能采集井供回水总管温度及地能热泵机组的最小需水量进行数量控制，在进行数量控制时可根据每台水泵的累计运行时间进行水泵的轮换使用，达到水泵的合理运行。

末端供回水温度高时设备停止顺序（此时相对应的泵、阀将同时动作）：锅炉侧第3台板式换热器→锅炉侧第2台板式换热器→锅炉侧第1台板式换热器→2号地源热泵机组→1号地源热泵机组（热回收）。

② 夏季制冷系统控制方案

冷源系统包括2台地源热泵、2台冷水机组、4台冷却塔、20口地能井水泵及相应循环泵。

末端供回水温度高时设备开启顺序（此时相对应的泵、阀将同时动作）：1号地源热泵机组（热回收）→2号地源热泵机组→1号冷水机组（冷却塔同时开启）→2号冷水机组（冷却塔同时开启）。

地能井泵根据地能采集井供回水总管温度进行数量控制。

末端供回水温度低时设备停止顺序（此时相对应的泵、阀将同时动作）：2号冷水机组（冷却塔同时关闭）→1号冷水机组（冷却塔同时关闭）→2号地源热泵机组→1号地源热泵机组（热回收）。

③ 热回收提供生活热水加热系统

生活热水热源以太阳能优先，太阳能不足时，优先使用热泵热回收能量，两者均不能满足要求时，再由锅炉热源补充。

（3）主要设备材料表

考虑到该项目的特殊性，为保证能源系统使用上的安全性，常规能源系统的容量按设计冷/热负荷的100%考虑，即使在地源热泵系统出现故障时，常规能源系统也能完全满足该工程空调供冷/供热的使用需求。冬、夏季工况的设备选型，见表8-2和表8-3。

冬季工况时的设备选型 **表8-2**

设备名称	数量（台）	单台供热量（kW）	总制热量（kW）	备注
地源热泵机组	1	1807	1807	制冷工况时带热回收功能
地源热泵机组	1	1925	1925	—
供热锅炉	3	4200	12600	其中提供给该工程的供热量为6000kW，其余为二期供热预留

夏季工况时的设备选型 **表8-3**

设备名称	数量（台）	单台供冷量（kW）	总制冷量（kW）	冷却塔工况下的制冷量（kW）
地源热泵机组	1	1637	1637	1520
地源热泵机组	1	1643	1643	1525
电制冷主机	2	2765	5530	5530
总制冷量	—	—	8810	8575

3. 工程设计特点

北京雁栖湖国际会展中心以承办大型会议及展览为主，在平时没有会议及展览时，空调系统仅维持其基本的运行即可，所需空调系统装机容量很低；而在会议及展览期间，人员密集，各种空间的同时使用率高，总的冷热负荷大，所需要的空调系统装机容量及运行能耗也非常高。同时，由于其承办的是各种高端会议及展览，对于空调能源系统的保障率及安全性的要求非常高。

根据该建筑的规模和使用功能，设置集中的空调系统，冷热源集中设置，夏季供冷、冬季供热。由于会展中心周边不具备市政集中供热管网和空调集中冷源，因此需要根据建筑需求自行设置冷、热源。

地源热泵系统属可再生能源系统，运用得当，不仅节能和节省运行费用，而且环保效益显著。因此地方政府对采用地源热泵系统建筑通常具有鼓励政策，给予一定的经济补贴。经与怀柔当地水务部门沟通和多次论证，确定该项目采用地源热泵系统。

在确定地源热泵系统方案之前，依据《地源热泵系统工程技术规范》(2009版) GB 50366—2005第3.1.1条的规定，应进行工程场地状况调查，并对浅层地热能资源进行勘察。由于受地面面积的限制，不能满足地埋管式热泵系统的埋设条件。结合此种情况，通过对循环换热地能采集井的勘测实验，被测井最大循环流量为30.5m³/h，相应的供水温差为6.6℃，井的换热功率为233kW；受场地面积和地形的限制，采用地能采集井的形式，不能满足全部负荷需求，可以用地能井提供部分冷热负荷需求。

因此，采用地源热泵机组+常规电制冷机组+燃气锅炉的复合能源系统，即由地源热泵承担基础负荷。冬季空调热源采用地源热泵系统+燃气锅炉，其中由地源热泵系统承当基础运营时的冬季基础热负荷，燃气锅炉在调节峰值热负荷时启用。燃气锅炉在调节峰值热负荷期间与地源热泵机组并联运行。夏季空调冷源采用地源热泵系统+水冷冷水机组，其中地源热泵系统承担基础运营时的夏季基础冷负荷，冷水机组在调节峰值冷负荷时启用。夏季地源热泵机组与冷水机组并联运行。

4. 系统运行效果

根据项目设备选型和系统设计，并结合会议中心的运营策略，对常规能源系统与复合能源系统的冬夏季能耗和运行费用进行对比。

(1) 冬季内挂系统能耗及运行费用比较

北京冬季供暖总计120天，共计2880h，根据该建筑的运营策略，其中100%负荷约为240h，75%负荷约为720h，50%负荷约为720h，25%负荷约为1200h。

供暖季总的供暖热负荷 Q_y：

$$Q_y = Q_{y1} + Q_{y2} + Q_{y3} + Q_{y4} = n_1 Q_r \phi_{r1} + n_2 Q_r \phi_{r2} + n_3 Q_r \phi_{r3} + n_4 Q_r \phi_{r4} \quad (8\text{-}1)$$

地源热泵机组耗电量 N_{y1}：

$$N_{y1} = \frac{Q_{y1}\varphi_1}{E} + \frac{Q_{y2}\varphi_2}{E} + \frac{Q_{y3}\varphi_3}{E} + \frac{Q_{y4}\varphi_4}{E} \quad (8\text{-}2)$$

末端循环水泵耗电量 N_{y2}：

$$N_{y2} = n_1 Q_1 \varphi_{r1} + n_2 Q_1 \varphi_{r2} + n_3 Q_1 \varphi_{r3} + n_4 Q_1 \varphi_{r4} \quad (8\text{-}3)$$

地源测循环水泵耗电量 N_{y3}：

$$N_{y3} = n_1 Q_2 \varphi_{r1} + n_2 Q_2 \varphi_{r2} + n_3 Q_2 \varphi_{r3} + n_4 Q_2 \varphi_{r4} \quad (8\text{-}4)$$

锅炉燃气消耗量 B：

$$B = \frac{Q_{y1}(1-\varphi_1)}{q\mu} + \frac{Q_{y2}(1-\varphi_2)}{q\mu} + \frac{Q_{y3}(1-\varphi_3)}{q\mu} + \frac{Q_{y4}(1-\varphi_4)}{q\mu} \quad (8\text{-}5)$$

式(8-1)～式(8-5)中 Q_{y1}、Q_{y2}、Q_{y3}、Q_{y4} 分别为对应不同负荷比例下的供暖热负荷；n_1、n_2、n_3、n_4 分别为不同负荷比例下的供暖时间，$n_1=240$h、$n_2=720$h、$n_3=720$h、$n_4=1200$h；Q_r 为设计热负荷；ϕ_{r1}、ϕ_{r2}、ϕ_{r3}、ϕ_{r4} 为负荷百分比，$\phi_{r1}=100\%$，$\phi_{r2}=75\%$、$\phi_{r3}=50\%$、$\phi_{r4}=25\%$；ϕ_1、ϕ_2、ϕ_3、ϕ_4 为在不同负荷比例下，地源热泵机组所承担热负荷的比例，$\phi_1=56\%$、$\phi_2=75\%$、$\phi_3=\phi_4=100\%$；E 为热泵的供热性能系数，取4.3；Q_1 为末端循环水泵功率，取180kW；Q_2 为地源测水泵功率，取165kW；q 为天然气热值，取9.89kWh/m³；η 为锅炉燃烧效率，取90%。具体能耗统计，见表8-4～表8-6。

复合能源系统供暖（地源热泵+燃气锅炉）工况下的能耗统计 表 8-4

	100%负荷	75%负荷	50%负荷	25%负荷	总计
总热负荷 Q_y(kWh)	1439040	3237840	2158560	1798800	8634240
地源热泵机组耗电量 N_{y1}(kWh)	187409.9	562229.6	501990.7	418325.6	2007963
末端循环水泵耗电量 N_{y2}(kWh)	43200	97200	64800	54000	259200
地源测循环水泵耗电量 N_{y3}(kWh)	22176	66528	59400	49500	197604
锅炉燃气耗电量 B(m³)	71135.56	40547.27	0	0	111683

燃气锅炉供暖工况下的能耗统计 表 8-5

	100%负荷	75%负荷	50%负荷	25%负荷	总计
总热负荷 Q_y(kWh)	1439040	3237840	2158560	1798800	8634240
末端循环水泵耗电量 N_{y2}(kWh)	21600	48600	32400	27000	129600
锅炉燃气耗电量 B(m³)	161671.7	363761.4	242507.6	202089.7	970030

能耗及运行费用比较 表 8-6

	总耗电量（kWh）	总燃气消耗量（m³）	总运行费用（万元）
复合能源供暖（地源热泵+燃气锅炉）	246.5×10⁴	11.17×10⁴	223.16
常规能源供暖（燃气锅炉）	12.96×10⁴	97.00×10⁴	291.34

注：天然气按现行市场价 2.90 元/m³，电价按峰谷平综合电价 0.774 元/kWh 计算。

（2）夏季能源系统高能耗及运行费用比较

北京夏季供冷按 120 天，共计 1440h，根据会展中心的运营策略，其中 100%负荷约为 120h，75%负荷约为 480h，50%负荷约为 480h，25%负荷约为 360h。

供冷季总冷负荷 Q_z：

$$Q_Z = Q_{Z1} + Q_{Z2} + Q_{Z3} + Q_{Z4} = n_{L1} Q_L \phi_{r1} + n_{L2} Q_L \phi_{r2} + n_{L3} Q_L \phi_{r3} + n_{L4} Q_L \phi_{r4} \tag{8-6}$$

地源热泵机组耗电量 N_{y1}：

$$N_{y1} = \frac{Q_{Z1}\varphi_{L1}}{COP_1} + \frac{Q_{Z2}\varphi_{L2}}{COP_1} + \frac{Q_{Z3}\varphi_{L3}}{COP_1} + \frac{Q_{Z4}\varphi_{L4}}{COP_1} \tag{8-7}$$

冷水机组耗电量 N_L：

$$N_L = \frac{Q_{Z1}(1-\varphi_{L1})}{COP_2} + \frac{Q_{Z2}(1-\varphi_{L2})}{COP_2} + \frac{Q_{Z3}(1-\varphi_{L3})}{COP_2} + \frac{Q_{Z4}(1-\varphi_{L4})}{COP_2} \tag{8-8}$$

末端循环水泵耗电量 N_{y2}：

$$N_{y2} = n_{L1} Q_1 \varphi_{r1} + n_{L2} Q_1 \varphi_{r2} + n_{L3} Q_1 \varphi_{r3} + n_{L4} Q_1 \varphi_{r4} \tag{8-9}$$

复合能源供冷工况下，地源侧循环水泵耗电量 N_{y3}：

$$N_{y3} = n_{L1} Q_2 \varphi_{r1} \varphi_{L1} + n_{L2} Q_2 \varphi_{r2} \varphi_{L2} + n_{L3} Q_2 \varphi_{r3} \varphi_{L3} + n_{L4} Q_2 \varphi_{r4} \varphi_{L4} \tag{8-10}$$

复合能源供冷工况下，冷却水泵耗电量 N_{y4}：

$$N_{y4} = n_{L1} Q_3 \varphi_{r1}(1-\varphi_{L1}) + n_{L2} Q_3 \varphi_{r2}(1-\varphi_{L2}) + n_{L3} Q_3 \varphi_{r3}(1-\varphi_{L3}) + n_{L4} Q_3 \varphi_{r4}(1-\varphi_{L4}) \tag{8-11}$$

冷水机组供冷工况下，冷却水泵耗电量 N_{y5}：

$$N_{y5} = n_{L1} Q_4 \varphi_{r1} + n_{L2} Q_4 \varphi_{r2} + n_{L3} Q_4 \varphi_{r3} + n_{L4} Q_4 \varphi_{r4} \tag{8-12}$$

式（8-6）～式（8-12）中 Q_L 为设计冷负荷；n_{L1}、n_{L2}、n_{L3}、n_{L4}分别为不同负荷比例

下的供暖时间，$n_{L1}=120h$、$n_{L2}=480h$、$n_{L3}=480h$、$n_{L4}=360h$；Q_{z1}、Q_{z2}、Q_{z3}、Q_{z4}分别为对应不同负荷比例下的供冷总负荷；ϕ_{L1}、ϕ_{L2}、ϕ_{L3}、ϕ_{L4}分别为在不同负荷比例下，地源热泵机组所负担冷负荷的比例，$\phi_{L1}=37\%$、$\phi_{L2}=49\%$、$\phi_{L3}=74\%$、$\phi_{L4}=100\%$；COP_1、COP_2 分别为热泵主机及冷水机组的供冷性能系数，COP_1 取 5.6，COP_2 取 5.8；Q_3 为复合能源供冷工况下，冷水机组冷却水泵的总功率，取 150kW；Q_4 为冷水机组供冷工况下，冷水机组冷却水泵的总功率，取 165kW。具体能耗统计，见表 8-7～表 8-9。

复合能源系统供冷（地源热泵+冷水机组）工况下的能耗统计（kWh） **表 8-7**

	100%负荷	75%负荷	50%负荷	25%负荷	总计
总冷负荷 Q_y	982320	2946960	1964640	736740	6630660
地源热泵机组耗电量 N_{y1}	64903.29	259613.1	259613.1	131560.7	715690
冷水机组耗电量 N_L	106700.3	257435.6	88070.07	0	452206
末端循环水泵耗电量 N_{y2}	21600	64800	43200	16200	145800
地源侧循环水泵耗电量 N_{y3}	7326	29304	29304	14850	80784
冷却水泵耗电量 N_{y4}	11340	27360	9360	0	48060

冷水机组供冷工况下的能耗统计（kWh） **表 8-8**

	100%负荷	75%负荷	50%负荷	25%负荷	总计
总热负荷 Q_y	982320	2946960	1964640	736740	6630660
冷水机组耗电量 N_L	169365.5	508096.6	338731	127024.1	1143217
末端循环水泵耗电量 N_{y2}	21600	64800	43200	16200	145800
冷却水泵耗电量 N_{y2}	19800	59400	39600	14850	133650

能耗及运行费用比较 **表 8-9**

	总耗电量（kWh）	总运行费用（万元）
复合能源供冷（地源热泵+电制冷冷水机组）	144.3×10^4	111.65
常规能源供暖（电制冷冷水机组）	142.3×10^4	110.11

注：地源热泵系统在地源侧故障时，可切换成接冷却塔散热模式，以保证空调供冷需求。

5. 经济技术分析

(1) 经济运行分析

如采用燃气锅炉供暖、电制冷冷水机组供冷的常规能源方式，初投资费用约为 163.13 万元，每年的能源费用约为 401.45 万元，采用地源热泵、燃气锅炉、电制冷冷水机组的复合能源系统后，初投资费用约为 2050.8 万元，全年的总运行费用为 334.81 万元，每年节约运行费用 66.64 万元，投资回收期约为 6.3 年。

(2) 节能减排效益分析

若采用燃气锅炉供暖、电制冷冷水机组供冷的常规能源方式，每年的燃气消耗量为 97 万 m^3，折合标准煤 1177.91t，每年的用电量为 155.23 万 kWh，折合标准煤 190.77t，全年能源消耗量折合标准煤 1368.68t。

若采用地源热泵、燃气锅炉、电制冷冷水机组组合的复合能源方式，每年的燃气消耗量为 11.17 万 m^3，折合标准煤 135.62t，每年的用电量为 390.73 万 kWh，折合标准煤

480.21t，全年能源消耗量折合标准煤615.82t。与采用常规能源方式相比较，采用复合能源系统每年节约标准煤752.86t。

8.1.3 湖北华电江陵发电厂一期工程

建设地点：湖北省荆州市江陵县

设计时间：2015年1月～2016年12月

工程竣工日期：1号发电机组2017年12月31日通过168h商业试运，暖通分部工程2017年7月30日竣工验收

设计单位：中国电力工程顾问集团中南电力设计院有限公司

建设单位：湖北华电江陵发电有限公司

1. 工程概况

湖北华电江陵发电厂一期工程位于湖北荆州市江陵县境内，长江中游左岸。电厂规划容量2×660MW＋2×1000MW，本期建设2×660MW超临界燃煤发电机组，同步建设烟气脱硫、脱硝设施，留有扩建条件。

电厂厂址位于湖北省荆州市江陵县，该地区日平均温度≤＋5℃的天数为44天，属于非集中供暖地区，冬季供暖热负荷不大，将不设置单独的集中供暖系统。但考虑到该地区冬季较湿冷，属夏热冬冷气候区域，对经常有人工作或停留的建筑物或房间，改善电厂工作人员的生产和工作环境，根据电厂已有水源情况将设计水源热泵空调系统。

本工程厂区布置紧凑，空调及降温通风系统集中在主厂房、集控楼、综合办公楼、检修综合楼、锅炉补给水车间化验楼和供气中心，这些区域位置相对集中，因此具备极佳的集中供冷、供热条件，本设计在主厂房区域设置由水源热泵冷热水机组＋水冷螺杆式冷水机组、水泵等组成的集中制冷加热站，为上述区域的全空气集中空调系统及风机盘管空调系统提供冷、热源，为降温通风系统集中提供冷源。

2. 系统设计

(1) 末端系统设计

1) 汽机房部分

汽机房内主要布置有1号/2号机6kV配电室，1号/2号机励磁小室，1号/2号机凝结水泵变频器室，1号/2号机汽机配电室等电气设备间。

1号/2号机6kV配电室室内设置降温通风系统，以保证夏季室内温度不超过35℃。同时设自然进风、机械排风系统，用作非炎热季节排热通风用。降温通风设备各选用一台立柜式空气处理机，就近布置在6kV配电室外的汽机房内。

1号/2号机凝结水泵变频器室位于汽机房0.000m层，设置有降温通风系统，以保证夏季室内温度不超过40℃。同时设自然进风、机械排风系统，用作非炎热季节排热通风用。降温空调设备各选用一台卧式空气处理机，布置在凝结水泵变频器室的屋面。

1号/2号机发电机励磁小室位于汽机房13.700m层，设置有降温空调系统，以保证夏季室内温度不超过30℃。同时设自然进风、机械排风系统，用作非炎热季节制冷站冷水机组停运时排热通风用。降温空调设备各选用一台卧式空气处理机，布置在励磁小室的屋面。

1号/2号汽机配电室位于炉前通道6.700m层，设置有降温通风系统，以保证夏季室内温度不超过35℃。降温通风设备为组合式空气处理机组（依次为：回风/新风板式粗效

段、袋式粗效段、表冷段、送风机段），通风系统的运行方式根据室外气温可设置成全新风或循环风运行方式：炎热季节，组合式空气处理机组采用降温工况运行，冷源引自集中制冷站7/12℃冷冻水，采用室内循环风运行方式（即开启回风/新风板式粗效段上的回风阀、关小新风阀，并关闭轴流式排风机），室内正压采取调节新/回风量来保证，以减少过滤器的清洗维护工作量；非炎热季节，则采用利用组合式空气处理机组机械送风、轴流式排风机机械排风的全新风工况运行方式（即关闭回风/新风板式粗效段上的回风阀，全开新风阀），以节约能源，此时，室外空气经组合式空气处理机组过滤送入室内，排风设备为轴流式排风机，进风量比排风量大10%以上，以确保室内正压值。

2）集控楼部分

控制楼主要布置有电气工程师站、运行化验室、仪表盘间、仿真室、会议室、就餐室、办公室等，均采用风机盘管系统，保证室内温度夏季维持在26～28℃，冬季维持在18℃。

3）综合办公楼、检修综合楼

综合办公楼、检修综合楼中办公室、会议室等人员房间、大厅及走廊均采用风机盘管空调系统，保证室内温度夏季维持在26～28℃，冬季温度维持在18℃。

4）锅炉补给水车间化验楼

锅炉补给水车间化验楼中布置有集中控制室、天平及煤分析室、色谱分析室、分光光度计室、化验人员办公室、环保检测办公室、仪器室、环保实验室、水分析室、油分析室等房间，均采用风机盘管空调系统，保证室内温度夏季维持在26～28℃，冬季温度维持在18℃。

5）供气中心

供气中心布置有6kV配电室、380V除灰配电室、除灰控制室及除灰热控电子设备间等房间需要降温。

6kV配电室、380V除灰配电室均设置有降温通风系统，以保证夏季室内温度不超过35℃。同时设机械进风、机械排风系统，用作非炎热季节排热通风用。降温通风设备各选用一台组合式空气处理机组，布置在供气中心屋面。

除灰控制室及除灰热控电子设备间室内设置有空调系统，以保证夏季室内温度不超过26℃，冬季不低于18℃。空调设备各选用一台组合式空气处理机组，布置在供气中心屋面。

6）冷热源

以上空气处理机组、风机盘管系统夏季冷冻水供回水温度为7/12℃，冬季热水供回水温度为45/40℃，冷热源来自制冷加热站。

（2）能源系统设计

本工程主厂房及厂区集中空调夏季总冷负荷约为3020.84kW，冬季总热负荷约为1028.06kW，考虑5%的设计富裕度和5%的冷冻（热）水管路系统冷量损失，故夏季设计总冷负荷取值为3300kW，冬季设计总热负荷取值为1150kW。设计冷冻水供回水温度为7/12℃，空调热水供回水温度为45/40℃。

由于冬季热负荷约占夏季空调冷负荷的50%，机组按2×50%容量的水源热泵冷热水机组+1台50%容量的水冷螺杆式冷水机组设置，冷水泵及夏季冷却水泵容量均按3×50%配置，冬季加热水泵按2×100%配置。制冷加热站水源热泵冷热水和水冷螺杆式冷水机组夏季2台运行，1台备用；冬季两台水源热泵冷热水机组1台运行，1台备用。

制冷加热站水源热泵和水冷螺杆式冷水机组夏季2台运行，1台备用，配3台200/370-75/4型冷冻水循环泵，每台流量：374t/h，扬程：44m，配电机功率：75kW。

制冷加热站水源热泵冷热水机组所需冷却（加热）水由布置在制冷加热站内的离心水泵加压后提供，在夏季，空调冷却水泵（配置3台，2用1备，水泵参数如下：200/250-30/4型，流量：400t/h，扬程：20m，配电机功率：30kW，详见表8-10中编号5）从循环水供水母管取水，水泵将冷却水送至水源热泵冷热水机组和水冷螺杆式冷水机组，经使用升温后再返回至冷却水回水母管。

在冬季，空调加热水泵（配置2台，1用1备，水泵参数如下：200/320-45/4型，流量：320t/h，扬程：32m，配电机功率：45kW，详见表8-10中编号4）则从汽机凝汽器出水母管取水，将热水送至水源热泵冷热水机组，利用循环冷却水经凝汽器升温后的废热，然后再返回至冷却塔水池；从制冷站至冷却塔水池单独设置有一根*DN*250的回水管道。

（3）主要设备材料表

制冷加热站及主厂房主要末端设备见表8-10和表8-11。

制冷加热站主要设备一览表　　**表8-10**

序号	设备名称	型号及技术参数	数量	备注
1	水源热泵冷（热）水机组	制冷量：1620kW，制热量：1780kW。机组电源及输入功率：AC380/220V，制冷：365kW，制热：455kW。制冷工况：冷冻水供回水温度为7/12℃，流量：284m^3/h，冷却水进出水温度为32/37℃，流量：354.75m^3/h；制热工况：热水供回水温度为45/40℃，流量：349.8m^3/h；低位热源侧进出水温度为27/22℃，流量：385m^3/h。制冷工质：R407C	2台	供冷：3台设备两运一备（2×50%）；供热：2台水冷螺杆式冷水机组1运1备（2×100%）
2	水冷螺杆式冷水机组	制冷量：1650kW。机组电源及输入功率：AC380/220V，293kW。工况：冷冻水供回水温度为7/12℃，流量：284m^3/h；冷却水进出水温度为30/35℃，流量：354.75m^3/h。制冷工质：R407C	1台	
3	冷（热）水循环泵	流量：374m^3/h，扬程：44m，水泵电机：AC380V/75kW。进出口变径接头接口管径：*DN*250	3台	供冷时，2运1备；供热时，1运2备
4	加热水泵（冬季）	流量：320m^3/h，扬程：32m，水泵电机：AC380V/36.2kW。进出口变径接头接口管径：*DN*250	2台	供热时使用，1运1备
5	冷却水循环泵（夏季）	流量：400m^3/h，扬程：20m，水泵电机：AC380V/30kW。进出口变径接头接口管径：*DN*250	3台	供冷时使用，2运1备
6	囊式自动补水定压装置	囊式气压罐调节容量：2.0m^3。配2台水泵（1运1备），每台水泵流量：12.5m^3/h，扬程：50m，水泵电机功率：7.5kW。配不锈钢补水箱：V=3m^3。带配电控制箱、电缆及敷设附件。具备变频恒压控制或高、低压力范围控制功能，恒压控制压力：0.35MPa（设定值可调），或压力设定范围：0.38～0.43MPa（设定值可调）	1台	—

主厂房主要末端空调设备一览表 表8-11

序号	设备名称	型号及规格	数量	备注
1	组合式空气处理机组(户外型)	风量:20000m³/h,余压:300Pa,冷量:75kW,风机电机:AC380V/7.5kW,依次:回风/新风板式粗效段、袋式粗效段、表冷段、送风机段	1台	1号汽机配电室
2	组合式空气处理机组(户外型)	风量:25000m³/h,余压:300Pa,冷量:100kW,风机电机:AC380V/7.5kW,依次:回风/新风板式粗效段、袋式粗效段、表冷段、送风机段	1台	2号汽机配电室
3	卧式空气处理机(送/回风口接风管)	风量:10000m³/h,余压:200Pa,冷量:58kW,风机:380V/3kW。回风口带板式粗效过滤器(侧抽清洗)、单出风口	2台	1号/2号凝结水泵变频器室
4	立柜式空气处理机(送/回风口接风管)	风量:8000m³/h,余压:250Pa,冷量:45kW,风机:380V/2.2kW。回风口带板式粗效过滤器(侧抽清洗)、单出风口	2台	1号/2号6kV配电间
5	卧式空气处理机(送/回风口接风管)	风量:10000m³/h,余压:200Pa,冷量:58kW,风机:380V/3kW。回风口带板式粗效过滤器(侧抽清洗)、单出风口	2台	1号/2号发电机励磁小室

3. 工程设计特点

电厂凝汽器通过电厂冷却塔的二次循环水进行冷却,江陵电厂冷却塔年平均出水温度(凝汽器入口冷却水温)22.33℃,冷却塔进水温度(凝汽器出口冷却水温)32.33℃。

夏季(5~9月)电厂冷却塔出水的温度范围为25.7~30.3℃,平均温度约为28.2℃,因此,在夏季汽轮发电机组正常运行时,水源热泵机组均可获得28℃左右的冷却水。

冬季(11~2月)电厂冷却塔出水的温度范围为11.7~16.7℃,平均温度约为13.68℃,经过汽轮机凝汽器温升约15.9℃,那么,进入冷却塔的水温约为29.58℃。因此,在冬季汽轮发电机组正常运行时,水源热泵机组可利用29℃左右的温水制热。

水源热泵空调系统以电厂二次循环冷却水为冷(热)源,向水源热泵冷热水机组提供夏季运行所需的冷却水或冬季热泵运行所需的热水,向水冷螺杆式冷水机组提供夏季运行所需的冷却水。

水源热泵冷热水机组所需冷却(热)水由布置在制冷加热站内的离心水泵加压后提供,在夏季,空调冷却水泵从循环水供水母管取水,水泵将冷却水送至水源热泵冷热水机组和水冷螺杆式冷水机组,经使用升温后再返回至冷却水回水母管。

在冬季,空调加热水泵则从汽机凝汽器出水母管取水,将热水送至水源热泵冷热水机组,利用循环冷却水经凝汽器升温后的废热,然后再返回至电厂冷却塔水池。

考虑在两台发电机组均停止运行的情况下,为了满足集控室、汽机电子设备间、1号和2号锅炉电子设备间及厂前区办公综合楼、检修综合楼的空调系统运行,仅需运行一台冷水机组即可满足要求,设置有直接从电厂冷却塔池底直接取水的供回水管道作为补充供水措施。

4. 系统运行效果

湖北华电江陵发电厂一期工程水源热泵空调系统于2017年7月30日竣工验收,2017年11月~2018年2月为第一个冬季运行期。

在此冬季运行期内，当时湖北天气比较寒冷（气温约为−3～4℃），同时电厂发电机组处于停运状态，水源热泵机组直接采用电厂冷却塔池底水循环利用，满足办公区室内设计温度要求。经过调研了解，办公楼内室内温度可达到22℃，效果良好。

5. 经济技术分析

（1）经济运行分析

根据电厂里的资源特点，供冷供热方案在利用电厂循环水废热的水源热泵供冷供热方案与常规的水冷螺杆式电制冷机组＋汽水换热机组供热方案、蒸汽双效溴化锂吸收式冷水机组＋汽水热交换机组供热方案之间进行了经济性方面的对比分析（表8-12）。

水源热泵系统与其他方案初投资对比 **表8-12**

序号	项目	水源热泵供冷供热方案	水冷螺杆式电制冷机组＋汽水换热机组供热方案	蒸汽双效溴化锂吸收式冷水机组＋汽水换热机组供热方案
1	设备及材料费用（万元）	1133.8	1240	1300.9
2	机房面积（m^2）	320	400	450
3	土建费用（万元）	11.2	14	15.75
4	初投资费用（万元）	1465	1654	1766.65
5	初投资差额（万元）	0	189	301.65
6	初投资比较	—	12.90%	20.59%

运行费用中，耗电量按实际运行设备台数计算，备用机组不考虑。供冷全负荷全年运行小时数按2940h计，供暖全负荷全年运行小时数按1960h计。用电电价按0.4396元/kWh计；耗水水价格按1.0元/t计；每1t/h蒸汽按可发电200kWh电量计；固定费用率按10.185%计算。具体见表8-13。

水源热泵系统与其他方案运行费用对比 **表8-13**

序号	项目	水源热泵供冷供热方案	水冷螺杆式电制冷机组＋汽水换热机组供热方案	蒸汽双效溴化锂吸收式冷水机组＋汽水换热机组供热方案
1	制冷运行时耗电总功率（kW）	1145.3	1350	409.38
2	制冷运行时耗电量（kWh）	336.44×10^4	396.58×10^4	120.27×10^4
3	制热运行时耗电总功率（kW）	600.3	100.6	100.6
4	制热运行时耗电量（kWh）	117.56×10^4	19.71×10^4	19.71×10^4
5	耗电费用（万元）	199.58	183.01	61.53
6	耗水量（t/a）	13065	42728	67511
7	耗水费用（万元）	1.31	4.27	6.75
8	耗蒸汽量（t/a）	—	0.43×10^4	1.70×10^4
9	耗蒸汽费用（万元）	—	38.09	149.27
10	年维护费用（万元）	8	9	11
11	年运行费用（万元）	208.89	234.37	228.55
12	年费用（万元）	367.84	413.83	420.233
13	年费用比较	100%	112.50%	114.24%

（2）节能减排效益分析

通过对制冷加热站3种组合方案进行技术经济分析比较，主要有以下几点结论：

1）从初投资来看，水源热泵供能系统方案由于节省了冷却塔、冬季汽水换热机组等设备，初投资比常规水冷螺杆式冷水机组方案约省12.90%，比蒸汽型溴化锂吸收式冷温水机组方案约省20.59%。

2）从年运行费用及年费用来看，水源热泵供能系统方案的年费用比常规水冷螺杆式冷水机组方案约节省12.50%，比蒸汽型溴化锂吸收式冷水机组方案约节省14.24%。

综上所述，采用电厂循环水作为冷热源，利用水源热泵机组实现供冷供热，具有较好的经济性，节能效果良好。

8.1.4 南京鼓楼高新技术产业园区域供冷供热项目

建设地点：江苏省南京市

设计时间：2010年4月完成设计

工程竣工日期：2011年7月竣工

设计单位：南京市建筑设计研究院有限责任公司

建设单位：南京法斯克能源科技发展有限公司

1. 工程概况

南京鼓楼高新技术产业园区位于南京河西新城区北部，南起集庆门大街，北至汉中门大街、西邻滨江大道，东抵经四西路，是南京市河西规划区内的重要建设项目，园区占地约1700余亩，规划有软件园区、综合研发区、SOHO（居家办公）区、研发配套服务区、居住区等，总建筑面积达总计270万m^2建筑面积。产业园区鸟瞰图如图8-22所示。

图8-22 南京鼓楼高新技术产业园区规划图

项目借助滨临长江的天然优势，结合区内高密度建筑群的规划格局，经多次专家论证，确定采用江水源热泵空调区域供冷供热（DHC）技术方案。根据园区建设布局与建设进度，南京鼓楼高新技术产业园区区域空调项目规划分设两个区域能源站，取水工程一次建成，能源站分二期建成。一期能源站设计供冷量2.45万RT，供热能力43MW，一期能源站项目于2011年部分建成并投入运行。

2. 系统设计

（1）末端系统设计

本工程采用分散二次泵系统，一次泵设于能源站内，二次泵设于各栋建筑物热力入口间。能源站内设置的一次泵克服站房内水系统阻力，设于各栋建筑的二次泵克服从能源站到用户端和热力入口及其用户系统内水系统阻力或中间换热器阻力。用户（楼栋）室内空调系统与区域管网系统通过三种方式连接（图8-23）。

第一种为间接连接，二次泵需要克服能源站口部至用户热力入口及其内部包括板式热交换器在内的阻力，这种连接方式适用于建筑高度超过能源站与区域管网系统设计工作压力允许的值或需要与管网水系统独立的用户，其特点是用户与管网及其他用户水系统独

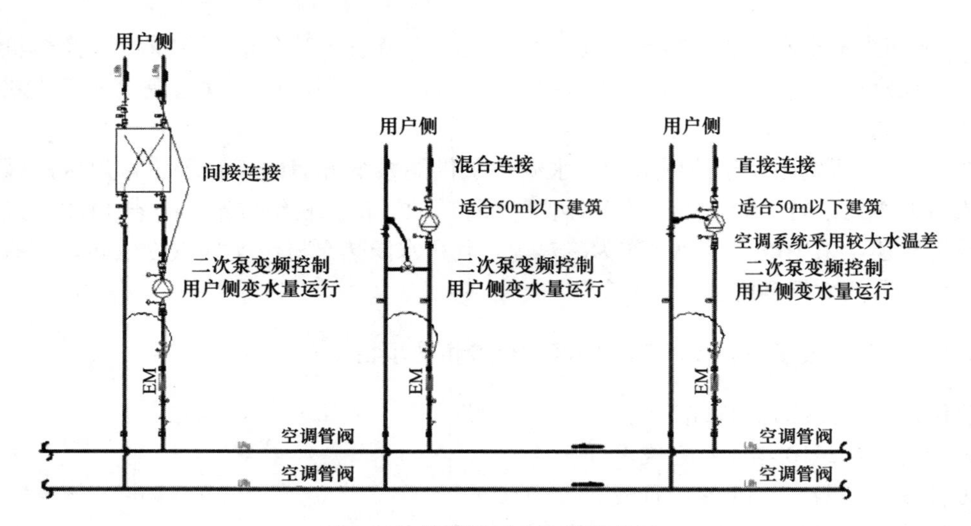

图8-23　能源站用户连接示意图

立，管理简单，但由于换热器换热温差制约，用户侧供水温度要比管网供水温度提高（夏季）或减少（冬季）1～2℃，从而会减小用户侧空调器的换热效果与选型，同时因为增加了换热器两侧的流动阻力，二次泵及用户侧循环水泵能耗相应增加。第二种为混合连接，即二次泵既要克服能源站口部至用户热力入口及其内部阻力，还要克服用户室内循环系统阻力，这种连接方式适用于建筑楼层高度不超过能源站与区域管网系统设计工作压力允许的值，并且不需要与管网水系统独立的用户，其特点是用户与管网及其他用户水系统相互串通，用户侧循环水温差可以与管网系统不一样，系统没有额外的中间换热器阻力，循环系统水泵能耗省。第三种为直接连接，类同混合连接方式，二次泵既要克服能源站口部至用户热力入口及其内部阻力，还要克服用户室内循环系统阻力，其特点用户与管网及其他用户水系统相互串通，用户侧循环水温差与管网相同，对管网冷热利用率最高，循环系统水泵能耗最省。第二、第三种连接方式需要能源供应系统与用户侧空调系统物业管理的高度协调，或采用统一的专业管理。管网系统的水力平衡及设计供回水温差的实现，需要高效的用户热力入口控制系统，包括口部动态压差平衡阀、系统回水温度与用户侧供回水温度的监控及二次泵变频控制的有机协调。

（2）能源系统设计

1）水源条件

经对长江水位变化幅度（包括最高水位与最低水位之差以及水位涨落的速度）、江床及岸坡的地形条件、对航运的影响、取水量与江水流量的比例、进水水质条件等综合因数分析比较与生态影响评价，并经主管部门批准，将取水口定于长江南岸与南京江心洲之间的夹江，避开了长江主航道。夹江流速低、水质较好。取水口附近，江水除铁含量为Ⅲ级水外，其余均达到Ⅰ～Ⅱ级水标准，江水年平均含沙量为0.107kg/m^3，粒径0.015mm，较难沉淀，空调期（6～10月、11月～2月）含沙量较少。根据取水口附近采样点江水水温记录，冬季最低水温5.5～7℃，夏季最高温度29～32℃，大部分时间可满足水源热泵高效运行需要，但冬季也有可能会出现进水温度偏低的情况，从安全考虑，冬季需要辅助热源。

2）能源站选址

根据产业园建设规划进度及能源站经济规模，规划分两期建设能源站：一期能源站位于科技一路与清江路南延十字路口东南地块，为园区中被科技一路与清江路南延所分割的四个地块中的东南、东北和西北三个地块提供能源服务。二期能源站位于下圩河与水西门大街外延交界处的人造山内，为园区中科技一路与清江路南延交界的西南地块提供能源服务。为景观及节约用地考虑，一期能源站建于规划绿地下方，为地下一层建筑，能源站建筑面积近 5000m^2，净高 6.5m。

3）能源站负荷

一期能源站规划服务范围包括 A、B、C、D、E 五个建筑组团，其中 A 组团有 5 栋综合研发与配套建筑组成，B 组团有 4 栋综合研发楼组成，C 组团有 3 栋综合研发楼组成，D 组团有 2 栋研发、2 栋研发配套建筑与 2 栋 SOHO 组成，E 组团为配套高标准住宅建筑。累计建筑面积达 114.3 万 m^2，累计空调冷负荷达 123187kW，空调热负荷达 85723kW。结合不同性质建筑的同时负荷系数，能源站设计计算冷负荷为 94950kW，计算空调热负荷为 43MW。

4）能源站系统方案

① 热源

一期能源站内选用制热量为 7922kW 的离心式江水源热泵机组 5 台，制热量为 4350kW 的螺杆式江水源热泵机组 2 台。机组总制热量为 48.3MW（设计工况）。冬季供热设计工况下，江水进机组温度（进水温度）为 7℃，江水出机组温度（回水温度）为 3℃，机组空调供水温度为 46℃，回水温度为 39℃。（考虑江水水质的影响及温度的变动，设备出力留 5%裕量）。考虑极端江水温度条件下系统的供热要求，设 4 台 2.8MW 的补热电热热水锅炉，采用电热锅炉全量畜热供热模式。根据江水温度变化预测，电热锅炉晚上（0～8 时）利用谷电制取适量 90℃热水，储藏于热水罐，当江水温度偏低，蒸发器出水温度低于 3℃时，利用畜热水箱中的热水辅助预热江水进水，保证机组正常运行。畜热水箱由 4 个有效容积 300m^3 的水箱组成，畜热温度区间可为 90～40（10）℃，有效畜热能力为 57（91）MWh。另外，能源站还预留出锅炉房，容纳 4 台 4.2MW 燃气热水锅炉。

② 冷源

上述热泵机组在夏季工况可兼作制冷用，另外选用设计工况制冷量为 2200RT 的离心式冷水机组 3 台，设计空调工况制冷量为 1100RT，设计制冰工况制冷量为 773.5RT 的双工况离心式冷水机组 4 台（分量蓄冰方式，冰蓄冷主机与蓄冰装置采用串联连接方式，设计工况运行模式为主机优先），共同作为空调系统的冷源。能源站设计工况总制冷能力 24500RT（86.2MW），考虑江水水质的影响及温度的变动，设备出力留 5%裕量。夏季空调设计工况：江水供回水温度分别为 29℃与 37℃，空调供回水温度分别为 5.5℃与 12.5℃。双工况冷水机组空调设计工况乙二醇供回温度分别为 4.5℃与 10℃，制冰设计工况乙二醇供回温度分别为－5.56℃与－2.32℃。蓄冰系统设塑料导热盘管蓄冰罐 36 台，每台有效蓄冰量为 765RTH，总蓄冰容量为 27540RTH，采用内融冰方式。

能源站内空调系统原理如图 8-24 所示，设备及材料，如图 8-25 和表 8-14 所示。

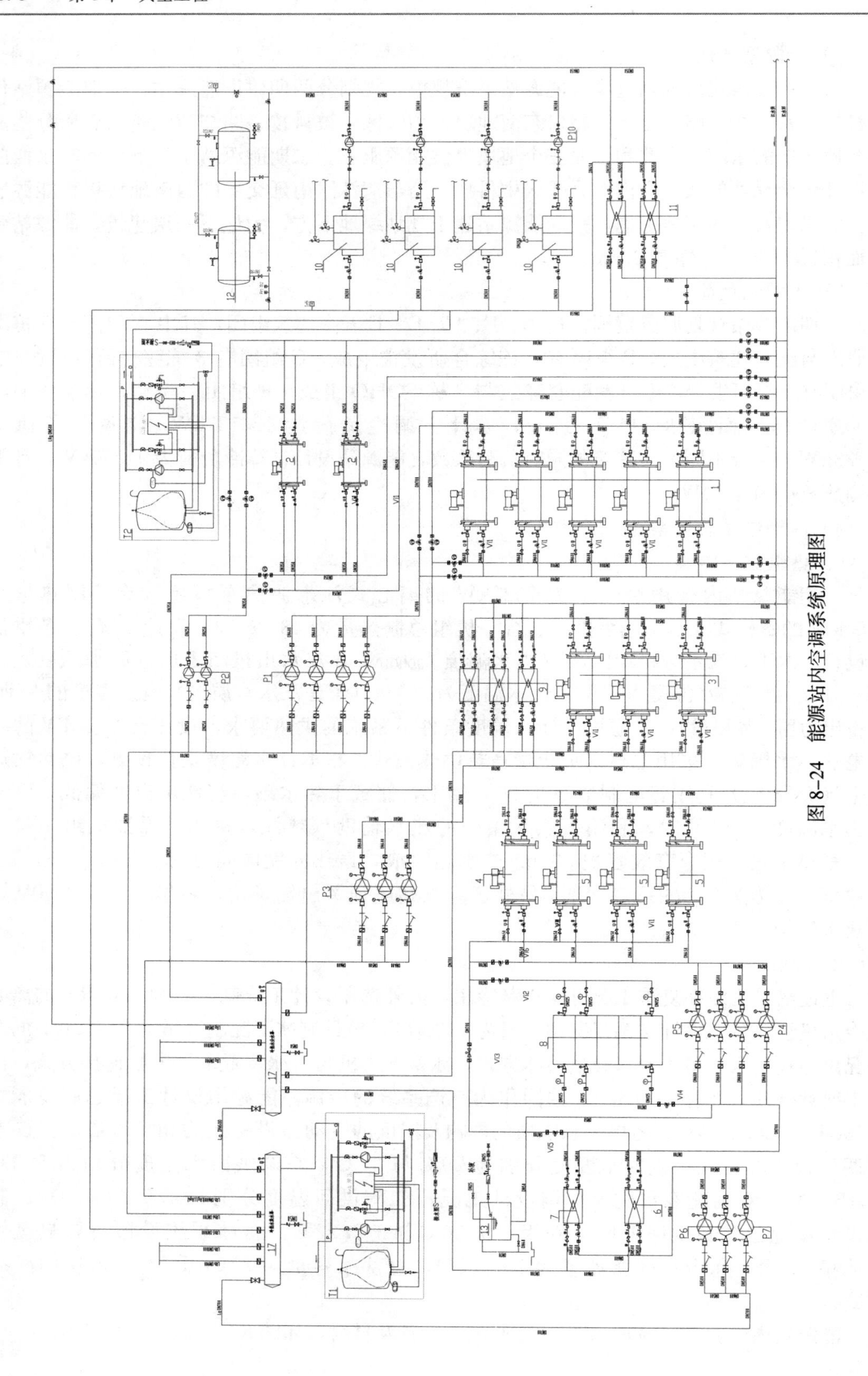

图8-24 能源站内空调系统原理图

(a) (b) (c) (d)

图 8-25 能源站内设备

主要设备材料表 **表 8-14**

序号	设备名称	型号及技术参数	数量
1	江水源热泵机组	CYK 离心式热泵 制热量：10100kW，输入功率：2650kW； 制冷量：9000kW，输入功率：1850kW	4 台
2		YSD-S5 螺杆式热泵 制热量：2250kW，输入功率：670kW； 制冷量：2032kW，输入功率：490kW	2 台
3	江水源离心式冷水机组	YK2400 制冷量：8438kW，输入功率：1666kW	3 台
4	江水源双工况冷水机组	CYK2500 螺杆式 制冷量：8792kW，输入功率：1616kW； 制冰量：5626kW，输入功率：1800kW	1 台
5		CYK2500 离心式； 制冷量：8792kW，输入功率：1616kW； 制冰量：5626kW，输入功率：1800kW	1 台
6	定压膨胀除气系统	调节容积：4100； 双泵变频：100t/h，90m，4kW； 定压：0.8MPa，Var2-2/90＋VG4000 55kW×2	2 台
7	热媒循环泵	流量：397t/h，扬程：18m，功率：37kW	4 台
8	冷媒循环泵	流量：1774t/h，扬程：20m，功率：132kW	3 台
9	乙二醇泵	流量：2100t/h，扬程：36m，功率：450kW	3 台
10	冷热媒循环泵	流量：1000t/h，扬程：20m，功率：110kW	3 台
11	冷热媒循环泵	流量：242t/h，扬程：20m，功率：22kW	2 台
12	冷热媒循环泵	流量：1100t/h，扬程：20m，功率：110kW	4 台
13	乙二醇系统循环水箱	1200mm×1200mm×1200mm	1 个
14	电蓄热罐	直径 $\phi 11\times 6=575m^3$	3 台
15	江水加热板式换热器	Q=4200kW，冷侧：40/10℃；热侧：10/15℃	1 台
16	电蓄热锅炉	Q=4200kW，N=4200kW，工作压力 10MPa	4 台
17	冷却用板式换热器	Q=8438kW，冷侧：70/13℃；热侧：9/15℃	3 台

续表

序号	设备名称	型号及技术参数	数量
18	盘管式蓄冰装置	蓄冰罐直径 ϕ10.5×5.5	1台
19	蓄冷供冷板式换热器	Q=6600kW，冷侧25%乙二醇水溶液：3/11℃；热水侧：4.5/12.5℃	2台
20	蓄冷供冷板式换热器	Q=1500kW，冷侧25%乙二醇水溶液：3/11℃；热水侧：4.5/12.5℃	2台

3. 工程设计特点

本工程采用江水源热泵空调系统，受造价控制，采用两管制系统，夏季供冷，过渡季节采用江水“免费冷却”，冬季空调供暖。为减少能源站配电容量，提高应急情况下供冷可靠性，也为提高系统供回水温差、提高系统负荷变化适应能力及小负荷条件下系统运行经济性，结合站房条件，采用了分量冰蓄冷；为确保江水极端低温条件下的空调供暖需要，设燃气锅炉与水蓄热电锅炉作为辅助热源。区域空调水系统采用二管制与分散二次泵形式。

办公与住宅区生活热水负荷相对较小，住宅离能源中心较远，从节省投资角度考虑，生活热水用热由各建筑分散解决，采用太阳能加燃气或空气源热热水机组为热源。

4. 系统运行效果

本工程于2011年投入使用。第一年冬季，江水取水工程未完全建成，启用辅助热源燃气锅炉供暖，江水取水工程完全建成后，冬季江水进水源热泵机组温度未出现低于7℃情况，至今未启用辅助热源。夏季能源站内测得的江水温度（主要在25～30℃范围）条件好于预期。江水实际含砂量及悬浮物含量明显优于设计预期，实际使用省去了原设计自动反冲洗与除砂装置。系统制冷制热效果良好、节能、节水（对比冷却塔冷却），效果显著。

5. 经济技术分析

（1）经济运行分析

项目首次在区域空调中采用用户侧布置二次泵的分散二次泵系统，方便了后续能源站用户的拓展。江水源热泵与传统空调的能耗对比见表8-15。如采用高温水源热泵机组（会增加投资），还可进一步降低二次泵系统冬季能耗。

江水源热泵系统与传统的空调形式对比 **表8-15**

项目	配电容量	天然气消耗	能源效率	冷却水损耗	机房面积	机房人员
区域供冷	35031kVA	296m^3/hr	4.2	5万m^3/年	5500m^2	68人
传统方案	76154kVA	9338m^3/hr	3.7	54m^3/年	18400m^2	460人
节省比	46%	97%	125	90%	70%	85%

（2）节能减排效益分析

本项目是可再生能源资源集约利用的有益尝试。如采用燃气锅炉供暖、电制冷冷水机组供冷的常规能源方式，初投资费用约为2160万元，每年的能源费用约为263万元。采用江水源热泵能源系统后，初投资费用约为2588万元，全年的总运行费用为205.9万元，每年节约运行费用57.1万元，投资回收期约为7.5年。

项目全部投入运行，与传统空调方式相比，节能25%～35%。每年可减少5400余吨CO_2排放，NO_2以及SO_2等污染物的排放量相应减少。每年将减少冷却塔蒸发和漂水损失49万t。

8.1.5 陕西中科天地航空电源模块研发与生产项目复合式热泵空调系统

建设地点：陕西省西安市阎良区

设计时间：2016年6月

工程竣工日期：2017年7月

设计单位：陕西环发新能源技术有限责任公司

建设单位：陕西中科天地航空模块有限公司

1. 工程概况

陕西中科天地航空电源模块研发与生产项目位于陕西省西安市阎良区国家航空高技术产业基地，总建筑面积14305m²，其中厂房及办公区域面积11533m²，餐厅区域面积693m²，宿舍及活动室区域面积2079m²。建筑总冷负荷为1641kW，建筑总热负荷为1344kW。建筑结构为框架、剪力墙结构。厂区鸟瞰效果图如图8-26所示。

图8-26 厂区鸟瞰效果图

陕西中科天地航空电源模块研发与生产项目的主要使用功能为工业生产、办公、住宿。该项目于2016年6月完成设计，2017年7月系统开始投入运行。

2. 系统设计

（1）末端系统设计

地上建筑分为A、B、C三座，其中A座为办公；B座为车间；C座一层为操作间及餐厅，二层为活动室，三、四层为宿舍。本工程C座二层活动室采用全空气定风量一次回风系统，空调机组采用立式空气处理机组，B、C座其余房间采用新风+风机盘管系统。

（2）能源系统设计

调研本项目的周边可利用资源情况，本项目周边无天然气及市政供热，地下水资源相对较丰富，且地方政府鼓励采用水源热泵等可再生能源利用，但在单孔井要达到设计出水量的情况下，井深相对较深，钻井造价较高，因此本项目空调系统冷热源采用复合式水源热泵空调系统（图8-27），按照冬季热负荷设计水源井系统，夏季不足部分采用冷却塔进行调峰。

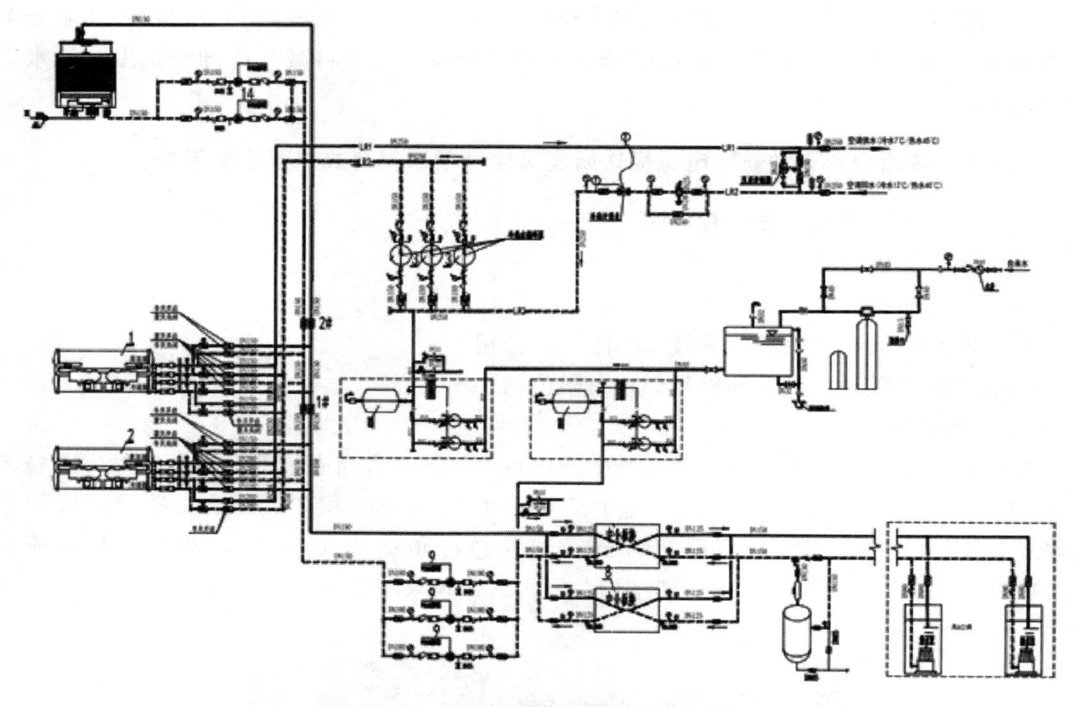

图 8-27　复合式水源热泵系统流程图

本工程采用了地下水源热泵复合式系统，夏季优先使用水源热泵系统供冷，不足部分采用冷却塔系统进行调峰；冬季根据系统末端热负荷的大小的需要开启 2 台水源热泵机组，满足末端热负荷的需求，确保机组处于高效区运行。

项目设计抽水井 2 口，回灌井 4 口，6 口井相互备用，根据建筑使用性质的不同及空调冷热负荷特点和分区运行要求，选择一大一小两台水源热泵机组配合使用，分别为开利螺杆式水源热泵机组，夏季制取 7℃的冷冻水用于空调系统的供冷，回水温度 12℃；冬季制取 45℃的热水用于空调系统的供暖，回水温度 40℃。

1）夏季运行工况控制

夏季优先使用水源热泵系统供冷，夏季空调供水温度 7℃，当冷负荷小于 1 号主机供冷能力时，开启 1 号阀组，关闭 2 号阀组，使用 1 号水源热泵主机与水源井配合供冷；当冷负荷到大于 1 号主机供冷能力时，开启 2 号阀组，关闭 1 号阀组，使用 2 号水源热泵主机与水源井配合供冷；当冷负荷增大至大于 2 号主机供冷能力时，使用 1 号主机配合冷却塔进行调峰供冷。

2）冬季运行工况控制

冬季水源热泵系统可完全满足供热需求，冬季空调供水温度 45℃，为确保主机在高效区运行，避免大马拉小车，当热负荷小于 1 号主机供热能力时，开启 1 号阀组，关闭 2 号阀组，使用 1 号水源热泵主机与水源井配合供热；当热负荷到大于 1 号主机供热能力时，开启 1 号阀组，关闭 2 号阀组，使用 2 号水源热泵主机与水源井配合供热。

主要设备材料，见表 8-16。

主要设备材料表 **表 8-16**

序号	设备名称	规格型号	数量	备注
1	螺杆式水源热泵机组	制冷量 491kW，制冷输入功率 67kW，*COP*7.27；制热量（45/40）530kW，制热输入功率 109kW，*COP*4.88。 夏季冷冻水流量 83m^3/h，进出水温度 12/7℃，夏季水源水流量 51m^3/h，进出水温度 18/29℃；冬季季冷冻水流量 83m^3/h，进出水温度 40/45℃，冬季水源水流量 51m^3/h，进出水温度 15/7℃	1 台	—
2	螺杆式水源热泵机组	制冷量 1156kW，制冷输入功率 160kW，*COP*7.22；制热量（45/40）1235kW，制热输入功率 251kW，*COP*4.92。 夏季冷冻水流量 198m^3/h，进出水温度 12/7℃，夏季水源水流量 119m^3/h，进出水温度 18/29℃；冬季季冷冻水流量 198m^3/h，进出水温度 40/45℃，冬季水源水流量 119m^3/h，进出水温度 15/7℃	1 台	—
3	空调冷热水循环泵	流量 115m^3/h，扬程 32m，电机功率 18.5kW，转速 2950r/min	3 台	冬夏共用
4	冷热水系统定压补水机组（一罐两泵）	变频补水泵：KQDP25-2-8.5×4，流量 2m^3/h，扬程 37m，电机功率 0.55kW	2 台	变频控制，平时用 1 台，初期及事故补水用 2 台
		落地式膨胀罐：NZG（P）1000，总容积 0.82m^3，调节容积 0.35m^3，起始充气压力 0.27MPa	1 台	—
5	全自动钠离子交换器	LDZN（S）—4—B，出水量 3～5m^3/h	1 台	—
6	软水箱	公称容积 4m^3，2000×1500×1500（H）	1 个	—
7	立式桶型除污器	*DN*300	1 个	—
8	板式换热器	换热量：850kW	2 台	—
9	中介水循环泵	流量：70m^3/h，扬程 23.4m，功率 7.5kW	3 台	—
10	中介水定压补水机组（一罐两泵）	流量 1m^3/h，扬程 22.5m，电机功率 0.37kW	2 台	变频控制，平时用 1 台，初期及事故补水用 2 台
		落地式膨胀罐：NZG（P）1000，总容积 0.35m^3，调节容积 0.18m^3，起始充气压力 0.27MPa	1 个	—
11	旋流除砂器	处理水量：101～160m^3/h	1 个	—
12	电子水处理仪	*DN*150	1 个	—
13	冷却塔	冷却水量：150m^3/h，功率 5.5kW	1 台	—
14	冷却水循环泵	流量 150m^3/h，扬程 29m，功率 18.5kW	2 台	一用一备

3. 工程设计特点

(1) 主机选择

根据建筑的使用功能不同及考虑到同时使用系数，选择了一大一小两台水源热泵机组进行搭配，优势在于无论在夜间只有宿舍开启空调或在过度季节空调负荷很小时，只需开启小主机，可保证主机的高效运行，节省运行费用。

（2）复合式设计

本项目若根据夏季冷负荷配置水源井，则需要约 9 孔井，3 抽 6 回才能满足夏季冷负荷的需求，初投资高，因此设计中，按照满足系统热负荷设计 6 孔井，2 抽 4 回，满足冬季供热需求，并且在热负荷较大时用大主机，热负荷较小时用小主机，可保证主机的高效运行，节省运行费用。

夏季供冷时，初期冷负荷较小时优先使用水源井配合大主机或小主机供冷，冷负荷增大时，优先使用水源井配合大主机供冷，冷负荷不足部分利用小主机配套冷却塔使用，可大大节省初投资，且全年综合运行费用较低。

4. 系统运行效果

水源热泵中央空调系统开始运行以后，运行效果良好，夏季室内温度保持在 25～27℃，冬季室内温度维持在 18～22℃，所以制热、制冷均可达到预设计温度要求，夏季供冷系统综合 *COP* 平均在 4.0 以上。

5. 经济技术分析

（1）经济运行分析

本工程的冷热总负荷为：$Q_{总冷}=1614\text{kW}$，$Q_{总热}=1344\text{kW}$；末端设备总功率约为 43.13kW；夏季水源热泵机房内的设备总功率为 358.5kW；冬季水源热泵机房内的设备总功率为 340kW。

测算基础：

按夏季空调系统运行时间段为 6.1～9.30，实际运行 86 天（扣除周末）。

按照夏季空调系统全天运行时间按：厂房及办公区域为 8：00～22：00，共计 14h；餐厅 12：00～13：00，共计 1h；宿舍及活动室区域 20：00～次日 8：00，共计 12h。

冬季空调系统运行时间段为 11 月 15 日～次年 3 月 15 日，实际运行 86 天（扣除周末）。

按照冬季空调系统全天运行时间按：厂房及办公区域为 8：00～22：00，共计 14h；餐厅 12：00～13：00，共计 1h；宿舍及活动室区域 20：00～次日 8：00，共计 12h。

冬/夏季运行时段内平均电价：均按 0.8 元/kWh。

1）水源热泵系统运行费用分析

总建筑面积 14305m^2，其中厂房及办公区域面积 11533m^2，餐厅区域面积 693m^2，宿舍及活动室区域面积 2079m^2。

夏季费用：

夏季空调平均负荷系数取 0.6。

夏季水源热泵系统总功率约为 401.63kW。

所以夏季运行费用为：

厂房及办公区域：$401.63\times0.6\times14\times86\times0.8\times11533/14305=18.71$ 万元

餐厅区域：$401.63\times0.6\times1\times86\times0.8\times693/14305=0.08$ 万元

宿舍及活动室区域：$401.63\times0.6\times12\times86\times0.8\times2079/14305=2.89$ 万元

夏季水源热泵空调系统运行总费用约为 21.68 万元，费用指标为 15.15 元/m^2。

冬季费用：

冬季空调平均负荷系数取 0.65。

冬季水源热泵系统总功率约为383.13kW。

所以冬季运行费用为：

厂房及办公区域：383.13×0.65×14×86×0.8×11533/14305=19.33万元

餐厅区域：383.13×0.65×1×86×0.8×693/14305=0.083万元

宿舍及活动室区域：383.13×0.65×12×86×0.8×2079/14305=2.98万元

冬季水源热泵空调系统运行总费用约为22.39万元，费用指标为15.65元/m^2。

2）风冷热泵空调系统运行费用对比分析

总建筑面积14305m^2，其中厂房及办公区域面积11533m^2，餐厅区域面积693m^2，宿舍及活动室区域面积2079m^2。

夏季费用：

夏季空调平均负荷系数取0.6。

夏季风冷热泵空调系统总功率约为658.8kW（系统综合效率取2.5）。

所以夏季运行费用为：

厂房及办公区域：658.8×0.6×14×86×0.8×11533/14305=30.70万元

餐厅区域：658.8×0.6×1×86×0.8×693/14305=0.13万元

宿舍及活动室区域：658.8×0.6×12×86×0.8×2079/14305=4.74万元

夏季风冷热泵空调系统运行总费用约为35.57万元，费用指标为24.87元/m^2。

冬季费用：

冬季空调平均负荷系数取0.65。

冬季风冷热泵空调系统总功率约为686.11kW（系统综合效率取1.8）。

所以冬季运行费用为：

厂房及办公区域：686.11×0.65×14×86×0.8×11533/14305=34.63万元

餐厅区域：686.11×0.65×1×86×0.8×693/14305=0.15万元

宿舍及活动室区域：686.11×0.65×12×86×0.8×2079/14305=5.35万元

冬季风冷热泵空调系统运行总费用约为40.13万元，费用指标为28.05元/m^2。

3）综合节能分析

本项目水源热泵系统相比采用风冷形式的风冷热泵系统年可节省运行费用约31.63万元。

风冷热泵系统效率受室外环境温度影响较大，特别是冬季制热效果不佳，效率低，存在化霜过程，运行能耗高，系统整体运行稳定性差。水源热泵系统不受室外环境温度影响，系统整体效率高，稳定性好。风冷热泵系统室外机必须露天放置，使用寿命短，约10年左右；水源热泵系统设置在室内，设备本身使用寿命长，约20年左右。

（2）环境效益分析

1）节省电量折合标准煤

每年可节省耗电量约395375kWh。

折合标准煤：395375×0.4÷1000≈158t

2）节能减排分析

每年可节省标煤158t。

每年实现各种温室气体和污染气体量的减排量为：

减排二氧化碳量为158×2.493≈393.9t

减排碳量为 158×0.68≈107.4t

减排粉尘量为 158×0.68≈107.4t

减排二氧化硫量为 158×0.075≈11.9t

减排氮氧化物量为 158×0.0375≈5.9t

8.1.6 重庆江北城CBD区域江水源热泵集中供冷供热项目

建设地点：重庆市江北区

设计时间：2008年7月～2014年7月

工程竣工日期：2017年09月

设计单位：中国建筑设计研究院

建设单位：重庆市江北嘴中央商务区投资集团有限公司

1. 工程概况

重庆市江北嘴中央商务区位于江北区长江与嘉陵江交汇处，东临长江，南濒嘉陵江；与渝中区朝天门、南岸弹子石滨江地区隔江相望，是重庆市在建的中央商务区。整个江北城占地面积226公顷。江北城CBD区域总计建筑面积为650万m^2，其中地上建筑面积550万m^2，地下建筑面积100万m^2。江北城共分为A、B、C三个地块，其中A区主要为商业用地，B区为商业、娱乐、旅游等综合用地，C区为住宅用地。

江北城CBD区域江水源热泵集中供冷供热项目，为江北嘴中央商务区A、B区域内的公共建筑空调系统提供冷热源。项目采用区域能源服务系统，夏季供冷方案采用电制冷＋江水源热泵＋冰蓄冷的形式，冬季供热方案采用江水源热泵的形式。该项目共设置1号与2号能源站，以及室外配套输水管网，为江北城A区和B区共计约400万m^2的公共建筑提供空调冷热源，其中1号站供能面积约248万m^2，2号站供能面积约145万m^2。夏季供水温度为：白天：供水3.5℃/回水13℃，夜间：供水5.5℃/回水13℃；冬季供热供水温度为：供水42℃/回水35℃。

本工程范围内用地条件为浅丘、河滩地形，总轮廓为北高南低。江北城海拔多在190～255m之间。长江河床为区内地形相对最低地带，一般海拔在190m以下。该区交通便捷，水路有长江和嘉陵江，陆上交通有黄花园大桥、朝天门大桥、江北城立交、江洲立交，并与市内交通主干道相连。

本工程分三期建设，2008～2009年建成2号站（一期），2010～2014年建成2号站（二期），2015～2017年建成1号站（三期）。2号站总装机容量制冷约100MW，1号站总装机容量制冷约187MW。

能源站具体位置如图8-28所示。

2. 系统设计

（1）末端系统设计

本工程只有能源站配电房的自用空调末端，其中一号站设一台组合式空调器，二号站设两台组合式空调器。其余末端均由用户自行设计。

（2）能源系统设计

1）1号站设计

1号站设计有8台双工况离心式主机，每台制冷量约8545kW，10台热泵离心式主机，每台制冷量约 8400kW，制热量约为 8640kW。8 台供冷板换，每台换热量约为 8540kW，6 台融冰板换，每台换热量约为 6600kW。320 台外融冰蓄冰盘管，总蓄冰量约为 330800kWh。采用 25％抑制性乙二醇水溶液。冷却水采用嘉陵江原水，由 6 台高压水泵输水，经过篮式过滤器和自动反冲洗过滤器两级过滤后，送到制冷站房，再加一道 Y 型过滤器，由二次水泵加压后送入制冷主机，经主机换热后排入嘉陵江。夏季最大取水量为 17200m³/h。

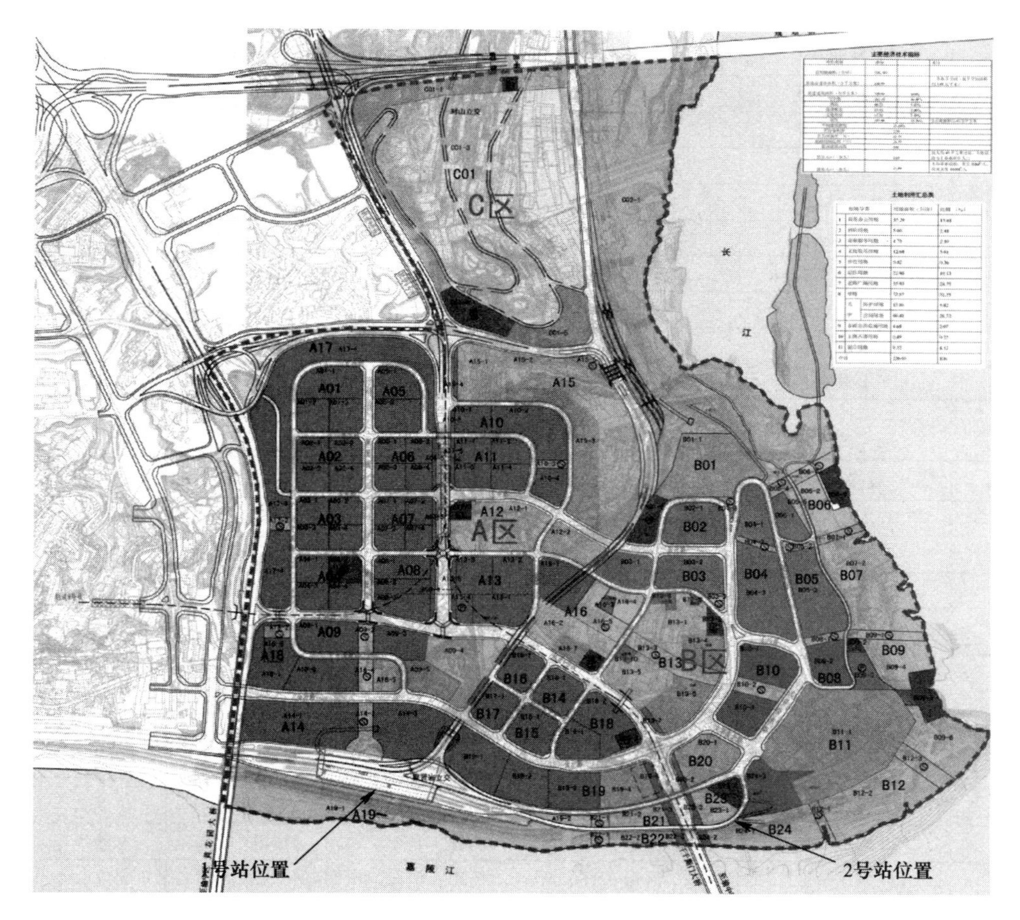

图 8-28　江北城 CBD 区域江水源热泵集中供冷供热项目能源站位置

2）2 号站设计

2 号站设计有 4 台双工况离心式主机，每台制冷量约 8545kW；2 台三工况主机，每台制冷量约 7800kW，制热时约为 9380kW；3 台热泵离心式主机，每台制冷量约 8080kW，制热量约为（7300×3）kW 和（5300×2）kW。7 台供冷板换，每台换热量约为 7540kW，5 台融冰板换，每台换热量约为 6600kW。270 台外融冰蓄冰盘管，总蓄冰量约为 24 万 kWh。采用 25％抑制性乙二醇水溶液。冷却水采用嘉陵江原水，经过一级水泵、粗过滤后进入沉砂池，经过简单沉砂池后，由二级水泵输入制冷机房，再加一道 Y 型过滤器后进入制冷主机，经主机换热后排入嘉陵江。夏季最大取水量为 12000m³/h。

(3) 主要设备材料表（表8-17和表8-18）

1号站主要设备材料表 表8-17

序号	设备名称	参数	数量	备注
1	双工况主机	制冷/制冰：8545/5220kW	8台	10kV
2	热泵主机	制冷/制热：8400/8640kW	10台	10kV
3	板式换热器	换热量：8540kW	8台	供冷板换
4	板式换热器	换热量：6610kW	6台	融冰板换
5	蓄冰盘管	蓄冰量：1034kWh	320m	外融冰
6	冷凝侧水泵	流量：910m³/h，扬程：14m，功率：55kW	10台	
7	蒸发侧水泵	流量：960m³/h，扬程：12m，功率：45kW	10台	
8	冷凝侧水泵	流量：970m³/h，扬程：12m，功率：45kW	8台	
9	乙二醇泵	流量：1210m³/h，扬程：30m，功率：132kW	8台	
10	融冰水泵	流量：2560m³/h，扬程：15m，功率：160kW	8台	
11	一级冷水泵	流量：1600m³/h，扬程：15m，功率：90kW	5台	
12	外网循环泵	流量：2450m³/h，扬程：65m，功率：560kW	8台	
13	江水取水泵	流量：3300m³/h，扬程：38m，功率：450kW	4台	10kV
14	江水取水泵	流量：2000m³/h，扬程：38m，功率：280kW	2台	10kV

2号站主要设备材料表 表8-18

序号	设备名称	参数	数量	备注
1	双工况主机	制冷/制冰：8080/5130kW	4台	10kV
2	三工况主机	制冷/制冰/制热：7800/4910/9380kW	2台	10kV
3	热泵主机	制冷/制热：8080/9380kW	2台	10kV
4	板式换热器	换热量：7530kW	7台	供冷板换
5	板式换热器	换热量7310kW	3台	融冰板换
6	板式换热器	换热量5330kW	2台	融冰板换
7	蓄冰盘管	蓄冰量：900kWh	270m	外融冰
8	冷凝侧水泵	流量：1100m³/h，扬程：20m，功率：75kW	4台	
9	乙二醇泵	流量：1650m³/h，扬程：32m，功率：185kW	8台	
10	融冰水泵	流量：1700m³/h，扬程：15m，功率：110kW	6台	
11	外网循环泵	流量：1600m³/h，扬程：65m，功率：400kW	6台	
12	江水退水泵	流量：1750m³/h，扬程：15m，功率：110kW	6台	
13	江水取水泵	流量：3550m³/h，扬程：20m，功率：280kW	4台	
14	江水二级泵	流量：3550m³/h，扬程：50m，功率：630kW	4台	10kV
15	排砂泵	流量：600m³/h，功率：75kW	4台	潜污泵

3. 工程设计特点

本工程由于体量大，分期设计，分期建设。

一期设计采用渗渠取水，两台基载主机。在河床上制造人工滤床。经过多年运行测试，水量衰减很小，水温比直取水低2～3℃，制冷效率高。

二期设计采用直取水，两级泵送加简单沉砂池取水工艺。取水量稳定、水温稳定（比渗渠取水要高），取水成本较低。

一、二期取水工程为2号能源站服务，分别各自对应相应的机组。一期取水量

$1600m^3/h$，二期取水量 $10500m^3/h$。两套取水系统独立运行，一期取水供一期主机，二期取水供二期主机。

三期设计采用直取水，两级泵送粗过滤加自动反冲洗过滤的取水工艺。取水工程占地面积小，水温稳定，但由于取水系统存在自动反冲洗细泥和细砂的过程，取水量相对一、二期稳定性要差，但取水成本最低。

本工程采用主机上游，外融冰盘管下游的蓄冷供能系统。可以实行大温差供冷。夏天供给用户的冷水温度达 3.5℃，为用户采用低温送风的空调方式提供了可能，同时也有利于超高层用户设置板式换热器，实现了不同用户的需求。

由于采用蓄冷装置，全用整个区域配电容量大大减少。减少电力容量，就减少了碳排放，降低城市热岛效应，具有很大的社会效益。

4. 系统运行效果

一期工程包含两台离心式基载主机、渗渠取水泵、冷水一次泵、两台外网循环泵，以及一些配套管路、管件、供配电设备。制冷量约 2250RT/台，自 2009 年 4 月开始运行。二期工程包含 7 台离心式主机、12 台板换、270 台蓄冰盘管、直取水水泵、冷水一次泵、四台台外网循环泵，以及对应的配套管路、管件、供配电设备。制冷量约 2350RT/台，自 2014 年 6 月开始运行。

从运行效果来看，系统夏季能效比（含取水能耗）能达到 4.1 以上，冬季系统能效比（含取水能耗）达到 3.8。供冷季节，大部分时间采取了晚上制冰，白天融冰的运行策略，经济效益好。主机衰减缓慢，主机、板换结垢情况良好，设备控制能力稳定。

夏季江水设计温度为 27℃，嘉陵江实际水温在 20～32℃之间变化；冬季江水设计温度为 10℃，冬季嘉陵江实际水温在 8～20℃之间变化。系统实际能耗与设计状态有一定差别。

5. 经济技术分析

(1) 经济运行分析

1) 工程建设投资。

2 号站建设投资约为 6 亿元，1 号站投资约为 8 亿元，均不含土地成本，含室外管网投资。两个站及室外管网共投资约 14 亿元。

2) 供冷收入及供热收入

按照重庆市发改委规定，本项目的供冷和供热价格均为 0.57 元/kWh。目前收取标准为 0.53 元/kWh。

(2) 节能减排效益分析

1) 节能措施

本项目在建设过程中采用了一系列的节能措施。包括：选用 *COP* 值较高的热泵机组和冷水机组设备，要求机组有良好的部分负荷性能；高效的水泵、二级泵采用变频调节技术，根据末端负荷的需求调节水泵的流量，减少水泵能耗；选用先进的自动控制系统，充分分析所供冷用户的负荷变化规律及负荷情况，通过全年动态系统的能耗分析、负荷预测，自动调节配置冷水机组的运行合理搭配台数；合理选择冷水机组的容量、台数，采用双工况与基载相搭配的方式，以适应全年的负荷变化。

同时，提高管理人员的素质，尽量减少管理层次，使管理人员专而精，用管理来提高效益。并制定合理冷价，采取严格的措施，减少或防止用户不必要的浪费。

2）节水措施

冷热源系统采用可再生能源中的江水源作为冷热源。在夏季作为空调冷却水，取消了传统空调中的冷却塔，不仅节约了水量，而且防止了由于冷却塔带来的一系列空气污染问题。取消了冷却塔设备，每年可以节约200万m^3的水量。

3）节地措施

本项目采用了区域能源系统，取缔了常规系统设置于各个建筑的制冷制热机房，能源中心的面积远小于分散式机房的面积，节约了建筑面积，也为业主带来了经济效益。经过初步计算，区域能源系统的机房建筑面积比常规能源系统分散式制冷制热机房建筑面积共节约22300m^2。

本项目采用江水源作为夏季冷却水，取消了各单体建筑冷却塔等设备，显著改善城区内的热岛效应，或降低城市温度2～3℃。节约用水量，降低噪声。冬季采用江水源热泵系统提供热源，取消了燃气锅炉，减少了有害气体的排放。

夏季采用区域供冷系统，比常规系统的装机容量大大减小，经计算，采用常规供冷系统，装机容量为74784USRT，即263016kW，若采用区域供冷系统，装机容量为44240USRT，即155593kW。相应的配套设备、水泵等的数量也会相应减少。在运行能源消耗方面，夏季可减少36725269kWh的电量，冬季以江水源热泵作为热源。燃气锅炉的取消，不产生CO_2等有害气体，按照现有发电厂发电耗煤计算，全年节约的能源折合成标煤可节约用煤21000t，减少CO_2排放59000t，减少SO_2排放1800t，减少碳粉尘排放16000t，减少NO_X排放900t。

8.1.7 宝鸡“石鼓·天玺台”“石鼓·太阳市”地源热泵能源站供能系统项目

建设地点：陕西省宝鸡市

设计时间：2011年2月完成设计

工程竣工日期：2016年10月竣工

设计单位：陕西中航建筑设计院有限责任公司

中国建筑上海设计研究院有限公司

建设单位：陕西聚旺伟业房地产开发有限公司

1. 工程概况

宝鸡“石鼓·太阳市”项目坐落于宝鸡市渭河河畔，茵香河之滨，东临西宝高速过路口，西依天台山，总建筑面积27.5万m^2，为高端综合休闲娱乐区，分为A区、B区、C区三个地块。其中：A区（已建成）总建筑面积8.9万m^2，分为天膳坊、天宝城、个人艺术中心及酒吧街四个功能区；B区陈仓老街总建筑面积约7万m^2，为开放式生态文旅集中体验区；C区石鼓广场总建筑面积约11.7万m^2，为精品酒店、一站式商业体验购物中心。

宝鸡“石鼓·天玺台”项目位于宝鸡高新区西，石鼓山公园东南，地块东侧为高新零路，北侧为高新大道西延伸线，南临西宝南线，西临渭河支流茵香河。项目占地276亩，总建筑面积约52万m^2，建筑业态为居民住宅，项目分四期（D1、D2、D3、D4）建成，定位为三星级绿色建筑。采用地源热泵提供中央空调供冷/供暖，营造宝鸡顶级的豪华人居典范。

“石鼓·天玺台”“石鼓·太阳市”项目总建筑面积约80万m^2，总供暖面积约为66.8万m^2，其中商业供暖面积约为19.3万m^2，居住建筑供暖面积约为47.4万m^2。项目总空调供冷面积约为 48.5 万 m^2，其中商业供冷面积约为 19.3 万 m^2，居住建筑供冷面积约为 29.2 万 m^2，部分商业有生活热水需求。

本项目采用地源热泵能源站进行集中供冷（热），夏季采用地源热泵供冷，冬季采用地源热泵＋燃气锅炉供热。区域总设计空调冷负荷为 22.68MW，总设计供热负荷为 31.53MW，生活热水设计热负荷为 0.94MW。规划建设 5 座能源站（A、C、D1、D2、D3）。项目地块区位如图 8-29 所示。

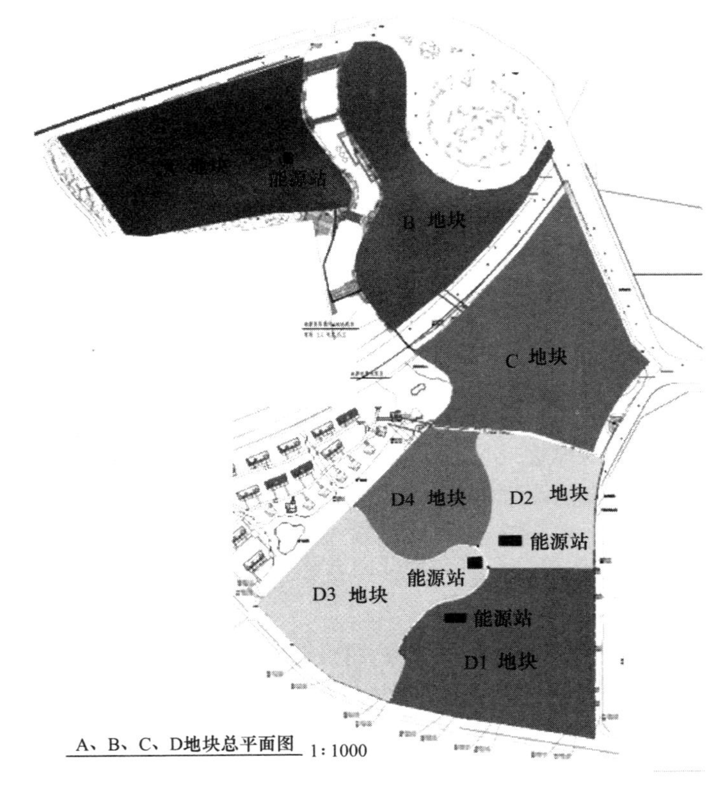

注：图中黑色方块表示能源站；C 地块能源站方位尚未确定。

图 8-29 项目地块区位示意图

本项目居住建筑采用全绿色建筑设计，项目一期、三期工程分别于 2014 年 6 月、2015 年 10 月获得三星级绿色建筑设计标识，参评建筑面积约为 50 万 m^2。

2. 系统设计

(1) 末端系统设计

宝鸡“石鼓·太阳市”项目根据建筑功能的不同，其末端系统主要采用风机盘管＋新风系统，以及全空气系统。

宝鸡“石鼓·天玺台”项目居民住宅建筑室内冬季采用低温热水地板辐射供暖，夏季不考虑制冷，由用户自理；商业建筑室内冬季供暖和夏季制冷均采用风机盘管系统。

(2) 能源系统设计

本项目区域内共设置 5 个能源站，分别位于 A 地块（供 A、B 分区）、C 地块（供 C 分区）、D1 地块（供 D1 分区）、D2 地块（供 D2 分区）、D3 地块（供 D3、D4 分区）。

区域内共规划布置6600个钻孔，分别位于C地块、D1地块、D2地块、D3地块和D4地块。区域内冷负荷完全由地埋管承担，热负荷由地埋管和辅助燃气锅炉承担；辅助热源集中设置在D3能源站内。

1）A能源站

A能源站为地源热泵系统提供空调冷热源，总供能面积约为7.8万m^2，夏季满足空调制冷需求，冬季满足空调制热需求。能源站内空调冷冻水采用二次泵系统，选取一次泵定流量运行，分集水器间设平衡管，地源热泵机组提供夏季空调冷冻水，供回水温度为7/12℃，提供冬季空调热水供回水温度为40℃/45℃。冷冻水一次循环泵采用4台定频泵（3用1备），与地源热泵主机匹配。冷冻水二次循环泵采用4套泵组，2套泵组设3台泵（2用1备），另外2套泵组设2台泵（1用1备）。由于空调区域在夜间至凌晨有空调需求，但负荷所占份额较小，为避免机组频繁启停，在用户侧分集水器之间并联4台蓄冷罐，每台罐体有效容积为4m^3。空调系统在夜间低负荷运行时，冷冻水二次循环泵仅靠变频难以满足低流量运行，为节能运行，所以在相关低负荷环路上增设低负荷对应流量的冷冻水二次循环泵，并且不设备用泵，仅在夜间低负荷时开启。冷冻水二次循环泵均为变频控制。

2）C能源站

C能源站为地源热泵系统。夏季，C区的冷负荷完全由地埋管承担。能源站地源侧采用二次泵循环系统，机房内设置地埋管分集水器，经地埋管换热器换热后，25℃的循环水经地埋管二次循环水泵被输送至地埋管分集水器，通过地埋管一次循环泵被输送至热泵机组的冷凝器侧，吸收热量后温度升至30℃再输送回地埋管换热器换热，同时，热泵机组蒸发器侧产生7/12℃的冷冻水，经末端一次循环泵输送至冷冻水分集水器，由各末端二次循环泵输送到用户末端。

冬季，C区热负荷由地埋管和辅助热源（D3能源站内）承担。地埋管换热器换热后的10℃循环水经地埋管循环水泵（一次、二次循环泵）被输送至热泵机组的蒸发器侧，被吸收热量后温度降至5℃，再输送回地埋管换热器换热；同时，热泵机组冷凝器侧产生45/40℃的热水，与辅助热源燃气锅炉换热后45/40℃的热水混合后进入用户侧分水器，经末端二次循环泵输送至用户末端。辅助热源燃气锅炉冬季利用板式换热器间接供热。

生活热水用燃气锅炉设置在D3能源站内，利用板式换热器进行中间换热。板换一次测循环水温为60/55℃，板换二次侧水温为55/50℃，经生活热水末端循环泵等输送至用户端。C能源站地源热泵机房系统原理如图8-30所示。

3）D1能源站

D1能源站为地源热泵系统，供暖总面积约为18万m^2，夏季空调由用户自理，D1区居住建筑生活热水由D2区机房满足。

由于建筑高度差别较大，能源站内用户侧采用二次泵系统，分高低区。机房内设置三台螺杆式地源热泵机组并联运行，设置4台主机用户侧一次循环泵（3用1备），用户侧采用板式换热器进行中间换热，根据末端高低区，分别设置一台高区板式换热器和一台低区板式换热器，进而分别通过用户侧高区二次循环泵和用户侧低区二次循环泵实现末端循环。冬季供暖，板式换热器一次侧设计供回水温度为50/45℃，板式换热器二次侧设计供回水温度为49/39℃。

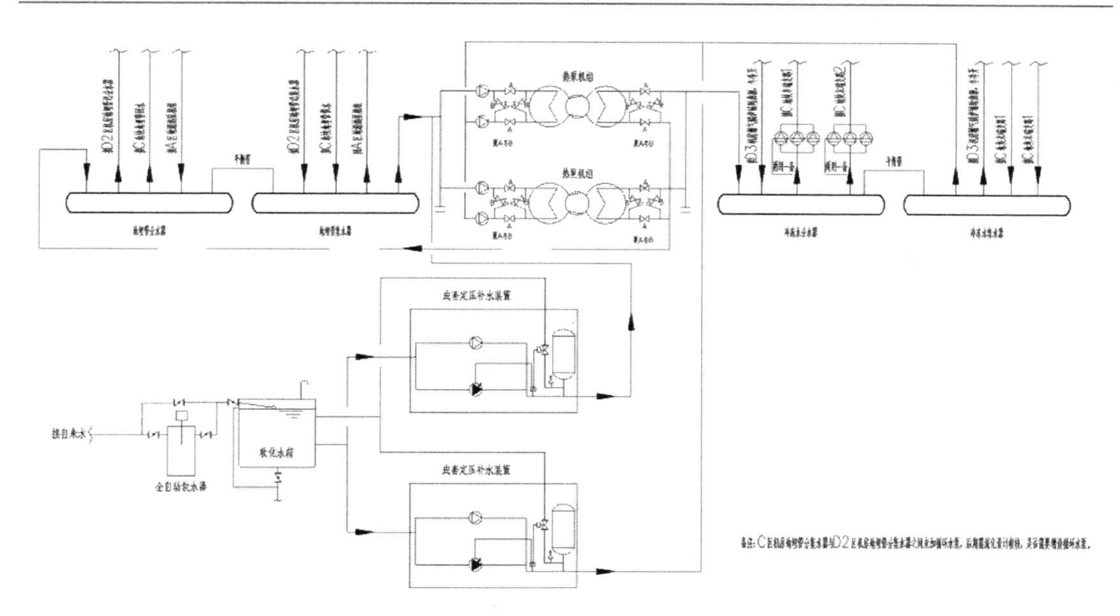

图 8-30 C 能源站地源热泵机房系统原理图

4）D2 能源站

D2 能源站为地源热泵系统，为 D2 区空调提供冷热源，同时预留生活热水接口供给排水专业使用。空调冷冻（热）水采用一级泵定流量二级泵变流量系统，二级泵为 2 台，夏季两用不备，冬季 1 用 1 备；水泵频率采用系统定压差控制方式，当末端用户减少时，则此时减小水泵频率；当末端用户增加时，系统压差变小，则此时增加水泵频率，维持系统压差不变。夏季空调冷冻水供回水温度为 7/12℃，冬季主机提供 50/45℃热水，经二次泵流量为地板辐射热水提供 49/39℃的热水。空调主机分为 2 台，分别为高区和低区的冷热源。采用 2 两台水泵（1 用 1 备）与主机匹配（先并联后串联），主机供水管上设电动两通开闭阀（与相应水泵联动）。空调水系统采用定压罐定压。

由于 D1 区内建筑夏季不供冷，冬季由地源热泵供暖，地源热泵机房另设。D1 区和 D4 区内地源井可以被 D2 区、D4 区机房使用，在 D2 区机房内部设置一个分集水器，D1、D2 和 D3 区内地埋管接到地埋管侧分集水器上，同时该分集水器也向 D4 区供水。地源热泵侧采用一次泵定流量二次泵变流量运行。当夏季制冷时，生活热水机组地源侧和空调机组地源侧水在总集水器内混合，如果分水器供水温度高于 31℃，则提高二次泵频率，增加地源水供给，如果分水器供水温度低于 24℃，则降低二次泵频率；冬季供暖时，如果空调机组蒸发器侧进水温度低于 5℃，则提高二次泵频率，保证地埋管侧供水温度稳定。地源侧水系统采用定压罐定压。由于 C 地块内为商业建筑，为了使该地块内冷热量平衡，机房内地源侧预留到 C 地块的接口。

本能源站采用两台螺杆式地源热泵机组为给水排水专业提供生活热水接口，生活热水经板换后供回水温度为 55/50℃。生活热水循环系统设置 4 台定流量泵（2 用 2 备）克服换热器与主机的阻力。

5）D3 能源站

D3 能源系统主要承担 D3、D4 区的供冷供热，以及区域的辅助热源和生活热水需求。夏季，冷负荷完全由地埋管承担（D 区钻孔）。能源站地源侧采用二次泵循环系统，机房内设置地埋管分集水器，D3 地块、D4 地块地埋管冷却水在地源侧二次循环泵的驱动下流入流出地埋管分集水器；此外，D3 机房地埋管分集水器与 D2 机房地埋管分集水器设有连通管，实现 D 区各地块地埋管互联互通的目的。地埋管换热器换热后，25℃的循环水经地埋管二次循环水泵被输送至地埋管分集水器，经过地埋管一次循环泵被输送至热泵机组的冷凝器侧，吸收热量后温度升至 30℃再输送回地埋管换热器换热，同时，用户侧采用板式换热器间接供冷供热，热泵机组蒸发器侧产生 6/11℃的冷冻水为板换一次侧循环水，板换二次测循环水温度为 8/13℃，经各末端二次循环泵输送到用户末端。

冬季，热负荷由地埋管（D 区钻孔）和辅助热源（D3 能源站内）。D 地块地埋管换热器换热后的 10℃循环水经地埋管循环水泵（一次、二次循环泵）被输送至热泵机组的蒸发器侧，被吸收热量后温度降至 5℃，再输送回地埋管换热器换热；同时，热泵机组冷凝器侧产生 48℃的热水，与辅助热源燃气锅炉产生的 62℃的热水混合后，热水温度变成 52℃送至用户侧板式换热器换热后，温度降至 42℃再输送回热泵机组和燃气锅炉。板式换热器二次侧循环水温为 49/39℃，经末端二次循环泵输送至用户末端。为了充分降低热泵机组的出水温度，提高系统综合能效，本系统采用了热泵主机与燃气锅炉混水的方案。

生活热水用燃气锅炉设置在 D3 能源站内，利用板式换热器进行中间换热。板换一次测循环水温为 60/55℃，板换二次侧水温为 55/50℃，经生活热水末端循环泵（高区、低区）等输送至用户端。

D3 能源站地源热泵机房系统原理如图 8-31 所示。

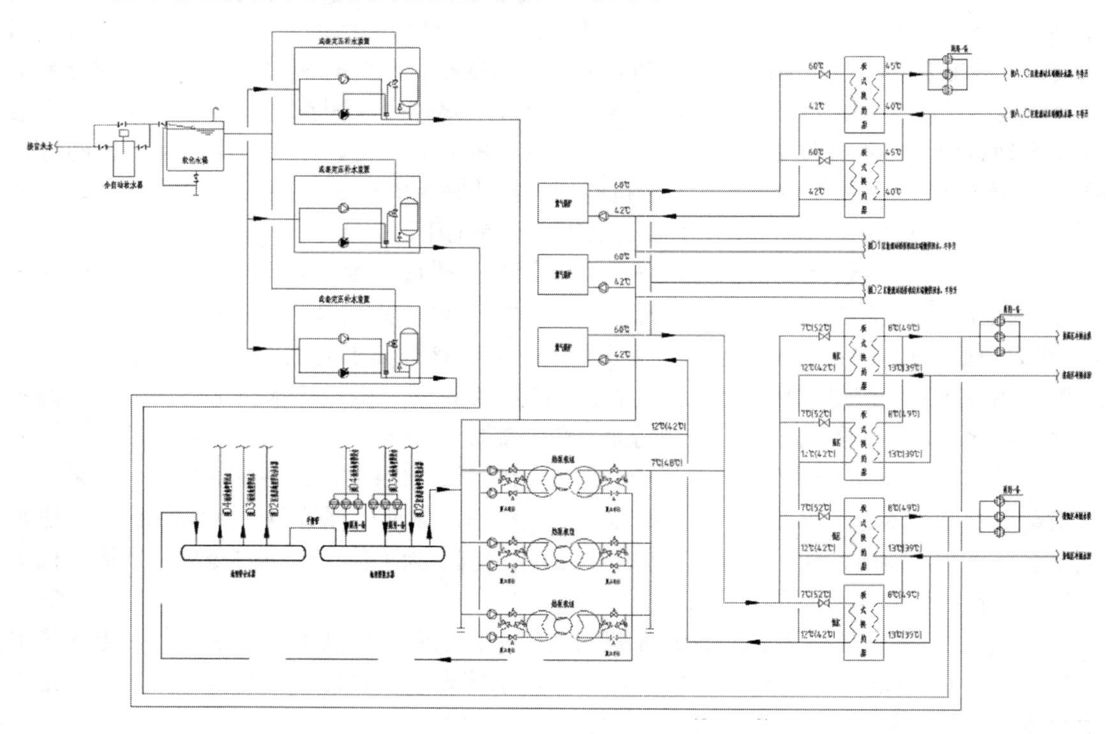

图 8-31　D3 区地源热泵机房系统原理图

本项目，地埋管分区较多，通过设置地埋管侧分集水器，不同分集水器间进行联通，实现各地块地埋管间互联互通，进而最大可能地保证地下冷热平衡。地埋管侧联通方案如

图 8-32 所示，C 能源站、D2 能源站、D3 能源站内均设置地源侧分集水器，A 能源站和 D1 能源站内无地源侧分集水器。

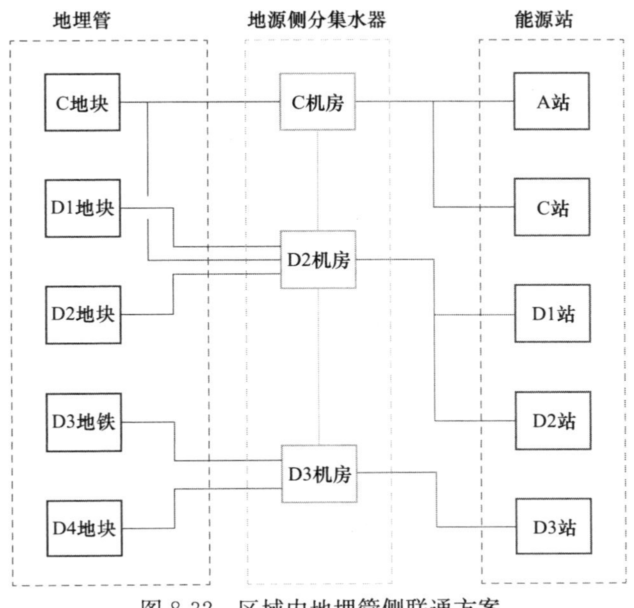

图 8-32 区域内地埋管侧联通方案

地埋管侧互联互通方式如下：

1）由 C 地块地埋管向 C 机房分集水器供水；C 机房地源侧分集水器向 A 能源站和 C 能源站热泵机组供冷却水。

2）由 C 地块地埋管、D1 地块地埋管、D2 地块地埋管向 D2 机房地源侧分集水器供水；D2 机房分集水器向 D1 能源站、D2 能源站热泵机组供冷却水。

3）由 D3 地块地埋管、D4 地块地埋管向 D3 机房地源侧分集水器供水；D3 机房分集水器向 D3 能源站热泵机组供冷却水。

4）C 机房地源侧分集水器与 D2 机房地源侧分集水器设置联通管，实现地埋管分区互联互通。

5）D2 机房地源侧分集水器与 D3 机房地源侧分集水器设置联通管，实现地埋管分区互联互通。

本项目建设规模大，钻孔数目较多，采用能源总线设计思想，通过各能源站之间互联互通、协同调配，实现可再生能源的最大化利用。在后期的能源站建设过程时，综合考虑整个项目冷热负荷情况、调峰冷热源配置情况，通过地埋管侧互相调配，进而实现整个区域各个能源站的地埋管侧冷热平衡，保证了整个项目的冷热平衡。

（3）主要设备材料表（表 8-19～表 8-22）

A 能源站机房主要设备表 **表 8-19**

序号	设备名称	性能参数	数量	备注
1	高效型地源热泵机组	$Q_{冷}=2632.4$kW，$Q_{热}=2773.2$kW $N_{冷}=444.9$kW，$N_{热}=553.2$kW	3 台	3 用不备
2	冷冻水一次循环泵	$Q=490\text{m}^3/\text{h}$，$H=20$m，$P=45$kW	4 台	3 用 1 备

续表

序号	设备名称	性能参数	数量	备注
3	冷冻水二次循环泵	Q=220m^3/h，H=12m，P=11kW	2台	1用1备
4	冷冻水二次循环泵	Q=400m^3/h，H=23m，P=37kW	3台	2用1备
5	冷冻水二次循环泵	Q=200m^3/h，H=17m，P=15kW	3台	2用1备
6	冷冻水二次循环泵	Q=260m^3/h，H=25m，P=30kW	2台	1用1备
7	冷冻水二次循环泵	Q=60m^3/h，H=15m，P=4kW	1台	1用不备
8	冷冻水二次循环泵	Q=80m^3/h，H=17m，P=5.5kW	1台	1用不备
9	冷冻水二次循环泵	Q=20m^3/h，H=15m，P=1.5kW	1台	一用不备
10	冷却水一次循环泵	Q=500m^3/h，H=36m，P=75kW	4台	3用1备

C能源站主要设备表 **表8-20**

序号	设备名称	性能参数	数量	备注
1	满液式地源热泵机组	$Q_{冷}$=2900.8kW，$N_{冷}$=487.5kW $Q_{热}$=2853.8kW，$N_{热}$=600.2kW	2台	两用
2	冷冻水一次循环泵	Q=500m^3/h，H=22m，P=45kW	3台	2用1备
3	冷却水一次循环泵	Q=630m^3/h，H=26m，P=75kW	3台	2用1备
4	冷冻水二次循环泵1	Q=260m^3/h，H=25m，P=30kW	3台	2用1备
5	冷冻水二次循环泵2	Q=250m^3/h，H=22m，P=30kW	3台	2用1备
6	冷却水二次循环泵1	Q=400m^3/h，H=27m，P=45kW	1台	2用不备
		Q=300m^3/h，H=35m，P=45kW	1台	
7	冷却水二次循环泵2	Q=300m^3/h，H=30m，P=37kW	2台	2用不备
8	冷却水二次循环泵3	Q=320m^3/h，H=20m，P=30kW	2台	2用不备
9	冷却水二次循环泵4	Q=320m^3/h，H=25m，P=37kW	2台	2用不备

D1能源站机房主要设备材料表 **表8-21**

序号	设备名称	性能参数	数量	备注
1	螺杆式地源热泵机组	$Q_{冷}$=1359.1kW，$Q_{热}$=1386.5kW $N_{冷}$=216.2kW，$N_{热}$=274.7kW	3台	
2	地源侧水泵	Q=300m^3/h，H=22m，P=30kW	4台	3用1备
3	主机用户侧一次泵	Q=260m^3/h，H=18m，P=18.5kW	4台	3用1备
4	用户侧高区二次泵	Q=120m^3/h，H=25m，P=15kW	3台	2用1备
5	用户侧低区二次泵	Q=105m^3/h，H=22m，P=11kW	3台	2用1备
6	高区板式换热器	Q=2468kW，A=147.45m^2	1台	
7	低区板式换热器	Q=2170kW，A=138.30m^2	1台	

D2能源站机房主要设备材料表 **表8-22**

序号	设备名称	性能参数	数量	备注
1	螺杆式地源热泵机组	$Q_{冷}$=1927.1kW，$Q_{热}$=1910.5kW $N_{冷}$=292.3kW，$N_{热}$=357.5kW	1台	
2	螺杆式地源热泵机组（全部热回收）	$Q_{冷}$=1927.1kW，$Q_{热}$=1910.5kW $N_{冷}$=292.3kW，$N_{热}$=357.5kW	1台	
3	地源热泵机组（生活热水）	$Q_{热}$=1900.0kW，$N_{热}$=600.9kW	2台	

续表

序号	设备名称	性能参数	数量	备注
4	地源侧水泵（生活热水）	$Q=250m^3/h$，$H=22m$，$P=37kW$	3台	2用1备
5	空调地源侧水泵	$Q=400m^3/h$，$H=23m$，$P=37kW$	3台	夏季2用1备 冬季1用2备
6	空调用户侧一次泵	$Q=350m^3/h$，$H=22m$，$P=37kW$	3台	2用1备
7	用户侧水泵（生活热水）	$Q=280m^3/h$，$H=22m$，$P=37kW$	1台	夏季1用不备 冬季关闭
8	用户侧水泵（生活热水）	$Q=340m^3/h$，$H=22m$，$P=37kW$	3台	2用1备
9	D1区地源侧二次泵1	$Q=420m^3/h$，$H=20m$，$P=37kW$	2台	互为备用
10	D1区地源侧二次泵2	$Q=350m^3/h$，$H=20m$，$P=37kW$	2台	互为备用
11	D2区地源侧二次泵1	$Q=200m^3/h$，$H=18m$，$P=15kW$	2台	互为备用
12	D2区地源侧二次泵2	$Q=280m^3/h$，$H=18m$，$P=18.5kW$	2台	互为备用
13	热平衡泵	$Q=450m^3/h$，$H=28m$，$P=55kW$	3台	
14	低区空调二次泵	$Q=90m^3/h$，$H=24m$，$P=11kW$	2台	
15	低区空调二次泵	$Q=180m^3/h$，$H=24m$，$P=18.5kW$	1台	
16	高区空调二次泵	$Q=65m^3/h$，$H=24m$，$P=7.5kW$	2台	
17	高区空调二次泵	$Q=130m^3/h$，$H=24m$，$P=11kW$	1台	
18	地源侧补水泵	$Q=10m^3/h$，$H=28m$，$P=1.1kW$	2台	
19	低区空调补水泵	$Q=2m^3/h$，$H=68m$，$P=1.1kW$	2台	
20	高区空调补水泵	$Q=1.5m^3/h$，$H=100m$，$P=1.5kW$	2台	
21	高区板式换热器	换热面积：$120m^2$，冬季换热量770kW，夏季换热量600kW	2个	
22	低区板式换热器	换热面积：$180m^2$，冬季换热量1200kW，夏季换热量900kW	2个	
23	D1区低区生活热水板式换热器	换热面积：$60m^2$，换热量1387kW	1个	
24	D1区高区生活热水板式换热器	换热面积：$38m^2$，换热量843kW	1个	
25	D2区低区生活热水板式换热器	换热面积：$45m^2$，换热量1048.9kW	1个	
26	D2区高区生活热水板式换热器	换热面积：$32m^2$，换热量706kW	1个	

3. 工程设计特点

本项目能源站设计采用集成冷冻站技术，能源站设计主要创新点如下：

（1）本集成冷冻站采用模块化设计技术，在制造厂集成生产制造、安装调试合格后分模块发运，到项目现场后模块连接、组对，现场施工周期由传统的5～6个月缩短为1个月。

（2）集成冷冻站系统能效比高，与常规冷冻站系统相比，可节能30%以上。

（3）采用台佳制冷剂侧切换专利技术，避免空调侧和地源侧交叉污染问题。

（4）节省10%以上用材，节省前期投资，降低维护管理费用。

(5) 智能集成，无人值守，远程控制。

(6) 控制系统按采集的数据自动计算、比较不同运行策略，迭代计算系统运行能效，自适应调节水流量和温差。

4. 系统运行效果

A能源站内共三台高效型地源热泵机组（DRSW-760-2F），由于1号机组处于检修状态，不具备测试条件。因此，对2号、3号机组的性能进行测试。测试期间，为保证机组负荷率，采用单一机组运行，逐一测试的方式。

热泵机组性能测试期间，冷却水一次循环泵、冷冻水一次循环泵与机组一一对应开启；各末端支路冷冻水二次循环泵单台变频运行。

测试期间，地源热泵机组实际运行工况下的机组平均性能系数为4.93，系统平均性能系数为3.3，具体测试结果见表8-23。

A能源站热泵机组实际运行工况下制冷性能测试结果 **表8-23**

序号	测试项目	测试结果
1	机组用户侧出水温度（℃）	7.9
2	机组用户侧回水温度（℃）	11.0
3	机组用户侧流量（m^3/h）	382.9
4	机组热源侧出水温度（℃）	28.9
5	机组热源侧回水温度（℃）	24.2
6	机组制冷量（kW）	1381.5
7	机组输入功率（kW）	280.1
8	机组制冷平均性能系数（kW/kW）	4.93
9	系统制冷平均性能系数（kW/kW）	3.3

注：1. 测试时间为2016年9月8日15：00～17：30；

2. 所有测试项目为测试期间的平均值；

3. $机组制冷平均性能系数=\frac{机组制冷量}{机组输入功率}$；

4. $系统制冷平均性能系数=\frac{系统制冷量}{总输入功率}$。

5. 经济技术分析

(1) 经济运行分析

本项目末端用户不缴纳初装费（政府财政补贴20元/m^2），非居民供暖、制冷价格均为28元/m^2；居民住宅供暖价格为22元/m^2，居民住宅供冷价格为12元/m^2。居民生活热水价格为13.5元/t（含税），公建生活热水价格为16元/t（含税）。

本项目总投资为13217.86万元。在现有价格体系及计算基准下，在业主提供的达产率、使用强度和供冷热生活热水收费情况下，项目投资财务内部收益率（税后）为10.05%，投资回收期（税后）9.48年。

(2) 节能减排效益分析

本项目采用的节能措施主要有：地源热泵+辅助热源技术。

项目利用浅层地温能作为热泵机组的低位冷热源，使得供能系统具有效率高、能耗低的优点，属于可再生能源利用。

本项目建筑业态分为商业建筑和居住建筑，方案结合不同建筑业态冷热负荷特性，通过设置地埋管侧分集水器，实现地埋管侧互联互通。能最大限度利用地温能，并保证地下岩土的冷热平衡，实现系统常年稳定高效运行。

利用燃气锅炉作为辅助热源，在冬季供暖时，燃气锅炉与热泵机组并联运行。通过适当提高燃气锅炉的供水温度，能有效降低热泵机组的制热出水温度，进而使得热泵机组的运行工况更为良好，提高机组运行效率。

建设集中能源站可以节约能源的使用，进而减少污染物的排放，与常规系统全年能耗相比，能源站可节约 1788.3t 标煤/年，可以减排二氧化碳 4828.42t/年，减排二氧化硫 35.77t/年，减排氮氧化物 47.5t/年，减排烟尘 17.88t/年。

8.1.8 宿迁妇产医院地源热泵工程

建设地点：江苏省宿迁市

设计时间：2014 年 5 月完成设计

工程竣工日期：2015 年 2 月竣工

设计单位：南京市建筑设计研究院有限责任公司

建设单位：宿迁市妇产医院

1. 工程概括

宿迁妇产医院位于宿迁市宿城区洞庭湖路以南，平安大道以东的转角地块。一期用地面积约 14535m^2，总建筑面积约为 72370m^2，其中地上 12 层总建筑面积 57686m^2，地下 1 层建筑面积 14684m^2。妇产医院病房大楼为主体 13 层，设 14 个标准病区，共设置床位约 516 床。建筑外观效果图如图 8-33 所示。

图 8-33 宿迁妇产医院建筑外观效果

本工程裙房及塔楼屋面空间紧张，预留冷却塔及净化专用空调主机位置后，剩余空间不足以布置 50%热水负荷的太阳能集热板或符合规范要求的太阳能光伏发电设备，因此为满足江苏省可再生能源利用政策的基本要求，本工程主要利用地源热泵系统满足空调及生活热水需求。

宿迁妇产医院是在市政府重点扶持下的集医疗、保健、教学、科研为一体的院所合一的二级甲等妇幼保健专科医院，为宿迁市及周边地区的妇女儿童提供多层次、全方位的健康保健和疾病预防诊疗服务。工程于 2015 年 2 月竣工投入运行，运行效果良好，节能效果显著。

2. 系统设计

(1) 末端系统设计

宿迁妇产医院因功能区域不同，空调设备末端形式不同。

办公室、诊断室、影像科、病房等小空间采用风机盘管加独立新风的系统，使用灵活方便，且有利于减少吊顶内占用空间，提高空间利用率。

产房、手术室根据洁净度要求，末端设备采用高效、亚高效过滤器的立式净化风机盘管系统。

入口门厅采用侧送风方式。

(2) 能源系统设计

依据建筑的功能特点、空调冷热负荷特性及建筑周边条件，考虑节能、环保、运行及初投资等因素，本项目因地制宜采用地源热泵空调机组加水冷离心机组加锅炉的复合冷热源系统，以地埋管数量设计地埋管换热系统，以热平衡及夏季冷负荷对应排热量设计冷水机组及开式冷却塔辅助冷却系统。选用两台地源热泵机组，单机制热量 1050kW，承担60.3%生活热水负荷，选用 1 台 1050kW 螺杆地源热泵机组承担 30.8%空调热负荷。此系统可供的总热量和总冷量可以满足地下换热器系统提供的冷热负荷。

冬季供暖时，机组热水供回水温度为 45℃/40℃，地源侧循环水供回水温度为 5℃/10℃；夏季制冷时，机组空调供回水温度为 7℃/12℃，地埋管侧进出水温度为 25℃/30℃。

地源热泵系统配套设置相应空调冷热水和地源水循环泵及水处理装置。

剩余空调热负荷及生活热水热负荷由 2 台 2100kW 燃气热水锅炉承担，同时预留 1 台2100kW 燃气热水锅炉机位；剩余空调冷负荷由 3 台 600RT 离心冷水机组承担。空调夏季供回水温度 7/12℃，冬季供回水温度 45/40℃。系统流程图如图 8-34 所示。

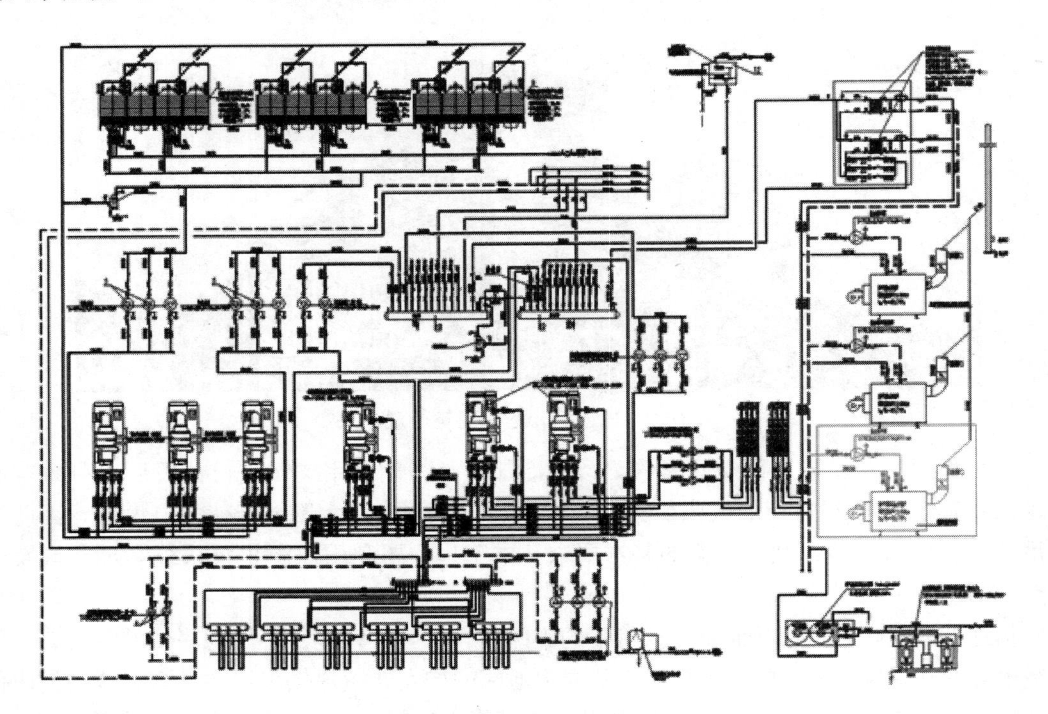

图 8-34 空调系统流程图

(3) 地下换热器系统

1) 换热器布孔区水文地质情况

通过对项目所在地的地质情况初步勘察，项目所在地 100m 以浅地质构造为主，均为第四纪松散沉积层，以黏性土及砂性土为主，钻进较易，速度快。地质情况见表 8-24。

地质情况表 **表 8-24**

25 号钻孔层序	层底埋深（m）	岩土名称	27 号钻孔层序	层底埋深（m）	岩土名称
(1)	1.0	素土	(1)	0.8	素土
(2)	3.6	粉土、稍密	(2)	2.6	粉土、稍密
(3)	6.5	粉质黏土，软塑	(3)	6.7	粉质黏土，软塑
(4)	23.9	粉土加粉质黏土，中密	(4)	23.4	粉土加粉质黏土，中密
(5)	26.6	中粗砂，密实	(5)	26.3	中粗砂，密实
(6)	32.0	含姜石粉质黏土	(6)	31.1	含姜石粉质黏土
(7)	39.5	粉质黏土，硬塑	(7)	40.4	粉质黏土，硬塑
(8)	59.8	中粗砂，密实	(8)	59.9	中粗砂，密实
(9)	69.7	粉质黏土	(9)	70.2	粉质黏土
(10)	未揭穿	中粗砂，密实	(10)	未揭穿	中粗砂，密实

25 号孔埋深范围内岩土初始平均温度为 16.9℃，27 号孔埋深范围内岩土初始平均温度为 17.0℃。

2) 岩土热物性测试

本次试验采用恒定工况法进行岩土热响应试验，测试结论如下：

各测试数据按平均值考虑，本场区初始温度为 16.95℃，在地埋管类型为 *DN*25 双 U 形、埋深为 90m 的情况下，夏季综合考虑两种测试条件：地埋管换热器进水温度为 30.6℃，流速为 0.436m/s；地埋管换热器进水温度为 34.81℃，流速为 0.579m/s；排热综合导热系数参考值取 3.8W/(m·℃)。冬季综合考虑两种地埋管换热器进水温度为 7.02℃，流速为 0.434m/s；地埋管换测试条件：热器进水温度为 5.11℃，流速为 0.607m/s；吸热综合导热系数参考值取 3.64W/(m·℃)。

3) 地下换热器设计

本项目占地面积 14535m^2，根据该地块的地质及热响应试验报告，埋管按照 87m 深设计，采用并联双 U 形垂直埋管，钻孔间距为 5m×5m。计算得本项用地总共可布置 511 个钻孔，由上可知本地块总共可提供放热量 2638kW，吸热量 1718kW。

设计中，钻孔埋管换热器系统采用单井独立连接至分集水器，每口井单独成为一个闭式回路，便于各个换热器单元的检修维护，大大提高换热系统可靠性。地下换热系统划分若干系统，与机组对应，可切换工作，有利地温恢复，保持系统高效。地下换热器布孔区如图 8-35 所示。

(4) 空调水系统

该项目地源侧水系统采用专门的水循环系统自动反冲洗设备等装置，保证进入主机冷却水的水质，保证系统效果。空调冷、热水系统为一次泵变流量运行，空调侧与地源侧循环泵采用变频控制，热泵机组具有可变水量功能，将循环泵等能耗降到最低。空调水系统工作压力1.0MPa，地源侧水系统工作压力0.8MPa，地源侧水系统在制冷机房内设置一套定压补水装置，空调冷热水系统采用高位水箱进行定压，并在运行时对系统补水。

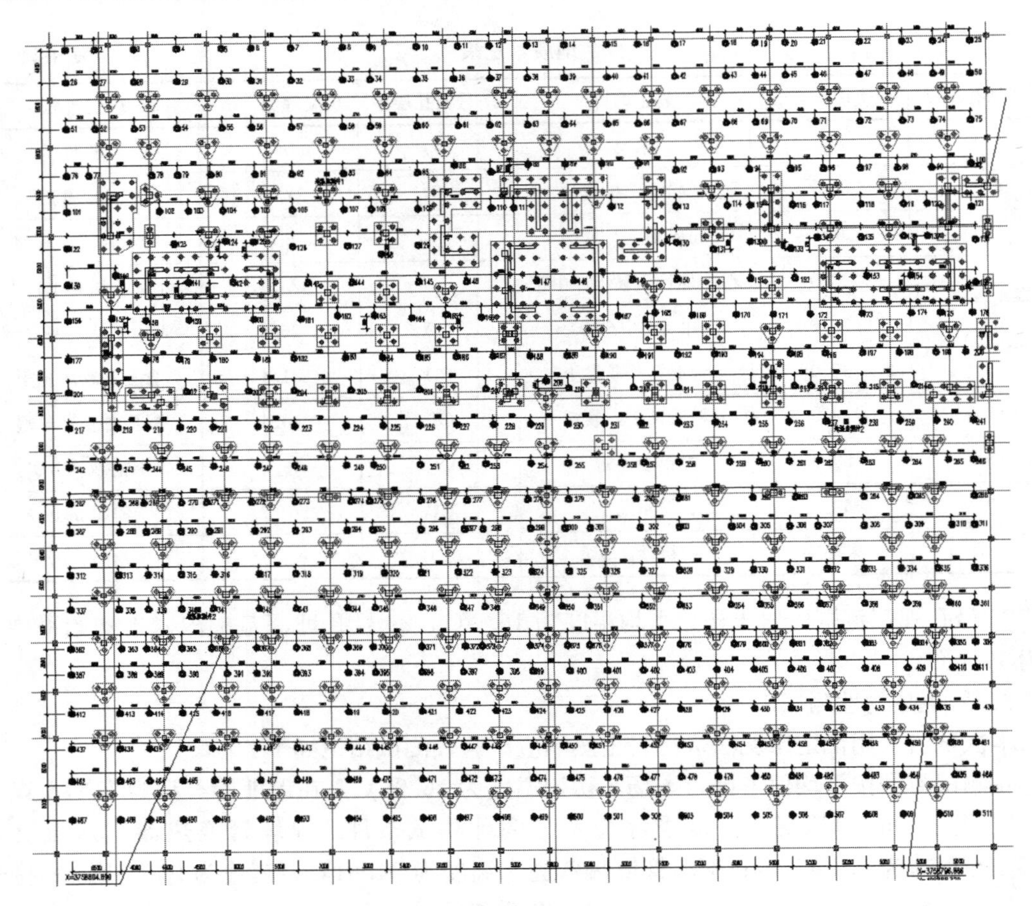

图8-35　地下换热器布孔图

(5) 空调控制系统

该项目采用数字直接控制系统，水泵、热泵、末端分项计量，设置地温及热平衡监测系统，保证土壤热平衡与系统高效运行。主要设备材料，见表8-25。

主要设备材料表　　**表8-25**

序号	设备名称	技术参数	数量
1	离心式冷水机组	制冷量：2100kW，输入功率：375kW，制冷性能系数*EER*：5.6	3台
2	全热回收热水地源热泵机组	制冷量：1137kW，输入功率：191.6kW，制冷性能系数*EER*：5.93。 制热量：1145kW，输入功率：255.8kW，*COP*：4.48。 热回收量：1080kW，进出水温度：50℃/55℃	3台

续表

序号	设备名称	技术参数	数量
3	低噪音方形横流冷却塔	处理水量：515m³/h，进出水温度：37℃/32℃，输入功率：(5.5×4) kW	3台
4	燃气热水锅炉	额定热功率：2100kW，进出水温度：70℃/95℃，工作压力：1.0MPa	2台
5	空调板式换热机组	供热量：2000kW，流量：120m³/h；扬程：28m，电机功率：22kW，额定热功率：(2000×2) kW	1台
6	地源热泵空调侧循环水泵	流量：214m³/h，扬程：34m，工作压力：1.0，电机功率：37kW	3台
7	空调用地源侧循环水泵	流量：252m³/h，扬程：35m，工作压力：1.0，电机功率：55kW	2台
8	生活热水用地源侧循环水泵	流量：252m³/h，扬程：35m，工作压力：1.0，电机功率：55kW	3台
9	地源热泵热水侧循环水泵	流量：204m³/h，扬程：18m，工作压力：1.0，电机功率：30kW	3台
10	冷却水泵	流量：467m³/h，扬程：32m，工作压力：1.0，电机功率：75kW	3台
11	冷冻水泵	流量：396m³/h，扬程：34m，工作压力：1.0，电机功率：75kW	3台
12	冷冻水泵	流量：214m³/h，扬程：34m，工作压力：1.0，电机功率：37kW	2台
13	热水循环泵	流量：79.2m³/h，扬程：17m，工作压力：1.0，电机功率：11kW	2台

3. 工程设计特点

本工程为医院项目，全年需生活热水，屋面空间有限，无法通过太阳能来满足全部生活热水需求，地源热泵系统属可再生能源系统，利用地源热泵作为生活热水热源及空调冷热源，不仅节能和节省运行费用，而且环保效益显著。地源热泵不能承担全部的生活热水负荷及空调热负荷，因此冬季空调热源采用地源热泵系统＋燃气锅炉，其中由地源热泵系统承担基础热负荷，燃气锅炉在调节峰值热负荷时启用，与地源热泵机组并联运行。夏季空调冷源采用地源热泵系统＋水冷冷水机组，其中地源热泵系统承担基础冷负荷，冷水机组在调节峰值冷负荷时启用，与冷水机组并联运行。

本项目从土壤热平衡角度出发，最大程度利用可再生能源，5年可收回初投资，经济性更好，更节能环保，也更符合国家节能减排的需求。

4. 系统运行效果

(1) 冬季系统能耗及运行费用

宿迁冬季供热总计90天，共计2160h，根据该建筑的运营策略，其中100%负荷约为180h，75%负荷约为540h，50%负荷约为540h，25%负荷约为900h。其中在不同负荷比例下，地源热泵机组所承担热负荷的比例：$\phi_1=31\%$，$\phi_2=41\%$，$\phi_3=62\%$，$\phi_4=100\%$；地源热泵承担60%生活热水负荷。各工况下的能耗及费用统计，见表8-26～表8-28。

复合能源系统供热（地源热泵＋燃气锅炉）工况下的能耗统计 **表 8-26**

	100%负荷	75%负荷	50%负荷	25%负荷	总计
总热负荷 Q_y(kWh)	626220	1408995	939330	782775	3757320
地源热泵机组耗电量 N_{y1}（kWh）	43139.6	128375.1	129418.8	156555	457488.5
末端循环水泵耗电量 N_{y2}（kWh）	18540	41715	27810	23175	111240
地源测循环水泵耗电量 N_{y3}（kWh）	5760	17280	17280	23040	63360
锅炉燃气耗电量 B(m^3)	43689.8	84055.3	36091.5	0	163836.6

燃气锅炉供热工况下的能耗统计 **表 8-27**

	100%负荷	75%负荷	50%负荷	25%负荷	总计
总热负荷 Q_y(kWh)	626220	1408995	939330	782775	3757320
末端循环水泵耗电量 N_{y2}（kWh）	12600	28350	18900	22050	81900
锅炉燃气耗电量 B（m^3）	63318.5	142466.6	94977.7	79148.1	379910.9

能耗及运行费用比较 **表 8-28**

	总耗电量（kWh）	总燃气消耗量（m^3）	总运行费用（万元）
复合能源供热（地源热泵＋燃气锅炉）	63.2×10^4	16.38×10^4	112.95
常规能源供热（燃气锅炉）	9.19×10^4	38×10^4	141.1

注：天然气按现行市场价 3.50 元/m^3，电价按综合电价 0.88 元/kWh 计算。

（2）夏季系统能耗及运行费用

宿迁夏季供冷总计 120 天，共计 2880h，根据该建筑的运营策略，其中 100%负荷约为 240h，75%负荷约为 960h，50%负荷约为 960h，25%负荷约为 720h。其中在不同负荷比例下，地源热泵机组所承担冷负荷的比例：$\phi_1=16\%$，$\phi_2=21\%$，$\phi_3=32\%$，$\phi_4=64\%$。各工况下的能耗及费用统计，见表 8-29～表 8-31。

复合能源系统供冷（地源热泵＋冷水机组）工况下的能耗统计（kWh） **表 8-29**

	100%负荷	75%负荷	50%负荷	25%负荷	总计
总冷负荷 Q_y	1802640	5407920	3605280	1351980	12167820
地源热泵机组耗电量 N_{y1}	48000	192000	192000	144000	576000
冷水机组耗电量 N_L	270000	740400	429600	89100	1319100
末端循环水泵耗电量 N_{y2}	62880	197520	182400	113280	556080
地源侧循环水泵耗电量 N_{y3}	10800	43200	43200	32400	198600
冷却水泵耗电量 N_{y4}	54000	203143	174857	69428	501428

冷水机组供冷工况下的能耗统计（kWh） **表 8-30**

	100%负荷	75%负荷	50%负荷	25%负荷	总计
总热负荷 Q_y	1802640	5407920	3605280	1351980	12167820
冷水机组耗电量 N_L	318000	932400	621600	233100	1895100
末端循环水泵耗电量 N_{y2}	62880	197520	182400	113280	556080
冷却水泵耗电量 N_{y2}	64800	246343	218057	101828	700028

能耗及运行费用比较 表 8-31

	总耗电量（kWh）	总运行费用（万元）
复合能源供冷（地源热泵＋电制冷冷水机组）	315×10^4	277.2
常规能源供暖（电制冷冷水机组）	315×10^4	277.2

（3）生活热水系统能耗及运行费用

本工程全年提供生活热水，地源热泵机组所承担60％生活热水热负荷。全年生活热水总负荷4258333kWh，地源热泵机组耗电量567777kWh，地源热泵用热水循环泵耗电量108040kWh，地源侧循环泵耗电量111400kWh，常规能源供热（燃气锅炉）耗气量1872041m^3，锅炉用水泵耗电量24090kWh，总费用136万元。

如全部采用常规能源供热，全年耗气量为468010m^3，锅炉用水泵耗电量40515kWh，总费用167万元。

5. 经济技术分析

（1）冬季系统能耗及运行费用

如采用燃气锅炉供暖、电制冷冷水机组供冷的常规能源方式，初投资费用约为1530万元，每年的能源费用约为585万元，采用地源热泵、燃气锅炉、电制冷冷水机组的复合能源系统后，初投资费用约为1950万元，全年的总运行费用为526.2万元，每年节约运行费用58.8万元，投资回收期约为7.1年。

（2）节能减排效益分析

如采用燃气锅炉供暖、电制冷冷水机组供冷的常规能源方式，每年的燃气消耗量为84.8万m^3，折合标准煤1029.8t，每年的用电量为328.2万kWh，折合标准煤403.3t，全年能源消耗量折合标准煤1433.1t。

采用地源热泵、燃气锅炉、电制冷冷水机组组合的复合能源方式，每年的燃气消耗量为35.1万m^3，折合标准煤462.1t，每年的用电量为459万kWh，折合标准煤564.1t，全年能源消耗量折合标准煤1026.2t。与采用常规能源方式相比较，采用复合能源系统每年节约标准煤406.9t。

8.1.9 桂林市临桂县人民医院医技住院综合楼地源热泵空调热水系统

建设地点：广西桂林市

设计时间：2011年2～6月

工程竣工日期：2015年6月

设计单位：中国建筑技术集团有限公司

建设单位：临桂县人民医院

1. 工程概况

临桂县人民医院位于桂林市西城区（临桂县二塘镇）人民路西北侧、会元路西南侧，原临桂县人民医院院内。医技住院综合楼为一类高层医院，建筑高度约56.9m，建筑面积34976m^2，其中地下1～3层每层的建筑面积为3563m^2，4～15层的建筑面积各为1727m^2，建筑物朝南偏西30°，共有地下1层和地上15层，1层为前台、缴费窗口、化验科室，2层产科，3层为手术室，4层为存放设备用房间，5层为重症加强护理病房，6～15层为各科室病房，整个住院综合楼共约481个病床。住院综合楼夏季总冷负荷量为1935kW，冬季供暖总负荷量为822kW，热水所需热量为271kW。医技住院综合楼外观如图8-36所示。

图8-36 临桂县人民医院医技住院综合楼

本设计采用复合式地埋管地源热泵系统，为该楼提供夏季制冷、冬季供暖，以及全年使用的生活热水。

2. 系统设计

(1) 末端系统设计

本项目系统空调末端形式，大空间采用吊顶风机全空气送风，办公室及病房采用风机盘管+新风系统。

(2) 能源系统设计

根据所选择的地源热泵热水空调机组及分区情况，结合项目所在地的地质状况，设计地源换热器采取双U垂直埋管形式，项目共打井126口，井深100m。空调系统及生活热水所需要的地下换热井长约12600m。

根据医技住院综合楼空调、热水负荷需要，采用地埋管地源热泵冷热联供系统，选用2台地埋管地源热泵空调机组和1台冷水机组。其中，地埋管地源热泵空调机组的制冷量为797.3kW，冷水机组制冷量为1412.1kW，医技住院综合楼夏季空调系统的冷负荷为1935kW，地埋管地源热泵空调机组耦合冷水机组的复合系统制冷量满足夏季建筑室内最大冷负荷需求；地埋管地源热泵空调机组制热量为847.6kW，也完全满足冬季建筑室内最大热负荷822kW的需求。

每天总热水需求量约72t，按温升40℃，机组每天工作12小时计算，机组小时需热量为271kW，本项目采用一台制热量为300kW的高温热泵热水机组为该楼提供24小时生活热水。

主要设备材料，见表8-32。

主要设备材料表　　表 8-32

序号	设备名称	技术参数	数量	备注
1	地埋管地源热泵空调机组	制冷量：797.3kW；制热量：847.6kW	2 台	—
2	地埋管地源热泵热水机组	制热量：300.3kW	1 台	—
3	冷水机组	制冷量：1412.1kW	1 台	—
4	冷却塔	标准水量：400m³/h；外型尺寸：4910mm×6790mm×3560mm；电机功率：7.5(10)×2	1 个	—
5	空调循环泵	流量：187m³/h，扬程：28m，功率：22kW	4 台	3 用 1 备
6	冷却塔循环泵	流量：320m³/h，扬程：32m，功率：45kW	2 台	1 用 1 备
7	地源循环泵	流量：160m³/h，扬程：32m，功率：22kW	3 台	2 用 1 备
8	定压补水设备	QPGL0.72/6-1.0/1	1 套	—
9	热水一次循环泵	流量：100m³/h，扬程：50m，功率：22kW	2 台	1 用 1 备
10	热水二次循环泵	流量：22.3m³/h，扬程：10m，功率：1.1kW	2 台	1 用 1 备
11	高区热水循环泵	流量：6.3m³/h，扬程：12.5m，功率：0.55kW	2 台	1 用 1 备
12	低区热水循环泵	流量：5.6m³/h，扬程：10m，功率：0.37kW	2 台	1 用 1 备
13	低区热水系统用立式蓄水罐	SGL-3-1.0	1 个	—
14	低区热水系统用立式蓄水罐	SGL-5-1.6	1 个	—
15	板式换热器	AN5/PN16/316	1 个	—

3. 工程设计特点

桂林市临桂县人民医院医技住院综合楼采用复合式地埋管地源热泵系统为该楼提供夏季制冷、冬季供暖，以及全年使用的生活热水。

设计方案为：在夏季制冷工况下，把地埋管地源热泵空调机组的冷凝热实现热量多级分流，一部分冷凝热回收用于加热生活用水，一部分热量利用地埋管地源热泵系统的土壤换热器释放，其余的热量尤其在制冷负荷高峰期采用冷却塔释热。整栋大楼全天候供应生活热水，从而实现夏季制取生活热水几乎免能耗，达到较高的综合能效比，实现冷热联供；冬季，地埋管地源热泵系统利用土壤热源来供暖和制取生活热水，由于土壤热源稳定，几乎不受气候干扰，因而，能保证冬季稳定可靠的制热水和供暖，而且能效比高；过渡季节地埋管地源热泵利用土壤热源制取生活热水，图 8-37 为该地埋管地源热泵系统原理图，系统中水泵均属于抽回式。蒸发器出口阀为：A1、B1、C1；蒸发器进口阀为：A2、B2、C2；冷凝器出口阀：B3、C3；冷凝器进口阀：B4、C4。

在夏季制冷工况时，如果系统单独用地埋管地源热泵空调机组会影响地下热热平衡，需要利用冷却塔来辅助制冷，另外一部分冷凝热也可以回收制生活热水，实现热量多级分流，因此在系统中开启冷水机组，2 号地埋管地源热泵空调机组，4 号地埋管地源热供热水机组；打开阀门：I、A1、A2、B1-B4、E、F、K、L、N，关闭阀门：J、C1-C4、G、D、H、M。在过渡季节，土壤源泵单独制热水工况。系统开启 4 号地埋管地源热泵空调机组；打开阀门：D、G；关闭阀门：E、F、L、M、K。当室外温度低于 14℃时，地埋管地源热泵供暖，系统开启：3 号地埋管地源热泵空调机组、4 号地埋管地源热泵热水机组；开启阀门：J、C1-C4、H、E、M、D、G；关闭阀门：A1、A2、B1-B4、F、I、K、L、N。图 8-38 为该地埋管地源热泵系统机房图。

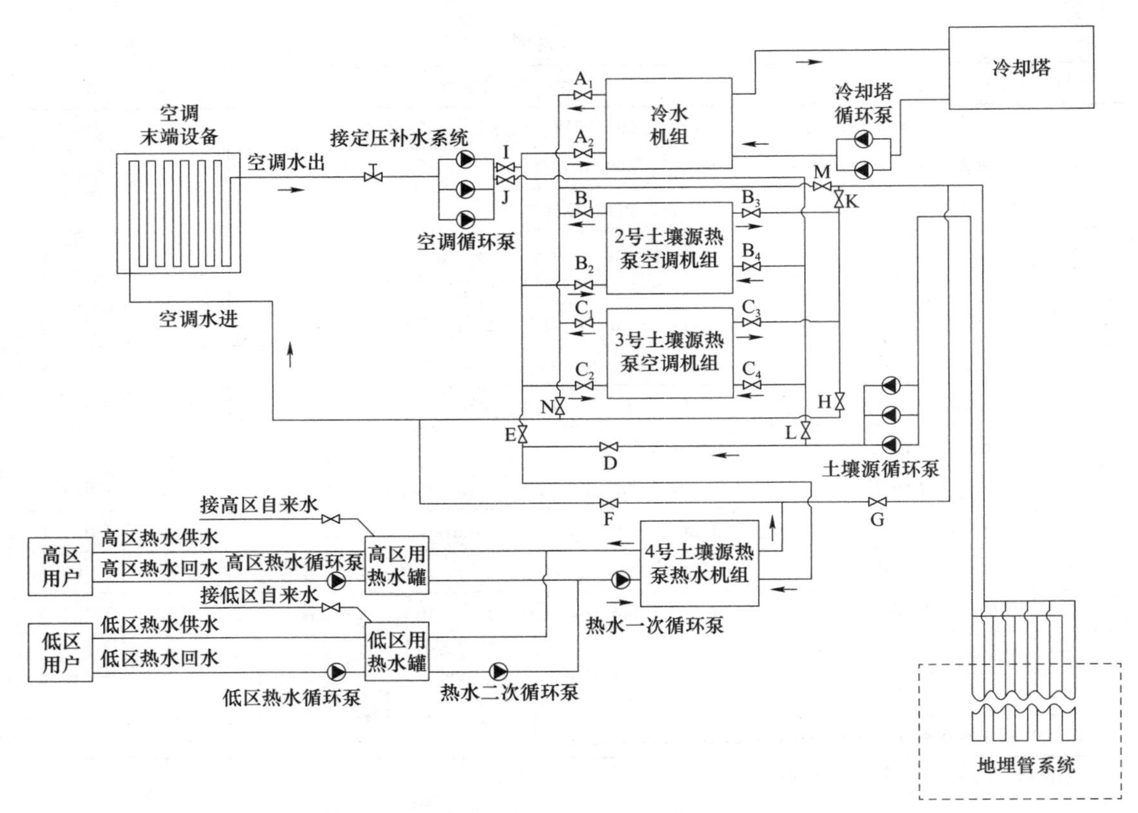

图 8-37 临桂县人民医院医技住院综合楼复合式地埋管地源热泵系统原理图

(a) (b)

(c) (d) (e)

图 8-38 地埋管地源热泵机房图片

4. 系统运行效果

系统于2015年6月竣工验收并投入使用，多年来运行效果良好，达到设计要求，期间广西大学绿色能源与建筑节能研究开发中心对该系统进行了性能检测，检测结果为：

(1) 地源热泵空调系统制冷工况下的平均机组能效比为4.9，平均系统能效比为3.7。

(2) 地源热泵空调系统供暖工况下的平均机组能效比为5.1，平均系统能效比为3.9。

(3) 地源热泵热水机组能效比为4.8，系统能效比为3.6。

(4) 地源热泵热水系统冷热联供工况下，机组制冷能效比为3.9，机组制热能效比为4.3，机组综合能效比为8.2，系统综合能效比为6.0。

5. 经济技术分析

(1) 经济运行分析

1) 制冷工况

常规中央空调制冷能耗：

地埋管地源热泵空调机组总制冷量为1594.6kW，常规空调制冷系统能效比按照2.8计算，运行6个月，平均使用负载0.7，每天运行8h。

1594.6×8×6×30×0.7÷2.8=57.4万kWh

地埋管地源热泵空调制冷能耗：

地埋管地源热泵空调系统制冷能效比按照3.7计算。

1594.6×8×6×30×0.7÷3.7=43.44万kWh

地埋管地源热泵空调制冷节能：

制冷节耗电量：57.4−43.77=13.96万kWh

2) 供暖工况

常规中央空调供暖能耗：

空调总制热量为822kW，常规空调供暖系统能效比按照2.8计算，运行3个月，平均使用负载0.7，每天运行8h。

822×8×3×30×0.7÷2.8=14.79万kWh

地埋管地源热泵空调供暖能耗：

地埋管地源热泵空调系统能效比按照3.9计算。

822×8×3×30×0.7÷3.9=10.62万kWh

地埋管地源热泵空调供暖节能：

供暖节耗电量：14.79−10.62=4.17万kWh

3) 热水工况

电锅炉年运行费用（表8-33）：

计算参数值 **表8-33**

水的比热	平均热水温升	电热锅炉热效率	电价	电热值
1kcal/(kg·℃)	40℃	95%	0.60元/度	862kcal/度

每天用电锅炉制72t热水所耗电量为：

(72×1000×40×1)/(862×0.95)=3517kWh

每年按12个月算，每年用电热锅炉每天加热72t热水所耗电量为：

3517×30×12×10－4=126.61万kWh

地源热泵年运行费用：

本项目地源热泵制热水系统能效比为3.6，平均每吨热水耗电为12.5kWh，每天供应72t热水，由于本系统采用空调热水冷热联供的形式，夏季有7个月采用空调冷凝热制热水，热水不耗电，全年12个月只有5个月制热水耗电，年需电量用为：

72×12.5×30×5×10－4=13.5万kWh

地埋管地源热泵热水系统节能：

热水节耗电量：126.61－13.5=113.1万kWh

4）复合式地埋管地源热泵系统总节能：

地埋管地源热泵空调热水节耗电量：13.96+4.17+113.1=131.23万kWh

（2）节能减排效益分析

该项目全年常规能源替代量为406.8t标准煤，CO_2减排量为1004.8t/年，SO_2减排量为8.14t/年，粉尘减排量为4.07t/年。

8.2　地埋管地源热泵系统

8.2.1　延庆县大庄科乡铁炉村新农村地源热泵集中供热系统建设工程

建设地点：北京市延庆区大庄科乡铁炉村

设计时间：2015年5月

工程竣工日期：2015年11月

设计单位：华诚博远（北京）建筑规划设计有限公司

建设单位：延庆县农村工作委员会

1. 工程概况

延庆县大庄科乡铁炉村新农村地源热泵集中供热系统建设工程位于北京市延庆县大庄科乡铁炉村。大庄科乡铁炉村位于延庆县城东南部深山区，距县城40km，东南与怀柔区长陵镇接壤，西、北与本县井庄、永宁镇毗邻；铁炉村位于大庄科乡的西南侧。实景图如图8-39所示。

本工程地源热泵系统为铁炉村180户居民（共126栋民宅）提供热源，总建筑面积27746.74m^2，总供暖面积为27590.92m^2，冬季供暖热负荷1200kW，现阶段暂不对居民提供集中夏季的供冷服务。建筑均为单体二层别墅住宅，砌体结构，建筑结构的安全等级为二级，砌体施工质量控制等级为B级；砌体采用混凝土实心砖。

该项目于2015年5月完成设计，2015年12月竣工并投入试运行，是京郊首例山区安居工程使用地源热泵供暖的典型工程，是延庆区新农村安居工程的供热配套项目。在该地区市政集中供暖无法达到的情况下，利用当地浅层地热能的资源优势，因地制宜地解决了铁炉村村民冬季供暖问题，并彻底淘汰了燃煤供热方式。

图 8-39 延庆县大庄科乡铁炉村新农村外观实景图

2. 系统设计

(1) 末端系统设计

充分考虑到地源热泵系统的集中供热模式工况。

室内供暖系统设计为低温热水地板敷设供暖系统。低温热水地板敷设供暖系统的设计为居民住户的二次装饰创造了条件，在不受到传统挂墙散热器的约束下，可遵照自己的意愿灵活划分功能区域，改变室内布局。同时，由于室内地表温度均匀，温度梯度合理，室温由下而上逐渐递减，给人以脚暖头凉的感受，符合人体生理需求。整个地板作为蓄热体，热稳定性好，在间歇供暖条件下，温度变化缓慢，并可方便实施按户热计量，便于管理。

为便于运行管理，每户设锁闭调节阀门，预留热计量装置位置。

(2) 能源系统设计

原设计是以涵洞为界把全村划分为 5 片区域，每片区域设置一个机房，经后期深化设计，考虑到建设初投资成本以及系统管控等综合情况，将原有的 5 区划分改为南北 2 区，并在分别在 2 个区域各设置 1 座机房，每个机房内每个机房内分别设置两台地源热泵机组，北侧区域供暖热负荷 600kW，南侧区域供暖热负荷 600kW。本项目采用地埋管地源热泵系统集中供热制冷（系统原理图如图 8-40 所示），其设定的机组运行工况模式为：制热工况为蒸发器进出口水温 7℃/12℃，冷凝器进出口水温 45℃/40℃。

室外地埋管换热系统设置地埋孔 687 个，有效深度 120m，土层原始温度在 13.5℃左右，孔径 32mm，水平间距 4.5m；钻孔内置入双 U 形 HDPE 管，与地源热泵机组换热器形成一个密闭的循环管路，与热泵和室内散热循环体系组成地源热泵系统。

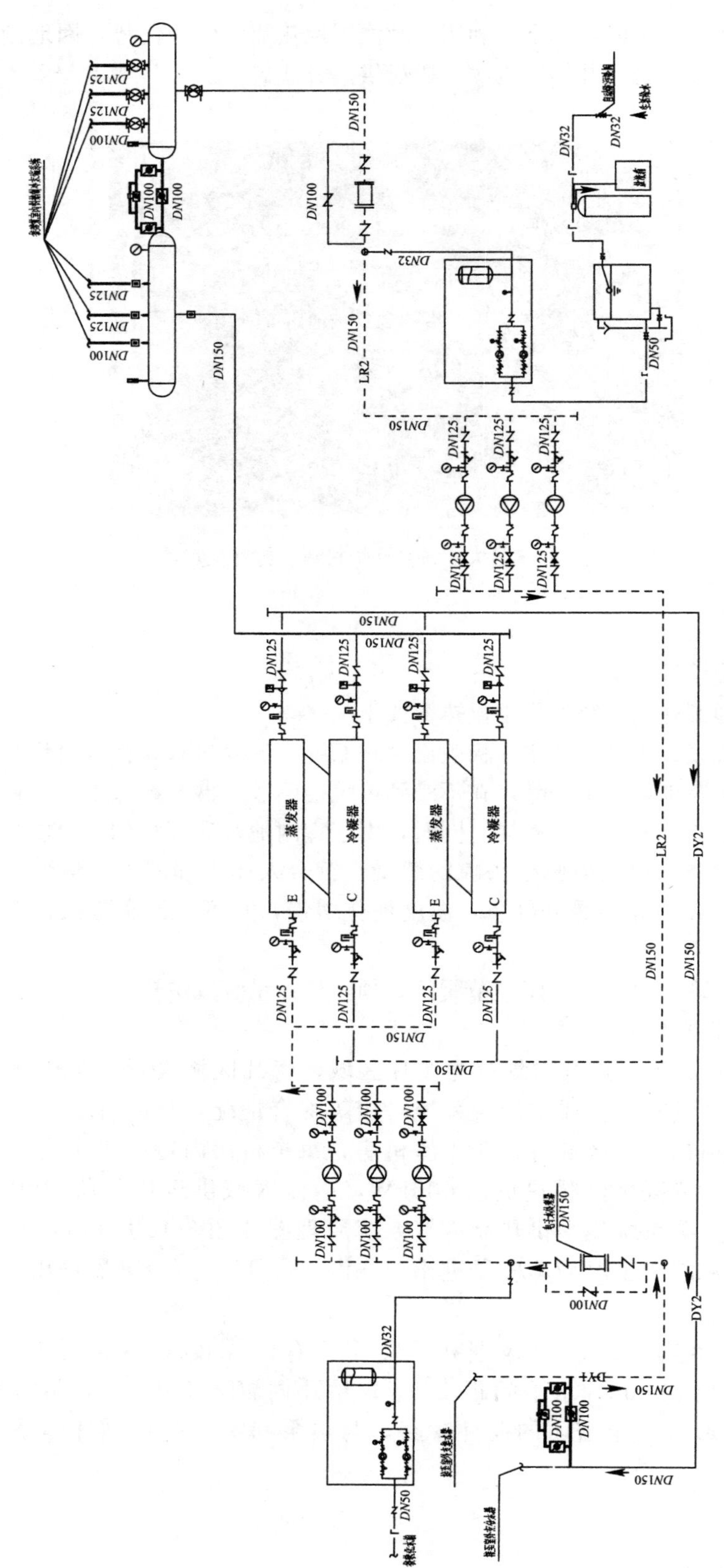

图 8-40 地源热泵系统原理图

地源热泵冬季供暖原理图如图 8-41 所示。

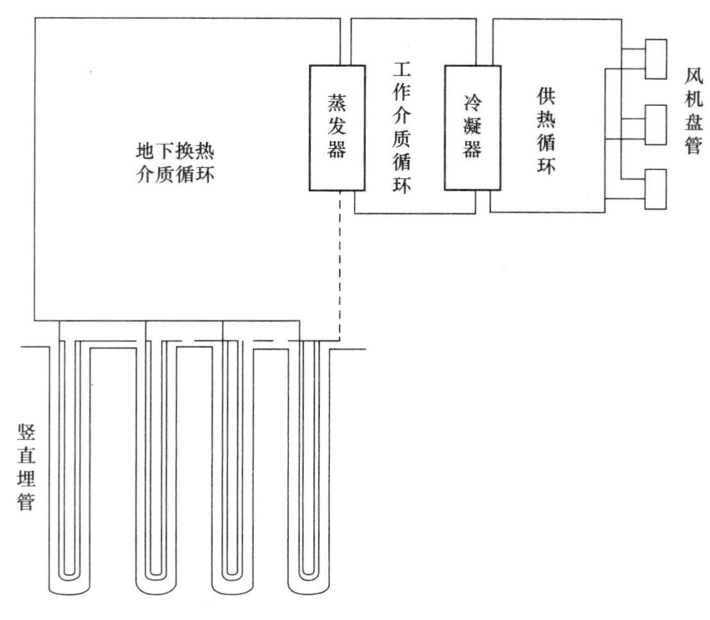

图 8-41 地源热泵冬季制热工作原理图

(3) 主要设备材料表(表 8-34 和表 8-35)

本项目分南北两区集中供暖，每个区设置 2 台地源热泵机组，运行期间根据室外天气气温的变化和系统的供回水温度做相应的能量调节。供热初期和末期运行一台机组即可达到要求，需求大时两台同时启用。

南区主要设备一览表 **表 8-34**

序号	设备名称	规格及性能	数量	备注
1	地源热泵机组	制热量：326.8kW，功率 72.5kW；冷凝器进出水温度 40/45℃，水流量 56.2m^3/h；蒸发器进出水温度 10/5℃，水流量 43.7m^3/h	2 台	—
2	地源侧循环泵	Q=48.07m^3/h，H=33.57m，N=15kW，口径 DN80，立式水泵	3 台	2 用 1 备
3	二次侧循环泵	Q=61.82m^3/h，H=35m，N=15kW，口径 DN100，立式水泵	3 台	2 用 1 备
4	全自动软化水处理装置	水处理量 1～2m^3/h	1 套	
5	地源侧定压补水装置	Q= 2m^3/h，H = 19m，n = 2900r/min，N=1.1kW(立式水泵)；定压罐直径 400mm，总容积 0.15m^3	1 套	水泵 1 用 1 备

续表

序号	设备名称	规格及性能	数量	备注
6	二次侧定压补水装置	Q=2m³/h，H=28m，n=2900r/min，N=2.2kW（立式水泵）；定压罐直径400mm，总容积0.15m³	1套	水泵1用1备
7	软化水箱	1.0m×1.0m×2.0m	1台	—
8	电子水处理仪	DN150	2台	—

北区主要设备一览表 **表8-35**

序号	设备名称	规格及性能	数量	备注
1	地源热泵机组	制热量：326.8kW，功率72.5kW；冷凝器进出水温度40/45℃，水流量56.2m³/h；蒸发器进出水温度10/5℃，水流量43.7m³/h	2台	—
2	地源侧循环泵	Q=48.07m³/h，H=33.57m，N=15kW，口径DN80，立式水泵	3台	2用4备
3	二次侧循环泵	Q=61.82m³/h，H=35m，N=15kW，口径DN100，立式水泵	3台	2用1备
4	全自动软化水处理装置	水处理量1～2m³/h	1套	
5	地源侧定压补水装置	Q=2m³/h，H=19m，n=2900r/min，N=1.1kW（立式水泵）；定压罐直径400mm，总容积0.15m³	1套	水泵1用1备
6	二次侧定压补水装置	Q=2m³/h，H=28m，n=2900r/min，N=2.2kW（立式水泵）；定压罐直径400mm，总容积0.15m³	1套	水泵1用1备
7	软化水箱	1.0m×1.0m×2.0m	1台	—
8	电子水处理仪	DN150	2台	—

3. 工程设计特点

该工程采用地源热泵技术，充分利用土壤中的低品位热源，做到热能综合利用，无燃烧、零污染。

项目区水文地质条件一般，120m内地层为燕山期花岗岩，质地坚硬，地层可钻性较差，需使用气动潜孔锤等钻机施工，地层富水性较好，导热性一般，但通过增加地埋孔数量和增大布孔间距保证了换热效率，并且本工程的地源热泵系统对浅层地温场的影响较小，运行后影响范围内地层温度能保持年际的动态平衡。

设计方案遵循技术先进、投资省、效率高、经济实用、节省能源、无污染、运行管理简便的原则，将如何降低农村地区农民供暖日常开支问题、延庆地区特殊的气候条件冬季运行安全问题作为重点。

4. 系统运行效果

本项目利用地下土壤的浅层地热能，结合热泵技术，实现能量的“转移”，用于室内供能，系统综合制热 *COP* 值可达 4.3 以上，节能效果显著。山区严寒的冬季，居民室内平均温度在 20℃以上，运行稳定效果好。

5. 经济技术分析

(1) 经济运行分析

1) 实际运行方式

2015～2016 年度，现实际供暖 106 户，共 23128m²。其中，对于已经入住的农户，按照正常运行供暖，合计供暖面积 14067m²；尚未入住的房屋，采用低温运行的方式，合计面积为 8561m²，按照每 3 户折合一户计算，正常供暖面积为 2854m²；总计实际正常供暖面积 16921m²。

2) 运行电费统计

供暖时间 2015 年 12 月 1 日～2016 年 3 月 16 日，供暖 106 天；整体运行共用电 408176.4 度，其中北区用电共计 197222 度，南区用电共计 210954.4 度。

3) 运行费用分析

按照《延新农办发 [2015] 1 号》及《关于完善北京农村地区"煤改电""煤改气"相关政策的意见》，农村地区的煤改电由市、区县两级财政各补贴 0.1 元/kWh，农村"煤改电"居民冬季夜间 0.1 元/kWh，折合每平方米供暖季用电费用为 6.53 元。

(2) 节能减排效益分析

本系统年替代燃煤供热约 524t 标准煤，等效减排二氧化碳约 1048t，减少粉尘排放 300 余 t，二氧化硫约 35t，氮氧化物约 18t。

8.2.2 中共三门峡市委党校新校区地源热泵工程

建设地点：河南省三门峡市

设计时间：2015 年 7 月

工程竣工日期：2017 年 11 月

设计单位：三门峡市规划勘测设计院

建设单位：中共三门峡市委党校

1. 工程概况

中共三门峡市委党校新校区位于三门峡市职业教育园区内学府路西、圆通西路北，总建筑面积为 40838.1m²，供热制冷面积为 30179m²。主要以行政办公、文教为主，包括：科研信息楼，六层，建筑面积 14982.91m²，建筑高度 23.35m，框架结构；教学楼，三层，建筑面积 6504.10m²，建筑高度 14m，框架结构；学术报告厅，一层（局部三层），建筑面积 2938.71m²，建筑高度 9.65m，框架结构（屋面为网架结构，建筑跨度 36.6m×51.2m）；文体活动中心，二层（局部一层），建筑面积 3828.12m²，建筑高度为 13.3m，框架结构（屋面为网架结构，建筑跨度 36.4m×59.1m）；一号餐厅，三层（局部两层），建筑面积 2892.45m²，建筑高度为 13.8m，框架结构；一号学员宿舍，三层，建筑面积 2647.29m²，建筑高度为 10.4m，砖混结构；二号学员宿舍，四层，建筑面积 3522.34m²，建筑高度 13.7m，砖混结构；三号学员宿舍，四层，建筑面积 3522.34m²，建筑高度 13.7m，砖混结构。党校鸟瞰图如图 8-42 所示。

该项目于 2015 年 7 月设计完成，2017 年 11 月竣工并投入使用。

图 8-42 中共三门峡市委党校鸟瞰图

2. 系统设计

(1) 末端系统设计

末端系统采用风机盘管+新风系统。风机盘管+新风系统控制灵活，宜实现系统分区控制，冷热负荷能够按房间朝向、使用目的、使用时间等，灵活地调节各房间的温度，并根据房间的使用状况确定风机盘管的启停。风机盘管机组体型小，占地小，布置安装方便。

(2) 能源系统设计

本项目采用垂直埋管式地源热泵系统为建筑提供冷热源。地源热泵机组作为中央空调的冷热源，夏季制取7℃的冷冻水用于空调系统的供冷，回水温度12℃；冬季制取45℃或55℃的热水用于空调系统的供暖，回水温度40℃或50℃；为确保冬季空调供暖效果，本设计采用高温地源热泵机组。根据空调冷热负荷特点和分区运行要求，选用3台同型号720型满液式地源热泵机组，其中1台为全热回收型，用于卫生热水的加热，夏季和冬季开1～2台可满足低负荷和部分房间的制冷、供暖和热水供应；3台同时开启可满足高负荷状态下的制冷、供暖和热水供应；部分负荷下可互为备用，不设备用机组。

室外地埋管系统部分采用双U形管的井孔直径$\phi150$，深度定为110m，井孔理论计算数量为411个，实际布置420个，井孔中心间距为4m×4m；地埋换热盘管采用$De32$的高密度聚乙烯管（PE管）。

(3) 主要设备材料表（表8-36）

主要设备材料表 **表8-36**

序号	设备名称	型号及性能参数	数量	备注
1	满液式地源热泵机组（全热回收型）	制冷量：712kW，输入功率：116kW；冷冻水温12/7℃，冷凝器水温25/30℃；高温制热量642kW，输入功率190.8kW，热水温度50/55℃，蒸发器水温10/5℃；全热回收量684kW，回收热水温度45/60℃，热水流量117.8m³/h	1台	—

续表

序号	设备名称	型号及性能参数	数量	备注
2	满液式地源热泵机组（不带热回收）	制冷量：712kW，输入功率 116kW；冷冻水温 12/7℃，冷凝器水温 25/30℃；高温制热量 642kW，输入功率 190.8kW，热水温度 50/55℃，蒸发器水温 10/5℃	2台	—
3	地源侧循环水泵	$Q=140m^3/h$，$H=24mH_2O$，$P=15kW$	4台	3用1备
4	室内侧循环水泵	$Q=140m^3/h$，$H=28mH_2O$，$P=18.5kW$	4台	3用1备
5	自动软化水装置	产水量 3～4t/h，电功率 10W	1套	单阀双罐/单盐箱
6	组装式不锈钢软水箱	2500×1500×2500，有效容积 $8m^3$	1个	—
7	落地式膨胀水箱	调节罐径 1.2m，调节容积 $0.8m^3$，$Q=12m^3/h$	1个	—
8	补水泵	$Q=12m^3/h$，$H=48mH_2O$，$P=4kW$	2台	1用1备
9	组装式不锈钢软水箱	2000×1000×2000，有效容积 $3.5m^3$	1个	—
10	保温式不锈钢软水箱	3000×2000×3000，有效容积 $16m^3$	1个	工作压力 0.6MPa
11	热水加热循环泵	$Q=100m^3/h$，$H=20mH_2O$，$P=11kW$	2台	1用1备
12	热水供应循环泵	$Q=25m^3/h$，$H=32mH_2O$，$P=4.0kW$	2台	1用1备

3. 工程设计特点

（1）环保节能

与燃油、燃气、燃煤系统相比，地源热泵系统不会向周围环境排放二氧化碳、二氧化硫、氮化物等有毒有害污染物，不会产生温室效应和大气污染，而且由于能源消耗降低，可减少燃烧废气的产生，符合目前我国能源、环保的基本政策，将为国家和社会带来最佳的综合效益。

水源热泵热水机组能从土壤、地下水中或者空调冷却水中能获取大量免费热量，每消耗1度电就能产出3～7度电以上的热量，其运行费用约为直接能的20%、液化燃气能的45%、燃油能的50%、天然气能的60%，与燃煤能和太阳能制热方式的运行成本基本持平；水源温度越高，设备工作的时间越短，其节能的效果越突出。

（2）能效比高

冬季，岩土体温度比环境空气温度高，所以热泵循环的蒸发温度提高，能效比也提高。而夏季岩土体温度比环境空气温度低，所以制冷的冷凝温度降低，使得冷却效果好于风冷式和冷却塔式，机组效率提高。

（3）使用寿命长

室外地下埋管系统无腐蚀，使用寿命可达50年，空调主机由于机组运转环境理想，比常规空调适应寿命更长，与风冷式例如VRV空调相比，没有制冷系统管路总长度的限制，不存在局部阻力，垂直管回油困难易造成机组烧毁问题，不会产生制冷系统管路渗漏等不利因素而影响制冷/供热效果。因此使用寿命可达25年。

4. 系统运行效果

该项目自投入使用以后，运行稳定，空调使用效果良好，基本达到了设计目的。

地源热泵机房在夏季向室内末端系统提供7～12℃的冷水，在冬季提供40～45℃的热水，满足了党校整体的供冷、供暖需求。从全年的运行效果上看，夏季供冷时，除有个别房间由于装修和进出风口的布局不合理而对制冷效果产生了一定的影响外，其余房间较好；冬季供暖时，各个房间的室内温度均在规范规定的设计温度内。系统在夏冬季运行时可以达到很好的制冷供热效果和较高的能效比。

5. 经济技术分析

(1) 经济运行分析

本工程中央空调机组设计负荷：夏季最大冷负荷为2182kW，冬季最大热负荷为1296kW。

三门峡市夏季空调的运行天数为90天，每天运行时间为16h，主机的满负荷使用系数为0.51，电价为0.6元/度；冬季的供暖天数为120天，每天运行时间为24h，主机的满负荷使用系数为0.51。

1) 夏季运行费用

夏季机房运行总功率：116×2+15×3+18.5×3+10+4=346.5kW

夏季总耗电量：346.5×90×16×0.51=254469.6kWh

夏季电费总额：254469.6×0.6=15.27万元

2) 冬季运行费用

冬季机房运行总功率：190.8×2+15×3+18.5×3+10+4+11+4=511.1kW

冬季总耗电量：511.1×120×24×0.51=750703.7kWh

冬季电费总额：750703.7×0.6=45.05万元

(2) 节能减排效益分析

1) 热泵系统耗电量折合标准煤计算

供暖建筑面积：30179m^2

供暖季总耗电量：750703.7kWh

折合标准煤：750703.7×0.4÷1000≈300.3t

2) 若采用电供暖折合标准煤计算

电供暖所需总耗电量约为2627460kWh

折合标准煤：2627460×0.4÷1000≈1050t

3) 节能减排分析

每年可节省标煤约为1050－300＝750t

每年实现各种温室气体和污染气体量的减排量为：

减排二氧化碳量为750×2.493≈1869t

减排粉尘量为750×0.68≈510t

减排二氧化硫量为750×0.075≈56t

减排氮氧化物量为750×0.0375≈28t

8.3 地下水源热泵系统

8.3.1 鑫港假日酒店浅层地热能利用系统工程

建设地点：河南省新郑市

设计时间：2014 年 3 月

工程竣工日期：2014 年 12 月

设计单位：河南润恒节能技术开发有限公司

建设单位：河南省鑫港实业有限公司

1. 工程概况

鑫港假日酒店位于新郑市迎宾大道 8 号，酒店总建筑面积 14200m²，供热制冷面积约为 12000m²，地上 6 层，地下 1 层。建筑结构为混凝土框架结构。酒店外观图如图 8-43 所示。

图 8-43 鑫港假日酒店外观照片

鑫港假日酒店为准四星级，集中西餐饮、商务客房、会议中心、夜总会、康乐休闲为一体的智能化主题酒店。现拥有客房 198 间，共计 366 张床位，其中包括有行政、豪华、商务、时尚楼层。酒店餐厅有综合宴会厅、中餐宴会厅、港式豆捞、西餐厅，可同时容纳 1200 多人就餐。康乐中心设有健身房、台球室、乒乓球室、电影放映室、棋牌室等娱乐设施。会议多功能厅可容纳 800 多人，中型会议室可容纳 280 多人。

该项目于 2014 年 3 月完成浅层地热能利用系统工程的设计，2014 年 12 月竣工并投入使用。

2. 系统设计

（1）末端设计

系统末端采用一次泵变流量空调水系统（两管制），室内末端采用风机盘管进行供热制冷。末端设计供回水温度：夏季供回水温度：7/12℃，冬季供回水温度：45/40℃。

（2）能源站系统

本项目为能源站主机房的空调系统二次改造，夏季总冷负荷为 890kW，冬季总热负荷为720kW，选用一大一小两台的水源热泵机组，并提供7～12℃冷水，冷冻水泵选用三台，一大两小配比（1用2备或2用1备），冬季热源由原主机提供，能源站系统图如图8-44所示。地源井出水量在90～100m³，地温场温度约为18.5℃，单井换热量可达到500kW/h以上。

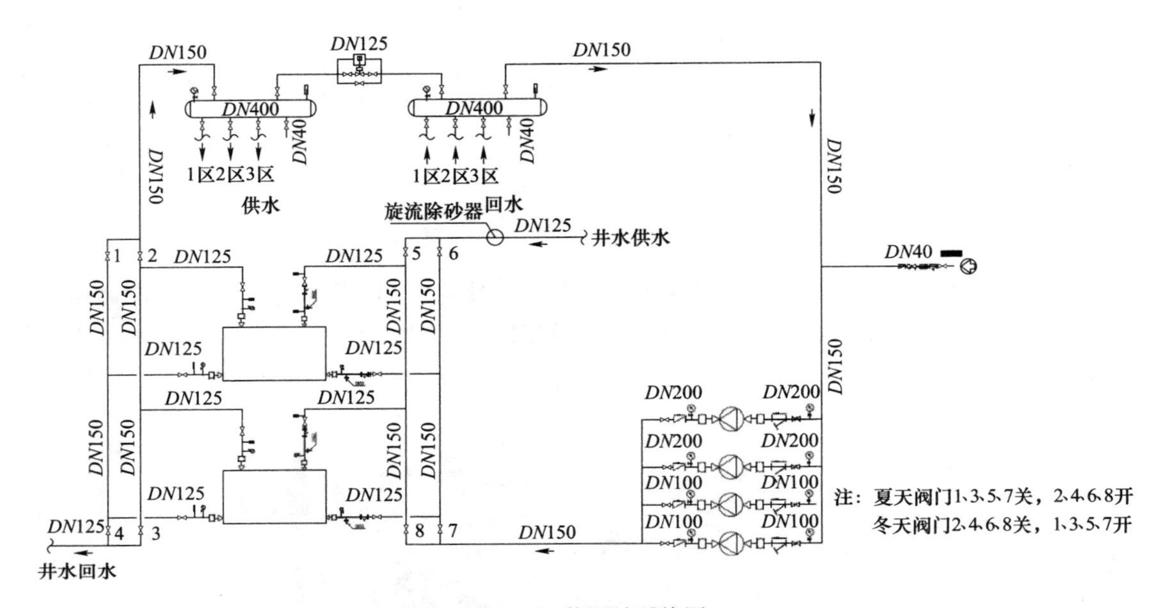

图8-44　能源站系统图

水源系统采用“浅层地热能同井回灌”技术，由潜水泵将地下水通过抽水管抽出，经水处理装置净化处理后进入热泵主机换热，换热后的水经过回水装置分流回灌至井下三～四层的回水空间，回水与滤料层土壤层换热后又回到取水区域，由潜水泵抽出，循环往复。即在同一水源井的井口密封安装井盖，在井盖上同时贯穿设置出水管和回水管（或称回水支管），回水带压力被压向回水管内；所述出水管深入井底与地下水连通，潜水泵安装在出水管的进水口；出水管的外侧套装有出水管套管后构成复合出水管，出水管与出水管套管间隙配合；在水源井内匹配套装有支撑透水管，该支撑透水管包括透水段和支撑段，在支撑透水管与水源井壁的土壤层之间设置有环形渗水层；在出水管套管的外侧壁与支持透水管内侧壁的支撑段之间设置有n个密封的隔离层，$n\geqslant 1$且为整数，从而组成共n个封闭的回水空间；所述各回水管分别伸入n个回水空间内；各回水空间内的回水在压力和自重作用下分别通过侧壁的透水段进入环形渗水层或土壤层中，充分热交换后与同井地下水汇合实现全封闭水循环。

“浅层地热能同井回灌”技术所采用的装置是同一口井装设两套井管，形成三个同心圆，内井管是完全密闭的，外井管是非密闭的（花管），水泵设置在动水区，回水分段带压回流到内井壁与外井壁之间，外井壁与井外围的土壤之间的空隙填充滤料，让回水通过外井壁经过滤料向土壤周围进行热交换，回水再下渗到井下，达到地下水的初始温度，从而使内井管抽出的水保持恒温。分段回水的底部即内外井壁之间安装密闭装置，确保回水不会直接流回井底而向四周渗透（图8-45）。

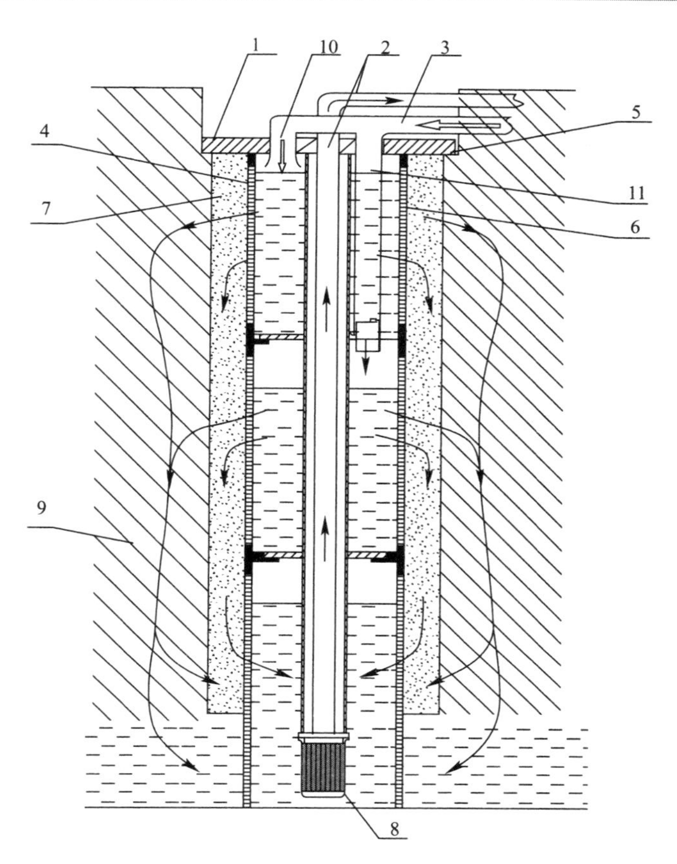

图 8-45 “浅层地热能同井回灌”技术所采用的装置结构示意图
1-井盖；2-出水管；3-回水管；4-出水管套管；5-支撑透水管；6-透水段；
7-环形渗水层；8-潜水泵；9-土壤层；10-回水支管一；11-回水支管二

在这个过程中，地下水从抽到回，全程密闭带压，潜水泵源源不断地从井底层抽取地下水，造成取水层压力降低。取水层附近的地下水，通过水的侧向径流和越流补给，不停地流向此处补充水量；同时，回水在压力和自身重力作用下，也会逐渐回到抽水点附近。回灌水被回灌装置强制分流到三～四个回灌层面，扩大了回水面积，而且回流时水流速度放缓，这样就能保证回水与土壤进行充分的热交换。整个过程回水与土壤不断进行热交换，加之与新的地下水混合，使其在回到取水位时能恢复到初始温度并始终处于稳定的状态，解决了出水温度问题。

主要设备材料，见表 8-37。

主要设备材料表 **表 8-37**

序号	设备名称	技术参数	数量
1	降膜水源热泵机组	制冷量：550kW，制热量：598kW； 制冷输入功率：80kW； 制热输入功率：109kW； 用户侧最大水流量：103m^3/h； 热源侧最大水流量：53m^3/h	1台

续表

序号	设备名称	技术参数	数量
2	降膜水源热泵机组	制冷量：351kW，制热量：385kW； 制冷输入功率：54.3kW； 制热输入功率：72.8kW； 用户侧最大水流量：66m³/h； 热源侧最大水流量：34m³/h	1台
3	冷冻水循环泵	流量：200m³/h，扬程：32m， 输入功率：30kW	2台
4	分集水器	ϕ400，L=2000mm	2台
5	旋流除砂器	DN125	1台

3. 工程设计特点

本项目采用浅层地热能同井回灌技术，空调循环水泵、潜水泵均为一对一安装变频柜，实现了动力设备的变频控制。同时主机采用大小配比的形式选择，其中小主机变频，大主机为双压缩机，一定频一变频，在不同的负荷时间段开启不同的主机，潜水泵与主机进行联动控制，实现节能。

4. 系统运行效果

能源站系统改造后，通过现场测试系统制热平均性能系数为4.31kWh/kWh，测试期间制热量为598kW的热泵机组处于正常运行状态，与之相对应的系统循环泵、潜水泵变频联动运行，具体测试结果见表8-38。

热泵系统实际运行工况下制热性能测试结果　　表8-38

序号	测试项目	测试结果
1	测试期间空调侧平均出水温度　(℃)	40.0
2	测试期间空调侧平均回水温度　(℃)	36.5
3	测试期间空调侧平均水流量　(m³/h)	110.0
4	测试期间地源侧平均回水温度　(℃)	18.2
5	测试期间系统总制热量　(kWh)	10799.3
6	测试期间系统总耗电量　(kWh)	2503.2
7	测试期间热泵机组耗电量　(kWh)	1790.4
8	测试期间循环水泵耗电量　(kWh)	721.8
9	测试期间系统制热平均性能系数　(kWh/kWh)	4.31

注：1. 热泵系统性能测试周期为2015/12/1 12：00～2015/12/2 12：00；
2. 1～4号测试项目为测试期间测试值的平均值；
3. 5～8号测试项目为测试期间测试值的累计值；
4. 系统总耗电量＝热泵机组耗电量＋循环水泵耗电量；
5. 循环水泵耗电量＝空调循环泵耗电量＋潜水泵耗电量；
6. 系统制热平均性能系数$=\frac{系统总制热量}{系统总耗电量}$；
7. “空调侧”“地源侧”均参照热泵机组。

5. 经济技术分析

(1) 经济运行分析

本项目定位为“同井回灌”取代传统“多井回灌”示范项目，新设置2口同井回灌地热井，取代原 7 口水源井（2 口出水、5 口回水）。节能改造投资额 216 万元，改造前中央空调运行费用 57.24 万元/年，项目改造后运行费用为 19.79 万元/年，成本回收期 2 年。

（2）节能减排效益分析

本项目通过地下水的抽取与回灌转换热能，实现用很少的耗电解决了建筑制冷、供暖、生活热水三项生活需求。而锅炉供热只能将 90%～98%的电能或 70%～90%的燃料内能转化为热量，供用户使用，因此浅层地热能中央空调系统要比电锅炉加热节省 2/3 以上的电能，比燃料锅炉节省 1/2 以上的能量。同时较燃煤锅炉 CO_2 排放量与用相同燃料产生电驱动所排放的 CO_2 量减少 30%～50%，在环保中将发挥很大的作用。通过对项目实施前后的对比，改造前能源消耗为 66.5584kWh，折标煤 81.8tce；项目改造实施后能源消耗为 23.016kWh，折标煤 28.29tce；改造后相对于改造前同期节能量为 43.5424 万 kWh，折标煤 53.51tce。

此外，本项所采用的“浅层地热能同井回灌”技术，将地下水热能经水源热泵机组交换热量后排出再注入地下含水层中去，在这一过程中只消耗很少的电能。与传统的空气源热泵相比，能效要高出 40%左右。

8.4 地表水源热泵系统

8.4.1 崇左市文化艺术中心水源热泵能源站项目

建设地点：广西崇左市

设计时间：2013 年 9～12 月

工程竣工日期：2017 年 12 月

设计单位：广西大学设计研究院

建设单位：崇左市城市建设投资有限责任公司

1. 工程概况

崇左市文化艺术中心水源热泵能源站项目制冷供暖的应用对象为三处建筑群，这三处建筑群分别为文化艺术中心、行政中心、规划展馆。图 8-46 为水源热泵能源站与冷热供给建筑的地理分布鸟瞰图。

文化艺术中心在夏季需要制冷，在冬季需要供暖。文化艺术中心总用地面积为 36401.86m^2，总建筑面积达到 13928.78m^2，建筑高度为 18.450m，空调使用面积为 8226m^2，文化艺术中心（图 8-47）里有一剧院，剧院座位数为 590 座，另有一电影院，座位数为 465 座。

水源热泵能源站制冷制热供给的另外两处建筑分别为行政中心（图 8-48）与规划展馆。其中行政中心总用地面积为 262703m^2，建筑面积为 61626.88m^2，空调面积达到 37262m^2。

规划展馆在夏季需要制冷，在冬季需要供暖。建筑面积为 12111.73m^2，空调使用面积达到 8547m^2。

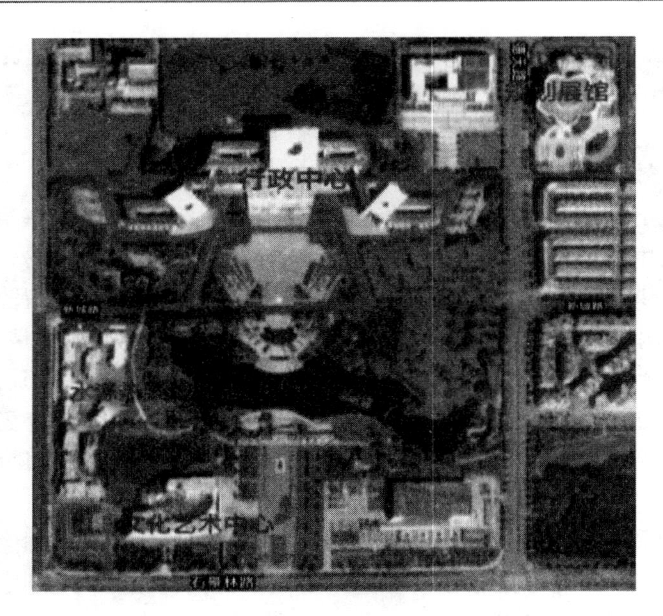

图 8-46 水源热泵能源站与供给建筑的地理环境

图 8-47 文化艺术中心

图 8-48 行政中心

2. 系统设计

(1) 末端系统设计

系统空调末端形式：大空间采用吊顶风机全空气送风，办公室采用风机盘管+新风。

(2) 能源系统设计（图 8-49）

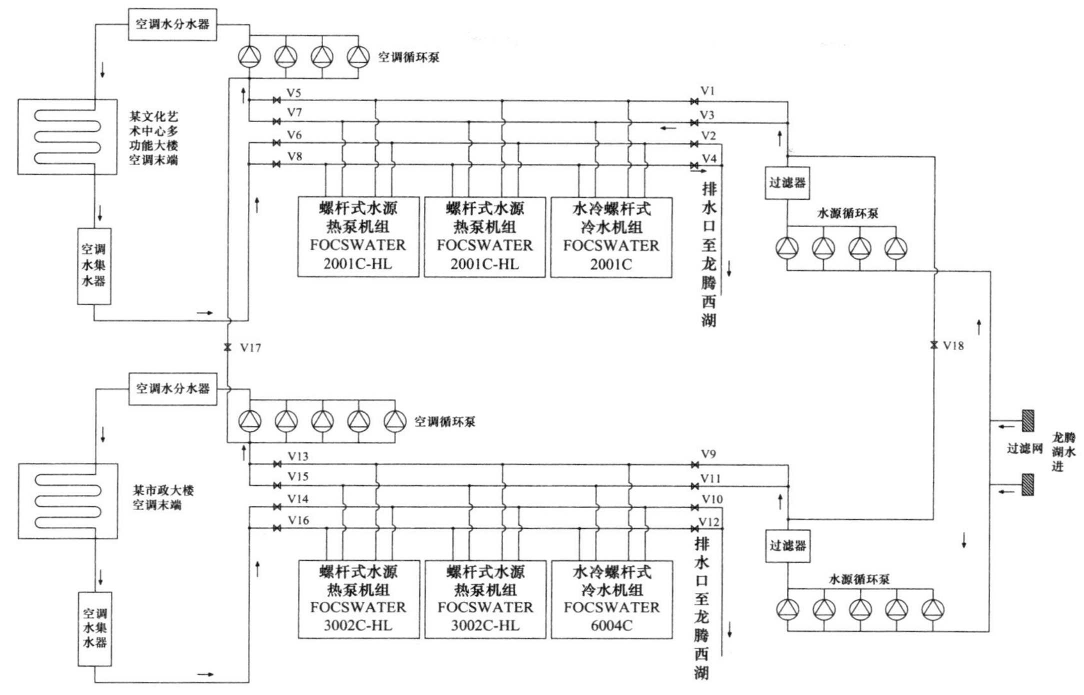

图 8-49　水源热泵能源站系统示意图

文化艺术中心夏季制冷所需求的制冷量是 1767kW，冬季供暖所需求的制热量是 754kW；行政中心夏季制冷所需求的制冷量是 4088kW，冬季供暖所需求的制热量是 2178.6kW；规划馆夏季制冷所需求的制冷量是 1826kW，冬季供暖所需求的制热量是 711kW。根据实际的工程条件和气候环境等因素的影响，选择龙腾湖和龙腾西湖的湖水作为水源热泵能源站的冷热源。

在冬季，通过螺杆式水源热泵空调系统的换热器吸收龙腾湖和龙腾西湖的湖水中的热量为文化艺术中心、行政中心、规划馆提供暖气；在夏季，通过螺杆式水源热泵机组联合水冷螺杆式冷水机组构成的空调系统的换热器向龙腾湖和龙腾西湖的湖水中排放热量，达到向文化艺术中心、行政中心、规划馆供冷的目的。本项目供冷冷负荷是通过螺杆式水源热泵机组和水冷螺杆式冷水机组一起提供；供暖热负荷是通过螺杆式水源热泵机组提供。

在夏季，空调系统的换热器与湖水相互换热，将空调系统在制冷时所产生的冷凝热排放到龙腾湖和龙腾西湖的水体中。在冬季，螺杆式水源热泵空调系统通过换热器与龙腾湖和龙腾西湖的湖水换热，提取热量用来对文化艺术中心、行政中心、规划馆供暖。尽量降低对龙腾湖与龙腾西湖水体环境的影响的同时，大大提高了能量转换效率。

主要设备材料，见表 8-39。

主要设备材料表　　**表 8-39**

序号	设备名称	技术参数	数量	备注
1	螺杆式水源热泵机组	制冷量：1136kW，制热量：1196kW	2 台	1 用 1 备
2	螺杆式水源热泵机组	制冷量：739kW，制热量：782kW	2 台	1 用 1 备

续表

序号	设备名称	技术参数	数量	备注
3	水冷螺杆式冷水机组	制冷量：2132kW	1台	—
4	水冷螺杆式冷水机组	制冷量：693kW	1台	—
5	水源循环泵	流量：280m³/h，扬程28m，功率：30kW，转速1480r/min	5台	4用1备
6	水源循环泵	流量：160m³/h，扬程32m，功率：22kW，转速1480r/min	4台	3用1备
7	空调循环泵	流量：160m³/h，扬程32m，功率：22kW，转速1480r/min	5台	4用1备
8	空调循环泵	流量：90m³/h，扬程32m，功率：15kW，转速1480r/min	4台	3用1备

3. 工程设计特点

本工程利用了现有周边环境资源，通过螺杆式水源热泵空调系统的换热器与龙腾湖和龙腾西湖的湖水在冬夏两季进行能量转换，在夏季，向湖水释放热量；在冬季，从湖水中吸取热量，这些设计平衡了水体中的温度场，而且因地制宜地应用了项目周边的地理环境。

4. 系统运行效果

系统于2017年12月投入使用，运行效果良好，达到设计要求，期间对该系统进行了运行性能检测：

在夏季制冷时，测得机组能效比为5.42，系统能效比为4.22。

在冬季供暖时，测得机组能效比为5.22，系统能效比为4.0。检测结果显示了水源热泵能源站在夏热冬暖地区、地表水源密集区供暖方面的优势明显。

5. 经济技术分析

(1) 经济运行分析

1) 制冷工况

常规中央空调制冷能耗：

空调总制冷量为7681kW，常规空调制冷系统能效比按照2.8计算，运行7个月，平均使用负载0.7，每天运行8h：

7681×8×7×30×0.7÷2.8=322.6万kWh

水源热泵空调制冷能耗：

水源热泵空调系统能效比按照4.22计算：

7681×8×7×30×0.7÷4.22=213.9万kWh

水源热泵空调制冷节能：

制冷节耗电量：322.6−213.9=108.7万kWh

2) 供暖工况

常规中央空调供暖能耗：

空调总制热量为3643.6kW，常规空调采暖系统能效比按照2.8计算，运行2个月，平均使用负载0.7，每天运行8h：

3643.6×8×2×30×0.7÷2.8=43.72万kWh，

水源热泵空调供暖能耗：

水源热泵空调系统能效比按照4.0计算：

3643.6×8×2×30×0.7÷4.0=30.6 万 kWh

水源热泵空调供暖节能：

供暖节耗电量：43.72-30.6=13.12 万 kWh

3）水源热泵空调总节能

水源热泵空调节耗电量：108.7+13.12=121.82 万 kWh

（2）节能减排效益分析

该项目全年常规能源替代量为 226.58t 标准煤，CO_2 减排量为 559.65t/年，SO_2 减排量为 4.53t/年，粉尘减排量为 2.26t/年。

8.4.2 涪陵 CBD 中央商务区水源热泵系统工程建设项目

建设地点：重庆市涪陵区

设计时间：2010 年 8～10 月

工程竣工日期：2012 年 2 月

设计单位：泛华建设集团有限公司

建设单位：重庆市涪陵城市建设投资集团有限公司

1. 工程概况

涪陵地处长江、乌江的交汇点，地表水资源丰富，是兼具山城、江城和库区生态特色的山水园林型城市。该项目为涪陵中央商务区之涪陵大剧院，是涪陵展示城市形象、反映城市特色、体现城市文化的城市核心区域和公众休闲观光的核心项目。其效果图如图 8-50 所示。

图 8-50 涪陵 CBD 中央商务区效果图

为了体现其示范作用，涪陵 CBD 中央商务区采用水源热泵机组进行供冷供热。据统计，确定使用水源热泵集中供能的项目包括涪陵大剧院、景观大道、宏西吉商业、两江商务大厦、金科超高层办公楼。

该项目一期示范面积 5.6 万 m^2，空调计算的冷负荷和热负荷分别为 8480kW 和 3575kW。在冷站内设置水源热泵机组，夏季空调系统冷冻水供回水温度为 7～12℃，冬季空调系统热水供回水温度为 45～40℃，源水侧夏季设计温度 22～30℃，冬季设计温度 15～8℃。

2. 系统设计

（1）末端系统设计

末端系统办公部分采用风机盘管+独立新风系统，大剧院采用组合式空调一次回风全空气系统，会议室部分采用吊顶式空调一次回风全空气系统。

(2) 能源系统设计

采用乌江的江水作为低位冷源，对大剧院、景观大道、办公楼等进行供冷供热，采用4台水—水式水源热泵机组提供建筑空调供暖所需的冷、热水。夏季空调系统冷冻水供回水温度为7～12℃，冬季空调系统热水供回水温度为45～40℃。

由于乌江冬夏水位波动大（145～174m），水源热泵取水采用浮船取水方式，退水采用直接退水到长江方式，取水退水口水平距离300m。由于江水泥沙含量高，系统未设置旋流除沙装置和水源热泵专用滤水器。

主要设备材料，见表8-40。

主要设备材料表 **表8-40**

序号	设备名称	机组型号及性能参数	数量	备注
1	水—水式水源热泵机组	RSW-410-2AF R134a； 额定制冷量：1432kW； 冷凝器进出水温：25/30℃， 蒸发器进出水温：12/7℃； 冷凝器：286.3m^3/h； 蒸发器：246.3m^3/h； 冷凝器进出水温：40/45℃， 蒸发器进出水温：8/5℃； 制冷功率：285kW	2台	一期 空调制冷/热
2	水—水式水源热泵机组	RSW-460-2AF R134a 额定制冷量：1621kW； 冷凝器进出水温：25/30℃， 蒸发器进出水温：12/7℃； 冷凝器：324.1m^3/h； 蒸发器：278.9m^3/h； 冷凝器进出水温：40/45℃， 蒸发器进出水温：8/5℃； 制冷功率：323kW	2台	一期 空调制冷/热
3	空调一次循环泵	KQW200/320-45/4； 额定流量：280m^3/h； 额定扬程：32m； 额定功率：45kW； 设计点效率：75%	6台	4用2备
4	空调二次循环泵	KQL200/300-55/4（Z）； 额定流量305m^3/h； 额定扬程：35m； 额定功率：55kW； 设计点效率：78%	5台	4用1备
5	取水泵	KQL200/300-55/4； 额定流量：350m^3/h； 额定扬程：34m； 额定功率：55kW； 设计点效率：78%	5台	4用1备

3. 工程设计特点

(1) 直接式江水源热泵

江水从乌江中取出后，经过过滤直接流进水源热泵机组，比采用换热器间接换热更好地利用了江水的温度，使进入机组的水温夏季温度更低，冬季温度更高。

（2）浮船取水技术

由于三峡库区的蓄水，取水位置冬夏季水位高差大，采用在浮船上安装取水泵，随水位的升降，取水泵的位置也发生变化，可以在水位高时减少水泵的扬程，减少取水能耗。

（3）热泵机房高效运行能效管理系统

根据负荷大小自动调节取水量、水泵运行台数、机组运行台数、保证部分负荷情况下系统高效运行。

4. 系统运行效果

系统能效比评估检测结果见表 8-41 和表 8-42。

空调系统制冷能效比检测结果　　表 8-41

项目	系统参数
有效检测时间	2013 年 8 月 21 日 9：30～15：40 2013 年 8 月 22 日 9：30～15：40
冷冻水供/回水平均温度（℃）	7.2/11.6
水源测进/出水平均温度（℃）	28.3/31.8
机房冷冻水流量（m^3/h）	188
系统能效比（kWh/kWh）	3.42
室内平均温度、湿度	26.2℃/51.4%
室外平均温度、湿度	39.3℃/29.7%

空调系统制热能效比检测结果　　表 8-42

项目	系统参数
有效检测时间	2013 年 12 月 4 日 9：40～16：00 2013 年 12 月 5 日 9：40～16：00
热水供/回水平均温度（℃）	44.4/39.3
水源测进/出水平均温度（℃）	11.2/14.0
机房热水流量（m^3/h）	212
系统能效比（kWh/kWh）	4.06
室内平均温度、湿度	19.4℃/45.1%
室外平均温度、湿度	13.8℃/44.5%

检测结果表明项目系统实施效果好，达到示范效果。

热泵机组能效比评估检测结果见表 8-43 和表 8-44。

热泵机组制冷能效比检测结果　　表 8-43

项目	系统参数
有效检测时间	2013 年 8 月 21 日 9：30～15：40 2013 年 8 月 22 日 9：30～15：40
冷冻水供/回水平均温度（℃）	7.2/11.6
水源测进/出水平均温度（℃）	28.3/31.8
冷冻水流量（m^3/h）	188
能效比（kWh/kWh）	6.15

热泵机组制热能效比检测结果　表 8-44

项目	系统参数
有效检测时间	2013 年 12 月 4 日 9：40～16：00 2013 年 12 月 5 日 9：40～16：00
热水供/回水平均温度（℃）	44.4/39.3
水源测进/出水平均温度（℃）	10.2/14.0
热水流量（m^3/h）	212
能效比（kWh/kWh）	5.78

检测结果表明项目系统评估效果好，达到示范目标。

5. 经济技术分析

（1）经济运行分析

增量成本依据项目单位提供的项目决算书进行校核，项目决算书中应对可再生能源的增量成本有明确的计算和说明，根据建设方提供的财务数据，本项目一期工程增量成本为 195.8 万元。

该项目年节约费用：

$CS=P\times QS\times q/3.6-M=0.156\times 245.28\times 1000\times 29.307/3.6-120000=191498$ 元

静态回收年限：

$N=C/CS=1958000/191498=10.2$

该项目的年节约费用 191498 元，静态回收期 10.2 年。

（2）节能减排效益分析（表 8-45）

系统全年常规能源替代量　表 8-45

<table>
<tr><td>温频段中心温度（℃）</td><td>27</td><td>29</td><td>31</td><td>33</td><td>35</td><td>37</td></tr>
<tr><td>温频数（h）</td><td>279</td><td>227</td><td>183</td><td>110</td><td>48</td><td>9</td></tr>
<tr><td>温频段平均制冷量（kW）</td><td>2736.8</td><td>2899.6</td><td>3142</td><td>3344.4</td><td>3547.6</td><td>3750.4</td></tr>
<tr><td>温频段累计制冷量（kWh）</td><td>763567.2</td><td>658208</td><td>574988</td><td>367884</td><td>170284</td><td>33753.6</td></tr>
<tr><td colspan="2">供冷季累计制冷量（kWh）</td><td colspan="5">2568685</td></tr>
<tr><td colspan="2">检测期间采暖度日数
HDD18（℃·d）</td><td>4.2</td><td>检测期间累计
耗热量（kWh）</td><td>1277.6</td><td>涪陵区供
暖度日数</td><td>1198</td></tr>
<tr><td colspan="2">供暖季累计耗热量（kWh）</td><td colspan="5">5110.4</td></tr>
<tr><td colspan="2">空调系统全年常规能源
替代量（t 标准煤）</td><td colspan="5">245.28</td></tr>
</table>

该项目系统全年常规能源替代量为 245.28t 标准煤。

标煤节约量、二氧化碳减排量、二氧化硫减排量、粉尘减排量计算结果见表 8-46。

减排量计算结果　表 8-46

减排因子	标煤节约量（t/年）	CO_2 减排量（t/年）	SO_2 减排量（t/年）	粉尘减排量（t/年）
减排量	245.28	605.84	4.92	2.48

该项目 CO_2 减排量为 605.84t/年，SO_2 减排量为 4.92t/年，粉尘减排量为 2.48t/年。

8.4.3 重庆市华地王朝大酒店水源热泵工程

建设地点：重庆市

设计时间：2010 年 6～12 月

工程竣工日期：2012 年 6 月

设计单位：重庆大学建筑设计规划研究总院有限公司

建设单位：重庆合川华地王朝大酒店有限公司

1. 工程概况

王朝大酒店位于重庆市嘉陵江畔，地下 1 层，地上 13 层为公共建筑。总建筑面积为 4.69 万 m^2。其主要功能是客房、办公、会议室、餐饮、咖啡厅、游泳池、KTV 包间、健身房等。最大冷负荷 4164kW，最大热负荷 1433kW，热水负荷 1533kW，热水量 27.8m^3/h。其外观如图 8-51 所示。

图 8-51 王朝大酒店外观图

冷热源机房位于地下 1 层，机房底标高为 208.7m。工程设计能保证抵御 20 年一遇的洪水。

2. 系统设计

（1）末端系统设计

系统末端采用常规空调形式。宾馆办公等小空间部分采用风机盘管＋新风系统，餐饮、健身房等采用一次回风系统。

（2）能源系统设计

本项目全部采用嘉陵江水作为低位冷热源，采用水源热泵系统制冷、供暖、制取卫生热水及游泳池保温。系统夏季设计冷源水取水温度为 26℃，取温差为 5℃；冬季设计热源水取水温度为 10℃，设计温差为 5℃。热水系统夏季设计冷源水取水温度为 26℃，取温差为 10℃；冬季设计热源水取水温度为 10℃，设计温差为 5℃。夏季供冷选用两台螺杆式水源热泵机组和一台单冷机组型；冬季供热选用两台螺杆式水源热泵机组。卫生热水及游泳池保温单独采用一套水源热泵系统，选用两台螺杆式水源热泵机组。

能源系统采用嘉陵江地表水作为低位冷热源。设计时对地表水的具体情况进行水位、水温、水质进行综合分析。

1）水位分析（表 8-47）

嘉陵江合川断面汛期/枯水期水位表 **表 8-47**

序号	重现期	汛期		枯水期	
		天然水位（m）	淤后水位（m）	天然水位（m）	淤后水位（m）
1	10 年一遇	212.31	213.35	192.92	203.47
2	20 年一遇	215.19	216.04	194.61	201.49
3	50 年一遇	217.92	218.44	/	/

项目建成后，嘉陵江合川段将形成草街航电枢纽，该枢纽距合川区 27km，水库正常蓄水位为 203m，死水位为 202m。该枢纽水库蓄水后，使得嘉陵江合川段水位与蓄水前发生变化，与蓄水前的嘉陵江自然流动状态有所不同。合川自来水公司的取水口设置在水位 196m 处。而该水源热泵项目位于合川草街航电枢纽水库上游。

嘉陵江径流主要由降水补给，径流年内分配不均匀，水位变化幅度大，蓄水前丰枯水位高差达到 20m 以上。蓄水后，水流流速减缓，表层水浊度较蓄水前降低，泥沙将沉积于库底，河床底标高抬高，若取水口与河床距离过近，取水时容易吸入底泥等，因此取水头部不宜设置过低，以满足最低水位时正常取水即可。根据草街电站水位运行变化规律可知，15000m³/s 敞泄冲沙工况时河道水位最低，设计最枯水位为 198.20m，20 年一遇的淤后水位为 201.49m，为保证吸水安全，则吸水口标高设置在 200m 最为适宜。

2）水温分析

嘉陵江水温度相对稳定，夏季温度平均温度为 26℃，冬季温度平均为 10℃。嘉陵江全年最高水温为 31.3℃，最低水温为 8.3℃。根据美国制冷学会 ARI320 标准（开式系统水源热泵对水温的要求是 5～38℃）可知，嘉陵江水的这种温度特性使其成为水源热泵良好的冷热源。

3）水质分析

水质的好坏直接关系到机组的运行效果和使用寿命，地表水的水质指标包括水的浊度、硬度以及藻类和微生物含量等。2004 年环境监测数据见表 8-48。表中的允许值取自《民用建筑供暖通风与空气调节设计规范》GB 50736—2012 中第 8.3.6 条和《地源热泵系统工程技术规范》（2009 版）GB 50366—2005 中第 5.2.8 条和第 6.2.4 条对采用地下水、地表水的水源热泵机组的水质指标。

由表 8-48 可以得知：平时嘉陵江水中沙粒较小，取水不需要预处理，水源热泵机组只需定期采用人工或刷管机对机组进行清沙处理；当洪水期时，江水中会有较大粒径的沙粒，需要加旋流除砂器对江水进行预处理。

嘉陵江水质监测平均值 **表 8-48**

水质指标	pH 值	Ca^{2+}（mg/l）	Fe^{2+}（mg/l）	H_2S（mg/l）	浊度（NTU）	含沙量（kg/m³）
	7.97	9.93	0.557	0.004	11.7	1.75
允许值	6.5～8.5	＜200	＜1	＜0.5	6.5	0.005
备注	满足	满足	满足	满足	不满足	不满足

4）水量分析

该工程最大取水量为 799.8m³/h，而嘉陵江在历史最低水位仍有 1690m³/h 的流量，同时下游建成了草街水电站，因此工程所在水域将形成水库，可以保证项目正常运行的用水量。

主要设备材料，见表 8-49。

主要设备材料表 表 8-49

序号	设备名称	型号及技术参数	数量
1	螺杆式水源热泵机组	制冷量：840kW	2 台
2	单冷冷水机组	制冷量：1544.4kW	1 台
3	螺杆式水源热泵机组	制热量：710.2kW	2 台
4	螺杆式水源热泵机组	制冷量：846.4kW 制热量：626.8kW	2 台
5	取水泵	卧式离心泵 Q=330m³/h，H=35m，N=45kW	3 台
6	水处理设备	旋流除砂器，单台处理量 320m³/h	3 台

3. 工程设计特点

该方案的取水泵可以设置在冷热源机房内或者在江边单独设置水泵房，若取水泵设置在冷热源机房内，则吸水口与水泵吸入口存在 8.7m 的高差，水泵气蚀高度不够，取水管道易产生真空段，安全性差。所以，本工程将在滨江路绿化带内设置淹没式取水泵房，不露出地面，不会影响景观环境。水泵吸入口标高为 200m，降低了取水高度，水泵取水的安全性较高。图 8-52 所示，当水位高于 213.5m 时，防洪门关闭，通气管正常运行，仍可保证取水泵正常工作，设计标高能抵御 20 年一遇的洪水。取水泵房内还设置有临时取水管，当取水头损坏时，可用临时的浮船取水方式通过临时取水管向机组供水，保证系统正常运行。

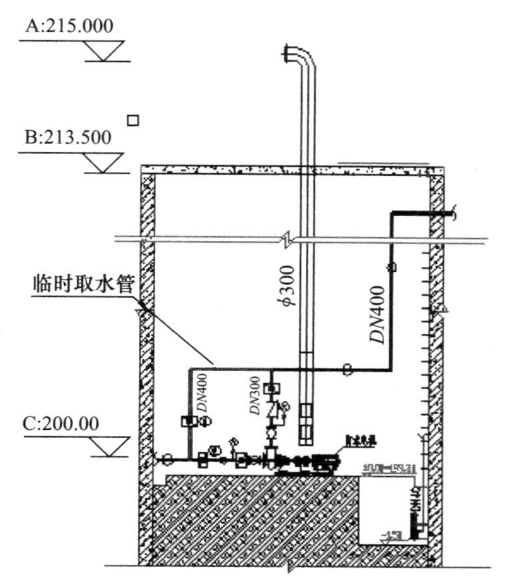

A-通气管标高；B-防洪门标高；C-取水口标高

图 8-52 干式取水泵房设计大样图

该方案不会影响到航道运输，项目实施受到的制约因素最少。

4. 系统运行效果

系统安装完毕后，建设方委托第三方检测单位对系统运行进行了检测，检测结果见表8-50～表8-52。

第三方检测中心出具的系统夏季检测数据 表8-50

夏季检测项目	系统参数
有效检测时间	2012年8月25日11：00～17：00 2012年8月26日11：30～17：30
机组运行模式	两台RTWD250HE机组同时运行
冷冻水供水平均温度（℃）	6.8
冷冻水回水平均温度（℃）	10.2
水源侧进水平均温度（℃）	29.1
水源侧回水平均温度（℃）	32.7
冷冻水总流量（m^3/h）	354.66
系统耗电量（kWh）	5081.72
系统制冷量（kWh）	17273.5
系统能效比	3.4

第三方检测中心出具的系统冬季检测数据 表8-51

冬季检测项目	系统参数
有效检测时间	2012年1月9日11：30～17：30 2012年1月10日10：30～16：30
机组运行模式	两台RTWD250HE机组同时运行
热水供水平均温度（℃）	44.4
热水回水平均温度（℃）	41.5
水源侧进水平均温度（℃）	10.4
水源侧回水平均温度（℃）	8.9
热水总流量（m^3/h）	263.29
系统耗电量（kWh）	3448.25
系统制热量（kWh）	10689.6
系统能效比	3.1

第三方检测中心出具的热水系统检测数据 表8-52

冬季检测项目	系统参数
热水供水平均温度（℃）	53.5
热水回水平均温度（℃）	49.5
水源侧进水平均温度（℃）	15.3
水源侧回水平均温度（℃）	11.6
热水总流量（m^3/h）	152.03
系统耗电量（kWh）	449.55
系统制热量（kWh）	1544.55

续表

冬季检测项目	系统参数
系统能效比	3.44
机组能效比	4.3

注：1. 系统耗电量包括热泵机组、冷冻水循环水泵、取水泵和旋流除砂器的总耗电量。
2. 测试方式和仪器要求等均按照《可再生能源建筑应用工程评价标准》执行。

将表 8-50～表 8-52 中能效比对比表 8-53 可知，本项目的江水源热泵系统冬夏季的系统能效均达到 2 级，其中热水系统制热性能系数远超 1 级，本系统在冬夏季运行时都处于高效率运行状态。所以，本项目是节能效果相当显著的一个示范工程，可以实现节约 467.8t 标准煤/年，减少 CO_2 排放 1166t/年，减少 SO_2 排放 35t/年。

《可再生能源建筑应用工程评价标准》(GB/T 50801—2013)　　表 8-53

工况	1 级	2 级	3 级
制热性能系数	$COP_{sys} \geqslant 3.5$	$3.5 \geqslant COP_{sys} \geqslant 3.0$	$3.0 \geqslant COP_{sys} \geqslant 2.6$
制冷能效比	$EER_{sys} \geqslant 3.9$	$3.9 \geqslant EER_{sys} \geqslant 3.4$	$3.4 \geqslant EER_{sys} \geqslant 3.0$

5. 经济技术分析（表 8-54）

经济运行分析　　表 8-54

方案	初投资（万元）	年运行费用（万元）
水源热泵空调	1029	422.9
常规空调	690	496.8
方案对比差额	−339	73.9

投资回收期公式：

$$N = \frac{\lg E - \lg(E - I \times i)}{\lg(1 + i)} \tag{8-13}$$

其中，N 为回收年限，E 为运行费用差额（万），I 为初投资差额（万），i 为贷款年利率，五年以上取 7.05%，则，

$$N = \frac{\lg E - \lg(E - I \times i)}{\lg(1 + i)} = \frac{\lg 73.9 - \lg(73.9 - 339 \times 7.05\%)}{\lg(1 + 7.05\%)} = 5.75 \text{ 年}$$

根据以上数据比较，可以得出水源热泵回收期为六年，效益优于传统空调系统。

节能减排效益分析　　表 8-55

	水源热泵空调		传统空调		水源热泵空调	传统空调	节能率 (P)
	耗电量 (kWh)	耗气量 (N·m³)	耗电量 (kWh)	耗气量 (N·m³)	折合耗煤量 (tce)		
夏季空调系统	1412814	/	1612920	/	461.99	527.42	12.4%
冬季空调系统	526096	/	11232	25617	172.03	311.10	44.7%
冬季空调和生活热水	1426816	/	30672	598104	466.56	729.82	36.1%

根据表 8-55 的分析，水源热泵系统要多耗电 354.4 万 kWh，少耗天然气 162.4 万 Nm^3。根据 1 万 kWh 电折标准煤为 3.27tce，1 万 Nm^3 天然气折标准煤 12.143tce。则热泵系统每年的节煤量为：$M_1 = 162.4 \times 12.143 - 354.4 \times 3.27 = 812.3$tce，每年可以节约

812.3t标准煤，减少CO_2排放2025t，减少SO_2排放74.5t。相比常规的冷水机组+冷却塔+锅炉方案，节能环保。

8.4.4　重庆市巫溪帝豪大酒店水源热泵系统工程

建设地点：重庆市巫溪县

设计时间：2012年5月～7月

工程竣工日期：2014年2月

设计单位：重庆市轻工业设计院

建设单位：巫溪县玉龙房地产开发有限公司

1. 工程概况

重庆巫溪帝豪大酒店位于巫溪县新县城，占比邻白杨河，酒店集中空调及卫生热水采用水源热泵机组进行供冷供热。该项目为重庆市地表水可再生能源应用示范项目，总示范面积3.23万m^2，其中空调面积2.6万m^2，空调计算的冷负荷和热负荷分别为5358.6kW和2927kW。在冷热站内设置水源热泵机组，夏季空调系统冷冻水供回水温度为7～12℃，冬季空调系统热水供回水温度为45～40℃，源水侧夏季设计温度22～30℃，冬季设计温度15～8℃。其外观如图8-53所示。

图8-53　重庆巫溪帝豪大酒店外观

2. 系统设计

（1）末端系统设计

末端系统客房部分采用风机盘管+独立新风系统，餐饮及会议室部分采用吊顶式空调一次回风全空气系统。

（2）能源系统设计

该项目采用地表水源热泵作为空调和卫生热水冷热源。水源热泵采用开式直接式方案。项目总共采用4台螺杆式冷水机组，其中2台负责空调供冷供暖，另外2台负责卫生热水制备，夏季空调系统冷冻水供回水温度为7～12℃，冬季空调系统热水供回水温度为45～40℃。水源热泵取水采用垂直渗滤取水方式，取水井深27～30m，开口直径1500mm，成井直径800mm，单口取水井设计取水量80m^3/h，退水采用白杨河直接退水，由于取水井出水水质较好，系统未设置旋流除沙装置，设计水源热泵机组配套胶球在线清洗装置。该项目卫生热水另设置了太阳能光热系统作为优先开启热源。

主要设备材料，见表 8-56。

主要设备材料表 表 8-56

序号	设备名称	机组型号及性能参数	数量	备注
1	水水式水源热泵机组（满液式）	DRSW-420-2AF R134a； 额定制冷量：1454.5kW； 冷凝器进出水温：25/30℃， 蒸发器进出水温：12/7℃； 额定制热量：1440.1kW； 冷凝器进出水温：40/45℃， 蒸发器进出水温：8/5℃； 制冷/热功率：213.1/282.2kW	2 台	制冷/热
2	水源热泵热水机组	额定制热量：700kW； 冷凝器进出水温：55/60℃， 蒸发器进出水温：10/5℃； 制热功率：208kW	2 台	热水
3	深井潜水泵	KQW200/320-45/4； 额定流量：100m³/h； 额定扬程：28m； 电机功率：15kW	7 台	3 用
4	空调冷冻水循环泵（单级立式离心泵）	KQL200/300-37/4（Z）； 额定流量：280m³/h； 额定扬程：28m； 电机功率：37kW	4 台	3 用 1 备
5	余热回收循环泵（单级立式离心泵）	KQL80/110-4/2； 额定流量：45m³/h； 额定扬程：16m； 电机功率：4kW	2 台	1 用 1 备
6	卫生热水取水泵（单级卧式离心泵）	KQW150/300-22/4； 额定流量：187m³/h； 额定扬程：28m； 电机功率：22kW	2 台	2 用
7	卫生热水热源侧循环泵（单级立式离心泵）	KQW125/110-11/2； 额定流量：143m³/h； 额定扬程：16m； 电机功率：11kW	3 台	2 用 1 备
8	承压热水罐	容积：10m³	2 个	—

3. 工程设计特点

(1) 直接式水源热泵

河水从柏杨河中取出后，经过渗滤后直接流进水源热泵机组，比采用换热器间接换热更好地利用了河水的温度，使水温夏季温度更低，冬季温度更高。

(2) 渗滤取水技术

采用在河边竖直打井的方式，河水经过井壁渗漏进入井中，可以保证取水的水质，同时由于水同土壤进行换热，可以使水温更加适合水源热泵机组运行。

（3）热泵机房高效运行能效管理系统

根据负荷大小自动调节取水量，水泵运行台数，机组运行台数，保证部分负荷情况下系统高效运行。

4. 系统运行效果

系统能效比评估检测结果见表8-57和表8-58。

空调系统制冷能效比检测结果 **表8-57**

项目	系统参数
有效检测时间	2013年8月11日10：00～18：00 2013年8月12日9：30～15：40
冷冻水供/回水平均温度（℃）	8.4/12.5
水源测进/出水平均温度（℃）	20.6/29.8
机房冷冻水流量（m^3/h）	163.2
系统能效比（kWh/kWh）	3.82
室内平均温度、湿度	23.7℃/42.7%
室外平均温度、湿度	34.2℃/45.6%

空调系统制热能效比检测结果 **表8-58**

项目	系统参数
有效检测时间	2014年1月1日10：30～17：20 2014年1月2日11：00～17：10
热水供/回水平均温度（℃）	47.8/45.0
水源测进/出水平均温度（℃）	17.1/11.6
机房热水流量（m^3/h）	239.9
系统能效比（kWh/kWh）	3.18
室内平均温度、湿度	21.2℃/26.7%
室外平均温度、湿度	12.7℃/37.1%

检测结果表明项目系统实施效果好，达到示范效果。

热泵机组能效比评估检测结果见表8-59和表8-60。

热泵机组制冷能效比检测结果 **表8-59**

项目	系统参数
有效检测时间	2013年8月11日10：00～18：00 2013年8月12日9：30～15：40
冷冻水供/回水平均温度（℃）	8.4/12.5
水源测进/出水平均温度（℃）	20.6/29.8
冷冻水流量（m^3/h）	163.2
能效比（kWh/kWh）	5.42

热泵机组制热能效比检测结果　　表 8-60

项目	系统参数
有效检测时间	2014 年 1 月 1 日 10：30～17：20 2014 年 1 月 2 日 11：00～17：10
热水供/回水平均温度（℃）	47.8/45
水源测进/出水平均温度（℃）	17.1/11.6
热水流量（m^3/h）	239.9
能效比（kWh/kWh）	4.18

检测结果表明项目系统评估效果好，达到示范目标。

5. 经济技术分析

(1) 经济运行分析

常规空调系统全年运行费用与水源热泵空调系统初投资及全年运行费用对比见表 8-61。

各方案初投资及全年运行费汇总表　　表 8-61

方案	水源热泵系统	常规系统	节省费用（万元）
初投资（万元）	1484.36	1047.03	−437.33
全年运行费（万元）	266.06	651.03	384.96

由表 8-61 可以看出，采用水源热泵系统比采用常规空调系统每年可节约运行费用 384.96 万元，增加的初投资 437.33 万元。

计算可得静态投资回收期为 1.14 年，动态投资回收期 2.22 年。

(2) 节能减排效益分析

系统全年常规能源替代量见表 8-62。

系统全年常规能源替代量　　表 8-62

<table>
<tr><td>温频段中心温度（℃）</td><td>27</td><td>29</td><td>31</td><td>33</td><td>35</td><td>37</td></tr>
<tr><td>温频数（h）</td><td>279</td><td>227</td><td>183</td><td>110</td><td>48</td><td>9</td></tr>
<tr><td>温频段平均制冷量（kW）</td><td>611.84</td><td>657.16</td><td>702.49</td><td>747.81</td><td>793.13</td><td>838.45</td></tr>
<tr><td>温频段累计制冷量（kWh）</td><td>170703.95</td><td>149176.17</td><td>128554.82</td><td>82258.77</td><td>38070.18</td><td>7546.05</td></tr>
<tr><td colspan="2">供冷季累计制冷量（kWh）</td><td colspan="5">576310</td></tr>
<tr><td colspan="2">检测期间采暖度日数 HDD18（℃·d）</td><td>10.60</td><td>检测期间累计耗热量(kWh)</td><td>1621.80</td><td>巫溪县采暖度日数</td><td>1310.00</td></tr>
<tr><td colspan="2">供暖季累计耗热量 kWh</td><td colspan="5">200430</td></tr>
<tr><td colspan="2">空调系统全年常规能源替代量（t 标准煤）</td><td colspan="5">25.10</td></tr>
</table>

该项目系统全年常规能源替代量为 25.10t 标准煤（测试期间系统未全部投入使用，该数据为实际使用部分节能效益）。

标煤节约量、二氧化碳减排量、二氧化硫减排量、粉尘减排量计算结果见表 8-63。

减排量计算结果 表 8-63

参数（t/年）	标煤节约量	CO_2 减排量	SO_2 减排量	粉尘减排量
数值	25.10	61.99	0.50	0.25

该项目的 CO_2 减排量为 61.99t/年，SO_2 减排量为 0.50t/年，粉尘减排量为0.25t/年。

8.4.5 哈尔滨工业大学学生浴池污水源热泵项目

建设地点：哈尔滨南岗区西大直街 92 号

设计时间：2015 年 10 月

工程竣工日期：2016 年 10 月

1. 工程概况

哈尔滨工业大学一校区学生浴池为一层，全部为淋浴式。洗浴用水来源于市政自来水厂供应的生活饮用水。改造前以学校锅炉房为热源加热洗浴用水，洗浴后的污水直接排放，全年无论是耗能量还是耗水量都十分巨大。在哈尔滨市逐步取消小型锅炉房的政策下急需寻找新的热源为洗浴中心供应热水。在考虑多种方案以后，决定采用洗浴废水余热回收的方式加热洗浴用水。

2. 系统设计

（1）末端系统设计

末端热回收装置选用四台 FP-102 热回收风机盘管机组，冷水来自城市自来水。设置电加热装置，在过渡季和冬季等环境温度偏低、机组出力不够的情况下作为补充热源，以及作为系统刚开始运行时的热源。

（2）系统运行模式

系统常规运行模式如下：洗浴废水通过管路收集至污水箱，通过浸泡式换热器将热量传递给另一侧的循环工质。循环工质流入热泵机组的蒸发器，被冷却后流回污水箱，继续与污水进行换热。经多次循环冷却以后，污水储水箱中的水温逐渐降低，当降低到设定温度值时，污水箱底部的排水管打开，进行污水排放。

来自市政管网的自来水首先流经浴室内的热回收风机盘管充分预热，之后流入热泵机组的冷凝器。经热泵机组提升温度后，温度较高的洗浴用水流至热水箱。当热水箱内的温度达到设定温度时，热水输送泵开始工作，向浴室内输送热水。

（3）主要设备材料

改造方案在原有管路的基础上改造了热水机房、污水存储设施以及热水存储设施。改造后的系统原理图如图 8-54 所示。系统主要由 3 台污水源热泵机组、4 台热回收风机盘管机组、蓄热水箱、污水箱、电加热器等主要设备构成。污水热泵机组选用 HCRB（A）-Y48 型热水机组，名义制热量为 48kW，总供热量的 85％来自于污水废热，机组的出厂测试数据见表 8-64。热水箱容积为 60m^3，材质为不锈钢；污水箱容积与其相同，材质为玻璃钢。在入水温度≥5℃的条件下设计日产 55℃热水 75t。

3. 工程设计特点

利用低品位能源。相比于常规的浴池热回收系统，该系统以热回收盘管作为市政自来水的预热装置，充分利用低品位能源。

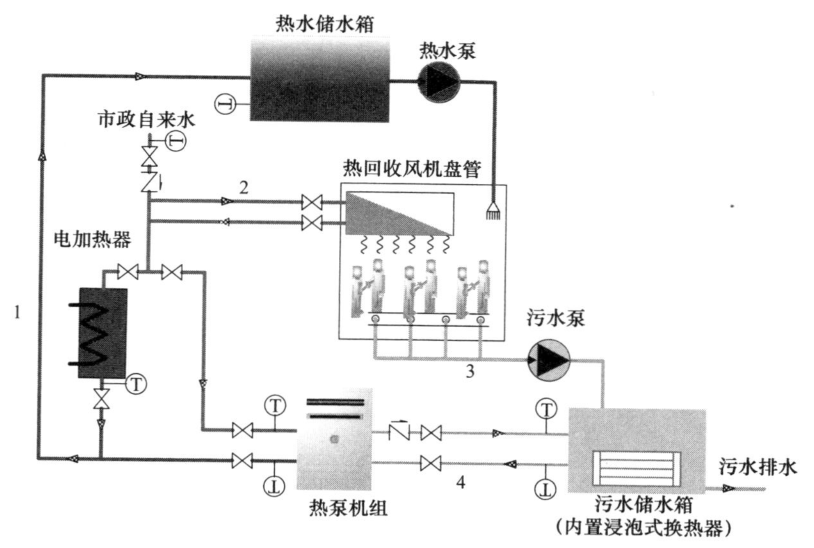

1-热水管路；2-冷水管路；3-污水管路；4-蒸发器侧循环管路

图 8-54 浴池污水源热泵余热回收系统原理简图

HCRB（A）-Y48 型机组出厂测试参数 **表 8-64**

测试条件	水流量（t/h）	冷凝器进水温度（℃）	冷凝器出水温度（℃）	蒸发器进水温度（℃）
	8.536	14.88	55.05	14.93
性能指标	制热量（kW）	制热功率（kW）	性能系数（*COP*）	
	51.256	9.12	5.62	

提高人体舒适度。同时设置在浴室内的风机盘管还可以调节洗浴环境温度，充分保证洗浴者的舒适感。

夜间污水热量回收。洗浴结束以后污水箱内还存有一定量的温度较高的洗浴废水，需要控制一台热泵机组在夜间运行以回收污水的热量。当污水温度降低到10℃以下时，自动控制系统关闭热泵机组以及水泵等设备，等待下一次的开启。

4. 系统运行效果

为确保系统运行达到设计要求，对系统性能进行测试，测试时间为 2016 年 10 月 27 日～11 月 05 日，共 10 天。在测试阶段，浴池每天的开放时间为 12：00～21：00。该工程在建设时同时配套了数字检测采集系统。该测试系统主要采集温度、耗电量以及流量等参数（图 8-55～图 8-57），主要用于计算换热量以及系统 *COP* 等关键性指标参数值，从而分析系统的运行特性和经济性。

5. 经济技术分析

为了评价该改造工程的经济性，计算该工程的费用年值，并与改造前的费用年值进行对比，进而评价该改造工程的经济效益。该项目的初投资主要包括设备费、安装费、土建费以及管道系统和保温材料，各项费用以及总费用列于表 8-65。

年运行费用主要包括电费、水费以及设备维护管理费。电费取 0.51 元/kWh，自来水取 3.2 元/m^3。经计算，改造后系统年运行费用为 23.75 万元。

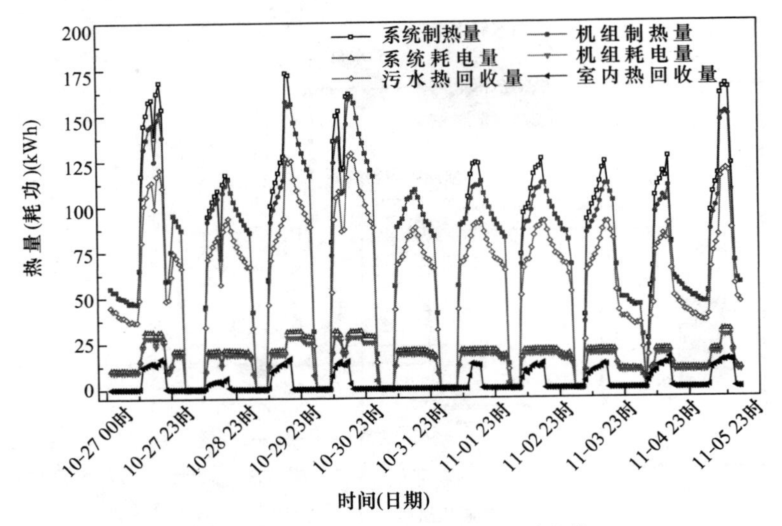

图 8-55　制热量（耗电量）逐时变化

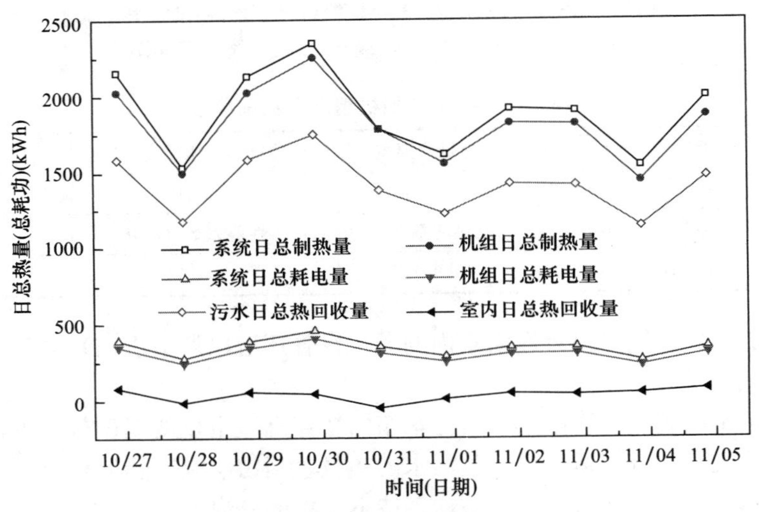

图 8-56　日总制热量（耗电量）变化

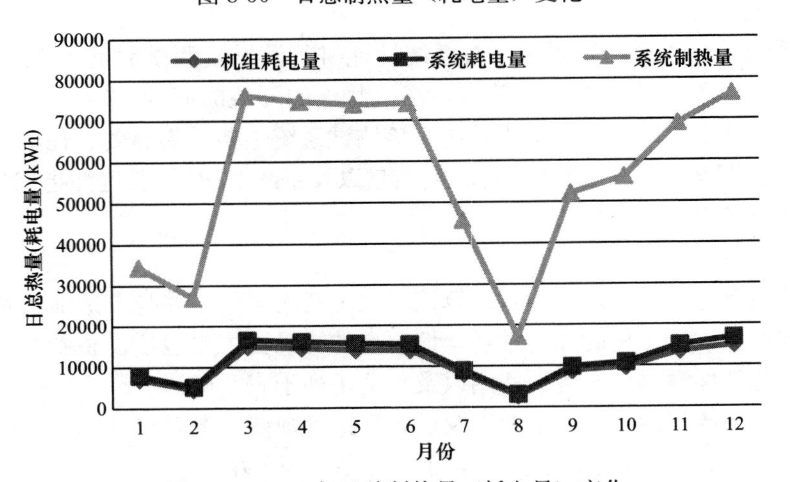

图 8-57　2017 年日总制热量（耗电量）变化

改造项目初投资费用 表 8-65

项目	费用	说明
设备费	65.5	包括热泵机组、风机盘管、水泵、电加热器等
安装费	9.8	按照设备费的 15%计算
土建费	40	每平方米 1200 元
管道系统及保温材料	8.5	取设备费用的 13%
总计	123.8	

动态费用年值实质是将初投资的资金现值按其时间价值等额分配到各使用年限中，并与年经营成本相加。其计算式如下：

$$AC = \frac{i(1+i)^m}{(1+i)^m - 1} \cdot C_0 + C \tag{8-14}$$

式中 AC——费用年值，万元；

C_0——初投资，万元；

i——利率，取 8%；

m——设备使用年限，这里按照 10 年计算；

C——年运行费用。

经计算，该改造工程的动态费用年值约为 42.18 万元，而原燃煤锅炉的费用年值约为 50 万元。改造后系统的费用年值减少了约 15.6%，因此改造后的系统具有明显的经济效益。

6. 节能减排效益分析

以 CO_2 排放量作为系统环保性评价指标。为了简化计算，这里假定年总用热量为 1.9GJ（按照年运行 10 月，每天洗浴用水 50t，每吨水温升 30℃计算，即 4.18×30×1000×50×300=1.9GJ）。燃煤供水系统各个环节的效率采用设计推荐值，热泵余热回收系统的 COP 值取测试阶段的日平均值，即 4.90。系统各个环节的指标详见表 8-66。计算结果表明，改造后系统年 CO_2 排放量约为 107.40t，同比减少约 71.5%，因此改造后的系统环保性显著。

燃煤系统和热泵系统各环节效率以及系统 CO_2 排放量指标 表 8-66

系统效率以及碳排放指标	燃煤锅炉效率	换热器效率	管道散热损失	燃煤输运损失
	55%	95%	6%	3%
	原煤低位热值	原煤的标煤折算系数	单位标煤碳排放量	电的标煤折算系数
	4500kcal	0.7143	2.493kg	0.4
燃煤供水系统年 CO_2 排放量	$1.9\times10^9\times0.7143\times2.493/(4500\times0.55\times0.94\times0.95\times0.97\times4.18\times1000)=377.56$t			
热泵余热回收系统年 CO_2 排放量	$1.9\times10^9\times2.493\times0.4/(4.90\times1000)=107.40$t			

8.5 中深层地源热泵系统

8.5.1 太原经济技术开发区地热集中供热首站项目

建设地点：山西省太原市

设计时间：2015 年 7 月完成设计

工程竣工日期：2015年10月竣工

设计单位：山西双良新能源热电工程设计有限公司

建设单位：中石化新星双良地热能热电有限公司

1. 工程概况

太原经济技术开发区地热集中供热首站项目位于太原经济技术开发区中国电子科技集团第三十三研究所原锅炉辅机房内，该项目的实施替代了3台燃煤锅炉，共计150t。该项目钻成地热井10口（5口出水井、5口回灌井，百分之百回灌），建设一座地热站房，站房面积630m²，采用地热水直接换热+热泵提温提供基础热负荷，燃气溴化锂吸收式热泵作为调峰。设计供热能力30MW，系统设计供回水温度为68/45℃，通过原有*DN*500管网将热源输送至各个换热站。站内及站外实景如图8-58和图8-59所示。

图8-58　站外实景图

图8-59　站内实景图

2. 系统设计

(1) 末端系统设计

本项目系统主要针对热源站进行改造，末端系统不变。

(2) 能源系统设计

根据该地区的气候特点、供暖建筑物的热负荷需求、地理环境以及原有燃煤锅炉供热系统的情况，采用地热直接换热供热、高温离心热泵机组和燃气溴化锂吸收式热泵机组多级提温的复合能源系统，即由地热直接换热+高温离心热泵承担基础负荷，最大限度减少污染物和二氧化碳排放，高效运行。系统原理如图8-60所示。

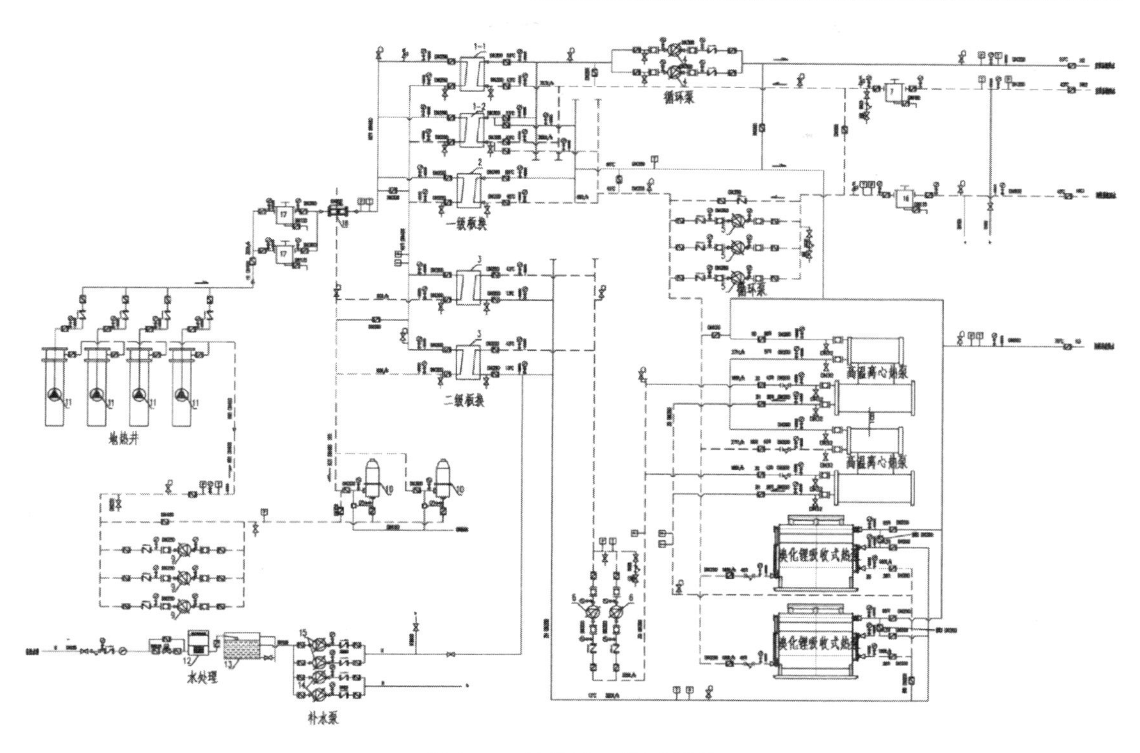

图 8-60 地热站工艺原理图

地热直接换热供热＋高温离心热泵承担冬季基础热负荷，即总负荷的53％，燃气溴化锂吸收式热泵机组在调节峰值热负荷时启用。燃气溴化锂吸收式热泵机组在调节峰值热负荷期间与地热直接换热板换、高温离心热泵机组并联运行。

地热站为地上一层建筑，设置两个设备间，燃气溴化锂吸收式热泵机组单独设置在一个设备间内。

各级设备供热量，见表 8-67。

各级设备供热量 **表 8-67**

系统	回水温度(℃)	供水温度(℃)	直接换热(kW)	一级热泵(kW)	二级热泵(kW)
直供系统	40	50	9013	6898	13919
城网系统	45	68			

该项目采用分散式控制管理方式，对现场设备进行分散控制、集中管理，各现场控制器可实现点对点的双向通信。

冬季供暖系统控制方案为：

热源系统包括一级板式换热器 4 台、二级板式换热器 4 台、1 台高温离心热泵（两个模块)、2 台燃气溴化锂吸收式热泵机组、1 套控制系统。

末端供回水温度低于设定值时设备开启顺序（此时相对应的泵、阀将同时动作）：高温离心热泵机组模块 1→高温离心热泵机组模块 2→1 号燃气溴化锂吸收式热泵机组→2 号燃气溴化锂吸收式热泵机组。

地能井泵根据地能采集井回水总管温度及热泵机组的最小需水量进行数量控制，在进行数量控制时可根据每台水泵的累计运行时间进行水泵的轮换使用，达到水泵的合理运行。

末端供回水温度高时设备停止顺序（此时相对应的泵、阀将同时动作）：2号燃气溴化锂吸收式热泵机组→1号燃气溴化锂吸收式热泵机组→2号高温离心热泵机组→1号高温离心热泵机组。

主要设备材料，见表8-68。

主要设备材料表 **表8-68**

序号	设备名称	数量	单台供热量（kW）	总制热量（kW）	备注
1	高温离心式热泵机组	1台	7258	13000	两个模块
2	燃气溴化锂吸收式热泵机组	2台	7000	14000	—
3	一级板式换热器	4台	3000	12000	—
4	二级板式换热器	4台	3000	12000	—

3. 工程设计特点

本项目为燃煤锅炉替代工程，原燃煤锅炉热源通过城市热网辐射周边3km范围内的热用户，配套11座热力站进行二次换热供热。热力站分散，供热面积小，且坐落于建成区域内，无单独钻井的场地，对各用户进行地热实施存在难度，且不经济。根据现场踏勘，将锅炉辅机房改造为地热首站，井位利用距离地热首站北侧300m是规划的城市绿带，全长约1.5km，通过管网输送至地热首站。项目由地热井系统、地热能集中供热首站、换热站、各级供热管网、用户末端五部分系统组成。改造后，城市热网供回水温度为68/45℃，至各热力站进行换热。同时对各热力站内板换进行改造，为小温差板换，满足供热需求。

地热井系统由10口地热井组成，5口出水井、5口回灌井，均为采灌综合井。地热井平均井深2400～2500m，平均水温68℃，单井出水量均在70m³/h以上，而且项目完全采用“只取热、不取水”的地热供暖技术，实现了地热水的百分之百回灌。

地热首站系统通过对地热水进行多级利用，在合理范围内充分利用地热水温差。通过对换热设备和热泵设备的优化集成组合，节约能耗，采用地热水换热直供，同时考虑满足换热站二次换热的温度要求，采用了高温离心热泵与燃气溴化锂吸收式热泵相结合的方式，整体提高地热系统供水温度，提高系统综合能效比，提升地热能的利用率。

4. 系统运行效果

根据项目设备选型和系统设计，并结合系统运行策略，对常规能源系统与地热系统冬季能耗和运行费用进行对比。

太原市冬季供暖总计150天，共计3600h，根据热负荷延时曲线，供暖期一开始地热直接供热即满负荷开启，高温离心式热泵根据负荷需求运行，在室外温度低于2.35℃开始开启燃气溴化锂吸收式热泵机组。不同室外温度对应的热负荷见表8-69。

不同室外温度对应的热负荷表 **表8-69**

室外温度（℃）	热负荷（MW）
5.00	13.37
2.35	16.10
0	18.43

续表

室外温度（℃）	热负荷（MW）
−5.00	23.82
−8.00	26.68
−11.00	29.83

根据热负荷延时曲线，计算出不同室外温度区间对应的耗热量，计算出供暖期各设备的供热量，见表8-70～表8-73。

设备供热量及能耗 **表8-70**

类型＼设备类型	板换直接换热	高温离心热泵	燃气溴化锂吸收式热泵
供热量（万GJ）	11.68	8.61	6.89
热泵电耗（万kW）	—	428.96	—
燃气耗量（万m^3）	—	—	118.09
备注	—	热泵能效比：5.58	热泵能效比：1∶1.64 天然气热值：9.89kWh/m^3

附属设备能耗 **表8-71**

设备名称	运行时间（h）	调节系数	单台设备功率（kW）	数量（台）	能耗（万kWh）
潜水泵	3600	0.8	75	5	108.00
中间水循环泵	3600	0.8	90	1	25.92
燃气热泵	2920	0.8	30	1	7.01
燃气热泵	1000	0.8	30	1	2.40
直供系统循环泵	3600	0.8	75	1	21.60
城网系统循环泵	3600	0.8	110	2	63.36
合计	—	—	—	—	228.29

运行费用汇总表 **表8-72**

电耗（kWh）	天然气耗量（万m^3）	费用（万元）
657.25	118.09	719.73

注：天然气按现行市场价3.44元/m^3，可再生能源供热电价按0.477元/kWh计算，燃气锅炉房电价按0.667元/kWh计算。

燃气锅炉供热能耗及运行费用 **表8-73**

类型＼设备类型	数量	费用（万元）	备注
燃气耗量（万m^3）	848.99	2920.53	供热量27.18万GJ； 锅炉燃烧效率取90%； 天然气热值：9.89kWh/m^3
锅炉电耗（万kW）	28.22	19.11	—
循环泵电耗（万kW）	63.36	42.89	—
合计	—	2982.53	—

5. 经济技术分析

(1) 经济运行分析

如采用燃气锅炉供暖常规能源方式，初投资费用约1950万元，每年的能源费用约为2982.53万元，采用地热直接换热供热+高温离心热泵机组+燃气溴化锂吸收式热泵机组多级提温的复合能源系统后，初投资费用约为8000万元，全年的总运行费用为719.73万元，每年节约运行费用2262.8万元，投资回收期约为3.66年。

(2) 节能减排效益分析

如采用燃气锅炉供暖的常规能源方式，每年的燃气消耗量为848.99万m^3，折合标准煤10308.45t，每年的用电量为91.59万kWh，折合标准煤112.56t，全年能源消耗量折合标准煤10421.01t。

若采用地热直接换热供热+高温离心热泵机组+燃气溴化锂吸收式热泵机组多级提温的复合能源系统，每年的燃气消耗量为118.09万m^3，折合标准煤1433.92t，每年的用电量为657.25万kWh，折合标准煤807.75t，全年能源消耗量折合标准煤2241.68t。与采用常规能源方式相比较，采用复合能源系统每年节约标准煤8179.33t。

8.5.2 奥兰·未来城地源热泵工程项目

建设地点：河南省周口市沈丘县

设计时间：2016年10月

工程竣工日期：2017年3月

设计单位：河南万江新能源开发有限公司

建设单位：河南省中能联建地热工程有限公司

1. 工程概况

沈丘县奥兰·未来城位于沈丘县东环路与S102省道交叉口东南角，建筑面积20.6万m^2，供暖面积15.8万m^2，其中高区供热面积7.3万m^2，低区供热面积8.5万m^2，容积率3.9，绿化率45%，设计入住1482户。效果图如图8-61所示。

图8-61 奥兰·未来城效果图

该小区项目属于常规节能建筑，使用功能为民用住宅，项目分三期开发，一期为1、2、3、5、6、8号楼其中1、2、3、8号楼为25层，5、6号楼为26层，总共628套，二期为7、9、10、11、12、13、15共7栋，三期为别墅。小区位于城市主核心位置，周边有医院、学校、交通、商业等配套，楼盘规模大，配套全，双气入户，三重水系统入户，物业五种安防，全地下停车场，社区幼儿园，精装会所，精装入户大堂，五星级物业管理服务等。

项目于 2016 年 10 月底设计完成并开始施工，2017 年 3 月份项目正式竣工，并于 2017 年冬季正式开始供暖，是沈丘县第一个地热集中供热的小区，取得了良好的社会效益，成功推动了沈丘地热集中供热纳入城市配套。

2. 系统设计

(1) 末端系统设计

建筑室内供暖系统设计为低温热水地板辐射供暖系统。低温热水地板辐射供暖系统的设计为居民住户的二次装饰创造了条件，在不受到传统挂墙散热器的约束下，可遵照自己的意愿灵活划分功能区域，改变室内布局。同时，由于室内地表温度均匀，温度梯度合理，室温由下而上逐渐递减，给人以脚暖头凉的感受，符合人体生理需求。整个地板作为蓄热体，热稳定性好，在间歇供暖条件下，温度变化缓慢，并可方便实施按户热计量，便于管理。

(2) 能源系统设计

根据该地区优势的地热资源，结合项目的地理环境采用中深层地热解决小区用热问题。系统原理如图 8-62 所示。

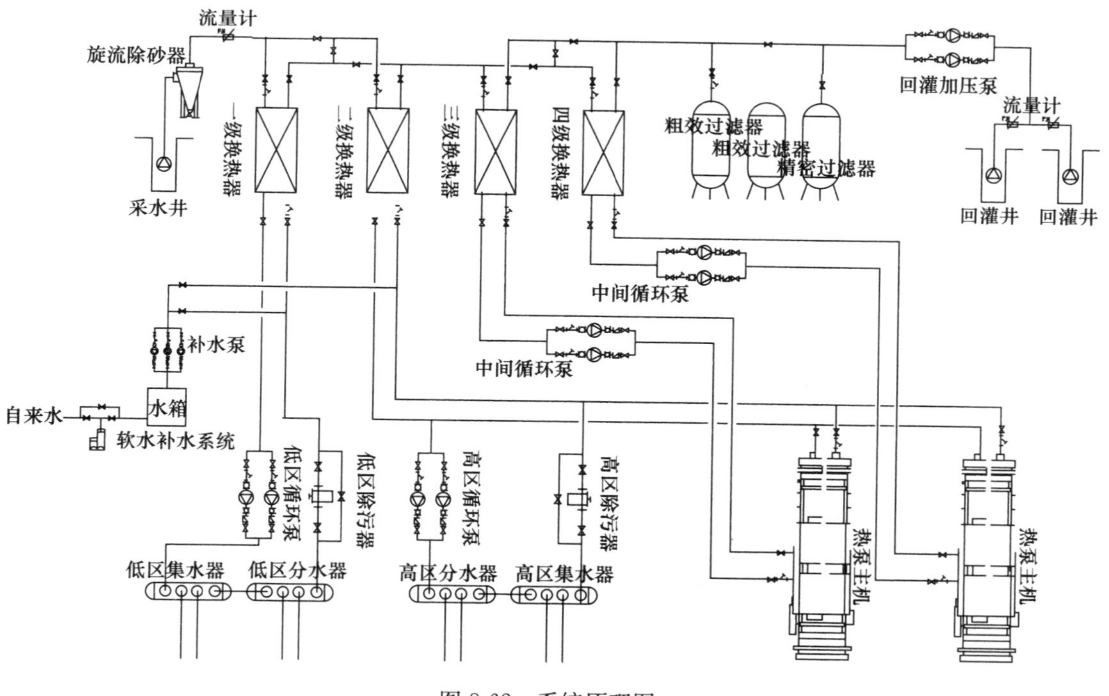

图 8-62 系统原理图

设计地热井数量：3 口，1 采 2 回；地热井设计深度 1600m，成井水平均温度 62℃，水量 $100m^3/h$。井深结构如图 8-63 (*a*) 所示，钻井流程如图 8-63 (*b*) 所示。

系统采取地热梯级利用，其中直接换热部分承担基础运行时的冬季负荷，热泵机组作为寒冷天气下的调峰补热使用。一级板换设计为换热直接用热，一次侧设计供回水温度 62℃/40℃，二次侧设计供回水温度为 45℃/37℃，换热量 2566kW，设计供热面积 7.3 万 m^2。主要为高区用户供热。

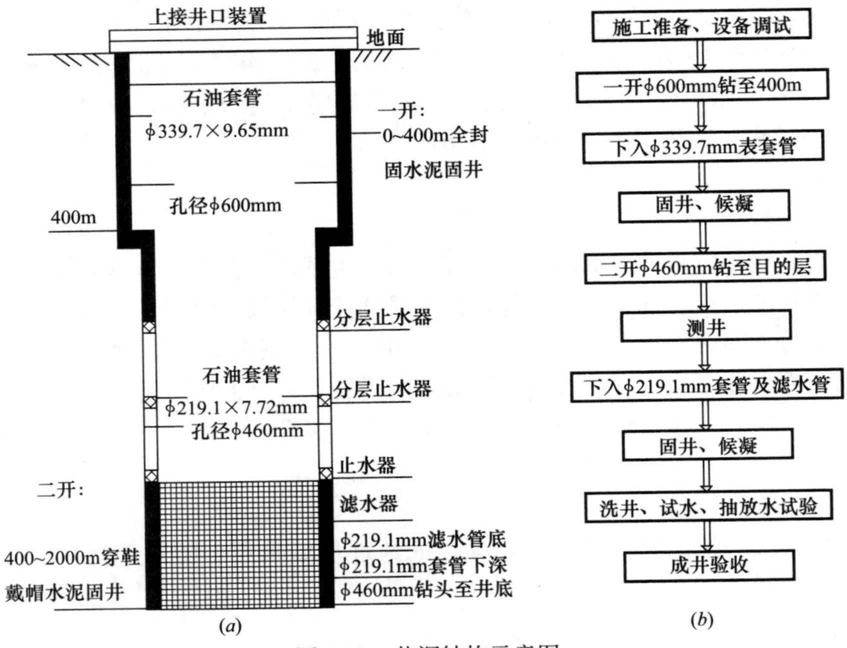

图8-63　井深结构示意图

由于前期小区入住率较低，高区用热面积少，供热前期二级板换可进行直接换热供热，因此二级板换一次侧设计供回水温度50℃/40℃，二次侧设计供回水温度为45℃/37℃，换热量1166kW，设计供热面积3.3万m^2。主要为前期入住率较低时低区用户供热。

三级板换设计为换热间接用热，一次侧设计供回水温度40℃/28℃，二次侧设计供回水温度为21℃/12℃，换热量1235kW，为热泵机组提供热源。

三级板换对应热泵主机设计制热量1235kW，蒸发器进出水温度根据主机工况设计为21℃/12℃，冷凝器主机工况供回水温度45℃/40℃。设计供热面积3.5万m^2。

四级板换设计为换热间接用热，一次侧设计供回水温度28℃/10℃，二次侧设计供回水温度为18℃/8℃，换热量2100kW，为热泵机组提供热源。

图8-64　热泵机房

四级板换对应热泵主机设计制热量2100kW，蒸发器进出水温度根据主机工况设计为18℃/8℃，冷凝器主机工况供回水温度45℃/40℃。设计供热面积6万m^2。

总供热面积16.8万m^2，设计热负荷指标35w/m^2，满足小区用热使用。

热泵机房如图8-64所示，主要设备材料见表8-74。

主要设备材料表　　**表8-74**

序号	设备名称	技术参数	数量	备注
1	板式换热器	制热量：2566kW	1组	直接换热供热
2	水源热泵主机	制热量：1235kW	1台	—
3	水源热泵主机	制热量：2100kW	1台	二期供热

3. 工程设计特点

系统采用梯级换热的形式，对地热进行充分利用。梯级换热系统的第一、二级采取串并联的形式，保障在前期用户入住率较低时，通过串并联的阀门调节，达到高低区供热平衡的效果。

4. 系统运行效果

2017年，奥兰·未来城高区供热面积9336m^2，低区11862m^2，总供暖面积21998m^2。供水温度约为62.5℃波动，换热后温度39℃波动，一次侧水流量约35m^3/h。单位面积热负荷43w/m^2。

奥兰·未来城2017年度供热系统运行115天，热源井取水量35m^3/h，一次侧密闭运行，全部回灌；二次侧供水温度约为43℃，回水温度约为38℃，室内温度正常为20～23℃。供热期间，未出现故障。

针对地热存在的回灌问题，主要在前期进行把控，选择合理的成井工艺增大单眼井回灌量，在地热利用上遵循以灌定采的原则。在后期运行中，主要对回灌水水质进行控制，增加回灌过滤装置，保证回灌水水质不对地热井地下孔隙造成堵塞，另外定期对回灌井进行回扬，保障回灌井寿命。特殊情况下启用回灌加压泵进行加压回灌。

5. 经济技术分析

（1）经济运行分析

运行设备为潜水泵18.5kW一台，高低区循环水泵37kW各一台，变频频率约为40Hz。

实际用电量149280度，电价0.56元/kWh，合单位供热费用3.8元/m^2。

（2）节能减排效益分析

本项目利用地热供暖减少了化石燃料燃烧产生的环境污染，有效降低了环境治理费，提高了人民生活质量和居住环境。按目前建筑面积规划供暖总负荷，开采地热储量按6066kW计算，若采用燃煤锅炉，折合标准煤2628.1t，减少碳氧化物排放量6885.7t，减少二氧化硫排放量22.24t，减少氮氧化物排放量19.4t，减少烟尘排放量19.4t。

8.5.3 太康银晨国际小区地源热泵工程项目

建设地点：河南省周口市太康县

设计时间：2017年8～9月

工程竣工日期：2017年11～12月

设计单位：河南万江新能源开发有限公司

建设单位：河南省中能联建地热工程有限公司

1. 工程概况

太康银晨国际位于太康县阳夏路与老涡河交叉口向南150m，占地面积64亩，总建筑面积14.3万m^2，住宅面积10.5万m^2，其中高区面积4.3万m^2，低区面积6.1万m^2，容积率2.8，建筑密度22.14%，绿地率35.6%。设计居民总户数848户，2016年小区已全面交房入住。鸟瞰图如图8-65所示。

该小区项目属于常规节能建筑，使用功能为民用住宅，于2016年6月底设计完成并

图 8-65 太康银晨国际鸟瞰图

开始施工，2017 年 10 月份项目正式竣工，并于 2017 年冬季正式开始供暖，是太康县第一个地热集中供热的小区，取得了良好的社会效益，成功推动了太康地热集中供热纳入城市配套。

2. 系统设计

(1) 末端系统设计

建筑室内供暖系统设计为低温热水地板辐射供暖系统。低温热水地板辐射供暖系统的设计为居民住户的二次装饰创造了条件，在不受到传统挂墙散热器的约束下，可遵照自己的意愿灵活划分功能区域，改变室内布局。同时，由于室内地表温度均匀，温度梯度合理，室温由下而上逐渐递减，给人以脚暖头凉的感受，符合人体生理需求。整个地板作为蓄热体，热稳定性好，在间歇供暖条件下，温度变化缓慢，并可方便实施按户热计量，便于管理。

(2) 能源系统设计

根据该地区优势的地热资源，结合项目的地理环境采用中深层地热解决小区用热问题。系统原理如图 8-66 所示。

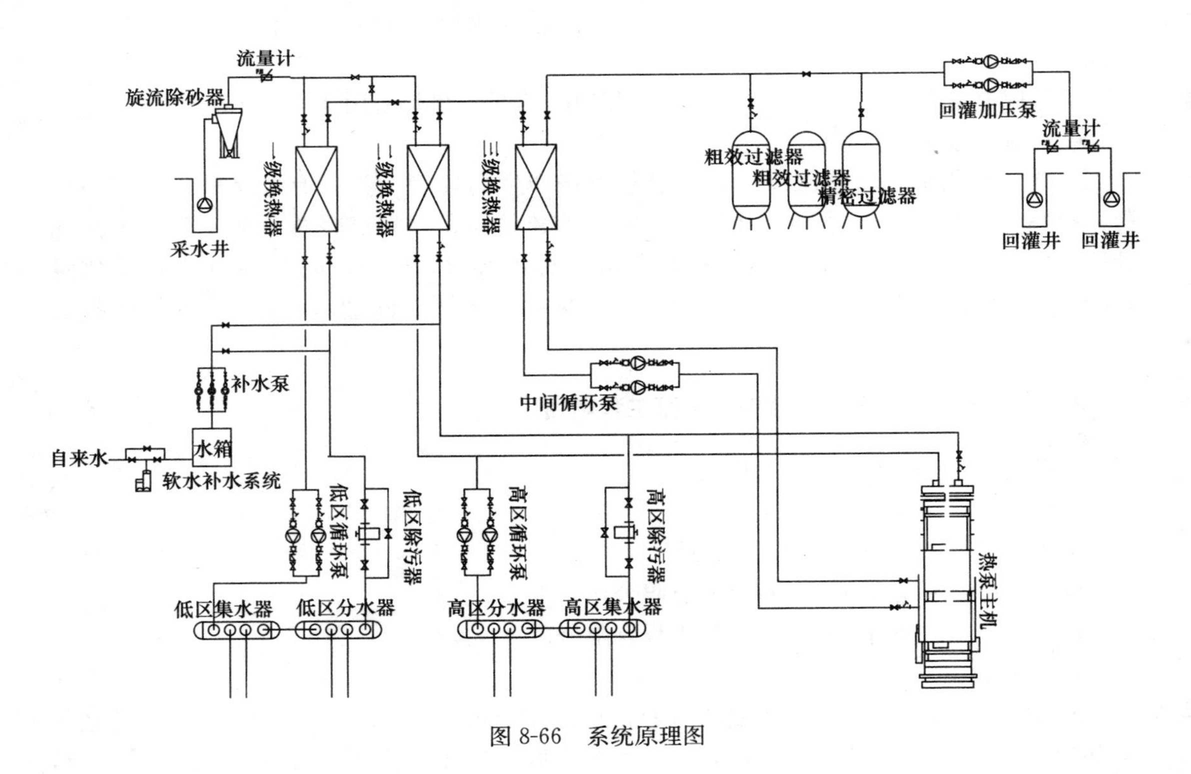

图 8-66 系统原理图

设计地热井数量：3 口，1 采 2 回；地热井设计深度 1600m，成井水平均温度 62℃，水量 $100m^3/h$。

系统采取地热的梯级利用，其中直接换热部分承担基础运行时的冬季负荷，热泵机组作为寒冷天气下的调峰补热使用。

一级板换设计为换热直接用热，一次侧设计供回水温度60℃/47℃，二次侧设计供回水温度为45℃/37℃，换热量1516kW，设计供热面积4.3万m^2。主要为高区用户供热。

二级板换设计为换热直接用热，一次侧设计供回水温差47℃/39℃，二次侧设计供回水温度为45℃/37℃，换热量933kW，设计供热面积2.7万m^2。主要为低区用户供热。

三级板换设计为换热间接用热，一次侧设计供回水温度39℃/27℃，二次侧设计供回水温度为21℃/12℃，换热量1235kW，为热泵机组提供热源。

热泵主机设计制热量1235kW，蒸发器进出水温度根据主机工况设计为21℃/12℃，冷凝器主机工况供回水温度45℃/40℃。设计供热面积3.5万m^2。

总供热面积10.5万m^2，设计热负荷指标35W/m^2。满足小区用热使用。

其热泵机房如图8-67所示，主要设备材料见表8-75。

图8-67 热泵机房

主要设备材料表 表8-75

序号	设备名称	技术参数	数量	备注
1	板式换热器	制热量：2333kW	1组	直接换热供热
2	水源热泵主机	制热量：1235kW	1台	—

3. 工程设计特点

系统采用梯级换热的形式，对地热进行充分利用。梯级换热系统的第一、二级采取串并联的形式，保障在前期用户入住率较低时，通过串并联的阀门调节，达到高低区供热平衡的效果。

4. 系统运行效果

2017年，银晨国际城高区供热面积13019.6m^2，低区17360.7m^2，总供暖面积30380m^2。供水温度约为60℃波动，回水温度40℃波动，室内温度正常为20～23℃。一次侧水流量约53m^3/h。单位面积热负荷41W/m^2。

针对地热存在的回灌问题，主要在前期进行把控，选择合理的成井工艺增大单眼井回灌量，在地热利用上遵循以灌定采的原则。在后期运行中，主要对回灌水水质进行控制，增加回灌过滤装置，保证回灌水水质不对地热井地下孔隙造成堵塞，另外定期对回灌井进行回扬，保障回灌井寿命。特殊情况下启用回灌加压泵进行加压回灌。

5. 经济技术分析

(1) 经济运行分析

运行设备为潜水泵18.5kW一台，高低区循环水泵37kW各一台，变频频率约为40Hz。

供热天数115天，实际用电量155440度，电价按0.56元/kWh，合单位供热电费2.8元/m^2。

(2) 节能减排效益分析

利用地热供暖减少了化石燃料燃烧产生的环境污染，有效降低了环境治理费，提高了人民生活质量和居住环境，具有经济、环境和社会效益。按目前建筑面积规划供暖总负荷，开采地热储量按3640kW计算，若采用燃煤锅炉，折合标准煤1642.6t，减少碳氧化物排放量4303.6t，减少二氧化硫排放量13.9t，减少氮氧化物排放量12.1t，减少烟尘排放量11.49t。

8.5.4 严寒地区绿色建筑研发大厦

建设地点：哈尔滨市松北区创新二路与科技南三街交口

设计时间：2017年7月

工程竣工日期：2018年10月

设计单位：哈尔滨市建筑设计院

哈尔滨工业大学热泵空调技术研究所

建设单位：黑龙江伟盛节能股份有限公司

黑龙江省建工集团有限责任公司

1. 工程概况

该工程是位于哈尔滨松北区创新路附近的严寒地区绿色建筑研发大厦，包括一栋6层宾馆和一栋办公楼，办公楼地上13层，地下2层，1～11层为办公区，12、13层为居住区。总建筑面积20796.45m^2。按照绿色建筑三星标准设计。建筑房间主要功能为办公室、实验室、档案室、活动室、设备用房等。采用地源热泵系统＋电锅炉联合供暖。冬季采用地板辐射＋散热器供暖，夏季采用风机盘管＋新风系统。

2. 系统设计

(1) 末端系统设计

该地源热泵系统为一栋办公楼、一栋宾馆供暖。冬季，办公楼办公区1～11层采用散热器供暖，12层的居住区采用风机盘管加散热器，13层采用风机盘管加地板辐射供暖，阳光花园采用散热器供暖。宾馆采用风机盘管加地板辐射供暖。采用风盘加地板辐射供暖的房间，地板辐射供暖维持房间18℃左右，风盘根据用户习惯自定义开启补充加热。其中，宾馆的1层和6层的地热盘管采用回折型敷设，距离墙200mm，外区管间距200mm，内区300mm；办公区的地热盘管采用回折型敷设，距离墙200mm，管间距200mm。夏季办公区和宾馆均采用风机盘管＋新风制冷。风机盘管均为两排盘管，右式机组。宾馆客房的新风管出口和风盘送风口接送风静压箱，之后新风和风盘处理的回风混合，再采用侧送风的方式送入房间。

(2) 能源系统设计

根据该建筑的冷热负荷特点和周围地区岩土条件，确定采用地源热泵＋电锅炉联合供暖，地源热泵系统有500m、600m、1000m、1200m、2000m五种不同埋深的套管换热器，地埋管承担供暖期日常建筑热负荷，电锅炉负责供暖期峰值建筑热负荷，同时为了节省运行费用、减小地埋管侧承担的负荷，地埋管与热泵机组之间增设蓄热罐，利用夜间的峰谷电价蓄能。冬季办公区的散热器、居住区和宾馆的地暖、风盘均由地源热泵机组提供热源，夏季办公大楼和宾馆的风机盘管也是由热泵机组提供冷源。同时办公楼 11、12 层采用余热回收技术，新风由独立新风系统提供，新风机组采用空气源热泵且带有热回收功能，能够有效利用回风的热量，减少换气的热量损失。

（3）主要设备材料表（表 8-76 和表 8-77）

热泵性能参数 **表 8-76**

机组名称	螺杆式水源热泵机组	
型号	PSRHH1651C-Y	
制冷量/功率	615.0kW/98.6kW	
制热量/功率	663.0kW/135.0kW	
全年综合性能系数	5.65	
运行重量	2900kg	
制冷剂/充注量	R134a	65kg
冷冻油型号	UC6460197	
电压	380V/3/50+PE	
最大输入功率	188.1kW	
冷媒侧	*HP*=2.2MPa *LP*=2.0MPa	
水侧	蒸发器 1.6MPa	

套管式换热器各参数 **表 8-77**

长度（m）	外管内径（mm）	外管外径（mm）	内管内径（mm）	内管外径（mm）
500/600	82	100	43	50
1000/1200/2000	162	178	68	90

套管换热器结构如图 8-68 所示。

3. 工程设计特点

节能、环保。通过消耗少量的电能，提取大量的地热能进行供暖，能够减少不可再生资源的消耗，减少污染物的排放，与电供暖相比，能够相对减少 70%以上的污染物排放，同时地埋管与热泵机组之间增设蓄热罐，能够利用夜间的峰谷电价蓄能，短时间为热泵机组供暖，降低运行费用。

埋深大。因为严寒地区冬季寒冷且持续时间长等气候特点，为保证供暖期内热泵机组能够长期稳定运行，根据建筑负荷和周围土壤的热物性特点，确定地埋管换热器的类型、敷设方式及埋深。地埋管换热器分套管和 U 形管，套管换热器容易造成内外管“热短路”，U 形管不能充分利用热源井的换热面积，但套管换热器比 U 形管换热面积大，换热效率高，且通过采用高导热系数的钢套管和低导热系数的 PP-R 内管能够有效减少内外管的热量传递。因严寒地区冬季热负荷大，所以地埋管的埋深较大。因此最后选用 500～2000m 的套管换热器，与其他传统地源热泵工程相比，该工程具有埋深大、换热效率高等特点。

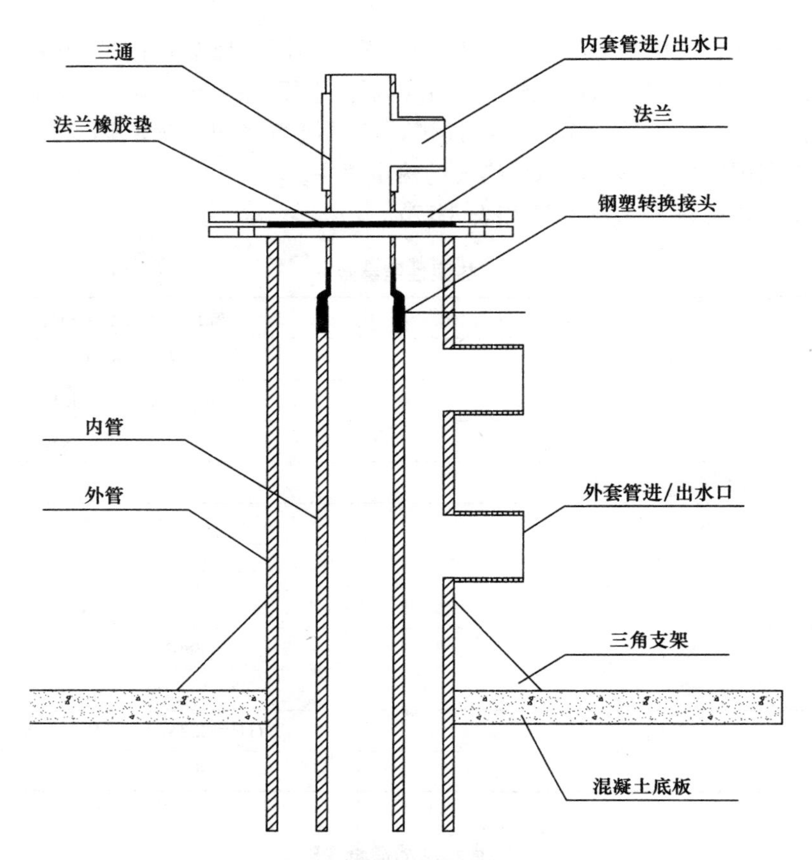

图 8-68　套管换热器结构示意图

便于控制。在每根套管换热器侧均装有控制水泵，可以通过储热罐进出水的温度，循环控制各套管换热器水泵的启停，使各套管换热器有更多的时间恢复补热，与传统地源热泵系统各地埋管由地埋管侧循环水泵统一控制相比，该工程能够降低水泵的运行费用及初投资。

4. 系统运行效果

经过 2017 年供暖期的实地测试，地源热泵系统能够满足建筑供暖需要，可以长期稳定运行，热泵机组运行效率均到达 5.4 以上。运行时具体数值如图 8-69 和图 8-70 所示。

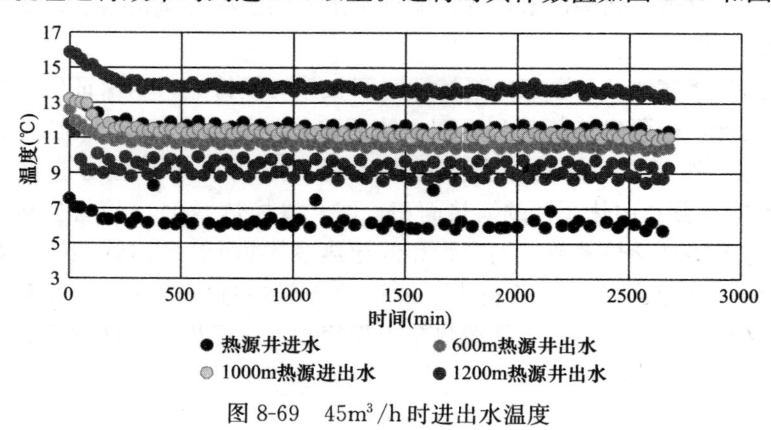

图 8-69　$45m^3/h$ 时进出水温度

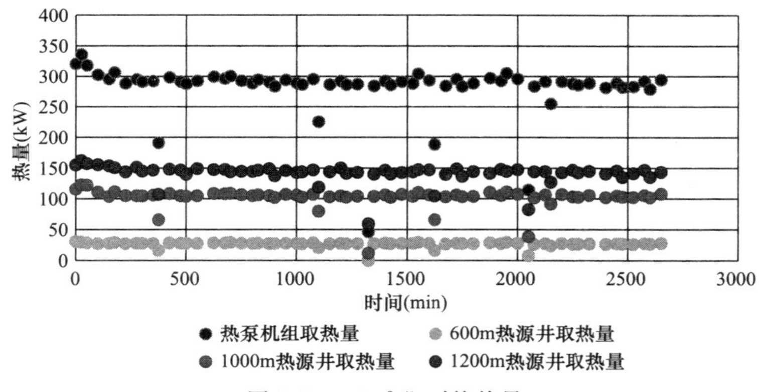

图 8-70 45m³/h 时换热量

5. 经济技术分析

(1) 初投资及运行费用分析

项目初投资包括的各项费用：主要设备、材料的购置费用；施工时人工费用、材料费用和机械费用；其他的直接费用；施工时的设施费用；现场费用；利润、税金；企业管理费用等。本工程主要初投资包括热泵机组的费用、热源井钻井费用、其他费用（包括水泵、管路、其他直接费、临时设施费、现场经费、企业管理费、税金等）。

该工程钻探热源井、购置换热器管材费用约 365 万元，购置热泵机组、电锅炉费用约 77 万元，其他费用约 23 万元，因此该地源热泵机组投入运行时，一次性初投资约 465 万元。

项目的运行费用是衡量经济性的一个重要指标，它通常包括能源燃料费、水电费用、设备系统维修保养费、人工工资福利费等费用。系统的运行费用是决定系统可行性的关键因素，在实际工程中，一般在满足室内要求的前提下，尽可能降低系统运行费用、节省能耗费用。

本工程地源热泵供暖系统的运行费用主要包括系统运行时费用和系统设备维修时的费用。设备维修费等一般取系统初投资的 2.5%，电费由当地电力价格决定，根据 2018 年黑龙江省电网销售价格，一般工商业及其他商业用电电价为 0.7499 元/kWh，因为缺少热泵机组夏季供暖的实测数据，按照机组铭牌全年综合性能系数 5.65 取值。

利用 Dest 对建筑进行模拟分析（图 8-71）。

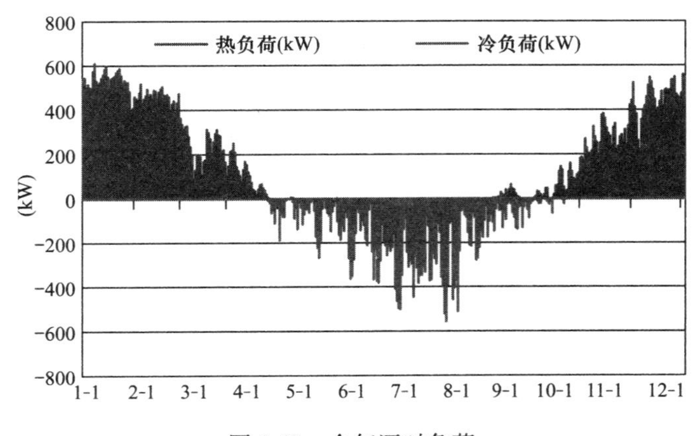

图 8-71 全年逐时负荷

根据软件模拟出的逐时冷热负荷及系统的 *COP*，可以计算出系统供冷期和供暖期的总耗电量与电费（表 8-78）。

地源热泵全年运行费用 **表 8-78**

时段	用电量（kWh）	电费（元）
供暖期	286616	214933.34
供冷期	62986	47233.20
全年	349602	262166.54

采用地源热泵系统，全年供暖、制冷的运行费用约 26 万元。

将地源热泵系统供暖、制冷和集中供暖＋冷水机组制冷系统两种方式进行经济性比较。

集中供暖入网费用 50 元/m^2，非居民住宅供暖费用 43.3 元/m^2，本工程总建筑面积 20796.96m^2，采用最经济的热网直接连接方式，除考虑入网费用外不考虑其他初投资。大修费用折算到年初投资 2.5%。

按照建筑最大冷负荷选取冷水机组，按照冷凝热选取冷却塔，其他费用（包括水泵、管路、临时设施费、企业管理费等）为冷水机组＋冷却塔总费用的 30%。整个供冷系统 *COP* 取 4。大修费用折算到年初投资 2.5%，残值取初投资 4%。设备寿命取 15 年。

两种供暖方式的初投资与年运行费用见表 8-79。

初投资与运行费用 **表 8-79**

地源热泵系统			
初投资（万元）	年运行费用（万元）		
	维护费用	电费	合计
465	11.65	26.22	37.87
集中供暖＋冷水机组			
初投资（万元）	年运行费用（万元）		
	大修费	供暖费	合计
124.21	2.6	90.05	92.65

（2）投资回收期

1）静态投资回收期计算方法

静态投资回收期的计算：

$$P_t = \frac{\Delta K}{\Delta R} \tag{8-15}$$

式中 ΔK——增加的初投资（元）；

ΔR——全年节省的运行费用（元）。

其中全年节省的运行费用 ΔR 为：

$$\Delta R = R_c - R_e \tag{8-16}$$

式中 R_c——集中供暖＋冷水机组系统运行费（元）；

R_e——地源热泵系统运行费（元）。

静态投资回收期的经济意义明确、直观，而且计算简单，一般项目均采用此方法对项目进行评价。具体数据见表 8-80。

静态投资回收期　　**表 8-80**

初投资（万元）	地源热泵	465.0
	集中供暖＋冷水机组	124.2
运行费用（万元）	地源热泵	37.8
	集中供暖＋冷水机组	92.6

2）动态投资回收期计算方法

动态投资回收期是把投资项目各年的净现金流量按基准收益率折成现值之后，计算得到的投资回收期。动态投资回收期的计算公式为：

$$P_{\mathrm{t}} = \sum_{t=0}^{T}(CI - CO)(1+i)^{-t} \tag{8-17}$$

式中　P_{t}——总投资现值（元）；

T——动态投资回收期（元）；

CI——第 t 年收入（元）；

CO——第 t 年支出（元）；

i——折现利率，一般取 8%。

折现利率的取值是考虑了行业内技术进步和国家税收政策、资源状况等因素后综合测定出来的。

动态投资回收期考虑了折现利率，与工程实际经济性结果更为吻合。具体数据见表 8-81。

动态投资回收期　　**表 8-81**

年份	0	1	2	…	6	7	8	9
净现金流（万元）	54.8	50.7	47.0	…	34.5	32.0	29.6	27.4
Pt（万元）	−340.8	−290.1	−243.1	…	−87.5	−55.6	−26.0	1.4

与集中供暖＋冷水机组制冷相比，采用地源热泵系统的静态回收期为 6.2 年，动态回收期为 8.9 年。

6. 节能减排效益分析

因各种能源的热值不同，所以将不同品种、不同含热量的能源按各自不同的含热量折合成为一种标准含量的统一计算单位的能源——标准煤，规定 1kg 标煤的低位热值为 7000kcal 或 29274kJ。将地源热泵供暖、制冷与集中供暖＋冷水机组进行节能减排效益分析。

标准煤的消耗量：

$$Q_{\mathrm{r}} = W \times V_{\mathrm{r}} \tag{8-18}$$

$$Q_{\mathrm{r}} = \frac{Q_{\mathrm{H}}}{V_{\mathrm{s}}} \tag{8-19}$$

式中　Q_r——标准煤的消耗量（kgce）；

W——地源热泵系统运行耗电量（kWh）；

V_r——根据标准，取0.1229（kgce/kWh）；

Q_H——集中供暖累计热负荷（kJ）；

V_s——标准煤的低位热值，取29274kJ。

具体数值见表8-82。

标煤的消耗量　　表8-82

地源热泵			
电量（kW·h）		标准煤（kg）	
349602		42966	
集中供暖		冷水机组制冷	
热量（kJ）	标准煤（kg）	电量（kWh）	标准煤（kg）
2385324000	81483	204546	25139

地源热泵系统的减排量见表8-83。

地源热泵系统的减排量　　表8-83

二氧化碳减排量（kg/年）	二氧化硫减排量（kg/年）	粉尘减排量（kg/年）
157230	1273	636

地源热泵系统能够利用少量的电能，提取地下大量低品位能源，从而能够减少不可再生能源的消耗。根据计算，与传统集中供暖＋冷水机组制冷相比，地源热泵系统每年减少消耗标煤63656kg，CO_2 减排量157230kg，SO_2 减排量1273kg，粉尘减排量636kg，节能减排效果显著。

8.6　其他项目

项目名称	建设地点	建筑类型	建筑面积（万 m^2）	系统形式
南京华新城AB地块二期建筑地源热泵工程	江苏省南京市	办公、商场、超市、影剧院、餐厅	16.31	复合式热泵系统，冬季热源为风冷热泵＋地埋管地源热泵，夏季冷源为风冷热泵＋地埋管地源热泵＋冷水机组；二期换热孔共计739个，其中桩基埋管678组，孔深约60m，连续墙埋管61组，孔深约50m
NO2009G51地块地源热泵系统工程	江苏省南京市建邺区	住宅、公寓	9.46	复合式热泵系统，地埋管＋冷却塔复合式地源热泵系统；换热孔1490个，孔深85m，孔径150mm。夏季，地源侧循环水作为水源多联机组的冷源，同时作为地源热泵热水机组的热源；冬季，地源侧循环水作为水源多联机组及地源热泵热水机组的热源

续表

项目名称	建设地点	建筑类型	建筑面积（万 m^2）	系统形式
某科技系统住宅地源热泵系统工程	江苏省南京市江宁区	住宅、别墅	13.57	复合式热泵系统，冬季热源为地埋管地源热泵系统，夏季冷源为地埋管地源热泵＋冷水机组。高层住宅与别墅地上部分末端采用毛细管顶棚辐射＋独立新风；别墅地下一层、地下二层采用风机盘管＋新风系统；地上住宅首层、大堂冬季采用低温热水地板辐射采暖系统
南京邮政一枢纽生产楼改建工程	江苏省南京市	办公、商场、公共交通等候室	4.60	复合式热泵系统，冬季热源为地埋管地源热泵系统，夏季冷源为地埋管地源热泵系统＋冷水机组＋开式冷却塔辅助冷却系统；桩孔环路 38 个（灌注桩 76 个），井深 20m，钻孔埋管换热井 311 口，井深 90m，共 349 个回路
西安泵阀总厂水源热泵中央空调工程	陕西省西安市	厂房、办公、宿舍	4.80	复合式热泵系统，地下水源热泵系统＋工业废水系统，采取工业废热系统优先，地下水备用原则；井开 13 口。产区末端采用射流式空调机组；办公楼、宿舍末端采用风机盘管
陕西省地质调查院地源热泵项目	陕西省西安市	办公	0.48	地埋管地源热泵系统，换热孔 59 个，孔深 150m，孔径 150mm。末端采用风机盘管＋新风系统
南京工程学院图书信息中心空调工程	江苏省南京市	图书馆、计算机中心	3.84	地表水（湖水）源热泵系统，湖下部冬季最低温度约为 6℃，夏季最高温度约为 25℃
秦楚印象水源热泵中央空调系统安装工程	陕西省商南县	住宅、商场	7.5	地表水（间接式污水）源热泵系统，污水全年最高水温约为 30℃，最低水温约为 8℃。末端采用风机盘管＋新风系统
无锡软件园能源站项目	江苏省无锡市	办公	14.04	地表水（间接式污水）源热泵系统，污水全年最高水温约为 27.7℃，最低水温约为 9.8℃
鑫城小区地源热泵供暖项目	河北省雄安新区	住宅	50.80	中深层地源热泵系统，钻井深度约 1500m，井开 8 口，5 抽 3 回，平均水温 68℃。末端供热设备采用低温热水地板辐射采暖系统
容城领秀城地源热泵供暖项目	河北省雄安新区	住宅	30.60	中深层地源热泵系统，钻井深度约 1600m，井开 5 口，3 抽 2 回，平均水温 52℃，单井出水量 120m^3/h。末端供热设备采用低温热水地板辐射采暖系统

第9章 城市级发展

9.1 北京市

北京市位于华北平原的西北边缘，地处海河流域和潮白河蓟运河流域，全市多年平均降水量609.9mm。单位降深的单井日出水量自西向东逐渐减少，地层颗粒也由单层砂卵砾石层逐渐过渡到粉细砂与卵砾石层多层交替出现。在地下水和地表水匮乏的地区，或覆盖层厚、地层颗粒细小、难以回灌的地区，结合黏土层、砂黏层、砂层等热导性采用土壤源热泵技术。

北京市新能源和可再生能源品种比较齐全，主要包括太阳能、地热能、生物质能、风能和小水电等，其中地热、余热潜力较大。据初步勘测，地热资源年可利用量约350万tce；再生水和工业余热资源年可开发利用约60万tce。

“十二五”时期，北京市新能源和可再生能源开发利用规模显著提升，科技创新及服务能力保持全国领先，政策环境及配套服务体系逐步完善，整体发展实现了由试点示范向规模化应用的重要转变。到2015年，北京市新能源和可再生能源开发利用总量达450万tce，占能源消费总量的比重提升至6.6%，超额完成“十二五”规划目标。

9.1.1 北京市地源热泵发展现状

“十二五”时期北京市地热及热泵系统利用实现新突破。地热及热泵系统利用方式由单体小型项目逐步向区域复合型项目发展，建成延庆三里河深层地热、未来科技城烟气余热利用等大型示范项目。到2015年，全市地热及热泵使用面积达到5000万m^2，较2010年翻了一番。

2013年7月北京市发展和改革委员会出台了《关于申报2014年中央预算内投资战略性新兴产业（能源）专项项目有关工作的通知》。《通知》中明确战略性新兴产业（能源）专项资金支持的领域包含地热和地温能等可再生能源技术的产业化，实施新能源集成利用示范重大工程。

2013年8月北京市人民政府办公厅印发了《北京市2013-2017年加快压减燃煤和清洁能源建设工作方案》的通知。《工作方案》中指出要大力发展地热和热泵供暖等新能源技术，助力能源清洁转型。目标：推进热泵技术应用，加快余热、再生水、深层地热和浅层地温能资源利用。2017年，全市热泵供暖面积超过7000万m^2。在远郊新城和重点镇的公共建筑发展浅层地温利用，新增热泵供暖面积约500万m^2。加快能源新技术攻关和推广应用，重点建设浅层地温能、太阳能风能光伏检测等国家级和市级能源实验和工程中心，进一步强化本市新能源和能源新技术研发能力。制定相应配套政策，加大政府对燃煤设施改造和清洁能源发展的投入。支持清洁能源建设。对远郊区县清洁能源供热项目，热源由企业投资建设，热网系统由市政府固定资产投资安排。加大对余热、再生水、深层地热和土壤源等地热和热泵系统的支持力度，对新建或改造的地热和热泵供暖项目，由市政府固定资产投资给予30%～50%的支持。

2013年8月北京市人民政府办公厅印发了《北京市2013-2017年清洁空气行动计划重点任务分解》的通知，由市发展改革委、市市政市容委、市财政局牵头制定优化能源价格，整合补贴政策。主要措施和时间节点：市发展改革委、市市政市容委等部门推进全市供热价格统一，逐步理顺供热价格，鼓励使用清洁能源采暖；推进瓶装液化气同城同价，建立“用户公平负担、鼓励清洁能源应用”的价格机制；研究完善电采暖、地源热泵、太阳能利用等鼓励政策。在全市居民供热价格统一的基础上，市财政局牵头整合供暖等相关补助政策，促进清洁能源推广使用。

2013年12月北京市发展和改革委员会印发了《关于组织申报2014年北京市节能技术改造财政奖励备选项目》的通知，拟在全市范围内开展2014年节能技术改造财政奖励备选项目征集工作，对经专家和第三方中介机构审核通过的项目，将纳入项目储备库，并拟参照合同能源管理项目奖励标准对用能单位给予支持。遴选范围包含利用新能源、新技术、新产品节能改造项目，主要包括：采用新技术、新产品对原有生产工业进行改造，利用太阳能、地热、有机废弃物沼气等新能源代替常规能源使用的节能改造项目。

2013年12月北京市发展和改革委员会印发了《北京市进一步促进地热能开发及热泵系统利用实施意见》的通知。《意见》中明确了支持政策：“（一）加大资金支持。热泵系统主要包括热源、一次管网和末端设备三部分。2013年到2017年，市政府固定资产投资进一步加大本市范围内地热能开发及热泵系统应用的支持力度。其中：新建的再生水（污水）、余热和土壤源热泵供暖项目，对热源和一次管网给予30%的资金补助；新建深层地热供暖项目，对热源和一次管网给予50%的资金支持；既有燃煤、燃油供暖锅炉实施热泵系统改造项目，对热泵系统给予50%的资金支持；市政府固定资产投资全额建设的项目，新建或改造热泵供暖系统的按现行政策执行。专业化能源公司投资、建设和运营的热泵供暖项目，可享受上述资金支持政策。（二）落实价格和税收政策。采用热泵系统的供暖企业参照我市清洁能源锅炉供暖价格收取采暖费，具体价格由各区（县）价格主管部门核定。对于符合《关于促进节能服务产业发展增值税、营业税和企业所得税政策问题的通知》（财税［2010］110号）要求的热泵项目可享受相关税收优惠政策。对于符合国家《产业结构调整指导目录（2013年本）》的企业进口自用设备，经批准可予免征关税。（三）鼓励技术研发和产业化发展。支持地热能开发和热泵技术成果转化，对于符合政府采购的热泵新技术和新产品，通过首购、订购、首台（套）重大技术装备试验和示范项目、推广应用等方式予以支持。引导热泵企业向中关村自主创新示范区等高端功能区聚集，依托功能区在人才引进、税收和资金等方面的支持政策，加快热泵技术和产品的产业化进程。”

2014年4月北京市人民政府办公厅印发了《北京市大气污染防治重点科研工作方案（2014-2017年）》的通知。由市发展改革委牵头，市国土局、市环保局、市规划委、市住房城乡建设委、市市政市容委、市水务局协办，推广热泵技术和产品。在热电中心和燃气锅炉房等城市热源推广余热热泵供暖技术，在污水收集干道管线临近适宜区域、再生水资源丰富区域发展污水源和再生水源热泵供暖技术。在适宜区域推广空气源热泵技术，探索利用地源热泵技术。

2014年6月王安顺市长签发了第256号北京市人民政府令，《北京市民用建筑节能管理办法》于2014年6月3日北京市人民政府第43次常务会议审议通过，自2014年8月1日起施行。《办法》第十二条："本市在民用建筑中推广太阳能、地热能、水能、风能等可再生能源的利用。民用建筑节能项目按照国家和本市规定，享受税收优惠和资金补贴、奖励政策。本市节能专项资金中应当安排专门用于民用建筑节能的资金，用于建筑节能技术研究和推广、节能改造、可再生能源应用、建筑节能宣传培训以及绿色建筑和住宅产业化等项目的补贴和奖励。鼓励以商业银行贷款、合同能源管理等方式推动民用建筑节能工作。第二十二条：建设单位应当在房屋销售场所、房屋买卖合同、住宅质量保证书、住宅使用说明书中明示所售房屋的建筑节能设计指标、绿色建筑星级、可再生能源利用情况、供热方式、供热单位及供热计量收费方式、节能设施的使用与保护要求等基本信息。"

2014年6月北京市人民政府办公厅印发了《北京市2014年农村地区"减煤换煤、清洁空气"行动实施方案》的通知。《方案》中指出"对使用空气源热泵、地源热泵等新能源新技术的设备购置费用，由市、区县财政进行补贴。"

2014年6月北京市人民政府办公厅印发了《提升农村人居环境推进美丽乡村建设的实施意见（2014-2020年）》的通知。《意见》中指出：大力推进农村地区"减煤换煤、清洁空气"行动。落实《北京市2013-2017年清洁空气行动计划》，通过实施优质燃煤替代、取暖"煤改电"、天然气入户、液化石油气下乡以及推广使用太阳能、生物质能、热泵等新能源新技术，到2017年，完成减少劣质燃煤使用量和符合北京燃煤排放标准的优质型煤替代量共计430万吨。鼓励在农业生产设施、公共设施中使用清洁能源，鼓励农村企事业单位并引导农村地区外来住户使用清洁能源。继续推进"农村亮起来、农民暖起来、农业资源循环起来"工程建设。

2015年5月北京市人民政府办公厅印发了《北京市进一步促进能源清洁高效安全发展的实施意见》的通知。《意见》指出，由市发展改革委、市教委、市经济信息化委、市财政局、市国土局、市住房城乡建设委、市市政市容委、市水务局、市商务委、市国资委，北京市电力公司，相关区县政府共同负责"大力发展新能源和可再生能源。加快发展地热和热泵供暖，推进深层地热和再生水、地埋管、余热等热泵系统的开发利用。合理利用太阳能，在工业园区、学校、工商业企业和大型公共建筑等场所推广使用分布式光伏发电系统，推进太阳能光热系统建筑一体化应用。因地制宜发展生物质能，积极推进城市生活垃圾能源化利用。"

2016年3月北京市人民政府办公厅印发了《2016年北京市农村地区村庄"煤改清洁能源"和"减煤换煤"工作方案》的通知。《方案》中明确了"煤改电"的相关支持政策。"1. 电价优惠及补贴政策。完成"煤改电"改造任务的村庄，住户在晚21：00至次日6：00享受0.3元/度的低谷电价，同时市、区两级财政再各补贴0.1元/度，补贴用电限额为每个取暖季每户1万度。对电力负荷有富余且暂未安排实施"煤改电"的村庄，用户可采用高效节能电取暖设备取暖，在向市电力公司申请并通过审核后安装峰谷电价表，享受峰谷电价及补贴。2. 电网及线路改造投资政策。10kV以下、住户电表（含）之前的电网扩容投资，由市电力公司承担70%，市政府固定资产投资承担30%。住户户内线路（即住户电表至取暖设备）的改造费用，由各相关区政府制定具体补贴政策。3. 高效节能电取暖设备补贴政策。对采用储能式电暖器取暖的住户，由市财政按照每户设备购置费用的1/3进行补贴，补贴金额最高2200元；区财政在配套同等补贴金额的基础上，可进一步加大补贴力度，减轻住户负担。对安装空气源热泵、非整村安装地源热泵的住户，市财政按照取暖住房面积每平方米100元的标准给予补贴，每户补贴金额最高1.2万元；区财政在配套同等补贴金额的基础上，可进一步加大补贴力度，减轻住户负担。”

2016年4月北京市发展和改革委员会印发了《关于加大煤改清洁能源政策支持力度的通知》。《通知》中加大对2016～2020年民用散煤和燃煤锅炉清洁能源改造的市政府固定资产投资支持力度。在全市范围内对实施天然气、电等清洁能源改造的燃煤锅炉项目，均按原规模改造工程建设投资30%的比例安排市政府固定资产投资资金补助（不含供热管线），“煤改地源热泵”项目按工程建设投资50%的比例安排市政府固定资产投资资金支持；对于农村地区“煤改气”项目涉及区域调压站（不含）或接气点至调压箱（含）段燃气管线，按工程建设投资30%的比例安排市政府固定资产投资资金补助；“煤改LNG/CNG”项目配套燃气场站及燃气管线工程，按工程建设投资30%的比例安排市政府固定资产投资资金补助。

2016年6月北京市发展和改革委员会印发了《关于进一步明确煤改地源热泵项目支持政策的通知》。为进一步改善空气质量，加快推进散煤治理，实现本市煤改清洁能源项目支持政策全覆盖，按照《北京市2016-2020年加快推动民用散煤清洁能源替代工作方案》（京发改［2016］664号）的总体要求，经研究，决定在《北京市发展和改革委员会关于加大煤改清洁能源支持政策的通知》（京发改［2016］643号）的基础上，进一步明确煤改地源热泵项目的市政府固定资产投资支持政策，具体通知如下：“一、以整村实施的农村地区煤改地源热泵项目，市政府固定资产投资按照工程建设投资的50%安排资金支持。二、以社区统一实施的城镇地区煤改地源热泵项目，市政府固定资产投资按照工程建设投资的50%安排资金支持。”

2017年地埋管地源热泵等可再生能源技术在北京城市副中心建设工程中得以广泛的应用。尤以一期政务核心区大规模采用地埋管地源热泵技术更具代表性，为整个北京城市副中心建设中地源热泵技术的应用具有显著的推广示范作用，对北京市乃至全国地源热泵技术工程推广应用具有一定的积极意义。

2017年1月北京市人民政府办公厅发布关于印发《北京市2013-2017年清洁空气行动计划重点任务分解2017年工作措施》的通知。《措施》中能源结构调整减排工程中指出：提高能源使用效率。推行节能降耗技术，从源头上降低能源需求，推动减少大气污染物排放。市发展改革委牵头完成国家下达的节能降耗目标，到2017年，单位工业增加值能耗比2012年降低20%左右。市规划委、市住房城乡建设委严格执行新建居住建筑节能75%的强制性标准，推广使用太阳能热水系统、地源热泵、光伏建筑一体化等技术。市市政市容委、市住房城乡建设委、市发展改革委等部门加快推进既有居住建筑供热计量和节能改造，到2015年，累计完成1.5亿m^2符合50%节能标准的既有居住建筑供热计量改造；全面完成“十二五”期间6000万m^2既有居住建筑节能改造任务。市质监局加强对供热计量和重点用能单位能源资源计量器具的监督检查，开展能源计量审查评价工作。市住房城乡建设委推进抗震节能农宅建设，到2017年底力争完成20万户左右。

2017年2月北京市人民政府办公厅发布了关于印发《2017年北京市农村地区村庄冬季清洁取暖工作方案》的通知。《方案》中明确了相关支持政策，对以往“煤改电”“煤改气”相关政策进行明确和调整。实施“煤改气”项目的，可选择使用市政管道天然气、LNG、CNG、液化石油气、生物天然气等清洁能源。实施“煤改电”项目的，可选择使用空气源热泵、地源热泵、电加热水储能、太阳能加电辅、蓄能式电暖器等清洁能源取暖设备，改造方式可以选择单户改造或集中改造。对使用空气源热泵、非整村安装地源热泵取暖的，市财政按照取暖面积每平方米100元的标准进行补贴，对使用其他清洁能源设备取暖的，市财政按照设备购置费用的1/3进行补贴。市财政对各类清洁能源取暖设备的补贴金额每户最高不超过1.2万元；区财政在配套同等补贴资金的基础上，可进一步加大补贴力度，减轻住户负担。

2017年6月北京市发展和改革委员会印发了《关于进一步加大煤改清洁能源项目支持力度的通知》。《通知》指出为加快推进煤改清洁能源工作，促进空气质量持续改善，经研究，决定进一步加大市政府固定资产投资对于煤改清洁能源项目的支持力度。“二、居民散煤清洁能源替代项目：（一）对于纳入全市居民‘煤改电’计划范围的高压自管户‘煤改电’项目，市政府固定资产投资对10千伏及以下电网改造投资给予30%资金支持。（三）对于整村或社区统一实施的‘煤改太阳能’（辅助热源为热泵、电力、燃气等清洁能源）项目，市政府固定资产投资对太阳能采暖系统建设投资给予30%资金支持，辅助热源投资补助政策按现行市政府固定资产投资政策执行。三、清洁能源储能项目：对于全市范围内居民‘煤改清洁能源（热泵、太阳能、集中式电锅炉以及燃气锅炉等）’集中供暖项目，配套建设的水蓄热设施投资计入热源投资。其中，对于采用热泵、太阳能方式集中供暖的项目，市政府固定资产投资对其配套建设的水蓄热设施给予50%资金支持；对于采用集中式电锅炉、燃气锅炉方式集中供暖的项目，市政府固定资产投资对其配套建设的水蓄热设施给予30%资金支持。热源投资补助政策按现行市政府固定资产投资政策执行。”

2018年4月北京市人民政府办公厅发布了关于印发《2018年北京市农村地区村庄冬季清洁取暖工作方案》的通知。《方案》中对清洁取暖设备的支持政策：实施“煤改电”项目的，可选择使用空气源热泵、地源热泵、电加热水储能、太阳能加电辅、蓄能式电暖器等清洁能源取暖设备，改造方式可以选择单户改造或集中改造。对使用空气源热泵、非整村安装地源热泵取暖的，市财政按照采暖面积每平方米100元的标准进行补贴；对使用其他清洁能源取暖设备的，市财政按照设备采购价格的1/3进行补贴。市财政对各类清洁能源取暖设备的补贴限额为每户最高1.2万元；区财政在配套同等补贴资金的基础上，可进一步加大补贴力度，减少住户负担。对运行使用的支持政策：电价优惠及补贴政策。完成“煤改电”改造任务的村庄，住户在取暖季期间，当日20：00至次日8：00享受0.3元/度的低谷电价，同时市、区两级财政再各补贴0.1元/度，补贴用电限额为每个取暖季每户1万度。对实施“煤改清洁能源”集中供暖项目的支持政策：农村地区新建再生水（污水）余热供暖项目热源和一次管网，市政府固定资产投资给予30%资金支持；新建深层地热供暖项目热源和一次管网，市政府固定资产投资给予50%资金支持；既有燃煤、燃油供暖锅炉实施热泵系统改造项目，市政府固定资产投资给予50%资金支持；整村实施的“煤改地源热泵”项目，市政府固定资产投资给予50%资金支持。农村地区村庄住户、村委会、村民公共活动场所和籽种农业设施采用空气源、地源、太阳能、燃气、电等清洁能源实施集中供暖的项目，其配套建设的水蓄热设施投资计入热源投资，由市政府固定资产投资按一定比例给予支持，其中，采用空气源、地源、太阳能的，市政府固定资产投资给予50%资金支持，采用燃气和电的，市政府固定资产投资给予30%资金支持。农村“煤改气”集中供暖采用市政管道天然气的，执行居民气价的非居民用户气价标准。对村委会、村民公共活动场所的支持政策：农村地区村委会和村民公共活动场所实施“煤改清洁能源”改造，由市财政对取暖设备购置费用给予一次性补贴，其中500户以下的村庄补贴1.2万元，500户（含）以上的村庄补贴2.4万元，区财政可给予适当补贴；同时，执行农村地区村庄“煤改清洁能源”相关气价、电价政策。

创新及服务能力持续增强。创新研发实力雄厚，新能源和可再生能源领域国家重点实验室、研究院所、企业研究总部超过50个，光伏装备、地热能系统集成等方面研发能力优势显著。

政策环境逐步完善。政策支撑进一步强化，积极落实国家可再生能源相关支持政策，出台《进一步促进地热能开发及热泵系统利用实施意见》《北京市分布式光伏发电奖励资金管理办法》等专项支持政策，进一步加大了资金支持力度。标准体系进一步健全。成立北京市新能源和可再生能源标准化委员会，制定《北京市新能源和可再生能源地方标准体系表（第一批）》《地埋管地源热泵系统工程技术规范》《再生水热泵系统技术工作规范》等标准，行业管理水平进一步提升。

总体来看，“十二五”时期北京市地源热泵发展取得积极成效，创新及服务能力持续增强，技术成果应用广泛，政策环境逐步完善，政策支撑进一步强化，行业管理进一步规范，标准体系进一步健全，行业发展日趋成熟。地源热泵与常规能源系统的融合程度逐步提高，重点区域资源开发力度大大增强；政策法规、市场机制进一步完善，地源热泵发展环境大大优化；自主创新水平、核心关键技术研发和成果转化能力进一步提高，研发、服务等高端产业环节大大壮大。地源热泵整体发展实现了由试点示范向规模化应用、由城市向县城及乡村普及的重要转变。

在“蓝天保卫战”“北方地区冬季清洁取暖”“雄安新区”“北京城市副中心建设”等国家及地方发展环境下，必将推动地源热泵行业实现长足的发展。

9.1.2 《北京市“十三五”时期新能源和可再生能源发展规划》

“十三五”时期是北京市落实首都城市战略定位、加快建设国际一流和谐宜居之都的关键阶段，也是加快构建现代能源体系的关键阶段，加快新能源和可再生能源开发利用对于推动本市能源绿色智能高效转型具有重要意义。新的形势对新能源和可再生能源发展提出了新的要求。

加快大气污染治理，推动能源结构清洁转型，要求大幅提升新能源和可再生能源利用规模。“十三五”时期，本市将持续优化能源结构，加快开展压减燃煤和本地电源替代工作，需要进一步优化新能源和可再生能源发展政策和市场环境，实施一批重点工程，加快本地资源开发，强化外调绿电消纳，大幅提高新能源和可再生能源利用规模。

实施创新驱动战略，加快构建高精尖经济结构，要求强化新能源产业的支撑带动作用。立足首都城市战略定位，加快构建“高精尖”经济结构，依托首都科技创新资源优势，进一步提升新技术的研发应用水平，推动新能源和可再生能源产业转型升级，将对首都经济的持续健康发展发挥重要的支撑作用。

深化能源生产和消费革命，提升能源智能高效利用水平，要求新能源和可再生能源加快与常规能源融合发展。持续推进智慧城市建设，全面提升城市规划建设管理水平，要求充分利用能源生产和消费革命催生的新技术、新模式、新业态，加速发展以智能电网为纽带的多能融合体系，促进新能源和可再生能源融入城市能源体系，有效提升能源智能高效利用水平。

《规划》主要目标：（一）利用总量目标。新建区域、新建建筑优先使用新能源和可再生能源，鼓励既有能源系统改造应用新能源和可再生能源，实现本地资源充分开发和外调绿电大幅消纳。到2020年，本市新能源和可再生能源开发利用总量达到620万吨标准煤，较2015年增长35%以上，占全市能源消费总量的比重达到8%以上。（三）清洁供热发展目标。到2020年，本市新增新能源和可再生能源利用面积2000万m^2，累计利用面积达到7000万m^2，占全市供热面积的比重达到7%左右。（四）创新能力建设目标。到2020年，新增3～5个国家级新能源和可再生能源实验室、研究中心等技术研发平台，推进3个新能源微电网示范项目建设，核心技术研发及成果转化取得明显成效（表9-1）。

"十三五"时期北京市新能源和可再生能源发展主要目标 **表9-1**

类别	指标名称	单位	2015年	2020年	年均增速	属性
总量	消费总量	万tce	450	620	6.60%	约束性
电力	可再生能源电力装机容量	万kW	47.0	200	33.60%	预期性
	太阳能光伏装机容量	万kW	16.5	116	47.70%	预期性
	生物质发电装机容量	万kW	10.0	35	28.50%	预期性
	风力发电装机容量	万kW	20.0	65	26.60%	预期性
	外调绿电	亿kWh	45.0	100	17.30%	预期性
供热	太阳能集热器面积	万m^2	800	900	2.40%	预期性
	地热及热泵系统供热面积	万m^2	5000	7000	7.00%	预期性
创新	国家级技术研发平台	个	25	30	3.90%	预期性
	新能源微电网示范项目	个	—	3	—	预期性

《规划》第三章充分开发本地新能源资源，积极开展全民绿能行动，充分开发太阳能和地热能，有序开发风能和生物质能，提升本地资源开发利用水平。第二节大力发展地热及热泵系统应用：

以新建区域、新建建筑、郊区煤改清洁能源为重点，实施千万平米热泵利用工程。新建区域市政基础设施专项规划中优先采用地热及热泵系统。"十三五"时期，新增地热及热泵利用面积2000万m^2，累计利用面积达到7000万m^2。

加快实施地热综合利用。加强地热资源的统一规划、资源管理、规模开发和梯级利用。按照本市新建区域发展规划，重点开发延庆、凤河营、双桥等地热田资源，实施新机场临空经济区、世园会、通州西集等一批地热供暖应用示范工程。加强10大地热田资源勘察，强化与市政基础设施专项规划的衔接，鼓励开发京西北、天竺、后沙峪、李遂等地热田资源。加快中深层地热、增强型地热系统等新技术的研发与应用示范。"十三五"时期，新增地热供暖面积300万m^2。

全面推进浅层地温能开发。在新建区域优先发展热泵系统，重点推进城市副中心行政办公区、通州文化旅游区等新建区域热泵系统规模化开发利用。在新城、街镇和农村地区，大力发展燃煤锅炉用户改用热泵系统，实施50个街镇、50个村庄热泵利用工程。引导新建建筑优先使用热泵系统，鼓励既有供热系统热泵改造，支持热泵系统配套建设储能设施，增强热泵系统电力需求侧主动响应能力。“十三五”时期，新增浅层地温能利用面积1000万m^2（表9-2）。

“十三五”时期地热及热泵重点应用区域 **表9-2**

序号	重点区域	规模（万m^2）
1	城市副中心行政办公区地热及热泵利用	200
2	延庆世园会地热及热泵利用	50
3	新机场临空经济区地热及热泵利用	200
4	通州文化旅游区地源热泵利用	20
5	生命科学园地源热泵利用	15
6	大兴采育镇地热利用	100
7	通州西集地热利用	50
8	高安屯燃气热电厂烟气余热热泵利用	150
9	上庄热电厂余热热泵利用	100
10	通州运河区燃气热电厂余热热泵利用	150

注：以上项目规模按照“十三五”时期重点区域实际完成建筑规模计算，2020年以后开发的热泵及地热利用规模未包含在内。

有序发展余热热泵和再生水热泵系统。在东坝、金盏、定福庄、垡头等燃气热电厂周边地区，优先利用余热热泵供暖。支持小型燃气锅炉余热热泵改造，提升供热能效水平。在望京中关村科技园北扩区、首钢、丽泽和环渤海总部基地等再生水干线周边区域，大力发展再生水源热泵应用。“十三五”时期，新增再生水和余热热泵利用面积700万m^2。

《规划》第五章推动新能源融入城市能源体系，以能源技术革命为动力，充分利用“互联网+”新技术、新模式，强化重点区域示范应用，推进新能源和可再生能源与常规能源体系的融合发展，带动能源利用方式智能高效转型，助推智慧城市建设。

第一节 加快新能源融入电网热网

引导热泵与城市热网融合发展。**利用热泵提升城市热网供热能效。**结合现有城市热源及供热管网升级，鼓励发展余热热泵系统改造，回收余热资源，降低供热能耗，提高现有热源供热效率。**促进热泵与用户侧融合互补。**通过经济手段引导，鼓励用户侧新建地热、土壤源热泵或再生水热泵系统，与原有城市热网、区域锅炉房相互补充，扩大新能源和可再生能源供热规模，实现供热多能融合发展。

第二节 探索“互联网+新能源”创新发展

充分利用大数据、互联网等现代信息技术，推动多种能源智能融合发展，探索发展绿色低碳、智能高效的未来城市能源供应体系。**建设新能源和可再生能源智能信息系统。**整合新能源和可再生能源在线监测系统、电力需求侧管理系统、节能在线监测系统等平台资源，建设基于互联网的智慧运行云平台，提升新能源和可再生能源电站和消费端智能化水平，加强能源供应链不同环节的信息对接，实现新能源和可再生能源的优先配置。**利用储能技术推动新能源和可再生能源消纳。**在商业楼宇、住宅公寓、公共机构、产业园区等领域，鼓励发展用户侧冰蓄冷、水蓄热蓄冷、相变储能等成熟储能技术应用，鼓励热泵、分布式光伏等与储能系统融合发展。推动建设电、冷、热、气等多种能源形态灵活转化、高效存储、智能协同的智慧储能系统。

第三节 打造新能源高端应用示范区

以城市副中心建设和冬奥会、世园会等重大活动为契机，综合运用多能互补模式和智慧能源技术，打造一批具有国际先进水平的新能源和可再生能源示范区。

（一）创建城市副中心行政办公区“近零碳排放示范区”。

按照“可再生能源优先、常规能源系统保障”的原则，在行政办公区重点打造以深层地热、浅层地温能为主，常规能源供热为保障的绿色低碳供热系统，推广太阳能与建筑一体化应用，运用楼宇管理与能源运行信息智慧调节技术，实现新能源和可再生能源与常规能源系统的智能耦合运行。到2020年，行政办公区率先建成“近零碳排放示范区”，新能源和可再生能源利用比重力争达到40%以上，城市副中心整体区域新能源和可再生能源利用比重力争达到15%以上。

（二）加快建设延庆绿色低碳冬奥会赛区。

冬奥会场馆。按照绿色低碳奥运的理念，大力发展地热、热泵、太阳能等新能源和可再生能源应用，延庆区新建冬奥会场馆推广地热及热泵系统供暖、分布式光伏发电，基本实现赛区电力消费全部使用绿色电力，打造国际一流的绿色低碳冬奥会。延庆绿色能源示范区。持续提升延庆绿色能源示范区建设水平，扩大风力发电、光伏发电等绿色电力装机规模，实施张家口-北京可再生能源清洁供热示范工程，加快八达岭经济技术开发区新能源微电网示范项目建设，结合世园会场馆建设，推广地热及热泵系统应用。到2020年，构建起以新能源和可再生能源为核心的清洁能源供应体系，新能源和可再生能源利用比重提高到40%左右。

（三）建设新机场国际可再生能源交往展示区。

加强地热、热泵、光伏等新能源和可再生能源在新机场及临空经济区的应用，按照“同步设计、同步施工、同步运营”的理念，科学规划临空经济区能源基础设施，加快推进绿色智慧能源系统建设，提高新能源和可再生能源利用比重。到2020年，新机场及临空经济区可再生能源比重达到15%以上。

（四）加强国家级可再生能源示范区建设。

加快推进昌平新能源示范城市建设，重点建设未来科技城、科技商务区、大学城等三个新能源和可再生能源规模化综合应用区。深入推进顺义、海淀、亦庄等国家光伏应用示范区建设，重点在工业厂房、公共建筑实施分布式光伏系统项目，提升分布式光伏应用水平。到2020年，昌平区新能源和可再生能源利用比重超过15%，分布式光伏发电应用示范区新增发电装机超过40万千瓦。

（五）推动实施新能源微电网示范工程。

按照能源互联网的先进理念，重点发展延庆、海淀北部、亦庄等3个新能源微电网示范项目，在区域内全面推广分布式光伏、热泵等新能源和可再生能源应用，示范建设分布式风电，配套建设储能设施和现代化能源信息网络，提升新能源和可再生能源智能调配能力，全面实现新能源和可再生能源与常规能源融合发展。探索新能源微电网技术、管理和运行模式，培育区域能源综合供应商，实现区域能源供应绿色智能高效转型。

第四节 试点建设新能源示范村镇

按照“因地制宜、政策引导、集中示范、全面推进”的原则，加强太阳能、地源热泵、空气源热泵等新能源和新技术在村镇地区的综合利用。

建设新能源示范村。发展地源热泵、空气源热泵、太阳能等新能源和可再生能源采暖技术应用。积极推进分布式光伏在农村住宅、文化活动场所、农业设施等领域的应用。大力推广太阳能热水系统，鼓励既有沼气工程升级。到2020年，按照“采暖清洁化、电力绿色化、热水光热化”的理念，建成新能源示范村50个。

建设新能源示范镇。以“集中＋分户”相结合的方式，加强热泵系统、分布式光伏、太阳能热水系统在公共建筑、工商业企业、居民建筑等领域的应用，鼓励利用热泵系统、太阳能供暖系统替代燃煤锅炉。到2020年，建成新能源示范镇20个，示范镇中心区内热泵系统、分布式光伏、太阳能热水系统等新能源和可再生能源技术应用覆盖率达到50%以上。

9.2 沈　阳　市

沈阳位于中国东北地区南部，辽宁省中部，南连辽东半岛，北依长白山麓，位处环渤海经济圈之内，是环渤海地区与东北地区的重要结合部，位于北纬41°48′11.75″、东经123°25′31.18″之间，全市总面积逾12948km^2，市区面积3495km^2。

沈阳位于辽河平原中部，东部为辽东丘陵山地，北部为辽北丘陵，地势向西、南逐渐开阔平展，由山前冲洪积过渡为大片冲积平原。地形由北东向南西，两侧向中部倾斜。最高处是沈北新区马刚乡老石沟的石人山，海拔441m；最低处为辽中区于家房的前左家村，海拔5m。市内最高处在大东区，海拔65m；最低处在铁西区，海拔36m。皇姑区、和平区和沈河区的地势，略有起伏，高度在41.45m之间。

沈阳东陵区多为丘陵山地；沈北新区北部有些丘陵山地，往南逐渐平坦；苏家屯区除南部有些丘陵山地外，大部分地区同于洪区一样，都是冲积平原；新民市、辽中区的大部分地区为辽河、浑河冲积平原，有少许沼泽地和沙丘，新民市北部散存一些丘陵。全市低山丘陵的面积为1020km^2，占全市总面积的12%。山前冲洪积倾斜平原分布于东部山区的西坡，向西南渐拓。

沈阳山地丘陵集中在东北、东南部，属辽东丘陵的延伸部分。西部是辽河、浑河冲积平原，地势由东向西缓缓倾斜。全市最高海拔高度为447.2m，在法库县境内；最低海拔高度为5.3m，在辽中区于家房镇。沈阳东部为低山丘陵，中西部是辽阔平原。由东北向西南倾斜，平均海拔30～50m。

从工程地质条件看，沈阳市区浅层地层主要是由中砾、砾砂和圆砂组成，分布比较稳定，厚度较大，工程地质条件好；从水文地质条件看，沈阳市区地下水量丰富，含水层厚度较大，在35m左右；导水能力强，渗透系数在80～160m/d之间，单井出水量：富水区150～250m^3/h；次富水区80～150m^3/h；弱水区30～80m^3/h。从地下水质看，地下水化学类型主要为重碳酸钙镁型水，部分地区为含有硫酸或氯化物型水，总硬度低，属于软水，矿化度较低，属于淡水，pH值多为6.5～7.5，属于中型水，水质相对较好。从地下水温看，沈阳市区地下水温变化较小，经多年多处测试，地下水温在9～15℃，绝大多数都集中在12～14℃之间，且不受季节变化影响。沈阳的自然地理及水文地质条件适合地源热泵技术的推广应用。

9.2.1　沈阳市地源热泵发展现状

2013年5月沈阳市城乡建设委员会印发了《沈阳市城建城管系统科技创新工作方案》的通知。《方案》中指出重点创新任务：充分利用我市可再生资源，扎实推进地源热泵技术、太阳能技术应用。研究制定太阳能光热、光电应用技术标准，重点研究和推广用户侧光伏发电系统，加快光伏发电示范项目建设。根据我市地源热泵技术应用现状，积极开展科研等相关工作，预防和解决推广工作中存在的问题，加大再生水源热泵和原生污水源热泵技术应用推广工作力度。

2013年6月沈阳市城乡建设委员会印发了《关于进一步推进我市地源热泵技术应用项目建设工作的通知》。《通知》中指出，按照辽宁省政府对实施“蓝天工程”的有关工作要求，为实现辽宁省住建厅给我市下达的2013年完成地源热泵项目建筑应用面积300万m^2的任务指标，根据《沈阳市地源热泵系统建设应用管理办法》（市政府令第71号）、《关于全面推进地源热泵系统建设和应用工作的实施意见》（沈政发［2006］20号）等文件精神，结合目前房地产行业形势和我市地源热泵技术应用现状，现就地源热泵技术应用项目建设有关要求通知如下：

一、市相关部门定期向市地源热泵建设管理部门提供政府财政投资项目清单，市地源热泵建设管理部门负责具体落实，确保公用、民用（保障性住房）的建设项目，特别是各级政府财政投资的建设项目，凡具备地源热泵技术应用条件的，均采用地源热泵技术供热（制冷）。

二、对初审同意应用的地源热泵项目，市地源热泵建设管理部门要实行跟踪督查。建设单位在地源热泵技术应用项目开工建设之前，须向市地源热泵建设管理部门告知开工时间及工期，市地源热泵建设管理部门要及时组织相关单位及专业人员对项目建设过程进行跟踪监管，确保地源热泵系统建设顺利实施。

三、建设单位应根据项目需求和地域特点，综合考虑地源热泵应用形式。对污水处理厂附近的项目，应优先考虑采用再生水源热泵技术进行供热（制冷）；对周围拥有市政排污干线的项目，可考虑采取原生污水源热泵技术供热（制冷）；对处于“辉山地区”“沈北地区”等地下水条件相对欠缺地区的项目，可考虑应用土壤源热泵技术。

四、各地源热泵设备生产、施工安装企业要将2012年底前，在沈阳行政区域内（包括新民、辽中、康平、法库）参与建设的地源热泵技术应用项目信息整理上报市地源热泵建设管理部门。同时，自2013年起，每年年末前将年度项目建设信息集中上报。

2014年9月沈阳市人民政府办公厅发布了《关于印发沈阳市城市供热规划（2013～2020年）的通知》。《规划》指导思想中强调要积极鼓励应用地源热泵、污水源热泵、电热蓄能、天然气及太阳能等清洁能源在三产和民用采暖领域的应用。到2017年，将具备条件的我市非社会化供暖的三产企业实施清洁能源改造，力争清洁能源供热率在2012年基础上提高10%。

2015年5月沈阳市人民政府发布了《关于印发沈阳市蓝天行动实施方案（2015-2017年）的通知》。《实施方案》中工作措施：强化能源结构调整，实施煤炭总量控制。全面实施燃煤总量控制制度，2015年7月底前编制完成我市燃煤总量控制规划；以2014年规模以上工业企业煤炭消耗量为存量基数，实现逐年下降；采取有效措施严格控制新（改、扩）建燃煤热源和其他高耗煤项目，保证燃煤增量低于存量削减量。逐年提高我市清洁和可再生能源利用率，2015 年 8 月底前，编制完成《沈阳市清洁和可再生能源发展计划（2015-2017 年）》；加快生物质发电及供热应用，推广污水源热泵技术的应用，逐步实现产业化和市场规模化；使我市的清洁和可再生能源利用规模每年递增 3%以上。做好控制产能严重过剩行业新增产能项目工作，对钢铁、电解铝、水泥、平板玻璃、船舶等产能严重过剩行业的新增产能项目，要求严格执行《国务院关于化解产能严重过剩矛盾的指导意见》（国发［2013］41 号），不得以任何名义和方式备案新增产能项目，各相关部门和机构不得办理土地供应、能评、环评审批和新增授信支持等相关业务。加大天然气引进和利用力度，加快天然气管网及储气调峰等基础设施建设，提高保障能力。加大电能利用范围，积极推动省电力公司在我市实施优惠电价政策，加强供电能力建设，扩大电网覆盖范围，满足用电需求。

2016 年 8 月沈阳市人民政府办公厅发布了《关于印发沈阳市 2016 年节能减排工作要点的通知》。《工作要点》中指出调整优化产业结构，提高能源利用效率。优化能源消费结构，提高清洁能源消费比重。推进热电联产和大型集中热源项目建设，扩大天然气、电能等清洁能源供热规模；加快天然气管网及储气调峰等基础设施建设，提高燃气保障能力；加快风能、太阳能、生物质能等可再生能源的开发利用，逐年提高我市清洁能源和可再生能源利用率，2016 年，清洁和可再生能源开发利用规模同比增长 3%以上；继续推进以工业和三产企业为主的煤改清洁能源替代工程，完成煤改清洁能源任务 89 台。

2016 年 10 月沈阳市人民政府办公厅发布了《关于印发沈阳市清洁和可再生能源发展计划（2016-2017 年）的通知》。《发展计划》提出工作目标为：推进城市供暖领域电能、天然气等清洁能源替代工程。2016 年内完成建成区内 10t/h（或 7MW）及以下燃煤锅炉，以及非建成区具备替代条件的燃煤锅炉联网或清洁能源改造。对 10t/h（或 7MW）以上具备联网或清洁能源改造条件的燃煤锅炉，加大力度推动实施联网、替代工作，进一步提高燃气分布式供热、电采暖、地（水、空气）源热泵等清洁能源供热比例。

2016 年 12 月沈阳市人民政府办公厅发布了《关于印发沈阳市创建国家卫生城市工作实施方案的通知》。《实施方案》中创建任务包括：造良好生态宜居环境。贯彻落实《中华人民共和国大气污染防治法》（中华人民共和国主席令第 31 号）、《中华人民共和国水法》（中华人民共和国主席令第 74 号）和《中华人民共和国水污染防治法》（中华人民共和国主席令第 87 号）等精神，大力实施“蓝天行动”工程，加快燃煤锅炉升级改造工作，控制燃煤总量，淘汰落后产能；大力推广太阳能、空气源热泵、污水源热泵等先进技术的应用，提高清洁和可再生能源利用率；加快发展绿色交通，防治机动车尾气污染；严控扬尘污染，实施重点节能工程，确保环境空气主要污染物年均值达到国家环境空气质量标准二级标准。规范医疗废弃物储存和处置，杜绝噪音扰民和秸秆焚烧现象，大力推广秸秆综合利用工程，加大饮用水水源地环境保护力度，进一步优化人居生态环境。

2017 年 8 月沈阳市人民政府办公厅发布了《关于印发沈阳市加快推进清洁供暖实施方案的通知》。《实施方案》提出工作目标：到 2020 年，中心城区及县城清洁供暖面积达到 2.4 亿 m^2，清洁供暖比重提高到 60%。减少供暖煤炭消耗 92 万 t 标准煤，减排二氧化硫 1.6 万 t、烟尘 1.8 万 t、灰渣 36.1 万 t。新增电供暖面积 1000 万 m^2，电供暖总面积达到

4800万m^2，年供暖用电量新增8亿kWh。其中，电储能供暖面积增加500万m^2，热泵、直热式电供暖增加500万m^2。主要工作任务包括：扩大地（水）源热泵供暖面积。充分挖掘浅层地热能资源，提升现有地（水）源热泵供暖潜力，在污水处理厂和大型排污管网附近，积极推广污水（中水）源热泵供暖技术应用。规划新增电供暖面积500万m^2。工作措施：完善政策扶持体系：编制《“互联网＋”智慧能源规划》，采取建设示范园区、示范街道等方式，推广电能、天然气、太阳能、浅层地热能等多能互补、清洁高效的清洁供暖示范、试点项目。落实推进电供暖工作措施：（1）扩大电供暖项目优惠电价适用范围，将地（水）源热泵、电热膜等电供暖技术与电储能技术共同纳入全省用电直接交易规则，共享优惠电价政策。（2）优化沈阳地区电供暖项目到户电价峰谷分时电价政策，在保持10h用电低谷时段不变的基础上，用电低谷时段由21～7时调整为22～8时。（3）支持符合条件的电供暖单位按照电供暖电力交易规则要求，进行市场准入和市场登记注册，通过电力市场化交易降低电供暖项目电价。

2017年9月中共沈阳市委办公厅、沈阳市人民政府办公厅印发了《沈阳市生态环境改善提升三年行动计划（2018-2020年)》的通知。《行动计划》指出重点任务要科学精准，全力施策，切实改善大气环境质量。全市削减燃煤总量。实行煤炭消费总量控制和目标责任管理，实施新建耗煤项目燃煤等量替代制度，实施气化沈阳工程，推进清洁能源利用，大力发展清洁供暖，严控新建燃煤锅炉，推进燃煤清洁化利用、燃煤锅炉拆除、煤炭质量管理以及污染物排放管控，削减臭氧主要前体物氮氧化物排放，有效控制烟尘和二氧化硫排放。到2020年，煤炭占全市能源消费总量比重下降到70％以下，天然气占全市能源消费总量比重提高到4.8％，非化石能源占一次能源消费总量比重提高到8％，中心城区及县城清洁供暖面积达到2.4亿m^2，清洁供暖比重提高到60％，新增热电联产供暖9000万m^2，电、天然气等清洁能源供暖1800万m^2，城市建成区全部取缔20蒸吨及以下燃煤锅炉。

2017年9月沈阳市人民政府发布了《关于印发沈阳市“十三五”控制温室气体排放工作方案的通知》。《工作方案》指出主要任务包括：加快推广低碳建筑。大力推动建筑节能与绿色建筑发展，严格落实新建建筑节能设计标准，适时提高居住建筑和公共建筑的节能设计标准，严把设计关口，加强节能评估审查及施工阶段监管和稽查。实行建筑节能和绿色建筑技术产品推广认定制度，积极推动绿色建筑评价标识、绿色建材评价标识和预拌混凝土绿色生产评价标识工作。积极推动装配式建筑发展和绿色生态城区建设。积极推进可再生能源建筑应用，推广使用屋顶分布式光伏发电和光热利用设施。优先发展污水源等再生水源热泵系统，积极发展土壤源，科学发展地下水源热泵系统，充分利用工业余热进行供暖，研究利用空气源热泵技术。加快实施“节能暖房”工程，大力推进既有居住建筑供热计量及围护节能改造。鼓励采取合同能源管理模式，开展大型公共建筑和公共机构办公建筑节能改造，提高用能效率和管理水平。支持绿色建材产业发展，推广应用再生建材。到2020年，城镇居住建筑和公共建筑节能率普遍执行75％和65％的设计标准，绿色建筑占当年新建建筑比例达到50％以上。

2018年3月中共沈阳市委办公厅、沈阳市人民政府办公厅印发了《沈阳市推进资源环境供给侧结构性改革补齐生态环境短板的实施方案》的通知。《实施方案》指出要有效减少结构性污染。加快调整能源、产业和区域布局结构。严格控制煤炭消费总量，推进煤炭减量替代，完成省控煤目标。实施“气化沈阳”工程，加大天然气引进利用和基础设施建设力度，提高燃气保障能力，逐年提高我市清洁能源和可再生能源利用率。做大做强战略性新兴产业，大力发展现代服务业、现代农业，努力形成战略性新兴产业和传统制造业并驾齐驱、现代服务业和传统服务业相互促进、信息化和工业化深度融合的产业发展新格局。2018年1月底前，落实减煤计划和项目，年底前推进天然气规划和供热规划。加强城市规划、建设与管理，加快实施“多规合一”，有效降低和减少区域布局带来的环境污染。到2020年，煤炭占能源总量比重下降到70%，天然气比重提高到10.8%，非石化能源占一次性能源消费总量提高到8%，第三产业增加值占比达到55%以上，有效降低和减少结构性污染。

2018年7月沈阳市人民政府办公厅发布了《关于印发沈阳市2018年散煤治理工作方案和居民散煤替代工作方案的通知》。《工作方案》基本原则：坚持清洁供暖，因地制宜、分类施策。以能源清洁化利用为目标，在统筹推进我市清洁取暖工作的同时，要充分考虑各地区之间，城区、城乡结合部和农村之间的经济承受能力、基础设施条件、工作推进难易程度等因素，采取适宜的散煤治理措施。以联片集中供暖、棚户区改造、建筑节能改造为主要措施，加快推进城区集中供暖，实现散煤减量。在具备条件的地区，宜气则气、宜电则电，以太阳能、地热能、生物质燃料等可再生能源替代散煤。在不具备条件的地区，以清洁型煤配合型煤专用炉具实现散煤清洁高效利用。同时，要坚持“以人民为中心”的原则，完善清洁型煤生产、销售、配送服务体系建设，确保民生取暖安全。

9.2.2 《沈阳市“十三五”控制温室气体排放工作方案》

1. 发展目标

到2020年，全市单位地区生产总值二氧化碳排放比2015年下降18%，碳排放总量得到有效控制。氢氟碳化物、甲烷、氧化亚氮、全氟化碳、六氟化硫等非二氧化碳温室气体控排取得成效。碳汇能力显著增强。控制温室气体排放的体制机制建立并完善，建立健全统计核算、评价考核和责任追究制度，覆盖重点排放行业、具有地方特色的沈阳市碳排放权交易市场建成运行，并与全国碳排放权交易市场形成有效对接。国家低碳城市试点工作稳步推进，低碳试点示范工作不断深化，建成一批具有典型示范意义的低碳园区和低碳社区，推广一批具有良好减排效果的低碳技术和产品，控制温室气体排放能力得到全面提升，公众低碳意识不断增强。

2. 主要任务

（1）促进节能和提高能效。加强能源消费总量和强度控制，实施全民节能行动计划，合理引导能源消费。

（2）优化利用化石能源。以能源结构优化为导向，积极推进天然气多元化利用工程建设，努力构建安全、稳定、经济、清洁的现代能源体系。

（3）积极发展非化石能源。积极开发陆上风电资源，加快推广光伏发电应用，推进太阳能屋顶、光伏幕墙等光电建筑一体化工程，逐步推广太阳能光热系统在工业、农业等生产领域的应用。

（4）加快产业结构调整。将低碳发展作为新常态下经济提质增效的重要动力，推动传统产业转型升级。

(5) 控制工业领域排放。积极推进电力、热力、化工、建材等传统高能耗行业企业全流程绿色化低碳改造，加快新一代可循环流程工艺技术研发，积极推广和采用高效电机、锅炉等先进设备，以及清洁高效铸造、锻压、焊接、表面处理、切削等加工工艺，实现绿色低碳生产。

(6) 大力发展低碳农业。坚持减缓与适应协同，降低农业领域温室气体排放。

(7) 增加生态系统碳汇。开展国土绿化行动，加强林业重点工程建设，加大生物多样性保护力度，增加森林面积。

(8) 加快推广低碳建筑。大力推动建筑节能与绿色建筑发展，严格落实新建建筑节能设计标准，适时提高居住建筑和公共建筑的节能设计标准，严把设计关口，加强节能评估审查及施工阶段监管和稽查。实行建筑节能和绿色建筑技术产品推广认定制度，积极推动绿色建筑评价标识、绿色建材评价标识和预拌混凝土绿色生产评价标识工作。积极推动装配式建筑发展和绿色生态城区建设。积极推进可再生能源建筑应用，推广使用屋顶分布式光伏发电和光热利用设施。优先发展污水源等再生水源热泵系统，积极发展土壤源，科学发展地下水源热泵系统，充分利用工业余热进行供暖，研究利用空气源热泵技术。加快实施“节能暖房”工程，大力推进既有居住建筑供热计量及围护节能改造。鼓励采取合同能源管理模式，开展大型公共建筑和公共机构办公建筑节能改造，提高用能效率和管理水平。支持绿色建材产业发展，推广应用再生建材。到2020年，城镇居住建筑和公共建筑节能率普遍执行75%和65%的设计标准，绿色建筑占当年新建建筑比例达到50%以上。

(9) 积极推进低碳交通。科学规划，构建完善的立体式、现代化综合交通运输体系，加快推进城市轨道交通、城市公交专用道等大容量公共交通基础设施建设，加强自行车专用道和行人步道等城市慢行系统建设。

(10) 加强废弃物资源化利用和低碳化处置。强化源头控制，严格危险废物经营准入，推动再生资源产业园区建设，实现集约化、产业化、园区化发展。

(11) 倡导低碳生活方式。牢固树立“幸福沈阳共同缔造”理念，以塑造沈阳精神为引领，提升人民群众低碳生活参与意识和责任意识。

(12) 扎实推进国家低碳城市试点建设。围绕国家低碳城市试点建设，结合沈阳市产业特色和发展战略，积极探索具有本地区特色的低碳发展模式，形成有利于低碳发展的政策体系和体制机制，加快建立以低碳为特征的产业、能源、建筑、交通、生态环境体系和低碳生活方式。

(13) 积极开展低碳工业园区等试点示范。深化低碳工业园区试点建设。

(14) 建立完善的碳排放交易制度。制定我市碳排放权交易管理办法等配套管理办法、规章制度和操作指南。

(15) 启动运行碳排放权交易市场。以控制化石能源产生的二氧化碳为主，将年综合能耗3000吨标煤及以上的重点耗能企业纳入交易体系，合理确定我市碳排放权交易产品和交易主体，视情况逐步增加温室气体种类和涵盖企业范围。

(16) 强化碳排放权交易基础支撑能力。建立专门的信息化碳交易注册登记系统，准确记录、跟踪和管理排放配额持有和交易情况。

(17) 加强温室气体排放监测、统计与核算。完善温室气体排放计量和监测体系，依托沈阳市国家城市能源计量中心，开展控排企业碳排放在线监测工作，实现控排企业碳排放在线监测全覆盖，推动控排企业健全能源消费和温室气体排放台账记录。

（18）构建地方、企业温室气体排放报告与核查工作体系。确定年综合能耗3000吨标煤及以上的企（事）业单位为温室气体排放报告单位，定期确定年度企（事）业单位名单，并向社会公布，实行重点企（事）业单位温室气体排放数据报告制度，规范第三方核查程序。

（19）建立温室气体排放信息披露制度。按照国家、省部署，公布我市低碳发展目标实现及政策行动进展情况。

（20）广泛开展国际合作。加强应对气候变化领域国际交流，在科学研究、技术研发和能力建设等方面开展务实合作，学习借鉴国际成功经验。

9.3 青 岛 市

从2006年起，青岛市建委将民用建筑可再生能源规模化应用工作列为重点工作之一，近年来，青岛市在开展可再生能源建筑应用方面取得了实质性突破。

9.3.1 青岛市可再生能源建筑应用工作开展现状

2007年5月，在全市建筑节能现场会上，青岛市胡绍军副市长对地源热泵技术给予充分肯定，指出要以“可再生能源在建筑中的规模化应用等六个方面为工作重点，推进循环经济、生态建设，促进建设事业的和谐发展。”截止到2007年，全市开工建设可再生能源建筑应用项目面积100多万平方米，预计2008年全市新开工建设面积在300万m^2以上。2007年12月，青岛市人民政府办公厅下发《关于加快推进可再生能源建筑工程应用工作的通知》，确定了“十一五”期间“完成利用可再生能源技术建筑500万m^2，实现年节约标煤15万t。到2010年，可再生能源应用面积占新建建筑比例达到25%以上”的工作目标，部署了今后可再生能源建筑应用的重点工作。

青岛市建委积极组织开展可再生能源建筑应用示范工作，其中国际帆船中心、石老人国际旅游健身区、千禧国际村、大荣世纪综合楼、银盛泰国际商务港等6个项目被财政部、住房和城乡建设部列为国家可再生能源建筑应用示范项目。在国家可再生能源建筑应用示范工程带动下，青岛市可再生能源建筑规模化应用取得突破性进展。2008年青岛市制定了《青岛市民用建筑可再生能源利用技术应用暂行管理办法》，下发《青岛市关于加快推进可再生能源建筑工程应用工作的通知》等文件，加强对可再生能源应用项目的指导和管理。“十一五”期间，青岛市建筑节能走在了全国前列，其中开发区建筑节能工作处在全市领先地位，在新建建筑节能、既有居住建筑节能改造、可再生能源建筑应用、推行绿色建筑等方面工作，取得了显著成绩。

青岛市财政局每年列支1000万元专项基金用于支持可再生能源建筑应用示范项目及相关规划研究的补贴。如青岛可再生能源利用研究项目、土壤源热泵技术研究项目、青岛园艺博览会生态节能环保方案，同时组织相关单位编制青岛市可再生能源建筑应用规划，并计划在此基础上修改供热规划，以便全面开展此项工作。青岛市可再生能源土壤源热泵和污水源热泵技术项目，包括福瀛锦绣前城、瑞源名嘉汇、城投银沙滩旅游度假区一期工程、凤凰岛温泉度假大酒店、天鹅湖生态旅游度假区、索菲亚国际大酒店、唐岛湾游艇会等项目。2010年8月青岛市被正式列为国家首批可再生能源建筑应用示范城市，青岛市2012年又被列为增量任务示范城市，即墨市、胶州市、平度市相继被列为国家可再生能源建筑应用示范名单，开发区智慧生态城被列为国家可再生能源建筑应用集中连片示范区。

截至2014年，青岛市共获得可再生能源建筑应用国家奖励资金约3.4亿元，同时市财政累计配套资金7000万元。通过奖励资金的引导，在可再生能源建筑应用方面累计实现投资50亿元，实现年节约标准煤20.8万t，减排二氧化碳54.1万t、二氧化硫0.2万t、氮氧化物0.2万t。

为全面促进青岛市可再生能源建筑规模化应用工作，市政府编制了《青岛市可再生能源建筑应用规划（2009-2015）》《青岛市可再生能源建筑应用实施方案（2009-2012）》《青岛市海洋新能源利用专项规划（2009-2020）》及《青岛蓝色硅谷核心区新能源综合利用供热规划（2010-2020）》。2013年10月，青岛市重点节能技术、产品和设备推广目录中重点提到了海水源热泵和低温空气源热泵技术。2015年6月，青岛市作为国家循环经济示范试点城市顺利通过国家验收，标志着全市循环经济工作步入一个新的发展阶段。2015年，青岛市制定了《节能环保产业发展规划》，印发了《关于加快发展节能环保产业的实施意见》，全市节能环保产业总体发展呈增长趋势。根据初步统计，青岛市节能环保产业2015年营业收入1143亿元，同比增长超过15%。

“十二五”期间，青岛市委、市政府高度重视节能工作，各级各部门密切协作，强化目标管理，优化经济结构，加快技术进步，健全长效机制，节能工作取得明显成效，走在全省前列，超额完成2015年度节能目标及“十二五”总体目标任务。“十二五”期间共支持102个节能技改项目，实现节能36.72万t标煤。积极推进清洁生产，“十二五”期间1262户企业完成清洁生产审核验收，建设清洁生产示范园区15个。市级财政安排资金1300万元，支持开展20多个课题研究及技术推广项目建设，76种产品入选能效“领跑者”名单。

“十二五”期间，青岛市把可再生能源建筑应用作为节能减排的重要抓手，积极开展适合本地特点的可再生能源应用项目全市实施了137项示范工程，累计完成可再生能源建筑应用971万m^2，应用规模居国内同类城市首位。示范项目数量及获得补助资金位居全国同类城市第一。青岛市太阳能资源属三类地区（太阳能资源中等类型地区），具有开发利用价值。青岛海水资源丰富，水温、水质具备建设海水源热泵的条件，为海水源热泵应用提供了广阔的发展空间。2017年5月，国内最大规模海水源热泵落户青岛。富特能源管理股份有限公司和西海岸公用事业集团能源公司正式达成合作协议，将在古镇口建设国内规模最大的海水源热泵供热供冷项目。项目总投资约30亿元人民币，采用先进、清洁的海水源热泵技术供冷供热，服务规模1200万m^2。正式投运后，每年可节约50万t标准煤，减少各类污染物排放2650t。

9.3.2 《青岛市“十三五”建筑节能与绿色建筑发展规划》

结合青岛市可再生能源建筑应用经验及可再生能源资源条件，规划“十三五”期间可再生能源建筑应用1500万m^2，重点应用领域包括太阳能建筑一体化应用、土壤源热泵、海水源热泵等技术应用。太阳能建筑一体化主要实施推广原则为，在原有强制性要求的前提下，研究现有应用存在问题并研究相应技术体系来加强太阳能建筑一体化的实施。青岛市“十三五”期间规划应用太阳能建筑一体化面积为 800 万 m^2 以上。土壤源热泵的规划内容为，在无其他可再生资源且浅层地热能资源适宜利用的建筑进行适度规模的土壤源热泵应用。青岛“十三五”期间规划应用土壤源热泵规划面积为 100 万 m^2。海水源热泵的规划要结合青岛市空间布局，在重点区域中开展海水源热泵应用，制定海水源热泵应用实施方案和细则，推广海水源热泵应用。青岛市“十三五”期间规划应用海水源热泵规划面积为 200 万 m^2。

《规划》指出，“十三五”期间，青岛市应继续推进可再生能源建筑应用，开展可再生能源建筑应用集中连片推广。“十三五”期末，新增可再生能源建筑应用面积达到 1500 万 m^2。重点应用领域为：应用太阳能建筑一体化面积为 800 万 m^2 以上，应用土壤源热泵面积为 100 万 m^2，应用海水源热泵面积为 200 万 m^2，应用污水源热泵面积为 400 万 m^2。

青岛市将加快可再生能源建筑应用示范项目验收，对现有示范项目开展能效测评、分析、整改工作。总结实践经验，继续做好可再生能源建筑应用城市示范，开展项目后评估，逐步扩大示范效应。青岛市将加快可再生能源建筑应用的重难点技术的攻关、科研，加快产、学、研一体化，支持可再生能源建筑应用技术、产品、设备的研发及产业化。制定“十三五”期间可再生能源建筑应用的专项发展规划、实施方案和细则，合理布局，指导技术应用。青岛市将保证在绿色生态城区建设的可再生能源应用比例，实施可再生能源集中连片推广。重点公建区结合区域供热、供冷、供电等能源需求，利用可再生能源开展区域能源建设。在资源条件允许的地区鼓励和倡导发展海水源、地源和污水源热泵等可再生能源的供热空调方式。青岛市将继续推进清洁能源应用，加快构建以电力、天然气等清洁能源替代燃煤的能源结构体系，大幅减少煤炭用量，持续减少化石能源消费。加快发展地热和热泵供暖，推进海水源等热泵系统及余热的开发利用。因地制宜发展生物质能，试点建设生物质多联产项目。加快推进实施热电联产等一批节能技术改造项目，鼓励有条件的园区和企业发展热电联产和冷热电联供分布式能源，提高能源利用效率。

根据青岛市可再生能源建筑应用经验与调研数据，太阳能热水系统建筑应用可实现每平方米每年可节约 3.90kg 标准煤，热泵系统应用可实现每平方米每年可节约 6.18kg 标准煤。“十三五”期间可再生能源建筑应用可累计节能 22.33 万 t 标准煤，到 2020 年既有建筑节能改造每年可节约 7.44 万 t 标准煤。

9.4 重　庆　市

重庆淡水资源丰富，其可利用低位热能资源巨大。重庆地域内水资源总量年均超过 5000 亿 m^3，分为地表水和地下水两大类，地表水占水资源总量的绝大部分。由当地降水形成的地表水约 380 亿 m^3，由长江、嘉陵江、乌江等流经重庆地区的入境水形成的地表水约 4600 亿 m^3。水能方面长江占 80%以上，嘉陵江占 9.9%，其他流域约占 10%。

长江及嘉陵江河段水温、水质条件良好，适宜水源热泵机组运行。长江及嘉陵江河段夏季水温在 19～20℃，冬季在 9～16℃之间变化，根据美国制冷学会 ARI1320 标准，适合于水源热泵运行。并且由于冬季江水温度不太低，夏季水温不太高，有利于水源热泵机组运行及获得比较高的运行效率。重庆水土高新园位于嘉陵江畔，成立于2010年8月18日，园区辖区面积118km^2，是两江新区高新技术产业的高新园区和智慧之城，已被国家列为可再生能源建筑应用集中连片示范区，并获批中央专项财政补助5000万元。根据规划，重庆水土高新技术产业园可再生能源利用方式，主要包括太阳能的光热应用、地源热泵空调应用和水资源综合利用等。近年来，重庆市可再生能源应用方面做了大量工作，“十二五”期间，重庆市完成了16个太阳能、水地源热泵等新能源应用项目，并在“十三五”能源专项规划中对节能和能源利用提出了新的要求。

9.4.1 重庆市可再生能源发展现状

针对重庆地理、气候和资源特点，为补充发挥地方资源优势，重庆市组织专家在广泛调研和系统论证的基础上，确定淡水源热泵技术作为当前可再生能源在建筑中规模化应用的主要技术方案，重点支持利用长江、嘉陵江及市内其他次级河流采用淡水源热泵技术供热制冷；重点支持利用湖水、水库水采用淡水源热泵技术供热制冷；支持利用土壤源热泵技术供热制冷；支持利用污水源热泵技术供热制冷；经科学论证和严格审批后，考虑支持利用地下水源热泵技术供热制冷。

2005年底，重庆市率先向原建设部提出利用长江、嘉陵江江水发展淡水源热泵技术的建议，得到了原建设部的大力支持，被列为国家十大节能工程之一的建筑节能工程建筑新能源利用子项目城市级示范项目。目前，利用嘉陵江江水的嘉陵江淡水源热泵应用技术检测基地已经建成；利用长江江水的长江淡水源热泵应用技术检测基地正在建设；利用湖水水源的金科·天湖美镇淡水源热泵应用试点项目也已建成；珠江·太阳城水源热泵、渝中区化龙桥等项目被列入住房和城乡建设部、财政部可再生能源建筑应用示范项目。

重庆市2007年11月下发了《重庆市可再生能源建筑应用示范工程专项补助资金管理暂行办法》，该办法对纳入国家和重庆市的可再生能源建筑应用示范项目给予适当的资金补贴。另外重庆市每年将从城市建设维护费用中拨出1000万元设立可再生能源专项资金，用于淡水源热泵技术产业化发展，从事淡水源热泵技术开发的企业可享受贴息贷款、高新技术企业待遇等优惠政策。2008年颁布实施的《重庆建筑节能条例》中，明确规定“对具备可再生能源应用条件的新建（改建、扩建）建筑或者既有建筑节能改造项目，应优先采用可再生能源。”2014年2月，重庆市政府提出要推广应用节能低碳技术是贯彻落实市政府《“十二五”节能减排工作方案》（渝府发［2011］109号）和《“十二五”控制温室气体排放和低碳试点实施方案》（渝府发［2012］102号）的重要手段，应加强对相关企业和科研机构的调研工作，了解和掌握第一手资料，按照《节能低碳技术推广管理暂行办法》要求做好申报准备工作。

“十二五”时期重庆市大力开展节能工作，能源消费总量、水资源消费总量年均增速为2.45%、2.43%。自2012～2015年，同比上年的逐年能源消费总量平均增速下降2.23个百分点，同比上年的逐年水资源消费总量平均增速下降2.22个百分点，全市公共机构能源、水资源消费总量增速呈现显著递减趋势。能源消费结构渐趋优化。

2015年，重庆市全市公共机构能源消费总量110.75万t标煤，较2010年增长10.54%。其中：电力消费63.81亿kWh，煤炭消费5.47万t，天然气消费14482.41万m^3，汽油消费7927.99万L，柴油消费506.81万L，其他能源消费176.32t标煤，总用水量 1.39 亿 t（图 9-1）。

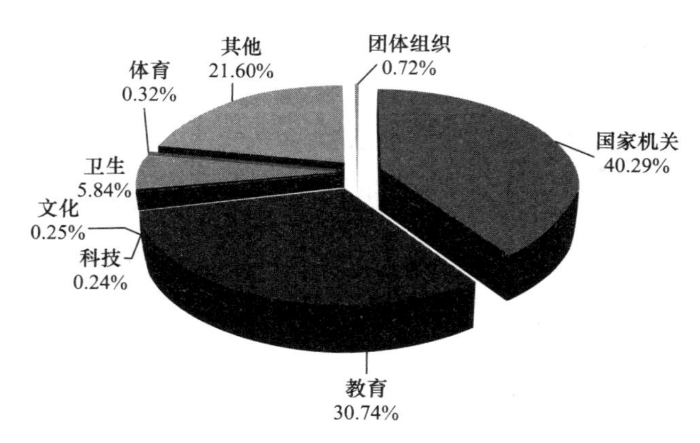

图 9-1 2015 年各类公共机构水资源消费强度分析

2015 年，重庆市公共机构能源消费结构：电力占 70.80%，煤炭占 3.53%，天然气占 17.39%，燃油（含汽油、柴油）占 8.26%，其他能源占 0.02%（图 9-2）。与 2010 年相比，含电力、天然气在内的清洁能源比重上升了 1.86 个百分点，煤炭、燃油（含汽油、柴油）比重下降了 1.87 个百分点，其中电力和煤炭的本地区能源消费结构占比，均优于全国总体水平。能源资源利用效率不断提高。2015 年，全市公共机构人均综合能耗 220.85kg 标准煤/人；单位建筑面积能耗 12.86kg 标准煤/m^2；人均用水量 27.73t/人。与 2010 年相比，人均综合能耗下降 16.12%，单位建筑面积能耗下降 12.16%，人均水耗下降 16.20%。全市公共机构人均综合能耗、单位建筑面积能耗均低于全国总体水平。

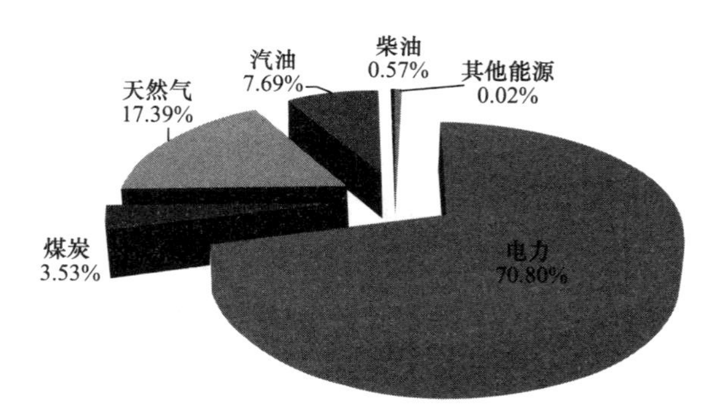

图 9-2 2015 年公共机构能源消费结构分析

“十二五”期间，重庆市以建筑及其用能系统、附属设施、新能源和可再生能源应用、节水和资源综合利用等为重点领域，采用合同能源管理模式实施既有建筑综合节能改造项目 73 个，面积 326.4 万 m^2。绿色照明市级全覆盖，区县 85%覆盖，改造节能灶具 1146 个，安装“零待机”节能插座 9766 个；安装电梯回馈装置 212 台。健全公共机构能耗监测体系 70 家。累计投入财政资金 2.4 亿元，实施太阳能、地（水）源热泵等新能源应用项目 16 个。进一步完善公共机构推广应用新能源汽车实施方案，积极落实新能源汽车推广任务，为实现节约能源资源目标提供了有力支撑。

“十二五”期间重庆市按照国家节约型公共机构示范单位创建相关标准，分两批成功创建全国节约型公共机构示范单位 69 家；启动“能效领跑者”专项行动，较好地发挥了对各级各类公共机构的引领带动作用，对全社会节能减排作出了表率。按照商务部、国管局要求，实施废旧商品回收利用、餐厨垃圾无害化处理，在市级部门和区县（自治县）人民政府积极推进废旧商品回收体系建设，实现115个市级部门全部达标。

9.4.2 《重庆市“十三五”能源发展规划》

重庆市《“十三五”能源发展规划》是依据《重庆市国民经济和社会发展第十三个五年规划纲要》编制的市级综合专项规划。规划到2020年，煤炭产能调减至2000万t左右，电源总装机达到2500万kW左右，全社会用电量达到1200亿kWh；天然气（含页岩气）产能达到400亿m^3，产量达到280亿m^3，城镇居民天然气普及率达到98.5%；成品油输入量达1000万t。全市非化石能源消费比重力争达到15%以上，煤炭消费比重降低到55%以下，天然气消费比重提高到14%以上。

“十三五”期间，将重点实施优化能源供给布局，提高资源配置效率；实施供给侧结构性改革，推动绿色低碳发展；完善输配体系，促进能源供给互联互通；清洁高效用能，推动能源消费革命；提高创新能力，做强能源装备制造业；提高供能质量，保障能源民生；深化改革开放，健全能源市场竞争体系；强化生态绿色建设，增强可持续发展能力等重点工作。

9.4.3 《重庆市公共机构节约能源资源“十三五”规划》

“十二五”期间，随着重庆市经济发展带来的公共服务领域拓宽、人群扩大、事业发展，结合信息化、网络化服务水平的提高，公共机构建筑面积、用能设备、用能人数有进一步增加的趋势，能源资源消费需求持续增长，节能空间相对减少。特别是教育、卫生、其他类型事业单位等公共服务范围扩大、等级提升，使能源资源消费需求刚性增长，对公共机构节约能源资源工作提出了新的挑战。

《重庆市公共机构节约能源资源“十三五”规划》要求实施能源和水资源总量与强度双控，到2020年，全市公共机构年度能源消费总量控制在133.26万t标准煤以内，用水总量控制在1.55亿m^3以内。以2015年能源资源消费为基数，到2020年，实现人均综合能耗下降11%、单位建筑面积能耗下降10%，人均用水量下降15%。健全节约能源资源管理体系，以国家机关和教育、卫生、其他类型事业单位的能源资源消耗总量控制为首要，建立比较完善成熟的公共机构节约能源资源组织管理体系、制度标准体系、技术推广体系、统计监测体系、监督考核体系、宣传培训体系和市场化机制。

重庆市要重点实施示范工程。推动国家和市级节约型公共机构示范单位创建工作，到2020年，完成国家级示范单位创建任务，完成150家市级示范单位创建任务，实现“个个区县有示范”的目标。建设示范单位信息管理系统，结合能源审计工作，开展示范单位动态管理、节能效果评价复核；结合宣传教育工作平台，开展创建交流活动。评选50家“能效领跑者”。推进合同能源管理、合同节水管理，完成50个示范项目。推进节约型办公区建设，市级部门建成节约型办公区。

重庆市要重点实施空调系统节能环保综合提升工程。为有效降低空调能耗，“十三五”期间应加快整治低能效高能耗空调系统设备，区县级及以上城市建成区的公共机构基本淘汰低于国家标准限定的低能效冷（热）水机组和房间空调器，禁止公共机构新建建筑采用低于国家标准限定的低能效空调机组。有条件的地区，推动公共机构采用二级及以上能效的空调机组替换原有能效较低的空调机组。推进燃气制备供冷的溴化锂吸收式空调机组，采用低温烟气余热回收、太阳能预热技术，提高设备供暖与卫生热水制备的燃气换热效率，降低燃气消耗。实施空调通风系统、空调冷温水系统、空调冷却水系统的综合节能改造，提高空调系统综合运行效率，降低空调系统能耗。“十三五”期间，累计完成60万m^2空调系统节能改造。

重庆市要重点实施燃煤、燃油锅炉节能环保综合提升工程。加快整治小型燃煤、燃油锅炉，乡镇级以上城市建成区的公共机构基本淘汰燃煤、燃油锅炉，禁止公共机构新建建筑采用燃煤、燃油锅炉。有条件的地区，推动公共机构采用燃气锅炉、空气源热泵热水机组、太阳能光热设备、分布式燃气冷热电联产技术，代替燃煤锅炉制备建筑供暖与卫生热水制备，通过采用低温烟气余热回收、蒸汽冷凝水回收利用技术，提高锅炉供暖与卫生热水制备系统的燃气换热效率。推进锅炉系统的安全、节能、环保标准化管理，建立锅炉能源管理系统，加强在线节能环保监测和诊断。

重庆市要重点实施可再生能源和资源再生工程。推广太阳能光伏、光热等可再生能源应用，推广天然气分布式能源应用，推广地水源热泵技术，在具备条件的公共机构实施地源、水源、空气源热泵示范项目，提高可再生能源在能源消费总量中的比例，优化能源消费结构。建立资源回收利用长效机制，推进废旧电子产品、办公用品等循环综合利用，加强废旧商品、生活垃圾等分类收集，推广应用智能型自动回收机，到2020年，回收利用率达到80%以上。

9.5 大连市

大连市三面环海，位于北半球的温暖带地区，具有海洋特点的温暖带大陆性季风气候，冬无严寒，夏无酷暑，四季分明。年平均气温10.5℃。夏季10m以下海水温度为20.6℃，冬季10m以下海水温度为3.7℃。大连市得天独厚的地理位置、气候条件，适宜在建筑中规模化应用海水源热泵技术。

9.5.1 大连市海水源热泵发展现状

大连市政府对推广使用海水源热泵技术非常重视，将海水源热泵管理纳入供热行业管理，结合《大连市城市供热管理条例》的修改，将海水源热泵管理在《条例》中予以明确。大连市城乡建设委员会为海水源热泵管理的行政主管部门，大连市集中供热办公室为海水源热泵的管理部门，政府将海水源热泵纳入依法管理的轨道。

为稳妥推进污水（海水）源热泵技术，从2002年开始，大连市政府委托大连理工大学开展了关于污水（海水）源热泵技术的研究工作。大连理工大学先后承担了《大连市利用水源热泵区域供热技术可行性研究》《水源热泵区域供热决策研究》《水源热泵经济性分析软件》《海水源热泵在建筑中应用供热供冷技术研究》等课题，其中《海水源热泵在建筑中应用供热供冷技术研究》荣获2006年大连市科技进步一等奖。

为适应国家海水源热泵在建筑中规模化应用城市级示范的需要，突出民族工业产业化，大连市政府将大连冰山集团作为海水源热泵产业化基地。大连冰山集团与瑞士Friotherm制冷公司合作研发高性能热泵，2007年大型热泵机组年生产能力为20～25台。目前应用在星海湾商务项目上的3台热泵机组，运行效果良好。

大连市采取多种形式，广泛宣传海水源热泵技术，提高全市市民的节能、环保意识。2005年4月，市建委组织召开“大型热泵区域供热供冷技术说明大会”，邀请了瑞典和瑞士的热泵技术专家进行专题技术讲座。市政府每年举行“节能周宣传活动”，对水源热泵技术进行重点介绍。

大连市政府为推动海水源热泵在建筑中规模化应用城市级示范工作，制定了《大连市海水源热泵规模化应用城市级示范项目评估暂行办法》。该办法遵循独立、客观、工作和科学的原则，对海水源热泵示范项目目标实现情况、水平、效果和影响，经费使用的政策相符性、目标相关性以及经济合理性等作为指标进行绩效评估。

大连市政府在示范的基础上，制定出台了辽宁省地方标准《海水源热泵系统工程技术规程》，该标准于2014年执行，明确了各项技术指标、参数、质量标准及验收办法，规范海水源热泵在建筑中的规模化应用的设计、施工、验收和安全运行；同时研究出台关于推广使用海水源热泵技术的相关扶持性政策，从配套费、优惠电价、破道费等优惠方面激励企业。

大连市政府为确保海水源热泵示范项目的落实，对海水源热泵项目所需资金实行专项管理。对海水源热泵工程示范项目，拟按建筑面积50元/m^2补贴；对海水源热泵运行费用进行核算，民用住宅供热按23元/m^2标准收费，公建供热按25元/m^2，供冷拟按12元/m^2标准收费；政府对第一年海水源热泵运行费用亏损的企业拟给予亏损补贴。

2014年大连市组织申报节能减排2014年大连市投资备选项目，对节能产业进行激励。随后每年都组织开展申报中央预算内投资资源节约和环境保护备选项目，对热泵等节能技术进行鼓励和推广。

9.5.2 大连市“十二五”成果及“十三五”相关规划

“十二五”期间，按照党中央、国务院和省委、省政府的总体部署，全市上下积极应对错综复杂的宏观形势和经济持续下行压力，坚持稳中求进的总基调，科学统筹稳增长、促改革、调结构、惠民生和防风险，实现了全市经济社会在新常态下平稳较快发展。全市能源消费年均增长率为3.41%，能源消费弹性系数为0.4。2015年全市综合能源消费总量达到4594.2万t标准煤。“十二五”期间，全市单位GDP能耗五年累计降低18.03%，达到国家要求的“十二五”期间单位GDP能耗降低16%的目标（表9-3）。

大连市“十二五”期间能源经济指标 **表9-3**

指标		单位	2010年	2015年	2020年
GDP	当年价	亿元	5158.2	7731.6	10000
	可比价（2012年第三次能源普查数据）	亿元	5158.2	7536.6	9622.9
综合能源消费总量		万t标准煤	3885.1	4594.2	5392.2

注：以统计局公布数据为准。

“十二五”以来，大连市通过对产业结构和能源消费结构的调整，有效控制了煤炭消费的增长速度，推广集中供热，发展“上大压小”热电联产工程，鼓励工业燃煤大户采用积极的环保措施与洁净煤燃烧技术，推广使用清洁能源如风电、核电，有效地减少了温室气体的排放。但是，以燃煤为主的能源消费结构和以燃油汽车出行的生活习惯对环境影响仍然严重。因此，从节能减排的角度出发，必须积极改变以煤为主的能源消费结构，实现城市经济—能源—环境的协调发展。

1. 大连市能源发展“十三五”规划

按照党的十八届五中全会提出的创新、协调、绿色、开放、共享发展理念，各级政府高度重视生态文明建设。同时，伴随着能源利用的减煤化、少煤化、清洁化以及新能源和可再生能源的开发利用，调整能源生产结构和能源消费结构，将成为“十三五”期间能源发展的重要任务。

当前，能源供应已不再是经济发展的制约因素，能源需求减少为能源结构调整提供了宽松的条件。“十三五”期间将是大连市能源结构调整关键时期。

大连市在能源发展、能源基础设施建设和能源体制建设等方面仍存在一些问题。能源对外依存度高，煤炭消费比例仍然较大，对环境影响较大，亟待对能源生产和消费结构进行调整。

为解决城市供暖的大型热电联产电厂热源尚未充分发挥作用，电厂内低品位余热利用不够充分，仍具有较大的优化和开发空间。分布式新能源、清洁能源和可再生能源的供热、供冷方式在供热体系中所占比例很小。

新能源和可再生能源开发不足。目前除风电、核电项目外，其他新能源项目较少，新能源和可再生能源占全市能源消费的比重仅为5.5%，与国家到2020年新能源和可再生能源利用比例达到15%的要求还有一定差距。

重点发展风能、核能、太阳能、生物质能源、储能项目及相关产业。“十三五”期间，积极推进红沿河核电二期工程建设，确保2022年实现投产。切实做好庄河南尖核电厂址保护，稳步推进相关前期工作。完成庄河海域150万kW海上风电的开发建设，因地制宜发展陆上风电、光伏发电，开工建设抽水蓄能电站和化学储能电站。

大连市要重点发展以热电联产为主、分布式供热为辅的安全清洁高效供热体系。“十三五”期间，除已获得核准的大型热电联产项目外，大连市热电联产采用以背压机和燃气电站为主、分布式供热为辅的联合供热体系。将开工建设华能国际大连第二热电厂“上大压小”项目2台350MW超临界热电联产机组和2台50MW背压机组、普兰店热电厂“上大压小”新建工程2台350MW供热机组项目；规划推进大连热电北海热电厂改扩建、大连西中岛热电3台50MW背压机组项目、大连庄河热电2台30MW背压机组和太平湾2台25MW背压机组项目；研究论证旅顺口区、甘井子热电厂二期、华能电厂三期、花园口经济区等燃气热电联产项目。

对热电厂不能覆盖的区域，优先鼓励以需求为导向的垃圾焚烧、企业余热、分布式热电冷联供系统、太阳能、空气源热泵、水源热泵、电采暖、燃气锅炉、生物质能供热的多元化供热体系；对商务区、高端居住区，推广小型燃气分布式热电冷联供、空气源热泵、电采暖等清洁能源供热；对新建城区、农村城镇化新区，积极推进“新城镇、新能源、新生活”模式，因地制宜、科学布局城镇液化天然气热电冷三联供、分布式光伏发电、热泵供热、生物质能供热，促进城乡供能用能清洁化，为推进新型城镇化建设、改善人民群众生活质量提供能源保障；对燃气、热力管线无法铺设的区域或商场、学校、企事业单位等，可间断供热负荷，进行低谷用电蓄热供暖试点。

遵循因地制宜、多元发展原则，通过新建和改扩建背压和燃气热电联产项目，形成以热电联产为主、分布式供能为辅的供热体系。优化热源结构，提高新能源和可再生能源消费比例，建立安全、清洁、高效供热体系。为提高能源利用率、减轻大气污染、节约能源、改善环境起到重要作用。

2. 大连市生态环境保护“十三五”规划

扩大清洁能源使用规模。加快“气化大连”工程进度，天然气消费年均增速力争保持在15%以上。加快发展可再生能源，实现清洁能源供应和消费多元化。推广天然气、海水源、污水源、地源热泵等清洁供热方式。积极鼓励绿色建筑设计开发。开展农村可再生能源的开发和利用，鼓励使用太阳能、沼气、生物质能、地热能等清洁能源，改造提升农村炊事、采暖燃煤装置和设备。

大连市战略性新兴产业发展“十三五”规划，将节能环保产业作为重点产业，以提高能源效率和提升大连环境质量为目标，以水源热泵等技术为重点，从生产节能环保产品向资源综合利用、环保服务等领域全面拓展，实施重大节能技术与装备产业化工程。全面推进能源节约，深入推进主要污染物减排，构建循环型产业体系，大力发展壮大节能环保产业。

9.6　武　汉　市

武汉市近年以可再生能源示范城市建设为契机，从调查评价、示范项目、政策规范、配套能力、技术支撑等方面扎实推进，在地源热泵推广应用方面取得了较大成果。

9.6.1　武汉市地源热泵发展现状

武汉市调查评价区（武汉都市发展区 3297km^2）200m 以内浅层地热能单位温度热容量为 1.52×10^{15}kJ，折合标煤 8650 万 t；120m 深度以内的浅层地热能单位温度热容量为 9.20×10^{14}kJ，折合标煤 5240 万 t。

调查评价区地下水浅层地温能资源开发利用较适宜和基本适宜区面积约 292.92km^2，占调查评价区面积的 24.1%；地下水地源热泵系统可利用量为 2.89×10^{12}kJ，折合标准煤 16.47 万 t；地下水浅层地温能资源夏季可供冷面积 431 万 m^2，冬季可供暖面积 295 万 m^2。

调查评价区地埋管地温能资源开发利用较适宜和基本适宜区面积约 1164.24km^2，占调查评价区面积的 97.0%；地埋管地源热泵系统可利用量为 4.30×10^{14}kJ，折合标准煤 2446.82 万 t；地埋管浅层地温能资源夏季可供冷面积 6.01 亿 m^2，冬季可供暖面积 7.06 亿 m^2。

武汉市地表水资源量丰富，约 73.23 亿 m^3。估算长江武汉段江水年浅层地温能热容量为 1.72×10^{15}kJ，折合 0.59 亿 t 标准煤。汉江段江水降水年浅层地热能热容量为 1.35×10^{14}kJ，折合 461 万 t 标准煤，约为长江热容量的 7.8%。按长江、汉江武汉段两岸可能布置地表水地源热泵的取水点数、单点取水量估算，武汉市现状条件下长江全年可利用的浅层地热资源量为 3.24×10^{13}kJ，折合 111 万 t 标准煤，汉江全年可利用的浅层地热能资源量 5.28×10^{12}kJ，折合 18 万 t 标准煤。夏季可制冷面积为 6133 万 m^2，冬季可供暖面积为 5443 万 m^2（按夏季冷负荷 79.9W/m^2，冬季热负荷 59.3W/m^2 估算）。

武汉市湖泊分布较广，总体水质一般，由于湖泊普遍较浅，湖面与湖底温度差别较小，与气候接近，因此基本不适宜作为地表水地源热泵的冷热源。

2012 年武汉市运行的城镇污水处理厂共计 19 座。全年共处理污水约 6.22 亿 t，日均污水处理量达 170 万 t，其中主城区污水处理率达 90%以上。可此水平，武汉市污水所赋存的可利用热量为 1.06×10^{12}kJ，可利用冷量为 2.14×10^{12}kJ，折合 10.7 万 t 标准煤。夏季可制冷面积为 433.7 万 m^2。按照规划，到 2020 年武汉市污水处理厂（设施）处理能力将达到 465 万 t/d，是目前的近 3 倍，未来武汉市污水源热泵的应用潜能将进一步扩大。

浅层地热能开发利用不当可能对地质环境产生不利影响。武汉地区部分岩溶塌陷易发区等不利地段，应引起高度重视，加以规避防范。武汉市含水层颗粒较细，铁锰质含量高，可能导致地下水回灌情况不理想，需要采取措施处理解决。

武汉地区目前浅层地热能开发利用未发生不良环境地质影响。

2009～2015 年，武汉与湖北襄阳、宜昌、咸宁、天门、荆州、荆门、仙桃、钟祥、宜都、鹤峰、石首、五峰等 13 个市、县已获批为国家可再生能源建筑应用城市示范和农村地区县级示范，武汉花山生态新城列入国家可再生能源建筑应用集中连片示范区。同时确定省级示范工程 72 项，市县级示范工程 98 项。

据对武汉市通过能效测评的 31 个地源热泵示范项目（涵盖商业、办公楼、火车站房、医院和住宅等类型建筑，总建筑面积 150 万 m^2，其中地埋管地源热泵项目 25 个，地下水地源热泵项目 6 个）统计，地埋管地源热泵系统，主机制冷效率为 3.74～7.19，平均值为 5.30，主机制热效率为 3.28～5.87，平均值为 4.16；系统制冷效率为 2.6～5.75，平均值为 3.47，系统制热效率为 2.39～4.3，平均值为 3.2。地下水地源热泵系统，主机制冷效率为 3.33～5.51，平均值为 4.66，主机制热效率为 3.8～4.76，平均值为 4.24；系统制冷效率为 3.53～3.74，平均值为 3.64，系统制热效率为 2.57～3.39，平均值为 3.04。基本属于较好情况。

湖北武汉地区属夏热冬冷气候分区，一般建筑物夏季的总冷负荷远远大于冬季的总热负荷。需采用复合式地埋管地源热泵系统，将地埋管地源热泵与其他形式的加热（散热）设备相结合；经济性方面，采用复合式地埋管地源热泵系统可以根据冷热负荷较小值来设计地埋管换热器，减小钻井长度和系统初投资。对于复合式地源热泵系统，控制地埋管换热器与辅助加热或散热设备按一定的机制运行，促使地埋管换热器换热负荷具有不同的间歇特性与周期特性，能最大程度利用岩土体的蓄、放热特性，使得地埋管换热器始终能够进行高效换热并延长使用寿命。

9.6.2 武汉市可再生能源示范城市建设与地源热泵推广

2009 年，国家财政部、住房和城乡建设部经过严格评审，批准武汉市为首批可再生能源建筑应用示范城市，这是对武汉市大力发展低碳经济以及推动建筑节能工作的肯定和鞭策，对促进建筑节能，改善城市环境具有重要意义。

在武汉市政府的支持和指导下，市城建委、市财政局按照国家住建部、财政部《关于印发可再生能源建筑应用城市示范实施方案的通知》（财建［2009］305 号）要求，积极组织材料申报。2009 年 10 月，财政部、住建部正式批复武汉市为首批国家可再生能源建筑应用示范城市，并获中央财政补助资金额度为 8000 万元（其中：7200 万元用于示范项目补助，800万元用于配套能力建设和示范项目能效测评）。地方财政承诺按1∶1资金配套示范项目补助资金，城市示范建设目标是完成示范项目的示范面积576万m^2。主要示范技术为太阳能热水系统、地源热泵系统示范项目及太阳能与地源热泵复合系统示范项目。

有关部门严格按照国家可再生能源建筑应用城市示范总体目标和具体要求，精心组织，扎实工作，示范项目有效推进。

1. 示范项目实施情况

市城建委、市财政局积极宣传并组织各建设单位申报可再生能源建筑应用示范项目，通过组织专家组评审，分四批共确定142个项目列为我市可再生能源建筑应用示范项目，其中地源热泵示范项目为41个。目前已完成135个项目的验收，完成总建筑面积900万m^2，折算完成示范面积620万m^2。

有7个项目因建设方案变更，目前已取消其示范资格，原核定补助金额已经办理拨付资金收回手续。

在武汉市建筑能耗监管平台的基础上，开发完成可再生能源示范项目监测子平台并投入运行。目前，全市已建设示范项目动态监测系统12项，占示范项目中建筑面积超过2万m^2和超过10万m^2的住宅项目的25%。其中，7个项目数据已经实现实时上传武汉市建筑能耗监测平台，另5个项目正在进行对接上传工作。

2. 示范项目资金使用情况

按照国家对示范城市补助资金和资金配套的相关规定，武汉市城建委、市财政局联合下发了《武汉市可再生能源建筑应用示范项目专项补助资金管理办法》（武城建［2011］62号）。各示范项目的补助资金由市城建委、市财政局核定后，从国库直接拨付给项目单位。目前，武汉市财政已核定可再生能源建筑应用示范项目补助资金1.3071亿元。其中：国拨资金已经全部拨付到示范项目，武汉市级财政配套资金全部拨付到示范项目，市财政局正在督促各区财政局落实区级财政配套资金。

示范项目补助资金中，太阳能热水系统示范项目5649万元，地源热泵系统示范项目5896万元，太阳能与地源热泵复合系统示范项目1526万元。

3. 具体做法

为了支持国家可再生能源建筑应用城市示范工作，根据财政部、住房城乡建设部相关规定，武汉市从可再生能源专项规划、专项配套资金政策等多方面入手，出台了一系列政策措施，有力地推动了国家可再生能源建筑应用城市示范工作。

（1）出台了可再生能源专项规划

2009年8月17日，武汉市建设委员会印发了《武汉市可再生能源建筑应用专项规划》。2012年，武汉市出台《武汉市可再生能源建筑应用“十二·五”规划》，提出了“5年累计推广完成太阳能光热建筑一体化应用面积700万m^2，地源热泵建筑应用面积600万m^2，太阳能光伏发电示范项目装机容量25MW。十二·五期间，武汉市新增可再生能源建筑应用面积达1300万m^2，年替代常规能源约10万t标煤，减少排放二氧化碳26万t，二氧化硫740t”的总体目标。

（2）出台了专项配套资金政策

为了加大对可再生能源在建筑中应用的支持力度，2011年4月，武汉市财政局、市城建委联合印发了《武汉市可再生能源建筑应用示范项目专项补助资金管理办法》（武城建

[2011] 62 号),《管理办法》规定了专项资金的使用范围、条件与标准。

专项资金的支持范围:新建、扩建、改建的建筑工程,达到建筑节能设计标准要求,采用太阳能热水系统、地源热泵系统、太阳能供热制冷系统、太阳能与地源热泵结合系统。

专项资金的补助标准:屋顶集中集热式太阳能热水系统,按集热面积补助:500 元/m^2;阳台或墙面壁挂式太阳能热水系统,按集热面积补助:700 元/m^2;地源热泵系统,按应用面积补助:40 元/m^2;太阳能采暖空调系统,按应用面积补助:50 元/m^2;太阳能与地源热泵结合系统,按地源热泵系统应用面积补助 40 元/m^2 加太阳能热水系统集热面积补助 500 元/m^2 或 700 元/m^2 计算;太阳能热水系统集热面积,地源热泵系统、太阳能采暖空调系统应用面积、太阳能与地源热泵结合系统集热面积和应用面积根据设计文件,由专家组评审确定。

(3) 出台了相关规范性文件

2008 年 1 月,武汉市印发了《关于在新建建筑工程中推广使用太阳能热水系统的指导意见》,该意见中规定:具备太阳能集热条件的新建 12 层及以下住宅,医院病房楼、学校宿舍楼、宾馆饭店、健身中心、游泳馆(池)等热水需求较大的建筑,以及政府机关和政府投资的项目,新农村建设中农民居住用房等建筑工程,自 2008 年 4 月 1 日起,应与太阳能热水系统同步设计、施工、验收和投入使用。同时,鼓励超过 12 层的住宅建筑和其他公共建筑运用太阳能热水系统。

2013 年,武汉市城建委出台了《市城建委关于进一步加强可再生能源建筑规模应用和管理的通知》(武城建 [2013] 139 号)。明确从 7 月 1 日起,全市范围内新建、改建、扩建 18 层及以下住宅(含商住楼)和宾馆、酒店、医院病房大楼、老年人公寓、学生宿舍、托幼建筑、健身洗浴中心、游泳馆(池)等热水需求较大的建筑,应统一同期设计、同步施工、同时投入使用太阳能热水系统。18 层以上居住建筑的上部应统一设计,安装太阳能热水系统,其太阳能热水系统使用比例应达到 30%以上。政府办公建筑、公益性公共建筑和 2 万 m^2 以上的大型公共建筑应在太阳能热水系统和地源热泵空调系统中选择一种可再生能源建筑应用。同时,鼓励其他公共建筑统一设计和安装应用可再生能源,鼓励在既有建筑改造中应用太阳能热水系统。

(4) 强化了配套能力建设

为推进示范城市建设工作,武汉市强化了可再生能源示范城市的配套能力建设工作。大力支持可再生能源应用技术开发、引进、试点、示范;支持可再生能源技术标准制定与宣传贯彻,技术培训与宣传,示范项目综合能效检测、标识,技术规范、标准、图集的编制;支持可再生能源服务体系建设和可再生能源应用新技术、新产品;支持可再生能源项目前期论证、规划设计;支持相关大专院校、科研院所在可再生能源相关领域的研究与成果推广。

(1) 研究与应用平台建设

在武汉市可再生能源示范城市配套能力建设中,建立了"武汉市地源热泵工程技术研究中心""可再生能源建筑应用能效测评系统(移动、固定检测平台)""全国建筑热水技术研发中心"等 7 个可再生能源研究与应用平台,省内大部分科研院所、高校、设计院以及相关企业单位参与。这些平台具有较强的导向性,为武汉市可再生能源技术的交流和研发创造了良好的环境。

（2）技术研发与科研水平提升

结合武汉市能源利用现状和科研实力，武汉市组织华中科技大学、中信建筑设计研究总院有限公司、武汉地质工程勘察院、武汉市建设工程造价管理站、武汉日新科技有限公司等单位和有关高校、科研院所，开展了30余项各类科技研究，对部分关键共性技术进行攻关，为可再生能源建筑应用提供技术支撑。项目涵盖太阳能与地热能的利用、资源分区与评估、工程设计与示范等诸多方面，初步形成了经济适用高效的可再生能源建筑应用技术模式，建立了以太阳能热利用和地下土壤源热泵为主要途径的可再生能源建筑应用支撑体系。

（3）自主知识产权

组织有关单位对部分共性关键技术集中攻关，取得专利60项（授权59项，受理申请1项），这60项专利中，有58项属于实用新型专利，2项发明专利。研发新设备、新仪器等共计14项，包括太阳能光伏系统、光伏构件、太阳能电池组件，建筑生态窗、地源热泵地下换热系统等方面的专利、新仪器设备等。

（4）可再生能源与资源评估

为具体科学指导本地区可再生能源推广工作，针对武汉市特有的地理条件，武汉市组织开展了一批资源评估项目，主要工作由武汉地质勘察院、中信武汉建筑设计研究总院等单位完成，共承担了《武汉市浅层地温能调查评价》《武汉市浅层地温能资源调查与开发利用研究》《武汉市浅层地温能建筑应用资源分区与评估》《城市原生污水源热泵空调关键技术研究与示范》等10项与此相关的项目，其中6个项目已经完成，4项也将于近期陆续完成。

（5）标准规范

在此次可再生能源示范城市配套能力建设中，紧紧抓住突出政策性、体现综合性、区分地理环境差别性、兼顾投资经济性等几个要点，不断完善可再生能源建筑应用相关标准体系。组织相关单位和人员编制了与可再生能源相关的规范8册，其中行业标准4册，省市级标准4册，包括各种规范、标准、工法、技术细则、技术规程、技术导则等，基本涵盖了勘查、设计、施工、验收、运行管理的各个环节，如《湖北省民用建筑节能技术导则》《武汉市地源热泵系统工程技术实施细则》等。初步形成了适合武汉市地域特点的技术标准体系。

（6）科技成果与科技奖励

武汉地区近年取得了丰硕的学术成果，据不完全统计，发表论文共计190篇（地源热泵方向有80余篇），其中被国际索引SCI、EI、ISTP收录10余篇。发表在国外期刊或国际会议上的论文20余篇，发表在《暖通空调》《给水排水》《流体机械》《智能建筑电气技术》等国内核心期刊上的论文近100篇，在国内学术交流会、学术研讨会上发表论文40余篇，出版各类书籍或著作30余册。

多位专家聘为中国建筑协会理事或会员，多人次在中国建筑协会的颁奖活动中获奖。省内组织协会中，获湖北省勘察设计协会优秀工程勘察设计建筑环境和设备设计二等奖1项，湖北省勘察设计协会2013年度湖北省工程建设（勘察设计）优秀QC小组一等奖1项，武汉勘察设计协会优秀工程勘察设计建筑工程设计一等奖2项。

作为示范城市建设工作的一部分，武汉市地源热泵配套能力建设工作取得了较突出成果。依托高校科研院所建立了“武汉市地源热泵工程技术研究中心”（华中科技大学和中信建筑设计研究总院）、“湖北省暨武汉土木建筑学会地源热泵专业委员会”“湖北省浅层地温能研究推广中心”等研究与应用平台。已完成《基于地源热泵的岩土热物性不确定性问题研究》《可再生能源建筑一体化集成应用技术研究与示范》《地源热泵高效换热及系统成套技术与示范研究》《基于能效评价的地源热泵系统共性复杂技术问题及监管体系研究》等十多项国家及省市科研课题。完成了中国地质调查局组织实施的2011年地质矿产调查评价专项“全国地热资源调查评价”计划项目“武汉市浅层地温能调查评价”。取得了一批成果。编制了《湖北省建筑节能技术导则》《武汉市可再生能源建筑应用定额》《可再生能源建筑应用能效测评评价标准》，完成了《武汉市浅层地温能调查评价》，正在编制《湖北省地源热泵系统工程技术规程》和《地源热泵系统设计施工图集》（中南标）。组织（主办或协办）或参与国内外相关的学术会议共计24次，其中组织或协办会议11次。组织国际会议1次，参加国际会议4人次。发表论文80余篇。

一批成果获得国家省市各级政府和组织奖励，获奖项目、论文和个人总计72项。“武汉地区地源热泵推广技术研究”获湖北省人民政府科技进步三等奖，“武汉市浅层地温能资源调查与开发利用研究”获湖北省人民政府研究室（省政府发展研究中心）湖北省2013年战略发展研究三等奖。全国性的组织层面，“武汉光谷金融港一期区域能源站”项目获中国勘察设计协会建筑工程建筑环境和设备专业优秀设计三等奖，《提高武汉美术馆水源热泵系统回灌井回灌量》QC小组获中国勘察设计协会2013年度国家工程建设（勘察设计）优秀QC小组奖，“武汉中鄂联房地产股份有限公司塔子湖全民健身综合楼”项目获2012年中国建筑学会建筑设计奖三等奖。

9.6.3 武汉市地源热泵推广的主要措施

武汉市近年来采取一系列措施加强地源热泵技术的研发与推广工作，取得显著成效。主要措施包括：

1. 政策引导

武汉市发布了《关于进一步加强可再生能源建筑规模应用和管理的通知》要求：政府办公建筑、公益性公共建筑和2万m^2以上的大型公共建筑应在太阳能热水系统和地源热泵空调系统中选择一种可再生能源建筑应用。

武汉市发布了《关于推进绿色建筑发展的实施方案及2013年工作重点》的通知，要求：积极推广太阳能、地热能等可再生能源在建筑中的规模应用，“十二五”期间新增可再生能源建筑应用面积1800万m^2，形成年替代常规能源约10万t标煤，减少排放二氧化碳24万t的目标。

2. 示范项目带动

2006年财政部、住建部启动可再生能源建筑应用示范项目，湖北省积极申报“建筑节能工程”“科技示范工程”“可再生能源示范工程”，争取国家专项资金支持，获得国家级可再生能源建筑应用示范项目21个。

2009年，住房和城乡建设部、财政部将可再生能源建筑应用项目示范改为城市示范（农村地区示范）后，湖北省已获批13个市、县为国家可再生能源建筑应用城市示范和农村地区县级示范，武汉为全国首批可再生能源建筑应用示范城市，为地源热泵技术的推广应用带来了新的发展机遇。

2012年，武汉花山生态新城列入国家可再生能源建筑应用集中连片示范区。

武汉已全面完成了可再生能源建筑应用示范城市要求的工作，正在申报国家验收。

各级政府部门鼓励支持地源热泵应用关键技术的研究，鼓励创建以企业为主体的技术创新体系；支持企业与高等院校、科研设计单位实现产学研联合。

目前已完成的各级地源热泵科研课题共十多项，既有水地源热泵机组和相关配套产品的开发、地源热泵系统工程应用成套技术研究，又有热物性监测技术和地下换热器换热特性等基础性研究。

加强对浅层地能资源开发利用状况的动态监测和建筑物的能效检测，为系统能效评价、节能诊断、能源管理和运行优化控制提供基础数据支撑和决策依据。

3. 推动市场发展

湖北武汉具备较强的地源热泵技术研发、勘察、设计、施工、设备生产实力，产业链完整，正结合打造工程设计之都整合优势资源，建立产业联盟，研发出技术含量高、节能效果显著、具有自主知识产权的产品和技术，并进而推动地源热泵技术在湖北武汉的产业化发展。

加强对地源热泵相关产品、设备的质量监督，强化市场准入，建立相关应用产品、设备的认证标识体系，加大对产品、设备性能的检测力度，确保产品质量。

武汉市地下水资源丰富，但在地源热泵推广工作中非常注意监管工作。在2006年编制了《武汉市热泵技术可行性研究报告》，随后由发改委牵头，会同建委、水务局、科技局等相关部门编制了《武汉市冬暖夏凉工程规划》和《热泵技术推广应用专项规划》。2007年2月颁布的《武汉市地下水管理办法》要求使用地下水地源热泵系统的项目必须采取可靠回灌措施，并同步建设观测井。2002～2007年武汉市共开凿取水井34口，回灌井55口，观测井4口，年取水总量471.08万m^3。

4. 建立完善管理体系与技术支撑体系

武汉地区具有雄厚的热泵技术研究开发和应用能力，地源热泵技术的应用也已具有相当的经验和一定的产业化基础。武汉市设计运行的地源热泵工程已有近50余个，最早设计的地源热泵空调系统已运行近7年，运行稳定，效果良好，节能、环保、可再生能源利用效益显著，为推广应用该技术提供和积累了宝贵的实践经验。武汉市的大专院校、科研、设计、勘察、施工和生产企业在地源热泵技术的发展应用方面已达成了高度共识，并且形成了密切协作，已具备相应的促进地源热泵技术在武汉规模化应用和产业化发展的实力。

第10章 总结及展望

10.1 现状总结

地源热泵系统作为有效利用可再生能源的技术手段，在我国经历了爆发式的高速发展后，进入平稳发展阶段，从政策制定者、技术研究者以及设计、施工及运行管理等相关从业人员，对地源热泵技术本身的认识都更加理性和客观。地源热泵系统是一个涉及多专业、多学科、跨行业、跨领域，需要资源评价、研发、勘察、设计、施工、监理、运行监管、系统维护、能效测评等各环节密切配合协同的技术及管理较为复杂的系统工程，因此要保证地源热泵系统能够健康、安全、有序、高效的发展，真正做到节能减排。目前在技术、管理、政策、市场及行业人才培养等方面均仍在一些问题需要得到解决。

1. 技术方面

(1) 地源热泵技术规范体系待进一步完善和提高

《地源热泵系统工程技术规范》GB 50366—2005是我国第一部有关地源热泵系统工程的设计、施工和验收的技术规范，也是迄今为止唯一的一部地源热泵工程国家规范。规范的实施对地源热泵工程起到良好的指导和规范作用，为地源热泵工程给出明确的规定和约束，促进了我国地源热泵系统的健康发展。2009年，中国建筑科学研究院又基于地源热泵工程在我国快速发展应用的背景，针对岩土热响应测试方法问题对2005年版进行了修订。修订后的规范（2009版）更加完整，规范条文更具有技术先进性，强制性条文更具合理性。通过规范的修订把我国地源热泵系统各方面技术水平大大向前提高一步。

规范2009版实施以来，我国地源热泵系统又经历了近9年的发展与应用，一些系统设计、施工与运行的经验，有待进一步归纳总结；土壤源热泵竖直埋管换热器回灌施工工艺更加成熟，有待梳理总结；对地埋管的热存储与提取的认识更加深刻等。现有规范已经无法满足我国地源热泵在今后进入一个以质量为核心的新发展阶段的需求，需要进一步完善和提高。

此外，随着我国地源热泵技术的不断发展，还应该组织暖通空调、水文地质、环境保护、自动控制等不同领域的专家对地源热泵具体技术形式、具体技术环节，制定更具针对性的岩土热物性测试、施工安装、运行管理技术规范。同时建议对于地源热泵工程发展比较快的地区结合其各自情况建立相应的实施细则。

(2) 跨学科、跨专业的研究仍需加强

地源热泵技术的应用是一个涉及多专业、多学科的复杂工程技术问题。地源热泵系统应用效果与项目所在地的地质条件、水文环境等资源条件直接相关，也与建筑所处气候区域、建筑负荷需求及系统设备间耦合换热能力相关。地下水动力场与温度场之间相互影响对系统整体能效的影响研究不足，实践验证仍处于实验室阶段，无法对实际项目应用进行指导，需要进一步的研究探索。随着我国浅层地热能资源调查数据的不断完善，学科交叉研究进一步深入，未来地源热泵复杂场的解耦求解会有进一步突破。

(3) 施工技术培训及成套施工设备开发需要进一步加强

地源热泵钻孔及回灌施工是影响地源热泵系统安装施工的关键环节，国内掌握核心技术的专业队伍不多，施工水平参差不齐。施工行业进入门槛低，非专业队伍对于钻孔回填及其对地质环境的影响认识较少，加上成套施工设备的缺失，施工环节脱节，其过程还可能给地下水文地质环境带来其他的潜在污染。因此，施工技术培训及成套施工设备的开发需求十分迫切，工人掌握规范施工工艺流程，和使用机械化成套设备，可以有效地保证地源热泵施工质量。

(4) 新材料、新设备、新工艺研发需要加强，低价高效系统仍然缺乏

与电制冷、天然气加热系统相比，地源热泵系统的安装、维护费用仍然较高，在没有政策补贴的情况下，其市场竞争力仍然不足。开发新材料、新设备、新工艺，提高地源热泵系统的能效，降低系统初投资，是增强其技术市场竞争力的根本途径。只有随着研发工作的不断突破，新材料、新设备、新工艺逐步投入市场辅以专业化的设计、施工、安装、维护，地源热泵的投资安装费用具有市场竞争力，地源热泵技术应用才会取得更大的应用和推广。

(5) 地源热泵系统运行策略研究仍有待研究和总结

地源热泵包括多种技术类型，地埋管地源热泵系统、地表水源热泵系统、地下水源热泵系统及复合式地源热泵系统，而复合式地源热泵系统又包括与太阳能复合地源热泵系统及与冰蓄冷结合的地源热泵系统等。不同的技术类型在不同建筑中应用，还要考虑到建筑的负荷需求特点，因此，如何制定有针对性的地源热泵系统运行策略是十分重要的。目前，我国地源热泵装机容量已经达到了世界第一，各种类型也都有较多应用，但仍然缺乏相对应的有效的运行策略。随着以质量为核心的发展阶段的到来，地源热泵系统运行策略研究需要不断地总结和进一步深入研究，以保证地源热泵系统实现高效节能。

2. 规范管理

地源热泵项目是一个系统工程，对地下水源热泵项目，地下地上两部分主要属于国土资源管理部门与住房和城乡建设管理部门的行政管理职能，大型地源热泵系统的输送管道部分也有可能和当地市政管理部门产生联系，国家和地方性的财政补贴由财政部和地方财政部门进行支持，同时科技部和某些地方发展和改革委员会也对地源热泵系统的研发和使用进行管理和支持。

无可否认，地源热泵具体工程项目在实施过程中通常需要水文地质勘察、城市市政管理、地下水环保部门、机械、电力、建筑环境与设备等不同部门的协调配合。如果使用污水源热泵系统，还有可能需要和电厂、市政污水处理厂或其他有中水排放的相关企业与主管部门进行交涉。如果使用地表水系统，也必须要得到地方江（河、湖）管理委员会和当地环保部门的支持才有可能顺利进行。

总之地源热泵系统由于其技术适应性强，系统复杂，热源种类多，所以在项目审批、管理、监督、监测、检查评估起来涉及了过多部门，其管理体制过于复杂不利于地源热泵技术的大规模应用。为此，沈阳市建委专门成立地源热泵规划建设管理办公室，对地源热

泵系统的建设及运行进行统一规划管理，准备使用地源热泵系统得开发商只需要备齐相关资料，审批、检测、现场勘察、项目审核、专家论证、财政补贴等多种职能都由此办公室进行协调，大大减少了项目的审批时间，提高了工作效率，为推广此类系统带来了巨大的作用。按照我国现有建设程序和工程管理办法，地源热泵项目的审批等行政应该归口于建设部门。

3. 政策支持

为了推动地源热泵的应用发展，我国中央政府和地方政府从“十一五”开始就对其进行了各种不同程度的补贴。财政部和住建部的三批补贴基本涵盖了我国使用地源热泵系统得各个地区和地源热泵系统得各种使用类型，对其进一步发展起到了极大的推动作用。但是由于发展阶段限制，长期监测手段缺乏，后评估监督机制不足，部分取得了财政补贴的地源热泵项目运行效果并不理想，影响了建造商和使用者的信心。由于地源热泵技术特殊性，建议中央及相关地方政府能够建立有效的后评估政策“以奖代补”，对于系统建造运行优秀、行业影响大、节能减排效果明显的项目进行测试、评定、认证、奖励，对于对地源热泵行业发展有重大贡献的集成商、设计人员、设备商、安装企业、社会团体、科研机构及相关个人进行奖励。同时在使用地源热泵系统的过程中，如果可以对企业的税收进行减免，对土地费用、用电价格等进行优惠，也将对推动其发展起到积极作用。

4. 市场准入

目前国家正在并将逐步缩小行政审批范围，并分批次的撤销直接从事和干预微观经济活动和社会事务的机构，发改委、质检总局、财政部等多家部委多次发文取消了某些资质的审批，开放市场。

但由于地源热泵系统具有其技术特殊性和环境影响性，建设不当或者运行管理有误造成的不良环境影响可能过大，同时最终决定一个项目是否成功运行并且能够通过实际运行真正起到节能作用，还要取决于具体项目具体实施单位（如设计单位、系统集成单位）的人力资本、技术能力和相关资信。

如地下水系统，如果其由于大量地下水开采而回灌不利导致了地面沉降，或者由于其回灌错误导致了地下水污染都有可能对社会造成不良影响。如地埋管地源热泵系统，如果其埋管距离、深度计算错误或者系统设计安装不当导致系统无法正常运行，室内冷热供应出现问题，则对于我国冬季需要供暖的建筑来说则是灾难。对于地表水热泵来说，江河湖海的水质、水温、水量都存在着按季节变化的特性，如何使其最大限度地得到利用并且不会影响其正常生态环境都是问题。

为了更健康地发展地源热泵系统，避免不良竞争和市场的过度开发及其带来的不良影响，呼吁还是应该由相关政府部门能够对相关集成商的资质进行评定和认证认可，对设计、施工和监测部门建立专项资质管理制度，实行市场准入以及人员的培训上岗制，保证人员的技术水平和相关工程质量不断提高，同时对相关水资源的抽取和回灌进行监督检查，对超过一定面积的大型系统的立项组织相关专家进行评估。

5. 测试与评价

无论用哪种技术形式，地源热泵系统的监测都是十分必要的，这样如果发现问题可以立即解决，同时可以防止系统对环境造成无法修复的破坏或者系统效率过低。随着我国近年来互联网技术的发展，云平台、大数据处理等技术的进步，实时监控已经具备了技术条件，因此，对地源热泵系统进行长期监测已经具备了实施条件和基础。只有通过长期监测，才可以更加正确地对系统运行的经济性、环保性、安全性以及是否真正节能进行评价，才可以彻底改变之前此类系统“重安装、轻运行管理”的不良局面，用数字说话，让事实讲道理。通过检测还可以判断何时应该对系统进行调试、再调试、维修、改造，从而延长系统的使用寿命，通过最小的投资为开发商和用户都带来更长远的利益。

6. 行业宣传与人才培养

地源热泵作为一项成熟的技术，在国际上有各种研究及服务机构，例如国际地源热泵协会（IGSHPA）、国际能源组织热泵中心（IEA-HPP）、国际地源热泵联盟（GHPC）、欧洲热泵协会（EHPA）等多种科研机构和行业联合机构分别从事研究开发、技术人员培养、设备效率提高、系统安装运行调试检测、行业宣传推广等活动。

论坛对行业宣传起到了非常大的推动作用，但对人才培养还有一定的局限性，一些地源热泵发展比较好的地区，及时组成了相关地方性行业机构，为培养地源热泵相关人才，提升行业从业人员素质起到了积极作用。中国建筑业协会建筑节能分会地源热泵技术委员会的成立，也为地源热泵技术的宣传推广和人才培养提供了更多机会。

总体而言，虽然地源热泵系统应用仍然存在一些问题，但伴随我国的能源结构转型，清洁供暖工作不断加强，建筑节能工作的不断深入，地源热泵系统仍然具有广阔的应用前景。而且随着各行各业科技的发展与交流，各类困扰地源热泵系统的问题也必然会得到很好的解决，希望每一个地源热泵行业从业人员都能联手起来，因地制宜地推进地源热泵的应用，实现以质量为核心的高水平发展。

10.2 发展展望

由于地源热泵技术具有清洁高效的利用可再生能源的特点，在国家的可再生能源应用以及建筑节能政策推动下，随着技术研究的深入，标准规范体系的健全，管理制度的不断完善，经济性的提高，其未来应用增长具有较强的动力，总量会不断增长，为节能减排的贡献率也会不断增加。

1. 新的政策形势带来新机遇，进一步推动地源热泵应用

随着我国建筑节能工作的不断推进，建筑的围护结构水平不断提升，从二步、三步节能建筑，发展到当前的近零能耗建筑。建筑能耗水平的降低，为可再生能源的应用创造了更佳的应用条件，使地源热泵系统与分布式能源系统相结合，为建筑实现区域供能的技术形式，更具有竞争力。在低能耗建筑中，应用地源热泵技术，可以提高可再生能源利用率，是节能减排的一条有效途径。

近年来为减少大气污染，改善人民生活环境开展的“清洁供暖”工作，为地源热泵的应用推广提供了新的机会，尤其是在华北地区清洁供暖工作的重点、农村地区散煤供暖替代上。地源热泵更是具有受气温影响小，可以利用埋设浅层地热能交换系统面积大的有利条件，在合理设计系统，匹配负荷的前提下，地源热泵在京津冀的应用将十分可观。

国家“十三五”能源政策强调推动低碳循环发展。推进能源革命，加快能源技术创新，建设清洁低碳、安全高效的现代能源体系。坚持“清洁、高效、可持续”的原则，加快地热能开发利用，到2020年实现地热能热利用面积达到160000万m^2，折标煤4000万

t/年。与2015年底“十二五”实现的1500万t/年仍有较大距离，可见地源热泵的应用仍具有非常大的发展空间。

2. 地源热泵技术研究不断深入，高质量发展成为核心

随着国家和地方政府政策的调整，地源热泵各种类型间将呈现出不同的发展，地下水源热泵会进一步减少，而地埋管地源热泵、地表水源及污水源热泵数量则不断增加，尤其是工业废水余热回收的污水源热泵，无论从项目可利用低温热源规模还是从可供给用户侧能源规模来看，都具有较好的发展前景。

随着地源热泵技术的发展，新型高效换热器不断出现，以及高效热泵机组的研发，复合式地源热泵系统也不断更新和完善，热泵技术将多种可再生能源利用完美结合，进一步推动行业的发展。同时，本身涉及的土壤、地下水、地表水以及其他工业民用污水（中水）的换热模型、技术特点、施工流程、设备选择都有所不同，随着市政污水、电厂冷却水、工业循环水等不同部门都参与到地源热泵的使用中来，不同的地源热泵系统必然需要更专业化的队伍进行研究与示范应用，相关专业的配套专家也应该起到应有的安全推广责任。

地源热泵作为专业节能技术，需要专业的公司进行匹配，今后发展过程中，专业化公司将成为地源热泵技术服务主体，推动产业规模不断扩大，技术含量增多，产品质量不断提高。与之对应地方政府的协调机构将更为专业，各个城市依据自己的地方资源进行不同的应用策略，政策鼓励及财政补贴也会更具针对性地落到实处，切实推动技术的应用和进步。

技术的研究深入、专业的运营、有针对性的政策，是地源热泵技术的节能减排效果的保障，是地源热泵高质量发展的核心。技术的进步和节能环保效益的实现，将让民众逐步树立科学的认识，更加清晰的建立对地源热泵技术的信心。

3. 国际交流更加密切，我国地源热泵技术国际融合度更高

随着我国地源热泵技术的发展，我国已经成为世界上地源热泵装机量第一的国家。我国既是世界第一大市场，也是各种地源热泵新技术最大的试验场，在具有我国特色的应用领域，已经形成了独特的技术体系，为世界各国所广泛关注。

欧美各国地源热泵技术研究起步早，研究较为深入，仍然有许多值得我们学习和借鉴的知识。未来随着国际合作不断增强，国际地源热泵成熟新技术将不断应用到国内，从而进一步促使国内地源热泵技术的发展，同时，我国的地源热泵发展路线也会给其他国家提供一些新的思路。

一些国际交流平台如IEA HPT、IEA ECES、AHPNW的加入，将为我国地源热泵技术的对外交流打开新的大门，为提高我国的研究水平，实现热泵产品的国际标准化起到积极的推动作用。我国的地源热泵研究和应用，将与国际水平接轨，实现更高的参与度。

附录1 地源热泵相关政策

《地热能开发利用“十三五”规划》

前 言

地热能是一种绿色低碳、可循环利用的可再生能源，具有储量大、分布广、清洁环保、稳定可靠等特点，是一种现实可行且具有竞争力的清洁能源。我国地热资源丰富，市场潜力巨大，发展前景广阔。加快开发利用地热能不仅对调整能源结构、节能减排、改善环境具有重要意义，而且对培育新兴产业、促进新型城镇化建设、增加就业均具有显著的拉动效应，是促进生态文明建设的重要举措。

为贯彻《可再生能源法》，根据《可再生能源发展“十三五”规划》，制定了《地热能开发利用“十三五”规划》。规划阐述了地热能开发利用的指导方针和目标、重点任务、重大布局，以及规划实施的保障措施等，该规划是“十三五”时期我国地热能开发利用的基本依据。

一、规划基础和背景

（一）发展基础

我国从20世纪70年代开始地热普查、勘探和利用，建设了广东丰顺等7个中低温地热能电站，1977年在西藏建设了羊八井地热电站。上世纪90年代以来，北京、天津、保定、咸阳、沈阳等城市开展中低温地热资源供暖、旅游疗养、种植养殖等直接利用工作。本世纪初以来，热泵供暖（制冷）等浅层地热能开发利用逐步加快发展。

（1）资源潜力

据国土资源部中国地质调查局2015年调查评价结果，全国336个地级以上城市浅层地热能年可开采资源量折合7亿吨标准煤；全国水热型地热资源量折合1.25万亿吨标准煤，年可开采资源量折合19亿吨标准煤；埋深在3000-10000米的干热岩资源量折合856万亿吨标准煤。

我国地热资源分布 **表1**

<table>
<tr><th colspan="3">资源类型</th><th>分布地区</th></tr>
<tr><td colspan="3">浅层地热资源</td><td>东北地区南部、华北地区、江淮流域、四川盆地和西北地区东部</td></tr>
<tr><td rowspan="3">水热型地热资源</td><td rowspan="2">中低温</td><td>沉积盆地型</td><td>东部中、新生代平原盆地，包括华北平原、河-淮盆地、苏北平原、江汉平原、松辽盆地、四川盆地以及环鄂尔多斯断陷盆地等地区</td></tr>
<tr><td>隆起山地型</td><td>藏南、川西和滇西、东南沿海、胶东半岛、辽东半岛、天山北麓等地区</td></tr>
<tr><td>高温</td><td colspan="2">藏南、滇西、川西等地区</td></tr>
<tr><td colspan="3">干热岩资源</td><td>主要分布在西藏，其次为云南、广东、福建等东南沿海地区</td></tr>
</table>

（2）开发利用现状

目前，浅层和水热型地热能供暖（制冷）技术已基本成熟。浅层地热能应用主要使用热泵技术，2004年后年增长率超过30%，应用范围扩展至全国，其中80%集中在华北和东北南部，包括北京、天津、河北、辽宁、河南、山东等地区。2015年底全国浅层地热能供暖（制冷）面积达到3.92亿平方米，全国水热型地热能供暖面积达到1.02亿平方米。地热能年利用量约2000万吨标准煤。

在地热发电方面，高温干蒸汽发电技术最成熟，成本最低，高温湿蒸汽次之，中低温地热发电的技术成熟度和经济性有待提高。因我国地热资源特征及其他热源发电需求，近年来全流发电在我国取得快速发展，干热岩发电系统还处于研发阶段。20世纪70年代初在广东丰顺、河北怀来、江西宜春等地建设了中低温地热发电站。1977年，我国在西藏羊八井建设了24兆瓦中高温地热发电站。2014年底，我国地热发电总装机容量为27.28兆瓦，排名世界第18位。

我国地热能开发利用现状（截至2015年底） **表2**

	浅层地热能供暖/制冷面积（10^4m^2）	水热型地热能供暖面积（10^4m^2）	发电装机容量（MW）
北京	4000	500	
天津	1000	2100	
河北	2800	2600	0.4
山西	500	200	
内蒙古	500	100	
山东	3000	1000	
河南	2900	600	
陕西	1000	1500	
甘肃	400	0	
宁夏	250	0	
青海	0	50	
新疆	300	100	
四川	1000	0	
重庆	700	0	
湖北	1200	0	
湖南	200	0	
江西	600	0	
安徽	1800	50	
江苏	2500	50	
上海	1000	0	
浙江	2200	0	
辽宁	7000	200	
吉林	200	500	
黑龙江	300	650	
广东	500	0	0.3
福建	100	0	
海南	100	0	
云南	150	0	
贵州	800	10	
广西	2200	0	

续表

	浅层地热能供暖/制冷面积（10^4m^2）	水热型地热能供暖面积（10^4m^2）	发电装机容量（MW）
西藏	0	0	26.58
全国	39200	10210	27.28

（二）发展形势

在“十三五”时期，随着现代化建设和人民生活水平的提高，以及南方供暖需求的增长，集中供暖将会有很大的增长空间。同时，各省（区、市）面临着压减燃煤消费、大气污染防治、提高可再生能源消费比例等方面的要求，给地热能发展提供了难得的发展机遇，但是目前地热能发展仍存在诸多制约，主要包括资源勘查程度低，管理体制不完善，缺乏统一的技术规范和标准等方面。

二、指导方针和目标

（一）指导思想

贯彻党的十八大和十八届三中、四中、五中、六中全会精神，全面推进能源生产和消费革命战略，以调整能源结构、防治大气污染、减少温室气体排放、推进新型城镇化为导向，依靠科技进步，创新地热能开发利用模式，积极培育地热能市场，按照技术先进、环境友好、经济可行的总体要求，全面促进地热能有效利用。

（二）基本原则

坚持清洁高效、持续可靠。加强地热能开发利用规划，加强全过程管理，建立资源勘查与评价、项目开发与评估、环境监测与管理体系。严格地热能利用环境监管，保证取热不取水、不污染水资源，有效保障地热能的清洁开发和永续利用。

坚持政策驱动、市场推动。加强政策引导，推动区块整体高效可持续开发，实现合作共赢。充分发挥市场配置资源的基础性作用，鼓励各类投资主体参与地热能开发，营造公平的市场环境。

坚持因地制宜、有序发展。根据地热资源特点和当地用能需要，因地制宜开展浅层地热能、水热型地热能的开发利用，开展干热岩开发利用试验。结合各地区地热资源特性及各类地热能利用技术特点，有序开展地热能发电、供暖以及多种形式的综合利用。

（三）发展目标

在“十三五”时期，新增地热能供暖（制冷）面积11亿平方米，其中：新增浅层地热能供暖（制冷）面积7亿平方米；新增水热型地热供暖面积4亿平方米。新增地热发电装机容量500MW。到2020年，地热供暖（制冷）面积累计达到16亿平方米，地热发电装机容量约530MW。2020年地热能年利用量7000万吨标准煤，地热能供暖年利用量4000万吨标准煤。京津冀地区地热能年利用量达到约2000万吨标准煤。

我国地热能开发目标 **表3**

	“十三五”新增			2020年累计		
	浅层地热能供暖/制冷面积（10^4m^2）	水热型地热能供暖面积（10^4m^2）	发电装机容量（MW）	浅层地热能供暖/制冷面积（10^4m^2）	水热型地热能供暖面积（10^4m^2）	发电装机容量（MW）
北京	4000	2500		8000	3000	
天津	4000	2500	10	5000	4600	10

续表

	"十三五"新增			2020年累计		
	浅层地热能供暖/制冷面积（10^4m^2）	水热型地热能供暖面积（10^4m^2）	发电装机容量（MW）	浅层地热能供暖/制冷面积（10^4m^2）	水热型地热能供暖面积（10^4m^2）	发电装机容量（MW）
河北	7000	11000	10	9800	13600	10.4
山西	500	5500		1000	5700	
内蒙古	450	1850		950	1950	
山东	5000	5000	10	8000	6000	10
河南	5700	2500		8600	3100	
陕西	500	4500	10	1500	6000	10
甘肃	500	100		900	100	
宁夏	500			750		
青海		200	30		250	30
新疆	500	250	5	800	350	5
四川	3000		15	4000		15
重庆	3700			4400		
湖北	6200			7400		
湖南	4000			4200		
江西	3000			3600		
安徽	3000			4800	50	
江苏	6000	200	20	8500	250	20
上海	2700			3700		
浙江	3000			5200		
辽宁	1000	1000		8000	1200	
吉林	1000	1000		1200	1500	
黑龙江	1000	1600		1300	2250	
广东	2000		10	2500		10.3
福建	400		10	500		10
海南	500		10	600		10
云南	100		10	250		10
贵州	2000	50		2800	60	
广西	1400			3600		
西藏	0	250	350		250	376.58
全国	72650	40000	500	111850	50210	527.28

在"十三五"时期，形成较为完善的地热能开发利用管理体系和政策体系，掌握地热产业关键核心技术，形成比较完备的地热能开发利用设备制造、工程建设的标准体系和监测体系。

在"十三五"时期，开展干热岩开发试验工作，建设干热岩示范项目。通过示范项目的建设，突破干热岩资源潜力评价与钻探靶区优选、干热岩开发钻井工程关键技术以及干热岩储层高效取热等关键技术，突破干热岩开发与利用的技术瓶颈。

三、重点任务

（一）组织开展地热资源潜力勘查与选区评价

在"十三五"时期，在全国地热资源开发利用现状普查的基础上，查明我国主要水热型地热区（田）及浅层地热能、干热岩开发区地质条件、热储特征、地热资源的质量和数量，并对其开采技术经济条件做出评价，为合理开发利用提供依据。支持有能力的企业积极参与地热勘探评价，支持参与勘探评价的企业优先获得地热资源特许经营资格，将勘探评价数据统一纳入国家数据管理平台。

专栏1 地热资源勘探评价重点区域

浅层地热资源	京津冀鲁豫、长江中下游地区主要城市群及中心城镇
水热型地热资源	松辽盆地、渤海湾盆地、河淮盆地、江汉盆地、汾河—渭河盆地、环鄂尔多斯盆地、银川平原等地区
干热岩资源	藏滇高温地热带、东南沿海、华北、松嫩平原等地

（二）积极推进水热型地热供暖

按照“集中式与分散式相结合”的方式推进水热型地热供暖，在“取热不取水”的指导原则下，进行传统供暖区域的清洁能源供暖替代，特别是在经济较发达、环境约束较高的京津冀鲁豫和生态环境脆弱的青藏高原及毗邻区，将水热型地热能供暖纳入城镇基础设施建设中，集中规划，统一开发。

（三）大力推广浅层地热能利用

在“十三五”时期，要按照“因地制宜，集约开发，加强监管，注重环保”的方式开发利用浅层地热能。通过技术进步、规范管理解决目前浅层地热能开发中出现的问题，并加强我国南方供暖制冷需求强烈地区的浅层地热能开发利用。在重视传统城市区域浅层地热能利用的同时，要重视新型城镇地区市场对浅层地热能供暖（制冷）的需求。

（四）地热发电工程

在西藏、川西等高温地热资源区建设高温地热发电工程；在华北、江苏、福建、广东等地区建设若干中低温地热发电工程。建立、完善扶持地热发电的机制，建立地热发电并网、调峰、上网电价等方面的政策体系。

（五）加强关键技术研发

开展地热资源评价技术、高效换热技术、中高温热泵技术、高温钻井工艺技术研究以及经济回灌技术攻关；开展井下换热技术深度研发，深入开展水热型中低温地热发电技术研究和设备攻关；开展干热岩资源发电试验项目的可行性论证，选择场址并进行必要的前期勘探工作。

（六）加强信息监测统计体系建设

建立浅层及水热型地热能开发利用过程中的水质、岩土体温度、水位、水温、水量及地质环境灾害的地热资源信息监测系统。建立全国地热能开发利用监测信息系统，利用现代信息技术，对地热能勘查、开发利用情况进行系统的监测和动态评价。

（七）加强产业服务体系建设

围绕地热能开发利用产业链、标准规范、人才培养和服务体系等，完善地热能产业体系。完善地热资源勘探、钻井、抽井、回灌的标准规范，制定地热发电、建筑供热制冷及综合利用工程的总体设计、建设及运营的标准规范。加强地热能利用设备的检测和认证，建立地热能产业和开发利用信息监测体系，完善地热资源和利用的信息统计，加大地热能利用相关人才培养力度，积极推进地热能利用的国际合作。

四、重大项目布局

（一）水热型地热供暖

根据资源情况和市场需求，选择京津冀、山西（太原市）、陕西（咸阳市）、山东（东营市）、山东（菏泽市）、黑龙江（大庆市）、河南（濮阳市）建设水热型地热供暖重大项目。采用“采灌均衡、间接换热”或“井下换热”的工艺技术，实现地热资源的可持续开发。

专栏2 水热型地热供暖重大项目布局

河北省	重点推进保定、石家庄、廊坊、衡水、沧州、张家口地区的水热型地热资源开发，“十三五”期间新增水热型地热供暖面积1.1亿平方米
陕西省	重点开发西安、咸阳、宝鸡、渭南、铜川等市（区）水热型地热资源，“十三五”期间新增供暖面积4500万平方米
山西省	重点开发太原市高新区、太原经济开发区、太原科技创新城等地区的水热型地热资源供暖，“十三五”期间太原新增供暖面积4000万平方米
山东省	重点开发东营市、菏泽市地热资源，东营市利用水热型地热资源和胜利油田污水余热，“十三五”期间新增集中供暖面积1200万平方米；菏泽市近期以市区为重点，同时积极开拓定陶、鄄城等地市场，新增地热供暖面积1200万平方米
黑龙江省	重点开发大庆市林甸、泰康、东风新村、让西等地区地热能供暖、洗浴疗养、矿泉水生产和种植养殖等，“十三五”期间新增供暖面积1000万平方米
河南省	重点在濮阳市清丰县地热资源，“十三五”期间新增集中供暖面积400万平方米

（二）浅层地热能利用

沿长江经济带地区，针对城镇居民对供暖的迫切需求，加快推广以热泵技术应用为主的地热能利用，减少大规模燃煤集中供暖，减轻天然气供暖造成的保供和价格的双重压力。以重庆、上海、苏南地区城市群、武汉及周边城市群、贵阳市、银川市、梧州市、佛山市三水区为重点，整体推进浅层地热能供暖（制冷）项目建设。

专栏3 浅层地热能供暖（制冷）重大项目布局

重庆市	以重庆两江新区等为建设重点，“十三五”期间新增浅层地热能供暖（制冷）面积3700万平方米，到2020年浅层地热能利用面积占新建建筑面积达50%以上
上海市	“十三五”期间新增浅层地热能供暖（制冷）面积2700万平方米
苏南地区城市群	南京、扬州、泰州、南通、苏州、无锡、镇江、常州及南京等城市，“十三五”期间新增浅层地热能供暖（制冷）面积6100万平方米
武汉及周边城市群	武汉市和周边黄冈市、鄂州市、黄石市、咸宁市、孝感市、天门市、仙桃市、潜江市等8个行政市区，“十三五”期间新增浅层地热能供暖（制冷）面积3060万平方米
贵州省贵阳市、广西省梧州市、广东省佛山市	“十三五”期间，各新增浅层地热能供暖（制冷）面积500万平方米

（三）中高温地热发电

西藏地区位于全球地热富集区，地热资源丰富且品质较好。有各类地热显示区（点）600余处，居全国之首。西藏高温地热能居全国之首，发电潜力约3000MW，尤其是班公错—怒江活动构造带以南地区，为西藏中高温地热资源富集区，区内人口集中，经济发达，对能源的需求量巨大，是开展中高温地热发电规模开发的有利地区。

根据西藏地热资源勘探成果和资源潜力评价结果，以当地电力需求为前提，优选当雄县、那曲县、措美县、噶尔县、普兰县、谢通门县、错那县、萨迦县、岗巴县9个县境内的羊八井、羊易、宁中、谷露、古堆、朗久、曲谱、查布、曲卓木、卡乌和苦玛11处高温地热田作为“十三五”地热发电目标区域，11处高温地热田发电潜力合计830MW，“十三五”有序启动400MW装机容量规划或建设工作。

（四）中低温地热发电

在东部地区开展中低温地热发电项目建设。重点在河北、天津、江苏、福建、广东、江西等地开展，通过政府引导，逐步培育市场与企业，积极发展中低温地热发电。

（五）干热岩发电

开展万米以浅地热资源勘查开发工作，积极开展干热岩发电试验，在藏南、川西、滇西、福建、华北平原、长白山等资源丰富地区选点，通过建立2～3个干热岩勘查开发示范基地，形成技术序列、孵化相关企业、积累建设经验，在条件成熟后进行推广。

五、规划实施

（一）保障措施

1. 研究制定地热能供暖投资支持政策和地热发电上网电价政策。将地热供暖纳入城镇基础设施建设，在市政工程、建设用地、用水用电价格等方面给予地热能开发利用政策支持。结合电力市场化改革，鼓励地热能开发利用企业通过电力交易降低用电成本。

2. 完善地热能开发利用市场机制。完善现有地热能开发模式，推行地热能勘探、设计、建造以及运营一体化的开发模式，探索建立地热能开发的特许经营权招标制度和政府和社会资本合作（PPP模式）。放开城镇供热市场准入限制，引导地热能开发企业进入城镇供热市场。

3. 加强地热能开发利用规划和项目管理。根据全国地热能开发利用总体规划，统筹各地区地热能开发利用规划和分阶段开发建设方案。加强地热能开发利用重大工程的建设管理，严格项目前期、竣工验收、运行监督等环节的管理，统筹协调地热能开发利用与当地集中供热或供电网络的联接。

4. 完善地热能开发利用行业管理。建立健全各项管理制度和技术标准，依法行政、规范管理，维护良好的地热能开发利用市场秩序。制定地热探矿权许可证办理、地热水采矿许可证办理、地热水资源补偿费征收与管理办法。建立和完善地热行业标准规范，推行资格认证、规划审查和许可制度。建立地热能利用的市场和环境监测体系。

5. 加大关键设备和技术的研发投入。提升地热资源勘查与资源评价、地热尾水经济回灌技术水平，形成有中国特色的地热能开发利用技术体系。加强中低温地热发电技术的研发，完善全流发电等适合我国地热资源特点的技术路线并提升其经济性。扶持地热设备制造企业的发展，提高热泵和换热器等关键设备的技术水平。

6. 加强地热能规划落实情况监管。按照规划、政策、规则、监管“四位一体”的要求，建立健全规划定期评估机制，组织开展规划落实情况监管，编制并发布规划实施情况监管报告，作为规划编制和滚动调整的重要依据。强化各级政府部门的协调，建立健全信息共享机制。

（二）实施机制

1. 加强规划协调管理。各省（区、市）能源主管部门根据全国规划要求，做好本地区规划的制定及实施工作，认真落实国家规划规定的发展目标和重点任务。地方的地热发展规划，在公布实施前应与国家能源主管部门衔接。

2. 建立滚动调整机制。加强地热能开发利用的信息统计工作，建立产业监测体系，及时掌握规划执行情况，做好规划中期评估工作。根据中期评估结果，按照有利于地热产业发展的原则对规划进行滚动调整。

3. 组织实施年度开发方案。建立健全地热能开发利用规划管理和实施机制，组织重点地区制定年度开发方案，加强规划及开发方案实施的统筹协调，衔接好地热开发利用与电网、热网的联接工作。

4. 加强运行监测考核。委托专业机构开展地热能开发利用重大项目后评估。建立地热利用信息监测管理系统，各城市能源主管部门牵头对地热能利用进行监测，并加强有关统计工作。

六、投资估算和环境社会影响分析

（一）投资规模估算

初步估算，“十三五”期间，浅层地热能供暖（制冷）可拉动投资约1400亿元，水热型地热能供暖可拉动投资约800亿元，地热发电可拉动投资约400亿元，合计约为2600亿元。此外，地热能开发利用还可带动地热资源勘查评价、钻井、热泵、换热等一系列关键技术和设备制造产业的发展。

（二）环境社会效益分析

地热资源具有绿色环保、污染小的特点，其开发利用不排放污染物和温室气体，可显著减少化石燃料消耗和化石燃料开采过程中的生态破坏，对自然环境条件改善和生态环境保护具有显著效果。

2020年地热能年利用总量相当于替代化石能源7000万吨标准煤，相应减排二氧化碳1.7亿吨，节能减排效果显著。地热能开发利用可为经济转型和新型城镇化建设增加新的有生力量，同时也可推动地质勘查、建筑、水利、环境、公共设施管理等相关行业的发展，在增加就业、惠及民生方面也具有显著的社会效益。

《关于加快浅层地热能开发利用促进北方采暖地区燃煤减量替代的通知》

近年来，一些地区积极发展浅层地热能供热（冷）一体化服务，在减少燃煤消耗、提高区域能源利用效率等方面取得明显成效。为贯彻落实《国务院关于印发大气污染防治行动计划的通知》（国发〔2013〕37号）、《国务院关于印发"十三五"节能减排综合工作方案的通知》（国发〔2016〕74号）、《国务院关于印发"十三五"生态环境保护规划的通知》（国发〔2016〕65号）以及国家发展改革委等部门《关于印发＜重点地区煤炭消费减量替代管理暂行办法＞的通知》（发改环资〔2014〕2984号）和《关于推进北方采暖地区城镇清洁供暖的指导意见》（建城〔2017〕196号），因地制宜加快推进浅层地热能开发利用，推进北方采暖地区居民供热等领域燃煤减量替代，提高区域供热（冷）能源利用效率和清洁化水平，改善空气环境质量，现提出以下意见。

一、总体要求

（一）指导思想。

全面贯彻落实党的十九大精神，认真学习贯彻习近平新时代中国特色社会主义思想，落实新发展理念，按照"企业为主、政府推动、居民可承受"方针，统筹运用相关政策，支持和规范浅层地热能开发利用，提升居民供暖清洁化水平，改善空气环境质量。

（二）基本原则。

浅层地热能（亦称地温能）指自然界江、河、湖、海等地表水源、污水（再生水）源及地表以下200米以内、温度低于25摄氏度的岩土体和地下水中的低品位热能，可经热泵系统采集提取后用于建筑供热（冷）。在浅层地热能开发利用中应坚持以下原则：

1. 因地制宜。立足区域地质、水资源和浅层地热能特点、居民用能需求，结合城区、园区、郊县、农村经济发展状况、资源禀赋、气象条件、建筑物分布、配电条件等，合理开发利用地表水（含江、河、湖、海等）、污水（再生水）、岩土体、地下水等蕴含的浅层地热能，不断扩大浅层地热能在城市供暖中的应用。

2. 安全稳定。供热（冷）涉及民生，浅层地热能开发利用必须把保障安全稳定运行放在首位，工程建设和运营单位应具备经营状况稳定、资信良好、技术成熟、建设规范、工程质量优良等条件，并符合当地供热管理有关规定，确保供热（冷）系统安全稳定可靠，满足供热、能效、环保、水资源保护要求。

3. 环境友好。浅层地热能开发利用应以严格保护水资源和生态环境为前提，确保不浪费水资源、不污染水质、不破坏土壤热平衡、不产生地质灾害。

4. 市场主导与政府推动相结合。充分发挥市场在资源配置中的决定性作用，以高质量满足社会供热（冷）需求不断提升人民群众获得感为出发点，鼓励各类投资主体参与浅层地热能开发。更好发挥政府作用，针对浅层地热能开发利用的瓶颈制约，用改革的办法破除体制机制障碍，有效发挥政府规划引导、政策激励和监督管理作用，营造有利于浅层地热能开发利用的公平竞争市场环境。

（三）主要目标。

以京津冀及周边地区等北方采暖地区为重点，到2020年，浅层地热能在供热（冷）领域得到有效应用，应用水平得到较大提升，在替代民用散煤供热（冷）方面发挥积极作用，区域供热（冷）用能结构得到优化，相关政策机制和保障制度进一步完善，浅层地热能利用技术开发、咨询评价、关键设备制造、工程建设、运营服务等产业体系进一步健全。

二、统筹推进浅层地热能开发利用

相关地区各级发展改革、运行、国土、环保、住建、水利、能源、节能等相关部门要把浅层地热能利用作为燃煤减量替代、推进新型城镇化、健全城乡能源基础设施、推进供热（冷）等公共服务均等化等工作的重要内容，加强组织领导，强化统筹协调，大力推动本地区实施浅层地热能利用工程，促进煤炭减量替代，改善环境质量。

（一）科学规划开发布局。

相关地区国土资源主管部门要会同有关部门开展中小城镇及农村浅层地热能资源勘察评价，摸清地质条件，合理划定地热矿业权设置区块，并纳入矿产资源规划和土地利用总体规划，为科学配置、高效利用浅层地热能资源提供基础。相关地区省级人民政府水行政主管部门会同发展改革、国土、住建、能源等部门依据区域水资源调查评价和开发利用规划、矿产资源规划和土地利用总体规划、浅层地热能勘察情况，组织划定水（地）源热泵系统适宜发展区、限制发展区和禁止发展区，科学规划水（地）源热泵系统建设布局。相关地区省级能源主管部门会同有关部门将本地区浅层地热能开发利用纳入相关规划，并依法同步开展规划环境影响评价。有关部门进一步健全和完善浅层地热能开发利用的设计、施工、运行、环保等相关标准，制定出台水（地）源热泵系统建设项目水资源论证技术规范和标准，明确浅层地热能热泵系统的能效、回灌、运行管理等相关要求。

在地下水饮用水水源地及其保护区范围内，禁止以保护的目标含水层作为热泵水源；对于地下水禁止开采区禁采含水层及与其水力联系密切的含水层、限制开采区的限采含水层，禁止将地下水作为热泵水源；禁止以承压含水层地下水作为热泵水源。浅层地热能开发利用项目应依法开展环境影响评价；涉及取水的，应开展水资源论证，向当地水行政主管部门提交取水许可申请，取得取水许可证后方可取水；涉及建设地下水开采井的，应按水行政主管部门取水许可审批确定的地下水取水工程建设方案施工建设。

（二）因地制宜开发利用。

相关地区要充分考虑本地区经济发展水平、区域用能结构、地理、地质与水文条件等，结合地方供热（冷）需求，对现有非清洁燃煤供暖适宜用浅层地热能替代的，应尽快完成替代；对集中供暖无法覆盖的城乡结合部等区域，在适宜发展浅层地热能供暖的情况下，积极发展浅层地热能供暖。

相关地区要根据供热资源禀赋，因地制宜选取浅层地热能开发利用方式。对地表水和污水（再生水）资源禀赋好的地区，积极发展地表水源热泵供暖；对集中度不高的供暖需求，在不破坏土壤热平衡的情况下，积极采用分布式土壤源热泵供暖；对水文、地质条件适宜地区，在100%回灌、不污染地下水的情况下，积极推广地下水源热泵技术供暖。

（三）提升运行管理水平。

浅层地热能开发利用涉及土壤环境和地下水及地表水环境，项目建设和运营应严格依据国家相关法律法规和标准规范进行。运营单位要健全浅层地热能利用系统运行维护管理，综合运用互联网、智能监控等技术，确保系统安全稳定高效运行，供热质量、服务等达到所在地有关标准要求。严格保护地下水水质，制定目标水源动态监测与保护方案，定期对回灌水和采温层地下水取样送检，并记录在案建档管理；应对采温层岩土质量、地下水水位、系统运行效率等实施长期监测，其中供回水温度、系统 *COP* 系数、土壤温度等参数应接入国家能耗在线监测系统，实现实时在线监测。对取用及回灌地下水的，应分别在取、灌管道上安装水量自动监测设施，并接入当地水行政主管部门水资源信息管理平台。热泵机组全年综合性能系数（*ACOP*）应符合相关标准要求，系统供热平均运行性能系数（*COP*）不得低于3.5。

（四）创新开发利用模式。

在浅层地热能开发利用领域大力推广采取合同能源管理模式，鼓励将浅层地热能开发利用项目整体打包，采取建设—运营—维护一体化的合同能源管理模式，系统运营维护交由专业化的合同能源服务公司。运营单位对系统运行负总责，并制定供热（冷）服务方案，针对影响系统稳定运行的因素编制预案。

三、加强政策保障和监督管理

（一）完善支持政策。

浅层地热能开发利用项目运行电价和供暖收费按照《国家发展改革委关于印发北方地区清洁供暖价格政策意见的通知》（发改价格［2017］1684号）等相关规定执行。对传统供热地区，浅层地热能供暖价格原则上由政府按照供暖实际成本，在考虑合理收益的基础上，科学合理确定；其他地区供热（冷）价格由相关方协商确定。

对通过合同能源管理方式实施的浅层地热能利用项目，按有关规定享受税收政策优惠；中央预算内资金积极支持浅层地热能利用项目建设。相关地区要加大支持力度，将浅层地热能供暖纳入供暖行业支持范围，符合当地供热管理相关要求的浅层地热能供热企业作为热力产品生产企业和热力产品经营企业享受供热企业相关支持政策。

鼓励相关地区创新投融资模式、供热体制和供热运营模式，进一步放开城镇供暖行业的市场准入，大力推广政府和社会资本合作（PPP）模式，积极支持社会资本参与浅层地热能开发。鼓励投资主体发行绿色债券实施浅层地热能开发利用。鼓励金融机构、融资租赁企业创新金融产品和融资模式支持浅层地热能开发利用。

（二）加强示范引导和技术进步。

相关地区要组织实施浅层地热能利用工程，选择一批城镇、园区、郊县、乡村开展示范，发挥其惠民生、控煤炭、促节能的示范作用。国家发展改革委会同有关部门选取地方典型案例向社会发布，引导社会选用工艺技术先进、服务质量优良的设备生产、项目建设和运营维护单位，有效推动节能减煤和改善生态环境。相关地区发展改革委、住房城乡建设部门要及时组织示范工程项目申报。加大对浅层地热能供暖技术的研发投入和科技创新，提升装备技术水平，进一步提高浅层地热能供暖系统的稳定性和可靠性。

（三）建立健全承诺和评估机制。

国家发展改革委、住房城乡建设部、水利部组织建立浅层地热能开发利用项目信息库，由项目单位登记项目信息，包括企业信息、项目建设信息、运行信息，并承诺项目符合浅层地热能开发利用相关法律法规和标准规范要求，提交定期评估报告等，接受事中和事后监管。运营单位每年对项目运行维护情况进行评价，重点评估系统运行效率、供回水温度、地下水回灌率、土壤温度波动、土壤及地下水质量检测情况等，评价报告作为项目信息提交浅层地热能利用项目信息库。

（四）加强监督检查。

相关地区各级发展改革、运行、国土、环保、住建、水利、能源、节能等相关部门要按照职责加强浅层地热能开发利用的监督管理，重点对温度、水位、水质等开展长期动态监测，对项目的供暖保障、能效、环保、水资源管理保护、回灌等环节进行监管。地下水水源热泵回灌率达不到相关标准要求、回灌导致含水层地下水水质下降、开采地下水引发地面沉降等地质与生态环境问题的，由国土、环保、水利等部门按照国家有关法律法规依法查处；对导致水质恶化或诱发严重环境水文地质问题的，由国土、环保、水利等部门依法查处；对机组及系统热效率不达标、地温连续3年持续单向变化等，不得享受价格、热（冷）费、税收等清洁供暖相关支持政策；对未按批准的取水许可规定条件取水、污染水质、破坏土壤热平衡、产生地质灾害、未能履行供热承诺且整改后仍不能达到相关要求的项目单位失信行为纳入全国信用信息共享平台，实施失信联合惩戒。

《国家能源局、财政部、国土资源部、住房和城乡建设部关于促进地热能开发利用的指导意见》

各省、自治区、直辖市发展改革委（能源局）、财政厅（局）、国土资源厅（局）、住房和城乡建设厅（委），新疆生产建设兵团发展改革委、财政局、国土资源局、建设局，国家电网公司、南方电网公司，中石油集团公司、中石化集团公司、中海油集团公司、国电集团公司、神华集团公司，国家地热能源开发利用研究及应用技术推广中心，国家可再生能源中心、水电水利规划设计总院：

地热能是清洁环保的新型可再生能源，资源储量大、分布广，发展前景广阔，市场潜力巨大。积极开发利用地热能对缓解我国能源资源压力、实现非化石能源目标、推进能源生产和消费革命、促进生态文明建设具有重要的现实意义和长远的战略意义。为促进我国地热能开发利用，现提出以下意见：

一、指导思想和目标

（一）指导思想

高举中国特色社会主义伟大旗帜，深入贯彻落实党的十八大精神，以邓小平理论、“三个代表”重要思想和科学发展观为指导，以调整能源结构、增加可再生能源供应、减少温室气体排放、实现可持续发展为目标，大力推进地热能技术进步，积极培育地热能开发利用市场，按照技术先进、环境友好、经济可行的总体要求，全面促进地热能资源的合理有效利用。

（二）基本原则

政府引导，市场推动。编制全国和地区地热能开发利用规划，明确地热能开发利用布局，培育持续稳定的地热能利用市场，建立有利于地热能发展的政策框架，引导地热能利用技术进步和产业发展。充分发挥市场配置资源的基础性作用，建立产学研相结合的技术创新体系，鼓励各类投资主体参与地热能开发，营造公平市场环境，提高地热能利用的市场竞争力。

因地制宜，多元发展。根据地热能资源特点和当地用能需要，因地制宜开展浅层地热能、中层地热能和深层地热能的开发利用。结合各地地热资源特性及各类地热能利用技术特点，开展地热能发电、地热能供暖及地热能发电、供暖与制冷等多种形式的综合利用，鼓励地热能与其他化石能源的联合开发利用，提高地热能开发利用效率和替代传统化石能源的比例。

加强监管，保护环境。坚持地热能资源开发与环境保护并重，加强地热能资源开发利用全过程的管理，完善地热能资源开发利用技术标准，建立地热能资源勘查与评价、项目开发与评估、环境监测与管理体系，提高地热能开发利用的科学性。严格地热能利用的环境监管，建立地热能开发利用环境影响评估机制，加强对地质资源、水资源和环境影响的监测与评价，促进地热能资源的永续利用。

（三）主要目标

到2015年，基本查清全国地热能资源情况和分布特点，建立国家地热能资源数据和信息服务体系。全国地热供暖面积达到5亿平方米，地热发电装机容量达到10万千瓦，地热能年利用量达到2000万吨标准煤，形成地热能资源评价、开发利用技术、关键设备制造、产业服务等比较完整的产业体系。

到2020年，地热能开发利用量达到5000万吨标准煤，形成完善的地热能开发利用技术和产业体系。

二、重点任务和布局

（四）开展地热能资源详查与评价。按照“政府引导、企业参与”的原则开展全国地热能资源详查和评价，用2～3年的时间完成浅层地热能、中深层地热能资源的普查勘探和资源评价工作，提高资源勘查精准程度，规范地热能资源勘查评价方法，摸清地热能资源的地区分布和可开发利用潜力，建立地热能资源信息监测系统，提高地热能资源开发利用的保障能力。

（五）加大关键技术研发力度。建立产学研相结合的技术创新体系，依托有实力的科研院所建立国家地热开发利用研发中心，加强地热能利用关键技术研发。鼓励有条件的企业重点对地热能资源评价技术、地热发电技术、高效率换热（制冷）工质、中高温热泵压缩机、高性能管网材料、尾水回灌和水处理、矿物质提取等关键技术进行联合攻关。依托地热能利用示范项目，加快地热能利用关键技术产业化进程，形成对我国地热能开发利用强有力的产业支撑。

（六）积极推广浅层地热能开发利用。在做好环境保护的前提下，促进浅层地热能的规模化应用。在资源条件适宜地区，优先发展再生水源热泵（含污水、工业废水等），积极发展土壤源、地表水源（含江、河、湖泊等）热泵，适度发展地下水源热泵，提高浅层地温能在城镇建筑用能中的比例。重点在地热能资源丰富、建筑利用条件优越、建筑用能需求旺盛的地区，规模化推广利用浅层地温能。鼓励具备应用条件的城镇新建建筑或既有建筑节能改造中，同步推广应用热泵系统，鼓励政府投资的公益性建筑及大型公共建筑优先采用热泵系统，鼓励既有燃煤、燃油锅炉供热制冷等传统能源系统，改用热泵系统或与热泵系统复合应用。

（七）加快推进中深层地热能综合利用。按照“综合利用、持续开发”的原则加快中深层地热能资源开发利用。在资源条件具备的地区，在城市能源和供热、建设和改造规划中优先利用地热能。鼓励开展中深层地热能的梯级利用，建立中深层地热能供暖与发电、供暖与制冷等多种形式的综合利用模式。鼓励开展地下水资源所含矿物资源的综合利用，有条件的地区鼓励开展油田废弃井地热能的利用。通过中深层地热能的规模化利用，提高中深层地热能的市场竞争力，探索适合地热能开发利用的商业化投资经营模式。

（八）积极开展深层地热发电试验示范。积极开展深层高温地热发电项目示范，重点在青藏铁路沿线、西藏、云南或四川西部等高温地热资源分布地区，在保护好生态环境的条件下，以满足当地用电需要为目的，新建若干万千瓦级高温地热发电项目，对西藏羊八井地热电站进行技术升级改造。同时，密切跟踪国际增强型地热发电技术动态和发展趋势，开展增强型地热发电试验项目的可行性研究工作，初步确定项目场址并开展必要的前期勘探工作，为后期开展增强型地热发电试验项目奠定基础。

（九）创建中深层地热能利用示范区。结合中深层地热能资源分布特点和当地用能需要，在华北、东北、西北、华中、西南等重点地区和东部油田，引导创建技术先进、管理规范、效果显著的中深层地热能集中利用示范区。每个示范区地热能利用技术均具有一定的先进性，且累计地热能建筑供暖或制冷面积达到一定规模。通过地热能的集中利用示范和规模化利用，探索有利于地热能开发利用的新型能量管理技术和市场运营模式，促进地热能利用技术升级和成本下降，增强地热能的市场竞争力，提高清洁能源在城市用能中的比重。

（十）完善地热能产业服务体系。围绕地热能开发利用产业链、标准规范、人才培养和服务体系等，完善地热能产业体系。完善地热能资源勘探、钻井、抽井、回灌的标准规范，制定地热发电、建筑供热制冷及综合利用工程的总体设计、建设及运营的标准规范。加强地热能利用设备的检测和认证，建立地热能开发利用信息监测体系，完善地热能资源和利用的信息统计，加大地热能利用相关人才培养力度，积极推进地热能利用的国际合作。

三、加强地热能开发利用管理

（十一）加强地热能行业管理。按照《可再生能源法》《可再生能源发展“十二五”规划》等相关法律和规划，开展地热能开发利用的中长期规划工作，地方根据全国地热能开发利用规划制定并实施本地区地热能开发利用规划。各有关部门在各自的职责范围内，加强对地热能开发利用的行业管理。

（十二）严格地热能利用的环境监管。地热能资源的开发应坚持“资源落实、永续利用”的原则，应根据地热能资源的规模和特点合理稳定开采，实现地热能的永续利用。采用抽取地下水进行地热能利用的，原则上均应采用回灌技术，抽灌井分别安装水表并实现水量实时在线监测，定期对回灌水进行取样送检并记录在案。如因自然条件无法实施回灌的项目，应重点解决好地下水的二次污染问题，水质处理达标后才可排放或利用。地热尾水经过处理达到农田灌溉用水或城市生活用水标准的，相关部门应按照有关政策优先采用。各相关部门应加强对地质资源、水资源的监测与评价，对擅自进行地热井抽灌施工或未按标准进行抽灌施工的单位，由相关部门按照有关规定处理。

四、政策措施

（十三）加强规划引导。国家能源局根据可再生能源发展规划，会同国土资源部、住房和城乡建设部等有关部门编制地热能开发利用总体规划。各省级能源主管部门会同国土资源、住房和建设等有关部门制定本地区地热能开发利用规划，统筹开展地热能开发利用。各相关主管部门在各自的职能范围内，制定与地热能利用相关的专项规划，并实施相关工作。

（十四）完善价格财税扶持政策。按照可再生能源有关政策，中央财政重点支持地热能资源勘查与评估、地热能供热制冷项目、发电和综合利用示范项目。按照可再生能源电价附加政策要求，对地热发电商业化运行项目给予电价补贴政策。通过合同能源管理实施的地热能利用项目，可按现行税收法律法规的有关规定享受相关税收优惠政策。利用地热能供暖制冷的项目运行电价参照居民用电价格执行。采用地热能供暖（制冷）的企业可参照清洁能源锅炉采暖价格收取采暖费。鼓励各省、区、市结合实际出台具体支持政策。

（十五）建立市场保障机制。地热利用比较集中的城镇可编制以地热利用为主的新能源发展规划，完善地热能利用市场保障机制。鼓励专业化服务公司从事地热利用建设运营服务。电网企业要按照国家关于可再生能源电力保障性收购的要求，落实全额保障性收购地热发电量义务。

各有关部门、各级地方政府和相关企业要高度重视发展地热能的重大意义，认真贯彻《可再生能源法》，积极推进地热能开发利用工作，促进地热能产业健康有序发展。

《关于北京市进一步促进地热能开发及热泵系统利用的实施意见》

地热能是绿色环保的新型可再生能源，资源储量大，分布广；热泵是一种节能环保新技术，能够实现地热能、余热等资源的清洁高效利用。积极开发地热能和发展热泵系统，对优化本市能源结构，减缓资源压力，实现供热多元化具有重要意义。为进一步推进本市地热能开发和热泵技术应用，改善大气环境，特制定本实施意见。

一、发展领域

本市鼓励新建公共建筑、工业厂房和居民住宅楼使用热泵供暖系统，支持燃煤、燃油供暖锅炉利用热泵系统进行清洁改造；重点推进余热、土壤源、再生水（污水）热泵和深层地热资源的开发利用。

二、重点任务

（一）充分回收余热资源。

新建的燃气热电厂和锅炉房同步建设余热热泵供暖工程，具备改造条件的既有燃气热电厂和锅炉房加装余热热泵回收装置。重点完成四大燃气热电中心、太阳宫和郑常庄等燃气热电厂余热热泵供暖工程，加快开展科利源、鲁谷和北重等大型锅炉房利用热泵回收余热资源工作。

（二）积极开发浅层地温能。

加快推广土壤源热泵供暖系统，不断提高浅层地温能的应用水平。重点在沙河高教园、顺义林河开发区、中关村科技园等重点功能区及成规模的住宅小区建设一批土壤源热泵供暖工程。

（三）加快发展再生水热泵。

现有和新建再生水厂内建筑应采用再生水热泵供暖系统，鼓励再生水厂周边和主干管网沿线范围内新建建筑使用再生水热泵系统供暖。重点建设电子城北扩、CBD 东扩和中关村东升科技园等再生水热泵供暖工程。

（四）高效利用深层地热能。

加强地热资源的统一规划、规模开发和集约利用，加快大兴、延庆和通州等地区深层地热资源的开发利用，开展现有地热供暖项目整合改造。重点推进北京新机场、采育新能源汽车基地和延庆新城等利用深层地热供暖工作。

三、支持政策

（一）加大资金支持。

热泵系统主要包括热源、一次管网和末端设备三部分。2013 年到 2017 年，市政府固定资产投资进一步加大本市范围内地热能开发及热泵系统应用的支持力度。其中：新建的再生水（污水）、余热和土壤源热泵供暖项目，对热源和一次管网给予 30%的资金补助；新建深层地热供暖项目，对热源和一次管网给予 50%的资金支持；既有燃煤、燃油供暖锅炉实施热泵系统改造项目，对热泵系统给予 50%的资金支持；市政府固定资产投资全额建设的项目，新建或改造热泵供暖系统的按现行政策执行。

专业化能源公司投资、建设和运营的热泵供暖项目，可享受上述资金支持政策。

（二）落实价格和税收政策。

采用热泵系统的供暖企业参照我市清洁能源锅炉供暖价格收取采暖费，具体价格由各区（县）价格主管部门核定。

对于符合《关于促进节能服务产业发展增值税、营业税和企业所得税政策问题的通知》（财税［2010］110号）要求的热泵项目可享受相关税收优惠政策。

对于符合国家《产业结构调整指导目录（2013年本）》的企业进口自用设备，经批准可予免征关税。

（三）鼓励技术研发和产业化发展。

支持地热能开发和热泵技术成果转化，对于符合政府采购的热泵新技术和新产品，通过首购、订购、首台（套）重大技术装备试验和示范项目、推广应用等方式予以支持。

引导热泵企业向中关村自主创新示范区等高端功能区聚集，依托功能区在人才引进、税收和资金等方面的支持政策，加快热泵技术和产品的产业化进程。

四、项目管理

（一）简化审批程序。

热泵供暖项目（不含新增供暖设备、设备改造）立项前置条件为规划部门的规划选址意见书（或规划条件、规划意见函）、国土部门的用地预审意见（或土地意见函复）及环保部门的环境影响评价审查文件，其中再生水热泵供暖项目应提供水务部门的水影响评价审查文件，深层地热供暖项目应提供国土部门的地热资源勘察审查文件。

新建再生水、余热、土壤源热泵供暖项目由项目所在地区县投资主管部门核准，市级投资主管部门审批资金申请报告；既有燃煤、燃油供暖锅炉实施热泵系统改造和新建深层地热供暖项目由市级投资主管部门审批。

（二）完善标准体系。

建立并完善北京市地热资源和热泵系统标准体系，加快制定热泵系统工程技术标准和运行维护规程，进一步修订地热资源勘察评价规范，保障热泵供暖项目的高质量建设和高水平运行。

（三）加强资源勘查。

开展全市地热、再生水等资源的勘查和评价工作，摸清资源分布和开发利用潜力；对规划使用地热及热泵系统供暖的重点区域，进一步做好资源的详勘工作。

（四）强化监管评估。

加强热泵系统供暖地区的地质、水质环境监测与评价，深层地热供暖项目必须安装回灌井，实现资源的可持续利用；建立热泵供暖项目的后评估制度，确保地热资源的科学利用和热泵项目的稳定运行。

本意见自发布之日起实施，《关于印发关于发展热泵系统的指导意见的通知》（京发改［2006］839号）和《关于发展热泵系统的指导意见有关问题的补充通知》（京发改［2007］887号）同时废止。

《2018年北京市农村地区村庄冬季清洁取暖工作方案》

为加快推进2018年本市农村地区村庄冬季清洁取暖工作，助力打好蓝天保卫战，现提出以下方案。

一、工作目标及进度安排

（一）工作目标。科学选择技术路线，以“煤改电”为主，因地制宜、循序渐进推进农村地区村庄冬季清洁取暖工作。2018年10月31日前，完成450个农村地区村庄住户“煤改清洁能源”任务，同步完成450个村委会和村民公共活动场所、5.38万平方米籽种农业设施“煤改清洁能源”工作，基本实现全市平原地区村庄住户“无煤化”。积极推进山区电力、燃气配套设施建设，稳步推进山区村庄冬季清洁取暖试点工作。制定延庆区村庄冬季清洁取暖专项规划，加大2022年北京冬奥会、冬残奥会和2019年北京世园会场馆周边及相关道路沿线村庄清洁取暖改造力度。剩余尚未实施冬季清洁取暖改造的村庄，全部实施优质燃煤替代。

（二）进度安排。2018年5月31日前，完成“煤改清洁能源”相关工程建设、清洁能源取暖设备和优质燃煤招标等工作，完成2017年冬季清洁取暖工作评估（包括山区村庄“煤改清洁能源”技术路线评估）；9月30日前，完成“煤改清洁能源”所需电力、燃气配套设施建设，完成户内线路改造和清洁能源取暖设备安装工作；10月31日前，完成清洁能源取暖设备调试，以及优质燃煤配送和节能高效炉具安装工作。

二、相关支持政策

继续执行2013年至2017年市政府及相关部门确定的农村地区“煤改清洁能源”和“减煤换煤”政策措施。

（一）对外部管网建设的支持政策

1. 电网及线路改造。10kV以下、住户电表（含）之前的电网扩容投资，市政府固定资产投资给予30%资金支持。住户户内线路（即住户电表至取暖设备）的改造费用，由相关区政府制定具体补贴政策。

2. 天然气管网改造。区域调压站（不含）或接气点至调压箱（含）段的燃气管线投资，市政府固定资产投资给予30%资金支持。调压箱到住户燃气表（含）之前段（即村内管线）的投资，市政府固定资产投资给予30%资金支持。

（二）对清洁取暖设备的支持政策

实施“煤改电”项目的，可选择使用空气源热泵、地源热泵、电加热水储能、太阳能加电辅、蓄能式电暖器等清洁能源取暖设备，改造方式可以选择单户改造或集中改造。对使用空气源热泵、非整村安装地源热泵取暖的，市财政按照采暖面积每平方米100元的标准进行补贴；对使用其他清洁能源取暖设备的，市财政按照设备采购价格的1/3进行补贴。市财政对各类清洁能源取暖设备的补贴限额为每户最高1.2万元；区财政在配套同等补贴资金的基础上，可进一步加大补贴力度，减少住户负担。

（三）对运行使用的支持政策

1. 电价优惠及补贴政策。完成“煤改电”改造任务的村庄，住户在取暖季期间，当日20：00至次日8：00享受0.3元/度的低谷电价，同时市、区两级财政再各补贴0.1元/度，补贴用电限额为每个取暖季每户1万度。

2. 天然气价格支持政策。调整农村地区市政管道天然气分户自采暖用户阶梯气量，并执行相应阶梯用气价格。其中第一阶梯为2500（含）立方米以下，第二阶梯为2500至3000（含）立方米，第三阶梯为3000立方米以上，阶梯气量按全年累计。将使用各类燃气分户自采暖的农村地区村庄内住户纳入《北京市居民住宅清洁能源分户自采暖补贴暂行办法》适用范围，执行市政管道天然气居民用气价格。同时，对农村地区村庄住户天然气分户采暖给予每立方米0.38元补贴，补贴用气限额为每个采暖季每户820立方米。采用压缩天然气（CNG）、液化天然气（LNG）方式的，高出市政管道天然气供气价格的部分，由市财政按照每个取暖季每户最高1300元的标准进行气价补贴，不足部分由区财政安排。

（四）对实施“煤改清洁能源”集中供暖项目的支持政策

农村地区新建再生水（污水）余热供暖项目热源和一次管网，市政府固定资产投资给予30%资金支持；新建深层地热供暖项目热源和一次管网，市政府固定资产投资给予50%资金支持；既有燃煤、燃油供暖锅炉实施热泵系统改造项目，市政府固定资产投资给予50%资金支持；整村实施的“煤改地源热泵”项目，市政府固定资产投资给予50%资金支持。

农村地区村庄住户、村委会、村民公共活动场所和籽种农业设施采用空气源、地源、太阳能、燃气、电等清洁能源实施集中供暖的项目，其配套建设的水蓄热设施投资计入热源投资，由市政府固定资产投资按一定比例给予支持，其中，采用空气源、地源、太阳能的，市政府固定资产投资给予50%资金支持，采用燃气和电的，市政府固定资产投资给予30%资金支持。农村“煤改气”集中供暖采用市政管道天然气的，执行居民气价的非居民用户气价标准。

（五）对太阳能热利用的主要支持政策

农村地区住户在自有住房、村集体在公用建筑上安装太阳能采暖设施的，市政府固定资产投资对太阳能采暖系统建设投资给予30%资金支持，辅助热源（热泵、电、燃气等清洁能源）投资补助政策按现行市政府固定资产投资政策执行。有关区要以村为单位，对农村地区住户和村集体实施太阳能取暖项目整体打包，以一个整体项目向市发展改革委申报立项。

（六）对村委会、村民公共活动场所的支持政策

农村地区村委会和村民公共活动场所实施“煤改清洁能源”改造，由市财政对取暖设备购置费用给予一次性补贴，其中500户以下的村庄补贴1.2万元，500户（含）以上的村庄补贴2.4万元，区财政可给予适当补贴；同时，执行农村地区村庄“煤改清洁能源”相关气价、电价政策。

（七）对农业设施的支持政策

需冬季取暖的农业设施实施“煤改清洁能源”和“减煤换煤”，相关项目纳入本市大气污染防治资金补贴范围，区财政可给予适当补贴。其中，育种、育秧、育苗等籽种农业设施实施“煤改清洁能源”改造，由市财政按照取暖设备购置费用的20%给予补贴，并享受一定的电价、气价补贴；农业设施外墙实施保温改造，由各区统筹使用农业改革发展资金给予补贴。

（八）对“减煤换煤”的奖励政策

市财政继续采取以奖代补的方式，对本年度通过“五个一批”方式实施“减煤换煤”

工作的给予每吨200元的奖励，奖励资金由各区统筹使用，专项用于“减煤换煤”工作；尚未开展“煤改清洁能源”改造的农村地区住户，烟煤炉具更换为优质燃煤炉具，由市财政按照炉具购置价格的1/3进行补贴，每台最高补贴700元，区财政在配套同等补贴金额的基础上，可进一步加大补贴力度，减轻住户负担。民政部门要做好特殊困难群体救助工作。

（九）对炊事用液化石油气下乡的支持政策

村镇配套的液化石油气供应站建设费用全部由市政府固定资产投资承担，新增液化石油气钢瓶及专用配送车辆购置费用等由供应企业承担。市财政按每瓶液化石油气（15kg装）25元、每年每户不超过8瓶的标准对农村地区村庄住户（享受平价气供应的除外）进行补贴。

（十）对节能保温改造和建设超低能耗农民住宅的支持政策

市有关部门及时研究出台政策，积极引导鼓励农户在实施“煤改清洁能源”前先进行农宅节能保温改造。另外，市财政对建设超低能耗农民住宅按照有关规定给予奖励。

针对山区极端气温低、基础设施差、供暖周期长、设备选型难等特点，稳妥有序开展山区村庄冬季清洁取暖试点改造。要因地制宜、科学选定技术路线，加大多能联动技术装备的推广力度，确保能源安全供应和取暖效果；要稳步开展高海拔地区村庄冬季清洁取暖工作。市级部门要加大对相关工作支持力度，完善补助政策及奖励方式；有关区要出台山区村庄冬季清洁取暖工作的政策措施，积极安排配套资金，确保山区农村住户改得起、用得上。

三、工作要求

（一）强化组织领导

全市农村地区村庄冬季清洁取暖工作由市新农办综合协调，市有关部门要加强沟通、密切协作，加大对各有关区的指导、督促、检查和考核。区政府是推进农村地区村庄冬季清洁取暖工作的责任主体，要研究制定本区具体实施方案，明确年度任务和政策措施，建立健全区领导包镇、镇领导包村、村干部包户的工作机制，确保按时优质完成年度目标任务。

（二）狠抓工作落实

市政府与相关区政府签订农村地区村庄“煤改清洁能源”目标责任书，严格实施绩效考核。市、区政府要将支持资金纳入年度预算，确保资金及时到位并加强对资金使用情况的监督管理。市有关部门要按照相关规定，加快办理“煤改清洁能源”相关工程审批手续。各有关区政府要建立工作台账，明确工作时限，强化工作督导，积极协调相关工程建设涉及的拆迁、手续办理等工作，确保“煤改清洁能源”工程顺利实施。列入“煤改清洁能源”改造任务的村庄，同步做好农宅节能保温改造工作。

（三）强化过程监管和运行维护

各区要建立健全工作责任制，明确区、镇、村职责分工，明确政府部门、企业和用户的权利和义务。健全招投标管理制度，落实招标主体责任，严格按照程序和标准选择供应企业。完善设备选定机制，加强科普宣传，做好设备产品展示，依法保障住户自主选择权利。健全质量管控机制，明确各类设备和优质燃煤的质量技术标准，加强质量检测和督导检查。建立第三方评估机制，注重事前、事中、事后第三方评估，并通过市级“煤改清洁能源”监控平台，随时掌握工程进度、设备运行和维护服务等情况，及时解决存在的问题。建立健全运行管护长效机制，加强后期运行维护服务；加大培训力度，使住户掌握设备正确使用方法和基本常识，确保安全正常使用。完善应急保障机制，确保极端天气、突发事件等情况下农村地区村庄住户取暖。

（四）加强舆论宣传

通过电视、广播、网络等多种方式，加大对清洁取暖新技术新设备的宣传推广力度，鼓励新技术新设备应用。加强政策解读和舆情监测，及时回应社会关切，营造全社会支持、参与农村地区村庄冬季清洁取暖工作的良好氛围，为改善空气质量贡献力量。

附录 2　主要系统集成商（部分）

上海楚泰机电工程有限责任公司
山东宜美科节能服务有限责任公司
广西钧富凰建筑环境技术有限公司
无锡锐驰环境科技有限公司
中节能城市节能研究院有限公司
中机意园工程科技股份有限公司
中锐芯科技无锡有限公司
长沙麦融高科股份有限公司
北京市天银地热开发有限责任公司
北京市华清地热开发有限责任公司
北京合创三众能源科技股份有限公司
北京恒基建筑工程有限公司
北京清华索兰环能技术研究所
四川科源暖通设备工程有限公司
交控科技股份有限公司
江苏天勤建设科技有限公司
江苏光芒新能源股份有限公司
江苏如诺机电设备工程有限公司
江苏际能能源科技股份有限公司
江苏恒昌机电设备工程有限公司
江苏普赛德智能科技有限公司
际高建业有限公司
青岛爱科信能源科技有限公司
杭州元升冷暖设备工程有限公司
杭州杭昱暖通设备有限公司
杭州健然暖通设备工程有限公司
杭州源牌科技有限公司
依科瑞德（北京）能源科技有限责任公司
河南三联科技工程有限公司
河南易达电器有限公司
陕西环发新能源技术有限责任公司
南京丰盛新能源科技股份有限公司

南京东创节能技术有限公司
南京科纳暖通工程有限公司
南京派佳科技有限公司
南通苏暖暖通科技有限公司
恒有源科技发展集团有限公司
浙江正理生能科技有限公司
浙江百诚未莱环境集成有限公司
浙江众力暖通设备工程有限公司
浙江阳帆节能开发有限公司
浙江陆特能源科技股份有限公司
浙江新大新暖通设备有限公司
常州市迪马电器有限公司
常州彤佑空调设备工程有限公司
常州灵裕暖通设备工程有限公司
深圳市中鼎空调净化有限公司
福州乌兰节能工程有限公司

附录3　主要设备生产厂家（部分）

三星（中国）投资有限公司
大金（中国）投资有限公司上海分公司
山东清元电器有限公司
山东富尔达空调设备有限公司
广东同益空气能科技股份有限公司
广东华天成新能源科技股份有限公司
广东米特拉电器科技有限公司
广东纽恩泰新能源科技发展有限公司
广东欧科空调制冷有限公司
广东美的暖通设备有限公司
开利空调销售服务（上海）有限公司
中山市爱美泰电器有限公司
贝莱特空调有限公司
北京永源热泵有限责任公司
四川长虹空调有限公司
乐星空调系统（山东）有限公司
宁波博浪热能科技有限公司
扬州上品通机电设备有限公司
同方人工环境有限公司
江苏宝得换热设备股份有限公司
约克（无锡）空调冷冻设备有限公司
麦克维尔空调制冷（武汉）有限公司
克莱门特捷联制冷设备（上海）有限公司
苏州工业园区大方空调设备有限公司
苏州英华特涡旋技术有限公司
青岛海尔空调电子有限公司
青岛海信日立空调系统有限公司
南京天加空调设备有限公司
重庆昊佑诚机电设备有限公司
美意（上海）空调设备有限公司
恒有源科技发展集团有限公司
珠海格力电器股份有限公司

格兰富水泵（上海）有限公司
顿汉布什（中国）工业有限公司
特灵空调系统（中国）有限公司
烟台荏原空调设备有限公司
烟台蓝德空调设备有限公司
浙江汇川环境设备有限公司
深圳麦克维尔空调有限公司
博世热力技术（山东）有限公司
博拉贝尔（无锡）空调设备有限公司
奥林燃烧器（无锡）有限公司

后　　记

愿我国地源热泵规范化健康稳定发展

作为一名科研工作者，笔者所在的中国建筑科学研究院空调所从1992年开始就和美国VENCO空调工程公司、加拿大GENESIS国际工程公司合作在国内推广水源热泵技术，于2001年组织翻译了美国《地源热泵工程技术指南》，于2005年作为主编单位主编了国家标准《地源热泵系统工程技术规范》，多次承担国家支撑计划水地源热泵方面相关研究课题，先后参与了多项国家级地源热泵示范工程的立项讨论、可行性分析、项目设计与咨询、工程检测与评价等工作。参加工作这些年来，我和我的同事们亲眼看着“地源热泵”这四个字，从一个概念变成一篇文章，从一篇文章变成一本专业书籍，从书本中抽象的文字变成实际的工程，亲眼看着许多暖通工程师从没有听到过这个概念到在进行暖通空调设计时把地源热泵系统作为优先考虑，看到许多地源热泵的集成商不断创新自己的专项技术、提高技术水平，优质工程不断出现，看到我国从中央到地方、从科研工作者到各界人士对地源热泵从疑惑到接受再到推广，尤其是在国家能源转型的背景下，为建设低碳社会实现高质量发展，国家在“十三五”期间出台了一系列鼓励支持政策，结合北方地区的清洁供暖工作的开展，地源热泵的使用面积不断增加，各种超大级、城市级项目不断涌现，心中既高兴又有些担心，相信更多的科研工作者也和我有着一样的心情。高兴的是，看到一项新型高效节能环保的技术不断得到重视和推广，为我国建筑节能做出重要贡献；担心的是，某些项目在可行性论证不充分，前期调研资料不齐备的情况下，为了追求地方政绩盲目上马。作为技术含量高而且需要众多工种配合的工程项目，地源热泵系统示范项目务必坚持小心谨慎的原则，因为一旦在设计、施工、调试、运行、监测等任一环节出现问题，都会影响系统的运行效率，导致其节能量大打折扣，而如果在当地水文地质条件不清楚的情况下，盲目上马的项目超过了当地基础条件所能承载的能力，造成水污染、热污染、环境污染等新问题，则将会对整个地源热泵行业在该地区的推广造成巨大的不良影响。

所以，建议所有与地源热泵相关的政府官员、科研工作者、集成商、设备厂家、设计施工监测等技术人员联合起来，规范化的推广地源热泵技术，为我国建设节约型社会，开展降耗减排工作做出更新、更大的贡献。

(1) 坚持依法推进、依法监管。发展地源热泵系统，法律是基础，政策是关键。要贯彻好住建部关于发展地源热泵的要求，完善各项配套法规，建设地源热泵系统城市级示范，努力开辟新的融资渠道，发挥好政策扶持、市场引导、政府推动、法律规范的作用，依法促进、依法监管，构建促进我国地源热泵系统发展的保障机制。

（2）坚持因地制宜、经济有效、保障安全、保护环境的发展原则。各地应根据自然条件和社会经济发展水平差异，选择切合实际的地源热泵系统进行推广。要将推进地源热泵系统工作与建设资源节约型、环境友好型社会，与构建社会主义和谐社会紧密结合起来。要以可再生能源使用和建筑节能为目标，以市场为导向，让地源热泵用户在过程中获得实实在在的收益。要保证机组产品质量，保证系统运行安全，保护生态环境。

（3）坚持重点突破、协调推进的发展战略。要科学分析发展现状，找准当地适宜推广的地源热泵系统，发挥当地优势，集中人力、物力、财力，在重点项目、重点工程上有所突破，以点带面，稳步推进，发挥示范引导作用。进一步优化地区能源使用发展格局，建立各种能源梯级利用、优势互补的机制。

（4）坚持不断推动科技创新和普及应用。地源热泵系统的发展离不开技术创新、机制创新。各地区要采取技术攻关、试验、示范等措施，促进基础性、关键性、公益性科学研究和既有高效运行系统的推广应用。要通过政策引导，充分发挥企业的创新主体作用，支持设备与集成的产、学、研有机结合，鼓励根据不同的建筑冷热负荷需求以及当地资源情况，研究开发先进适用安全高效的水/地源热泵机组和系统产品。要努力创新发展理念、发展思路、发展机制、工作方法，适应社会主义市场经济体制的要求，不断促进我国地源热泵技术又好又快地发展。

衷心希望我国地源热泵规范、健康、稳定发展。

致　谢

本书成稿过程中，得到了依科瑞德（北京）能源科技有限责任公司、山东宜美科节能服务有限责任公司、河南万江新能源开发有限公司、中节能城市节能研究院有限公司、河北纳森空调有限公司、陕西环发新能源技术有限责任公司、江苏际能能源科技股份有限公司、山东富尔达空调设备有限公司等单位的大力支持，他们为书中相关数据的汇总统计提供了帮助，有助于读者宏观了解我国地源热泵相关产业的发展情况，为典型案例展示提供了大量翔实的有效数据和分析，有助于我们更深地了解不同类型地源热泵工程的实际投资运行等情况，为本书顺利出版做出了巨大贡献。

报告的成功出版，还得到了国际上很多相关机构的支持与帮助，国际能源组织热泵专业委员会（International Energy Agency，The Technical Collaboration Program on Heat Pumping Technologies）提供了德国、瑞典、芬兰、荷兰、奥地利、日本地源热泵发展的相关情况；国际地源热泵协会（International Ground Source Heat Pump Association）提供了美国、加拿大地源热泵发展的最新数据；欧洲热泵协会地源热泵项目组（European Heat Pump Association，The Ground-Reach Project ）提供了欧洲地源热泵市场的最近进展，在此一并表示感谢。

中国建筑工业出版社的编辑与审校专家也对本书的多次修改直至最后定稿给予了极大的支持，在此表示真诚的谢意。

徐伟

2018.12